国家出版基金项目
NATIONAL PUBLICATION FOUNDATION

合成生物学丛书

合成微生物组工程

刘双江　主编

山东科学技术出版社 | 科学出版社
济　南　　　　北　京

内 容 简 介

本书是一部介绍微生物组和合成微生物组工程的专著，由活跃在一线并长期开展微生物学和微生物组学研究的科技工作者撰写完成。全书共7章，介绍了微生物组研究的最新进展，总结研究成果，并展望未来发展，侧重探讨合成微生物组的设计、合成（构建）、测试和应用，为微生物组研究及其在人类健康、工农业及环境等领域的合成生物学工程化实际应用提供参考，是一部了解微生物组最新进展和合成微生物组工程原理的参考书籍。本书旨在帮助读者更好地理解和把握微生物组学的发展趋势及应用前景，并探讨合成微生物组工程对人类社会和日常生活的未来影响。

本书适用于微生物学、基础和临床医学、微生物生态学、合成生物学等相关领域的科研人员、工程技术人员和高校师生在科研及教学中参考。

图书在版编目（CIP）数据

合成微生物组工程 / 刘双江主编. -- 北京 : 科学出版社 ; 济南 : 山东科学技术出版社, 2025. 3. --（合成生物学丛书）.
ISBN 978-7-03-079860-2

Ⅰ. Q93

中国国家版本馆 CIP 数据核字第 2024KL4451 号

责任编辑：王 静 罗 静 高璐佳 陈 昕 张 琳
责任校对：杨 赛 / 责任印制：王 涛 肖 兴 / 封面设计：无极书装

山东科学技术出版社 和 科学出版社 联合出版
北京东黄城根北街 16 号
邮政编码：100717
http://www.sciencep.com
北京中科印刷有限公司印刷
科学出版社发行 各地新华书店经销
*
2025 年 3 月第 一 版 开本：720×1000 1/16
2025 年 3 月第一次印刷 印张：28
字数：565 000

定价：280.00 元

（如有印装质量问题，我社负责调换）

“合成生物学丛书”
编委会

《合成微生物组工程》

编委会

丛 书 序

21 世纪以来，全球进入颠覆性科技创新空前密集活跃的时期。合成生物学的兴起与发展尤其受到关注。其核心理念可以概括为两个方面："造物致知"，即通过逐级建造生物体系来学习生命功能涌现的原理，为生命科学研究提供新的范式；"造物致用"，即驱动生物技术迭代提升、变革生物制造创新发展，为发展新质生产力提供支撑。

合成生物学的科学意义和实际意义使其成为全球科技发展战略的一个制高点。例如，美国政府在其《国家生物技术与生物制造计划》中明确表示，其"硬核目标"的实现有赖于"合成生物学与人工智能的突破"。中国高度重视合成生物学发展，在国家 973 计划和 863 计划支持的基础上，"十三五"和"十四五"期间又将合成生物学列为重点研发计划中的重点专项予以系统性布局和支持。许多地方政府也设立了重大专项或创新载体，企业和资本纷纷进入，抢抓合成生物学这个新的赛道。合成生物学-生物技术-生物制造-生物经济的关联互动正在奏响科技创新驱动的新时代旋律。

科学出版社始终关注科学前沿，敏锐地抓住合成生物学这一主题，组织合成生物学领域国内知名专家，经过充分酝酿、讨论和分工，精心策划了这套"合成生物学丛书"。本丛书内容涵盖面广，涉及医药、生物化工、农业与食品、能源、环境、信息、材料等应用领域，还涉及合成生物学使能技术和安全、伦理和法律研究等，系统地展示了合成生物学领域的新成果，反映了合成生物学的内涵和发展，体现了合成生物学的前沿性和变革性特质。相信本丛书的出版，将对我国合成生物学人才培养、科学研究、技术创新、应用转化产生积极影响。

张先恩

丛书主编

2024 年 3 月

前　言

微生物无处不在、无时不在，作为一个群体，微生物影响着地球的生态和人类的生产生活方式。进入 21 世纪以来，微生物学研究取得了长足的进展，随着人们对微生物与环境质量、宿主健康与疾病等关系的研究和知识积累，微生物学研究开启了微生物组学新篇章。基于合成生物学研究思路，微生物组的设计、合成、测试和应用的研究得以开展，合成微生物组工程以“造物致知”和“造物致用”为核心理念，致力于构建可控的功能微生物群并应用于健康、农业、环境等不同领域。

本书编者均是活跃在一线的微生物学和微生物组学领域的科技工作者与教育工作者，他们结合各自的长期研究积累，对合成微生物组工程的概念、基本知识和研究进展等进行系统总结与展望，并撰写成本书。全书共有 7 章，第 1 章绪论总体介绍了微生物组学研究的由来、研究对象、研究思路和技术方法，提出了合成微生物组工程的概念（作者：刘双江、刘亚君）；第 2 章对宏基因组、培养组、单细胞表征等微生物组研究的共性技术进行了系统总结（作者：戴磊、刘畅、徐健、左文龙、谭宇翔、曹朝辉、王建美）；第 3 章总结了目前对皮肤、肠道等重要人体微生物组的研究进展（作者：戴磊、吴璐、王莹、邝小贤）；第 4 章与第 5 章聚焦于肠道微生物组，第 4 章主要介绍肠道微生物的生物学研究（作者：刘畅、高翔、鞠峰、黄浩杰、孙鑫炜、张良、张耀昆、热西丁、焦绪瑶、杨延、徐晓宁、曲泽鹏、刘红宾、郑灵刚、沈俊涛），第 5 章介绍肠道噬菌体研究进展与应用（作者：马迎飞）；第 6 章以人工合成活性污泥为例，系统介绍了合成微生物组工程在污水处理中的应用（作者：王玉琳、鞠峰）；第 7 章对合成微生物组工程在基础研究和实际应用中的前景进行了展望，分析了未来的发展方向和挑战（作者：刘亚君、刘双江）。

期望本书能够为读者提供一些帮助，推动合成微生物组工程研究的发展。

编者

2024 年 9 月

目　　录

第1章 绪　　论

1.1 从微生物到微生物组

自从17世纪安东尼·范·列文虎克（Antonie van Leeuwenhoek）第一次在显微镜下观察并描述微生物以来的300多年时间里，人类对微生物的研究能力和认知水平发生了天翻地覆的变化。当今科学技术的发展促进了微生物学研究，可以让人类在分子水平观察、研究和操控微生物细胞。人类可以在微观世界里认识和理解细菌如何生存和生活，也能够在宏观尺度上研究和预测微生物如何影响全球气候变化，导致我们对健康、疾病、环境、生态，以及人类与地球关系的理解，都发生了范式转变。

传统意义上的微生物学，主要研究微生物系统发育和分类鉴定、生理和生态、遗传和代谢等，核心关注微生物本身，特别是能够在实验室培养和具有重要工业应用价值（包括生物制药），或者与宿主感染致病等相关的微生物。传统微生物学的研究对象主要是微生物的一个细胞或者是同一种微生物组成的多个细胞群体，虽然也涉及微生物多个物种组成的群体，但其研究深度受限于技术能力和理论水平，不可与今日相比。

到了19世纪末20世纪初，微生物生态学的发展，特别是基于16S rRNA基因或者其他DNA分子标记的微生物分子生态学的技术进步，进一步推动了微生物学研究的范式转变。人们发现了自然界中广泛存在大量的、在实验室尚不能生长的未培养微生物，这大大拓宽了人类对微生物世界及其多样性的认知。对来源于土壤、海洋、湿地、湖泊、热泉等不同环境微生物多样性的研究发展，极大地丰富了人类对地球生态系统中微生物种类和数量的了解，刷新了对生存环境复杂性的认知，更加激发了人们对这些微生物在环境中的作用（功能）的研究热情。

随着DNA测序技术的发展、测序成本的下降，以及大数据处理和计算能力的跃迁式发展，基于DNA测序技术和基因功能注释、不依赖微生物培养的研究方式[例如宏基因组学（metagenomics）]变得普遍且广泛应用。这些基于高通量组学结合学科交叉等的研究模式，形成了重大的、颠覆性的全新研究范式，几乎彻底改变了人们对微生物学的理解。人们在关注微生物本身的同时，更开始关注在一个特定生境下，具有不同特性和功能的微生物群落之间的相互关系，关注微生物群体与所处环境或宿主之间的相互作用。例如，在人体健康领域，除传统意义上引发感染的致病微生物之外，科学家还发现肠道微生物菌群失衡与人体健康状况特别是亚健康和慢性疾病，有着密切的关联；更为重要的发现是，微生物不仅仅与疾病相关，在维护人体健康方面，也发挥着不可替代的重要作用。

于是，微生物学研究开启了一个新的时代——微生物组时代。微生物组学的概念、研究方向和技术体系应运而生。图 1-1 简单回顾了从微生物发现到微生物组概念形成的主要历程，特别是微生物培养技术特点、不同发展阶段的推动力和主要标志成绩。

1.2 微生物组概念的内涵

什么是微生物组？微生物组（microbiome）这一术语的原始定义是“micro”（微小）和“biome”（生物群落）这两个词的组合，即微生物组是一个占据明确的、特定的生活环境，并具有独特功能和特性的微生物群落（Berg et al.，2020）。简单的理解是指特定环境包括人、动植物内外环境中共生的全部微生物。

微生物组学研究在地球生态系统功能以及复杂多细胞生物宿主（人类及其他动物、植物和昆虫）的健康方面发挥着非常重要的作用，孕育着解决这些重大问题的关键技术；同时，微生物组研究涉及生物医学、环境科学、生态学、人工智能等多学科领域，因此被认为是多领域交叉的前沿学科。微生物组是一种典型的复杂系统，不同于传统的微生物学研究，具有独特的研究对象、研究思路和技术方法。

1.2.1 微生物组的研究对象

要理解微生物组的研究对象，首先要区分微生物组和微生物群（microbiota）这两个在不同维度上的术语。微生物群通常被定义为某种特定生境中的“活的微生物”的集合，包括细菌、古菌、原生动物、真菌和病毒，通常采用系统发育分子标记方式（如 16S rRNA）鉴定环境中的微生物种类。质粒、朊病毒、游离 DNA 等通常不被认为是环境中活的微生物，因此不属于微生物群。微生物组不仅包括微生物群，还包括它们生活的环境条件和环境理化因子，例如，微生物具有的遗传元件（如质粒、游离 DNA）、结构元件（核酸、蛋白质、脂质、多糖）、代谢物（如毒素、初级与次级代谢产物），以及所生存环境或者宿主产生的相关物质（Marchesi and Ravel，2015；Sessitsch et al.，2023）。下面举例说明微生物组的概念。

1.2.1.1 人体共生微生物组

人体共生微生物组包括肠道微生物组、皮肤微生物组、口腔微生物组、生殖道微生物组、呼吸道微生物组等。不同的身体部位（特定生境）包含特定的微生

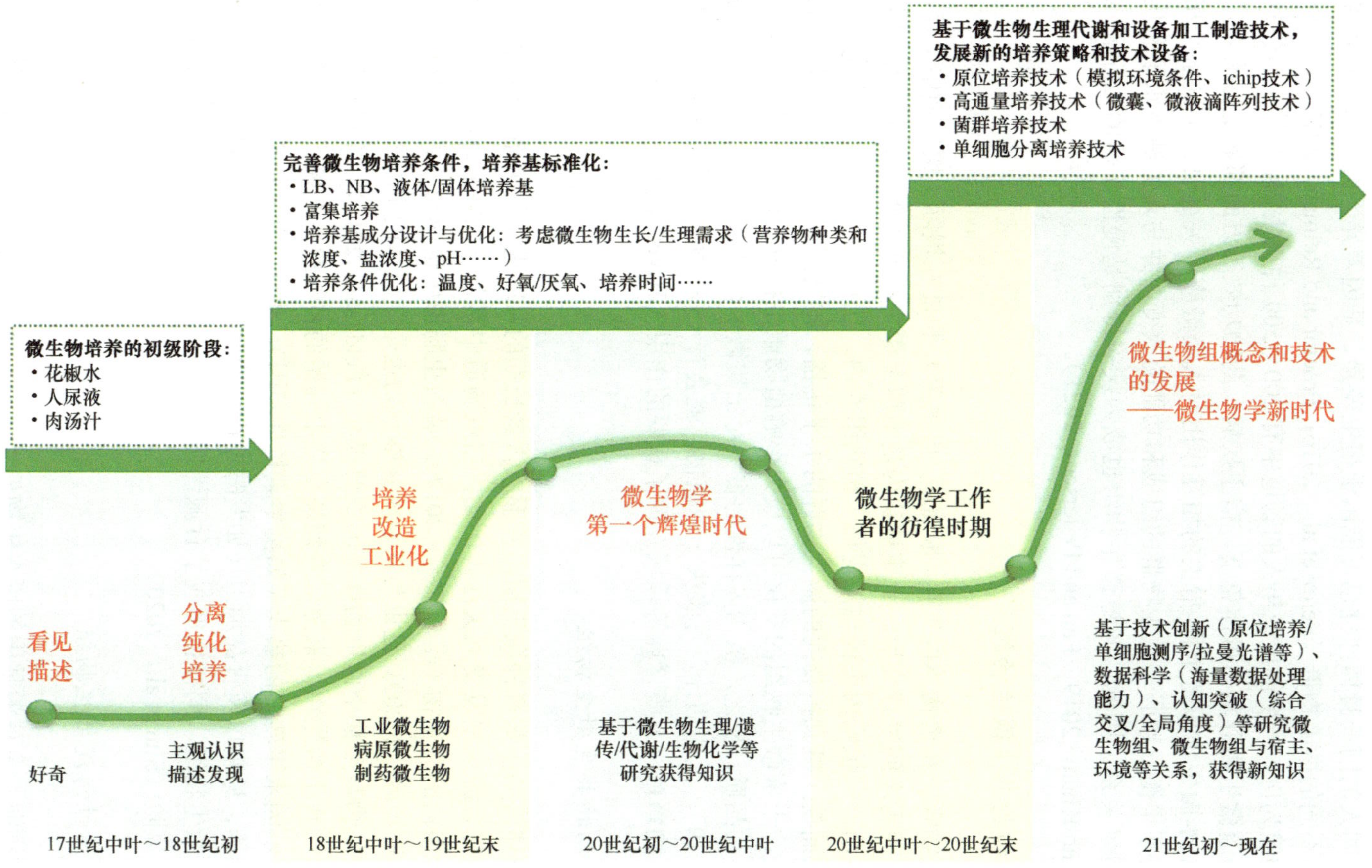

图 1-1 从微生物发现到微生物组概念形成

LB 指 Luria-Bertani 培养基，NB 指营养肉汤培养基，ichip 指分离芯片（isolation-chip）

物群，不同人的同一身体部位也可能出于宿主差异、基因差异、健康水平差异等原因形成不同的微生物群（Perez et al.，2016；Proctor and Relman，2017）。以肠道微生物组为例，一个健康成年人的肠道中有200～500种微生物、10^{14}个微生物细胞，肠道微生物群落在机体免疫、宿主疾病、药物功效等方面都显现影响力，其中微生物-微生物和微生物-宿主的相互作用对人类健康至关重要。不同水平相互作用的不平衡导致肠道微生物群的组成和功能的改变，并与人类健康水平和疾病形成因果关系。因此，肠道微生物组也成为疾病特别是慢性疾病的治疗靶点（Adak and Khan，2019；Fan and Pedersen，2021）。

1.2.1.2 植物共生微生物组

微生物既能在植物体内生存（根瘤菌、内生菌），也能在根际土壤环境中生存，甚至能在两者之间进行交换。土壤被认为是地球上微生物群落组成最多样化的生态系统，而一些植物内生菌也能定植于植物组织内，包括花、果实和种子等生殖器官，从而使土壤到植物间的微生物群的水平传播，扩展到基于种子微生物群的垂直传播。土壤微生物组的变化可以极大影响植物微生物组的组成，进而影响植物多样性与品质；反之，植物多样性的丧失对土壤微生物组也有很大影响（Wang et al.，2019），人们估计，每丧失一种植物，就会有15种微生物随之灭绝。微生物组在植物繁育、土壤管理等领域发挥了重要的作用（Trivedi et al.，2020）。

1.2.1.3 动物共生微生物组

昆虫体内共生数百种微生物，并形成古老长期的共同进化的关系，昆虫肠道微生物菌株资源也越发受到关注。例如，白蚁肠道中富含可以降解纤维素和木聚糖等植物多糖的微生物（李丹红等，2017）；黄粉虫肠道中也成功分离出塑料降解微生物（曹沁等，2020）。昆虫与其他无脊椎动物也是病原体的重要载体，成为传播病原微生物甚至整个微生物群落的重要媒介（Feldhaar，2011）。瘤胃动物也是重要的动物共生微生物组来源，特别是在集中养殖的畜牧业生产模式下，瘤胃微生物组是基因水平转移的热点（如抗生素抗性基因）。此外，食品加工过程中，来自动物饲养、原料以及食品加工（如发酵过程）的微生物菌群发生的相互作用衍生出食品微生物组，同样也形成了食源性病原体转移到食物中，进而对人类健康构成潜在风险（Sun et al.，2020）。

1.2.1.4 活性污泥微生物组

活性污泥是全球最常用的废水生物处理人工生态系统。基于活性污泥的污水处理法被认为是城市的“肠道”，其本质是利用活性污泥中的微生物驱动有机和无机污染物的降解与转化。活性污泥中的微生物物种绝大多数没有被分离培养（Wu et al.，2019）。活性污泥微生物组研究的主要对象是其中的微生物群落组成和基因组成，微生物组的结构和功能，其多样性与各类污染物的相关性，以及处理过程中微生物的时空变化规律。活性污泥工艺的稳定运行和技术革新需要最大限度发掘活性污泥微生物组在生态学与工程学上的价值（刘双江和王爱杰，2019）。

1.2.2 微生物组的研究思路

微生物群落及其生存的环境形成了特定生态位。在一个特定生态位上的微生物组，是一个复杂体系，具有复杂的成员和互作关系。针对单一微生物及微生物群落的功能研究，以及微生物群落内部、微生物与环境和宿主的相互作用研究，都属于微生物组研究的范畴（Berg et al.，2020；Lawson et al.，2019）。

首先，微生物组研究关注微生物本身的功能，即对所包含的微生物类群应有清晰的认知，包括微生物的分离筛选、生长培养、合成与分解代谢通路等生理生化性状的分析，微生物群落中不同物种的分类、丰度和变化规律，阐明微生物群的结构。微生物在生态系统中起着重要作用，因此针对微生物本身的分离、培养和功能研究是微生物组研究的基石。中华健康人肠道菌株资源库（hGMB，https://hgmb.nmdc.cn/）（Liu et al.，2021）的构建为人类肠道微生物研究提供了重要的菌种资源，是进一步开展肠道菌-宿主互作机制研究、功能菌株菌剂开发的资源基础。

其次，微生物组研究关注微生物之间的相互作用，包括基于群体感应系统（Hong et al.，2012）以及基于营养互补关系的相互作用模式（Kubo et al.，2013）等。随着营养底物浓度、环境 pH、温度等条件的变化，微生物群成员间可能发生共生、协同、捕食、寄生、拮抗或竞争等相互作用，进而导致群落结构和组成的变化，并直接或间接导致环境和宿主的时空变化。解析在特定环境中或者与宿主共生的微生物间的相互影响、相互制约、相互促进的规律，是调控和干预微生物组的重要前提。

再次，微生物组研究聚焦环境（宿主）与微生物之间的相互响应与相互适应规律。微生物组形成的微生态系统可以随着时间和规模发生动态变化，这种动态变化不仅包括微生物类群的变化，也包括系统中不同元素（微生物、宿主、代谢物、遗传元件等）间互动关系的变化。微生物群生存的环境（如碳源、氮源、pH、含氧量、温度等）（Goodrich et al.，2014）或宿主（如基因变异、代谢产物浓度、免疫水平等）的变化（Qin et al.，2022；Zhernakova et al.，2024），可以导致微生物群结构以及微生物与宿主间互作关系的改变。微生物群落组成也与噬菌体密切相关。宿主与微生物之间的相互适应甚至可以发展为协同进化的机制（Zaneveld et al.，2008），特定选择性压力下的协同进化过程又会驱动宿主-微生物相互作用的动态变化。

最后，微生物组研究通常需要产生和处理大规模的数据集，因此需要有别于传统微生物学研究的独特的解析和认知技术体系。可以说，方法学是微生物组学研究的重要推进器，适当的实验方法和统计设计是微生物组研究的基础（邓婷等，2020）。合适的采样位置、频率和方式也对微生物组功能的评估及对其调节机制的理解有极大影响；多组学研究、培养组学技术、高通量筛选技术，以及基于人工智能的大数据处理技术体系都不可或缺，工具适应性的提升以及偏好性的降低可以有力支持微生物组全景图的描绘。

1.2.3 微生物组的技术方法

微生物组的研究主要依赖宏基因组、宏转录组、宏蛋白质组、宏代谢物组等多组学方法，高通量分离培养（培养组）与高通量检测技术，以及自动化技术等（Knight et al.，2018；van Leeuwen et al.，2023）。宏基因组技术可以描绘特定生态位下的所有遗传信息，Pasolli 等（2019）从近 1 万个人类微生物组（宏基因组）中重建了超过 15 万个微生物的基因组。可见，宏基因组可以提供大量的微生物组数据信息。然而，宏基因组分析会提供大量的未知序列，这些 DNA 序列数据与微生物组的功能之间的联系仍十分不明确。宏转录组学等其他组学分析可以进一步产生关于微生物组功能的关键信息，帮助解析微生物组功能的动态变化规律。然而，多组学分析提供的大量序列中，有 40%～70%被注释为功能未知的基因（Heintz-Buschart and Wilmes，2018）；高通量测序深度的偏差可能导致一些微生物“暗物质”难以发现；此外，宏基因组学不能确定细菌是死的还是活的，更无法确定序列信息与表型或功能信息是否具有有效的逻辑关系。

微生物组研究需要揭示环境（宿主）-微生物（群落）间的互作关系，进而指导对生态系统或者宿主的健康和功能变化的干预。因此，在应用多组学分析的同时，需要利用高通量培养组学从环境中培养新的菌株，并借助经典微生物学，对基因序列、功能和微生物的生化性质进行研究（Lagier et al.，2012）。培养组学（culturomics）是利用多种培养条件和培养方法对复杂环境中的多种微生物进行大规模、高通量的分离、培养和物种鉴定的组学研究方法，包括样品采集与前处理、培养基与培养条件的优化、菌株分离培养、物种鉴定、潜在新物种的多相分类学鉴定和菌种保藏（杜梦璇，2021）。高通量培养组学现在是研究微生物组学的重要工具之一，同时微生物组学研究也依赖于高通量的检测技术（Kambouris et al.，2018），培养组学的核心内涵是把生态系统和宿主内全部微生物进行培养。

基质辅助激光解吸电离飞行时间质谱（MALDI-TOF MS）法可以在属和种两

级进行微生物分类鉴定，与传统的基于 16S rRNA 基因的细菌种鉴定方法相比，可以有效提高检测的通量，这一突破使得针对人类肠道微生物组等复杂的生态系统来设计和开展相应的高通量培养组学研究成为可能（Lagier et al.，2018）。单细胞分辨率的微生物高通量分析对微生物组的快速培养和功能分析非常重要（Lawson et al.，2019）。单细胞测序技术关注种群中细胞个体之间的异质性，进一步提高了测序的通量，对不可培养微生物研究有重要作用，是宏基因组测序和宏转录组测序的重要补充。质谱成像技术实现了复杂样品中不同成分的可视化分析，适合分析微生物组的空间结构和研究细胞相互作用。此外，基于 DNA、RNA、蛋白质、脂质等的稳定同位素探针（stable isotope probing，SIP）示踪技术、基于荧光探针的荧光原位杂交（fluorescence *in situ* hybridization，FISH）单细胞分辨率检测技术，以及基于拉曼光谱的细胞分选（Raman-activated cell sorting，RACS）技术（Lee et al.，2019）等高通量检测技术也广泛应用于高通量筛选与培养组学研究中。自动化平台是提高微生物组研究的鲁棒性、通量、效率的关键，也是形成标准化研究体系的前提条件（Lawson et al.，2019）。自动化技术包括液体处理机器人、微流控设备、自动培养系统、在线理化检测系统等，将不同的自动化设备进行组合可以发挥高通量筛选、培养、检测的功能（Kehe et al.，2019）。自动化平台需要整合在数据生成与分析的标准化的工作流程中。

此外，微生物组学研究需要建立可信的预测模型和算法，将大批量的实验数据转化为更深层次的规律性知识（邓婷等，2020；曲泽鹏等，2020）。将实验数据与数学模型相结合的方法包括：①以物种丰度为出发点，直接分析并统计微生物群内不同分类单元的丰度变化作为数据集建立模型，推断物种间的相互作用；②以关键代谢物为出发点，通过检测代谢物浓度变化建立基于化学计量的模型，预测物种间的代谢相互作用；③以微生物生长速率为出发点，建立微生物群生长的动力学模型，预测不同环境（生长）条件与物种生长的动态相关性。

1.3　什么是合成微生物组工程

随着研究技术的进步以及人们对多学科交叉、涉及多领域的微生物组概念内涵的逐步理解，微生物组研究开始进入崭新的阶段——从“造物致知”到“造物致用”的范式转化，进而推动了合成微生物组工程研究的发展。

合成微生物组是人工设计和构建的微生物群，即针对原始微生物组成员多样、互作网络结构复杂、难重复、不易控制的特点，依照一定的原理（特别是生态学原理），通过在实验室中开展“自上而下”或“自下而上”的理性设计方式，利用人工合成的特定技术把微生物组的各个必要成员精确组合到一起，从而构建的具有适中复杂度和较高可控性的、简化的微生物群（van Leeuwen et al.，2023）。合成微生物组在设计之初就必须有明确的应用目标，包括改善人类健康、改善环境、提高农业和工业生产效率等。例如，在医学健康领域，合成微生物组可用于疾病预防与治疗；在环境领域用于生态环境修复与污水处理；在农业领域用于改善土壤肥力以及作物性状；在工业生产方面用于提高发酵水平及产量或改善风味；在可再生资源生物转化以及生物能源合成方面也有应用潜力（徐昭勇等，2021）。合成微生物组工程就是利用工程化思维来合成一个有特定功能的微生物群，要解决的两个核心问题是：合成微生物组的人工设计，以及合成微生物组的应用。

合成微生物组的理性设计主要包括“自上而下”（top-down）和“自下而上”（bottom-up）两种策略（Lawson et al.，2019）。“自上而下”的方法是在对原始微生物组理解相对有限的情况下，通过控制环境条件，或者在一定内外源扰动因素作用下，驯化具有特定功能的合成微生物组，预测生态系统中微生物群的变化过程和规律。“自上而下”的设计通常要明确核心微生物群（core microbiota）（Shade and Handelsman，2012），即在类似生活环境中或具有类似功能的不同微生物菌群中共有的一组微生物成员。构建研究成员最少的核心微生物群，有利于识别复杂原生微生物组中稳定、一致、起核心关键作用的组分，是了解复杂微生物组结构和功能的时空变化规律、稳定性和可塑性的重要手段。此外，复杂微生物关系网络中与其他组分关联性高的枢纽物种（hub species）可能在微生物组复杂相互作用中发挥着至关重要的作用，枢纽物种可以作为指示类群（indicator taxa），特异性指示某种实验处理或环境条件的类群（De Cáceres et al.，2010），帮助理解微生物组动态变化的动力学模式。

随着微生物组学方法学体系的逐步发展，研究者可以通过多组学数据预测微生物群落特定的代谢网络及其调控机制，进而开展合成微生物群“自下而上”的理性设计和组装，这与合成生物学以“设计-构建-测试-学习”为核心的理念更为一致，路径相通。“自下而上”的设计路线以功能为导向，侧重于评估群体中单个物种的代谢特征和功能（例如抗炎能力），并将每个物种都作为一个功能模块用于群体的搭建，以实现所设计的最终功能（邓婷等，2020；徐昭勇等，2021）。由于对非模式微生物生理代谢机制的研究相对匮乏，“自下而上”的设计在非模式微生物群落中的应用还很有限（Lawson et al.，2019），大多数的合成共生微生物组（SynComs）是利用模式微生物组成的简单群落（朱彤和吴边，2019）。

微生物组应用的最典型案例是粪菌移植（fecal microbiota transplantation，FMT），即将健康人粪便中的功能菌群移植到患者肠道内以修复或重建新的肠道菌群和生态系统，从而恢复免疫系统平衡、提高病原菌抗力、实现肠道内外疾病的治疗。粪菌移植已被尝试用于炎症性肠病（IBD）、艰难梭菌感染、代谢综合征等疾病的治疗，并取得了积极的临床效果（de Groot et al.，2017）。然而，粪菌移植采用的是原始的肠道微生物菌群，治疗机理不明确，功效偶然性大，且仍存在细菌感染的风险（Blaser，2019；DeFilipp et al.，2019），因此，未来还需要采取更加可控的、基于人工设计的合成微生物组的方法，进行肠道微生物菌群的调节和控制。目前，已有合成肠道菌群在炎症性肠病治疗方面的应用。例如，Honda 团队在 2018 年开发的菌群药剂 VE202 进入临床研究，用于调节宿主的免疫系统紊乱（Atarashi et al.，2013，2011）。该团队利用健康人体粪便中分离出的 11 种细菌菌株组成合成菌群，该菌群可以在肠道中稳健地诱导产生 γ 干扰素的 CD8 T 细胞，并用于癌症的免疫辅助治疗（Tanoue et al.，2019）。2022 年，来自美国斯坦福大学的研究人员通过分析人类微生物组计划（Human Microbiome Project，HMP）产生的宏基因组数据，在体外构建了一个由 104 种细菌组成的人类肠道微生物组 hCom1（human community one），随即将其升级为更接近肠道微生物组的 hCom2，其由 119 种细菌组成，是迄今为止最为复杂、完整的合成微生物组，展现了与天然肠道微生物组相近的抗病功能（Cheng et al.，2022）。

除了在医疗健康领域的应用，人工合成微生物组在农业生产、生物制造和环境修复领域也具有广泛的应用，具体包括生物肥料、生物酿造、生物能源、化工产品、生物医药、污染物降解等（曲泽鹏等，2020；徐昭勇等，2021）。

参 考 文 献

曹沁, 林毅博, 陈军, 等. 2020. 黄粉虫及其肠道微生物对聚氯乙烯的生物降解作用. 微生物学通报, 47(2): 390-400.

邓婷, 关晓彤, 吴波, 等. 2020. 数学模型在合成微生物群落构建中的应用. 应用与环境生物学报, 26(4): 809-819.

杜梦璇. 2021. 肠道微生物菌株资源库的构建与应用开发. 微生物学报, 61: 875-890.

李丹红, 王誉, 杨红. 2017. 高效降解木质纤维素的白蚁肠道微生物组. 微生物学报, 57: 876-884.

刘双江, 王爱杰. 2019. 活性污泥微生物组: 去除污浊, 只留清淡. 微生物学通报, 8: 1865-1866.

曲泽鹏, 陈沫先, 曹朝辉, 等. 2020. 合成微生物群落研究进展. 合成生物学, 1(6): 621-634.

徐昭勇, 胡海洋, 许平, 等. 2021. 人工合成微生物组的构建与应用. 合成生物学, 2(2): 181-193.

朱彤, 吴边. 2019. 合成微生物组: 当“合成生物学”遇见“微生物组学”. 科学通报, 64: 1791-1798.

Adak A, Khan M R. 2019. An insight into gut microbiota and its functionalities. Cell Mol Life Sci, 76(3): 473-493.

Atarashi K, Tanoue T, Oshima K, et al. 2013. Treg induction by a rationally selected mixture of Clostridia strains from the human microbiota. Nature, 500(7461): 232-236.

Atarashi K, Tanoue T, Shima T, et al. 2011. Induction of colonic regulatory T cells by indigenous *Clostridium* species. Science, 331(6015): 337-341.

Berg G, Rybakova D, Fischer D, et al. 2020. Microbiome definition re-visited: old concepts and new challenges. Microbiome, 8(1): 103.

Blaser M J. 2019. Fecal microbiota transplantation for dysbiosis–predictable risks. The New England Journal of Medicine, 381(21): 2064-2066.

Cheng A G, Ho P Y, Aranda-Díaz A, et al. 2022. Design, construction, and *in vivo* augmentation of a complex gut microbiome. Cell, 185(19): 3617-3636.e19.

De Cáceres M, Legendre P, Moretti M. 2010. Improving indicator species analysis by combining groups of sites. Oikos, 119(10): 1674-1684.

de Groot P F, Frissen M N, de Clercq N C, et al. 2017. Fecal microbiota transplantation in metabolic syndrome: History, present and future. Gut Microbes, 8(3): 253-267.

DeFilipp Z, Bloom P P, Torres Soto M, et al. 2019. Drug-resistant *E. coli* bacteremia transmitted by fecal microbiota transplant. The New England Journal of Medicine, 381(21): 2043-2050.

Fan Y, Pedersen O. 2021. Gut microbiota in human metabolic health and disease. Nature Reviews Microbiology, 19(1): 55-71.

Feldhaar H. 2011. Bacterial symbionts as mediators of ecologically important traits of insect hosts. Ecological Entomology, 36(5): 533-543.

Goodrich J K, Waters J L, Poole A C, et al. 2014. Human genetics shape the gut microbiome. Cell, 159(4): 789-799.

Heintz-Buschart A, Wilmes P. 2018. Human gut microbiome: function matters. Trends in Microbiology, 26(7): 563-574.

Hong S H, Hegde M, Kim J, et al. 2012. Synthetic quorum-sensing circuit to control consortial biofilm formation and dispersal in a microfluidic device. Nature Communications, 3: 613.

Kambouris M E, Pavlidis C, Skoufas E, et al. 2018. Culturomics: a new kid on the block of OMICS to enable personalized medicine. OMICS, 22(2): 108-118.

Kehe J, Kulesa A, Ortiz A, et al. 2019. Massively parallel screening of synthetic microbial communities. Proceedings of the National Academy of Sciences, 116(26): 12804-12809.

Knight R, Vrbanac A, Taylor B C, et al. 2018. Best practices for analysing microbiomes. Nature Reviews Microbiology, 16(7): 410-422.

Kubo I, Hosoda K, Suzuki S, et al. 2013. Construction of bacteria–eukaryote synthetic mutualism. Biosystems, 113(2): 66-71.

Lagier J C, Armougom F, Million M, et al. 2012. Microbial culturomics: paradigm shift in the human gut microbiome study. Clin Microbiol Infect, 18(12): 1185-1193.

Lagier J C, Dubourg G, Million M, et al. 2018. Culturing the human microbiota and culturomics. Nat Rev Microbiol, 16: 540-550.

Lawson C E, Harcombe W R, Hatzenpichler R, et al. 2019. Common principles and best practices for engineering microbiomes. Nat Rev Microbiol, 17(12): 725-741.

Lee K S, Palatinszky M, Pereira F C, et al. 2019. An automated Raman-based platform for the sorting of live cells by functional properties. Nature Microbiology, 4(6): 1035-1048.

Liu C, Du M X, Abuduaini R, et al. 2021. Enlightening the taxonomy darkness of human gut microbiomes with a cultured biobank. Microbiome, 9(1): 119.

Marchesi J R, Ravel J. 2015. The vocabulary of microbiome research: a proposal. Microbiome, 3: 31.

Pasolli E, Asnicar F, Manara S, et al. 2019. Extensive unexplored human microbiome diversity revealed by over 150, 000 genomes from metagenomes spanning age, geography, and lifestyle. Cell, 176(3): 649-662.e20.

Perez P G I, Gao Z, Jourdain R, et al. 2016. Body site is a more determinant factor than human population diversity in the healthy skin microbiome. PLoS One, 11(4): e0151990.

Proctor D M, Relman D A. 2017. The landscape ecology and microbiota of the human nose, mouth, and throat. Cell Host & Microbe, 21(4): 421-432.

Qin Y W, Havulinna A S, Liu Y, et al. 2022. Combined effects of host genetics and diet on human gut microbiota and incident disease in a single population cohort. Nat Genet, 54(2): 134-142.

Sessitsch A, Wakelin S, Schloter M, et al. 2023. Microbiome interconnectedness throughout environments with major consequences for healthy people and a healthy planet. Microbiology and Molecular Biology Reviews: MMBR, 87(3): e0021222.

Shade A, Handelsman J. 2012. Beyond the Venn diagram: the hunt for a core microbiome. Environ Microbiol, 14(1): 4-12.

Sun J, Liao X P, D'Souza A W, et al. 2020. Environmental remodeling of human gut microbiota and antibiotic resistome in livestock farms. Nature Communications, 11(1): 1427.

Tanoue T, Morita S, Plichta D R, et al. 2019. A defined commensal consortium elicits CD8 T cells and anti-cancer immunity. Nature, 565(7741): 600-605.

Trivedi P, Leach J E, Tringe S G, et al. 2020. Plant-microbiome interactions: from community assembly to plant health. Nature Reviews Microbiology, 18(11): 607-621.

van Leeuwen P T, Brul S, Zhang J B, et al. 2023. Synthetic microbial communities (SynComs) of the human gut: design, assembly, and applications. FEMS Microbiol Rev, 47(2): fuad012.

Wang G Z, Schultz P, Tipton A, et al. 2019. Soil microbiome mediates positive plant diversity-productivity relationships in late successional grassland species. Ecology Letters, 22(8): 1221-1232.

Wu L W, Ning D L, Zhang B, et al. 2019. Global diversity and biogeography of bacterial communities in wastewater treatment plants. Nature Microbiology, 4(7): 1183-1195.

Zaneveld J, Turnbaugh P J, Lozupone C, et al. 2008. Host-bacterial coevolution and the search for new drug targets. Current Opinion in Chemical Biology, 12(1): 109-114.

Zhernakova D V, Wang D M, Liu L, et al. 2024. Host genetic regulation of human gut microbial structural variation. Nature, 625(7996): 813-821.

第 2 章　微生物组研究的共性技术

2.1　宏基因组分析

2.1.1　微生物组测序数据分析

与常规的单基因组测序不同，微生物组测序的对象是一群生物个体，其中包括细菌、古菌、真菌和病毒等，测序数据需要进行分类学分析及功能分析。然而相近微生物基因组的高度相似性和测序错误引入的误差，大大增加了分析的复杂度和难度。此外，目前在实验室条件下仍无法完全重现自然界中大部分微生物群落的栖息环境，致使无法获取群体中绝大部分微生物的纯培养，更无法通过培养完整地重现群体的结构组成。因此，微生物组测序是全面获取微生物群体的组成和功能信息的主要手段，也是合成微生物组学中的重要一环。

根据核酸性状的不同，微生物组测序可分为两大类：①针对 DNA 的扩增子测序和宏基因组测序；②针对 RNA 的宏转录组测序。其中，扩增子测序和宏基因组测序是获取微生物群落结构组成的主要方法，研究者可以根据实际需求进行选择（表 2-1，图 2-1）。

表 2-1　扩增子测序和宏基因组测序比较

类别	扩增子测序	宏基因组测序
扩增偏好性	特定引物扩增偏好性大	扩增偏好性较小
成本	约 200 元/样品	约 1000 元/样品
公开数据量[SRA 数据库（Katz et al.，2022；Sun et al.，2021）中]	10^5 量级	10^4 量级
相对丰度检出下限	比宏基因组低 1～2 个数量级	6 GB 数据量，相对丰度阈值常为千分之一
优势使用场景	检测低丰度物种	深入研究高丰度物种
最高分类学分辨率	菌种	亚种甚至菌株
功能分析	只能近似推测	通过实际片段计算
新物种分析	无法识别新物种	可以找到未知基因组

在获取微生物群落结构组成的信息后，还需要进行统计分析，寻找生物学分组间的特征，最终形成生物学推断。最后，通过微生物功能分析可以进一步了解群落表型和群落中微生物功能的关系，以及群落与环境或者宿主的功能互作关系。

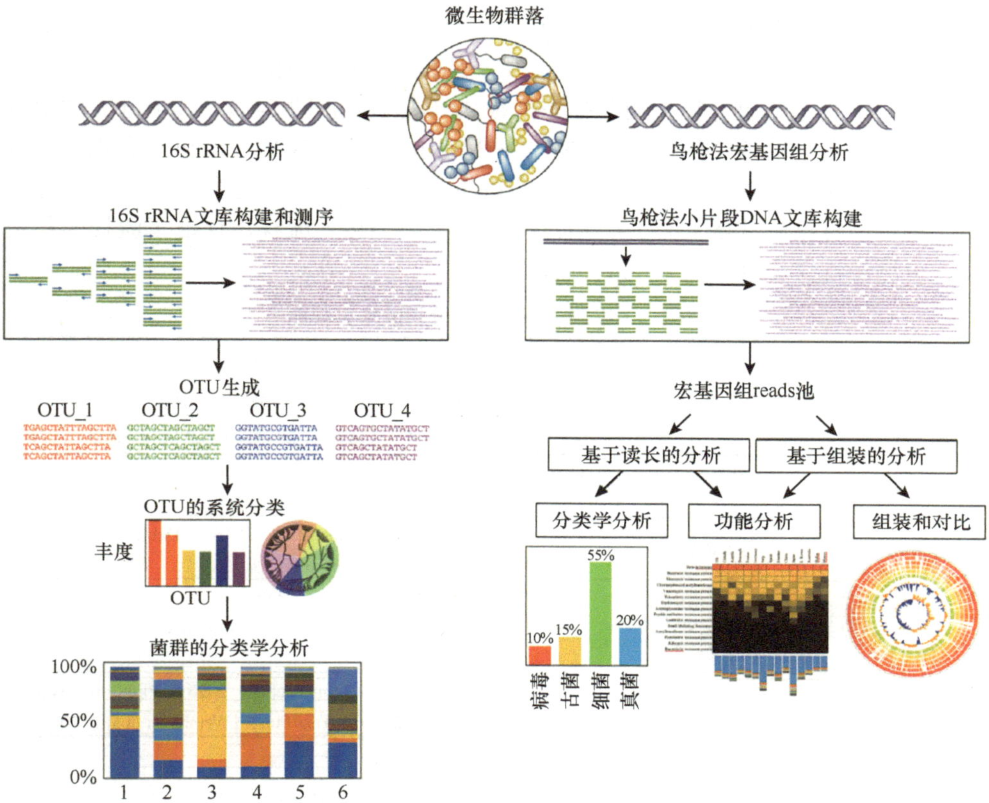

图 2-1　扩增子测序（16S rRNA 基因片段）和宏基因组测序原理及下游分析方向比较（Milani et al.，2017）

OTU 为运算分类单元；reads 为测序片段

2.1.1.1　扩增子测序

扩增子测序主要是针对原核生物核糖体亚基的 16S 或者 23S rRNA 基因、真核生物 18S rRNA 基因或者内在转录间隔区（internal transcribed spacer，ITS）等基因片段进行扩增和测序。这些基因片段广泛存在（Liu et al.，2021），且在结构与功能上具有高度的保守性和良好的进化时钟性质；其中 16S rRNA 基因大小适中，已知信息最为全面，是目前最主流的微生物组扩增子。

因为获得扩增子需要对应的引物，所以引物结合的偏好性对扩增子测序的结果会有较大影响。因此，比较扩增子测序结果时，应使用相同引物所获得的结果，并尽可能避免对不同引物的结果进行比较。不同的研究对象会有不同的引物使用偏好，例如，植物根际微生物研究用 S-B781af 和 S-B1177ar（谭宇翔等，2021）；地球微生物组计划（Gilbert et al.，2014）和人体肠道微生物研究常用 S-U515cf

和 S-B787fr。根据 SILVA 数据库（Quast et al.，2013）中的已知信息，S-U515cf 和 S-B907dr 较其他引物对的覆盖度更高，且长度适中，因此较为推荐。

扩增子测序结果分析主要包括三大模块（表 2-2 和图 2-2），其中分类学组成分析是核心。当前的主流流程 QIIME2（Bolyen et al.，2019）已包含了绝大部分的分析步骤。为了保障分析的稳定性和可重复性，QIIME2 定义了严格的文件系统。在使用标准格式的文件时，用户可在任一环节接入流程，保证了流程的稳定性、可溯源性并方便进行步骤的拆解重组。

表 2-2 扩增子测序数据分析的常见软件

功能			软件
原始数据预处理	样品拆分		Bcl2fastq，cutadapt（Martin，2011）
	质量控制		FastQC（Andrews，2013），FastP（Chen et al.，2018）
分类学组成分析	代表序列提取	运算分类单元（OTU）/扩增子序列变体（ASV）聚类	VSEARCH（Rognes et al.，2016），DADA2（Callahan et al.，2016b）
		ASV 提取	DADA2（Callahan et al.，2016b），Deblur（Amir et al.，2017），Unoise3
	分类学注释		QIIME2-Classifier（Bolyen et al.，2019），BLAST+（Altschul et al.，1990），VSEARCH（Rognes et al.，2016）
群落功能预测	功能预测		PICRUSt2（Douglas et al.，2020），Piphillin（Iwai et al.，2016），Tax4Fun2（Wemheuer et al.，2020）

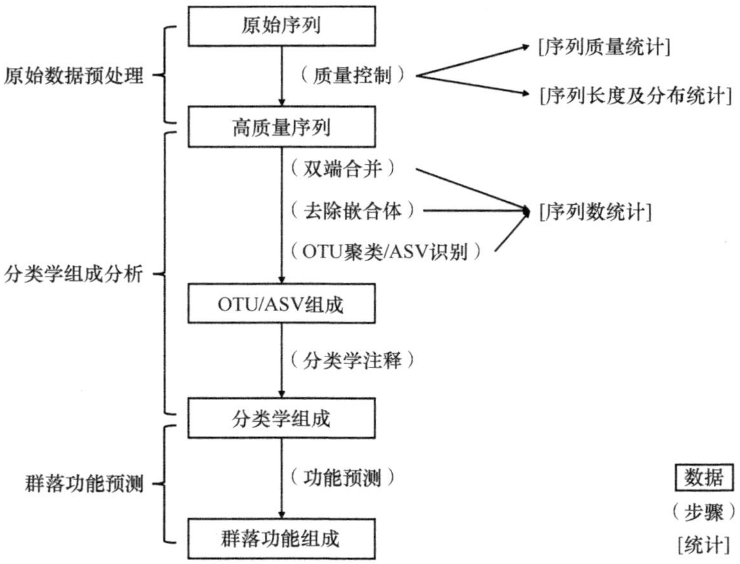

图 2-2 扩增子测序结果分析流程

1. 原始数据预处理

标准的原始数据应以样品为单位，否则需要根据标签（barcode）先进行样品拆分（demultiplexing）。其标准格式是 FASTQ，其中包含了碱基序列和测序质量信息。

为了检查样品测序质量并提取可靠的高质量序列进行后续分析，需要对原始数据进行质量控制（统计及过滤）。重点检查三方面：①数据量和序列数量是否符合预期。过低的数据量可能会导致抽样代表性不足、结果受随机性影响增大等问题（具体见 2.1.1.3 节），需要补充数据。②测序质量是否高于阈值（Q30 或以上：测序错误率低于 0.1%）。对于低质量序列建议整条去除或把低质量区域切除（常见于序列两端）。③序列长度是否符合预期。以 S-U515cf 和 S-B907dr 为例：其扩增区域长度约为 392 bp，必须使用 250 bp 或以上的双端测序数据才能进行双端合并（一般需要至少 10～20 bp 的重叠区域）。此外，如果序列上出现引物、标签、接头等序列，需要使用软件（如 Cutadapt）进行切除。

2. 分类学组成分析

分类学组成分析是从序列数据中提取代表序列后进行定量和注释的过程，是扩增子测序分析的关键步骤。主要分为代表序列（feature sequence）提取和分类学注释两部分。

1）代表序列提取

代表序列提取是基于同类微生物具有相同扩增子序列的假设对序列数据进行提取、合并和定量的过程。其难点是如何克服测序错误所带来的影响，可分为运算分类单元（operational taxonomic unit，OTU）（Edgar，2010）聚类和 ASV（amplicon sequence variant）（Callahan et al.，2016b）提取两种方法（图 2-3）。

OTU 聚类通过对相似度高于目标阈值（属：94.5%；种：98.7%）（Yarza et al.，2014）的序列进行聚类后，根据每个聚类中的序列分布情况，给每个聚类赋予一个代表序列（图 2-3）。OTU 聚类能快速对序列进行归类并消除测序错误的影响，但会导致结果分辨率下降并偏离真实情况，甚至过度聚类（如图 2-3 所示，四个不同特征序列被聚类为两个 OTU）。

ASV 提取则是通过选取随机序列进行测序错误学习后对测序序列进行去噪修正，从而实现还原序列真实情况的目的。此时，每个非重复序列都是一个 ASV，代表一类具有相同扩增子序列的微生物。ASV 提取尽可能保存了分析结果的分辨率，是目前的主流分析方法。其缺点主要是分析速度相对较慢，且随机性会导致不同批次结果间存在少量差异，建议所有批次结果能一起重分析。此外，ASV 对测序质量要求较高，建议对低质量区域（序列两端）进行按需截除。

QIIME2 提供了两个 ASV 提取的算法：DADA2（Callahan et al.，2016b）和 Deblur（Amir et al.，2017），其中 DADA2 较为常用。Unoise3 是开发的另外一种 ASV 提取算法（Edgar，2016），但是目前仍未并入 QIIME2 流程，使用相对较少。

无论是 OTU 聚类分析还是 ASV 提取分析，都有 3 个主要的输出文件：①代表序列频次表（frequency table of feature sequence），每个代表序列（OTU 或 ASV）在每个样品中的出现次数；②代表序列文件（feature sequence file），每个代表序列的具体序列信息；③分析步骤的统计情况，监控分析过程中每个步骤的信息损失状况。其中前两者是主要结果和后续分析的依据，而统计情况主要用于质控。

此外，因为扩增子测序相当于是随机抽样的过程，所以超低丰度的代表序列很可能在样品间随机出现或消失，从而形成噪声，影响后续的多样性统计和样品间差异比较等分析，因此，建议去除超低丰度的代表序列：①代表序列频次表里的绝对次数低，一般建议低于 5 的可以考虑去除；②相对丰度低，这个和测序深度相关，建议通过计算测序深度最低的样品中绝对次数的最低阈值对应的相对丰度作为所有样品的下限阈值。例如，50 000 个总片段的样品，绝对次数以 5 为阈值时，相对丰度的阈值就是万分之一。为了保证样品间的均一性，建议所有样品使用统一的相对丰度的阈值标准，以避免使用绝对次数时，因样品深度不同导致所引入的去除效果有差异。

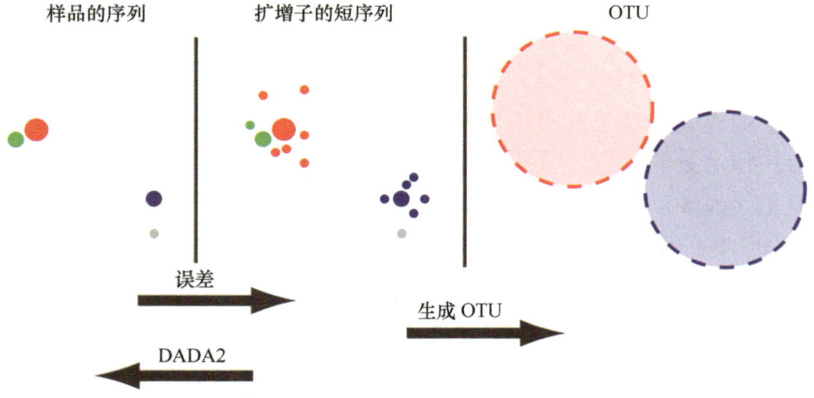

图 2-3　OTU 聚类分析和 ASV 提取分析的原理（Callahan et al.，2016a）

中间实心圆点表示一个测序短序列集，圆点大小表示对应序列的丰度，颜色表示不同测序序列实际代表的样品中序列类别（样品中实际有四个不同的序列，分别以红色、绿色、蓝色和灰色表示）；从左边到中间部分的扩增子测序会引入误差；右侧虚线实心圈表示生成 OTU 的情况，图中表示 OTU 聚类通过将相似的序列归并为同一类来防止误报推断；而 DADA2 使用扩增子误差的统计模型直接推断基础样本序列，因此从中间到左侧对数据进行降噪

2）分类学注释

分类学注释的目的是对代表序列进行分类学命名，为进行生物学理解、比较和沟通提供便利。经过 QIIME2 的综合比较后，推荐使用朴素贝叶斯分类器（naive

Bayes classifier）（Bokulich et al.，2018）进行分类学注释。使用分类器时，首先要选定引物对和分类学数据库。训练分类器所使用的引物对，应优先使用和测序引物对完全一样的序列，或者退而求其次使用扩增子全长引物。分类学数据库，目前 QIIME2 网页推荐的是 SILVA（Quast et al.，2013）和 Greengenes 数据库（DeSantis et al.，2006）。其他可以考虑的数据库还有 RDP（Cole et al.，2013）、GTDB（Parks et al.，2022）和 UNITE（Nilsson et al.，2019）（ITS 数据库）。

SILVA 数据库（https://www.arb-silva.de）的前身是 ARB 项目组，数据库中包含细菌、古菌、真菌的 rRNA 序列。其信息更新及时、包含来源全面，同时也结合了最新的 GTDB 注释体系，因此是当前最为推荐的数据库。当前最新版本为 2020 年 8 月 27 日的 138.1 版本，收录核糖体小亚基（SSU）完整序列 2 224 740 条，大亚基（LSU）完整序列 227 331 条。同时，该数据库提供了去冗余（non-redundant，NR）版本，进行了 99%相似度的聚类，降低了数据库的复杂度。此外，其网站还提供了 rRNA 质量检测、引物序列匹配分析等功能。

Greengenes（GG）数据库（https://greengenes.lbl.gov/）专门针对细菌和古菌的 16S rRNA，并不包含真菌的信息。最新版 13_8 共收录扩增子序列 99 322 条，是已经使用 97%相似度聚类后的结果。最新版 13_8 在 2014 年 8 月后就没有再更新了，所以其信息很稳定。而且它还是该领域最早被认可的数据库，因此它是大部分分析流程默认的参考序列源数据库（Aßhauer et al.，2015；Bolyen et al.，2019；Douglas et al.，2020）。此外，有些下游分析软件，如扩增子序列功能预测软件 PICRUSt（Douglas et al.，2020）就只支持对使用 GG 数据库为参考数据库所生成的结果进行功能分析。但是因为近年来微生物组学的发展极其迅速，已知数据已经大幅度增长，因此使用 GG 数据库会导致大量可用信息的缺失。而且其数据分辨率大多在属和更高的分类单元，不能很好地满足精细注释的需求。所以非必要，不再推荐使用。

RDP 数据库（http://rdp.cme.msu.edu/）提供细菌和古菌的 16S rRNA 序列及真菌的 28S rRNA 序列。其最新版本为 2016 年 9 月的 11.5 版本，收录 16S rRNA 3 356 809 条和 28S rRNA 125 525 条。该数据库提供大量的分析工具，包括线上的分类学判定器（release 11.18，2020 年 8 月 14 日更新）。RDP 和 SILVA 是目前最常用的分类学数据库。

GTDB 数据库（https://gtdb.ecogenomic.org/）主要用于细菌和古菌的分类学注释判定。其使用高质量的基因组数据而非仅限于 rRNA，整体数据量远低于 SILVA 和 RDP。因此 GTDB 一般不用于构建扩增子分类器，但却是注释系统的规范。最新版本是 R202，更新于 2021 年 4 月 27 日，包含细菌基因组 254 090 个和古菌基因组 4316 个。其网站也提供从全基因组数据中提取的 16S rRNA 序列的数据库下载。

UNITE 数据库（https://unite.ut.ee）针对真菌的核糖体 ITS 区域，是该领域目前最权威的数据库。更新于 2020 年 12 月，提供 1 938 913 条公共真菌 ITS 参考序列。按照 1.5%的距离阈值，被归为 264 304 个假定物种；按照 0.5%的距离阈值，则是 457 996 个假定物种。

目前，QIIME2 网站上提供下载的数据库是 SILVA 和 GG 的小亚基全长或 S-U515cf 和 S-B787fr 引物扩增的 99%相似度聚类结果。如果需要未聚类参考序列或者别的引物对（如 S-U515cf 和 S-B907dr）的结果就需要自行构建。此外，对于常见的生境，可以考虑使用加权的分类器（weighted taxonomic classifier），它对物种出现的概率进行了加权，理论上能提高结果的准确性（Kaehler et al.，2019）。针对真菌 ITS 的分析有其特殊性，这里不进一步描述。

值得注意的是，因为分类器的分辨率对分析结果影响重大，所以分类器上都标明了构建分类器时的聚类相似度。建议分类器的聚类相似度与实际分析使用的聚类相似度阈值一致或者更高。例如，进行 97% OTU 聚类的结果，可以使用 97%、99%，或者 100%聚类相似度所构建的分类器，其中以 97% OTU 的分类器为最佳。

此外，除了使用分类器，QIIME2 还提供了两种基于比对的注释方式（BLAST+或 VSEARCH），在数据库信息较少（如真菌）或者进行有特殊需求的分析时也可以考虑。其中，BLAST+返回的是局部最优解（前 *N* 个符合匹配相似度阈值的参考序列中选择最高的那个作为注释）。如果需要全局（所有参考序列）最优解，可以把 *N* 值调到最大，或者使用 VSEARCH 的对比方法。

分类学注释后，会得到代表序列分类学注释表。每条代表序列都会有对应的分类学注释，可以和代表序列频次表结合使用。

3. 群落功能预测

由于扩增子测序只能获得扩增子的序列而非全部基因组信息，所以无法获取其他功能基因的信息，只能通过扩增子对应的已知相关参考基因组的情况来近似预测其他功能基因的情况。

目前最常用的扩增子功能预测工具是 PICRUSt2（Douglas et al.，2020）（https://github.com/picrust/picrust2/），理论上它能够针对任意扩增子，也能覆盖细菌、古菌和真菌。然而它的默认数据库只针对细菌和古菌，是基于 2017 年 11 月 8 日的 IMG 数据库（Chen et al.，2019）的 41 926 个细菌和古菌基因组所构建的，后续没有更新。虽然真菌的 18S rRNA 和 ITS 数据库也可提供下载，但是其效果远不如 16S rRNA，且使用时需要重定向。如果需要构建新的自定义数据库，需要大量的多序列比对分析和海量计算资源，是普通用户难以实现的。PICRUSt2 的主要输出和宏基因组的功能分析结果类似，分别是 ec_metagenome.qza、ko_metagenome.qza、pathway_abundance.qza，分别对应酶分类号（EC 号）、京都基因和基因组数据库（KEGG）同源物号（KO 号）、通路三个层次在各样品中的表达情况。该方法主要有以下三大限制：①不同环境的样品，其预测结果和宏基因组结果（更接近真实的结果）的相关性会不同。因此对于新的取样环境，可能需要通过配对的扩增子测序和深度宏基因组测序结果进行相关性分析来验证 PICRUSt2 在该环境下的适用性。②预测结果的真实性主要取决于样品中的菌和参考数据库中对应菌的接近程度。随着微生物组研究的深入和可参考基因组的增多，结果会越来越接近真实但仍非真实。③受限于扩增子测序的分辨率，相同扩增子序列可能对应不同功能的菌株[种内功能多样性（Poyet et al.，2019a；Van Rossum et al.，2020）]，在预测中无法避免这样的情况。

其他相近的方法还有 Piphillin（Iwai et al.，2016）和 Tax4Fun2（Wemheuer et al.，2020），目前使用频率远不如 PICRUSt2。Piphillin 方法的优点是数据库构建简单，不需要进行多序列比对建树，但是只适用于人体微生物组样品。Tax4Fun2 是 2020 年发表的软件，能通过补充用户自定义信息来提高结果接近真实数据的程度，且其自定义数据库构建依赖 SILVA 数据库提供的进化树，减少了构建进化树的计算需求，但是目前并没有对 Tax4Fun2 和 PICRUSt2 的对比报道。

2.1.1.2　宏基因组测序

宏基因组测序对微生物群落里的所有 DNA 进行测序，其数据包含了较为完整的基因组信息（包括功能信息），也大大提高了分辨率（通过深层解析，能达到亚种甚至菌株层次）（表 2-1）。其原理是把群落里所有 DNA 进行提取和打断（物理法或化学法）后直接测序（Quince et al.，2017b），中间不需要类似扩增子测序的靶向扩增（图 2-1）。但是也因为宏基因组测序所包含的信息过于丰富，其数据量是同等测序深度的扩增子测序的万倍。因此，常规的宏基因组测序（约 6 GB 数据量）只能可靠捕捉相对丰度在 0.1%以上的物种。此外，真菌的基因组大且相对丰度较低，导致其基因组覆盖度很难达到检测阈值，因此目前的宏基因组测序分析方法一般无法可靠地检测到真菌。

宏基因组测序可以使用二代测序或者三代测序（也称为长读长测序）。因为二代测序更为成熟，单位测序深度的成本远低于三代测序，能有较高的测序深度，所以目前主流使用二代测序。三代测序虽然处理数据所使用的思路也类似，但是因为数据结构特征（读长、测序错误率及其分布）和二代测序不一样，所以对应的分析软件有所差别，本章节不进行详细描述。

宏基因组主流的分析方法可分为无参（reference free）分析和有参（reference based）分析两种（两者比较见表 2-3），两者最大的差别在于是否依赖参考数据库进行信息挖掘，这会导致运算资源、测序深度等方面的需求不同。无参分析通过组装和分箱后，可以获得一个个的宏基因组组装基因组（metagenome-assembled genome，MAG），整个过程不需要参考数据库信息。只有在对具体的 MAG 进行分类学注释和功能分析时需要用到参考数据库辅助定位。有参分析则是依赖参考数据库中已知的微生物基因组为蓝图，通过以序列匹配为基础的分析以识别微生物群落的分类学注释及相对丰度和各功能基因的百分比。

表 2-3　宏基因组无参分析和有参分析比较

类别	无参分析	有参分析
依赖参考数据库	否	是
找新物种、新功能	可以	不行
检测测序深度下限	10×（50×以上较可靠）	1×甚至更低
运算资源需求	非常大（服务器级别）	大（单机勉强可运行）

1. 无参分析

目前无参分析的主流流程如 MetaWRAP（Uritskiy et al.，2018）、MAG_Snakemake_wf（Kashaf et al.，2021）均以获得 MAG 为首要目标，主要包括四大步骤（图 2-4）：组装（assembly）、分箱（binning）、分箱质量控制和 MAG 分析。其中，MAG 分析又包括 MAG 定量、分类学注释和功能注释三大可选项。

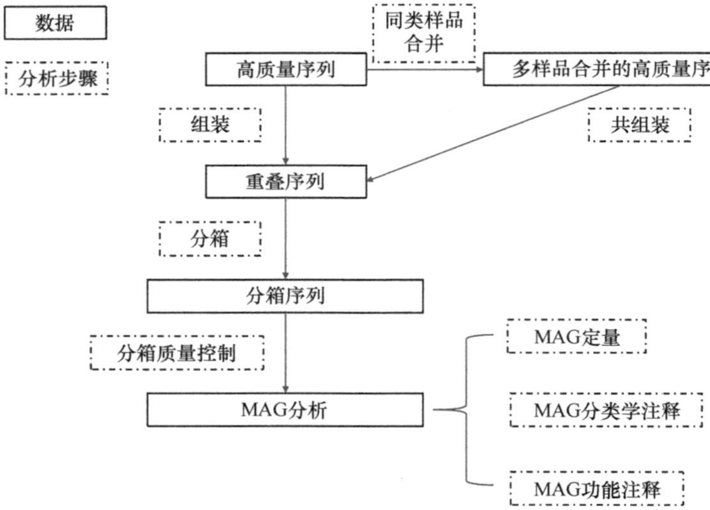

图 2-4　宏基因组无参分析流程

1）组装

因为二代测序的序列是不同基因组的随机打断片段，所以需要通过这些片段之间的重叠区域进行拼接，最后组装成更长的共有序列/重叠群（consensus sequence/contig）（图 2-5）。如果使用的是双端测序数据，还可以进一步确定重叠序列之间的方向和距离，通过未知碱基（N）连接成更长的支架（scaffold）。目前主流方法均使用德布鲁恩图（de Brujin graph）的方法，最常用的有 MEGAHIT（Li et al.，2015）和 metaSPAdes（Nurk et al.，2017），其他著名方法有 IDBA-UD（Peng et al.，2012）、SOAPdenovo（Peng et al.，2012）等。其中，MEGAHIT 的运算速度快，且内存消耗是 metaSPAdes 方法的十分之一甚至更小，尤其在混样组装时优势更明显。但是其组装质量（详见下文质控部分）较差，尤其是重叠序列长度会显著比 metaSPAdes 短，呈现碎片化。因此，除非是计算资源限制或者需要快速分析测试，一般都推荐使用 metaSPAdes 以获得更可靠的结果，并大幅度降低下游分析的难度。对于低复杂度的样品，MaSuRCA 算法略优于 metaSPAdes，也可以考虑。此外，metaSPAdes 和 OPERA-MS 支持二代和三代测序数据的混合组装，能获取更完整的重叠序列，可以按需考虑。

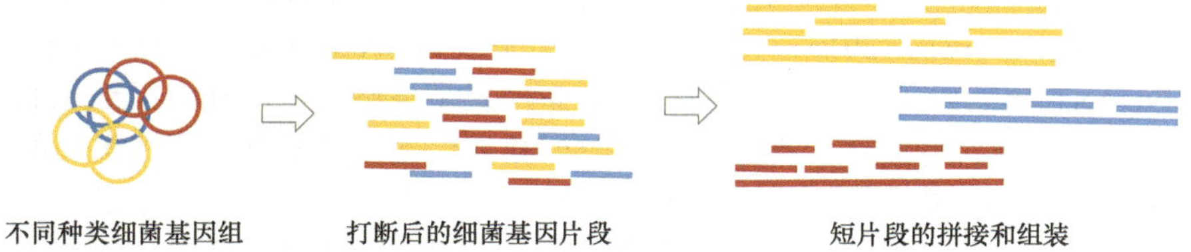

图 2-5　宏基因组组装原理图

值得注意的是，组装分为单样品组装和混样共组装两种情况。混样共组装是在数据输入时，把多个样品的测序数据混合到一起。这样相当于提高了测序深度，因此能比单样品获得更多低丰度 MAG，也会提高重叠序列的长度和完整度。一般情况下，混样的前提假设是混合的多个样品中的菌种（甚至菌株）高度相似，因此最好是同一个体或者环境在不同时间点的数据（也称为时序数据），其次是同一类型的样品。但是混样时样品间的差异基因组会导致错误拼接和产生嵌合体的概率提升。因此，在计算资源允许的情况下，可以考虑单样品组装和混合共组装联合使用，尽可能扬长避短。

此外，组装也是构建菌株单菌分离株（isolate）单扩增基因组（single amplified genome，SAG）的主要步骤。因为 SAG 理论上只包含一个基因组，所以可以假设基因组的覆盖度近似均匀分布，从而利用序列覆盖度来识别重复拷贝、区分测序错误和基因突变等。因此，使用的算法更侧重于提高长度和完整度，如 SPAdes（Bankevich et al.，2012）和 Unicycler（Wick et al.，2017）。其中，Unicycler 主要是在 SPAdes 拼接结果的基础上，对桥连（bridging）区域进行纠错和简化，从而进一步提高结果的完整度。SAG 不需要进行分箱操作。

2）分箱

因为宏基因组测序中包括多个不同的基因组，所以需要把拼接所得的重叠序列进行区分，最终归属到不同基因组，这个过程称为分箱（binning）。分箱（Kashaf et al.，2021）主要利用序列组成信息[如 *k* 长度片段（*k*-mer）的频率、GC 含量等]和各个样品中重叠序列丰度的相关性信息。

目前基于重叠序列结果进行分箱的主流方法有三种：CONCOCT（Alneberg et al.，2014）、MetaBat2，以及 MaxBin2（Kang et al.，2019）。这三种方法各有优缺点，通过分箱合并流程（如 MetaWRAP），可以更好地平衡方法间的优缺点，从而得到最佳的分箱结果。但是 MetaWRAP 的运算资源和时间需求都比较大，如果需要快速分箱，MetaBat2 是上述三者中最新的，效果也是相对最均衡的，可以考虑单独使用。

3）分箱质量控制

微生物基因组的质量控制方法主要有 QUAST（Gurevich et al.，2013）和 CheckM（Parks et al.，2015），可用于分箱结果或者 SAG 拼接结果的质量控制。

QUAST 分为无参模式和有参模式。无参模式是直接通过对基因组结果的重叠序列长度和数量进行统计，得到 N50、L50 和 GC 比例等数据来反映组装的完整性。其中 N50 和 L50 是最重要的指标：N50 代表将重叠序列或支架按长度由大到小排列后，累加总长度达到 50%时所在的序列长度；L50 则是此时该序列的排序号。N50 越大、L50 越小，则代表组装结果中的长片段占比越高，侧面反映完整性越高；反之则说明拼装结果碎片化。对于细菌和古菌，最理想的完整分箱结果是只有 1 个闭环的染色体。有参模式则需要提供对应的参考基因组，以该基因组为模板对重叠序列进行匹配和统计，增加匹配率、结构差异、覆盖深度等统计结果。QUAST 的有参模式主要用在明确靶向菌种的全基因组测序结果评估上，而非在宏基因组测序的无参分析中。

CheckM 根据全部已知微生物共有的 43 个保守单拷贝标记基因（marker gene）对分箱结果进行分类树上位置的判定后，利用该分支所对应的保守单拷贝标记基因的序列覆盖情况，对分箱结果的完整性（completeness）和污染度（contamination）进行判断。完整性等于单拷贝标记基因的被覆盖率，因此即使完整性结果为 100%，只说明标记基因都存在，却不代表该基因组是绝对完整的。污染度则是基于单拷贝标记基因里出现多拷贝的基因数量进行推算，因为这暗示有别的物种的标记基因混进了该分箱结果。此外，CheckM 还提供菌株杂合度指数（strain heterogeneity index），利用每个标记基因对应的拷贝之间的氨基酸相似度阈值来判断该分箱内是否含有多个同种菌株。实际上，因为种内菌株间的高度相似，宏基因组测序的组装和分箱后得到的 MAG，基本上都是菌种级别而非菌株级别的分辨率。如果需要获得菌株层次的信息，需要使用无参菌株分析软件如 DESMAN（Quince et al.，2017a）、mixtureS（Li et al.，2021）、STRONG（Quince et al.，2021）等进行进一步的组成解构。

根据基因组标准组织（Genomic Standards Consortium，GSC）制定的细菌和古菌组装质量分区量表（Bowers et al.，2017）（表 2-4），利用上述评估结果，就可以对应到完整和高、中、低质量的分区。一般推荐使用中质量或以上的基因组较为可靠。因此分箱结果提纯的阈值一般是基因组完整性大于 50%、基因组污染率低于 10%，或者更严格。此时低质量的分箱结果会被去除。

表 2-4　细菌和古菌组装质量分区量表

标准	要求
已完成（SAG/MAG）	
组装质量 [a]	单条无间隙的连续序列，一致序列的错误率等同于 Q50 或更好
高质量草图（SAG/MAG）	
组装质量 [a]	间隙跨越重复区域的多个片段。存在 23S、16S 和 5S rRNA 基因和至少 18 个 tRNA
基因组完整性 [b]	＞90%
基因组污染率 [c]	＜5%
中等质量草图（SAG/MAG）	
组装质量 [a]	存在大量的不满足组装评估标准的组装片段
基因组完整性 [b]	≥50%
基因组污染率 [c]	＜10%
低质量草图（SAG/MAG）	
组装质量 [a]	存在大量的不满足组装评估标准的组装片段
基因组完整性 [b]	＜50%
基因组污染率 [c]	＜10%

a 组装质量的评估包括但不限于：N50、L50、最长重叠群（contig）、重叠群数量、组装大小、映射回组装的读数百分比，以及每个基因组的预测基因数量。.

b 基因组完整性：所选标记基因集中观察到的单拷贝标记基因与总单拷贝标志基因的比率。

c 基因组污染率：在≥2 个拷贝中观察到的单拷贝标记基因与所选标记基因集中的总单拷贝标志基因的比率。

4）对分箱结果（MAG）的进一步分析

如果需要了解微生物群落中各 MAG 的比例，就需要对 MAG 进行定量。目前主流使用 Salmon（Patro et al.，2017）软件：以 MAG 作为参考基因组，根据原始序列的匹配情况，获得每个样品里 MAG 的定量结果。其可以转化成类似扩增子测序的代表序列频次表，用于组成统计分析（见 2.1.1.3 节）。

对 MAG 进行分类学注释的目的与扩增子测序的分类学注释类似，但 MAG 包含整个基因组的信息，能进行更精确的注释。GTDB-tk（Chaumeil et al.，2019）是当前对细菌和古菌基因组进行分类学注释的首选方法。该方法利用普遍存在的 120 个单拷贝标记基因进行微生物进化树定位，并计算相对进化分支分数[relative evolutionary divergence（RED）score]与最相近参考基因组的平均核苷酸一致性（average nucleotide identity，ANI）值。最后根据这三方面数据进行分类学注释判定，其结果比单一数据所得结果更为均衡可靠。

对基因组（无论是 MAG 还是 SAG）进行基因注释，是进一步研究微生物功能组成的基础。目前常用的是 Prokka（Seemann，2014），或者美国国家生物技术信息中心（NCBI）所使用的 PGAP 流程（Tatusova et al.，2016）。微生物基因组需要注释的区域主要包括：编码区（coding region）、rRNA、tRNA、非编码 RNA（non-coding RNA）和信号肽（signal peptide）。Prokka 分别使用 Prodigal（Hyatt et al.，2010）、RNAmmer（Lagesen et al.，2007）、Aragon、Infernal（Nawrocki and Eddy，2013）和 SignalP（Teufel et al.，2022）进行注释。其中，对于编码区的注释，Prokka 采用过滤式注释的方法：首先使用 Prodigal 根据起始密码序列等特征，预测出基因组中的所有编码框；然后使用 BLAST+先后对 UniProt（Gene Ontology Consortium，2021）和 RefSeq（O'Leary et al.，2016）进行匹配检索，此时超过一半的核心基因都该被注释；最后，仍然无法被注释的基因，将通过 HMMER 对 Pfam 和 TIGRFAMs 等数据库进行匹配注释。由于上述步骤每往下进行一步，其注释可靠性会下降且计算量大大增多，因此已经注释上的基因不会继续往下运行。除了上述方法，用户也可以对编码区进一步使用针对特定功能的注释工具及数据库进行补充注释（见 2.1.2.1 数据库部分）。

2. 有参分析

有参分析不需要像无参分析那样先进行组装，可以直接利用参考数据库的信息对原始序列进行序列匹配后归类。当前最新的有参分析体系是 Biobakery3（Beghini et al.，2021），它不但包含了物种分析功能，即分类学注释和定量分析（MetaPhlAn3），以及基因定量分析（HUMAnN3）；还能进行优势菌株的分析，即进化距离分析（StrainPhlAn3）和基因谱分析（PanPhlAn3）。下面主要针对常见的菌种分析方法进行描述。

1）菌种分类学注释和定量分析

菌种分类学注释和定量分析的方法，根据参考数据库的特征可以分为三类（Ye et al.，2019）（图 2-6）：①和基因组数据库比对（To-DNA），目前以 Kraken2（Wood et al.，2019）和 Bracken（Lu et al.，2017）最为常用；②和蛋白质序列数据库比对（To-protein），Kaiju（Menzel et al.，2016）和 DIAMOND（Buchfink et al.，2015）较为常用；③和标记基因数据库比对（Marker based），主要有 MetaPhlAn3 和 mOTU2。To-DNA 方法使用全基因组信息，信息最为全面，在分类学注释方面优于只考虑编码序列的 To-protein 方法和只考虑标记基因的 Marker based 方法（三类方法比较见表 2-5）。而 To-protein 方法的优势在于利用了蛋白质编码的简并信息和移位可能性，且蛋白质序列的变化率低于碱基突变率，因此对新的或者高可变的序列会更灵敏。Marker based 方法，因为只使用了标记基因，所以检索更快，计算资源要求也低，非常适合进行结果的初步快速测试。

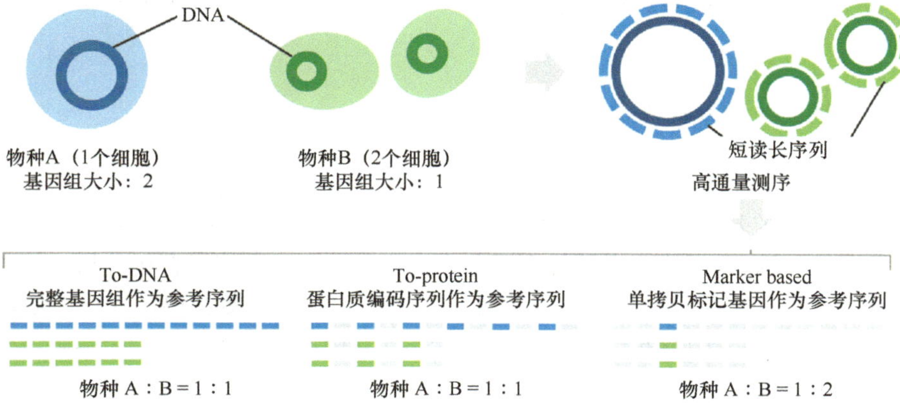

图 2-6　宏基因组三类有参分析流程的原理比较（Sun et al.，2021）

表 2-5　有参分类学注释三类方法比较

类别	To-DNA	To-protein	Marker based
运行时间	＜1 min～4 h	1 min～9 h	1 min
内存需求	＜1～200 GB	25～110 GB	2 GB
分类学评分（AUPR 分）	0.8～1.0	0.75～1.0	0.35～0.75

注：表中“AUPR 分”指精确度-召回率曲线（precision-recall curve）的线下面积。

值得注意的是，To-DNA 和 To-protein 方法在对菌种定量时，使用全部测序序列作为基数，因此基因组大小对相对丰度的影响未被修正；而 Marker based 方法，因为只考虑标记基因上匹配的序列，所以相当于进行了基因组大小的修正。因此，这两大类方法间在定量上不能交叉比较，而根据使用的评估标准不同，定量性能评估的结果也会截然不同（Sun et al.，2021）。目前这两类方法在定量上的优劣尚没有明确结论，建议跨数据分析时使用相同的方法以避免由分析方法引入的偏好性。

综合来说，MetaPhlAn 系列使用频率高，数据库稳定，分析体系成熟完备，适合与其他现有研究进行横向比较，是首推方法；Kraken2 综合性能好，也较为常用，还能用于对扩增子数据的分析，是次推方法。但是使用 Kraken2 时，需要非常注意数据库版本，它对结果的影响很大。

2）基因定量分析

HUMAnN3 是目前首选的有参基因定量分析方法。它利用 MetaPhlAn3 提供的菌种信息，结合内置的菌种泛基因组数据库，对测序片段进行快速的碱基匹配，大大提高了分析速度并降低了运算资源需求。对于未能匹配上的测序片段，才会进一步与蛋白质数据库进行匹配分析，保证整体信息的完整性，获得基因家族的丰度信息。最后，利用代谢通路数据库，还能进一步计算代谢通路的丰度和覆盖度。

2.1.1.3 组成统计分析及指标

组成统计分析是把测序结果信息转化成生物学认知的关键步骤。其输入是扩增子测序或者宏基因组测序的代表序列频次表（代表序列可以是分类学注释或者功能基因）。根据具体的分析目的可以分为多样性分析、系统发育树分析、差异特征分析等。大部分统计分析都可以通过 QIIME2 内置的函数获得，也可以通过 R 或者 Python 的相关函数对代表序列频次表进行分析。

1. 多样性分析

群落多样性是反映群落中个体数目和分布特征的重要指标，从宏观角度为研究者提供生物学推断的依据。在微生物组研究中，根据是否跨生境/样品，多样性指数可分为 α 多样性（样品内）和 β 多样性（样品间）（图 2-7）。多样性分析常用分类学注释的频次表作为输入，反映微生物分类学组成的多样性情况。少数情况会使用功能基因的频次表作为输入，反映功能多样性情况。

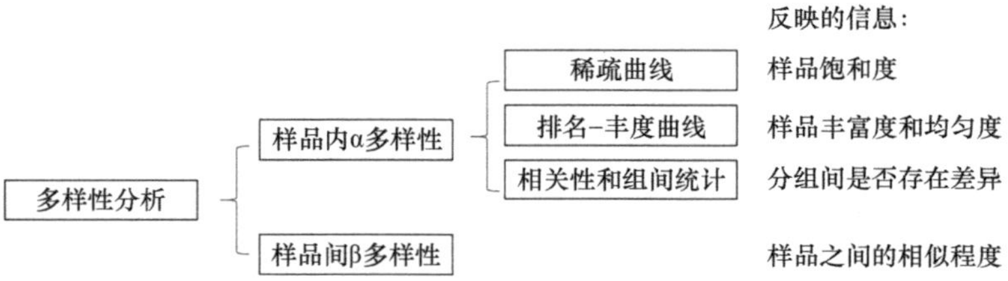

图 2-7 多样性分析的分类和反映的信息

1）α 多样性

α 多样性是用来衡量一个样品内多样性的指标，常用的指数（Bolyen et al., 2019）有以下两类。①反映丰富度的指数：观察特征（observed feature）指数和 Chao1 指数；②同时反映丰富度（richness）和均匀度（evenness）的指数：香农（Shannon）指数和辛普森（Simpson）指数。

观察特征指数：实际观测到的特征的数量，等于特征表的行数，是最基本的丰富度指标。

a）Chao1 指数

$$S_{\text{Chao1}} = S_{obs} + \frac{n_1(n_1 - 1)}{2(n_2 + 2)}$$

式中，S_{Chao1} 为估计的 OTU 数，S_{obs} 为观测到的 OTU 数，n_1 为只有一条序列的 OTU 数目，n_2 为只有两条序列的 OTU 数目。

Chao1 指数在观察特征的基础上，增加了对稀有（出现次数只有 1 次和 2 次）特征的修正项，能更凸显稀有特征对多样性的影响。

b）香农指数

$$H = -\sum_{i=1}^{s} P_i \log_2 P_i$$

式中，s 为物种数目，表示群落中存在的物种种类总数，P_i 表示第 i 个物种占总数的比例。

当群落有 N 个物种时，香农指数的最大值是 $\ln N$（当每个物种都平均分布时），最小值为 0（只有 N=1 时），在这之间，数值越大说明分布越趋向平均。

例如，群落 A 中有两个物种各有 50 个个体，分布是均匀的，其香农指数是：$H_A=-[0.50(\log_2 0.50)+0.50(\log_2 0.50)]=1$；群落 B 中的两个物种分别具有 99 个和 1 个个体，则 $H_B=-[0.99(\log_2 0.99)+ 0.01(\log_2 0.01)]=0.081$；群落 C 中三个物种分别有 98 个、1 个和 1 个个体，则 $H_C=-[0.98(\log_2 0.98)+0.01(\log_2 0.01)+0.01(\log_2 0.01)]=0.161$。

可见，香农指数的权重更多在于均匀性。丰富度相同时，分布均匀的群落多样性高。而丰富度高、均匀性低的群落，从香农指数来看也是多样性比丰富度低、均匀性高的群落差。这也是符合我们的直觉的。

c）辛普森指数

$$D = 1 - \sum_{i=1}^{S} P_i^2 = 1 - \sum_{i=1}^{S} \left(\frac{N_i}{N}\right)^2$$

式中，S 为物种数目，N_i 为物种 i 的个体数，N 为群落中全部物种的个体数。

辛普森指数反映的是从一个群落中随机抽取两个个体属于不同 feature 的概率，其范围固定是[0,1−1/N]，其中 N=1 时为 0。

例如，群落甲中 A、B 两个物种的个数分别为 99 和 1，群落乙中 A、B 两个物种的个数分别为 50 和 50，群落丙中 A、B、C 三个物种的个数分别为 98、1 和 1，则辛普森指数分别为

$$D_{甲}=1-(0.9801+0.0001)=0.0198$$

$$D_{乙}=1-(0.25+0.25)=0.5$$

$$D_{丙}=1-(0.9604+0.0001+0.0001)=0.0394$$

可见，和香农指数类似，辛普森指数的权重也更多在于均匀性，两者差别不

大，一般只用其一。辛普森指数和香农指数的最大差别在于上限数值。当 N 无限大时，辛普森指数的上限趋向于 1 而香农指数的上限趋向于无穷。

α 多样性，最主要是通过稀疏曲线（rarefaction curve）反映样品取样的饱和度，从而反馈测序深度是否足够覆盖样品中的真实多样性情况。其中，横坐标是随机抽取的片段数目，纵坐标是选用的多样性指数值。随着片段数目增加，多样性趋于饱和时，说明该测序量级能较好反映真实多样性情况。

此外，还可以通过排名-丰度曲线（rank-abundance curve）直观反映各样品的丰富度和均匀性。其中，纵坐标是各代表序列的 $\log_{10}$ 相对丰度，横坐标是代表序列根据相对丰度从大到小排序后的序号。因此，每个样品横向长度反映样品的丰富度，线下面积越大反映均匀度越高。

在提供样品的分组信息后，还可以计算分组间各样品的 α 多样性的组间统计学差异，并根据相关性和差异的程度做出生物学推断。

2）β 多样性

β 多样性是用来衡量样品之间多样性的指标，可以反映样品间的相似程度，从而判断组内样品是否比组间样品更相似。

狭义的 β 多样性通过两两样品间距离来反映。微生物组常用的距离指数有 Jaccard 指数、Bray Curtis 指数、未加权 Unifrac（Unweighted Unifrac）指数和加权 Unifrac（Weighted Unifrac）指数（Bolyen et al.，2019）。根据是否考虑代表序列的相对丰度和进化距离，可以如表 2-6 所示分类。

表 2-6 微生物组常用的距离指数

类别	不考虑进化距离	考虑进化距离
不考虑相对丰度	Jaccard	Unweighted Unifrac
考虑相对丰度	Bray Curtis	Weighted Unifrac

为了更直观地反映样品间的关系，在计算样品间距离以后，可以通过排序分析（ordination analysis），将样品之间的距离映射到一个低维空间（二维平面或者三维空间），使散点分布能尽可能反映所代表的样品互相之间的真实关系。主要的排序分析方法有主坐标分析（PCoA）和非度量多维尺度分析（NMDS）。两者的主要差别：①PCoA 使用的是实际距离值；而 NMDS 使用的是实际距离值的排序，弱化了实际距离大小对结果的影响。②PCoA 的结果图中坐标轴会标有对应的贡献度；而 NMDS 的坐标轴没有贡献大小之分，通过应力值（stress value）来反映映射和真实状况的相近程度，该值越小越接近真实，一般建议小于 0.1（Oksanen et al.，2007）。这两种方法直接利用 β 多样性距离，是反映 β 多样性最常用的方法。

此外，广义地反映样品间相似程度，除了使用 β 多样性距离，也可以利用其他直接使用相对丰度数据的排序分析，如：属于非约束分析的主成分分析（PCA）和对应分析（CA），以及属于约束分析（需要提供环境因子数据）的冗余分析（RDA）和典型相关分析（CCA）。约束分析假设环境因子对样品分布是有因果关系的。约束分析结果图中的箭头代表因子的作用方向，长度代表因子的影响力大小，两个箭头间的夹角代表两个因子的相关性，锐角是正相关，钝角是负相关。此外，PCA 和 RDA 假设是线性模型（linear model），而 CA 和 CCA 假设是单峰模型（unimodal model），如表 2-7 所示。

表 2-7　相对丰度数据的排序分析

类别	相对丰度	相对丰度+环境因子
线性模型	PCA	RDA
单峰模型	CA	CCA

线性模型（linear model）假设丰度伴随着环境变量的变化做出线性变化的响应。而单峰模型（unimodal model）假设在一定范围内丰度随环境因素上升而增加，但到达临界值后，若环境因子指标继续增加，丰度则出现下降，这更符合微生物丰度和环境变量的关系，如大部分细菌都有一个生长最适温度范围，过低或过高都会抑制生长。因此，PCA 不适合用于物种丰度变化范围大，或环境梯度变化大的样本（自然环境取样通常变化范围较大），此时可以使用 CA。实际上，可以使用消除趋势对应分析（DCA）来评估使用线性模型还是单峰模型更适合。DCA 是在 CA 的基础上，为了消除“弓形效应”（arch effect）和“边际效应”（edge effect）而发展出来的分析方法。经过 DCA 后，其第一轴的大小反映了梯度变化。大于 4 时说明梯度变化大，更符合单峰模型；小于 3 时，更符合线性模型；介于中间则两者皆可。

2. 系统发育树

在获得微生物代表序列后分析进化距离，可以构建系统发育树，从而可视化各代表序列之间的进化关系。

对于扩增子数据，因为使用的只是较短的目标基因，可以直接进行多序列比对（MSA）分析，然后根据结果构建进化树。

对于宏基因组结果，可以使用 PhyloPhlAn 对 MAG（无参分析组装）或对应的参考基因组（有参分析）进行进化树构建。

3. 差异特征分析

根据分组信息，利用代表序列频次表，可以进行差异特征分析寻找各分组之间的特征，从而形成生物学推断。除了使用常规的差异分析方法外，更推荐使用针对微生物组组成数据的两个工具。

1）常规差异分析

组间差异分析的本质是假设检验，确定差异程度是否可靠。根据是否直接使用参数/样品观察值（如相对丰度），可分为两大类：①参数检验，包括 t 检验（Wadhwa and Marappa-Ganeshan，2022）、方差分析（ANOVA）（Larson，2008）等；②非参检验，包括秩和检验（rank sum test）（Wilcoxon，1945）、Kruskal-Wallis 检验（Guo et al.，2013）等。非参检验一般会对参数进行一定的变换（如秩和检验中的排序转换），因而会比参数检验有更宽松的假设条件和更多的适用场景，但是会增加假阳性。因此，在确定数据符合参数检验的假设要求时，优先使用参数检验（表 2-8）。

表 2-8　组间差异分析——假设检验方法

类别	两组	三组或以上
参数检验	t 检验	ANOVA
非参检验	秩和检验	Kruskal-Wallis 检验

参数检验的前提假设是正态分布，因为只有对称的正态分布，比较组间的均值才有意义。检验是否符合正态分布可以用夏皮洛-威尔克检验（Shapiro-Wilk test，S-W）或科尔莫戈罗夫-斯米尔诺夫检验（Kolmogorov-Smirnov test，K-S）（Motulsky，2014）。小样品（少于 500）时，使用 S-W 检验；大样品使用 K-S 检验。两者均是 $P \geqslant 0.05$ 时代表正态分布。如果两组样品的数量失衡或者方差不齐，可以使用 Welch's t 检验（Ruxton，2006）代替 t 检验。此外，方差分析（ANOVA）要求方差齐性作为前提，可以使用 F 检验（两组）（Lix et al.，1996）或 Levene's 检验（Conover et al.，1981）（三组或更多）来进行验证。当样品分布不满足上述前提（如非正态分布），则只能使用非参检验。

在找到差异特征以后，一般都需要进行可视化展示。常用的展示方式有热图（heatmap）和火山图（volcano plot）（图 2-8）。热图的两轴分别是代表序列和样品，可以较好地反映特征代表序列在各个样品的具体分布情况。火山图的两轴通常是显著指数[P 值或假发现率（false discovery rate，FDR）值]和组间倍数变化值（fold change），主要反映所有代表序列的整体分布情况和突显差异代表序列所处的位置，但不反映样品的具体信息。

2）针对微生物组差异分析的两个主流分析工具

针对微生物组数据的特点，研究者开发了专门的差异分析工具，最常见的有 ANCOM（Zhou et al.，2022）和 LEfSe（Segata et al.，2011）。

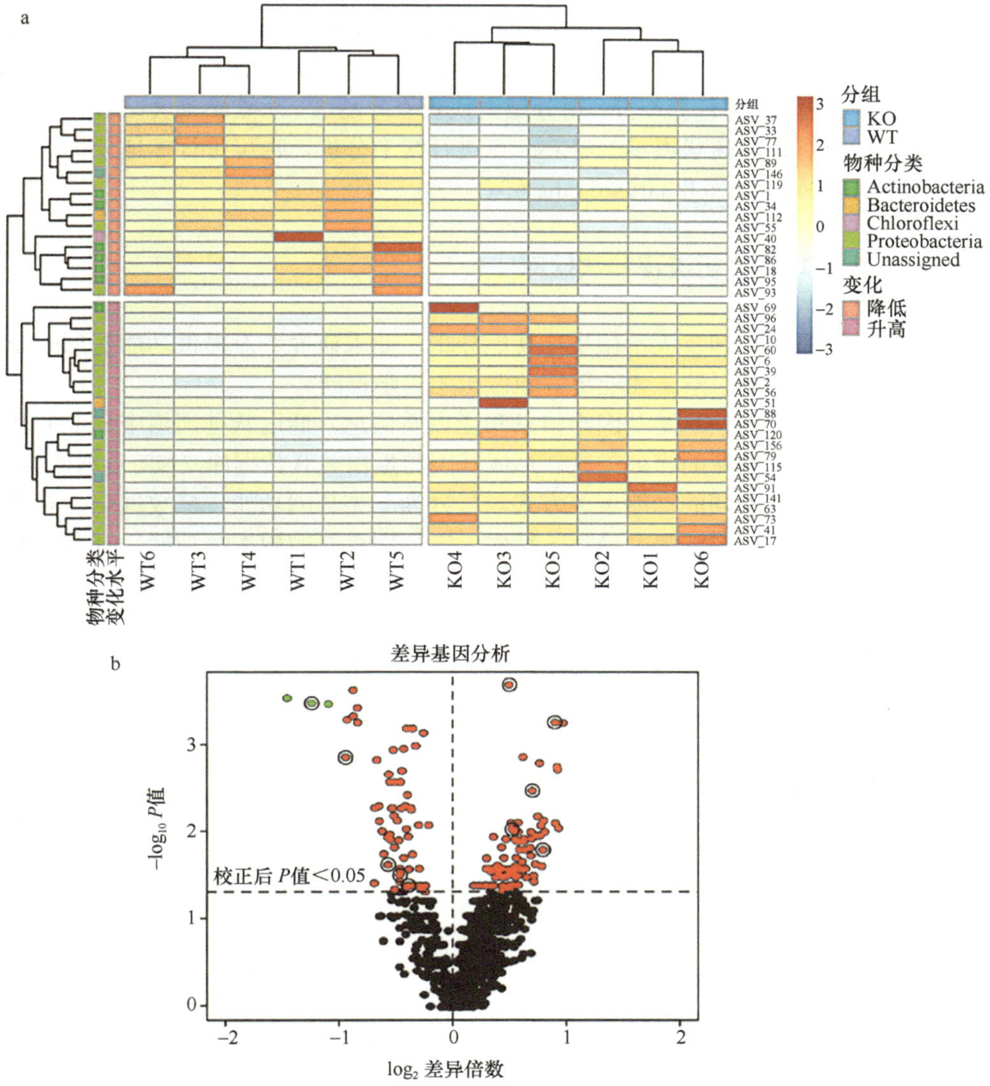

图 2-8　热图、火山图例图

a. 常见热图，颜色表示 ASV 在不同样品中的丰度；b. 常见火山图，红色代表有显著差异的特征，而黑色表示差异不显著

ANCOM 是 QIIME2 内置的比较物种在组间显著性差异的分析方法。ANCOM 的优点包括：①没有分布假设要求；②可用于两组或以上的分析；③在保持统计效力的同时降低了假阳性率，其结果优于 *t* 检验。

LEfSe（LDA effect size）方法是一种基于线性判别分析（linear discriminant analysis，LDA）的监督（supervised）判别方法。其优点是可以进行多组间，甚至

多亚组间的比较。首先，它进行 Kruskal-Wallis 检验，挑选出显著差异物种，然后对这些差异物种进行两分组 Wilcoxon 秩和检验进一步筛选两组间差异物种，最后通过 LDA 实现降维并计算得分，得分越大代表差异越大。后续结果会结合代表序列的进化树信息进行树状展示。LEfSe 可进行线上分析，也可进行本地分析，详见：http://huttenhower.sph.harvard.edu/lefse/。

2.1.2 微生物功能分析流程和数据库

微生物组研究中涉及大量微生物功能分析，要求研究者对提供功能信息的流程和数据库有基本的了解，才能更好地做出生物学推断。

首先，最基础的信息是基因组信息和蛋白质信息。通过从基因组中提取的基因序列与蛋白质数据库的序列关联，形成基因与蛋白关联数据库（NR 数据库）。在此基础上，根据不同的功能聚类方式，可分为三类基因功能注释数据库，对基因进行不同角度的归类注释。最后，针对一些特别重要的微生物功能，有专门的特定功能数据库作为补充（图 2-9）。

此外，因为初级代谢和次级代谢相关的基因经常成簇存在，研究人员针对性地开发了基因簇挖掘的流程和数据库，建立了功能基因在基因组空间上的联系。

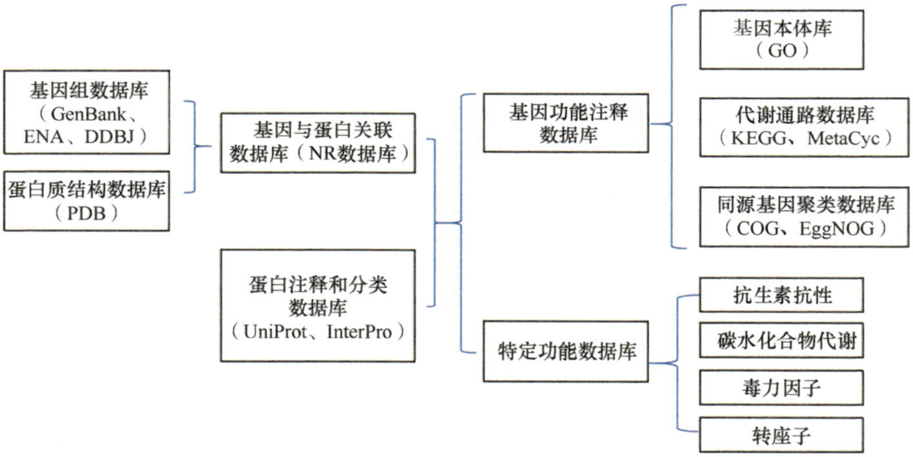

图 2-9 微生物组功能注释数据库的关联

2.1.2.1 基础信息数据库

基础信息数据库是对基因信息进行功能注释的基础，可分为两个层次：原始信息数据库和信息关联数据库。原始信息数据库包括：①基因组数据库（提供核苷酸序列信息）；②蛋白质结构数据库（提供蛋白质序列信息）。信息关联数据库包括：①把核苷酸序列和蛋白质序列进行关联的 NR 数据库；②把蛋白质序列和蛋白质功能注释进行整合与分类的 UniProt 和 InterPro 数据库。至此，基因、蛋白质和功能才形成了最基础的关联，使后续的基因功能注释成为可能。

1. 基因组数据库

微生物基因组是基因信息的根本来源，其较为可靠的来源是单克隆全基因组测序组装结果，其次是从宏基因组数据中分箱获取的 MAGs（见宏基因组测序无参分析）。这些都收录在国际核苷酸序列数据库中。

国际核苷酸序列数据库合作协议的三大数据库[NCBI 的 GenBank（Sayers et al.，2020）、欧洲生物信息研究所（EBI）的 ENA 和日本的 DDBJ]是收录基因组（不仅是微生物）最全面的国际数据库，它们会每天更新。此外，GenBank 每两个月会释放一次新的版本，但该数据库里面的基因组都是用户上传的，并没有经过标准化检查或者校验，会有大量重复和一些错误。为此，NCBI 开发了 RefSeq（O'Leary et al.，2016），用于储存整理后（去冗余、统一标准化注释）的参考序列。因此，从 SRA 数据库（https://www.ncbi.nlm.nih.gov/sra/）查找一个菌株的对应基因组，可能同时有 GenBank 和 RefSeq 的链接，也可能只有 GenBank 的链接。用户可以根据需要进行选择。

2. 蛋白质结构数据库（PDB）

PDB（Protein Data Bank）是目前最权威的蛋白质结构数据库。它始于 1970 年，收集所有已经被实验验证（X 射线单晶衍射、核磁共振、电子衍射等）的生物大分子（蛋白质、核酸和糖）的三维结构。它的结构数据被 AlphaFold2（Jumper et al.，2021）和 Rosettafold（Baek et al.，2021）等基于核酸序列进行蛋白质结构预测的软件认为是评价的金标准。

3. NR/NT 数据库提供最基础的非冗余蛋白质序列和核苷酸序列的关联信息

非冗余蛋白质序列数据库 NR（Non-Redundant Protein Sequence Database）是对三大基因组数据库中注释的功能基因以及蛋白质结构数据库（PDB）进行去冗余后，将核苷酸序列和蛋白质序列交叉索引所形成的数据库。理论上它包含了几乎所有已知的或可能的编码序列。NT 数据库只包含核苷酸序列，是 NR 数据库的子集。

4. UniProt 数据库

UniProt（Universal Protein）是包含蛋白质序列、功能信息、研究论文索引的综合性蛋白质数据库。它是欧洲生物信息研究所（EBI）、瑞士生物信息学研究所（SIB）和蛋白质信息资源（PIR）三大组织的合作成果，整合了这三大数据库的资源。它主要由 UniProtKB、UniRef、UniParc 和 Proteomes 四大模块组成，其关系如下：UniParc 是外源数据的仓库，然后经过分析形成 UniProtKB 知识库，再分别整理成 UniRef 序列聚类数据库和蛋白质组数据库。Proteomes 基于 UniProtKB 中的蛋白质信息，整合了来自不同物种、组织或细胞的蛋白质组数据。其中 UniProtKB 包含 TrEMBL 和 Swiss-Prot 两部分：TrEMBL 保存的是自动注释后未被验证的数据，当前包含 230 328 648 条记录；在其基础上进行了专业人工校验后则会转到 Swiss-Prot 中保存，当前包含 566 966 条记录。

5. InterPro 数据库

InterPro 是一个提供蛋白质序列功能分析的综合性资源数据库（Blum et al.，2021），主要通过把蛋白质序列分类到不同家族并预测其结构域和重要位点的分布来实现。它整合了 13 个资源库的信息：CATH、CDD、HAMAP、MobiDB Lite、Panther、Pfam、PIRSF、PRINTS、Prosite、SFLD、SMART、SUPERFAMILY 和 TIGRfams。具体每个资源库的信息可以通过其联盟（consortium）（http://www.ebi.ac.uk/interpro/about/consortium/）来查看。除了网页端，它还提供本地工具 InterProScan。

其中 Prosite（Sigrist et al.，2013）、Pfam（Mistry et al.，2021）和 TIGRfams（Finn et al.，2017）都属于蛋白质家族数据库。Prosite 除了家族信息，还包含了蛋白结构域和功能位点信息及相关的识别模式信息，最为全面。Pfam 和 TIGRfams 都专注于通过隐马尔可夫模型（HMM）对蛋白质序列进行家族分类。它们的主要区别在于比对区域长度大小。TIGRfams 倾向于长片段匹配，得到的蛋白家族数量多，每个家族成员较少、功能多样性低；Pfam 的匹配区域较短，得到的蛋白家族数量相对少，每个家族的成员更多、功能多样性更高。

2.1.2.2 基因功能注释数据库

基因功能注释，除了要为具体基因进行人类可理解的功能注释，还能利用注释分类对基因数据进行降维。根据聚类方式不同，目前主要可分为三大类：①根据现有研究对生物学功能进行信息学分类，如 GO 数据库；②通过代谢通路把相关的功能基因进行分配和聚类，如 KEGG 和 MetaCyc 数据库；③通过基因和蛋白质序列的同源性进行聚类注释，如 COG 和 EggNOG 数据库。这三类方法并非互相排斥，而是互有补充，方法间也可能互相引用来尽可能提高注释的准确性和全面性。以下将对主要的数据库进行简要描述。

1. 基因本体库利用本体知识体系提供基因功能分类

基因本体库（Gene Ontology，GO）基于本体知识体系对已知的基因功能进行人类和机器都可读的分类注释，从而为大规模研究中的计算分析提供基础注释信息支撑，是最主要的功能注释方法之一。GO 当前分为 3 个独立的功能分类：分子功能（molecular function）、生物学过程（biological process）和细胞组分（cellular component）。一个基因可以同时有这三方面的注释，如细胞色素 c 可以被描述为分子功能里的氧化还原酶活动、生物学过程里的氧化磷酸化和细胞组分里的线粒体基质。

2. 代谢通路数据库从代谢角度进行基因功能聚类

目前最常用的代谢通路数据库有 KEGG（Kyoto Encyclopedia of Genes and Genomes）（Kanehisa and Goto，2000）和 MetaCyc（Caspi et al.，2020），两者都经过人工校正。整体来说，KEGG 比 MetaCyc 含有更多的化合物，但是化学反应和通路数量较少且不太完整，因此两者间偶尔会出现互补甚至轻微矛盾的情况。两个数据库经常会同时被使用，例如，MinPath，一个用于提取核心通路的贪婪算法，就会同时使用两个数据库的信息。KEGG 的独特优势在于其强大的图形功能，它利用图形而非文字来描述各代谢途径及其之间的关系，使研究者能够对其关注的代谢途径有直观全面的了解。但是 KEGG 的最新版本需要付费，而 KEGG 基础版本和 MetaCyc 都是免费的。

3. 同源基因聚类数据库基于序列与功能的同源性进行基因功能聚类

COG（Clusters of Orthologous Genes）数据库（Tatusov et al.，1997）通过对同源基因或蛋白质进行比对从而注释其功能，是目前最严谨的同源基因聚类数据库。每个 COG 被假定来自同一祖先基因/蛋白质，可以来源于直系同源（orthologs），也可以来源于旁系同源（paralogs）。COG 只使用完整的基因组，并且进行了细致的人工校正，具有非常低的错误率，但也可能过度预测。COG 最新更新于 2022 年 3 月，包含了 4877 个 COG，对应 26 个 COG 分类。KOG 数据库原本专门用于保存真核生物的 COG，现已完全并入 COG 数据库。

EggNOG（Evolutionary Genealogy of Genes: Non-supervised Orthologous Groups）（Huerta-Cepas et al.，2019）数据库可以说是 COG 的拓展，它沿用 COG 的分类，使用更多的基因组结合非监督学习的方法进行自动注释，提供最全面的同源基因聚类注释，其注释包含 COG、KEGG、SMART、Pfam 和 GO 数据库的多层级内容。最新的 6.0 版本发表于 2022 年，分析了 12 535 个生物的全基因组（1322 个真核生物、10 756 个代表性细菌和 457 个古菌），并通过构建进化树将这些物种分为 1601 个分类学分支（taxonomic clade，指进化树上的物种分叉），最终共得到 1700 万个直系同源基因类（orthologous group，OG）。EggNOG 的注释相较于 COG 更为丰富全面，是主流的全面功能注释数据库之一，能获得基因水平、蛋白家族水平和通路水平等多维度信息。但是自动化注释也引入了大量预测的和未知功能的注释，用户可以使用其他数据库对特定的 OG 进行校正和补充。EggNOG 提供了网页版本和本地版本，以及对应的分析流程 eggNOG-mapper v2。

2.1.2.3 特定功能数据库

目前比较受关注的微生物特殊功能主要有以下四方面：①抗生素抗性；②碳水化合物代谢；③毒力因子；④转座子。这四方面功能在微生物间互作及微生物与宿主互作中都发挥着重要作用，在合成微生物组学中被广泛利用和研究。

1. 抗生素抗性基因数据库

综合抗生素抗药性数据库（Comprehensive Antibiotic Resistance Database，CARD）（Alcock et al.，2020）是目前唯一在更新的专注于抗生素抗性基础数据收集的数据库，它继承了首个抗生素抗性基因数据库（Antibiotic Resistance Genes Database，ARDB）（Liu and Pop，2009）的全部内容。其他相关抗生素抗性数据库[如：ARGs-OAP 调用的 SARG 数据库、2019 年停更的 ARG-ANNOT 数据库（Gupta et al.，2014）、Resfams 数据库（Gibson et al.，2015）和 ResFinder 数据库（Bortolaia et al.，2020）等]都是基于 CARD（或已经停更的 ARDB）中的信息，再结合其他一些蛋白功能数据库的信息，最后通过HMM 等分类方法进行注释整理。CARD 数据库由四部分关联组成：①ARO（Antibiotic Resistance Ontology）记录抗生素抗性实体词；②MO（Model Ontology）记录校验过的序列和单核苷酸多态性（SNP）信息；③MOBIO（Mobilome Ontology）记录可移动元件实体词；④VIRO（Virulence Ontology）记录毒力相关实体词。当前 CARD 共包含 6453 个实体词（Ontology），其中 ARO 七类、MO 十二类、MOBIO 三大类和 VIRO 四大类。

目前抗生素分析流程可分为针对单基因组数据和宏基因组数据两大类。针对单基因组的方法主要有 CARD 数据库配套的 RGI（Resistance Gene Identifier）流程、ResFinder 流程和进行抗性基因簇挖掘的 ARTS（Antibiotic Resistant Target Seeker）（Mungan et al.，2020）。用于宏基因组数据分析的有 RGI、ARTS，香港大学张彤教授团队开发的 ARGs-OAP、SRST2（Inouye et al.，2014），以及利用深度学习进行预测的 DeepARG（Arango-Argoty et al.，2018）。目前仍在活跃更新的有 RGI、ResFinder、ARTS、ARGs-OAP 和 DeepARG。用户可以根据实际需要进行选择，也可以同时使用多个工具，然后取其中的交集或者并集来提高特异性或者灵敏度。

2. 碳水化合物活性酶数据库

碳水化合物活性酶数据库（Carbohydrate-Active Enzymes Database，CAZy）（Drula et al.，2022）是一个关于碳水化合物降解、修饰或合成酶的数据库，也是目前该领域的唯一权威数据库。它基于蛋白质结构域的序列相似性，将碳水化合物活性酶归入不同家族。目前 CAZy 数据库主要分为五个酶类和一个模块：①糖苷水解酶类（glycoside hydrolases，GHs）；② 糖苷转移酶类（glycoside transferases，GTs）；③多糖裂解酶类（polysaccharide lyases，PLs）；④碳水化合物酯酶类（carbohydrate esterases，CEs）；⑤协同作用酶类（auxiliary activities，AAs）；⑥碳水化合物结合模块（carbohydrate binding modules，CBMs）。并对每个碳水化合物酶的物种来源、酶反应号（EC 号）、基因序列、蛋白质序列和结构等信息都做了详细记录。

3. 毒力因子数据库

毒力因子数据库（Virulence Factors Database，VFDB）由中国医学科学院北京协和医学院病原生物学研究所（原中国预防医学科学院病毒学研究所）于 2004 年发布，是目前毒力因子领域唯一保持更新的权威数据库。截至 2022 年 3 月（Liu et al.，2022a），该数据库收集整理了 72 个属 931 个重要医学病原菌株的基因组信息并进行了毒力因子的挖掘。当前一共记录了 14 大类毒力因子，每个毒力因子包括组成、结构、功能、致病机理、毒力岛、序列、物种来源和参考文献等内容，为毒力因子的深入研究和大规模挖掘提供了重要的信息基础。同时，其配套的网页端软件 VFanalyzer 可以自动化对基因组进行毒力因子挖掘，并保持较高的灵敏度和特异性。

4. 转座子数据库

转座子（transposon，Tn）又称跳跃基因，最早在玉米中发现，在生物界中广泛存在。转座子具有不依赖于同源重组的基因组插入能力，是在全基因组尺度上进行功能基因研究的利器。因此在合成微生物组研究中，尤其是微生物改造中具有重要作用。

转座子插入测序（transposon-insertion sequencing）技术将大规模转座子文库与高通量测序结合，在基因组尺度上将突变体的表型与基因型信息相联系，在功能基因组学的研究上有着重要作用（Cain et al.，2020）。利用转座子的诸多特性，将有助于解决更加复杂多样的生物学问题。

为便于原核生物中转座子的分类与查找，学界已建立了网页端实体查询库，包括 ISfinder（Siguier et al.，2006）、利物浦大学运营的 The Transposon Registry（Tansirichaiya et al.，2019）和乔治敦大学的 TnCentral（Ross et al.，2021）。The Transposon Registry 整合了超过 700 个已被报道的 Tn 序列（包括 ISfinder 数据）及文献信息。TnCentral 搜集了约 400 个严谨注释的 Tn 信息，同时整合了 Tn 相关货物基因与宿主谱信息。

在研究中，人们更关注转座子的分类以及定位信息，其中 ISfinder、BacAnt

（Hua et al.，2021）提供了基于 BLAST（Basic Local Alignment Search Tool）的转座子注释方法；ISMapper（Hawkey et al.，2015）、panISa（Treepong et al.，2018）等则无须数据库，直接处理测序结果文件，利用与转座子序列和参考基因组双重比对的方式，达到鉴定转座子和注释其位置信息的目的。

2.1.2.4 基因簇分析

与基因家族侧重反映基因的同源性相比，基因簇主要指一组（两个或以上）距离相近（几千碱基范围内）的基因通过编码相似的多肽或者蛋白质，共同实现一个功能。目前的相关研究主要集中在代谢产物合成。而根据代谢产物是否与微生物自身的生长繁殖直接相关，又可分为生长相关的初级代谢基因簇（metabolicgene cluster，MGC）（Andreu et al.，2021），以及非直接相关的次级代谢基因簇[又称生物合成基因簇（biosynthetic gene cluster，BGC）]（Blin et al.，2019）。对基因簇的深入挖掘和了解，是研究微生物的共生关系的一个重要途径，在合成微生物组学中有着重要价值。

1. 生物合成基因簇（BGC）分析

具有重大经济价值的天然产物（包括大多数抗生素及许多其他药物）多是由微生物或者植物的 BGC 合成产生，因此 BGC 已有较长的研究历史和众多的研究成果（Blin et al.，2019）。目前主流的 BGC 分析流程都是基于全基因组挖掘，其中以 antiSMASH（最新 6.0 版本）（Blin et al.，2021）最被认可，而 PRISM4（Skinnider et al.，2020）和 SMURF（Fedorova et al.，2012）（只针对真菌）次之。如果需要从宏基因组数据中挖掘 BGC，当前最新的方法是 MetaBGC（Sugimoto et al.，2019）。

antiSMASH 6.0 主要有两个步骤：①识别保守的合成基因，通过基因预测、与数据库进行比对等方法，锁定潜在的基因簇核心基因。②基因簇分析。利用功能相关蛋白会具有相似氨基酸序列区域的特点，使用概形隐马尔可夫模型（profile hidden Markov model，pHMM）的方法对功能相关基因进行关联。然后参照已知 BGC 的特征对不同分类设定具体的规则，挖掘和判断相应的 BGC。对于剩下的区域，会使用 ClusterFinder 去进行不依赖规则的分析，根据对已知 BGC 和已知非 BGC 的差异特征去判断潜在的 BGC 的可靠性是否更接近已知的 BGC。目前，antiSMASH 6.0 能识别 71 种类型的 BGC，用户可以使用网页端版本或者自行本地部署。

然而，antiSMASH、PRISM4（Skinnider et al.，2020）和 SMURF（Fedorova et al.，2012）等属于以规则为基础（rule-based）的挖掘方法都存在一个共性问题：只能找到和已知 BGC 同类型的 BGC。Danny Bitton 课题组开发了基于深度学习的挖掘方法 DeepBGC（Hannigan et al.，2019），可以挖掘部分上述方法遗漏的 BGC。此外，BGC 挖掘当前还有以下两个有待克服的问题（Blin et al.，2019）：①基因组质量要求高，由于分析时对基因间距离有要求，因此输入的基因组需要尽可能完整，碎片化基因组会严重影响分析结果。②BGC 的边界确定困难。目前的方法使用经验性的距离作为约束，倾向于宁愿高估 BGC 的边界，也尽可能避免遗漏相关基因的策略，导致基因簇的边界可能包含无关的基因。

除了 antiSMASH 自带的 BGC 数据库，另一个重要的 BGC 数据库是 MIBiG（Medema et al.，2015），其统一了 BGC 记录的规范格式，为 BGC 研究的长远发展奠定了良好的信息基础。MIBiG2.0 版本更新于 2019 年 10 月 16 日，一共包含 1926 个 BGC。

2. 初级代谢基因簇（MGC）分析

初级代谢是指微生物利用营养物质维持生命活动所需要的物质和能量的过程，和微生物的生长繁殖直接相关。随着肠道微生物研究的深入，人们发现微生物的初级代谢产物（如短链脂肪酸）对宿主也有着重要影响。因此，挖掘 MGC 有着重要的研究价值。gutSMASH（Andreu et al.，2021）是目前唯一能分析 MGC 的软件流程，其原理类似 anitSMASH，也是基于规则的挖掘方法，目前涵盖 41 种已知的初级代谢途径。该方法提供网页版，也可以本地部署。

MGC 目前没有专门的数据库，单个的初级代谢基因在常规的代谢数据库（如 KEGG、MetaCyc 等）里收录。

2.2　单细胞表征技术

2.2.1　单细胞拉曼光谱鉴定技术

肠道菌群是人体最重要的“微生物器官”，其代谢活性与人体的营养消化与吸收、药物代谢、免疫应答等各种生理功能息息相关（Adak and Khan，2019；de Vos et al.，2022；Fung et al.，2017）。一个正常成人肠道中通常含有 10^{14} 个微生物细胞，是人体细胞数目的 2～10 倍；而其编码基因的数目比人类基因组多数百倍。由于肠道菌群中每个细胞的基因组序列都是独特的，而且即使是基因组完全一样的两个细胞，其代谢表型组（即代谢功能）也可能迥异，因此在单个细胞精度理解肠道菌群的遗传多样性和代谢异质性具有重要的意义（Conway and Cohen，2015；Rakitina et al.，2017）。具体来说，肠道菌群机制理解和资源发掘的一个共性问题是：在原位条件下菌群中哪些/哪个细胞具有目标代谢功能，为什么？但是，这个问题的回答面临着巨大的方法学挑战。例如，元基因组、元转录组、元基因组-元代谢物组关联分析（Beura et al.，2022）、同位素核酸探针标记耦合测序等在“群落”层面解析，其分辨率通常无法达到单细胞精度（Hatzenpichler et al.，2020；Lasken and McLean，2014；Madhu et al.，2023）。在“细胞个体”层面，针对菌群的单细胞荧光成像与分选，需要预先知道的生物标志物并通过生化方法或遗传学手段对细胞进行荧光探针标记，且荧光标记的信息通常比较单一，故在肠道菌群中的应用受到很大限制（Hatzenpichler et al.，2016）。因此，迫切需要发展能在单细胞精度、基于原位代谢表型组对菌群进行功能解析、追溯其相应的基因组信息，乃至获取其相应的活体功能菌纯培养物的新手段。

2.2.1.1 元拉曼组是研究肠道菌群强有力的手段

拉曼光谱是一种非标记的散射光谱，是分子键被激发到虚能态却尚未恢复到原始态所引起的入射光被散射后频率发生变化的现象（Raman and Krishnan，1928），其刻画的是某个状态下细胞内各种化合物中化学键振动频率的组合（Puppels et al.，1990），从而直接或间接表征该细胞代谢物（如核酸、蛋白质、多糖、脂质、色素等）的成分及含量等信息（Huang et al.，2010）。这是一种本征、内在、所有类型细胞均适用的化学光谱，具有无须荧光探针标记、非侵入、可保留细胞活性、快速、空间分辨率高（0.5 μm，足以分辨单细菌菌体）、低成本等一系列重要优点。同时，一个单细胞自发拉曼光谱从 0 cm^{-1} 到 3000 cm^{-1} 峰位的拉曼全谱（图 2-10），能在单个细菌（或真菌、动植物、人体）细胞或单个细胞器的空间精度，提供其在该状态下丰富多样、“全景式”的代谢表型组信息（He et al.，2019；Lee et al.，2021；Yan et al.，2021）。因此，“拉曼组/元拉曼组”，即一个细胞群体或细胞群落在某个状态下单细胞拉曼光谱的集合，刻画了该状态下该细胞体系单细胞精度的“代谢功能集体照”（He et al.，2019；马波和徐健，2018）。

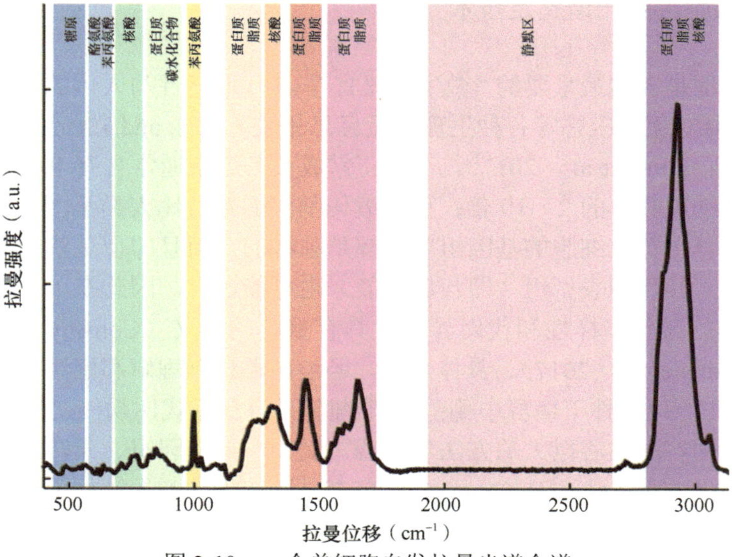

图 2-10 一个单细胞自发拉曼光谱全谱

这些能通过一张拉曼光谱全谱刻画的单细胞代谢表型包括（图 2-11）细胞中拉曼敏感的各种代谢产物，尤其是大分子化合物，如色素（Song et al.，2017b）、甘油三酯（Wang et al.，2014）、淀粉（Ji et al.，2014）、蛋白质（He et al.，2017）等细胞代谢产物。在此基础上，利用细胞之间代谢产物含量的异质性及其相互关联，可通过拉曼组内关联分析等算法，基于一个拉曼组数据点来构建胞内代谢物相互转化网络（Teng et al.，2016）。

同时，不同物种的微生物细胞的代谢物组成具有差别，导致拉曼光谱的指纹区具有一定的物种特异性，因此可用于在单细胞精度快速、低成本地区分或鉴别微生物物种（Baladehi et al.，2021；Liu et al.，2022b；Zhang et al.，2023a）。

进而，由于氢、碳、氮、氧、硫、磷等的稳定同位素原子被细胞代谢而取代胞内化合物相应的原子后，会改变相应化学键的拉曼谱峰位置，导致其“红移”的现象。利用这一原理，通过饲喂细胞氢、碳、氮、氧、硫、磷等各种稳定同位素标记的目标底物，单细胞拉曼光谱可以定性或定量地测量细胞对目标底物的利用程度和利用速率（He et al.，2019）。基于这一原理，单细胞拉曼光谱还可用于测定细胞活性与活力（Zhang et al.，2023a）、环境应激性与抗逆性[如微生物药敏（Tao et al.，2017；Liu et al.，2022b）、微生物药物应激机制（Teng et al.，2016）、肿瘤药敏性与药物应激机制（Hekmatara et al.，2021）等]、细胞之间的代谢互作（Wang et al.，2016c）等。因此，一张拉曼光谱全谱能刻画和表征的单细胞代谢表型组信息极为丰富，而且仍然在不断拓展之中（图 2-11）。

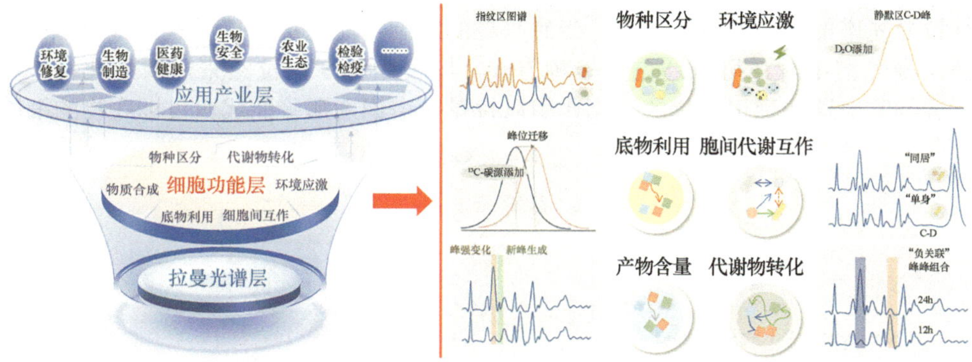

图2-11　一个细胞的自发拉曼光谱全谱蕴含着该细胞在即时状态下丰富多样的代谢表型组信息

值得强调的是，与测序和质谱等破坏性的分析手段不同，拉曼光谱的采集过程能够保持细胞的结构完整性乃至代谢活性，因此利用拉曼光谱从微生物组中可直接识别并分选具有目标代谢功能的单细胞，称为基于拉曼光谱的细胞分选（Raman-activated cell sorting，RACS）。RACS 可耦合单细胞测序（RACS-Seq）（Xu et al.，2020）。例如，在人体消化道、土壤、海水、污水等各种微生物组样品体系，已实现单个细菌菌体精度的拉曼光谱采集和高覆盖度全基因组的同时测量（Jing et al.，2022a，2022b，2021；Liu et al.，2022b；Xu et al.，2020；Zhang，2023a）。

同样道理，RACS 也可以耦合单细胞培养技术（RACS-Culture）（Jing et al.，2022a），直接从环境样品出发，无须事先平板培养、免荧光标记地识别和分选具有目标"原位"代谢功能的单细胞，从而服务于活体功能菌资源的高效发掘。这种"先筛后养"的技术路线，具有能识别和分离出尚难培养或慢生长微生物、基于原位功能评价和挖掘功能菌、功能菌分离培养效率大幅提升等优势。它突破了"先养后筛"这一传统范式的原理性局限，为肠道菌群资源挖掘提供了一条新路线（Jing et al.，2022a）。

2.2.1.2 元拉曼组服务肠道菌群机制解析和功能菌挖掘的总体流程与仪器平台

对于一个微生物组样品，每一个元拉曼组数据点刻画着一个由该状态下取样分析的大量单细胞精度代谢表型组组合而成的菌群代谢表型组，代表了一种菌群代谢功能的大数据类型（He et al.，2019）。利用元拉曼组手段分析肠道微生物组样品的一般流程包括：样品前处理、采集拉曼光谱信号、光谱预处理与数据分析、分选出具有目标代谢功能的细胞、对目标细胞进行测序或培养等（图 2-12）（Pahlow et al.，2015）。首先，从哺乳动物肠道等收集的微生物组样本可以通过两种方法进行预处理：一种是直接使用样本，无须标记，通过稀释、离心收集细胞后直接进行拉曼光谱的采集即可。但是，当感兴趣的细胞功能无法直接反映在各自微生物的拉曼光谱中时，可以通过另一种方式，即使用稳定同位素来短暂孵化样本，通过细胞对这些标记底物的同化作用以拉曼光谱识别那些能代谢目标底物的细胞

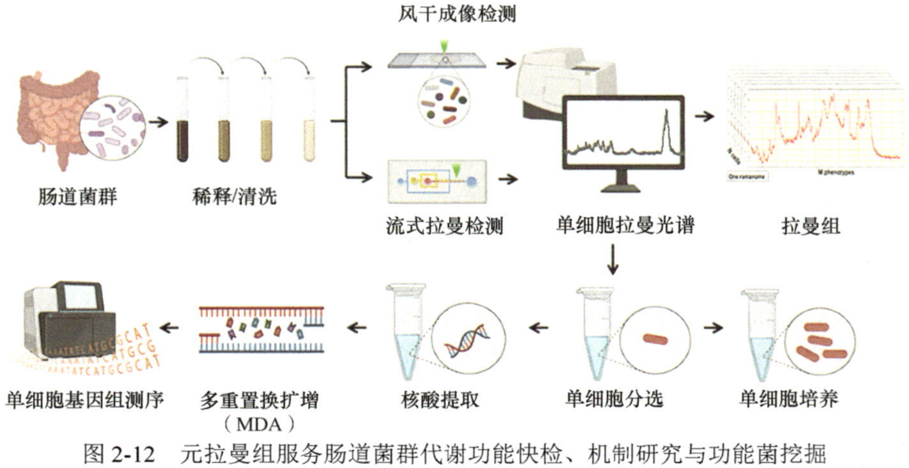

图 2-12 元拉曼组服务肠道菌群代谢功能快检、机制研究与功能菌挖掘

（Lee et al.，2019）。在这一孵育过程中，培养基中可添加刺激细胞代谢功能的特定化合物或抑制细胞生长代谢的抗生素等，以识别对于这些环境刺激物敏感的细胞亚群（Wang et al.，2016b）。

其次，在细胞显微成像检测中，通常是将细胞样品滴于玻片上，在适当的条件下使其风干，然后使用显微镜对细胞进行成像和拉曼光谱采集。这种方法既可以提供高分辨率的细胞图像，又可以获得相关拉曼光谱，用于分析细胞形态、结构和标记的某些分子变化。但是显微拉曼光谱检测通常需要手动操作，在其检测和图像采集过程中需要更长的时间。此外，微流控芯片流式检测则通过自动化流程和高通量处理，可以在较短的时间内对大量细胞进行快速检测。例如，将细胞样品悬浮在流动液体中，基于介电诱导实现单细胞聚焦、捕获/释放的拉曼流式检测技术（pDEP-DLD-RFC）（Wang et al.，2023），其检测速度为 30～2700 个细胞/min，这种方法可以实现对大量细胞的快速、高通量流式拉曼分析。

拉曼光谱采集后，数据预处理与分析的步骤通常包括：①去除仪器本征的波长偏移和灵敏度差异的数据校正；②去除光谱中的噪声和杂散信号以提高信噪比的噪声滤波；③去除光谱中的基线漂移的基线校正；④去除背景对细胞信号影响的背景扣除；⑤消除不同样品之间的强度差异的光谱归一化；⑥寻找光谱特征峰进行比较分析；⑦对高维的拉曼光谱数据进行降维，以降低数据复杂性和提高数据处理效率；⑧为实现物种鉴定对光谱进行分类预测等（García-Timermans et al.，2020）。光谱数据预处理与分析的步骤和方法会根据具体的实验目的及数据特点进行选择和调整。

在上述拉曼光谱采集和分析的基础上，可以基于 RACS 对目标代谢功能的单细胞进行"所见即所得"或高通量的分选，进而对接下游的单细胞测序（RACS-Seq）或单细胞培养，从而完成一个从菌群代谢功能快速检测，到建立从单细胞代谢表型组到单细胞基因组的关联，再到分离培养出目标原位代谢表型组的功能微生物的完整的元拉曼组技术流程。

目前，支撑上述元拉曼组完整流程的仪器装备主要包括"拉曼激活分选耦合单细胞测序"（RACS-Seq）系统和"高通量拉曼流式细胞分选仪"（FlowRACS）。RACS-Seq 系统的特色是在显微镜视野下"所见即所得"的精确目标细胞分选。基于重力驱动单细胞液滴包裹拉曼分选技术（Jing et al.，2021）和高通量光镊辅助静态池成像单细胞分选技术（Xu et al.，2022），它能保持细胞原位活性、高通量地分选出明场、荧光、拉曼等多模态表型组成像下的目标单细胞，以耦合下游的高质量单细胞基因组/转录组测序。结合单细胞基因组 DNA 扩增试剂盒中关键酶的改进（Zhang et al.，2023b），RACS-Seq 实现了从人体或环境微生物组样品直接出发，单个细菌菌体精度的拉曼光谱采集和高质量基因组的同时测量（Xu et al.，2020），而且这个特色能力广泛适用于人体消化道、土壤、海水、污水等各种微生物组样品体系（Jing et al.，2022a，2022b，2021；Liu et al.，2022b；Xu et al.，2020；Zhang et al.，2023a）。当然，RACS-Seq 系统也可以支撑拉曼激活分选耦合培养技术（RACS-Culture；Jing et al.，2022a），同样广泛适用于各种样品体系和应用场景。

FlowRACS 是业界首台高通量拉曼流式细胞分析分选仪产品（Wang et al.，2020，2023）。首先，通过宽流场高流量的进样策略，有效防止细胞沉降，从而实现了长时间稳定运行；其次，通过介电诱导细胞确定性侧向位移，实现宽场中细胞高效聚焦地流经检测位点，从而保证了拉曼检测效率；最后，通过施加检测时间依赖的周期性介电场，实现了单细胞的快速捕获/释放。FlowRACS 针对人体细胞（肿瘤）、植物（微藻）、酵母和细菌等多种细胞类型也具有广谱适用性（Wang et al.，2023）。基于其在通量上的优势，FlowRACS 在各种细胞类型及其突变体库的代谢功能表征、功能细胞筛选、培养过程监控和产品质检等领域将有广阔应用。

2.2.1.3 元拉曼组手段服务肠道菌群研究与产业的代表性案例

1. 基于元拉曼组的复合益生菌产品快速质检技术

以肠道益生菌为主的益生菌产品市场规模已近千亿，但是存在大量的“鱼目混珠”现象。其重要原因是益生菌质检的方法学局限性。由于这些方法大多依赖于分离培养或元基因组测序，因此存在耗时长、成本高、难以快速测定细胞活性和代谢活力及其细胞间异质性、复合益生菌产品深度质检困难、流程烦琐、难以自动化等瓶颈性问题。这些局限性导致益生菌产品难以快速、低成本、全面、深度地进行质检，很大程度上阻碍了益生菌产业的健康发展。

针对这一产业瓶颈，研究人员基于元拉曼组原理开发了一种名为单细胞鉴定、活性与生存测试及来源追踪（single-cell identification，viability and vitality tests and source-tracking，SCIVVS）的单细胞精度益生菌质检技术体系（Zhang，2023a）。针对益生菌产品，SCIVVS 首先不是提取总核酸或者进行平板培养，而是提取所有的细胞进行重水饲喂和单细胞拉曼光谱的高通量采集。在每一张拉曼光谱上，利用其指纹区，基于与益生菌单细胞拉曼光谱参照数据库的比对，快速完成每个细胞的种类鉴定环节。通过构建 21 种法定可食用益生菌的标准菌株拉曼光谱数据库，SCIVVS 可实现平均高达 93%的分辨准确度（图 2-13）。同时，利用其重水利用峰[碳氘（CD）峰]，则可针对每个物种，量化每个细胞的活性、代谢活力等（图 2-13）。进而可通过拉曼激活单细胞分选技术，快速获得目标种类或目标代谢活力的单细胞，从而对接下游单细胞全基因组测序或培养。

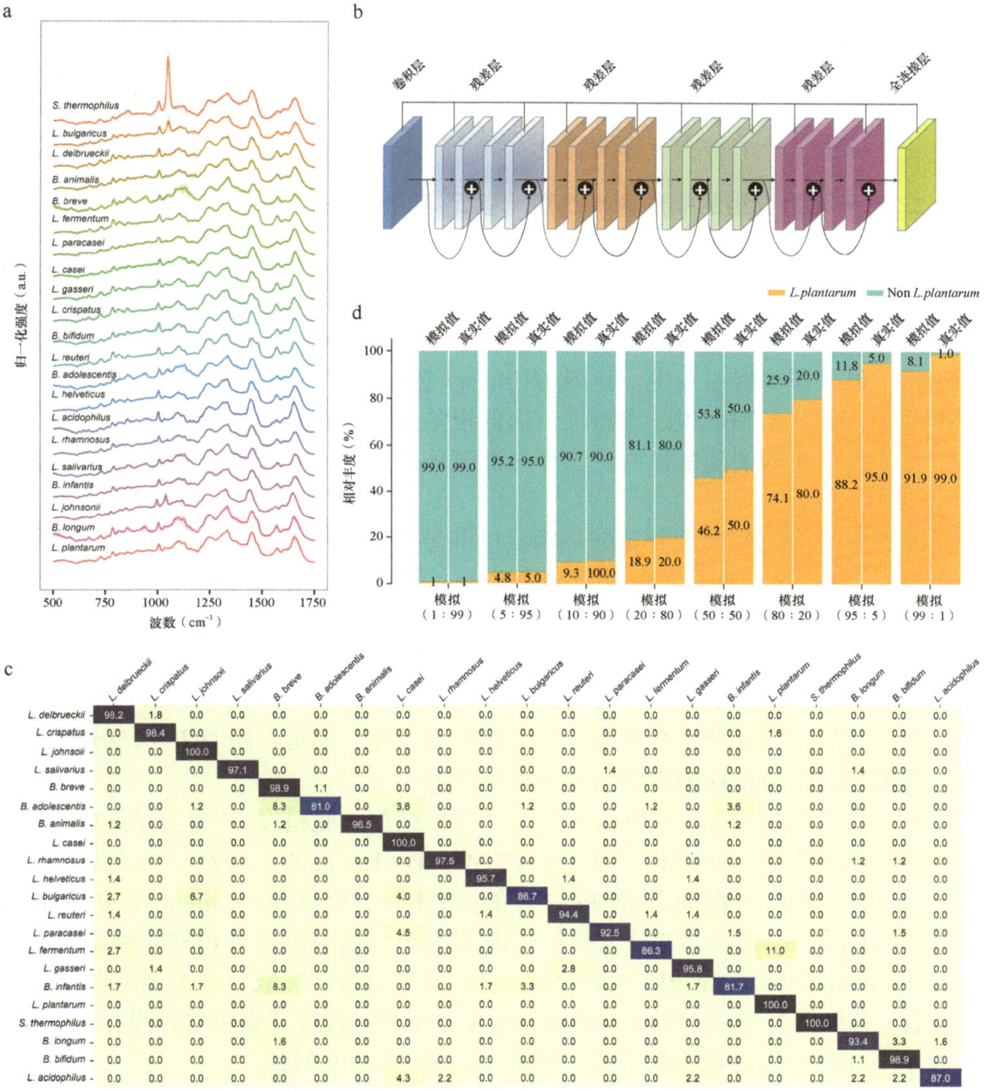

图 2-13　基于单细胞拉曼光谱对 21 种益生菌进行物种鉴定（Zhang et al.，2023a）

为了支撑 SCIVVS，研究人员运用 RACS-Seq 仪器，直接从纯种或复合益生菌产品出发，在 5 h 之内，完成了精确到每个物种的活细胞计数、活力定量和活力异质性测量。同时，针对乳杆菌、双歧杆菌或链球菌等各种益生菌，均能产出高质量的单细胞基因组（覆盖度可高达 99.4%），从而完成精准溯源。

对比目前的益生菌产品质检方法，SCIVVS 具有快速、准确、全面、低成本、易于自动化等优势，较传统方法快 20 倍以上，而成本仅为传统方法的 1/10，且能免培养、高精度、自动化、一站式地完成产品中每个物种的活细胞计数、活力定量、活力异质性测量和溯源，有望形成新的技术标准。在此基础上，有望建立一个标准化、一站式的技术服务体系，为实现从生产端到消费端的益生菌产品质量规范化，提供了一个切实可行的解决方案。

2. 基于元拉曼组的病原菌单细胞“鉴定-药敏-溯源”一体化技术

胃肠道是人体与外界接触面积最大的器官，其上遍布着一个主要由细菌组成的微生物组。其中的幽门螺杆菌（*Helicobacter pylori*）是人类最常见的慢性感染细菌，全球有约半数人口感染。70%以上的胃癌病例与 *H. pylori* 感染有关，而根除该菌可显著减少胃癌发生。我国 *H. pylori* 感染呈现高感染率（约 50%）、高疾病负担、高耐药率和低根除率特征，而低根除率的主要原因为菌株耐药严重。因此，建立一个高效的药敏诊断、治疗与溯源体系，对于临床和相关疾病防控至关重要。

目前 *H. pylori* 耐药菌鉴定的临床金标准是内镜检查与细菌培养相结合的药敏检验。由于其生长条件苛刻，分离和培养胃活检标本中的 *H. pylori* 通常需 7～10 天，且难以考察临床样品中“原位”的病原多样性。在获得纯培养后开展的表型药敏实验，同样耗时很长，且技术要求高。而基于基因型的药敏检测方法仅能预测部分已知耐药基因的突变，并存在不同程度的假阴性。因此，目前临床医生主要依赖经验用药而非药敏结果指导性下的精准治疗。但是，随着 *H. pylori* 耐药性的不断增加，经验治疗的根除失败率日益严重。

针对以上瓶颈问题，研究人员建立了单个细菌细胞精度、“鉴定-药敏-溯源”全流程一体化的 *H. pylori* 诊疗技术 CAST-R-HP（Liu et al.，2022b）。首先，他们构建了 15 种临床常见胃部共生菌的单细胞拉曼光谱（single cell Raman spectrometry，SCRS）参考数据库；进而利用端到端的深度卷积神经网络（deep convolutional neural network，DCNN），将拉曼光谱特征提取与分类模型训练过程相融合，有效提升了基于 SCRS 的病原鉴定准确率。直接从临床胃黏膜样品出发，对 *H. pylori* 细胞进行识别和鉴定，准确率达 98.5% ± 0.27%。

进而，研究人员建立了单细胞精度测定代谢抑制程度的 *H. pylori* 药敏表型快检技术。与临床标准 E-试验（E-test）法相比，17 株 *H. pylori* 临床分离株对左氧氟沙星、克拉霉素的药敏检测准确率分别为 94%和 100%。另外，针对 7 例患者胃黏膜组织样本，通过 48～72 h 的重水饲喂和药物孵育，无须分离培养，直接测定样品中 *H. pylori* 细胞对于左氧氟沙星的药敏性，准确率为 100%。

最后，针对耐药机制研究和全基因组溯源，研究人员从临床样品中直接识别特定药敏表型的 *H. pylori* 细胞，进而通过拉曼激活重力驱动单细胞封装（Raman-activated gravity-driven single-cell encapsulation，RAGE）芯片，完成高均衡性的目标单细胞分选和核酸扩增。拉曼分选后的单个 *H. pylori* 细胞，全基因组覆盖度可达 99.7%，从而通过基因型验证了药敏表型。

总之，这一基于元拉曼组的手段将从临床样品到药敏结果的流程从一周以上缩短至 3 天，而且能在单细胞分辨率、全基因组水平完成耐药机制研究与精准溯源。这一技术为建立单细胞精度的幽门螺杆菌诊疗与疾控体系奠定了基础。

3. 基于元拉曼组的肠道菌群代谢活性检测

水（H_2O）是所有生命体所必需的代谢底物，细胞对水的代谢速率可以反映细胞的代谢活性。当细胞摄入重水（D_2O）时，活性细胞将通过 H/D 交换反应的作用将氘掺入其生物质中，化合物中的氢原子（H）将被氘原子（D）取代，从而在拉曼光谱的静默区 2040～2300 cm^{-1} 出现碳氘（CD）峰，通过量化碳氘峰便可检测细胞代谢活性（Shi et al.，2018）。将这种方法应用于小鼠盲肠微生物群，发现嗜黏蛋白阿克曼氏菌（*Akkermansia muciniphila*）和产酸拟杆菌（*Bacteroides acidifaciens*）对黏蛋白和碳水化合物具有不同降解模式（Berry et al.，2015）。将小鼠结肠微生物样本与不同的黏蛋白 *O*-聚糖单糖分别离体培养，应用重水拉曼检测微生物对各种化合物的反应，发现在用不同的黏膜 *O*-聚糖单糖修饰后微生物的代谢活跃程度不同，其中以针对半乳糖的微生物代谢响应最为显著和突出（Pereira et al.，2020）。将人体粪便与重水（D_2O）、特定底物（葡萄糖、酪氨酸、色氨酸和油酸）和氘化葡萄糖厌氧培养后，粪便中的某些细菌出现在单细胞拉曼光谱中的 CD 波段，其中葡萄糖比酪氨酸、色氨酸和油酸更能显著刺激肠道细菌的代谢活性（Wang et al.，2020）。此外，研究人员开发了受激拉曼散射双光子荧光原位杂交技术（stimulated Raman scattering-two-photon fluorescence *in situ* hybridization，SRS-FISH），相对于自发拉曼，受激拉曼的优点是成像速度可提升到每个细胞 10～100 ms，实现了以单细胞水平分辨率对人类肠道微生物群中 30 000 多个细胞黏膜糖代谢反应的检测（Ge et al.，2022）；但是其缺点是拉曼谱宽非常窄，信息量极为受限，在采集 CD 波段时无法同时采集到相应指纹区等涵盖关键信息的区域。

4. 基于元拉曼组的益生元敏感性肠道细菌挖掘

益生元被定义为促进有益肠道微生物生长的不易消化的膳食成分。其中菊粉是食品和补充剂行业中最受欢迎的益生元之一，是一种由植物产生的非结构性多糖，虽然不能直接被人体消化但却可以被肠道菌群通过菊糖酶催化降解发酵，产生低聚果糖（fructo-oligosaccharide，FOS）、葡萄糖和果糖单体。然而目前肠道微生物群和菊粉之间的相互作用尚难以快速检测，故缺少对益生元功能的系统性理解，从而难以发展科学的饮食干预措施。

针对以上问题，研究人员通过离体肠道微生物群孵育和多模式分选方法，并结合微生物菌株的靶向分离和测序技术，来寻找与菊粉相互作用的肠道细菌类群，也就是与菊粉或其分解产物互作后具高代谢活力的细胞（Riva et al.，2023）。首先通过纳米颗粒与菊粉结合对肠道菌群进行厌氧孵育，经荧光激活细胞分选（fluorescence activated cell sorting，FACS）和16S测序技术识别具有菊粉结合特性的肠道微生物。然后通过生物正交非标准氨基酸标记（bioorthogonal non-canonical amino acid tagging，BONCAT）结合分选技术（BONCAT-FACS）检测具有蛋白质翻译活性细胞的存在。最后通过重水孵育和基于拉曼光谱的细胞分选（RACS）对粪便样本中添加菊粉导致代谢活跃的细胞进行分选和再培养，获得来自拟杆菌门、厚壁菌门、放线菌门，由10个属和18个物种组成的72个单菌落，其基本都具有降解菊粉的能力。其中受到菊粉降解过程间接刺激的科里巴氏菌纲（Coriobacteriia）的物种慢生厄格氏菌（*Eggerthella lenta*）和戈登氏菌（*Gordonibacter* spp.）是最常检测到的细菌。

因此，利用RACS-Seq系统和FlowRACS系统等多模态或者高通量的拉曼分析和分选仪器，可以准确识别出执行特定原位代谢功能的微生物。在此基础上，通过拉曼激活单细胞分选与再培养技术，在控制条件下培养和繁殖这些关键微生物，或者进行单细胞全基因组测序，可以进一步研究它们的功能和相互作用。这个统称为“元拉曼组平台”的完整技术体系将为我们深入理解微生物组功能机制并高效挖掘其中的生物资源提供先进的工具与手段。

2.2.1.4 小结

单细胞拉曼光谱将胞内代谢物分子的分子光谱定性或定量地翻译为该细胞在该状态下的底物代谢、产物合成、药敏性、环境应激等关键代谢活动。因此，与元转录组、元蛋白质组和元代谢物组相比，元拉曼组是一种更接近于“功能”、单细胞精度的分子表型组。而且，元拉曼组手段具有广谱适用、活体、无损、非标记、全景式表型、可分辨复杂功能、快速、高通量、低成本，且能耦合下游测序、质谱或培养等重要优势，因此与现有的单细胞基因组、转录组、蛋白质组和代谢物组等手段具有互补性，共同形成一个完整的单细胞多组学方法学体系。尤其重要的是，RACS-Seq、RACS-MS、RACS-Culture等技术体系实现了代谢功能靶向性的单细胞多组学，不仅能通过产生单细胞“代谢表型组-基因组/转录组/蛋白质组/代谢物组”数据来支撑微生物组功能机制的深度解析，而且能通过建立单细胞“代谢表型组-培养组”流程来实现“先筛后养”的原位功能菌识别、评估与分离培养。这些优势和特色决定了元拉曼组手段将成为服务于包括肠道菌群在内的微生物组机制理解和资源发掘的重要技术平台。

2.2.2　显微成像技术

微生物的细胞大小通常在 1～100 μm（Young，2006），显微成像技术可以帮助研究者在单细胞尺度下直接“看到”微生物，从而对微生物的形态结构等进行研究。根据照明和成像方案的区别，常用的显微技术可以分为：明场显微镜、暗场显微镜、相差显微镜、荧光显微镜、超分辨显微镜、电子显微镜等。这些方法具有各自的特点，例如：暗场显微镜和相差显微镜可以有效地提高微生物在视场中的衬度；电子显微镜则具有突破了光学极限的超高分辨率。随着荧光染料、荧光蛋白以及荧光成像技术的发展，利用荧光显微镜以及基于荧光成像原理的共聚焦、超分辨显微镜，人们不仅可以在单细胞尺度上观察微生物，还实现了对微生物的组成及成分的定量测量。本小节将以荧光成像技术为主介绍显微成像在微生物单细胞研究中的应用。

2.2.2.1　荧光显微成像的基本原理

荧光基团也称为荧光标签或荧光探针，是一种具有荧光发光特性的化学分子。一般而言，荧光基团可以有选择性地以共价结合或物理吸附的方式结合到目标分子上的特定区域或官能团，从而实现对特定目标的荧光标记（Sahoo，2012）。常见的荧光基团有：溴化乙锭、含荧光素的活性染料以及各种颜色的荧光蛋白（图 2-14）。我们可以根据研究的需要，如目标的细胞环境、实验性质等来选择特定荧光基团。

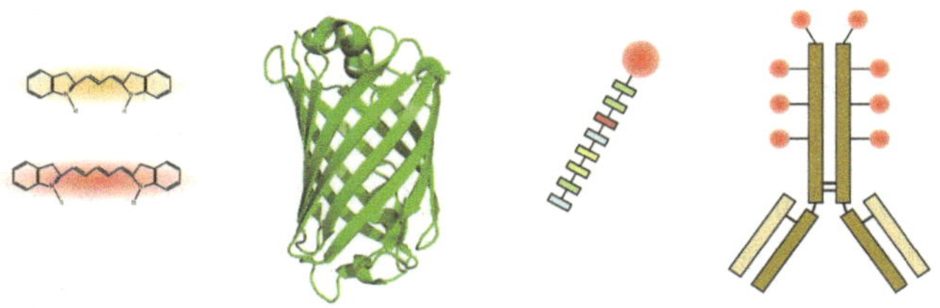

	化学染料	荧光蛋白	FISH探针	抗体探针
探针大小	1 nm	3 nm	3～5 nm	15 nm
基因编辑	不需要	需要	不需要	需要/不需要
特异性	±	++	++	++
亮度	++	+	++	++
细胞毒性	+	±	NA	NA
活体标记	可以	可以	否	否

图 2-14　不同荧光基团之间的区别（Cambré and Aertsen，2020）

+表示阳性，++表示强阳性，±表示弱阳性，NA 表示未检测到

1. 荧光染料

荧光染料是用于微生物成像的重要工具，虽然荧光染料具有一定的细胞毒性和光毒性，且特异性一般，但其光学性质（如更高的光稳定性、更高的亮度、更窄的带宽）和荧光蛋白相比更为优异。荧光染料主要有如下 4 个用途：①标记细胞内由大分子构成的结构，如利用 FM4-64 标记细胞膜（Pogliano et al.，1999；Sun and Margolin，1998），用 4′,6-二脒基-2-苯基吲哚（4′,6-diamidino-2-phenylindole，DAPI）标记细胞的染色体（Kubista et al.，1987）等。其中利用染料的组合可以测定标记细胞的存活率。②通过结合在大分子上实现特异性的标记。例如，通过结合在抗体上实现免疫荧光检测，或者通过结合在寡核苷酸探针上实现荧光原位杂交等。这类探针由一个用于提高特异性的目标大分子和一个荧光分子组成。③此外，一些荧光分子可以作为底物检测细胞中某些酶的活性。例如，可以穿过细胞膜的二乙酸荧光素（FDA）只有在细胞内酯酶的作用下才能发光，因此可以用于测量单细胞的酶活性。④荧光染料也可以用于混合标记，某些蛋白质或者多肽可以和荧光染料发生共价或者非共价的相互作用，从而实现特异性的标记。

2. 荧光蛋白

荧光蛋白是常用于活细胞成像的发光基团，通过基因编辑在目标微生物中引入荧光蛋白的基因序列就可以实现荧光标记。近年来，人们通过定向进化和理性设计的方式获得了一系列具有不同光化学特性和光谱特征的荧光蛋白，例如，具有更短的成熟时间、更稳定的光化学特性、更低的聚合度等。已有的荧光蛋白的特性可以在网站 https://www.fpbase.org（Lambert，2019）获取。

通常情况下，通过连续表达的荧光蛋白可以标记具有特定基因型的微生物，也可以通过荧光蛋白和目标蛋白融合（fusion）（Keppler et al.，2003）检测目标蛋白在细胞中的定位。另外，利用特定的启动子开启荧光蛋白基因的表达，可以将荧光蛋白作为特定生物化学信号的报告蛋白。利用荧光蛋白的光化学特性可以实现一些生化性质如 pH 的检测等。近年来，人们构建了一种被称为智能荧光蛋白的光开关/光转化蛋白，可以使用特定波长的光激活或者转换荧光特性，从而可以应用于超分辨显微成像（Fernández-Suárez and Ting，2008）。

3. 混合标记

混合标记通过将自身无法发出荧光的蛋白质或者多肽标签和目标蛋白融合在一起，通过天然或者人工的配体荧光染料使其发光。这种方法结合了荧光蛋白和荧光染料的优点，既具有荧光蛋白标记方法的特异性，也具有荧光染料的光学性质。

4. 荧光成像

正如上文中所述的，不同的荧光基团具有不同的特性，我们需要选择合适的荧光基团来实现特定的实验需求。与此同时，合适的成像技术对于实验结果的质量也是十分重要的。多数情况下，应用于真核细胞研究的成像技术可以转而用于微生物的研究中，成像技术需要根据所用荧光基团的光学特性及其浓度来决定，其中信噪比和分辨率是对荧光成像结果影响最大的两个因素（图 2-15）。

1）宽场荧光显微镜

当特定波段的光照射到样品上时，荧光基团会发射出波长更长的光，宽场荧光显微镜使用一组滤光片组成的滤光块再配合显微成像系统来实现荧光显微成像。滤光块由发射光滤镜、激发光滤镜和二色镜组成，根据荧光基团的吸收和发射光波段选择合适的滤镜，就可以实现宽场荧光成像。

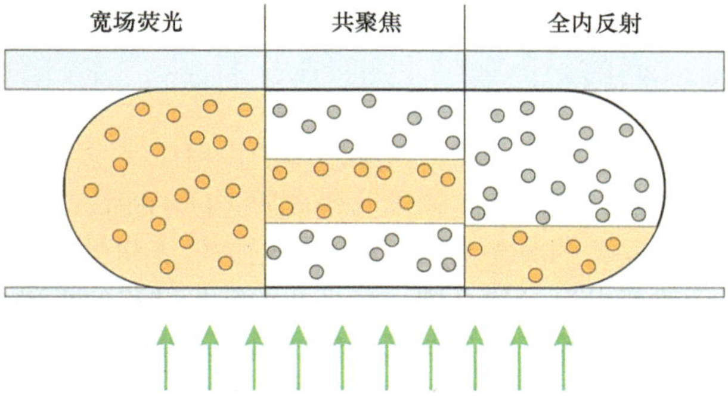

图 2-15　常用的荧光显微成像技术设置及其成像范围

图中绿色箭头表示光的照射范围；橙色阴影表示成像范围；橙色颗粒代表样品被激发的荧光信号，灰色颗粒表示样品中未激发的荧光信号；宽场荧光激发样品深层和浅层的全部信号，共聚焦只激发中间部分的颗粒（对应焦平面），全内反射则只激发样品表面非常薄的区域（紧贴表面的颗粒），深层的颗粒不会发光

2）共聚焦显微镜

与宽场荧光显微镜不同，共聚焦显微镜使用点扫描的方式来照亮样品，因而只有有限数量的荧光基团会被激发。在发射光检测时，再利用针孔（pin hole）使得只有焦平面的光可以到达探测器，从而有效地抑制焦平面外的荧光基团产生的背景信号。根据照明方式和扫描方式，共聚焦显微镜可以分为转盘共聚焦和激光扫描共聚焦两类。

3）全内反射显微镜

全内反射显微镜利用了光线在入射角度达到全反射临界角时会在介质另一侧产生倏逝波（evanescent wave）的特性，从而激发在界面附近极薄区域内的荧光基团。这一成像方法可以极大程度地抑制背景荧光的干扰，但仅适用于观察和盖玻片相邻 100 nm 范围内的信号。全内反射显微镜的照明可以和宽场荧光显微镜的照明方式兼容，通过改变激发光的入射角度实现。

5. 提高时空分辨率的成像方案

光学显微镜受到空间分辨率（光学极限为 200 nm）以及信号采集时间的限制，研究者开发了许多策略来研究微生物细胞内的动态过程（大约为纳米的空间尺度以及蛋白扩散的时间尺度）。

1）荧光淬灭恢复

荧光淬灭恢复是用于研究细胞内蛋白质分子扩散过程的主要策略。通过高强度的激光脉冲使单细胞内一小块区域的荧光快速淬灭，通过检测该区域的荧光强度的恢复，就可以根据模型精确地计算目标蛋白的扩散速率或者在细胞内定向迁移的速率。

2）荧光共振能量转移

荧光共振能量转移主要用于研究活细胞内的蛋白质-蛋白质相互作用，这一方法可以以纳米级的分辨率测量相互作用的蛋白质之间的距离。通过在发生作用的蛋白质上融合供体和受体的荧光基团，相互靠近的供体和受体荧光蛋白之间会发生能量转移，从而改变发射光的光谱。荧光共振能量转移要求供体蛋白的发射光与受体蛋白的吸收光波长相近，且能量转移的强度与供体和受体蛋白之间的距离高度相关，因而能以比荧光共定位更精确的分辨率反映蛋白质之间的相互作用。

3）超分辨显微镜

受到可见光波长的限制，传统的荧光显微镜的空间分辨率有限（*xy*-200 nm，*z*-600 nm）。近年来，研究者开发了多种不同的方案以突破显微镜的光学极限。目前主流的超分辨显微成像技术主要有以下三种（Geier et al.，2020）。

（1）结构光照明显微镜（structured illumination microscopy，SIM）。以光的干涉条纹作为照明图案，通过宽场荧光或者全内反射荧光（total internal reflection fluorescence，TIRF）照明的方式将分辨率提高到 100 nm。这一方法与传统的荧光基团兼容性较好，主要用于活细胞的超分辨成像。

（2）随机光学重构及光激活超分辨显微镜。这一方法需要使用新型的染料或可以实现光激活的荧光蛋白，以随机的方法切换单独的荧光基团发光或者通过使用激活光开启单个的荧光基团发光。在多次随机成像后通过图像处理重构实现 20 nm 分辨率的单个荧光基团的定位。

（3）受激发射损耗荧光显微镜。这一方法通过使用高强度的激发光来关闭目标荧光基团周围的其他荧光基团，从而提高成像分辨率。

2.2.2.2　微生物分布及组成的表征

荧光显微成像技术在微生物研究中的一个主要应用就是可以在单细胞尺度上标记环境或生物样本中微生物的分布。研究者可以利用不同荧光基团及显微成像方法的特点来进行选择。一般，化学荧光染料适用于特异性要求较低的场景；荧光原位杂交方法具有较高的特异性，但难以应用于活体标记；荧光蛋白是常用于活体标记的手段，但需要对目标微生物进行遗传操作，常用于模式微生物的研究。

1. 使用化学染料标记微生物

核酸染料是最常用于标记环境及生物样本中微生物的方法，使用和 DNA 或 RNA 亲和力高的荧光染料可以方便地用于表征样本中的微生物（Lundberg et al., 2012；Neu et al., 2002）。DAPI 由于其对核酸具有高亲和力且易于使用，被广泛用于样品中的微生物检测。然而 DAPI 用于组织样品中的微生物群成像时，易受到宿主组织和其他碎片或背景信号的干扰，DAPI 染色的细菌信号识别具有一定挑战性。因此研究者开发了一个软件平台 BacSpace，可基于 DAPI 染色信号的大小和亮度识别微生物，并扣除其他非微生物信号（Earle et al., 2015）。此外，也有研究报道使用 SYBR Green 检测组织中的微生物获得的信噪比优于其他一般核酸染色剂（Richter-Heitmann et al., 2016；Schmidt et al., 2018）。

SYTO 系列染料中的 SYTO 9 绿色荧光核酸染料（SYTO 9 green fluorescent nucleic acid stain）对 DNA（以及 RNA）有高亲和力，一旦结合后就呈现明显增强的荧光信号。SYTO 9 极其适合用作细菌实验的核复染剂，由于其对革兰氏阳性菌和阴性菌的活细胞和死细胞都能染色，因此，SYTO 9 常常与碘化丙啶（PI）联合使用，用于活/死细菌染色。

2. 使用荧光原位杂交特异性地标记目标微生物

核酸染料具有较强的通用性，但是无法特异性地靶向目标微生物。荧光原位杂交（fluorescence *in situ* hybridization，FISH）是一种基于碱基互补配对原则使用荧光标记的核酸探针靶向细胞内特定核酸序列的染色技术（Lee et al., 1999；Pernthaler and Amann, 2004）。利用微生物核糖体 RNA（rRNA）的高保守性和高胞内浓度的特点，通过设计带有荧光标记且靶向到目标细菌的核糖体 RNA 的寡核苷酸探针，可以实现对特定微生物的特异性标记。

一般，靶向特定核糖体 RNA 的寡核苷酸探针需要考虑碱基数、GC 含量、和目标序列结合的自由能变化、和非目标序列非特异性结合等参数。一些常见的寡核苷酸探针序列如表 2-9 所示。目前，已有多种软件工具可以帮助研究者根据对应微生物核糖体 RNA（一般为 16S rRNA）序列设计对应的寡核苷酸探针。常用的探针设计软件有 ARB Probe Design（Ludwig et al.，2004）、DECIPHER（Wright et al.，2014）等。亦可以使用 probeCheck（Loy et al.，2008）或 mathFISH（Yilmaz et al.，2011）等软件测试探针的特异性和结合效率。此外，probeBase 数据库（Loy et al.，2003）中收录了文献中已报道使用的探针。

表 2-9 一些常见的荧光原位杂交寡核苷酸探针序列（Amann et al., 1995; Friedrich et al., 2001; Roller et al., 1994）

探针	序列 5′-3′	特异性	靶位点
ARCH915	GTGCTCCCCCGCCAATTCCT	古菌（archaea）	16S rRNA，915～934
EUB338	GCTGCCTCCCGTAGGAGT	真细菌（eubacteria）	16S rRNA，338～355
NHGC	TATAGTTACGGCCGCCGT	低 GC 含量细菌（low GC bacteria）	23S rRNA，1901～1918
HGC69a	TATAGTTACCACCGCCGT	高 GC 含量革兰氏阳性细菌（high GC Gram-positive bacteria）	23S rRNA，1901～1918
ALF1b	CGTTCG（CT）TCTGAGCCAGA	α-变形菌（α-proteobacteria）	16S rRNA，19～35
LF968	GGTAAGGTTCTGCGCGTT	α-变形菌，以及部分 δ-变形菌（δ-proteobacteria）	16S rRNA，968～985
BET42a	GCCTTCCCACTTCGTTT	β-变形菌（β-proteobacteria）	23S rRNA，1027～1043
GAM42a	GCCTTCCCACATCGTTT	γ-变形菌（γ-proteobacteria）	23S rRNA，1027～1043
SRB385	CGGCGTCGCTGCGTCAGG	δ-变形菌（δ-proteobacteria）	16S rRNA，385～402

由于荧光原位杂交具有较高的物种特异性和单细胞尺度的空间分辨率，靶向 rRNA 的荧光原位杂交技术被广泛应用于标记组织、肿瘤、植物、环境、发酵工业等多种样本中的微生物细胞。例如，研究者在口腔牙菌斑样本中应用荧光原位杂交成像揭示了牙菌斑可发展成空间结构分化的微生物群落，展示了从几微米到几百微米大小不等的多物种的、高度结构化的微生物群落（Kim et al.，2020；Welch et al.，2016）。研究者利用荧光原位杂交开发了针对叶际微生物的 Leaf-FISH，表征了不同的细菌在植物叶片中定植和微环境的关系（Peredo and Simmons，2018），对于准确理解微生物-微生物和微生物-植物相互作用以及开发作为植物保护剂的叶面益生菌至关重要（Remus-Emsermann et al.，2014）。亦有研究对根系微生物进行荧光原位杂交成像和定量统计，展示了微生物在根表不同区域的微米尺度上的定植模式（Schmidt and Eickhorst，2014；Schmidt et al.，2018）。在肠道菌群的研究中，研究者利用成像揭示了在微米尺度特别是在黏膜和管腔之间的边界处一些细菌明显的空间分布，而饮食的变化也会继而影响肠道菌群的空间结构（Earle et al.，2015；Welch et al.，2017）。荧光原位杂交技术也被广泛应用于肿瘤组织样本中，研究者发现结肠肿瘤的存在与细菌的组织侵袭和生物膜相关（Dejea et al.，

2014)，多种肿瘤组织中的细菌位于癌细胞和免疫细胞内（Nejman et al.，2020）。

荧光原位杂交自用于鉴定微生物以来，已有了各种技术上的改进和发展。用肽核酸（peptide nucleic acid，PNA）探针取代单链的 DNA 探针，可以省去样本的通透处理，并增加探针的特异性（Stender，2003）。催化报告沉积荧光原位杂交（catalyzed reporter deposition-fluorescence *in situ* hybridization，CARD-FISH）技术利用辣根过氧化物酶标记的探针和酪胺信号放大来识别例如在寡营养环境中核糖体含量低的细胞（Pernthaler et al.，2002；Piwosz et al.，2021）。双标记寡核苷酸探针（double labeling of oligonucleotide probe，DOPE）FISH 使用 5′-3′端双标记的寡核苷酸探针，无须调整杂交条件即可实现信号的放大增强，并且 Cy3 双标记的探针显著增加了 rRNA 靶点的可及性，从而为探针设计提供了更多的位点选择（Stoecker et al.，2010）。荧光体内杂交（fluorescence *in vivo* hybridization，FIVH）被设计用于直接检测和可视化活体内的微生物。使用锁闭核酸（locked nucleic acid，LNA）和 2′-O-methyl RNA（简称 2′OMe）与磷酸盐或硫代磷酸盐骨架连接，在常温下杂交使用无毒的化合物代替传统的天然 DNA 或 RNA 探针，以及在高温杂交中使用的有毒化学品（如甲酰胺），已用于在培养物和胃活检中观察幽门螺杆菌（Fontenete et al.，2013）。此外，对 FISH 的实验操作进行改进去除样品固定步骤，可保留微生物的活性，结合活细胞分选可以分离培养靶标微生物（Batani et al.，2019）。FISH 与代谢成像联用，将代谢表型与原位的微生物组成关联起来，可绘制微生物的空间代谢组（Geier et al.，2020）。此外，荧光原位杂交成像还可同时标记微生物的 mRNA 和 rRNA，在鉴定物种的同时标记特定的基因表达（Pernthaler and Amann，2004；Shi et al.，2019）。

3. 荧光蛋白用于活体标记

荧光蛋白是生物研究中最广泛使用的成像技术，通过在目标微生物内引入可表达的荧光蛋白，即可获得在荧光显微镜下可观察到该荧光标记的微生物。不同于化学染料和荧光原位杂交，通过遗传操作引入的荧光蛋白可以实现长时间的活体连续成像。

荧光蛋白表达已成功用于研究多种病原体和共生菌。例如，使用绿色荧光蛋白（GFP）标记的植物病原菌 *Pseudomonas syringae* pv. *tomato* DC3000 侵染植物，观察到病原菌从侧根入侵植物并进一步诱导了侧根的形成（Kong et al.，2020）。使用两种荧光蛋白分别标记了枯草芽孢杆菌和大肠杆菌，通过实时成像观察益生菌枯草芽孢杆菌在拟南芥根际的定植过程以及对后续大肠杆菌的定植的排斥（Massalha et al.，2017）。在不同时间点跟踪感染组织内的荧光标记细菌，揭示了志贺氏菌属（*Shigella*）侵袭感染结肠黏膜的进程和机制，从而量化宿主-病原体的相互作用（Arena et al.，2015）。此外，通过表达荧光蛋白在斑马鱼中可视化了细菌在活体脊椎动物肠道的动态定植，测量了细菌生长动力学，也揭示了空间结构对细菌种群的影响（Jemielita et al.，2014）。利用萤光素酶报告基因的表达检测，研究者通过活体成像定量了病原菌在叶片上的定植，并进而关联拟南芥的疾病状态（Vogel et al.，2021）。

使用荧光蛋白标记微生物需要对微生物进行培养和遗传操作。针对肠道微生物的研究需求，研究者开发了一种基于新型噬菌体启动子和转录调控策略的方法，在拟杆菌中实现了荧光蛋白的可控表达。通过对定植于小鼠肠道的 6 种不同拟杆菌菌株进行成像，研究揭示了肠道菌定植的优先性，并阐明了其在结肠隐窝生态位占用中的关键作用（Whitaker et al.，2017）。

荧光蛋白应用的另一局限性是环境中的氧气。氧气是传统荧光蛋白的成熟的必要辅助因子，这使得在严格厌氧的肠道微生物中难以实现荧光蛋白的标记。近年来，荧光蛋白 HaloTag、SNAP-tag 和 FAST 已经在梭菌属中被确定为可靠的报告基因，可被广泛用于许多专性厌氧菌。这些厌氧荧光蛋白具有多种标记选择，在筛选启动子、终止子和核糖体结合位点（RBS）、跟踪复杂多物种共培养物（如微生物组、筛选文库）中的种群动态以及相互作用方面具有巨大潜力（Streett et al.，2021）。

2.2.2.3 微生物的功能研究

除了实现微生物细胞的标记，荧光成像的方法还可以利用不同性质的荧光探针或荧光蛋白表征微生物的细胞结构、生理状态、基因表达等功能信息。基于荧光显微成像的方法不仅可以在单细胞层面上获取微生物细胞间的差异，还可以在空间上获取微生物群落的空间异质性。

例如，利用一些具有生物传感功能的荧光蛋白（Greenwald et al.，2018），可以半定量地获知细胞内的生理指标；利用具有特异性亲和力的荧光染料，可以标记细胞膜、细胞壁、细胞染色质或鞭毛等细胞结构；利用荧光蛋白作为报告基因，可以标记细胞特定的转录调控；利用靶向 mRNA 的单分子荧光原位杂交，可以标记微生物的转录水平等。下面将简要介绍其中的部分方法。

1. 细胞内 pH 的表征

细胞内的生理指标探针通常都是通过测量环境敏感型的荧光基团的发光比例得到。例如，pH 敏感荧光蛋白 pHluorin 被广泛应用于检测细胞内的 pH 稳态（Martinez et al.，2012；Miesenböck et al.，1998）。pHluorin 蛋白基于野生型的 GFP 蛋白的双峰激发光谱设计，通过在 GFP 中引入多个氨基酸突变，使蛋白质的发光依赖于 66 位酪氨酸的质子化程度。pHluorin 在 pH 5.5 时几乎完全淬灭，而在 pH 7.5 时绿色荧光强度提高约 50 倍，因此已被广泛用于检测细胞内的 pH。这一探针也被证明在革兰氏阴性菌和革兰氏阳性菌中均表现出良好的单细胞分辨率（Martinez et al.，2012；Pandey et al.，2016）。

2. 细胞膜的标记

人们通常使用亲脂性染料，如 FM 4-64 或 FM 1-63 来特异性地标记微生物的细胞膜。Lewenza 等（2006）的工作发现，这类选择性苯乙烯基染料由于其两亲性质不能穿膜，因此只能特异性染色革兰氏阴性菌的外膜。这类荧光染料主要用于标记微生物细胞的外边缘，从而更好地实现对微生物的追踪。此外，利用荧光染料在生长过程中会被不断稀释的特点，可以通过一次性染色来区分微生物的不同生长表型，研究者发现，在碳源改变时，微生物的生长停滞是由微生物个体的表型差异引起的（Kotte et al.，2014）。亲脂染料也被广泛应用于标记微生物外膜产生的外膜纳米微管（Dubey and Ben-Yehuda，2011）以及外膜囊泡（Sartorio et al.，2021）等结构，从而帮助研究者捕捉微生物之间的互作。

3. 细胞壁的标记

细菌的细胞壁是由肽聚糖（peptidoglycan，PG）大分子在细菌原生质体周围形成弹性网状结构，细胞壁塑造细胞形状并提供机械保护以抵抗高内部膨胀压力。荧光标记的小麦胚芽凝集素最初是作为革兰氏染色程序的替代品而开发的（Sizemore et al.，1990）。研究者利用以 Alexa Fluor 488 标记的 WGA 探针在革兰氏阳性的枯草芽孢杆菌（*Bacillus subtilis*）中测量暴露于渗透压冲击期间细胞壁上的整体应变（Misra et al.，2013）。不仅如此，研究者还发现即使对于革兰氏阴性细菌，尽管其细胞壁被外膜包裹，仍然可以使用 flWGA 探针标记活细胞的肽聚糖。由于一些抗生素特异性地靶向细菌的细胞壁合成，因此也可以使用荧光标记的抗生素（如万古霉素或雷莫拉宁）实现对细菌中新生肽聚糖的可视化。除此之外，荧光 D-氨基酸（fluorescent D-amino acid，FDAA）可以通过细胞周质空间中游离五肽的重塑反应整合到细菌细胞壁中，从而实现对细胞壁生长的标记。利用这类标签，研究者可以在原位对群落中的微生物的生长及代谢进行荧光标记和监测（Lin et al.，2021）。通过使用不同颜色 FDAA 序贯标记的方法，研究者实现了对小鼠肠道中多种不同可培养及不可培养微生物的标记（Lin et al.，2020），为揭示共生微生物在宿主体内的生长代谢活性提供了新工具。

4. 单分子 mRNA 荧光标记

不同于对群落整体进行转录组测序，基于单分子荧光原位杂交（single molecule fluorescence *in situ* hybridization，smFISH）的方法可以在单细胞层次上检测和量化组织样本中的 mRNA 分子。通过应用多个短的单标记寡核苷酸探针，可以可靠地对单个 mRNA 分子目标进行成像（Raj et al.，2008）。一般而言，48～

80 个荧光标记的寡核苷酸与单个 mRNA 分子的结合可以提供足够的荧光信号，并在宽视场荧光显微镜图像中准确检测和定位每个目标 mRNA，并将其与背景区分开来（Skinner et al.，2013）。

2.2.2.4 高复杂度的空间微生物组学技术

受到荧光基团可分辨颜色种类的限制，荧光显微成像的方法往往只能同时区分少于 10 种不同的荧光标记目标。为此，在微生物群落以及微生物转录研究中，研究者开发了许多方法以提高荧光成像方法的复杂度，实现对多个（100～10 000）目标的同时标记（图 2-16）。

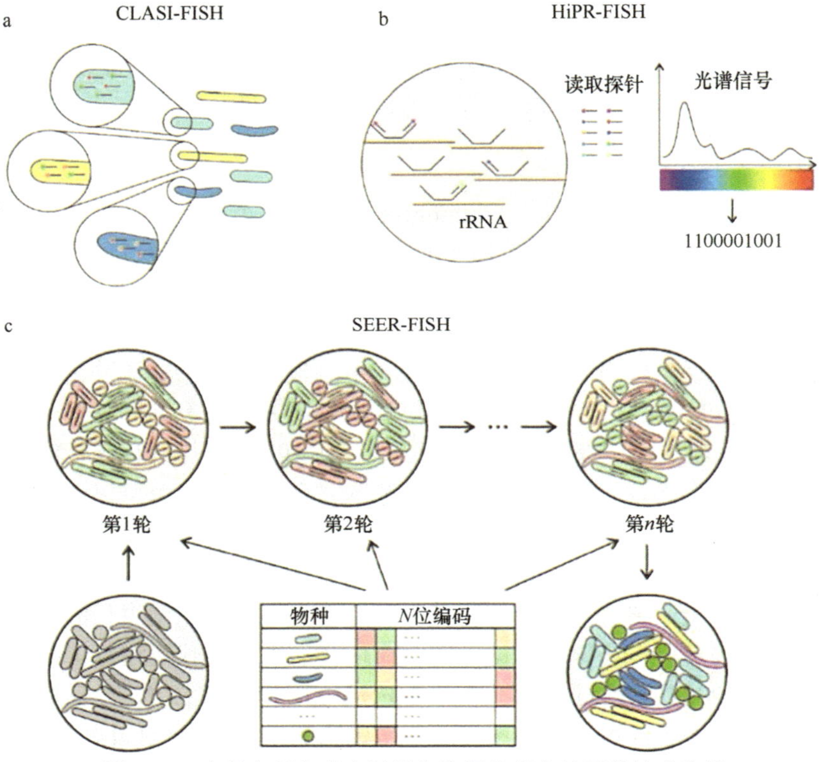

图 2-16　实现高复杂度空间微生物组学研究的两种技术路线

a. CLASI-FISH：使用两种探针组合标记；b. HiPR-FISH：使用 10 种探针组合标记，可以标记最多 1023 个目标；c.SEER-FISH：使用序贯荧光原位标记，可标记的目标数量随编码轮次指数增长

多种荧光组合（combinatorial）标记和序贯（sequential）标记是实现高复杂度目标标记的两种主要的技术方法。其中组合标记使用两种或多种荧光基团同时标记同一目标，从而可以利用 F 个不同的荧光基团标记 $N=2^F-1$ 个不同的目标；序贯荧光原位杂交则是可以多轮荧光编码，通过 n 轮杂交实现 $N=F^n$ 个不同目标的

标记。这些方法被应用于微生物组学以及微生物转录组的研究中，对多种微生物或微生物 mRNA 在群落中的分布进行标记，这些方法实现的多个物种或其功能的空间分布的标记，为微生物组学研究提供了重要的技术手段。

1. 基于组合标记的方法

2011 年，研究者利用组合标记技术开发了名为组合标记和光谱成像荧光原位杂交（combinatorial labeling and spectral imaging FISH，CLASI-FISH）的方法，通过两种不同的荧光分子的组合标记来提高可标记的物种数量（Valm et al.，2011）。在 CLASI-FISH 中，每种细菌类群都用两种荧光分子标记。使用光谱共聚焦显微镜对标记的样品进行成像，该显微镜可以区分具有重叠光谱的荧光团。之后利用线性分离算法对生成的图像进行解析，以识别每个细胞中存在的两个荧光分子。当存在 F 种荧光分子时，CLASI-FISH 能够区分 $F(F-1)/2$ 个目标。通过扩展荧光分子的种类至 16 种，CLASI-FISH 实现了同时标记合成群落中的 120 个大肠杆菌分离株（Valm et al.，2016）。应用 CLASI-FISH 同时成像了口腔微生物群落中 15 个不同的属，分析了群落中微生物在空间上的种间关系。然而由于组织样本中较高的微生物密度，该方法在应用中存在困难。

CLASI-FISH 方法的进一步扩展是允许采用两个以上的荧光分子对物种进行标记。如果 F 种荧光分子的所有可能组合可被用于标记不同的目标微生物，那么就可以同时标记 2^F-1 种可能的目标。基于这种编码策略，2020 年，研究者提出了高系统发育分辨率微生物组图谱荧光原位杂交（high-phylogenetic-resolution microbiome mapping by FISH，HiPR-FISH）技术（Shi et al.，2019），该技术使用 10 种荧光分子的不同组合标记微生物，利用机器学习对光谱进行识别并将其分类为相应的编码，实现了 1023 种大肠杆菌分离株的正确识别。应用 HiPR-FISH 成功识别了小鼠肠道微生物组中的 47 个属和人类口腔生物膜中的 65 个属，包括稀有属，并对微生物组的空间结构进行了细微量化。

2. 基于序贯标记的方法

无论是 CLASI-FISH 还是 HiPR-FISH，利用荧光组合的方法其编码始终受荧光种类的限制，难以进一步提高标记复杂度。而在土壤、植物根际和哺乳动物肠道中存在着成百上千种微生物。此外，由于宏转录组的复杂性（例如，人类肠道微生物组中有超过 2000 万个基因）远远超过宿主基因组的复杂性，宏转录组的原位标记和成像更具挑战性。

序贯标记最早是在真核细胞的空间转录组研究中开发出的方法。2014 年，在单分子荧光原位杂交的基础上，研究者提出了序贯杂交（sequential hybridization）的技术构想（Lubeck et al.，2014）。利用 DNA 解离酶实现探针和靶标 mRNA 的解离，通过连续的探针解离和杂交，使得对同一 mRNA 分子可依次杂交不同的荧光基团进行编码。编码的数量可扩展到 F^n，其中 F 为荧光分子的数目，n 为杂交的轮数。随后，有研究者采用类似的思想开发了 MERFISH（Chen et al.，2015），通过光漂白对上一轮次杂交上的荧光分子进行淬灭，之后利用 16 位的二进制编码在真核细胞内标记了 140 种 mRNA 的空间分布。目前，利用荧光原位杂交在真核细胞转录组研究中可标记的 mRNA 分子种类已经扩展到了上万种（Eng et al.，2019）。

通过序贯编码使可识别的目标数量不再受荧光分子数目的限制，因此极大程度地扩展了荧光原位杂交标记的复杂度。当前这一方法已经被迁移到微生物组学研究领域。研究者将原本适用于 mRNA 单分子荧光原位杂交的序贯方法引入到 rRNA 荧光原位杂交中，开发了序贯式抗误差荧光原位杂交（sequential error-robust fluorescence *in situ* hybridization，SEER-FISH）技术，实现了微生物群落中高复杂度的物种标记（Cao et al.，2023）。研究人员开发了一种高效的杂交-解离-重杂交的多轮实验方法，通过连续多轮次对靶向物种的 rRNA 进行荧光标记，使得多轮成像之后每种细菌类群拥有一个特异的颜色编码。SEER-FISH 的杂交轮数可扩展至 25 轮而没有明显的荧光衰减。通过使用可纠错的编码方案，实现了对微生物群落准确的空间成像。SEER-FISH 展示了对拟南芥根系 90 种定植微生物的空间成像，这也是目前 FISH 应用标记最多的物种数量。

序贯荧光原位杂交的方法也被应用到微生物转录组学的研究中。2021 年，研究者开发的 par-seqFISH（Dar et al.，2021）利用序贯荧光原位杂交同时标记了铜绿假单胞菌的 105 种 mRNA，测量了基因在浮游群落和生物膜群落中的空间表达，揭示了单物种群落中的转录多样性。如若将 mRNA 标记加上物种分类标记，绘制复杂微生物群落中分类多样性和转录异质性图谱，将会提高我们对微生物组的功能理解。

序贯荧光原位杂交的方法具有较高的可扩展性，在微生物群落空间结构及其宏转录组的空间标记方面有极大的潜能，将对我们理解微生物群落的组装和功能起重要作用。

2.2.3 微生物单细胞测序技术

单细胞全基因组测序（scWGS）和单细胞转录组学（scRNAseq）最初是为真核细胞开发的，并在癌症研究中揭示了群体内遗传多样性和异质基因组表达。在微生物群落研究中，单细胞测序方法可以准确地获取每个细胞的基因组和转录组信息，代表了不同细胞之间基因组成、基因表达和代谢途径的差异，因此提供了微生物群落中细胞发育和功能性状之间的联系，并且可以获取单个细胞在采样时的生理状态。单细胞测序技术是宏基因组测序和宏转录组测序的重要补充，本小节将分别介绍单细胞基因组测序和单细胞转录组测序的方法及其在微生物组学研究中的应用。

2.2.3.1　单细胞基因组测序

获取复杂微生物群落中不同微生物的遗传信息对理解微生物群落生态学及其和宿主的相互作用非常重要。传统研究方法中，基于宏基因组学分箱组装的方法难以准确获得单个细胞的遗传信息；基于培养组学的方法一方面失去了微生物在环境中的原位生长状态，另一方面损失了许多无法培养微生物的信息。单细胞基因组学方法避免了上述问题（Munson-McGee et al.，2015），对于获取单细胞遗传信息以及对不可培养的未知微生物研究有重要作用。利用该方法可以得到种群中细胞个体之间的异质性，对理解群落中微生物、微生物宿主相互作用（Pamp et al.，2012），微生物群落的结构和功能（Lasken，2012）等有重要意义。

1. 单细胞分离技术

从样本中分离得到单细胞是现实单细胞测序的首要步骤，准确的单细胞分离是后续测序及分析的关键。近年来，研究者开发了多种方法以提高单细胞获取的通量及单细胞分离的灵敏度和准确性。常用的细胞分离方法主要有：有限稀释（limiting dilution）、荧光激活细胞分选（FACS）、显微操作（micromanipulation）以及微流控液滴（microdroplet）等（图 2-17）。

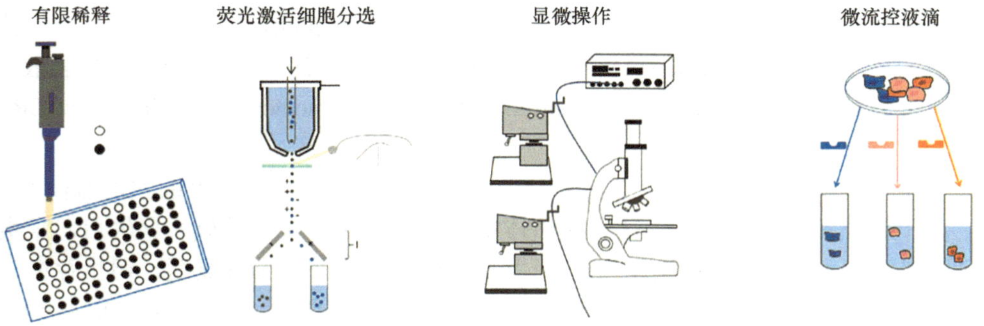

图 2-17　单细胞分离的常用方法

有限稀释法操作简单也不依赖于昂贵的设备，但单细胞分选的准确性不高（Shi et al.，2015）。基于流式细胞仪的细胞分选可以通过细胞大小、形态、自发荧光等方式，在表型分析的同时高效分选出不同亚群的细胞（Davey and Kell，1996），在微生物学、环境生物学等方面有着广泛的应用，还可以通过特异性的荧光表型来分离样本中特定目标的单细胞。显微操作法可以通过显微镜操作，使用毛细管或者光镊从样品中捕获分离出感兴趣的细胞个体，然而这一方法操作难度较大且通量低，捕获过程容易对细胞造成损伤，影响后续分析。基于微流控芯片的方法可以高通量地将单细胞包裹到液滴中，是近几年来较为主流的研究方法（Bhattacharjee et al.，2016；Jiang et al.，2016）。

最早的微生物单细胞研究就使用了微流控的方法实现细胞分离和基因扩增（Marcy et al.，2007）。这种方法的好处是可以在看到目标细胞的同时将细胞裂解和全基因组扩增集成在同一个系统中。近年来，人们开发了虚拟微流控的方法，通过将细胞悬浮固定在聚乙二醇水凝胶当中，在凝胶中进行细胞裂解和全基因组扩增的反应，最后用纳米尺度的凝胶打孔实现对单细胞扩增产物的回收（Xu et al.，2016）。

2. 全基因组扩增

分离单个微生物细胞后，细胞需要被裂解才能进行 DNA 扩增。裂解过程需要足够温和，以防止单链 DNA 产生缺口或者双链断裂而影响基因组扩增和下游基因组恢复。此外，裂解试剂需要与下游扩增过程兼容，尤其是使用虚拟微流体进行单细胞分离的体系。由于细菌、古菌和真核细胞包膜结构的多样性，没有通用的裂解方法（Blainey，2013）。碱处理是最常用于裂解微生物细胞的方法，此外还可以使用热、冷、表面活性剂或者酶来实现细胞裂解（Stepanauskas，2012）。

细胞内的单个基因组需要通过扩增放大到纳克量级，同时将较长的 DNA 片段化，以满足建库测序的需求（Blainey，2013）。目前常用的方法包括简并寡核苷酸引物 PCR、多重置换扩增（MDA）技术（Dean et al.，2002）、多次退火环状循环扩增（MALBAC）技术（Chen et al.，2014；Zong et al.，2012）、基于 Tn5 转座酶的技术 LIANTI（Chen et al.，2017；Huang et al.，2015），以及新兴的乳液、成对分离和连接 PCR（emulsion，paired isolation and concatenation PCR，epicPCR）（Spencer et al.，2016）。

多重置换扩增（MDA）技术是目前最成熟且应用最广泛的单细胞扩增技术，它基于等温置换式的方法，使用噬菌体 ϕ29 DNA 聚合酶和随机六聚体启动来实现极其微量的 DNA 扩增。该方法具有更高的序列覆盖度和保真度，但也存在一些不足。首先，MDA 极易受到外源性 DNA 污染，需要使用无 DNA（DNA-free）的工作流程以及超净的全基因组扩增试剂。其次，不均匀的基因组覆盖率（Rodrigue et al.，2009）、嵌合体等也给下游序列拼接组装带来了挑战（Lasken and Stockwell，2007）。由于 MDA 的扩增偏差多数情况下是随机的，因此通常可以使用多个相近（＞95% ANI）的单细胞基因组共同拼接以提高组装的完整性（Blainey et al.，2011；Rinke et al.，2013）。研究表明，使用 2～5 个单细胞扩增基因组混合组装得到的基因组完整性（中位数＞97%）远高于单个单细胞数据组装的完整性（中位数为 30%～90%）（Clingenpeel et al.，2014）。近年来，研究者利用耐热的

突变体 Φ29 DNA 聚合酶开发了基于 MDA 的全基因组扩增技术 WGA-X（Stepanauskas et al., 2017），与标准 MDA 相比，WGA-X 从参考基因组和高 GC 土壤分类群中恢复了更大比例的单细胞基因组，包括一些不适合标准 MDA 的单细胞基因组。同时，由于 DNA 聚合酶工作过程中对不同碱基组成的区域扩增效率不同，这种扩增的“偏好性”导致最终单细胞全基因组的覆盖度很低（通常低于 30%）。针对这一问题开发的 HotJa Phi29 DNA 聚合酶，大幅提升了扩增的“均衡性”，能从微生物组样品中产出高扩增均衡性、高测序覆盖度的单细胞全基因组序列（Zhang et al.，2023b）。

多次退火环状循环扩增（multiple annealing and looping-based amplification cycles，MALBAC）技术通过在指数扩增之前使用准线性预扩增步骤来减少在指数 MDA 期间累积的偏差。该技术利用特殊引物，使得扩增子的结尾互补而成环，从而极大程度上减少了 DNA 的指数性扩增（Zong et al.，2012）。MALBAC 具有较高的拷贝数变异（copy number variation，CNV）检测准确性和较低的单核苷酸变异（single nucleotide variant，SNV）检测的假阴性率；并且，MALBAC 的扩增偏差具有可重复性，因此可进行降噪和归一化处理。然而，由于该技术使用的 DNA 聚合酶保真度低于 Φ29 DNA 聚合酶，因此 SNV 检测的假阳性率高于 MDA。目前 MALBAC 主要用于医疗诊断（Chen et al.，2014），在微生物单细胞的准确组装方面相比 MDA 优势不明显，在微生物生态学领域的应用前景不及 MDA（de Bourcy et al.，2014）。

Tn*5* 转座酶是二代测序文库构建的主流方法，可以一步实现 DNA 片段化、末端修复、接头连接，在大大简化建库步骤的同时为全基因组测序提供了有力工具。基于 Tn*5* 转座酶，研究者于 2017 年提出了改良的通过转座子插入的线性扩增（linear amplification via transposon insertion，LIANTI）（Chen et al.，2017），用 Tn*5* 转座子结合 T7 启动子形成的转座复合体随机插入单细胞基因组 DNA，将基因组片段化并与 T7 启动子连接。随后 T7 启动子行使体外转录功能，用转录获得大量线性扩增的转录本，再经反转录得到大量扩增产物，进行建库测序。该过程进行的是线性扩增，大大增强了扩增的稳定性，使 LIANTI 在遗传疾病的检测方面更加有效和精确。应用 LIANTI 对微生物进行单细胞全基因组测序还有待进一步研究。

细胞内融合基因技术（epicPCR）是单细胞分离技术、融合 PCR、巢式 PCR 和测序技术的结合，广义而言也可归于单细胞测序的范畴。首先，通过稀释和涡旋将样品分散成单细胞体系；然后对待研究的系统发育基因和功能基因进行融合扩增；随后进行巢式 PCR，建库并进行二代测序（Spencer et al.，2016）。该技术的成本远低于普通单细胞全基因组测序，单次实验的通量可高达 10^7 个细胞，在解决物种与功能、种间关系等科学问题方面有良好的应用前景（Florenza et al.，2019）。

3. 单细胞测序技术在微生物生态研究中的应用

微生物单细胞基因组学研究最早出现于 2005 年，研究者在模式生物大肠杆菌中利用 MDA 实现了单细胞的全基因组测序，恢复了约 30% 的基因组（Raghunathan et al.，2005）。2007 年，研究者将该技术应用于来自 TM7 的环境细胞，并确定了从未培养的靶标进行单细胞基因组测序的可行性（Marcy et al.，2007；Podar et al.，2007）。在过去十多年中，单细胞基因组测序克服了几个方法的障碍，实现了许多里程碑式的突破，并且在未来它将继续提供独特类型的基因组信息。

虽然环境通常由少数丰富的种群主导，但大多数微生物多样性都包含在数千个不同的低丰度种群中，由于采样方法、测序深度等限制，这些种群在批量调查中仍然采样不足（Sogin et al.，2006）。单细胞测序技术为获取稀有物种的基因组、发现新的代谢通路提供了支持。迄今为止，研究者已经使用单细胞测序捕获了许多稀有物种的基因组（Martijn et al.，2015；Rinke et al.，2013）。单细胞测序技术对发现环境中的新物种以及获取不可培养的微生物的基因组有重要帮助，推动了微生物的功能预测和系统发育鉴定（Wu et al.，2009），极大拓展了系统发育树上的微生物多样性（Lasken and McLean，2014）。单细胞基因组测序可以捕捉细胞间的基因组变异来剖析自然环境中的种群异质性。因此，它可以阐明微生物多样性和生态位划分，也能够用于基因水平转移的研究（Zheng et al.，2022）。

与宏基因组学相比，单细胞基因组学方法可以获取给定细胞中所包含的序列信息，这使得研究者可以将微生物的染色体和胞内的质粒染色体或病毒染色体进行关联（Stepanauskas，2015）。2011 年，研究者首次在单个的原生细胞内恢复了来自细菌和单链 DNA 病毒的序列（Yoon et al.，2011）。在一项 2014 年的大规模病毒-宿主研究中，发现了 127 个病毒入侵宿主细胞的事件（Roux et al.，2014），令人惊讶的是，宿主基因组中的原噬菌体或 CRISPR 序列都没有与活跃病毒感染相匹配的序列，这表明单细胞测序方法可以捕获其他测序方法会错过的活跃病毒种群。

微生物单细胞全基因组测序正成为微生物组研究中的重要组成部分，对微生物生态学、进化生物学、生物技术和人类健康有重要意义。过去的十几年中，结合其他高通量测序方法，微生物单细胞测序扩展了我们对微生物多样性、功能、系统发育等多方面的理解。与此同时，单细胞测序方法也在通量、偏差以及靶向捕获目标等方面高速发展，将为研究者在单细胞尺度上理解和研究微生物群落功能提供重要的帮助。

2.2.3.2 微生物单细胞转录组

长期以来，研究者已经发现微生物细胞个体之间的表型异质性对理解微生物功能、微生物宿主相互作用有重要帮助。然而，微生物单细胞转录组研究仍处于起步阶段。尽管单细胞 RNA 测序技术已成为哺乳动物细胞研究的重要工具，但是在微生物领域，尤其是原核生物中应用单细胞 RNA 测序技术仍然要面对如下的问题。

细菌细胞中的 RNA 含量比真核细胞少 99%（Milo and Phillips，2015），因此需要一种敏感的 cDNA 合成和扩增方案。目前大多数真核单细胞转录组测序方案的检测极限是每细胞 10 个 mRNA 拷贝，但细菌中 mRNA 的平均含量仅为 0.4 个/细胞（Taniguchi et al.，2010）。

细菌的 mRNA 和真核细胞相比更不稳定，真核生物的 mRNA 半衰期约有数小时，而细菌的 mRNA 半衰期为分钟量级，因此需要更快地完成样本处理过程，并保持 RNA 的稳定。

最后，细菌转录的 mRNA 与真核细胞中的 mRNA 相比缺少多腺苷酸[poly（A）]的末端，因此无法使用带有 dT 寡核苷酸的引物进行扩增。

近年来，研究者们在真核单细胞转录组方法的基础上，开发了多种适用于原核微生物多种单细胞转录组研究的方法：MATQ-seq（multiple annealing and dC-tailing-based quantitative scRNA-seq）（Imdahl et al.，2020）、PETRI-seq（prokaryotic expression-profiling by tagging RNA *in situ* and sequencing），以及 microSPLiT（microbial split-pool ligation transcriptomics）（Blattman et al.，2020；Kuchina et al.，2021）。

1. MATQ-seq

MATQ-seq 原本是为真核单细胞转录组开发的（Sheng et al.，2017），这一技术可以在不依赖 mRNA poly（A）末端的情况下实现 cDNA 的扩增。该方法使用荧光激活细胞分选（FACS）将单个细菌分离到多孔板中，在细胞裂解后，应用 MATQ-seq 的方法进行单细胞测序。研究者使用了高敏感度的随机六聚体引物，其中反转录引物可以在低温下和转录本杂交，从而在理论上能够检测所有的转录本，包括低丰度的转录本。

2. PETRI-seq

PETRI-seq 则是基于真核单细胞转录组中的 SPLiT-seq 的方法开发的。其流程分为三个部分：细胞制备、分离池条形码以及文库制备。在细胞制备过程中，使用甲醛固定细胞，并用溶菌酶/溶葡萄球菌素对细胞进行通透性处理以便进行原位反应。在分离池条形码过程中，细胞在 96 孔板中分裂三次，通过反转录引物和两次连接进行三轮条形码编码。条形码编码后，细胞被裂解以释放 cDNA，随后准备用于双末端 Illumina 测序。文库中的每个 cDNA 片段包括一个唯一分子标识符（unique molecular identifier，UMI）和三个条形码，从而区分来自不同单细胞的文库。

3. microSPLiT

microSPLiT 同样是基于 SPLiT-seq 的方法开发的，与 PETRI-seq 不同的是，microSPLiT 使用了大肠杆菌 poly(A)聚合酶 I（PAP）为细菌的 mRNA 增加 poly(A)尾（Wangsanuwat et al.，2020；Wendisch et al.，2001），并使用 RNaseH 对 rRNA 进行了降解。随后使用 SPLiT-seq 的方法实现了对单细胞的条形码标记。

MATQ-seq 和 PETRI-seq 在单个细菌中捕获了 200～300 个不同的 mRNA，大约为典型细菌细胞中的所有 mRNA 的 5%，与使用荧光报告基因的方法相比，已经有了显著的提高。使用 microSPLiT，研究者在每个细胞中平均可以检测到大于 300 个 mRNA 拷贝。这三种方法中的每一种都有各自的优势和劣势：MATQ-seq 丢失 mRNA 拷贝的概率似乎低于 PETRI-seq 和 microSPLiT，而基于分池连接转录组（split-pool ligation transcriptomics，SPLiT）测序的方法可以满足分离单个细胞的需求，从而提供了更高的实验通量。在 MATQ-seq 和 PETRI-seq 的研究中，研究者分别采样了 19～27 个以及 204～875 个细菌单细胞，并分别测序得到了 6000 万以及 4000 万测序序列（包括 rRNA 干扰）。在 microSPLiT 的研究中，研究者分析了大于 25 000 个单细胞，从而获得了多个细胞表型亚型。

适用于微生物的单细胞转录组测序方法有助于我们获知微生物功能的个体异质性，对理解微生物的功能、表型、微生物互作以及微生物宿主互作关系有重要意义。

2.3 微生物培养组技术

2.3.1 微生物培养组的基本概念与一般流程

培养组学（culturomics）是利用多种培养条件和培养方法对复杂环境中的多种微生物进行大规模、高通量的分离、培养和物种鉴定的组学研究方法。其一般流程包括样品采集与前处理、培养基与培养条件的优化、菌株分离培养、物种鉴定、潜在新物种的多相分类学鉴定和菌种保藏。图 2-18 以粪便样品的采集和肠道微生物分离培养为例（杜梦璇，2021）。通过上述培养组学工作，能最终形成一个包含了可培养菌株资源、菌株生理生化表型以及基因组等信息的菌株资源库。本节将对培养组学研究涉及的关键技术方法进行阐述。

2.3.2 样品处理

2.3.2.1 样品的采集与前处理方法

首先，在保证采样点和采样数量具有代表性及合理性的前提下，对于需要进

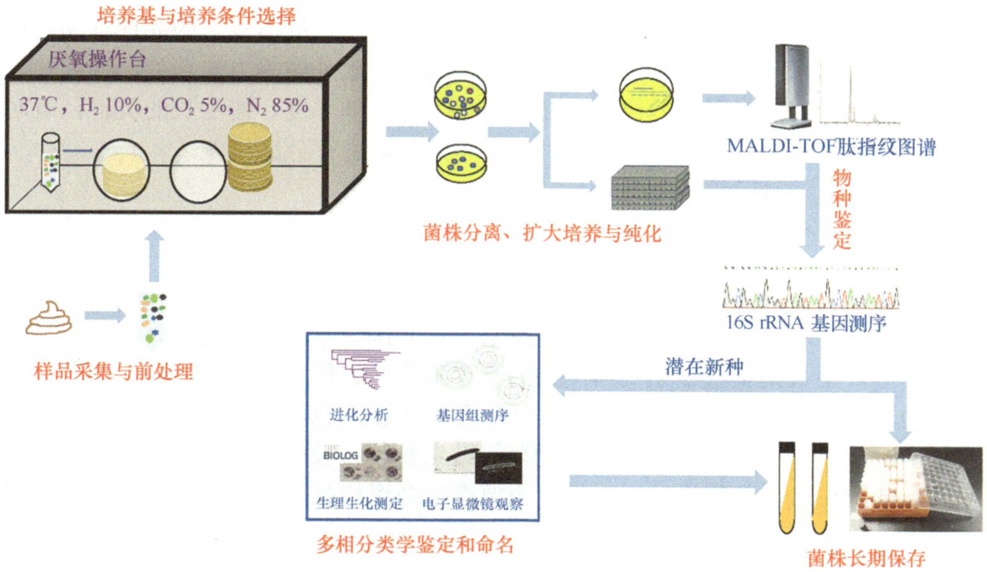

图 2-18　基于平板涂布法的粪便样本中厌氧微生物分离培养的一般流程示例（杜梦璇，2021）

行培养组学研究的样品在进行采集时要防止外源微生物的污染。另外，样品的采集和保存方法在很大程度上决定了其中微生物的可培养性。因此，用于培养组学研究的样品应尽量保证新鲜，从样品采集到前处理和培养的时间间隔越短越好；如果样品采样后无法立即进行分离培养，则在运输和保存的整个过程中要保证样品所处的环境（如温度、湿度、pH、压力、气体组分、特殊营养物质）尽量还原或接近其原始环境状态；如原始环境较难模拟，则需要尽量保证样品在低温低养分的条件下运输与保存，以防止样品中部分微生物过度繁殖导致其中原始群落组成发生较大改变，影响其他微生物的可培养性。以用于开展肠道微生物培养组学研究的粪便样本采集为例，首先通过使用硬纸板或专门的粪便采集盒确保样品不接触马桶内污水以防引入外源微生物污染。新鲜粪便应立即进行取样并装入无菌的一次性粪便采集管中，样品应尽量采集靠近内部未长时间暴露于空气的部分。装有样品的粪便采样管应尽快转移到厌氧操作箱中进行样品处理，尽量减少在空气环境下长期放置；如需要较长时间运输则应将样品放入含厌氧产气包的厌氧袋或者厌氧罐中进行保存运输，如需要长期保存则建议加入 20%甘油等保护剂后在液氮或−80℃超低温冰箱中长期保存，并避免反复冻存。

样品前处理的目的是通过研磨、过滤、沉淀、稀释、絮凝、加热等一系列物理和化学手段去除样品中与后续分离培养不相关或影响后续分离培养的物质或微生物。不同样品来源，其前处理方法往往不相同，例如，植物样品在进行微生物培养组学研究之前往往需要进行研磨；水样则通常需要进行微生物浓缩处理；而粪便样品则需要进行食物残渣过滤去除。此外，根据分离培养目的不同，样品还会进行一些特殊的前处理。例如，对于微生物密度高、群落复杂的粪便样品，研究者会通过对样品进行乙醇处理、巴氏杀菌和抗生素处理等方法杀死部分细菌，从而提高目标菌的分离培养概率。而为了培养一些低丰度、慢生长的类群，有时则会采用预培养的方式对目标类群进行富集然后再进行分离培养。

2.3.2.2 培养基的选择与优化

前处理之后的样品需要选择适合的培养基进行培养。培养基是根据微生物对营养物质的要求，人工配制的包含适量水分、碳源、氮源、无机盐、生长素等供微生物进行生长繁殖或积累代谢产物的营养基质，它们可以是固体的、半固体或液体的。培养基按照营养成分可划分为天然培养基、合成培养基和半合成培养基。通常情况下，不同生境来源、不同类型的微生物其生长代谢所需的营养物质不尽相同，因此在培养基的设计和选择上也要充分考虑样品类型、环境因素、实验目的等多个因素。

首先，就微生物类型而言，细菌、放线菌、酵母菌、霉菌、原生动物、藻类和病毒培养所需的营养成分有很大差别，如果是为了获得特定类群的微生物，那么就要根据不同微生物的营养需求配制针对性强的培养基。比如，自养型微生物能利用简单的无机物合成自身需要的糖、脂类、蛋白质、核酸、维生素等复杂的有机物，因此培养自养型微生物的培养基通常由简单的无机物组成，不添加有机物；如在培养化能自养型微生物氧化硫杆菌时，依靠空气和溶于水中的二氧化碳为其提供碳源，并未在培养基中专门加入其他碳源；培养光能自养型微生物，除了上述提到的营养成分，还需要额外的光照提供能源。对于培养异养型微生物，则需要在培养基中添加一种有机碳源和能源。虽然不同类型异养型微生物的营养要求差别很大，但通常情况下，每种类型的微生物都能在同一类培养基上生长，或者对该类培养基进行定向优化后可以生长。例如，对于化能异养细菌来说，这个共性的基础培养基是肉汤培养基，对于酵母菌是麦芽汁培养基，霉菌是查氏培养基，放线菌是高氏一号培养基，等等。除此以外，不同类型的微生物其最适 pH 等环境因素也有差别，一般来说，细菌适合的 pH 环境为 7.0～7.5，酵母菌为 3.8～6.0，霉菌为 4.0～5.8，放线菌为 7.5～8.5，在设计培养基时也应考虑进去，而且为了保证培养基的 pH 不会因微生物的生长和代谢而引起较大波动，往往需要通过使用 pH 缓冲剂（如磷酸盐缓冲对）来维持培养基 pH 稳定。此外，培养严格厌氧菌和微需氧菌的培养基还需要通过添加抗坏血酸、硫化氢、半胱氨酸、谷胱甘肽、二硫苏糖醇等控制氧化还原电位。另有一些特殊的微生物类群，其电子受体/供体类型可能也很特别，比如一些细菌以亚砷酸盐和亚磷酸盐等作为电子供体，或者一些极端环境微生物以三价铁氧化物等作为电子受体等。这种情况下，在培养基中如果添加相应的化合物会提高这类菌的可培养性。

其次，对于不同生境来源的样品，为了获得更多其中的可培养微生物种类，培养基设计和选择的总体原则是培养基组成在简单易获得的前提下尽量模拟自然环境的营养成分组成、浓度和比例。因此，对寡营养生境样品如土壤和海洋样品等进行分离培养时，通常优先选择寡营养的培养基以提高培养物种的多样性；对于富营养生境样品如肠道内容物/粪便、反应器或发酵食品样品等，通常采用富营养培养基以获得更高的培养多样性。同时，培养基设计时还要根据实际样品的情况，避免对目标微生物有抑制作用或者有毒害的成分出现，例如，木糖对于多种肠道微生物有抑制生长作用，在对粪便样品进行培养基设计时如无特殊实验目的则应尽量避免添加。此外，培养基在制备和使用过程中可能会产生过氧化物、自由基等活性氧而影响微生物生长，可以通过在培养基中添加丙酮酸钠、甜菜碱（三甲氨基乙内酯）和 α-酮戊二酸等抗氧化剂来消除影响。除了避免有害成分，还需要注意培养基中各个组分的使用浓度和比例以免影响微生物的生长；比如，碳氮比（C/N）对微生物的生长就具有显著影响；而如果因为营养物质添加过量导致渗透压改变也可能影响微生物正常生长。再比如，一些金属离子等微量元素是微生物生长所必需的，但是添加浓度过高则会抑制微生物生长；在肠道微生物培养时，有时也会添加胆酸盐促进芽孢萌发，但是胆酸盐浓度如果过高则会抑制胆酸不耐的微生物生长。

此外，天然生境中微生物群落往往具有复杂的生态关系和频繁的菌间相互作用，诸如拮抗、寄生、协同作用、互养共栖、共代谢等，其中共栖和共代谢的微生物往往因为营养缺陷而不能被单独培养（王保军，2013）；基于此，在培养基设计时除了要考虑常规的营养物质以外，还应结合实际情况，通过适当在培养基中添加信号分子及其类似物[如环磷酸腺苷（cAMP）、酰基高丝氨酸内酯等]或添加其他微生物的代谢产物混合液等方式补充相应诱导生长的物质，进而提高复杂生境可培养微生物的多样性。对于很多复杂生境样品，其中大量微生物物种是未培养的，因此我们对于其所需的具体营养物质知之甚少，对于此类微生物的培养，我们可以通过添加最接近其原始生存环境的天然营养物质来增加可培养性。比如，对于肠道微生物进行培养时会添加澄清瘤胃液和脱纤维羊血来增加宿主来源或宿主代谢来源的潜在营养成分，以降低微生物由于缺乏某种未知的营养元素而无法培养的概率。

除了传统的培养基设计与优化方法，近年来随着生物信息学技术的发展，研究者开发了一系列基于 16S rRNA 基因序列、基因组和宏基因组等遗传信息的微生物培养基预测和优化方法，为培养组学研究培养基的选择和优化提供了极大的便利。Oberhardt 等（2015）建立了基于 16S rRNA 基因序列预测培养基配方的网站 KOMODO；该网站结合了 NCBI 的微生物分类和微生物培养基数据库[参见德国微生物与细胞培养物保藏中心（German Collection of Microorganisms and Cell Cultures）网站（https://www.dsmz.de）]等，依据传递预测模式（transitive prediction schema）

和协同过滤预测（collaborative filtering predictor）等算法，根据已知物种培养基来推断与其相似性高的近缘物种的培养基，将基于 16S rRNA 的微生物多样性数据与目标菌株的分离培养有机衔接起来，推动了培养组学及基于纯培养的关联研究。

2.3.2.3 培养条件的选择与优化

在确定培养基之后，就需要选择合适的培养条件进行培养。在这里培养条件主要指除营养物质以外，会对微生物生长产生影响的环境因素，如培养温度、时间和气体环境组成等。培养温度选择的总体原则是根据目标培养微生物类群的最适生长温度或根据样品生境的一般温度来确定。此外，由于不同微生物的生长速率相差较大，不同培养时长，所能分离获得的微生物物种也可能有所不同；在进行培养组学研究时，往往会培养较长时间并在不同时间点进行分离培养以覆盖不同生长速度的可培养微生物；比如对于肠道微生物进行分离培养时，会在 2～60 天的连续培养周期内选取若干时间点进行单菌落挑取的操作。除了培养温度和时间，另一个需要格外关注的培养条件是培养物所处的气体环境，特别是环境中氧气的含量。可以根据微生物对氧的敏感性将其分为专性好氧菌、微需氧菌、兼性厌氧菌、耐氧厌氧菌和专性厌氧菌五大类。其中，专性好氧菌在氧气充足的条件下生长更快；微需氧菌则是在较低氧分压（0.01～0.03 Pa）条件下最适宜生长，高氧分压或无氧都无法生长；兼性厌氧菌则是在完全好氧和完全厌氧条件下都能生长的一类微生物；耐氧厌氧菌是一类不能利用氧气作为电子受体的菌，但是可以耐受一定浓度的氧气，它们在有氧环境下可以存活，但是在厌氧环境下生长更好；专性厌氧菌则只能在严格厌氧的条件下才能生长，氧气会抑制其生长甚至杀死这类微生物。在针对上述不同类型微生物进行分离培养时，培养物所处的大气环境也要进行相应的氧气含量的优化。一般情况下，好氧培养时利用空气作为培养基的大气环境；而对于微需氧和厌氧环境的维持，则主要靠在人工充入不同气体组分的操作箱进行实验操作和在不同规格的密闭容器进行培养来实现。在微生物培养时，最常见的微需氧环境是靠充入氧气∶二氧化碳∶氮气（5%∶10%∶85%）的混合气体实现的，而严格厌氧环境则是靠充入纯氮气或氮气∶氢气∶二氧化碳（85%∶10%∶5%）混合气体来实现，当然根据实际需求的不同，充入气体的比例可能会有变化，也可能需要加入某些特殊微生物生长必需的气体组分，比如甲烷、一氧化碳等。

2.3.3 分离培养方法

2.3.3.1 平板涂布法

平板涂布法也称稀释涂布平板法，是一种传统的微生物分离培养和活菌计数方法；平板涂布法含样本稀释和平板涂布两部分，即将目标样本进行一系列的梯度稀释，将不同稀释度的样本分别涂布在固体培养基表面进行培养，当稀释倍数合适时，即可获得单个微生物细胞形成的菌落。因此，在尽可能维持样品原始状态以及选择合适的培养基和培养条件的前提下，操作环境、无菌意识、样品稀释倍数、菌落状态等因素对微生物的分离培养有很大的影响。在操作环境方面，根据原始样本的生境选择不同操作环境，如外环境样本（土壤、污水样本等）可在有氧气的超净工作台进行平板涂布；而粪便、厌氧污泥等样本，则需要在厌氧操作箱内完成平板涂布全过程。强调无菌意识是考虑到操作环境内非样品内微生物的污染对分离结果的干扰，因此涂布所用的相关物品和稀释液要进行灭菌处理，操作台面进行消杀处理，操作过程尽量避免接触可能有菌的表面，如台面、平板外表面等，以免培养环境中杂菌的污染。样品稀释倍数的选择是获得单个菌落的关键影响因素，一般视样品中细菌的大致数量决定。当然，不同来源的样本内细菌数量差异较大，可通过细胞计数或者根据首次涂布培养的结果对稀释倍数进行调整。对于微生物种类相对复杂的样品，待微生物形成明显的单个菌落后，尽量挑取菌落中间位置的菌体至新的平板或培养液进行培养，以防原始菌落周围肉眼不可见的其他微生物的干扰。当然，若研究临界的菌落集群，则可挑取菌落连接处的菌体继续进行分离培养。尽管平板法进行微生物分离耗时耗力，在培养条件与培养基的甄选等方面具有一定的约束性，但其仍然是目前肠道微生物分离培养普遍采用的方法之一（Lagier et al.，2016；杜梦璇，2021）。Liu 等（2020）和 Zou 等（2019）运用平板涂布法对人粪便样品进行大规模分离培养的同时，通过优化培养基组成和设计不同的样品处理方式以及采用不同的培养条件，从粪便样本中分离获得大量的肠道微生物，其中不乏相当数量未培养的新物种。

2.3.3.2　稀释培养法

1993 年，Button 等提出，当把海水中微生物群体连续稀释时，海水中的寡营养微生物可以不受微生物竞争优势作用的干扰，被培养的可能性会大大提高（Button et al.，1993；王保军，2013）。稀释培养法顾名思义是对样品不断进行梯度稀释，将其中的微生物的群体数量降低至极限后接种于对应培养基中进行培养的方法，以此降低优势菌的占比从而提高难培养微生物的可培养率，该方法也称极限稀释法（dilution-to-extinction），已被证明是获得难培养细菌的有效方法，能将生长较缓慢的细胞从生长较快、更容易培养的微生物中分离出来。稀释培养法一般采用 96 孔或者 384 孔板进行高通量并行操作，提高分离效率。当把样品中微生物群体总数稀释至一定浓度时，寡营养微生物可以不受少数生长优势微生物的抑制、竞争作用等的干扰，因而大大提高寡营养微生物被培养的可能性。

2002 年，Connon 等在稀释培养法的基础上提出高通量培养技术，该方法是

将样品浓度稀释至 10^3/mL 后，采用 48 孔细胞培养板并结合流式细胞仪检测分离培养微生物，高通量培养技术可将样品中 14%的微生物纯化培养出来，远高于传统分离技术所培养的微生物数量，并且发现了多种独特的未培养海洋变形菌门的类群，其中，重要的表层海洋微生物群 11（SAR11）纯培养的获得是寡营养微生物培养技术的成功范例。占海水表面原核生物组成 1/3 的 SAR11，此前只以基因序列的形式存储在原核生物 16S rRNA 基因文库中（Connon and Giovannoni，2002；王保军，2013）。

2015 年，Sosa 等对 Connon 等发明的高通量培养技术进行改进，采用极限稀释法将富含高分子量海洋溶解有机物（DOM）的海水稀释至每毫升含 3 个细胞，后于 48 孔板中进行培养和转接，最终 11%的纯培养属于 γ-变形菌，包括 Alteromonadales（SAR92 分支）和 *Vibrio*。此外，85%的纯培养属于 β-变形菌的甲基营养 OM43 支，该菌被认为在代谢上专门降解 C1 化合物（Sosa et al.，2015）。Yang 等（2021）采用极限稀释法建立了土壤生物多样性梯度，研究了模拟全球变化过程中土壤生物多样性损失对实验草地生物群落的影响。此外，Henson 等（2020）通过迭代约束设计的极限稀释法来提高浮游细菌的培养成功率，共分离得到 8 个新属和 7 个新种。

2.3.3.3 基于微流控的微液滴单细胞分离培养技术

微液滴培养（microdroplet cultivation）技术是一种操作微小液体体积的技术，可以通过极限稀释法（dilution-to-extinction）将单个微生物分散到微液滴中，每个微液滴单元可以作为独立微反应器进行微生物培养（Khater et al.，2020）。微流控培养（microfluidics cultivation）技术是在微观尺寸下对复杂流体进行控制、操作和检测的技术，其工作原理如图 2-19a 所示。利用微流控技术进行微生物细胞培养，不仅可以对微生物生长条件、培养时间等进行精确调控，实时监测微生物的形态变化，还可以实现在不同生长条件和营养因子下，同时对微生物单细胞进行培养（Zhu and Yang，2017）。微流控分离微生物优点是通过微液滴中的单细胞培养，避免因优势微生物快速生长抢占生态位而导致的慢生长微生物无法形成肉眼可见菌落，甚至可以通过反向基因组学，设计筛选目的微生物的特异性引物或者探针对其进行大批量筛选，获得更多未培养肠道微生物（杜梦璇，2021）。2014 年，Najah 等采用一种超高通量的液滴微流控技术，在不到 20 min 的时间内筛选超过 100 000 个细胞；通过将单个细菌在 20 μL 液滴（含荧光纤维二糖水解酶底物的培养基）中隔室分离，直接从麦茬地筛选未培养细菌；根据纤维二糖水解酶活性对液滴进行分选后，细菌种群的纤维二糖水解酶和内切葡聚糖酶活性分别提高了 17 倍和 7 倍，并且与选择在含有淀粉和羧甲基纤维素作为碳源的培养基上生长时相比，分类学上的差异非常大（Najah et al.，2014）。2016 年，Jiang 等借助

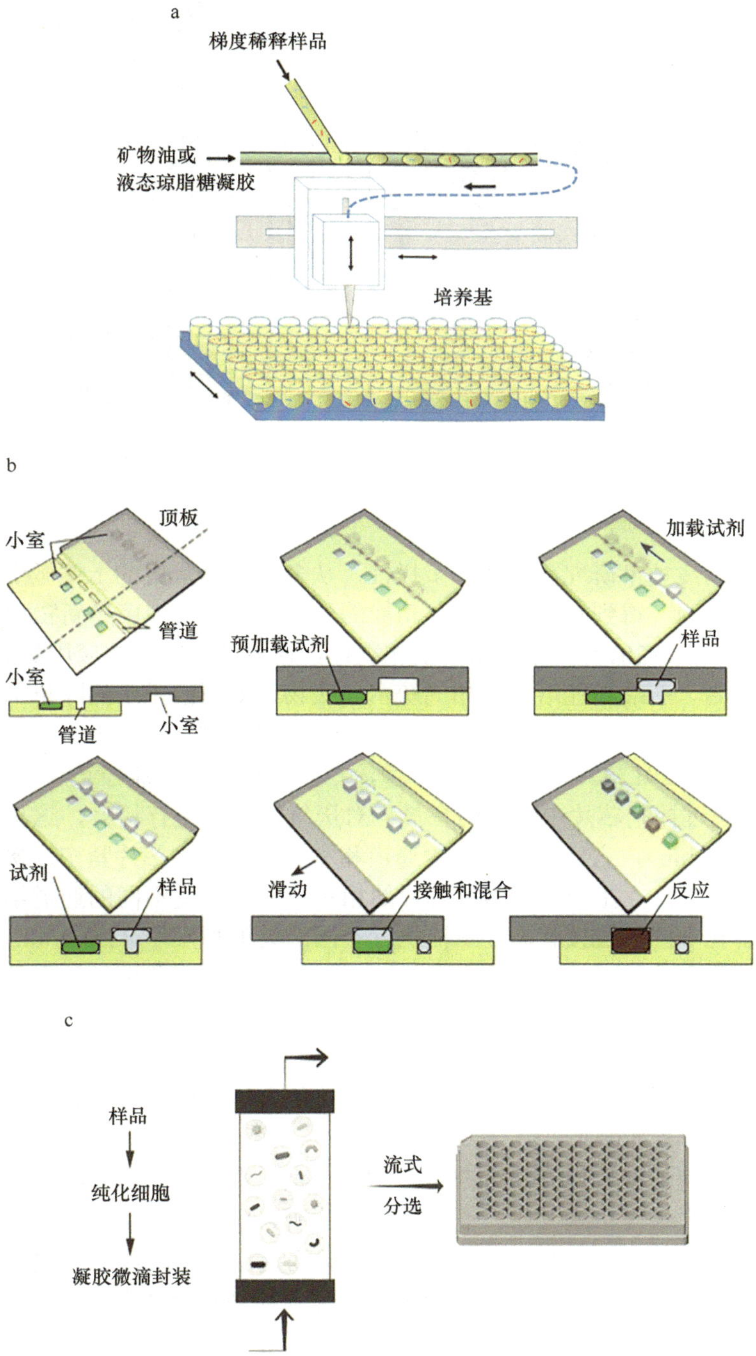
a
梯度稀释样品
矿物油或
液态琼脂糖凝胶
培养基
b
顶板
小室
管道
小室
管道
小室
预加载试剂
加载试剂
样品
试剂
样品
滑动
接触和混合
反应
c
样品
纯化细胞
凝胶微滴封装
流式
分选

图 2-19 基于微流控的微液滴单细胞分离培养技术

a. 微流控培养技术原理图；b. 滑动微流控芯片（Du et al.，2009）；c. 凝胶微滴单细胞培养技术（Zengler et al.，2002）；d. 纳米微孔微生物培养器（Ge et al.，2016）

微液滴平板划线技术研究微生物的多样性，从多环芳烃富集的土壤微生物群落中分离培养单细胞，得到具有荧蒽降解功能的分枝杆菌和芽球菌属新物种（Jiang et al.，2016；邢磊，2017）。通过组合油相载体，该方法还能够被应用到其他方面，例如，将油脂、石油和能溶于油相的疏水性底物，如不溶于水的除草剂、杀虫剂和其他疏水环境污染物结合，能够分离和识别具有生物修复及生物转化能力的环境微生物(邢磊，2017)。另外，利用基于微流控技术设计的微流控芯片(microfluidic chip）可以通过控制芯片中氧气的含量，对厌氧微生物进行培养，这里用到了滑动芯片（SlipChip)，它一般由两块含通道和小孔的微流控芯片紧密连接构成（图 2-19b）。其核心特征在于通过两块芯片的相对滑动，改变不同的通道结构，来实现通道和小孔不同的连接状态，从而执行不同的处理和操作（Du et al.，2009）。当两块芯片紧密接触时，微生物单细胞可以在装有不同营养因子的滑动芯片小孔中进行高通量培养；当滑动分离时，两块芯片可以成为独立的单块单层微流控芯片，一块可用于观察微生物生长或分类鉴定等，另一块可继续进行微生物高通量培养。Ma 等（2014）利用该技术，首次成功从人体消化道中分离出瘤胃球菌属（*Ruminococcus*）细菌。

然而，传统的微流控方法存在一个主要缺点，众所周知微生物的生长需要依赖于微生物间共生或接触关系，而微流控方法所采用的极限稀释法会使得一部分依赖共生的微生物在单细胞水平缺乏共生对象而无法被分离获取(杜梦璇，2021)。针对这一问题，Zengler 等在微流控基础上开发了凝胶微滴培养法（图 2-19c），将海水和土壤样品中的微生物先进行稀释，与融化的琼脂糖混合，用油乳化形成直径 30～50 μm 的微滴，其中约 10%的胶滴含有单个细胞，将包埋胶囊装入层析柱内，层析柱进口端用 0.1 μm 滤膜封住，防止外部细菌的进入而污染层析柱，出口端用 8 μm 滤膜封住，截留包埋细胞的胶囊，低浓度的有机物培养液连续通过层析柱对包埋胶囊进行流动培养，进而增加共生、共代谢等有依赖性的微生物的可培养性，结合流式细胞仪将长有微生物细胞的胶囊分选到加有富营养培养基的 96 孔板中继续培养以获得微生物的纯培养。最终在 150 株细菌中，半数以上的菌株此前未被培养（Zengler et al.，2002；王保军，2013）。这种方法与自然环境有很多的相似之处，因而新培养出来的微生物种类数也大大增加。

无独有偶，美国东北大学的工程师 Edgar Goluch 和生物学家 Slava Epstein 开发出一种微型纳米设备用来从多物种混合培养物中捕获单个细菌细胞（Tandogan et al.，2014），这种新型设备可以使单一的细菌细胞通过通道进入包含细菌“食物”的小室中，而细菌细胞进入的显微通道，仅比细菌细胞稍窄一些，因此，当进入一个细菌细胞后，就可以阻断其余细胞的进入。在小室中细菌细胞就可以开始增殖，当其增殖到纯种样本并且充满整个箱体后，研究者就会对其进行收集和鉴定（邢磊，2017）。该设备的优势在于其解决微生物单细胞培养过程中对有共生关系微生物间信息交流的阻断问题，并可通过小室收缩尺寸的改变和营养成分的动态调整来增加分离捕获细胞的多样性。另一个基于微流控的新型单细胞培养技术是纳米微孔微生物培养器（nanoporous microscale microbial incubator，NMMI），它是由多个具有膜扩散功能小孔组成的微流控芯片系统（图 2-19d）。微生物单细胞可以在小孔中单独生长，周围环境因子及共生微生物的代谢产物可以通过隔膜进入小孔为微生物生长提供营养物质。NMMI 将微流控型培养技术和膜扩散型培养技术相结合，以此克服了微流控技术无法为目标微生物生长提供原生环境和共生伙伴的局限性（Ge et al.，2016）。

2.3.3.4 原位培养法

原位培养法是通过模拟目标微生物的原始生境或将其放回栖息环境中进行培养和分离的一种策略。该技术可使微生物直接或间接获得原生境中天然的营养成分、生长因子或信号分子等，有助于将“未培养微生物”转变为可培养的微生物。一种原位培养的方式是将稀释的样品置于间隔的独立区室小孔中，用半透性膜（0.03 μm/0.2 μm）上下封闭小孔，各孔室间互不干扰，将其放回模拟生境或原始生境中进行培养，孔内外的微生物无法自由进出半透膜，但可以利用自然环境中的某些信号分子或关键营养因子等小分子，进而促进孔内难培养微生物的生长。原位培养法主要包括扩散室技术、微囊包埋技术、分离芯片和捕获（trap）技术等。

2002 年，Kaeberlein 等在分离培养海岸潮间带底泥中的微生物时，使用一种名为扩散室（diffusion chamber）的自制培养装置（图 2-20a），它是由一个环状的不锈钢垫圈和两侧胶连的孔径为 0.03 μm 的滤膜组成，滤膜是装置的核心，其只允许培养环境中的化学物质流通而不能让细胞通过（Kaeberlein et al.，2002；王保军，2013）。扩散室内加入稀释底泥与琼脂的混合物，封闭后置于鱼缸底部的天然海洋底泥上培养，并不断注入新鲜的海水循环流动，培养 1 周后，培养基上产生大量的微型菌落，数目高达接种微生物的 40%，并从海水中分离到一株新的细菌，16S rRNA 基因序列比对结果表明，与之亲缘关系最近的细菌 *Lewinella persica* 的序列最大相似性只有 93%。有意思的是，该菌株不能在人工合成培养基上单独生长，而要在与其他海洋细菌共存的条件下才能形成菌落，并因此获得几株类似的起着协同作用的细菌。到 2010 年，Bollmann 等利用扩散盒培养法从污染水体的沉积物中分离得到包括 α、β、γ-变形菌纲，放线菌门，厚壁菌门等许多纯培养菌株，菌群结构呈现出丰富的多样性特征。应当指出，扩散盒技术初次培养获得的微小菌落多数为混合培养，通常需要再次分离，才能获得纯培养（Bollmann et al.，2010；王保军，2013）。

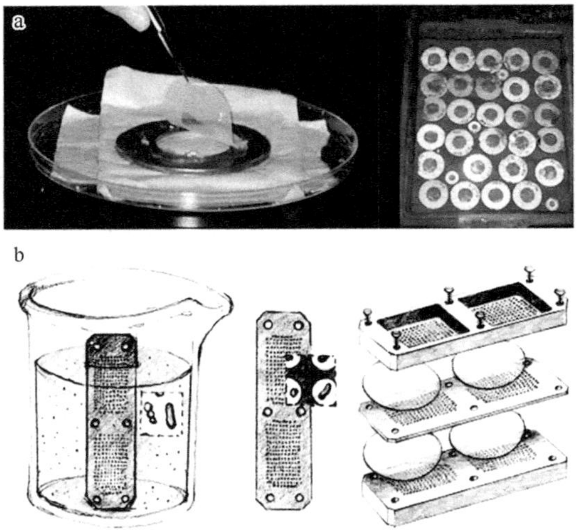

图 2-20　ichip 培养装置图例

a.用于环境微生物培养的扩散室（Kaeberlein et al.，2002）；b.用于高通量微生物分离培养的分离芯片（Nichols et al.，2010）

鉴于扩散室半透膜孔径不能选择性地分离放线菌，Gavrish 等（2008）报道了一种用于分离丝状放线菌的捕获装置，该装置的结构与“扩散室”相似，底部的半透膜孔径为 0.2～0.6 μm，有利于菌丝体穿过半透膜进入室内。使用时将含有无菌固体培养基的捕获装置放置在装有潮湿土壤样品的培养皿中，土壤中丝状微生物选择性地渗入装置底部并形成菌落，黑暗条件下培养 14～21 d 即可。

Nichols 等开发了一种用于高通量微生物分离培养的装置，称“分离芯片”（isolation-chip，ichip）（图 2-20b），该装置每个芯片包含数百个微型扩散孔，每个扩散孔只含有一个微生物细胞，将芯片放置在经过处理的海水中进行微生物的培养，采用该种芯片装置，分离到大量的海水和土壤微生物，其中序列最大相似性小于 95%的新种分别占 28.3%和 28.7%（Nichols et al.，2010；王保军，2013）。

原位培养技术通过模拟目标微生物的自然环境来分离培养微生物，有利于微生物之间或微生物环境之间的衔接，可在一定程度上提高环境微生物的成活率以及未培养类群的可培养率，但后期纯培养的获得仍需选择合适的培养基和培养条件，提高目标微生物的活性，促进后续的研究。

2.3.3.5　群体培养/共培养

自然生境中许多细菌依靠共生关系维系生长，有研究者通过添加细菌进行共培养来提高培养率，如：Nichols 等（2008）通过添加辅助菌株分离出一种新的嗜冷杆菌属。共生异养菌[如交替单胞菌属（*Alteromonas*）等]可通过清除 H_2O_2 促进原绿球藻属（*Prochlorococcus*）的生长（Ma et al.，2018）。此外，交互喂养培养法（cross-feeding cultivation）也可提高微生物的可培养率，如 Kaeberlein 等（2002）研究发现，MSC1 和 MSC2 两株菌虽然在扩散室中很容易生长，但其在培养皿中只能依靠共培养生长；同样，MSC1 可以在培养皿中与 MSC4 和 MSC5 中的任意一株菌进行共培养。作者还指出，在营养丰富的培养基中，不可能形成交叉喂养的环境，微生物似乎需要来自其邻居的特定信号，以确认熟悉环境的存在，从而生长。这种信号转导暗示，即使有适当的营养物质存在，微生物也不会在陌生的环境中生长，这可能解释了为什么有些微生物在人工培养基上无法分离获得。

肠道菌群对于维持人类健康和疾病发生起着重要作用，近年来有关肠道菌群的共培养分离研究已有不少报道。2015 年 Tanaka 等发明了一种单菌落共培养装置用于肠道菌的分离培养（图 2-21a），该装置由培养皿、可培养菌株、聚丙烯环、滤膜和不同琼脂含量的固体培养基组成。首先，将 3 mL 0.4%的软琼脂 TYG 培养基或 EG 培养基覆盖在铺有 20 mL 1.5%的 TYG 培养基或 EG 培养基的培养皿上。将一个底部附有 0.22 μm 膜过滤器的 70 mm 的聚丙烯环置于较低的软琼脂层。在其上方再加入一层 2 mL 的 TYG 或 EG 软琼脂。将稀释后的粪便培养分离菌悬液分别接种到温热融化的软琼脂培养基中，其立即凝固为上或下软琼脂层。因此，上下两层的菌株共享的可溶性物质可以在膜过滤器层之间扩散，而细菌不能穿透膜。作者利用此技术成功地分离了迄今为止未培养的细菌，如副拟杆菌（*Parabacteroides* spp.）菌株 BL157，肺炎克雷伯氏菌 BL175 和萨特氏菌（*Sutterella* spp.）菌株 BL252 等，并证明了肠细菌在体外的多阶段细菌间通讯。单菌落共培养技术的优点在于操作简便，可定向筛选某一菌株的生长依赖性菌株，但操作不当易对上层培养基表面产生污染，从优势菌的菌落周围选取潜在的共生菌株时，没有具体的标准可依，需要后期大量的工作来进行验证，筛选效率相对较低（Tanaka and Benno，2015）。

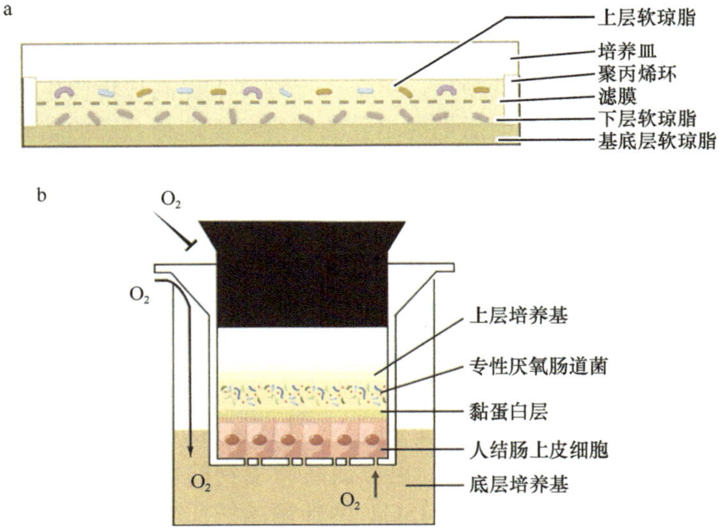

图 2-21 共培养技术示意图

a. 单菌落共培养装置示意图（Tanaka and Benno，2015）；b. 两腔室共培养系统（Sasaki et al.，2020）

肠上皮位于肠道菌群的界面，在肠道微生态的形成中起着关键作用。由于缺乏可处理的共培养系统，宿主-微生物相互作用的细胞生物学解释仍然难以阐明。Nobuo 等建立了一种肠道半厌氧共培养系统（intestinal hemi-anaerobic coculture system，iHACS）（图 2-21b），厌氧的上部腔室培养肠道厌氧菌，通气的底部腔室培养结肠上皮细胞（Sasaki et al.，2020）。该系统内结肠上皮具有完整的细胞极性、黏液层和干细胞层，可使丁酸梭菌、阿克曼氏菌、青春双歧杆菌、脆弱拟杆菌等正常定植于结肠上皮，并激活结肠上皮相关基因（*MUC2*）和干细胞标记基因（*LGR5*、*AXIN2*、*PTK7*）的表达。此项研究发现，阿克曼氏菌（*Akkermansia* spp.）的生长依赖于分化的结肠上皮。iHACS 是第一个能够将厌氧菌与人结肠上皮共培养的系统。与小肠相比，人类结肠上皮与人类疾病的发病机制和宿主-厌氧菌相互作用的相关性更大，凸显了 iHACS 在研究胃肠道疾病机制相关的上皮-细菌反应方面具有重要的价值（梁鹏等，2021）。

目前，菌株的共培养技术多应用于开发微生物新型代谢产物，而在未培养微生物的分离工作中的应用较少。主要是考虑到脱离共培养体系后难以获得未培养菌株的纯培养；其次，鉴于当前对微生物间的互作机制及潜在微生物共生类群不明确，该方法还处于摸索筛选阶段，因此需要进一步加大微生物互作与生长之间关系的研究，助力培养组学的发展，提高未培养微生物的可培养率。

2.3.3.6　基于细胞标记与捕获的培养技术

与前述的几种分离培养方法不同的是，基于细胞标记与捕获的细胞分选技术提供了一种“先分离后培养”的策略，理论上可以极大提高分离培养的效率和通量。目前常用的细胞分选技术包括荧光激活细胞分选、荧光原位杂交、显微操作技术、基于激光诱导向前转移的细胞分选、光镊分选和拉曼单细胞分选等。

荧光激活细胞分选（fluorescence activated cell sorting，FACS）技术是一种利用自身荧光信号或通过与荧光染料结合，对单细胞进行定量分析和分选的技术，近年来广泛应用于微生物细胞的分选和检测（图 2-22a）。流式细胞仪（flow cytometer）就是以 FACS 技术为核心，通过流体控制技术使得细胞悬液呈单行流动，检测细胞的荧光信息，并通过压电晶体喷出带有不同电荷的液体来包裹每一个细胞，当包裹着细胞的液体流经电场就会偏转到不同的接收装置中。因其具有测量指标多、检测速度快等优点，被广泛应用于临床医学、细胞学、微生物分离等领域的科学研究中（Schmid et al.，2014；梁鹏等，2021）。Ozawa 等（2016）利用 FACS 技术从水样中检测和分离低丰度的微生物，显示有 31 种致病菌被分离出来。Fujitani 等（2015，2014）利用前向散射（forward scatter，FSC）和侧向散射（side scatter，SSC）结合的方式从富集样品中分离得到了 3 株硝化螺菌属中未培养的菌种，并报道了一种针对硝化细菌微菌落形成的分离方法。

荧光原位杂交（fluorescence *in situ* hybridization，FISH）技术可以通过荧光标记，快速识别、定量特异的微生物细胞。被 FISH 技术标记的微生物细胞可以通过 FACS 技术进行分离培养，并用于后续高通量测序分析（图 2-22b）。但是化学固定以及荧光染料和标记探针等都会影响微生物的活性和细胞通透性。Batani 等（2019）通过改进传统 FISH 技术，省略化学固定等操作步骤，成功将标记探针导入到活的微生物细胞中，并通过 FACS 技术，从海水样本中分离出活的 α-变形菌，但是其细胞成活率仍然处于较低水平（1.24%～2.82%）。Podar 等对不可培养的 TM7 门的细菌群体进行研究。他们利用原位荧光杂交技术和流式细胞术结合的方式对土壤样品中的单一细胞以及小批量细胞（5～100 个）进行分离，接着对一些属于 TM7 门的细菌基因组片段进行扩增测序，发现采用该方法可以从土壤群落中筛选到低频率（0.02%）的靶细胞，表明该方法可以用来识别和分离群落中“无法看到的”稀有物种的代表性微生物（Podar et al.，2007；邢磊，2017）。

显微操作技术最早于 1970 年由 Johnstone 等首次使用，通过使用微注射器和微毛细管等工具来进行微生物的显微分选（Bakoss，1970），但由于显微物镜的放大倍率与工作距离之间的相互制约，几乎不能进行单细胞的分选分离操作（梁鹏等，2021）。随着显微操作技术的发展和改进，人们可以通过倒置显微镜对放大 1000 倍的微生物进行观察，结合精准的压力控制装置，可以准确地放置毛细管以实现对微生物细胞的分离（梁鹏等，2021）（图 2-22c）。Ishøy 等（2006）提出基于倒置显微镜、显微注射器和显微操作器，通过显微操作从细胞混合物中捕获分离出单个活菌至 400 μL 体积的微毛细管中，并转移到适宜的培养基中生长。随后研究人员利用该系统从温泉样品富集液中成功分离并培养嗜热古菌（*Metallosphaera sedula*）和硫磺矿硫化叶菌（*Sulfolobus solfataricus*）。尽管商业化的显微操作分离产品可以通过更换不同孔径的毛细管来实现对不同尺寸微生物的分离，但需要在多次实验中完成。此外显微操作技术只可以分选液体样本，并不适用于固体样本中微生物的分离，且通量较低，难以实现大规模的微生物分离（梁鹏等，2021）。

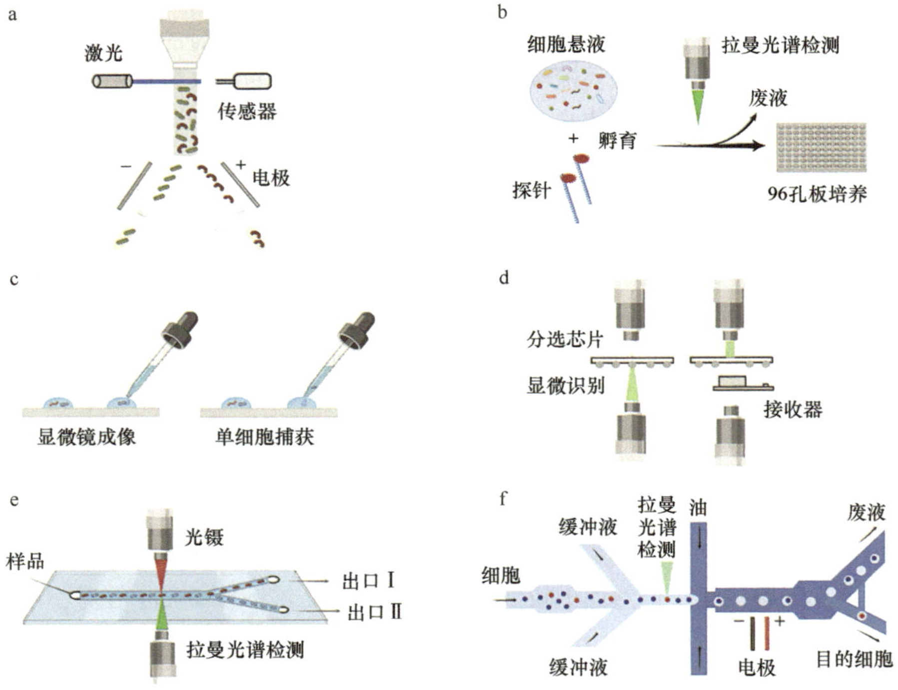

图 2-22 几种基于细胞标记与捕获的培养技术

a. 荧光激活细胞分选（Fujitani et al.，2014）；b. 荧光原位杂交；c. 显微操作技术；d. LIFT；e. 光镊分选；f. 基于拉曼光谱的细胞分选（Wang et al.，2017）

激光诱导向前转移（laser-induced forward transfer，LIFT）的细胞分选技术是一种基于激光与物质相互作用原理，可视化、非接触实现目标微生物细胞准确分离的技术，可在复杂生物样本中通过反射物镜将激光聚焦于目标细胞并反射至接收器中（图 2-22d）进行后续的培养或鉴定。相较于 FACS，LIFT 技术具有更高的分辨率，可结合细胞的形态、大小、拉曼指纹等特征无标记地实现目标细胞手动或自动分选，具有单细胞获得率高、适用范围广、操作简单等优势（荣楠，2021）。

2013 年，Wang 等运用 LIFT 技术从复杂的口腔细菌样本中成功分离出 5 种不同类型的细菌。2017 年，Song 等利用 LIFT 技术从复杂的海水样品中分离出产类胡萝卜素的光合细菌；同年，他们通过该方法从泰晤士河中成功分离出抗性微生物，并建立了表型与基因型的对应关系（Song et al.，2017a，2017c；荣楠，2021）。但值得注意的是，经 LIFT 分选弹射出的细胞其活性或多或少会受一定程度的影响，若细胞原本抗逆性差，则存活率大大降低。因此，该技术还有待进一步优化和完善，以期实现单细胞无损且具有活性的分选。

光镊分选技术是一项基于光辐射压原理，操纵激光束以提供引力或斥力，实现对微观中性物体的固定或移动，从而实现单细胞的捕获和分选的技术（Neuman and Nagy，2008）。其通过控制样品在微流控芯片中流动，在光镊捕获细胞后结合拉曼光谱检测是否是单细胞或目标物质，随后分选至芯片收集通道，其余样品则从另一通道流出（图 2-22e）。2009 年，Huang 等结合光镊和拉曼光谱技术，基于单细胞拉曼光谱内的光谱峰位移来识别微生物，利用光镊固定和移动微生物至毛细管中，并将管切割以物理分离细胞。经检测，18 个酿酒酵母（*Saccharomyces cerevisiae*）细胞分离出 11 个，其中 2 个测序通过；18 个荧光假单胞菌（*Pseudomonas fluorescens*）分离出 7 个，其中 3 个测序通过（Huang et al.，2009）。2015 年，Berry 等利用重水（D_2O）的稳定同位素（D）表征了用不同碳水化合物修饰的小鼠盲肠样品中两种显性微生物的活性模式，结合拉曼光谱和基于光镊的分选，获得了代谢黏蛋白和葡萄糖胺的未培养细菌（Berry et al.，2015）。然而，该技术目前还不够成熟，需要依赖于微流控技术和拉曼光谱等技术的支持，操作复杂且分离效率不高。同样，由于光镊的热化学效应，对微生物细胞会造成一定的损伤或影响。

基于拉曼光谱的细胞分选（Raman-activated cell sorting，RACS）技术指通过拉曼光谱仪等设备利用特定的拉曼谱带作为生物标志物对特征细胞进行分离，并结合微流控技术或光镊对拉曼光谱标记的微生物细胞进行分选，进而对其功能进行研究（图 2-22f）（Lau et al.，2008）。RACS 能够实现对微生物细胞进行无损预处理，保证其分选后的细胞具有活性，可被纯培养。2013 年，徐健研究团队通过优化光路、提高激光强度等方式显著提高了单细胞拉曼光谱的采集速度，首次将微生物细胞拉曼图谱获取时间降低到毫秒级，为高通量单细胞拉曼分选奠定了基础（Wang et al.，2013；邢磊，2017）。2017 年，该团队通过耦合单细胞拉曼光谱和液滴微流控技术，发明了拉曼激活单细胞液滴分选（Raman-activated single-cell droplet sorting，RADS）技术，这是目前已公开报道的工作中分选通量最高的 RACS 系统（Wang et al.，2017）。液滴包裹不仅可以保护细胞免受分选过程中的损伤，还可与分选后细胞的培养，以及 DNA、RNA、蛋白质等的提取与分析无缝衔接。这一工作为研制高通量化、集成化的单细胞拉曼分选与测序系统奠定了基础。

2.3.3.7 其他新型培养技术

电回收法是由 Koyama 等（2013）发明的，他们利用氧化铟锡/玻璃（indium tin oxide/glass，ITO）电极，通过控制电势来使活的微生物吸附和解吸附在电极表面，从而在深海沉积物中分离获得大量的细菌。随后，2015 年，Koyama 等在此基础上进一步开发电回收法（electrical retrieval method，ER 法）用于分离冷冻海绵样品中的微生物，从 2 种海绵（*Spirastrella insignis* 和 *Callyspongia confoederata*）样品中共分离到 32 个门、72 个纲的细菌和 3 种古细菌（Koyama et al.，2015）。电回收法可以通过对电势的优化试验，找到最优波形、最优共振频率、最佳振幅、最佳时长等条件，有效地去除一些不必要的微生物，进而分离到环境中稀有的微生物。电回收法虽然操作较为复杂，但为海洋动物来源微生物的分离提供了新思路（陈雷等，2018）。

双面培养皿（double-sided Petri dish，DSPD）法是 2021 年被提出的一种新型共培养装置，由两个树脂材质的培养皿底部黏合后在中间开一个直径为 2 cm 的贯穿孔，之后在孔的表面覆盖一层玻璃纸，防止向上下两层培养皿倒培养基时发生泄漏，在上下两层培养基的表面接种微生物菌种后进行共培养（Yuan and Chen，2021）（图 2-23）。双面培养皿中间的开孔，允许两侧菌株所产生的代谢产物及信号分子通过，从而使两侧菌株发生互作。双面培养皿的发明为共生微生物的分离及微生物共生现象的研究提供了一个重要的工具，但目前关于其对未培养微生物的分离效果的报道较少，尚待进一步验证。

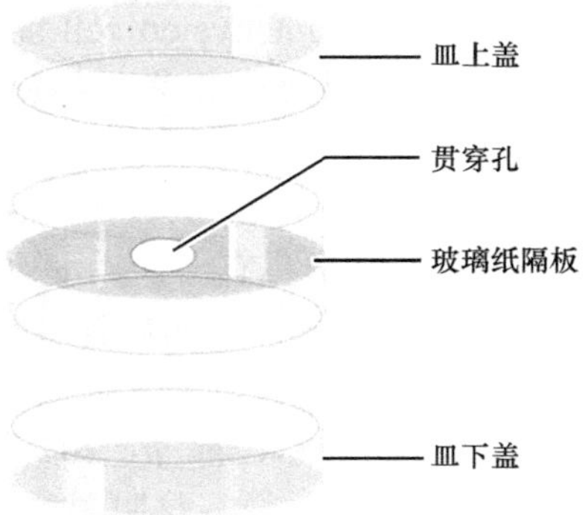

图 2-23　双面培养皿示意图

反向基因组学（reverse genomics）可以对新的目标微生物细胞进行标记，并维持其细胞活性。首先，对目标微生物进行单细胞基因测序，鉴定出编码胞外膜蛋白的基因，筛选胞外膜蛋白上的特定表位，合成靶蛋白结构域抗原，然后将抗原接种到受体体内进行免疫反应产生抗体，纯化抗体并使用荧光染料进行标记，接着将荧光标记的抗体加入到环境样本中，使其对目标微生物细胞进行染色，最后利用 FACS 技术对目标微生物细胞进行分离培养。Cross 等（2019）通过使用反向基因组学技术，从人体口腔中成功分离培养了 3 株归类于候选门级辐射类群（candidate phyla radiation，CPR）细菌的 *Saccharibacteria*（TM7）菌株。

近年来随着宏基因组技术的快速发展，其指导微生物分离和培养方法也越来越受到关注。对复杂群落进行宏基因组测序和分析的数据可以为未培养微生物提供有价值的见解，如初级代谢、底物利用、氧需求、抗生素耐药性等，这为定义难培养微生物的培养基和生长条件提供了机会。宏基因组测序可以鉴定推定的新物种的特定底物，然后利用这些底物通过培养方法分离新物种（Liu et al.，2022c），如图 2-24 所示。Lugli 等（2019）利用该方法从动物粪便样本中分离出新型双歧杆菌。首先，组装宏基因组数据，然后将预测基因与糖苷水解酶（GH）数据库进行比较，以评估双歧杆菌物种的糖生物组。作者预测，由阿拉伯半乳聚糖、支链淀粉、淀粉和木聚糖组成的聚糖是这些假定的新双歧杆菌物种的碳源。因此，使用各种化学成分确定的培养基进行培养实验，这些培养基含有如上所述的特定聚糖作为其唯一碳源。结果培养出 13 株表型不同的双歧杆菌分离株，它们能够代谢选定的聚糖，其中 2 株为双歧杆菌新物种。虽然已经有许多研究成功地使用宏基

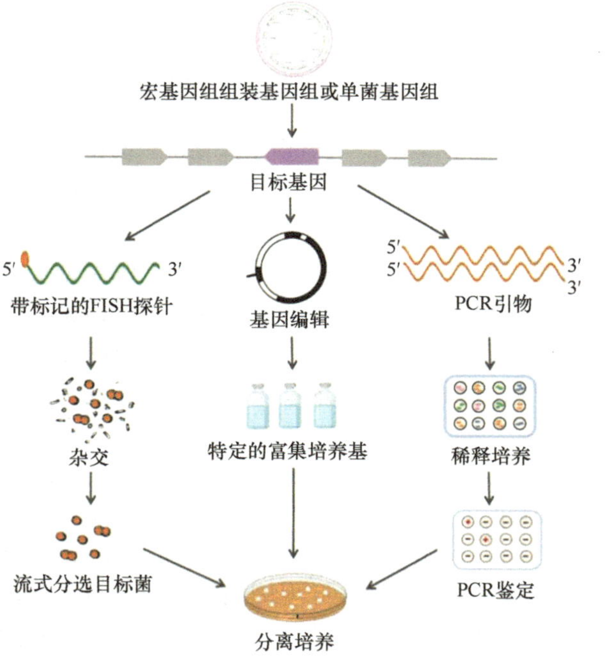

图 2-24　微生物基因靶向分离方法示意图（Liu et al.，2022c）

因组序列数据来指导微生物的分离和培养，但要获得更广泛的成功，仍有一些挑战和局限性有待克服。一旦分离出目标生物，为了使其持续生长，必须找到合适的生长培养基和物理化学条件。然而，由于自然环境中的化学成分通常是未知的，单靠基因组序列往往不能提供足够的信息来准确地确定成功培养特定微生物的所有必需条件。例如，Lavy 等（2014）根据 *Candidatus Poribacteria* sp. WGA-4E 的基因组数据设计了一种培养基。虽然从基因组数据中推断出了该门的代谢特性，如可能利用尿素作为氮源和同化硫酸盐还原代谢，但在所使用的条件下，这种特定的培养基并没有导致在培养物中捕获 *Poribacteria*。培养基成分的浓度对于 *Poribacteria* 来说可能不是最理想的，或者可能需要添加信号分子。未来，将宏基因组学方法与其他经验方法（如培养组学、原位培养、单细胞分离）相结合，可能有助于更好地实现难培养微生物的分离培养。

2.3.4 微生物物种鉴定和命名

2.3.4.1 微生物物种分类与鉴定的基本概念

微生物（细菌）分类学是指对细菌进行表征（characterization）、分类（classification）与命名（nomenclature）的一门学科，即在全面了解细菌生物学特征的基础之上，研究它们的种类，探索其起源、演化以及与其他类群间的亲缘关系，进而提出反映自然发展的分类系统，将细菌加以分门别类。细菌分类学的发展经历了三个主要的时期。第一个时期是形态学时期：起初人们往往通过直接观察的手段探索生物。1872 年，德国植物学家 Cohn 提出第一个细菌分类系统，即根据细菌的形态特征，将其分为球菌、短杆菌、长杆菌和螺旋菌四种。但对于细菌来说，形态学所能提供的信息极其有限，且随着生存环境发生变化。20 世纪初，人们开始利用新陈代谢的特征来研究细菌，此为细菌分类学的第二时期，即生理学时期，分类学家根据细菌的生理特征对细菌展开研究。随着分子生物学技术的发展，细菌分类学步入第三个时期，即分子生物学时期，从细菌的蛋白质和核酸层面展开分析，从而能更加真实地反映细菌间的相互关系，因此成为非常有效的分类方法。

目前，细菌分类学研究普遍采用多相分类法（polyphasic taxonomy）。多相分类法的概念是由 Colwell 于 1970 年提出的，即综合细菌的形态学、表型特征、生理生化和遗传学等方面的信息确定细菌的分类地位（Colwell，1970）。多相分类法使细菌的分类更加系统化，能深入展现细菌的系统发育关系，是目前较为有效的细菌分类方法。目前多相分类法仍处于探索阶段，没有严密的规则，因此在研究过程中应尽可能运用多种分类方法，选择参照菌株，尽量在相同的实验条件下完成实验，达到分类特征的可重复，减少人为因素的影响。

细菌分类学的三部分既独立又相互关联，其中，“表征”是一个从一般到特殊或从抽象到具体的过程，亦即通过详细的观察来细致描述一个未知的纯培养微生物的各种性状特征，然后依据现有的分类系统进行分类，以达到明确其分类地位的目的；而“分类”是解决从个体到一般或从具体到抽象的问题，即通过收集大量有关个体描述的文献资料，经过归纳和总结，形成一个科学的分类系统；“命名”则是为一个新发现的微生物确定一个新的名称，即详细观察和描述某一具体菌种后，比对现有的权威性分类鉴定手册确定是新种时，则需按照微生物的国际命名法规给予一个新的学名（周德庆，2002）。这三要素是一个动态的领域，三部分环环相扣，因此，微生物的命名取决于它们的分类方式，而分类又取决于收集到的作为鉴定结果的信息（Tindall et al.，2010）。

2.3.4.2　分离株物种初步鉴定方法

通过上述培养组学技术高通量分离获得的克隆或微生物细胞，同样需要高通量的鉴定技术对其分类学地位进行快速鉴定，准确筛选出具有生长活性的目标微生物，提高目标微生物的培养效率，为后续功能研究等奠定良好的基础。培养组学对应的高通量的鉴定技术有基质辅助激光解吸电离飞行时间质谱（MALDI-TOF MS）鉴定、16S rRNA 基因扩增测序鉴定和拉曼光谱鉴定。

MALDI-TOF MS 在 1980 年发展起来，通过对微生物多肽或蛋白质的检测，形成微生物特有的蛋白质质谱峰，与数据库中已知的微生物“多肽指纹图谱”进行比对，实现对微生物分类学地位的快速鉴定（Rahi et al.，2016）。若检测结果与数据库比对得分≥9，则为可信（Lagier et al.，2018），不可信的则提取细菌基因组，进行后续的 16S rRNA 基因序列分析。MALDI-TOF MS 因其具有成本低、操作简单、快速、准确、高通量等优点，被广泛应用于微生物的高通量筛选和快速鉴定中。2009 年，研究表明 MALDI-TOF MS 鉴定细菌的准确率为 95.4%，其中有 84.1%可以鉴定到种水平，11.3%可以鉴定到属水平（Seng et al.，2013）。但是，MALDI-TOF MS 无法同时对混合的微生物进行鉴定，且参考数据库更新较慢。

16S rRNA 基因存在于全部细菌和古菌基因组中，其可变区序列具有高度异质性，可作为判断物种间差异的依据（Olsen et al.，1993）。通过对目标微生物的 16S rRNA 基因全长进行扩增、测序，并通过与 16S rRNA 基因数据库进行比对，可以推断目标微生物物种的多样性和相对丰度。16S rRNA 基因扩增测序被广泛应用于鉴定混合微生物培养物或检测连续富集培养的微生物群落，但其测序结果往往受测序深度和引物选择等影响，且不同可变区 16S rRNA 基因比对的准确性不同。Lagier 等研究表明，如果 16S rRNA 基因序列与已知物种的相似度低于 98.65%，则认为它是一个潜在的新物种（Lagier et al.，2018；杜梦璇，2021）。

拉曼光谱鉴定是近年来发展起来的一种新型微生物鉴定方法，可以通过微生物自身生成的拉曼光谱指纹图谱，对其进行快速、准确、无损伤的鉴定。与上述两种鉴定方法相比，拉曼光谱鉴定对微生物样品需要量更少，并且可以对混合的微生物进行鉴定。但是，利用拉曼光谱鉴定微生物仍处于初步发展阶段，其数据库和技术等仍需科学家们不断完善和改进。

2.3.4.3 潜在新物种的多相分类学鉴定方法

当确定菌株是潜在的新菌后，普遍采用多相分类法来明确其微生物分类学地位，包括遗传学、表型和生理生化特征等多方面，下面简要介绍多相分类中几种常用的技术。

1. 遗传学特征分类鉴定

16S rRNA 基因序列分析及系统进化关系推断在属级分类单元的界定中具有较强的分辨力。为了推断物种间的系统发生关系，可基于相近的 16S rRNA 基因序列构建进化树（又称系统发育树）。将之前得到的潜在新种的 16S rRNA 全长基因序列在 NCBI 利用 BLAST 软件从 GenBank、EMBL 等数据库中搜索相关菌株的 16S rRNA 基因序列（相似性＜98.7%），将这个种所在的属所有的已认证的菌株的 16S rRNA 基因序列利用 MEGA 软件进行分析。进化树的构建基于三种方法，分别是距离邻接法、最大似然法、最大简约法。采用 MEGA 软件中的 Kimura 2-Parameter Distance 模型及邻接法（neighbor-joining method）构建系统发育树，同时利用距离（distance）参数分析计算各菌株 16S rRNA 基因序列相似性百分比。基于这三种不同方法构建的进化树，找到与目标菌株稳定聚集在一起的菌株作为参考菌株，进行后续生理生化、形态特征的比较分析。

2. 全基因组测序及相关分析

1）全基因组测序及组装

目的菌株经过总 DNA 提取、纯化后，使用 Illumina 构建 400 bp 文库后进行双末端测序，并对 scaffolds 和 contigs 进行组装，得到待测菌株基因组的基本信息，包括序列全长，组装质量 N50、N90，以及 GC 含量等。其中 GC 含量是决定是否使用 DNA-DNA 杂交的一个先决条件。GC 含量在同一个种内是相对恒定的，因此，可以用来判定两株菌是否同种。但是也有必须引起注意的例外，例如，严格细胞内寄生生物中的 GC 含量便不稳定。

2）功能元件分析

对细菌基因组蛋白质编码基因进行预测，预测全基因组中的 tRNA 基因、rRNA 基因、其余非编码 RNA，以及全基因组的正向重复序列（DR）和间隔区

（spacer region）。

3）蛋白质编码基因的功能注释

将所有预测得到的蛋白质编码基因与各个数据库中包含的蛋白质进行比较和功能解析，如该蛋白质和数据库中某一蛋白质具有显著的序列相似性，则可初步确定该蛋白质具有与数据库中的蛋白质相似甚至相同的功能，从而在分子水平上对该物种进行解析。

4）平均核苷酸一致性分析

从 NCBI 数据库下载两株参考菌株以及其他模式菌株的全基因组序列，并用平均核苷酸一致性（average nucleotide identity，ANI）分析比较待测菌株与参比菌株之间同源基因序列，判断物种间的遗传关联性和亲缘关系远近。

5）数字化 DNA-DNA 杂交

既往认为数字化 DNA-DNA 杂交（digital DNA-DNA hybridization，dDDH）是在基因水平对原核生物进行种间定义的金标准，种间鉴定的界值 70%被普遍接受并应用了将近 50 年（Stackebrandt et al.，2002；Wayne，1988）。由于 DNA-DNA 杂交试验操作烦琐和方法学的原因可能导致不同的试验结果，近年来，随着基因组学的发展，学者们纷纷提议并通过研究表明，可将原核生物种间界定的金标准改为基于全基因组同源基因序列比较分析的方法，如 ANI 分析和 dDDH，其界限值分别为 95%～96%和 70%（Goris et al.，2007；Meier-Kolthoff et al.，2013；Richter and Rosselló-Móra，2009）。

6）待测菌株与参考菌株的同源蛋白聚类分析

在不同生物体或同一机体内行使相同或相似功能的蛋白质称为同源蛋白质，其氨基酸序列具有明显的相似性。同源蛋白具有物种差异性和共同的进化起源。对待测菌株和参考菌株的蛋白质序列进行同源蛋白聚类分析共有的保守蛋白以及各自的特异蛋白，根据二者的数量判断菌株间亲缘关系的远近。

7）基于菌株全基因组同源蛋白序列构建系统发育树

选取并下载与待测菌株亲缘关系较近的模式菌种的模式菌株的参考基因组的蛋白质序列，进行聚类分析，构建系统发育树，将生成的树可视化并对发育树分支的可靠性进行验证。并将其与基于 16S rRNA 基因序列构建的进化树进行比较，当结果一致时，进一步从基因组的角度说明了菌株的亲缘关系。

8）核酸指纹识别

一般而言，指纹识别是为亚种水平的鉴定提供信息。主要的技术有以下几种：扩增片段长度多态性（AFLP），脉冲电场凝胶电泳（PFGE）后的基因作图分析，随机扩增多态性 DNA（RAPD）分析，重复序列 PCR（rep-PCR）技术，等等。由于缺乏标准，当这些结果从不同的实验室得到时便缺乏可对比性，这便是这些以核酸指纹为基础的方法的最主要缺陷。虽然 DNA 指纹识别方法在种的表述方面作用有限，但是当使用得当时，它们可以作为种和亚种级别鉴定的有效方法。

3. 表型特征分类鉴定

细菌的表型特征是细菌分类学初期的主要依据，也是许多微生物实验室特别是基层微生物实验室的主要鉴定手段。它主要通过形态学、生理生化特征和生长特性这几个方面进行分析。

形态学特征不仅是原核生物分类鉴定的重要依据，而且也往往是系统发育相关性的一个标志。形态描述包括菌落（大小、颜色、形状、质地、透明度、边缘、色素产生等）和细胞（染色性质、形态、大小、单个细胞排列方式、鞭毛、芽孢等）的参数描述。

生理生化描述主要是通过传统的实验或较为成熟的商业化的快速检测系统（如 API 系统和 Biolog 系统）检测细菌对碳源和氮源的利用情况、酶活性、水解特定物质的能力、抗生素敏感性和其他特殊的生理代谢功能。

生长条件则是测试待测菌株在固定条件下生长的能力，包括培养基、温度、pH、NaCl 浓度、氧浓度和对抗生素的敏感性等特性测试。由于不少生理生化特征是染色体外遗传因子编码的，并且影响生理生化特征表达的因素比较复杂，因此不能单独根据生理生化特征来判断原核生物间的亲缘关系。

4. 化学特征分类鉴定

化学特征是通过研究微生物细胞的化学特性对微生物个体进行分类鉴定，主要包括细菌细胞壁的肽聚糖、磷壁酸、分枝菌酸等组成成分，细胞膜的极性脂和呼吸醌，以及全细胞的脂肪酸、糖类和聚胺类等。相对于依赖细菌代谢能力而导致实验结果不稳定的表型分析来说，化学分类法具有较高的稳定性。化学分类技术因检测的是微生物中的某些化学物质的含量或其结构具有的种属特征，标志着某一类或某种特定微生物的存在，而这些化学物质的存在状态可以作为鉴定微生物的一项指标。由于在不同培养条件下生长的细菌细胞或胞壁成分可能有所不同，化学分类法也需要新菌种和参考菌株在同样的条件下一同进行分析。

2.3.4.4 新物种命名原则

目前微生物的分类命名系统主要是基于纯培养菌株的信息构建的。随着微生物分离培养技术的发展，越来越多的“暗物质”获得纯培养菌株而展现在大众视野下，但是对于新物种的命名常常不够客观，体现不出表型特征或生态学功能，影响研究人员的使用或者交流。虽然提过暂定种（Candidatus）这个概念，但其操作性不强，使用范围非常有限。

细菌的命名依据《国际细菌命名法规》（*The International Code of Nomenclature of Bacteria*），细菌学名用拉丁文，遵循“双名法”。当前，林奈发明的双名法命名系统和建立的分类学上的等级系统仍用于所有生物的命名中。该系统包括界（kingdom）、门（phylum）、纲（class）、目（order）、科（family）、属（genus）、种（species）。双名法物种名中，第一个词代表生物的属名，它的首字母需大写；第二个词代表种名，首字母不需大写。属名和种名共同确定该生物的分类地位。通常物种名用印刷体时要求斜体，而手写体则要标下划线。如果某株菌只确定属名、未确定种名，其学名可在属名后加 sp.（species 的缩写，正体字）。如果是同属未确定种名的若干菌株，则用 spp.（species 的缩写，sp.表示单数，spp.表示复数）。如果是新种，则还要在新种的学名后加上“sp. nov.”（nov.是 novel 的缩写）。如果是亚种，则用 subsp.（这是 subspecies 的缩写），如 *Pasteurella multocida* subsp. *septica*，中译名为多杀性巴氏杆菌败血亚种。

物种是生物分类中基本的分类单元和分类等级，但是对于原核生物的物种，没有一个公认的定义。当同一物种的某纯培养物中的生物体与该物种的另一纯培养物的生物体有所不同时，每个纯培养物中的生物体就被称为菌株（strain）。菌株是种内因一个或多个特征差异而细分的亚单位。菌株是微生物分类和研究工作中最基础的操作实体。菌株名称常用数字编号、字母、人名、地名等表示。如 *Escherichia coli* DH5α 和 *Escherichia coli* K12，分别代表大肠杆菌的两个菌株。细菌学家指定菌种中的某一菌株为模式菌株（type strain），通常它是该种第一个被描述的菌株，一般将其保藏在一个或多个模式菌种保藏中心（杰奎琳·布莱克，2008）。

2.3.5　肠道微生物资源库

肠道微生物菌株资源是研究肠道菌群与宿主健康或者疾病的因果关系、揭示肠道微生物与宿主互作的机制必不可少的材料（Eckburg et al.，2005；Hayashi et al.，2002；Lagier et al.，2015），正如 2016 年 Vilanova 等在其综述文章中的描述：仅仅依靠基于免培养组学技术不足以阐明肠道菌群这样一个复杂群落，还需要通过提高肠道微生物的培养技术和增加可培养菌株资源，将免培养组学技术与基于可培养的研究策略有机结合起来，才能实现肠道微生物组研究的深入发展和对多组学数据的精确解析（Vilanova and Porcar，2016）。近年来肠道微生物大规模分离培养的工作越来越受到研究人员的关注，并取得了良好的进展（Kaeberlein et al.，2002；Nichols et al.，2010）；这些研究不仅证明了肠道可培养微生物菌株是研究肠道菌-宿主互作机制、开发利用功能菌株、实现靶向肠道干预宿主健康的资源基础，还是提高宏基因组等组学数据挖掘深度和精度的钥匙（Almeida et al.，2021；Zou et al.，2019）。

2.3.5.1 人肠道微生物菌株资源库

人的肠道微生物组因与人类健康密切相关，一直以来受到研究人员的关注，而肠道微生物的大规模分离培养工作也多数集中于人源样本（Goodman et al.，2011；Qin et al.，2010）。对于人肠道微生物的大规模分离培养，早在2010年人类微生物组计划（Human Microbiome Project，HMP）启动之时就已经开始，该计划从人体各部位获取不同微生物进行全基因组测序，目前已测序2000多个微生物基因组，其中包括437个人类肠道微生物基因组（Nelson et al.，2010）。2011年，Goodman等在严格厌氧条件下，利用改良GMM培养基，对两个粪便样品中的厌氧微生物进行大规模的分离培养（Goodman et al.，2011）。为避免手动挑取单克隆，研究人员利用极限稀释后进行微流控高通量的方式分离培养微生物，利用大量384孔板对微生物进行分离培养，共获得1172株微生物，分属于15个科23个属48个种，用来分析不同微生物对营养物质的利用差异（Goodman et al.，2011）。随后的2011年，Didier团队对人粪便样本进行了大规模分离培养（图2-25，Culturomics），研究人员前后采用了212种不同的培养条件，共分离培养了341个菌种，其中一半以上为首次在肠道中分离发现的（La Scola et al.，2011）。随后，该团队又于2016年宣布通过传统平板涂布法结合MALDI-TOF检测的“培养组学”方法，从人粪便样本一共分离获得了1056个物种，其中包含247个新物种（Lagier et al.，2016）。同年，另一个肠道微生物大规模分离培养的重要研究成果由Trevor团队发表（图2-25，SPORE），他们通过对粪便样本进行乙醇处理来杀死营养细胞，保留芽孢，然后通过在培养基中添加牛磺胆酸盐的方法刺激芽孢萌发的策略，成功分离培养了137株、121种产芽孢肠道菌，其中包含69个首次分离培养的新物种（Browne et al.，2016）。该种样品处理方法后来被广泛地应用于肠道微生物的分离培养中。该团队又在3年后，对分离培养的菌株资源库做了进一步的扩充，构建了人类胃肠道细菌培养库（Human Gastrointestinal Bacteria Culture Collection，HBC），该菌株资源库包含737株来自273个不同物种的菌株资源及其对应的基因组数据，其中包含105个潜在新物种（Forster et al.，2019）。2019年另一个代表性的肠道微生物分离培养工作是由华大基因研究团队完成的，研究人员通过对155个健康志愿者粪便样品进行分离培养，从6000多个单菌落中获得了1520个分离株并对全部菌株进行了基因组测序，构建了肠道微生物可培养基因组参考集（Culturable Genome Reference，CGR）（Zou et al.，2019）。作者后续通过对 1520 个分离株的基因组进行 16S rRNA 序列提取和比对，若以 98.7%同源性作为分类标准，这 1520 株菌来自至少 319 个不同菌种，且其中包含至少 141 个尚未进行分类学鉴定的物种（Zou et al.，2019）。同年，Poyet 团队通过对 11 位粪菌移植供体粪便进行微生物分离培养，建立了菌株库 BIO-ML（Broad Institute-OpenBiome Microbiome Library）（Poyet et al.，2019b）。该库中包含来自 106 个种的代表性菌株和 7758 个菌株的基因组框架图（Fodor et al.，2012；Poyet et al.，2019b）。近期，刘双江团队通过从 239 份中国健康人粪便样本中分离超过 15 000 个分离株，获得 400 个肠道微生物物种，来自 159 个属和 53 个科，其中包含 102 个新物种，28 个新属和 3 个新科，对全部新种进行了全基因组测序、菌种描述和命名，代表 400 个物种的 1170 个菌株保存在国内外菌种保藏中心，构建了对学术界开放使用的中华健康人肠道菌株资源库（hGMB，https://hgmb.nmdc.cn）（Liu et al.，2021）。通过将前文所列举的从 2016 年至今的 6 个肠道微生物资源库进行综合比较，发现这 6 个代表性分离培养工作一共获得超过 1523 个明确人肠道来源的微生物物种，其中 1148 个物种只出现在其中一个资源库中（图 2-25）（Liu et al.，2021）。除了上述较有代表性的菌株资源库以外，研究人员根据各自研究目的的不同，针对人群样本进行肠道微生物的分离培养，例如专门针对毛螺菌科（Lachnospiraceae）（Sorbara et al.，2020）和阿克曼氏菌属（*Akkermansia*）（Poyet et al.，2019b）开展的大规模分离培养和表征工作。这些工作不仅揭示了特定类

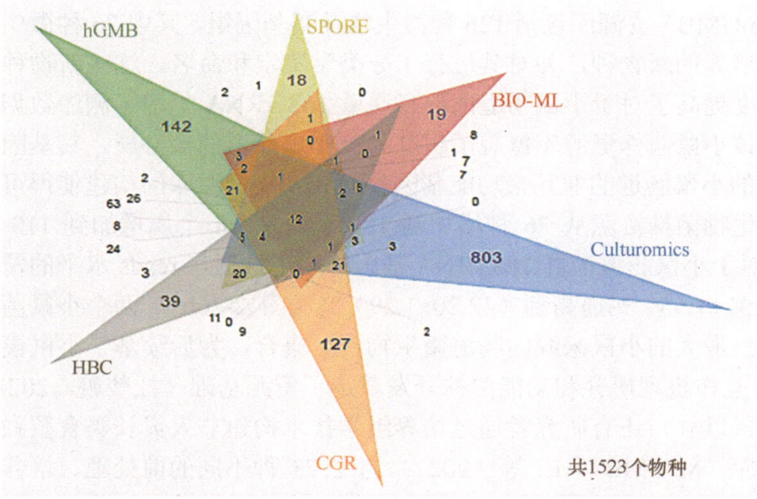

图 2-25　6 个近年来具有代表性的人肠道大规模分离培养工作获得菌种的数量和分布情况（杜梦璇，2021）

群菌种的生理功能与生态特征，同时也丰富了对应的肠道菌种资源。据不完全统计，目前已经成功分离培养的肠道微生物有1500～2000种，而根据作者和其他研究人员对于人肠道微生物组高通量测序数据的整合分析，保守估计有50%～70%的肠道微生物物种仍处于未培养状态，肠道微生物分离培养工作仍任重道远（Browne et al.，2016；Liu et al.，2021，2020；杜梦璇，2021）。

2.3.5.2 模型动物微生物菌株资源库

小鼠是肠道微生物研究的最常用动物模型之一，大量与肠道菌群相关的功能验证和机理研究等工作是利用模型小鼠开展的。然而，很长一段时间里，我们对于小鼠肠道菌群的可培养菌株资源缺乏足够的关注。直到2016年，Lagkouvardos等（2016）通过对小鼠肠道微生物进行大规模的分离培养，构建了首个小鼠肠道微生物菌株资源库miBC（www.dsmz.de/miBC）。他们分离挑取、培养了超过1500个单克隆，并从中鉴定出了76个不同物种，分属于26个科和5个门，分别为放线菌门（Actinobacteria）、厚壁菌门（Firmicutes）、拟杆菌门（Bacteroidetes）、变形菌门（Proteobacteria）和疣微菌门（Verrucomicrobia）。然而，通过对不同模型小鼠肠道16S rRNA基因扩增子数据的综合分析，这76个物种仅覆盖不到10%的物种多样性。这意味着大部分小鼠肠道菌仍处于未培养状态。随后，在2020年，刘双江等的团队通过一套自主设计的标准化分离培养流程鉴定，对ob/ob小鼠肠道内容物进行大规模分离培养，先后分离并鉴定了1831个分离株，并将其中的244个菌株送往国际菌保中心进行保藏（Liu et al.，2020）。此次构建的小鼠肠道微生物（mGMB）资源库包括126种微生物及其基因组，其中76种微生物是首次成功分离培养的新物种，并对其进行了分类学鉴定和命名。这些新物种的发现和鉴定大幅度提高了对于小鼠肠道菌群高通量16S rRNA扩增子测序数据的物种注释比例。该小鼠菌株资源库覆盖了超过88%小鼠肠道的核心属，其基因组代表了超过52%的小鼠肠道的非冗余功能基因集。mGMB资源库的构建使得可培养的小鼠肠道微生物菌株资源从76种增加到180种，从48个属增加到110个属（图2-26a），对于小鼠肠道菌群16S rRNA基因扩增子数据在reads水平的覆盖度从原来的（18.37±1.55）%提高到（42.20±1.29）%（图2-26b）。两个小鼠菌株资源库构成了目前最大的小鼠来源的肠道微生物资源集合，为后续基于小鼠模型开展肠道菌-宿主互作机理研究和功能菌株开发奠定了资源基础（杜梦璇，2021）。

除小鼠以外，还有研究者通过培养组学技术构建非人灵长类食蟹猴的肠道微生物资源库（MfGMB）。Li等（2022）通过73种不同的前处理、培养基和培养条件组合，对16份来自不同年龄和性别的标准实验室条件下饲养的食蟹猴的粪便样本进行大规模分离培养，从中分离近7000个单克隆，鉴定出超过4100个纯菌分离株，并对其中的250个代表性菌株在中国普通微生物菌种保藏管理中心

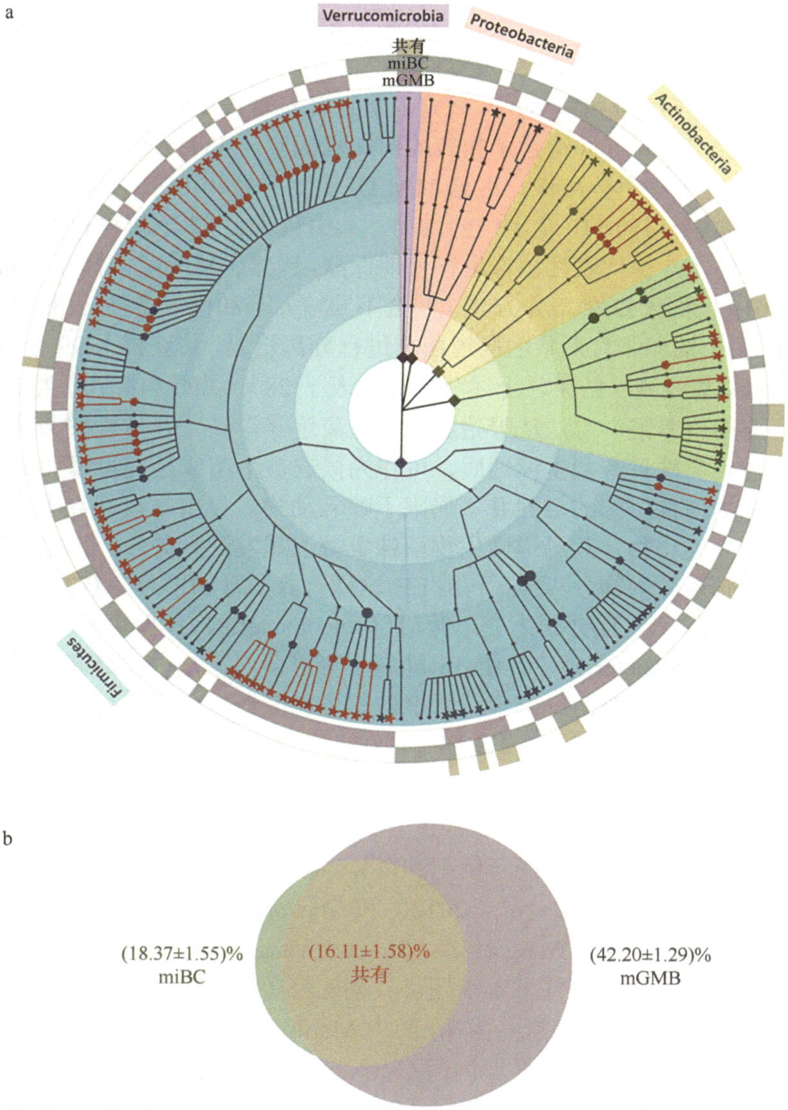

图 2-26　小鼠肠道微生物菌株资源库物种多样性（a）与不同菌库的覆盖度（b）（杜梦璇，2021）

（CGMCC）进行了长期保藏，这 250 个菌株分别属于 4 个门 25 个科 63 个属 97 个物种。多相分类学鉴定结果表明，其中有 32 个分类单元是从未被分离、培养和命名的新分类单元，包括 1 个新科 13 个新属 18 个新种。通过对 MfGMB 基因组数据、食蟹猴的肠道微生物扩增子测序数据和宏基因组测序数据进行比对分析，结果表明 MfGMB 在属水平上代表了近 50%的食蟹猴核心肠道微生物组成，并覆盖了超过 80%的基于 KO 注释的已知肠道微生物组功能；此外分析还表明，

MfGMB 中的细菌种类不仅在非人灵长类肠道微生物组中普遍存在，在人类肠道微生物组中也普遍存在（杜梦璇，2021）。

除了用于科学研究的模型动物，研究人员还针对畜牧业广泛养殖的重要动物，如猪，开展培养组学研究并构建了相应的菌株资源库。Wylensek 等（2020）从猪肠道中分离出约 1100 个分离株，根据 MALDI 生物分型和 16S rRNA 基因序列，这些菌株来自 40 个科的 110 个不同的物种，其中包含了 22 个新种和 16 个新属。研究者将其中的 117 株代表性菌株进行长期保藏，构建了猪肠道菌株库（PiBAC）。Wang 等（2019）采用 53 种培养方式（结合不同培养基和供氧条件），对处于哺乳期、保育期、生长期和肥育期猪的肠道菌群进行分离培养，共获得 1299 个单克隆，根据 16S rRNA 基因测序结果，上述分离株代表了 28 个属的 148 个分类单元。Li 等（2020）应用培养组学方法从野猪肠道中分离培养得到 156 株乳酸菌菌株，且其中 5 株乳酸菌菌株具有益生菌性质，可作为候选益生菌或是饲料添加剂。

肠道微生物菌株资源的培养并不局限于哺乳动物。昆虫是自然界中存在数量和种类最多的一类动物，其肠道微生物菌株资源也越发受到关注。吕宝乾团队在对椰心叶甲的肠道微生物分离中，利用 LB 这样营养丰富的培养基获得 22 株微生物，分属于 5 个属 3 个门，分别为变形菌门（Proteobacteria）、厚壁菌门（Firmicutes）和放线菌门（Actinobacteria），其中 13 株属于变形菌门，是占比最高的微生物，而且由于椰心叶甲经常食用纤维素、木聚糖等植物多糖，分离获得的微生物大多也可以降解纤维素和木聚糖等（章雨璐等，2021）。通过利用寡营养成分的培养基，陈文团队和 Yang 团队分别对不同白蚁肠道微生物进行分离培养，分别获得了大量的可培养微生物，其中陈文团队共分离获得 104 株微生物，分属于 18 个属 4 个门，分别是厚壁菌门、放线菌门、变形菌门和奇异球菌门，包含首次在白蚁肠道中分离得到的 *Deinococcus*（Chen et al.，2012）和 *Gryllotalpicola*（Fang et al.，2015）属微生物和 2 株肠道新种（Wang et al.，2016a；Yang et al.，2016）。Hethener 和 Manfredi 团队在唯一碳源条件下对鳞翅目、鞘翅目等成虫肠道微生物进行分离培养，都获得了大量可降解纤维素的菌株，其中 Manfredi 团队共分离 233 株微生物，分属于 12 个属 4 个门，分别是厚壁菌门（Firmicutes）、放线菌门（Actinobacteria）、变形菌门（Proteobacteria）及拟杆菌门（Bacteroidetes），由于宿主饮食特性，其中 45 株微生物均可对纤维素进行水解（Manfredi et al.，2015；Nishiyama et al.，2009）。也有很多科学家在体外模拟肠道环境，通过环境中不同的氧分压对微生物进行富集培养后，对其进行分离。Fang 团队对黑胸散白蚁肠道微生物的研究发现，在严格厌氧条件下分离出的优势微生物是肠杆菌、柠檬酸杆菌、乳球菌等，但在好氧情况下为乳球菌、芽孢杆菌等，并且发现寡营养培养基对白蚁肠道微生物分离多样性具有较好的影响（Fang et al.，2016）。同样，杨书燕团队从不同肠段分离微生物，由于氧分压不同，分离获得的 342 株微生物虽然分布于 16 个属，但从不同肠段分离的微生物组成和优势微生物也不尽相同（杨书燕，2016）。不论是为了分离获得功能微生物还是利用不同条件培养富集后分离微生物，都能使不同的微生物在相应的条件下富集，这也为后续大规模分离培养工作奠定了基础（杜梦璇，2021）。

相比于陆生生物，水生动物的肠道微生物组成主要包含拟杆菌门（Bacteroidetes）、厚壁菌门（Firmicutes）、变形菌门（Proteobacteria）、软壁菌门（Tenericutes）、放线菌门（Actinobacteria）和梭杆菌门（Fusobacteria）（Rungrassamee et al.，2013）。张美玲团队从罗非鱼肠道前肠中分离培养 286 株微生物，其中 6 株可以将鱼油或豆油作为唯一碳源，其中 5 株属于柠檬酸杆菌属（*Citrobacter*），1 株为气单胞菌属（*Aeromonas*），其可以将豆油和鱼油分别分解成 21 种脂肪酸和 17 种脂肪酸（杜梦璇，2021；孙玉红，2016）。

参 考 文 献

陈雷, 毕洪玉, 王婉莹, 等. 2018. 海洋动物来源微生物分离培养的新方法. 微生物学通报, (9): 2035-2042.

杜梦璇. 2021. 肠道微生物菌株资源库的构建与应用开发. 微生物学报, 61: 875-890.

杰奎琳・布莱克. 2008. 微生物学: 原理与探索. 蔡谨主译. 北京: 化学工业出版社.

梁鹏, 刘博, 王钰, 等. 2021. 单细胞分选技术在微生物分离与培养中的应用与展望. 微生物学报, (4): 781-792.

马波, 徐健. 2018. 人工细胞的表型测试与分选：构建从光谱学到遗传学的桥梁. 中国科学院院刊, 33: 1193-1204.

荣楠. 2021. 微生物菌种筛选技术方法研究进展. 土壤, 53: 236-242.

孙玉红. 2016. 鱼肠道油脂分解菌的分离及其在宿主脂类吸收中机制的研究. 上海: 华东师范大学硕士学位论文.

谭宇翔, 田义霞, 陈俊宇, 等. 2021. DPSN: 扩增子测序引物标准化命名数据库(英文). 微生物学报, 61(12): 3799-3805.

王保军. 2013. 环境微生物培养新技术的研究进展. 微生物学通报, 40: 6-17.

邢磊. 2017. 未培养微生物分离培养技术研究进展. 微生物学通报, 44: 3053-3066.

杨书燕. 2016. 海南象白蚁肠道不同部位可培养厌氧及兼性厌氧菌多样性分析与两株乳球菌的鉴定. 武汉: 华中师范大学硕士学位论文.

章雨璐, 吕宝乾, 杨帆, 等. 2021. 椰心叶甲肠道微生物的分离鉴定及功能分析. 热带作物学报, 42(4): 1066-1070.

周德庆. 2002. 微生物学教程. 2 版. 北京: 高等教育出版社.

Adak A, Khan M R. 2019. An insight into gut microbiota and its functionalities. Cell Mol Life Sci: CMLS, 76(3): 473-493.

Alcock B P, Raphenya A R, Lau T T Y, et al. 2020. CARD 2020: antibiotic resistome surveillance with the comprehensive antibiotic resistance database. Nucleic Acids Res, 48(D1): D517-D525.

Almeida A, Nayfach S, Boland M, et al. 2021. A unified catalog of 204, 938 reference genomes from the human gut microbiome. Nat Biotechnol, 39(1): 105-114.

Alneberg J, Bjarnason B S, de Bruijn I, et al. 2014. Binning metagenomic contigs by coverage and composition. Nat Methods, 11(11): 1144-1146.

Altschul S F, Gish W, Miller W, et al. 1990. Basic local alignment search tool. Journal of Molecular Biology, 215(3): 403-410.

Amann R I, Ludwig W, Schleifer K H. 1995. Phylogenetic identification and *in situ* detection of individual microbial cells without cultivation. Microbiological Reviews, 59(1): 143-169.

Amir A, McDonald D, Navas-Molina J A, et al. 2017. Deblur rapidly resolves single-nucleotide community sequence patterns. mSystems, 2(2): e00191-00116.

Andreu V P, Roel-Touris J, Dodd D, et al. 2021. The gutSMASH web server: automated identification of primary metabolic gene clusters from the gut microbiota. Nucleic Acids Research, 49(W1): W263-W270.

Andrews S. 2013. FastQC: a quality control tool for high throughput sequence data. Babraham Bioinformatics. https://www.bioinformatics.babraham.ac.uk/projects/fastqc/.

Arango-Argoty G, Garner E, Pruden A, et al. 2018. DeepA RG: a deep learning approach for predicting antibiotic resistance genes from metagenomic data. Microbiome, 6(1): 23.

Arena E T, Campbell-Valois F X, Tinevez J Y, et al. 2015. Bioimage analysis of *Shigella* infection reveals targeting of colonic crypts. Proceedings of the National Academy of Sciences of the United States of America, 112(25): E3282-E3290.

Aßhauer K P, Wemheuer B, Daniel R, et al. 2015. Tax4Fun: predicting functional profiles from metagenomic 16S rRNA data. Bioinformatics, 31(17): 2882-2884.

Baek M, DiMaio F, Anishchenko I, et al. 2021. Accurate prediction of protein structures and interactions using a three-track neural network. Science, 373(6557): 871-876.

Bakoss P. 1970. Cloning of leptospires by micromanipulator. Bull World Health Organ, 43(4): 599-601.

Baladehi M H, Hekmatara M, He Y H, et al. 2021. Culture-free identification and metabolic profiling of microalgal single cells via ensemble learning of ramanomes. Analytical Chemistry, 93(25): 8872-8880.

Bankevich A, Nurk S, Antipov D, et al. 2012. SPAdes: a new genome assembly algorithm and its applications to single-cell sequencing. J Comput Biol, 19(5): 455-477.

Batani G, Bayer K, Böge J, et al. 2019. Fluorescence *in situ* hybridization (FISH) and cell sorting of living bacteria. Scientific Reports, 9(1): 18618.

Beghini F, McIver L J, Blanco-Míguez A, et al. 2021. Integrating taxonomic, functional, and strain-level profiling of diverse microbial communities with bioBakery 3. eLife, 10: e65088.

Berry D, Mader E, Lee T K, et al. 2015. Tracking heavy water (D_2O) incorporation for identifying and sorting active microbial cells. Proceedings of the National Academy of Sciences, 112(2): E194-E203.

Beura S, Kundu P, Das A K, et al. 2022. Metagenome-scale community metabolic modelling for understanding the role of gut microbiota in human health. Comput Biol Med, 149: 105997.

Bhattacharjee N, Urrios A, Kang S, et al. 2016. The upcoming 3D-printing revolution in microfluidics. Lab on a Chip, 16(10): 1720-1742.

Blainey P C. 2013. The future is now: single-cell genomics of bacteria and Archaea. FEMS Microbiology Reviews, 37(3): 407-427.

Blainey P C, Mosier A C, Potanina A, et al. 2011. Genome of a low-salinity ammonia-oxidizing archaeon determined by single-cell and metagenomic analysis. PLoS One, 6(2): e16626.

Blattman S B, Jiang W Y, Oikonomou P, et al. 2020. Prokaryotic single-cell RNA sequencing by *in situ* combinatorial indexing. Nature Microbiology, 5(10): 1192-1201.

Blin K, Kim H U, Medema M H, et al. 2019. Recent development of antiSMASH and other computational approaches to mine secondary metabolite biosynthetic gene clusters. Brief Bioinform, 20(4): 1103-1113.

Blin K, Shaw S, Kloosterman A M, et al. 2021. antiSMASH 6.0: improving cluster detection and comparison capabilities. Nucleic Acids Research, 49(W1): W29-W35.

Blum M, Chang H Y, Chuguransky S, et al. 2021. The InterPro protein families and domains database: 20 years on. Nucleic Acids Research, 49(D1): D344-D354.

Bokulich N A, Kaehler B D, Rideout J R, et al. 2018. Optimizing taxonomic classification of marker-gene amplicon sequences with QIIME 2's q2-feature-classifier plugin. Microbiome, 6(1): 90.

Bollmann A, Palumbo A V, Lewis K, et al. 2010. Isolation and physiology of bacteria from contaminated subsurface sediments. Appl Environ Microbiol, 76(22): 7413-7419.

Bolyen E, Rideout J R, Dillon M R, et al. 2019. Reproducible, interactive, scalable and extensible microbiome data science using QIIME 2. Nature Biotechnology, 37(8): 852-857.

Bortolaia V, Kaas R S, Ruppe E, et al. 2020. ResFinder 4.0 for predictions of phenotypes from genotypes. The Journal of Antimicrobial Chemotherapy, 75(12): 3491-3500.

Bowers R M, Kyrpides N C, Stepanauskas R, et al. 2017. Minimum information about a single amplified genome(MISAG) and a metagenome-assembled genome (MIMAG) of bacteria and Archaea. Nat Biotechnol, 35(8): 725-731.

Browne H P, Forster S C, Anonye B O, et al. 2016. Culturing of 'unculturable' human microbiota reveals novel taxa and extensive sporulation. Nature, 533(7604): 543-546.

Buchfink B, Xie C, Huson D H. 2015. Fast and sensitive protein alignment using DIAMOND. Nat Methods, 12(1): 59-60.

Button D K, Schut F, Quang P, et al. 1993. Viability and isolation of marine bacteria by dilution culture: theory, procedures, and initial results. Applied and Environmental Microbiology, 59(3): 881-891.

Cain A K, Barquist L, Goodman A L, et al. 2020. A decade of advances in transposon-insertion sequencing. Nature Reviews Genetics, 21: 526-540.

Callahan B J, McMurdie P J, Rosen M J, et al. 2016a. DADA2: high-resolution sample inference from Illumina amplicon data. Nat Methods, 13(7): 581-583.

Cambré A, Aertsen A. 2020. Bacterial vivisection: how fluorescence-based imaging techniques shed a light on the inner workings of bacteria. Microbiology and Molecular Biology Reviews: MMBR, 84(4): e00008-e00020.

Cao Z H, Zuo W L, Wang L X, et al. 2023. Spatial profiling of microbial communities by sequential FISH with error-robust encoding. Nat Commun, 14(1): 1477.

Caspi R, Billington R, Keseler I M, et al. 2020. The MetaCyc database of metabolic pathways and enzymes — a 2019 update. Nucleic Acids Res, 48(D1): D445-D453.

Chaumeil P A, Mussig A J, Hugenholtz P, et al. 2019. GTDB-Tk: a toolkit to classify genomes with the Genome Taxonomy Database. Bioinformatics, 36(6): 1925-1927.

Chen C Y, Xing D, Tan L Z, et al. 2017. Single-cell whole-genome analyses by linear amplification via transposon insertion (LIANTI). Science, 356(6334): 189-194.

Chen I M A, Chu K, Palaniappan K, et al. 2019. IMG/M v.5.0: an integrated data management and comparative analysis system for microbial genomes and microbiomes. Nucleic Acids Research, 47(D1): D666-D677.

Chen K H, Boettiger A N, Moffitt J R, et al. 2015. RNA imaging. Spatially resolved, highly multiplexed RNA profiling in single cells. Science, 348(6233): 1360-1363.

Chen M F, Song P F, Zou D, et al. 2014. Comparison of multiple displacement amplification (MDA) and multiple annealing and looping-based amplification cycles (MALBAC) in single-cell sequencing. PLoS One, 9(12): e114520.

Chen S F, Zhou Y Q, Chen Y R, et al. 2018. Fastp: an ultra-fast all-in-one FASTQ preprocessor. Bioinformatics, 34(17): i884-i890.

Chen W, Wang B J, Hong H Z, et al. 2012. *Deinococcus reticulitermitis* sp. nov., isolated from a termite gut. Int J Syst Evol Microbiol, 62(Pt 1): 78-83.

Clingenpeel S, Clum A, Schwientek P, et al. 2014. Reconstructing each cell's genome within complex microbial communities-dream or reality? Frontiers in Microbiology, 5:771.

Cock P J A, Fields C J, Goto N, et al. 2010. The Sanger FASTQ file format for sequences with quality scores, and the Solexa/Illumina FASTQ variants. Nucleic Acids Research, 38(6): 1767-1771.

Cole J R, Wang Q, Fish J A, et al. 2013. Ribosomal Database Project: data and tools for high throughput rRNA analysis. Nucleic Acids Research, 42: D633-D642.

Colwell R R. 1970. Polyphasic taxonomy of the genus *Vibrio*: numerical taxonomy of *Vibrio cholerae*, *Vibrio parahaemolyticus*, and related *Vibrio* species. J Bacteriol, 104: 410-433.

Connon S A, Giovannoni S J. 2002. High-throughput methods for culturing microorganisms in very-low-nutrient media yield diverse new marine isolates. Appl Environ Microbiol, 68: 3878-3885.

Conover W J, Johnson M E, Johnson M M. 1981. A comparative study of tests for homogeneity of variances, with applications to the outer continental shelf bidding data. Technometrics, 23(4): 351-361.

Conway T, Cohen P S, 2015. Commensal and pathogenic *Escherichia coli* metabolism in the gut. Microbiology Spectrum, 3(3): 10.

Cross K L, Campbell J H, Balachandran M, et al. 2019. Targeted isolation and cultivation of uncultivated bacteria by reverse genomics. Nat Biotechnol, 37: 1314-1321.

Dar D, Dar N, Cai L, et al. 2021. Spatial transcriptomics of planktonic and sessile bacterial populations at single-cell resolution. Science, 373(6556): eabi4882.

Davey H M, Kell D B. 1996. Flow cytometry and cell sorting of heterogeneous microbial populations: the importance of single-cell analyses. Microbiol Rev, 60: 641-696.

de Bourcy C F A, De Vlaminck I, Kanbar J N, et al. 2014. A quantitative comparison of single-cell whole genome amplification methods. PLoS One, 9(8): e105585.

de Vos W M, Tilg H, Van Hul M, et al. 2022. Gut microbiome and health: mechanistic insights. Gut, 71(5): 1020-1032.

Dean F B, Hosono S, Fang L H, et al. 2002. Comprehensive human genome amplification using multiple displacement amplification. Proceedings of the National Academy of Sciences of the United States of America, 99(8): 5261-5266.

Dejea C M, Wick E C, Hechenbleikner E M, et al. 2014. Microbiota organization is a distinct feature of proximal colorectal cancers. Proceedings of the National Academy of Sciences of the United States of America, 111(51): 18321-18326.

DeSantis T Z, Hugenholtz P, Larsen N, et al. 2006. Greengenes, a chimera-checked 16S rRNA gene database and workbench compatible with ARB. Applied and Environmental Microbiology, 72(7): 5069-5072.

Douglas G M, Maffei V J, Zaneveld J R, et al. 2020. PICRUSt2 for prediction of metagenome functions. Nature Biotechnology, 38(6): 685-688.

Drula E, Garron M L, Dogan S, et al. 2022. The carbohydrate-active enzyme database: functions and literature. Nucleic Acids Research, 50(D1): D571-D577.

Du W, Li L, Nichols K P, et al. 2009. SlipChip. Lab Chip, 9(16): 2286-2292.

Dubey G P, Ben-Yehuda S. 2011. Intercellular nanotubes mediate bacterial communication. Cell, 144(4): 590-600.

Earle K A, Billings G, Sigal M, et al. 2015. Quantitative imaging of gut microbiota spatial organization. Cell Host & Microbe, 18(4): 478-488.

Eckburg P B, Bik E M, Bernstein C N, et al. 2005. Diversity of the human intestinal microbial flora. Science, 308(5728): 1635-1638.

Edgar R C. 2010. Search and clustering orders of magnitude faster than BLAST. Bioinformatics, 26(19): 2460-2461.

Edgar R C. 2016. UNOISE2: improved error-correction for Illumina 16S and ITS amplicon sequencing. BioRxiv: 081257.

Eng C H L, Lawson M, Zhu Q, et al. 2019. Transcriptome-scale super-resolved imaging in tissues by RNA seqFISH. Nature, 568(7751): 235-239.

Fang H, Chen W, Wang B J, et al. 2016. Cultivation and characterization of symbiotic bacteria from the gut of *Reticulitermes chinensis*. Applied Environmental Biotechnology, 1(1): 3.

Fang H, Lv W Y, Huang Z, et al. 2015. *Gryllotalpicola reticulitermitis* sp. nov., isolated from a termite gut. Int J Syst Evol Microbiol, 65(Pt 1): 85-89.

Fedorova N D, Moktali V, Medema M H. 2012. Bioinformatics approaches and software for detection of secondary metabolic gene clusters. Methods in Molecular Biology, 944: 23-45.

Fernández-Suárez M, Ting A Y. 2008. Fluorescent probes for super-resolution imaging in living cells. Nature Reviews Molecular Cell Biology, 9(12): 929-943.

Finn R D, Attwood T K, Babbitt P C, et al. 2017. InterPro in 2017-beyond protein family and domain annotations. Nucleic Acids Res, 45(D1): D190-D199.

Florenza J, Tamminen M, Bertilsson S. 2019. Uncovering microbial inter-domain interactions in complex communities. Phil Trans R Soc B, 374(1786): 20190087.

Fodor A A, DeSantis T Z, Wylie K M, et al. 2012. The "most wanted" taxa from the human microbiome for whole genome sequencing. PLoS One, 7(7): e41294.

Fontenete S, Guimarães N, Leite M, et al. 2013. Hybridization-based detection of *Helicobacter pylori* at human body temperature using advanced locked nucleic acid (LNA) probes. PLoS One, 8(11): e81230.

Forster S C, Kumar N, Anonye B O, et al. 2019. A human gut bacterial genome and culture collection for improved metagenomic analyses. Nat Biotechnol, 37(2): 186-192.

Friedrich A B, Fischer I, Proksch P, et al. 2001. Temporal variation of the microbial community associated with the Mediterranean sponge *Aplysina aerophoba*. FEMS Microbiology Ecology, 38(2/3): 105-113.

Fujitani H, Kumagai A, Ushiki N, et al. 2015. Selective isolation of ammonia-oxidizing bacteria from autotrophic nitrifying granules by applying cell-sorting and sub-culturing of microcolonies. Front Microbiol, 6: 1159.

Fujitani H, Ushiki N, Tsuneda S, et al. 2014. Isolation of sublineage I *Nitrospira* by a novel cultivation strategy. Environ Microbiol, 16(10): 3030-3040.

Fung T C, Olson C A, Hsiao E Y. 2017. Interactions between the microbiota, immune and nervous systems in health and disease. Nature Neuroscience. 20(2): 145-155.

García-Timermans C, Props R, Zacchetti B, et al. 2020. Raman spectroscopy-based measurements of single-cell phenotypic diversity in microbial populations. mSphere, 5(5): e00806-e00820.

Gavrish E, Bollmann A, Epstein S, et al. 2008. A trap for *in situ* cultivation of filamentous Actinobacteria. J Microbiol Methods, 72(3): 257-262.

Ge X, Pereira F C, Mitteregger M, et al. 2022. SRS-FISH: A high-throughput platform linking microbiome metabolism to identity at the single-cell level. Proceedings of the National Academy of Sciences, 119: e2203519119.

Ge Z F, Girguis P R, Buie C R. 2016. Nanoporous microscale microbial incubators. Lab Chip, 16: 480-488.

Geier B, Sogin E M, Michellod D, et al. 2020. Spatial metabolomics of *in situ* host-microbe interactions at the micrometre scale. Nature Microbiology, 5(3): 498-510.

Gene Ontology Consortium. 2021. The Gene Ontology resource: enriching a GOld mine. Nucleic Acids Res, 49: D325-d334.

Gibson M K, Forsberg K J, Dantas G. 2015. Improved annotation of antibiotic resistance determinants reveals microbial resistomes cluster by ecology. The ISME Journal, 9(1): 207-216.

Gilbert J A, Jansson J K, Knight R. 2014. The Earth Microbiome Project: successes and aspirations. BMC Biology, 12: 69.

Goodman A L, Kallstrom G, Faith J J, et al. 2011. Extensive personal human gut microbiota culture collections characterized and manipulated in gnotobiotic mice. Proc Natl Acad Sci U S A, 108(15): 6252-6257.

Goris J, Konstantinidis K T, Klappenbach J A, et al. 2007. DNA-DNA hybridization values and their relationship to whole-genome sequence similarities. Int J Syst Evol Microbiol, 57(Pt 1): 81-91.

Greenwald E C, Mehta S, Zhang J. 2018. Genetically encoded fluorescent biosensors illuminate the spatiotemporal regulation of signaling networks. Chemical Reviews, 118(24): 11707-11794.

Guo S X, Zhong S, Zhang A D. 2013. Privacy-preserving Kruskal-Wallis test. Computer Methods and Programs in Biomedicine, 112(1): 135-145.

Gupta S K, Padmanabhan B R, Diene S M, et al. 2014. ARG-ANNOT, a new bioinformatic tool to discover antibiotic resistance genes in bacterial genomes. Antimicrobial Agents and Chemotherapy, 58(1): 212-220.

Gurevich A, Saveliev V, Vyahhi N, et al. 2013. QUAST: quality assessment tool for genome assemblies. Bioinformatics, 29(8): 1072-1075.

Hannigan G D, Prihoda D, Palicka A, et al. 2019. A deep learning genome-mining strategy for biosynthetic gene cluster prediction. Nucleic Acids Research, 47(18): e110.

Hatzenpichler R, Connon S A, Goudeau D, et al. 2016. Visualizing *in situ* translational activity for identifying and sorting slow-growing archaeal-bacterial consortia. Proceedings of the National Academy of Sciences of the United States of America, 113(28): E4069-E4078.

Hatzenpichler R, Krukenberg V, Spietz R L, et al. 2020. Next-generation physiology approaches to study microbiome function at single cell level. Nature Reviews Microbiology, 18(4): 241-256.

Hawkey J, Hamidian M, Wick R R, et al. 2015. ISMapper: identifying transposase insertion sites in bacterial genomes from short read sequence data. BMC Genomics, 16(1): 667.

Hayashi H, Sakamoto M, Benno Y. 2002. Phylogenetic analysis of the human gut microbiota using 16S rDNA clone libraries and strictly anaerobic culture-based methods. Microbiol Immunol, 46(8): 535-548.

He Y H, Wang X X, Ma B, et al. 2019. Ramanome technology platform for label-free screening and sorting of microbial cell factories at single-cell resolution. Biotechnology Advances, 37(6): 107388.

He Y H, Zhang P, Huang S, et al. 2017. Label-free, simultaneous quantification of starch, protein and triacylglycerol in single microalgal cells. Biotechnology for Biofuels, 10: 275.

Hekmatara M, Heidari Baladehi M, Ji Y T, et al. 2021. D_2O-probed Raman microspectroscopy distinguishes the metabolic dynamics of macromolecules in organellar anticancer drug response. Analytical Chemistry, 93(4): 2125-2134.

Henson M W, Lanclos V C, Pitre D M, et al. 2020. Expanding the diversity of bacterioplankton isolates and modeling isolation efficacy with large-scale dilution-to-extinction cultivation. Appl Environ Microbiol, 86(17): e00943-e00920.

Hua X T, Liang Q, Deng M, et al. 2021. BacAnt: a combination annotation server for bacterial DNA sequences to identify antibiotic resistance genes, integrons, and transposable elements. Front Microbiol, 12: 649969.

Huang L, Ma F, Chapman A, et al. 2015. Single-cell whole-genome amplification and sequencing: methodology and applications. Annu Rev Genomics Hum Genet, 16: 79-102.

Huang W E, Li M Q, Jarvis R M, et al. 2010. Shining Light on the Microbial World: The Application of Raman Microspectroscopy. Advances in Applied Microbiology, 70: 153-186.

Huang W E, Ward A D, Whiteley A S. 2009. Raman tweezers sorting of single microbial cells. Environmental Microbiology Reports, 1(1): 44-49.

Huerta-Cepas J, Szklarczyk D, Heller D, et al. 2019. eggNOG 5.0: a hierarchical, functionally and phylogenetically annotated orthology resource based on 5090 organisms and 2502 viruses. Nucleic Acids Research, 47: D309-D314.

Hyatt D, Chen G L, Locascio P F, et al. 2010. Prodigal: Prokaryotic gene recognition and translation initiation site identification. BMC Bioinformatics, 11: 119.

Imdahl F, Vafadarnejad E, Homberger C, et al. 2020. Single-cell RNA-sequencing reports growth-condition-specific global transcriptomes of individual bacteria. Nature Microbiology, 5(10): 1202-1206.

Inouye M, Dashnow H, Raven L A, et al. 2014. SRST2: rapid genomic surveillance for public health and hospital microbiology labs. Genome Medicine, 6(11): 90.

Ishøy T, Kvist T, Westermann P, et al. 2006. An improved method for single cell isolation of prokaryotes from meso-, thermo- and hyperthermophilic environments using micromanipulation. Appl Microbiol Biotechnol, 69(5): 510-514.

Iwai S, Weinmaier T, Schmidt B L, et al. 2016. Piphillin: improved prediction of metagenomic content by direct inference from human microbiomes. PLoS One, 11(11): e0166104.

Jemielita M, Taormina M J, Burns A R, et al. 2014. Spatial and temporal features of the growth of a bacterial species colonizing the zebrafish gut. mBio, 5(6): e01751-e01714.

Ji Y T, He Y H, Cui Y B, et al. 2014. Raman spectroscopy provides a rapid, non-invasive method for quantitation of starch in live, unicellular microalgae. Biotechnology Journal, 9(12): 1512-1518.

Jiang C Y, Dong L B, Zhao J K, et al. 2016. High-throughput single-cell cultivation on microfluidic streak plates. Appl Environ Microbiol, 82(7): 2210-2218.

Jing X Y, Gong Y H, Pan H H, et al. 2022a. Single-cell Raman-activated sorting and cultivation (scRACS-Culture) for assessing and mining *in situ* phosphate-solubilizing microbes from nature. ISME Communications, 2(1): 106.

Jing X Y, Gong Y H, Xu T, et al. 2021. One-cell metabolic phenotyping and sequencing of soil microbiome by Raman-activated gravity-driven encapsulation (RAGE). mSystems, 6(3): e0018121.

Jing X Y, Gong Y H, Xu T, et al. 2022b. Revealing CO_2-fixing SAR11 bacteria in the ocean by Raman-based single-cell metabolic profiling and genomics. BioDesign Research. 2022: 9782712.

Jumper J, Evans R, Pritzel A, et al. 2021. Highly accurate protein structure prediction with AlphaFold. Nature, 596(7873): 583-589.

Kaeberlein T, Lewis K, Epstein S S. 2002. Isolating "uncultivable" microorganisms in pure culture in a simulated natural environment. Science, 296(5570): 1127-1129.

Kaehler B D, Bokulich N A, McDonald D, et al. 2019. Species abundance information improves sequence taxonomy classification accuracy. Nature Communications, 10(1): 4643.

Kanehisa M, Goto S. 2000. KEGG: Kyoto encyclopedia of genes and genomes. Nucleic Acids Res, 28(1): 27-30.

Kang D D, Li F, Kirton E, et al. 2019. MetaBAT 2: an adaptive binning algorithm for robust and efficient genome reconstruction from metagenome assemblies. PeerJ, 7: e7359.

Kashaf S S, Almeida A, Segre J A, et al. 2021. Recovering prokaryotic genomes from host-associated, short-read shotgun metagenomic sequencing data. Nature Protocols, 16(5): 2520-2541.

Katz K, Shutov O, Lapoint R, et al. 2022. The Sequence Read Archive: a decade more of explosive growth. Nucleic Acids Res, 50(D1): D387-D390.

Keppler A, Gendreizig S, Gronemeyer T, et al. 2003. A general method for the covalent labeling of fusion proteins with small molecules *in vivo*. Nature Biotechnology, 21(1): 86-89.

Khater A, Abdelrehim O, Mohammadi M, et al. 2020. Picoliter agar droplet breakup in microfluidics meets microbiology application: numerical and experimental approaches. Lab Chip. 20(12): 2175-2187.

Kim D, Barraza J P, Arthur R A, et al. 2020. Spatial mapping of polymicrobial communities reveals a precise biogeography associated with human dental caries. Proceedings of the National Academy of Sciences of the United States of America, 117(22): 12375-12386.

Kong X P, Zhang C L, Zheng H H, et al. 2020. Antagonistic interaction between auxin and SA signaling pathways regulates bacterial infection through lateral root in *Arabidopsis*. Cell Reports, 32(8): 108060.

Kotte O, Volkmer B, Radzikowski J L, et al. 2014. Phenotypic bistability in *Escherichia coli*'s central carbon metabolism. Molecular Systems Biology, 10(7): 736.

Koyama S, Konishi M A, Ohta Y, et al. 2013. Attachment and detachment of living microorganisms using a potential-controlled electrode. Mar Biotechnol(NY), 15(4): 461-475.

Koyama S, Nishi S, Tokuda M, et al. 2015. Electrical retrieval of living microorganisms from cryopreserved marine sponges using a potential-controlled electrode. Mar Biotechnol(NY), 17(5): 678-692.

Kubista M, Akerman B, Nordén B. 1987. Characterization of interaction between DNA and 4′, 6-diamidino-2-phenylindole by optical spectroscopy. Biochemistry, 26(14): 4545-4553.

Kuchina A, Brettner L M, Paleologu L, et al. 2021. Microbial single-cell RNA sequencing by split-pool barcoding. Science, 371(6531): eaba5257.

La Scola B, Fournier P E, Raoult D. 2011. Burden of emerging anaerobes in the MALDI-TOF and 16S rRNA gene sequencing era. Anaerobe, 17(3): 106-112.

Lagesen K, Hallin P, Rødland E A, et al. 2007. RNAmmer: consistent and rapid annotation of ribosomal RNA genes. Nucleic Acids Res, 35(9): 3100-3108.

Lagier J C, Dubourg G, Million M, et al. 2018. Culturing the human microbiota and culturomics. Nat Rev Microbiol, 16: 540-550.

Lagier J C, Hugon P, Khelaifia S, et al. 2015. The rebirth of culture in microbiology through the example of culturomics to study human gut microbiota. Clin Microbiol Rev, 28(1): 237-264.

Lagier J C, Khelaifia S, Alou M T, et al. 2016. Culture of previously uncultured members of the human gut microbiota by culturomics. Nat Microbiol, 1: 16203.

Lagkouvardos I, Pukall R, Abt B, et al. 2016. The Mouse Intestinal Bacterial Collection (miBC) provides host-specific insight into cultured diversity and functional potential of the gut microbiota. Nature Microbiology, 1(10): 16131.

Lambert T J. 2019. FPbase: a community-editable fluorescent protein database. Nature Methods, 16(4): 277-278.

Larson M G. 2008. Analysis of variance. Circulation, 117(1): 115-121.

Lasken R S. 2012. Genomic sequencing of uncultured microorganisms from single cells. Nature Reviews Microbiology, 10(9): 631-640.

Lasken R S, McLean J S. 2014. Recent advances in genomic DNA sequencing of microbial species from single cells. Nature Reviews Genetics, 15(9): 577-584.

Lasken R S, Stockwell T B. 2007. Mechanism of chimera formation during the Multiple Displacement Amplification reaction. BMC Biotechnol,7: 19.

Lau A Y, Lee L P, Chan J W. 2008. An integrated optofluidic platform for Raman-activated cell sorting. Lab Chip, 8(7): 1116-1120.

Lavy A, Keren R, Haber M, et al. 2014. Implementing sponge physiological and genomic information to enhance the diversity of its culturable associated bacteria. FEMS Microbiol Ecol, 87(2): 486-502.

Lee K S, Landry Z, Pereira F C, et al. 2021. Raman microspectroscopy for microbiology. Nature Reviews Methods Primers, 1: 80.

Lee K S, Palatinszky M, Pereira F C, et al. 2019. An automated Raman-based platform for the sorting of live cells by functional properties. Nature Microbiology, 4(6): 1035-1048.

Lee N, Nielsen P H, Andreasen K H, et al. 1999. Combination of fluorescent *in situ* hybridization and microautoradiography-a new tool for structure-function analyses in microbial ecology. Applied and Environmental Microbiology, 65(3): 1289-1297.

Lewenza S, Vidal-Ingigliardi D, Pugsley A P. 2006. Direct visualization of red fluorescent lipoproteins indicates conservation of the membrane sorting rules in the family Enterobacteriaceae. Journal of Bacteriology, 188(10): 3516-3524.

Li D H, Liu C M, Luo R B, et al. 2015. MEGAHIT: an ultra-fast single-node solution for large and complex metagenomics assembly via succinct de Bruijn graph. Bioinformatics, 31(10): 1674-1676.

Li D H, Liu C, Abuduaini R, et al. 2022. The monkey microbial biobank brings previously uncultivated bioresources for nonhuman primate and human gut microbiomes. mLife, 1(2): 210-217.

Li M, Wang Y, Cui H Y, et al. 2020. Characterization of lactic acid bacteria isolated from the gastrointestinal tract of a wild boar as potential probiotics. Frontiers in Veterinary Science, 7: 49.

Li X, Hu H Y, Li X M. 2021. mixtureS: a novel tool for bacterial strain genome reconstruction from reads. Bioinformatics, 37(4): 575-577.

Lin L Y, Du Y H, Song J, et al. 2021. Imaging commensal microbiota and pathogenic bacteria in the gut. Acc Chem Res, 54(9): 2076-2087.

Lin L Y, Wu Q Y, Song J, et al. 2020. Revealing the *in vivo* growth and division patterns of mouse gut bacteria. Science Advances, 6(36): eabb2531.

Liu B, Pop M. 2009. ARDB: antibiotic resistance genes database. Nucleic Acids Research, 37(Database issue): D443-D447.

Liu B, Zheng D D, Zhou S Y, et al. 2022a. VFDB 2022: a general classification scheme for bacterial virulence factors. Nucleic Acids Res, 50(D1): D912-D917.

Liu C, Du M X, Abuduaini R, et al. 2021. Enlightening the taxonomy darkness of human gut microbiomes with a cultured biobank. Microbiome, 9(1): 119.

Liu C, Zhou N, Du M X, et al. 2020. The Mouse Gut Microbial Biobank expands the coverage of cultured bacteria. Nat Commun, 11(1): 79.

Liu M, Zhu P F, Zhang L, et al. 2022b. Single-cell identification, drug susceptibility test, and whole-genome sequencing of *Helicobacter pylori* directly from gastric biopsy by clinical antimicrobial susceptibility test ramanometry. Clinical Chemistry, 68(8): 1064-1074.

Liu S J, Moon C D, Zheng N, et al. 2022c. Opportunities and challenges of using metagenomic data to bring uncultured microbes into cultivation. Microbiome, 10(1): 76.

Liu Y X, Qin Y, Chen T, et al. 2021. A practical guide to amplicon and metagenomic analysis of microbiome data. Protein & Cell, 12(5): 315-330.

Lix L M, Keselman J C, Keselman H J. 1996. Consequences of assumption violations revisited: a quantitative review of alternatives to the one-way analysis of variance F test. Review of Educational Research, 66(4): 579.

Lloyd-Price J, Arze C, Ananthakrishnan A N, et al. 2019. Multi-omics of the gut microbial ecosystem in inflammatory bowel diseases. Nature, 569(7758): 655-662.

Loy A, Arnold R, Tischler P, et al. 2008. probeCheck: a central resource for evaluating oligonucleotide probe coverage and specificity. Environmental Microbiology, 10(10): 2894-2898.

Loy A, Horn M, Wagner M. 2003. probeBase: an online resource for rRNA-targeted oligonucleotide probes. Nucleic Acids Research, 31(1): 514-516.

Lu J, Breitwieser F P, Thielen P, et al. 2017. Bracken: estimating species abundance in metagenomics data. PeerJ Computer Science, 3: e104.

Lubeck E, Coskun A F, Zhiyentayev T, et al. 2014. Single-cell *in situ* RNA profiling by sequential hybridization. Nature Methods, 11(4): 360-361.

Ludwig W, Strunk O, Westram R, et al. 2004. ARB: a software environment for sequence data. Nucleic Acids Research, 32(4): 1363-1371.

Lugli G A, Milani C, Duranti S, et al. 2019. Isolation of novel gut bifidobacteria using a combination of metagenomic and cultivation approaches. Genome Biology. 20(1): 96.

Lundberg D S, Lebeis S L, Paredes S H, et al. 2012. Defining the core *Arabidopsis thaliana* root microbiome. Nature, 488(7409): 86-90.

Ma L, Datta S S, Karymov M A, et al. 2014. Individually addressable arrays of replica microbial cultures enabled by splitting SlipChips. Integr Biol(Camb), 6(8): 796-805.

Ma L Y, Calfee B C, Morris J J, et al. 2018. Degradation of hydrogen peroxide at the ocean's surface: the influence of the microbial community on the realized thermal niche of *Prochlorococcus*. The ISME Journal, 12(2): 473-484.

Madhu B, Miller B M, Levy M. 2023. Single-cell analysis and spatial resolution of the gut microbiome. Frontiers in Cellular and Infection Microbiology, 13: 1271092.

Manfredi A P, Perotti N I, Martínez M A. 2015. Cellulose degrading bacteria isolated from industrial samples and the gut of native insects from Northwest of Argentina. Journal of Basic Microbiology, 55(12):1384-1393.

Marcy Y, Ouverney C, Bik E M, et al. 2007. Dissecting biological "dark matter" with single-cell genetic analysis of rare and uncultivated TM7 microbes from the human mouth. Proceedings of the National Academy of Sciences of the United States of America；104(29): 11889-11894.

Martijn J, Schulz F, Zaremba-Niedzwiedzka K, et al. 2015. Single-cell genomics of a rare environmental alphaproteobacterium provides unique insights into Rickettsiaceae evolution. The ISME Journal, 9(11): 2373-2385.

Martin M. 2011. Cutadapt removes adapter sequences from high-throughput sequencing reads. EMBnet Journal, 17(1): 10.

Martinez K A, Kitko R D, Mershon J P, et al. 2012. Cytoplasmic pH response to acid stress in individual cells of *Escherichia coli* and *Bacillus subtilis* observed by fluorescence ratio imaging microscopy. Applied and Environmental Microbiology, 78(10): 3706-3714.

Massalha H, Korenblum E, Malitsky S, et al. 2017. Live imaging of root-bacteria interactions in a microfluidics setup. Proceedings of the National Academy of Sciences, 114(17): 4549-4554.

Medema M H, Kottmann R, Yilmaz P, et al. 2015. Minimum information about a biosynthetic gene cluster. Nature Chemical Biology, 11(9): 625-631.

Meier-Kolthoff J P, Auch A F, Klenk H P, et al. 2013. Genome sequence-based species delimitation

with confidence intervals and improved distance functions. BMC Bioinformatics, 14: 60.
Menzel P, Ng K L, Krogh A. 2016. Fast and sensitive taxonomic classification for metagenomics with Kaiju. Nat Commun, 7: 11257.
Miesenböck G, De Angelis D A, Rothman J E. 1998. Visualizing secretion and synaptic transmission with pH-sensitive green fluorescent proteins. Nature, 394(6689): 192-195.
Milani C, Duranti S, Bottacini F, et al. 2017. The first microbial colonizers of the human gut: composition, activities, and health implications of the infant gut microbiota. Microbiol Mol Biol Rev, 81(4): e00036-e00017.
Milo R, Phillips R, 2015. Cell Biology by the Numbers. New York: ImprintGarland Science.
Misra G, Rojas E R, Gopinathan A, et al. 2013. Mechanical consequences of cell-wall turnover in the elongation of a Gram-positive bacterium. Biophysical Journal, 104(11): 2342-2352.
Mistry J, Chuguransky S, Williams L, et al. 2021. Pfam: The protein families database in 2021. Nucleic Acids Research; 49: D412-D419.
Motulsky H. 2014. Intuitive biostatistics: a nonmathematical guide to statistical thinking. 3rd ed. New York: Oxford University Press.
Mungan M D, Alanjary M, Blin K, et al. 2020. ARTS 2.0: feature updates and expansion of the Antibiotic Resistant Target Seeker for comparative genome mining. Nucleic Acids Research, 48(W1): W546-W552.
Munson-McGee J H, Field E K, Bateson M, et al. 2015. Nanoarchaeota, their sulfolobales host, and nanoarchaeota virus distribution across Yellowstone National Park hot springs. Applied and Environmental Microbiology, 81(22): 7860-7868.
Najah M, Calbrix R, Mahendra-Wijaya I P, et al. 2014. Droplet-based microfluidics platform for ultra-high-throughput bioprospecting of cellulolytic microorganisms. Chemistry & Biology, 21(12): 1722-1732.
Nawrocki E P, Eddy S R. 2013. Infernal 1.1: 100-fold faster RNA homology searches. Bioinformatics, 29(22): 2933-2935.
Nejman D, Livyatan I, Fuks G, et al. 2020. The human tumor microbiome is composed of tumor type-specific intracellular bacteria. Science, 368(6494): 973-980.
Nelson K E, Weinstock G M, et al. 2010. A catalog of reference genomes from the human microbiome. Science, 328(5981): 994-999.
Neu T R, Kuhlicke U, Lawrence J R. 2002. Assessment of fluorochromes for two-photon laser scanning microscopy of biofilms. Appl Environ Microbiol, 68(2): 901-909.
Neuman K C, Nagy A. 2008. Single-molecule force spectroscopy: optical tweezers, magnetic tweezers and atomic force microscopy. Nat Methods, 5(6): 491-505.
Nichols D, Cahoon N, Trakhtenberg E M, et al. 2010. Use of ichip for high-throughput *in situ* cultivation of "uncultivable" microbial species. Appl Environ Microbiol, 76(8): 2445-2450.
Nichols D, Lewis K, Orjala J, et al. 2008. Short peptide induces an "uncultivable" microorganism to grow *in vitro*. Appl Environ Microbiol, 74(15): 4889-4897.
Nilsson R H, Larsson K H, Taylor A F S, et al. 2019. The UNITE database for molecular identification of fungi: handling dark taxa and parallel taxonomic classifications. Nucleic Acids Research, 47(D1): D259-D264.
Nishiyama T, Ueki A, Kaku N, et al. 2009. *Clostridium sufflavum* sp. nov., isolated from a

methanogenic reactor treating cattle waste. Int J Syst Evol Microbiol, 59(pt 5): 981-986.

Nurk S, Meleshko D, Korobeynikov A, et al. 2017. metaSPAdes: a new versatile metagenomic assembler. Genome Res, 27(5): 824-834.

O'Leary N A, Wright M W, Brister J R, et al. 2016. Reference sequence (RefSeq) database at NCBI: current status, taxonomic expansion, and functional annotation. Nucleic Acids Res, 44(D1): D733-D745.

Oberhardt M A, Zarecki R, Gronow S, et al. 2015. Harnessing the landscape of microbial culture media to predict new organism-media pairings. Nature Communications, 6(1): 8493.

Oksanen J, Kindt R, Legendre P, et al. 2007. The vegan package. Community Ecology Package, 10(631-637): 719.

Olsen G J, Woese C R. 1993. Ribosomal RNA: a key to phylogeny. FASEB J, 7(1): 113-123.

Ozawa S, Okabe S, Ishii S. 2016. Specific single-cell isolation of *Escherichia coli* O157 from environmental water samples by using flow cytometry and fluorescence-activated cell sorting. Foodborne Pathog Dis, 13(8): 456-461.

Pahlow S, Meisel S, Cialla-May D, et al. 2015. Isolation and identification of bacteria by means of Raman spectroscopy. Advanced Drug Delivery Reviews, 89: 105-120.

Pamp S J, Harrington E D, Quake S R, et al. 2012. Single-cell sequencing provides clues about the host interactions of segmented filamentous bacteria (SFB). Genome Research, 22(6): 1107-1119.

Pandey R, Vischer N O E, Smelt J P P M, et al. 2016. Intracellular pH response to weak acid stress in individual vegetative *Bacillus subtilis* cells. Applied and Environmental Microbiology, 82(21): 6463-6471.

Parks D H, Chuvochina M, Rinke C, et al. 2022. GTDB: an ongoing census of bacterial and archaeal diversity through a phylogenetically consistent, rank normalized and complete genome-based taxonomy. Nucleic Acids Research, 50(D1): D785-D794.

Parks D H, Imelfort M, Skennerton C T, et al. 2015. CheckM: assessing the quality of microbial genomes recovered from isolates, single cells, and metagenomes. Genome Res, 25(7): 1043-1055.

Patro R, Duggal G, Love M I, et al. 2017. Salmon provides fast and bias-aware quantification of transcript expression. Nat Methods, 14(4): 417-419.

Peng Y, Leung H C M, Yiu S M, et al. 2012. IDBA-UD: a *de novo* assembler for single-cell and metagenomic sequencing data with highly uneven depth. Bioinformatics, 28(11): 1420-1428.

Peredo E L, Simmons S L. 2018. Leaf-FISH: microscale imaging of bacterial taxa on phyllosphere. Frontiers in Microbiology, 8: 2669.

Pereira F C, Wasmund K, Cobankovic I, et al. 2020. Rational design of a microbial consortium of mucosal sugar utilizers reduces *Clostridiodes difficile* colonization. Nature Communications, 11(1): 5104.

Pernthaler A, Amann R. 2004. Simultaneous fluorescence *in situ* hybridization of mRNA and rRNA in environmental bacteria. Applied and Environmental Microbiology, 70(9): 5426-5433.

Pernthaler A, Pernthaler J, Amann R. 2002. Fluorescence *in situ* hybridization and catalyzed reporter deposition for the identification of marine bacteria. Applied and Environmental Microbiology, 68(6): 3094-3101.

Piwosz K, Mukherjee I, Salcher M M, et al. 2021. CARD-FISH in the sequencing era: opening a new universe of protistan ecology. Frontiers in Microbiology, 12: 640066.

Podar M, Abulencia C B, Walcher M, et al. 2007. Targeted access to the genomes of low-abundance organisms in complex microbial communities. Applied and Environmental Microbiology, 73(10): 3205-3214.

Pogliano J, Osborne N, Sharp M D, et al. 1999. A vital stain for studying membrane dynamics in bacteria: a novel mechanism controlling septation during *Bacillus subtilis* sporulation. Molecular Microbiology, 31(4): 1149-1159.

Poyet M, Groussin M, Gibbons S M, et al. 2019a. A library of human gut bacterial isolates paired with longitudinal multiomics data enables mechanistic microbiome research. Nature Medicine, 25(9): 1442-1452.

Puppels G J, de Mul F F, Otto C, et al. 1990. Studying single living cells and chromosomes by confocal Raman microspectroscopy. Nature, 347(6290): 301-303.

Qin J J, Li R Q, Raes J, et al. 2010. A human gut microbial gene catalogue established by metagenomic sequencing. Nature, 464(7285): 59-65.

Quast C, Pruesse E, Yilmaz P, et al. 2013. The SILVA ribosomal RNA gene database project: improved data processing and web-based tools. Nucleic Acids Research, 41: D590-D596.

Quince C, Delmont T O, Raguideau S, et al. 2017a. DESMAN: a new tool for *de novo* extraction of strains from metagenomes. Genome Biol, 18(1): 181.

Quince C, Nurk S, Raguideau S, et al. 2021. STRONG: metagenomics strain resolution on assembly graphs. Genome Biol, 22(1): 214.

Quince C, Walker A W, Simpson J T, et al. 2017b. Shotgun metagenomics, from sampling to analysis. Nature Biotechnology, 35(9): 833-844.

Raghunathan A, Ferguson H R Jr, Bornarth C J, et al. 2005. Genomic DNA amplification from a single bacterium. Applied and Environmental Microbiology, 71(6): 3342-3347.

Rahi P, Prakash O, Shouche Y S. 2016. Matrix-assisted laser desorption/ionization time-of-flight mass-spectrometry (MALDI-TOF MS) based microbial identifications: challenges and scopes for microbial ecologists. Front Microbiol, 7: 1359.

Raj A, van den Bogaard P, Rifkin S A, et al. 2008. Imaging individual mRNA molecules using multiple singly labeled probes. Nature Methods, 5(10): 877-879.

Rakitina D V, Manolov A I, Kanygina A V, et al. 2017. Genome analysis of *E. coli* isolated from Crohn's disease patients. BMC Genomics, 18(1): 544.

Raman C V, Krishnan K S. 1928. A new type of secondary radiation. Nature, 121: 501-502.

Remus-Emsermann M N P, Lücker S, Müller D B, et al. 2014. Spatial distribution analyses of natural phyllosphere-colonizing bacteria on *Arabidopsis thaliana* revealed by fluorescence *in situ* hybridization. Environmental Microbiology, 16(7): 2329-2340.

Richter M, Rosselló-Móra R. 2009. Shifting the genomic gold standard for the prokaryotic species definition. Proc Natl Acad Sci U S A, 106(45): 19126-19131.

Richter-Heitmann T, Eickhorst T, Knauth S, et al. 2016. Evaluation of strategies to separate root-associated microbial communities: a crucial choice in rhizobiome research. Frontiers in Microbiology, 7: 773.

Rinke C, Schwientek P, Sczyrba A, et al. 2013. Insights into the phylogeny and coding potential of microbial dark matter. Nature, 499: 431-437.

Riva A, Rasoulimehrabani H, Cruz-Rubio J M, et al. 2023. Identification of inulin-responsive bacteria in the gut microbiota via multi-modal activity-based sorting. Nature Communications, 14(1): 8210.

Rodrigue S, Malmstrom R R, Berlin A M, et al. 2009. Whole genome amplification and *de novo* assembly of single bacterial cells. PLoS One, 4(9): e6864.

Rognes T, Flouri T, Nichols B, et al. 2016. VSEARCH: a versatile open source tool for metagenomics. PeerJ, 4: e2584.

Roller C, Wagner M, Amann R, et al. 1994. *In situ* probing of gram-positive bacteria with high DNA G + C content using 23S rRNA-targeted oligonucleotides. Microbiology, 140: 2849-2858.

Ross K, Varani A M, Snesrud E, et al. 2021. TnCentral: a prokaryotic transposable element database and web portal for transposon analysis. mBio, 12(5): e0206021.

Roux S, Hawley A K, Torres Beltran M, et al. 2014. Ecology and evolution of viruses infecting uncultivated SUP05 bacteria as revealed by single-cell- and meta-genomics. eLife, 3: e03125.

Rungrassamee W, Klanchui A, Chaiyapechara S, et al. 2013. Bacterial population in intestines of the black tiger shrimp (*Penaeus monodon*) under different growth stages. PLoS One, 8(4): e60802.

Ruxton G D. 2006. The unequal variance *t*-test is an underused alternative to Student's *t*-test and the Mann-Whitney U test. Behavioral Ecology, 17(4): 688-690.

Sahoo H. 2012. Fluorescent labeling techniques in biomolecules: a flashback. RSC Adv, 2(18): 7017-7029.

Sartorio M G, Pardue E J, Feldman M F, et al. 2021. Bacterial outer membrane vesicles: from discovery to applications. Annual Review of Microbiology, 75: 609-630.

Sasaki N, Miyamoto K, Maslowski K M, et al. 2020. Development of a scalable coculture system for gut anaerobes and human colon epithelium. Gastroenterology, 159(1): 388-390.e5.

Sayers E W, Cavanaugh M, Clark K, et al. 2020. GenBank. Nucleic Acids Res, 48: D84-D86.

Schmid L, Weitz D A, Franke T. 2014. Sorting drops and cells with acoustics: acoustic microfluidic fluorescence-activated cell sorter. Lab Chip, 14(19): 3710-3718.

Schmidt H, Eickhorst T. 2014. Detection and quantification of native microbial populations on soil-grown rice roots by catalyzed reporter deposition-fluorescence *in situ* hybridization. FEMS Microbiology Ecology, 87(2): 390-402.

Schmidt H, Nunan N, Höck A, et al. 2018. Recognizing patterns: spatial analysis of observed microbial colonization on root surfaces. Frontiers in Environmental Science, 6: 61.

Seemann T. 2014. Prokka: rapid prokaryotic genome annotation. Bioinformatics, 30(14): 2068-2069.

Segata N, Izard J, Waldron L, et al. 2011. Metagenomic biomarker discovery and explanation. Genome Biol, 12(6): R60.

Seng P, Abat C, Rolain J M, et al. 2013. Identification of rare pathogenic bacteria in a clinical microbiology laboratory: impact of matrix-assisted laser desorption ionization-time of flight mass spectrometry. J Clin Microbiol, 51(7): 2182-2194.

Sheng K W, Cao W J, Niu Y C, et al. 2017. Effective detection of variation in single-cell transcriptomes using MATQ-seq. Nature Methods, 14(3): 267-270.

Shi H, Shi Q, Grodner B, et al. 2019. Highly multiplexed spatial mapping of microbial communities. Nature, 588(7839): 1-6.

Shi L Y, Zheng C G, Shen Y H, et al. 2018. Optical imaging of metabolic dynamics in animals. Nature

Communications, 9(1): 2995.

Shi X, Gao W M, Wang J X, et al. 2015. Measuring gene expression in single bacterial cells: recent advances in methods and micro-devices. Crit Rev Biotechnol, 35(4): 448-460.

Sigrist C J A, de Castro E, Cerutti L, et al. 2013. New and continuing developments at PROSITE. Nucleic Acids Research, 41: D344-D347.

Siguier P, Perochon J, Lestrade L, et al. 2006. ISfinder: the reference centre for bacterial insertion sequences. Nucleic Acids Res, 34: D32-D36.

Sizemore R K, Caldwell J J, Kendrick A S. 1990. Alternate gram staining technique using a fluorescent lectin. Applied and Environmental Microbiology, 56(7): 2245-2247.

Skinner S O, Sepúlveda L A, Xu H, et al. 2013. Measuring mRNA copy number in individual *Escherichia coli* cells using single-molecule fluorescent *in situ* hybridization. Nature Protocols, 8(6): 1100-1113.

Skinnider M A, Johnston C W, Gunabalasingam M, et al. 2020. Comprehensive prediction of secondary metabolite structure and biological activity from microbial genome sequences. Nature Communications, 11(1): 6058.

Sogin M L, Morrison H G, Huber J A, et al. 2006. Microbial diversity in the deep sea and the underexplored “rare biosphere”. Proceedings of the National Academy of Sciences of the United States of America, 103(32): 12115-12120.

Song Y Z, Cui L, López J Á S, et al. 2017a. Raman-Deuterium Isotope Probing for *in situ* identification of antimicrobial resistant bacteria in Thames River. Sci Rep, 7(1): 16648.

Song Y Z, Kaster A K, Vollmers J, et al. 2017b. Single-cell genomics based on Raman sorting reveals novel carotenoid-containing bacteria in the Red Sea. Microbial Biotechnology, 10(1): 125-137.

Sorbara M T, Littmann E R, Fontana E, et al. 2020. Functional and Genomic Variation between Human-Derived Isolates of Lachnospiraceae Reveals Inter- and Intra-Species Diversity. Cell Host Microbe, 28:134-146.e134.

Sosa O A, Gifford S M, Repeta D J, et al. 2015. High molecular weight dissolved organic matter enrichment selects for methylotrophs in dilution to extinction cultures. ISME J, 9(12): 2725-2739.

Spencer S J, Tamminen M V, Preheim S P, et al. 2016. Massively parallel sequencing of single cells by epicPCR links functional genes with phylogenetic markers. The ISME Journal, 10(2): 427-436.

Stackebrandt E, Frederiksen W, Garrity G M, et al. 2002. Report of the ad hoc committee for the re-evaluation of the species definition in bacteriology. Int J Syst Evol Microbiol, 52(Pt 3): 1043-1047.

Stender H. 2003. PNA FISH: an intelligent stain for rapid diagnosis of infectious diseases. Expert Rev Mol Diagn, 3(5): 649-655.

Stepanauskas R. 2012. Single cell genomics: an individual look at microbes. Current Opinion in Microbiology, 15(5): 613-620.

Stepanauskas R. 2015. Wiretapping into microbial interactions by single cell genomics. Frontiers in Microbiology, 6: 258.

Stepanauskas R, Fergusson E A, Brown J, et al. 2017. Improved genome recovery and integrated cell-size analyses of individual uncultured microbial cells and viral particles. Nature

Communications, 8(1): 84.

Stoecker K, Dorninger C, Daims H, et al. 2010. Double labeling of oligonucleotide probes for fluorescence *in situ* hybridization(DOPE-FISH) improves signal intensity and increases rRNA accessibility. Applied and Environmental Microbiology, 76(3): 922-926.

Streett H, Charubin K, Papoutsakis E T. 2021. Anaerobic fluorescent reporters for cell identification, microbial cell biology and high-throughput screening of microbiota and genomic libraries. Current Opinion in Biotechnology, 71: 151-163.

Sugimoto Y, Camacho F R, Wang S, et al. 2019. A metagenomic strategy for harnessing the chemical repertoire of the human microbiome. Science, 366(6471): e9176.

Sun Q, Margolin W. 1998. FtsZ dynamics during the division cycle of live *Escherichia coli* cells. Journal of Bacteriology, 180(8): 2050-2056.

Sun Z, Huang S, Zhang M, et al. 2021. Challenges in benchmarking metagenomic profilers. Nature Methods, 18(6): 618-626.

Tanaka Y, Benno Y. 2015. Application of a single-colony coculture technique to the isolation of hitherto unculturable gut bacteria. Microbiol Immunol, 59(2): 63-70.

Tandogan N, Abadian P N, Epstein S, et al. 2014. Isolation of microorganisms using sub-micrometer constrictions. PLoS One, 9(6): e101429.

Taniguchi Y, Choi P J, Li G W, et al. 2010. Quantifying *E. coli* proteome and transcriptome with single-molecule sensitivity in single cells. Science, 329(5991): 533-538.

Tansirichaiya S, Rahman M A, Roberts A P. 2019. The transposon registry. Mobile DNA, 10: 40.

Tao Y F, Wang Y, Huang S, et al. 2017. Metabolic-activity-based assessment of antimicrobial effects by D_2O-labeled single-cell Raman microspectroscopy. Analytical Chemistry, 89(7): 4108-4115.

Tatusov R L, Koonin E V, Lipman D J. 1997. A genomic perspective on protein families. Science, 278(5338): 631-637.

Tatusova T, DiCuccio M, Badretdin A, et al. 2016. NCBI prokaryotic genome annotation pipeline. Nucleic Acids Res, 44(14): 6614-6624.

Teng L, Wang X, Wang X J, et al. 2016. Label-free, rapid and quantitative phenotyping of stress response in *E. coli* via ramanome. Scientific Reports, 6: 34359.

Teufel F, Almagro Armenteros J J, Johansen A R, et al. 2022. SignalP 6.0 predicts all five types of signal peptides using protein language models. Nat Biotechnol, 40(7): 1023-1025.

Tindall B J, Rosselló-Móra R, Busse H J, et al. 2010. Notes on the characterization of prokaryote strains for taxonomic purposes. Int J Syst Evol Microbiol, 60(Pt 1): 249-266.

Treepong P, Guyeux C, Meunier A, et al. 2018. panISa: *ab initio* detection of insertion sequences in bacterial genomes from short read sequence data. Bioinformatics, 34(22): 3795-3800.

UniProt Consortium. 2021. UniProt: the universal protein knowledgebase in 2021. Nucleic Acids Res, 49: D480-d489.

Uritskiy G V, DiRuggiero J, Taylor J. 2018. MetaWRAP—a flexible pipeline for genome-resolved metagenomic data analysis. Microbiome, 6(1): 158.

Valm A M, Oldenbourg R, Borisy G G. 2016. Multiplexed spectral imaging of 120 different fluorescent labels. PLoS One, 11(7): 1-17.

Valm A M, Welch J L, Rieken C W, et al. 2011. Systems-level analysis of microbial community organization through combinatorial labeling and spectral imaging. Proceedings of the National

Academy of Sciences, 108(10): 4152-4157.

Van Rossum T, Ferretti P, Maistrenko O M, et al. 2020. Diversity within species: interpreting strains in microbiomes. Nature Reviews Microbiology, 18(9): 491-506.

Vilanova C, Porcar M. 2016. Are multi-omics enough?. Nature Microbiology, 1(8): 16101.

Vogel C M, Potthoff D B, Schäfer M, et al. 2021. Protective role of the *Arabidopsis* leaf microbiota against a bacterial pathogen. Nature Microbiology, 6(12): 1537-1548.

Wadhwa R R, Marappa-Ganeshan R. 2022. T Test. In: Treasure Island(FL): StatPearls Publishing.

Wang T T, Ji Y T, Wang Y, et al. 2014. Quantitative dynamics of triacylglycerol accumulation in microalgae populations at single-cell resolution revealed by Raman microspectroscopy. Biotechnology for Biofuels, 7: 58.

Wang X M, Ma S C, Yang S Y, et al. 2016a. *Paenibacillus nasutitermitis* sp. nov., isolated from a termite gut. Int J Syst Evol Microbiol, 66(2): 901-905.

Wang X X, Ren L H, Diao Z D, et al. 2023. Robust spontaneous Raman flow cytometry for single-cell metabolic phenome profiling via pDEP-DLD-RFC. Advanced Science, 10(16): e2207497.

Wang X X, Ren L H, Su Y T, et al. 2017. Raman-activated droplet sorting(RADS) for label-free high-throughput screening of microalgal single-cells. Anal Chem, 89(22): 12569-12577.

Wang X F, Tsai T, Deng F L, et al. 2019. Longitudinal investigation of the swine gut microbiome from birth to market reveals stage and growth performance associated bacteria. Microbiome, 7(1): 109.

Wang Y, Huang W E, Cui L, et al. 2016b. Single cell stable isotope probing in microbiology using Raman microspectroscopy. Current Opinion in Biotechnology, 41: 34-42.

Wang Y, Ji Y T, Wharfe E S, et al. 2013. Raman activated cell ejection for isolation of single cells. Analytical Chemistry, 85(22): 10697-10701.

Wang Y, Song Y Z, Tao Y F, et al. 2016c. Reverse and multiple stable isotope probing to study bacterial metabolism and interactions at the single cell level. Analytical Chemistry, 88(19): 9443-9450.

Wang Y, Xu J B, Kong L C, et al. 2020. Raman-deuterium isotope probing to study metabolic activities of single bacterial cells in human intestinal microbiota. Microbial Biotechnology, 13(2): 572-583.

Wangsanuwat C, Heom K A, Liu E, et al. 2020. Efficient and cost-effective bacterial mRNA sequencing from low input samples through ribosomal RNA depletion. BMC Genomics, 21(1): 717.

Wayne L G. 1988. International Committee on Systematic Bacteriology: announcement of the report of the ad hoc Committee on Reconciliation of Approaches to Bacterial Systematics. Zentralbl Bakteriol Mikrobiol Hyg A, 268(4): 433-434.

Welch J L M, Hasegawa Y, McNulty N P, et al. 2017. Spatial organization of a model 15-member human gut microbiota established in gnotobiotic mic. Proceedings of the National Academy of Sciences of the United States of America, 114(43): E9105-E9114.

Welch J L M, Rossetti B J, Rieken C W, et al. 2016. Biogeography of a human oral microbiome at the micron scale. Proceedings of the National Academy of Sciences of the United States of America, 113(6): E791-E800.

Wemheuer F, Taylor J A, Daniel R, et al. 2020. Tax4Fun2: prediction of habitat-specific functional profiles and functional redundancy based on 16S rRNA gene sequences. Environmental Microbiome, 15(1): 11.

Wendisch V F, Zimmer D P, Khodursky A, et al. 2001. Isolation of *Escherichia coli* mRNA and comparison of expression using mRNA and total RNA on DNA microarrays. Anal Biochem, 290(2): 205-213.

Whitaker W R, Shepherd E S, Sonnenburg J L. 2017. Tunable expression tools enable single-cell strain distinction in the gut microbiome. Cell, 169(3): 538-546.

Wick R R, Judd L M, Gorrie C L, et al. 2017. Unicycler: resolving bacterial genome assemblies from short and long sequencing reads. PLoS Computational Biology, 13(6): e1005595.

Wilcoxon F. 1945. Individual comparisons by ranking methods. Biometrics Bulletin, 1(6): 80.

Wood D E, Lu J, Langmead B. 2019. Improved metagenomic analysis with *Kraken* 2. Genome Biol. 20(1): 257.

Wright E S, Yilmaz L S, Corcoran A M, et al. 2014. Automated design of probes for rRNA-targeted fluorescence *in situ* hybridization reveals the advantages of using dual probes for accurate identification. Applied and Environmental Microbiology, 80(16): 5124-5133.

Wu D Y, Hugenholtz P, Mavromatis K, et al. 2009. A phylogeny-driven genomic encyclopaedia of Bacteria and Archaea. Nature, 462(7276): 1056-1060.

Wylensek D, Hitch T C A, Riedel T, et al. 2020. A collection of bacterial isolates from the pig intestine reveals functional and taxonomic diversity. Nature Communications, 11(1): 6389.

Xu L Y, Brito I L, Alm E J, et al. 2016. Virtual microfluidics for digital quantification and single-cell sequencing. Nature Methods, 13(9): 759-762.

Xu T, Gong Y H, Su X L, et al. 2020. Phenome-genome profiling of single bacterial cell by Raman-activated gravity-driven encapsulation and sequencing. Small, 16(30): e2001172.

Xu T, Li Y D, Han X, et al. 2022. Versatile, facile and low-cost single-cell isolation, culture and sequencing by optical tweezer-assisted pool-screening. Lab Chip, 23(1): 125-135.

Yan S S, Qiu J X, Guo L, et al. 2021. Development overview of Raman-activated cell sorting devoted to bacterial detection at single-cell level. Applied Microbiology and Biotechnology, 105(4): 1315-1331.

Yang G W, Roy J, Veresoglou S D, et al. 2021. Soil biodiversity enhances the persistence of legumes under climate change. New Phytol, 229(5): 2945-2956.

Yang S Y, Zheng Y, Huang Z, et al. 2016. *Lactococcus nasutitermitis* sp. nov. isolated from a termite gut. Int J Syst Evol Microbiol, 66(1): 518-522.

Yarza P, Yilmaz P, Pruesse E, et al. 2014. Uniting the classification of cultured and uncultured bacteria and Archaea using 16S rRNA gene sequences. Nature Reviews Microbiology, 12(9): 635-645.

Ye S H, Siddle K J, Park D J, et al. 2019. Benchmarking metagenomics tools for taxonomic classification. Cell, 178(4): 779-794.

Yilmaz L S, Parnerkar S, Noguera D R. 2011. mathFISH, a web tool that uses thermodynamics-based mathematical models for in silico evaluation of oligonucleotide probes for fluorescence *in situ* hybridization. Applied and Environmental Microbiology, 77(3): 1118-1122.

Yoon H S, Price D C, Stepanauskas R, et al. 2011. Single-cell genomics reveals organismal interactions in uncultivated marine protists. Science, 332(6030): 714-717.

Young K D. 2006. The selective value of bacterial shape. Microbiology and Molecular Biology Reviews: MMBR, 70(3): 660-703.

Yuan X, Chen F S. 2021. Cocultivation Study of *Monascus* spp. and *Aspergillus niger* Inspired From Black-Skin-Red-Koji by a Double-Sided Petri Dish. Front Microbiol, 12: 670684.

Zengler K, Toledo G, Rappe M, et al. 2002. Cultivating the uncultured. Proc Natl Acad Sci U S A, 99: 15681-15686.

Zhang J, Ren L H, Zhang L, et al. 2023a. Single-cell rapid identification, *in situ* viability and vitality profiling, and genome-based source-tracking for probiotics products. iMeta, 2(3): e117.

Zhang J, Su X L, Wang Y F, et al. 2023b. Improved single-cell genome amplification by a high-efficiency phi29 DNA polymerase. Frontiers in Bioengineering and Biotechnology, 11: 1233856.

Zheng W S, Zhao S J, Yin Y H, et al. 2022. High-throughput, single-microbe genomics with strain resolution, applied to a human gut microbiome. Science, 376(6597): eabm1483.

Zhou C, Wang H M, Zhao H Y, et al. 2022. fastANCOM: a fast method for analysis of compositions of microbiomes. Bioinformatics, 38(7): 2039-2041.

Zhu Z, Yang C J. 2017. Hydrogel droplet microfluidics for high-throughput single molecule/cell analysis. Acc Chem Res, 50(1): 22-31.

Zong C H, Lu S J, Chapman A R, et al. 2012. Genome-wide detection of single-nucleotide and copy-number variations of a single human cell. Science, 338(6114): 1622-1626.

Zou Y Q, Xue W B, Luo G W, et al. 2019. 1, 520 reference genomes from cultivated human gut bacteria enable functional microbiome analyses. Nat Biotechnol, 37(2): 179-185.

第 3 章　人体微生物组

3.1　皮肤微生物组

3.1.1　皮肤微生物的组成和特征

皮肤是人体最大的免疫器官，保护人体免受外界的物理伤害和病原微生物的感染。成人皮肤平均表面积为 30 m²（Gallo，2017），皮肤上生活着多种微生物，其中大多数对宿主无害甚至有益。皮肤表面复杂的微生物包括细菌、真菌、病毒、古菌和噬菌体。有益微生物在皮肤上的定植可以激活人体的免疫系统，分解代谢皮肤产生的有机废物，抑制有害病原微生物的定植（Chiller et al.，2001）。一些皮肤疾病的发生，如银屑病、湿疹等，在一定程度上和定植在皮肤表面的微生物菌群紊乱有关。

人类皮肤微生物组主要由细菌（＞90%）组成，包括放线菌门（52%）、厚壁菌门（24%）、变形菌门（16%）和拟杆菌门（6%）（Grice et al.，2009）。其中，凝固酶阴性葡萄球菌（特别是表皮葡萄球菌，10^3～10^4 CFU/cm^2）、痤疮醋酸杆菌、棒状杆菌、微球菌、链球菌和不动杆菌是优势菌（Murillo and Raoult，2013）。醋酸杆菌属、葡萄球菌属和棒状杆菌属的细菌在几乎所有皮肤区域均可定植，构成整个皮肤微生物群的 45%～80%，还有约 4%属于古菌（archaea），主要是奇古菌门（Thaumarchaeota）（Manrique et al.，2016）。此外，真菌也是皮肤微生物组的重要组成部分，包括子囊菌门和担子菌门的马拉色菌属。脚部微生物组中的真菌多样性最高，包括殖民曲霉菌、隐球菌、红酵母属和附球属。大约 80%的皮肤微生物是可培养的，但是基于高通量的深度测序等方法在人类皮肤的表面和深层部位也发现了许多新型的微生物种群。健康成人皮肤不同部位的生理环境可影响微生物群落的组成：分泌物较多的皮脂腺部位主要由油性丙酸杆菌组成，而在汗腺发达潮湿的部位，葡萄球菌和棒状杆菌则占据生长优势。与细菌群落相比，真菌群落组成在核心身体部位是相似的，核心部位和臂部以马拉色菌属真菌为主，足部以马拉色菌属、曲霉属、隐球菌属、红球菌属、黑附球属等多种真菌组合为主（Li et al.，2018b）。使用传统培养方法从皮肤表面分离出的微生物平均数量为 10^3～10^4 CFU/cm^2，但在最潮湿的地方，如腹股沟、腋窝和鼻孔，这个值超过 10^6 CFU/cm^2。栖息在头皮上的微生物数量，特别是来自前额、耳朵和头部周围的微生物，约为 10^6 CFU/cm^2。此外，上背部、胸部和手臂的数量

在 10^4～10^5 CFU/cm^2（Cundell，2018）。

很多因素可以影响人体皮肤部位微生物组的组成。皮肤结构主要取决于宿主的年龄、性别和健康状况，这些因素决定了微生物的定植，从而影响微生物的组成。宿主的卫生习惯对皮肤微生物群有很大的影响。此外，宿主的生活方式和环境也会影响寄生在皮肤上的微生物的数量和组成。微生物组的组成可能随着宿主健康状况、年龄，甚至居住地或职业的改变而改变。皮肤的物理和化学性质影响着特定微生物的优势、比例，以及皮肤微生物间的相互关系。皮肤表面呈微酸性（pH 约 5.6），干燥且温度低于体内温度。皮肤每 4 周自我更新一次，表皮的外层不断脱落死的角质化的皮肤细胞，为皮肤上定植的微生物提供营养（Grice et al.，2009）。皮肤的厚度、表面褶皱的深度和位置、毛囊和腺体的密度都是影响宿主微生物群的关键因素。皮肤表面的褶皱和自然凹陷，如肚脐，提供了一个潮湿的环境，导致这些区域很容易被微生物定植（Flowers and Grice，2020）。此外，汗腺和皮脂腺的活动可以影响特定微生物的定植。皮脂腺保证了专性和兼性厌氧菌的最佳环境。这些腺体分泌的皮脂在皮肤上形成一保护层，也是微生物生长利用脂类的来源。这些脂类水解产生的游离脂肪酸有助于细菌附着在腺体表面，降低皮肤 pH，抑制金黄色葡萄球菌和化脓性链球菌等病原体的生长。有大量皮脂腺的皮肤区域，即头部、颈部和上半身是亲脂微生物生长的最佳环境。其中主要菌群包括棒状杆菌属（*Corynebacterium*）（46%）、葡萄球菌属（*Staphylococcus*）（16%）和马拉色菌属（*Malassezia*）（Li et al.，2018b）。但是，这些部位微生物群落多样性相比其他部位较低。水分含量是影响微生物组组成的相关因素，人体皮肤的微生物群在不同的身体部位（潮湿的、有皮脂腺的和干燥的）是不同的（Prescott et al.，2017）。湿润的区域，如指间、腋窝、肚脐和腹股沟，棒状杆菌属和葡萄球菌属占主导地位（分别为 28%和 21%）。另一方面，皮肤中相对干燥和温度波动较大的部分，如前臂和腿部，微生物种类较少，主要含有变形菌门（41%）、拟杆菌门（14%）和放线菌门（28%）（Dayan，2020）。手部皮肤的微生物群表现出高稳定性，葡萄球菌科、棒状杆菌科、丙酸杆菌科和链球菌科是最常见的。而足部的微生物菌群是最不稳定的，最常分离得到的有马拉色菌属、隐球菌属、曲霉菌属、红球菌属、念珠菌属、酵母菌属、表皮真菌属、毛癣菌属和小孢子菌属（Adamczyk et al.，2020）。健康人皮肤深层的微生物物种多样性丰富，其数量随着营养和水分含量的增加而增加。然而，传统的采样方法可能导致对皮肤微生物群优势种的误解，使得迁徙微生物看似占有过大比例，而未能准确反映更深层微生物群的实际重要性（Edmonds-Wilson et al.，2015）。

出生方式、年龄阶段也是影响皮肤微生物组组成的重要因素。顺产的婴儿会接触生殖道或母亲皮肤上的微生物，从这类新生儿身体的不同部位分离出的微生物，包括乳杆菌属、普雷沃氏菌属和纤毛菌属等母系属。而通过剖宫产出生的孩子，皮肤微生物群大多为葡萄球菌、棒状杆菌和表皮杆菌（Stamatas，2020）。儿童与环境的接触增加了皮肤微生物组的物种多样性，一项对 1 岁婴儿体表微生物的研究显示，细菌主要属于厚壁菌门（约 50%），其次是放线菌门（Actinobacteria）和拟杆菌门（Bacteroidetes）（各约 20%）（Dayan，2020）。在新生儿成长过程中，皮肤微生物组中的葡萄球菌和链球菌的种类减少，放线菌和变形菌的种类增加。居住在人类皮肤上的微生物可能会影响皮肤老化所必需的过程。随着年龄的增长，微生物群系中的厚壁菌门（Firmicutes）数量减少，其中包括金黄色葡萄球菌（*Staphylococcus aureus*）和表皮杆状菌属（*Cutibacterium*）（Dimitriu et al.，2019；Shibagaki et al.，2017）。Jugé 等（2018）观察到 54～69 岁女性皮肤上的变形杆菌比年轻女性（21～31 岁）皮肤上的数量高，而不动杆菌的数量则变低。

不同性别也会造成皮肤微生物组组成的差异。女性皮肤微生物组比男性具有更高的物种多样性。皮肤的结构差异、pH 更低、汗液分泌少、性激素水平差异甚至是化妆品的使用是导致多样性增加的原因（Li et al.，2019）。

生活和工作环境是影响皮肤微生物组组成的重要因素。农村和城市居民皮肤微生物组存在的差异，可能与他们暴露于不同的土壤、水和农业或畜牧业使用的生物质中的微生物有关。即使皮肤与土壤和植物材料短期接触，也会导致手部微生物组发生变化，并增加酸杆菌和拟杆菌的丰度。而城市居民大多在室内工作。Hospodsky 等（2014）的研究发现，在户外工作并经常接触土壤和水的坦桑尼亚妇女的手部以红细菌科（Rhodobacteraceae）和诺卡氏菌科（Nocardiaceae）的环境细菌为主。反过来，室内工作者手部主要以葡萄球菌科、丙酸杆菌科、链球菌科和黄单胞菌科为主。在封闭空间环境中的微生物，主要来自生活在其中的人的微生物组，包括寄生于皮肤、胃肠道和泌尿生殖系统的微生物。随着城市化进程的推进，与人类皮肤相关的真菌和细菌的相对丰度不断增加。此外，包括曲霉、马拉色菌、念珠菌和散囊菌在内的潜在致病真菌的数量也在增加。随着城市化进展，由于卫生习惯和西方生活方式，皮肤的细菌多样性减小，许多皮肤共生菌（如表皮葡萄球菌、乳杆菌、伯克霍尔德氏菌、痤疮丙酸杆菌）消失，取而代之的是金黄色葡萄球菌、棒状杆菌、表皮细菌和微球菌（Callewaert et al.，2020）。农村环境的特点是微生物多样性很高。研究表明，农村居民的微生物组比城市居民的微生物组变化更大（Ying et al.，2015）。居住在农村的成年人的背部皮肤上的细菌，更多的是硫杆菌属，城市居民的手和前臂上更多则是轮状芽孢杆菌属的细菌（Peng and Biswas，2020）。人与动物的接触和互动可以改变皮肤微生物组组成，包括葡萄球菌、链球菌、棒状杆菌和表皮杆菌数量的减少，以及假单胞菌和不动杆菌数量的增加。皮肤微生物群受外部环境条件的影响，包括温度、湿度和阳光。太阳辐射，尤其是紫外线辐射，因其对皮肤细胞的抗菌和破坏作用而受到特别关注，一些细菌可以保护皮肤免受紫外线辐射的破坏。皮肤微生物对阳光和紫外线辐射的抵抗力是不同的。尽管共生马拉色菌能合成糠醛，发挥类似紫外线过滤器的作用，但它们对紫外线的敏感性很高。皮肤暴露在紫外线下可导致蓝细菌数量的总体增加，乳杆菌科和假单胞菌科的数量减少（Burns et al.，2019）。阳光和紫外线也能有效抑制金黄色葡萄球菌和痤疮丙酸杆菌的生长。痤疮数量的减少与卟啉的产生减少有关（Wang et al.，2012）。紫外线辐射皮肤治疗也可能影响皮肤微生物群的遗传变异，并扰乱健康的微生物群结构。

3.1.2 皮肤微生物的功能

许多常见的皮肤病与微生物组的变化有关，被认为是由个体和微生物组的改变造成的。青少年常见病痤疮是一种慢性皮肤炎症，与痤疮杆菌有关。痤疮杆菌是健康成年人微生物组中最丰富的微生物。几乎所有成年人脸部皮肤都有痤疮杆菌，但只有少数人有痤疮，这一现象表明了在宿主遗传学、免疫或屏障缺陷、微生物组和环境等更广泛的背景下研究疾病的重要性。特应性皮炎（也称为湿疹）是一种慢性、复发性炎症性疾病，有多种发病因素，包括表皮屏障损伤、免疫细胞激活和相关皮肤微生物组的改变。而研究显示金黄色葡萄球菌与婴儿期发生的特应性皮炎具有强烈的相关性，然而，金黄色葡萄球菌在驱动特应性皮炎状态中的功能作用尚不清楚。金黄色葡萄球菌可以以多种方式启动或加剧皮肤疾病，甚至能够穿过表皮进入真皮，并触发炎症细胞因子，这种触发皮肤免疫反应的能力可能是菌株依赖的。针对这些动物模型的皮肤微生物组的抗生素治疗可以逆转生态失调并消除皮肤炎症，从而证明了皮肤屏障改变、皮炎和微生物组之间的因果关系。

微生物组移植可以治疗皮肤病，也是当前皮肤微生物组研究的最新趋势之一。通过移植健康个体的皮肤微生物组到另一个人皮肤的疾病区域，可以有效改善后者的皮肤状况。在特应性皮炎（atopic dermatitis，AD）患者皮肤移植玫瑰单胞菌黏膜后，也观察到疾病症状的缓解（Myles et al.，2018），该细菌产生的物质可以控制金黄色葡萄球菌的生长和致病性。表皮葡萄球菌的菌株可以产生化合物，抑制引起皮肤炎症的微生物，这种菌株已被用于生产缓解 AD 症状的乳膏。使用这种乳膏后，皮肤上的金黄色葡萄球菌数量仅在使用一次后就减少了 90%，使用一周后几乎完全消除（Nakatsuji et al.，2017）。

3.2 口腔、食道及胃部微生物组

3.2.1 口腔微生物组的组成和特征

3.2.1.1 口腔中的微生物

口腔中存在多种微生物，因为它们经常与环境接触，所以容易受环境因素的影响（Demmitt et al.，2017）。口腔的微生物生态是复杂的，是一个具有独特生态位的丰富生物环境，为微生物的定植提供了独特的环境的生态位，其中包括牙龈沟、舌头、脸颊、软硬腭、口底、喉咙、唾液和牙齿。口腔中的各个部位的表面会优先被口腔细菌定植，因为其表面上的特定黏附素与口腔表面上的互补受体结合（Aas et al.，2005）。正常口腔微生物群由细菌、真菌、病毒、古细菌和原生动物组成，但是微生物组的文献多见于细菌组，关于真菌生物群落的文献很少。

口腔微生物群是迄今为止研究最充分的微生物群之一，共有 392 个分类群，每个类群至少有一个参考基因组，整个口腔的总基因组数量接近 1500 个（McLean，2014）。已鉴定出约 700 种原核生物，这些物种隶属于 12 门 185 属，其中约 54% 被正式命名，14%为已培养但未命名，32%为未培养的系统分类单元（Zhao et al.，2017）。这 12 门是厚壁菌门（Firmicutes）、梭杆菌门（Fusobacteria）、变形菌门（Proteobacteria）、放线菌门（Actinobacteria）、拟杆菌门（Bacteroidetes）、衣原体门（Chlamydiae）、绿屈挠菌门（Chloroflexi）、螺旋体门（Spirochete）、SR1、互营杆菌门（Syntrophobacter）、糖杆菌门（Saccharibacteria，又名 TM7）和纤细杆菌门（Gracilibacteria，又名 GN02）（Sultan et al.，2018）。在属水平上，健康口腔中存在一个保守的口腔微生物群落，尽管个体之间有相似之处，但由于微生物组的多样性，其具有个体特异性和位点特异性。微生物多样性较低的区域是口腔和腭黏膜（Avila et al.，2009）。口腔中的微生物存在着共生互利关系，共生种群不会造成伤害，并通过限制致病物种黏附在口腔黏膜上的方法来保持对致病物种的驱离。健康口腔中发现的主要细菌包括（Sharma et al.，2018）：乏养菌属（*Abiotrophia*）、消化链球菌属（*Peptostreptococcus*）、链球菌属（*Streptococcus*）、口腔球菌属（*Stomatococcus*）、放线菌属（*Actinomyces*）、双歧杆菌属（*Bifidobacterium*）、棒状杆菌属（*Corynebacterium*）、真杆菌属（*Eubacterium*）、乳杆菌属（*Lactobacillus*）、丙酸杆菌属（*Propionibacterium*）、假枝杆菌属（*Pseudoramibacter*）、罗斯氏菌属（*Rothia*）、莫拉氏菌属（*Moraxella*）、奈瑟氏球菌属（*Neisseria*）、韦荣氏球菌属（*Veillonella*）、弯曲杆菌属（*Campylobacter*）、二氧化碳噬纤维菌属（*Capnocytophaga*）、脱硫杆状菌属（*Desulfobacter*）、脱硫弧菌属（*Desulfovibrio*）、艾肯氏菌属（*Eikenella*）、梭杆菌属（*Fusobacterium*）、嗜血杆菌属（*Haemophilus*）、纤毛菌属（*Leptotrichia*）、普雷沃氏菌属（*Prevotella*）、月形单胞菌（*Selenomonas*）、西蒙斯氏菌属（*Simonsiella*）、密螺旋体属（*Treponema*）、沃林氏菌属（*Wolinella*）。

3.2.1.2　口腔中的其他微生物

口腔中除了细菌，还有如原生动物、真菌和病毒等微生物。齿龈内阿米巴（*Entamoeba gingivalis*）和滴虫（*Trichomonas*）是最常见的原生动物，主要是腐生的；而念珠菌属（*Candida*）则是最常见的口腔真菌。

Ghannoum 等对 20 个健康宿主进行了培养独立研究，报告了 85 个真菌属。观察到的主要为念珠菌属、枝孢菌属（*Cladosporium*）、短梗霉属（*Aureobasidium*）、酵母菌属（*Saccharomyces*）、曲霉属（*Aspergillus*）、镰刀菌属（*Fusarium*）和隐球菌属（*Cryptococcus*）菌种（Sharma et al.，2018）。除了粪便样本，口腔栖息地具有最高的 α 多样性，表现出最高的单元级丰富度，皮肤和阴道微生物群的 α 多样性较低。比较了个体之间相同部位样本的 β 多样性，口腔部位具有最低的 β 多样性，这意味着群体成员在口腔部位比身体其他部位拥有更相对一致的微生物群体。

3.2.1.3 口腔微生物的功能

口腔微生物群通常以生物膜的形式存在，它在维持口腔内环境平衡、保护口腔健康和预防疾病发展方面起着至关重要的作用，了解口腔微生物组及其相互作用对于从机制上理解它们在口腔健康中扮演的关键角色是必不可少的（Jia et al.，2018）。口腔微生物群落在关键的生理、代谢和免疫功能中发挥作用，包括参与食物和营养的消化；宿主黏膜及其免疫系统的分化与成熟；同时也涉及控制脂肪储存和代谢调节；环境化学品的加工和解毒；维持皮肤屏障功能和黏膜完整性。此外，口腔微生物还在维持免疫系统及促炎和抗炎过程之间的平衡，以及促进微生物群落的稳定性，预防致病菌的入侵和生长中发挥作用（Kilian et al.，2016）。

3.2.2 食道微生物组的组成和特征

对正常的健康成年人的食管微生物群进行专门描述的研究相对较少。2004 年，Pei 等利用非培养的 16S rRNA 基因测序技术对 4 名西班牙裔美国患者的食管微生物群进行了表征（Pei et al.，2004）。这些患者主要是男性，年龄在 49～79 岁，在上消化道内窥镜检查中没有食管疾病的证据。研究人员确定了存在多种细菌群体，包括来自厚壁菌门（Firmicutes）、拟杆菌门（Bacteroidetes）、放线菌门（Actinobacteria）、变形菌门（Proteobacteria）、梭杆菌门（Fusobacteria）和 TM7 门的代表，共 95 个物种，最常见的属是链球菌属（*Streptococcus*，39%）、普雷沃氏菌属（*Prevotella*，17%）和韦荣氏球菌属（*Veillonella*，14%）（May and Abrams，2018）。总的来说，发现远端食管微生物群与口咽微生物群落组成相似，但并不完全相同，因为口腔菌群中普遍存在的螺旋体门（Spirochaetota）在远端食管的微生物群落中并不常见。2009 年，Yang 等发表了一项重要的研究，该研究使用 16S rRNA 基因测序评估了 12 名无症状健康参与者样本中的远端食管微生物组，并发现存在一个复杂的微生物组，其中包括 9 个门和 166 个种，以链球菌为主（Yang et al.，2009）。三年后，瑞典的一项研究利用 40 名正常人（50%为男性，平均年龄

45 岁）的食管黏膜活检和刷牙样本培养了 23 种不同的物种，发现了目前最常见的细菌，包括绿脓杆菌、链球菌以及奈瑟氏球菌属（*Neisseria*）、嗜血杆菌属（*Haemophilus*）和普雷沃氏菌属（*Prevotella*），结果与其他研究一样，口咽和食道中存在的细菌之间具有相似性（Fillon et al.，2012）。

但是上述评估食管微生物组的典型方法成本高且具有侵入性，所以 Fillon 等创造了一种新技术，即微创食管串试验，对 15 名儿童受试者的食管微生物组进行了评估。该试验利用了一种装满绳子的增重明胶胶囊。绳子的近端用胶带粘在患者的脸颊上，让患者吞下胶囊。绳子的远端和附着的包膜一起移动到十二指肠。几小时后，胶带和绳子被取下。使用 16S rRNA 基因测序分析食管位置的黏附串样本。结果与之前的研究结果相似，链球菌属、普雷沃氏菌属和韦荣氏球菌属是最常见的（Fillon et al.，2012）。虽然数量很少，但对正常患者食管微生物组的研究都显示了类似的结果，表明食管微生物组是一种复杂的微生物组，通常由链球菌主导。

3.2.3　胃部微生物组的组成和特征

胃通过蠕动作用和酸性环境使食物成分分解、继续消化，通过其内分泌功能在调节食物摄入方面发挥重要作用。与消化道（gastrointestinal tract，GIT）远端相比，它包含的微生物总数较少，为 10～10^3 CFU/mL（Nardone and Compare，2015）。虽然胃 pH、黏膜厚度和蠕动限制了微生物的生长，但胃微生物群是多种多样的，主要包括厚壁菌、拟杆菌、梭杆菌、放线杆菌和变形杆菌，以及普雷沃氏菌、链球菌、韦荣氏球菌、罗斯拜瑞氏菌和嗜血杆菌（Nardone and Compare，2015）。

肠道微生物的存在可能有与胃的重要宿主功能有联系，甚至可能与全身疾病有关。例如，与传统饲养的小鼠相比，无菌（GF）小鼠的胃生长激素释放素（ghrelin）水平显著升高，ghrelin 可以刺激食欲、控制食物摄入，调控胃运动并与肥胖有关（Slade et al.，2018），表明微生物在其调节中发挥作用。当胃中的 G 细胞产生 ghrelin 时，胃微生物可能会影响宿主的内分泌信号和代谢。

3.3　呼吸道微生物组

3.3.1　鼻腔微生物组的组成和特征

鼻腔是与外部环境的重要接口，在吸气过程中，呼吸道暴露于污染物、空气过敏原、微生物和真菌孢子。人体呼吸道分为两个不同的部分：上呼吸道和下呼吸道。上呼吸道包括前鼻孔、前庭、下鼻甲、中鼻甲、上鼻甲、鼻窦、鼻咽和声带上方的喉部。鼻腔内有多种潜在的致病性细菌和无害细菌，这种多样性可能归因于局部因素（温度和湿度）和呼吸道中的位置。Yan 等（2013）观察到，与中鼻道和蝶窦凹槽相比，前鼻孔的微生物多样性水平降低。然而，中耳道和蝶窦凹槽之间的生物多样性没有显著差异，这两个凹槽的位置不同，但都有纤毛假复层柱状上皮。相反，前鼻孔内衬角质化鳞状上皮和皮脂腺，产生皮脂（Zhou et al.，2014），这可能会影响细菌多样性。最近的一项研究没有发现健康个体中鼻道、下鼻甲和前鼻孔的细菌多样性有任何显著差异（Biswas et al.，2015）。

健康成年人鼻孔前部的微生物群主要由 3 个门组成：放线菌门、厚壁菌门和变形菌门（Bassis et al.，2014）。2014 年，Zhou 等使用鼻拭子检查了 236 名健康成年人的前鼻孔。前鼻孔的细菌通常可进一步划分为 4 个不同的属：葡萄球菌属、丙酸杆菌属、棒状杆菌属或莫拉氏菌属（*Moraxella*）（Zhou et al.，2014）。Ramakrishna 等（2019）对 28 名健康成年人的中鼻道进行了检查。这些地方拥有丰富多样的细菌群落，其中最丰富的微生物是金黄色葡萄球菌、表皮葡萄球菌和痤疮丙酸杆菌。

婴儿在被娩出前，鼻腔微生物群的发育就可能已经开始了。无论分娩方式如何，健康新生儿出生后几分钟的鼻咽组织中都可以检测到微生物（Dominguez-Bello et al.，2010）。Biesbroek 等（2014）从 60 名健康婴儿出生后 1.5 个月、6 个月、12 个月和 24 个月的鼻咽拭子中鉴定出 8 种微生物群，最早在 1.5 个月大时检测到。Biesbroek 等（2014）还观察到，莫拉氏菌属（*Moraxella*）和棒状杆菌属（*Corynebacterium*）与狡诈球菌属（*Dolosigranulum*）的早期定植与微生物群的稳定性有关。Mika 等（2015）还观察到微生物群分布的季节性差异，例如，棒状杆菌属和巴氏杆菌科（Pasteurellaceae）的丰度分别在夏季和冬季增加（Mika et al.，2015）。这两项研究都观察到，在生命早期，鼻腔微生物群中葡萄球菌和棒状杆菌的丰度相对较高，这两种细菌都是母乳和成人皮肤的常见定植菌，表明皮肤接触和母乳喂养可能有助于塑造鼻腔微生物群。

3.3.2 肺部微生物组的组成和特征

肺部微生物群的起源和发展在子宫内，但是当时的肺部充满羊水，曾经被认为不含任何细菌。但是最近使用的不依赖于培养的技术发现羊水和胎盘样本中存在细菌 DNA（Aagaard et al.，2014），这增加了肺部发育过程中微生物群落在胎儿时期就出现的可能性。但是，与其他身体部位相比，这些检测到的细菌的分类分布更接近口腔。迄今为止，尚未有研究通过培养或转录组学方法证实胎盘微生物组的生存能力，这一发现的临床和发育意义尚不明确。分娩后，新生儿的微生物群与母亲的微生物群相似，并且与分娩途径有关（Dominguez-Bello et al.，2010）。

一开始新生儿的微生物群在各个器官部位分布相对平均，但很快（在几天或几周内）就分化成器官特定的群体（Capone et al.，2011）。

在健康肺部微生物群最丰富的门是拟杆菌门和厚壁菌门；突出的属包括普雷沃氏菌属、韦荣氏球菌属和链球菌属（Dickson et al.，2014；Morris et al.，2013；Segal et al.，2013）。与其他身体部位的微生物群落组成相比，肺部的微生物群与口腔微生物群更为相似（Venkataraman et al.，2015）。几份报告已经确定，相对于口腔，健康肺部的惠普尔养障体（*Tropheryma whipplei*）相对富集（Dickson et al.，2015），这表明了微生物在特定位置的繁殖和选择性生长。但这种生物也是少数，健康受试者的肺部和口腔微生物的差异很大（Bassis et al.，2015）；目前尚不确定这种变异是否在受试者体内持续存在，或与食管反流、喉功能障碍和口腔卫生等临床现象相关。口-肺微生物相似性可能是昼夜节律性的，夜间达到高峰，白天减少，白天的生理活动和增强的清除能力可能促进了口腔微生物群落的更新，从而减少了其与肺部的相似性。

3.3.3 呼吸道微生物组的功能

哮喘的特征包括气道黏膜异常、炎症和间歇性喘息。在西方国家中，哮喘是儿童期最常见的慢性疾病之一。据估计，这种疾病影响全球 3.34 亿人，仅欧洲人口每年由此疾病带来的经济负担就达 200 亿欧元。病毒引起的急性发作是儿童哮喘发病的主要原因。关于微生物组在哮喘中的重要性，一直有一致的流行病学迹象，可以追溯到 David Strachan 的“卫生假说”，他引用该假说解释了为什么最小的孩子比哥哥姐姐患过敏症的概率更小。最近，Parsifal 和 Gabriela 的研究表明，在生命早期接触丰富的微生物环境，例如在农场长大，可以防止哮喘的发生（Ege et al.，2011）。

2010 年，一项微生物组研究比较了哮喘患者和健康人肺部的支气管刷毛，表明支气管含有特征菌群（Hilty et al.，2010）。在哮喘患者中，微生物群因已知和潜在病原体的存在而受到干扰，如嗜血杆菌和奈瑟氏球菌，同时伴随着共生菌数量的减少，如普雷沃氏菌和韦荣氏球菌。这一特征已被其他人证实（Cardenas et al.，2012），并引出一个概念，即生态失调的微生物菌群形式是哮喘的基础。

慢性阻塞性肺疾病（COPD）目前影响着全世界 6400 万人。其特点是气道炎症随着疾病的进展而加剧。虽然吸烟被认为是一个主要因素，但并非所有吸烟者都会患上这种疾病，而且这种疾病在戒烟后也会继续发展。该疾病与由反复感染引起的病情恶化、肺功能快速下降、生活质量降低和不良的预后密切相关。与哮喘一样，Hilty 等（2010）发现 COPD 患者气道中变形菌增多，这与许多研究表明流感嗜血杆菌是导致 COPD 恶化的重要病原体的结论不一致。这些发现的重复性不佳，并且在一定程度上受样本类型（支气管刷、支气管肺泡灌洗、气管内抽吸物或肺组织）的影响。有人提出，研究之间的差异反映了 COPD 存在一种以上的微生物特征，其中以不同的门为主，即变形菌门与厚壁菌门（Sze et al.，2014）。

慢性化脓性肺病（CSLD）包括以进行性肺损伤和慢性咳嗽为特征的疾病。囊性纤维化（CF）和非囊性支气管扩张（BX）是该病的两种主要特征。这两种方法都具有慢性气道感染的特点，有着显著的发病率，并且 CF 的死亡率非常高。长期以来，临床培养已确认 CF 患者体内存在的主要病原体，包括铜绿假单胞菌（*Pseudomonas aeruginosa*）和洋葱伯克霍尔德氏菌复合物（*Burkholderia cepacia* complex）（Lipuma，2010）。基于分子的方法证实了这些分类群在成人 CF 患者中的存在，他们发现 CF 患者的下气道内有比之前研究认为的更丰富的微生物。而对儿童 CF 患者的研究更具挑战性，因为低气道采样不是该年龄组标准临床护理的一部分，而且许多儿童 CF 患者不会自然咳痰。目前已经发表了三项关于 CF 的纵向研究，研究的长度不同。最长的研究对患者进行了为期一年的随访，每周在家采集三次痰标本。虽然仅对 6 名患者进行了研究，微生物群落结构的变化并不是急性期特有的，而是在临床稳定期观察到的。但一个重要的发现是，肺部微生物组具有患者特异性，因此受试者之间的多样性往往与个人密切相关。

3.4 生殖道微生物组

3.4.1 生殖道微生物组的组成和特征

3.4.1.1 女性生殖道

通过通用引物扩增 16S rRNA 基因来对阴道微生物组的健康状态进行研究，从而识别和定量阴道上皮或分泌物中的微生物 DNA（Hyman et al.，2005）。后来，在 HMP 研究框架内，通过 16S rRNA 基因测序和宏基因组学对健康志愿者的阴道微生物群进行了表征（Peterson et al.，2009）。Ravel 等描述了健康女性阴道中的五种群落状态类型（CST），根据优势物种和 pH 进行区分，卷曲乳杆菌（*Lactobacillus crispatus*）、加瑟氏乳杆菌（*L. gasseri*）、惰性乳杆菌（*L. iners*）和詹氏乳杆菌（*L. jensenii*）分别在 CSTI、CSTII、CSTIII 和 CSTV 中占优势，CSTIV 含有更高比例的严格厌氧菌属（*Prevotella*、*Dialister*、*Atopobium*、*Gardnerella*、*Sneathia*），对乳杆菌的生长不利。根据乳杆菌的丰度，pH 平均值范围为 4.0±0.3（CSTI）到 5.3±0.6（CSTIV）（Peterson et al.，2009）。2017 年，Miles 等在阴道样本中发现乳杆菌、链球菌和普雷沃氏菌占优势，与之前的研究结果一致（Miles et al.，2017）。Chen 等（2017）通过 16S rRNA 基因测序的方法研究阴道微生物群落，认为惰性乳杆菌（*L. iners*）和卷曲乳杆菌（*L. crispatus*）

是阴道微生物群落的特征性成员。与这些发现一致，Wee 等（2018）描述了健康对照组 12/16 个样本中 CSTI 和 CSTIII 的优势。另一组研究在健康女性（对照组）中发现超过 97%的乳酸菌。当使用不同的设备进行采样或通过不同的技术平台进行测序时，其他不同的研究组也证明健康女性的阴道微生物组中以乳杆菌为主（Riganelli et al.，2020）。据目前所知，健康非孕妇的阴道细菌含量较高，其中以乳杆菌属为主。

宫颈微生物被阴道菌种污染的风险更高。一项研究表明，来自健康女性（对照组）的 12/13 个宫颈样本中存在乳杆菌，并且个体内阴道、宫颈和子宫内膜样本之间存在较强的微生物群相关性（Wee et al.，2018）。在本研究中，乳杆菌在宫颈黏液中占 97.56%，通过定量 PCR（qPCR）检测，乳杆菌和脆乳杆菌是最丰富的菌种。有趣的是，发现了道格拉斯囊和宫颈微生物组之间存在显著的个体内相关性，这表明可以对宫颈进行分析，以在临床领域得出子宫和腹膜的状态（Chen et al.，2017）。由 Illumina HiSeq 测序（n=25）和鸟枪法测序（n=1）的宫颈黏液样本在宫颈中显示出乳杆菌属的优势，正如同一组在 2017 年之前报告的（Chen et al.，2017）。Miles 等（2017）分析了宫颈内样本，显示乳杆菌属和普雷沃氏菌的流行情况。Pelzer 及其同事研究发现，乳杆菌属是宫颈内样本中检测含量最高的属，其次是加德纳菌属、韦洛内拉菌属、普氏菌属、斯内西亚菌属或梭杆菌属，其余以不动杆菌属为主（4.9%），其次是梭菌属（Pelzer et al.，2018）。2020 年，Chen 等分析了 67 份来自不同条件和对照组妇女的宫颈样本。16S rRNA 基因测序显示，乳杆菌属的比例约为 75%，其次是加德纳氏菌属（*Gardnerella*）、链球菌、陌生菌属（*Atopobium*）、普雷沃氏菌和假单胞菌等，比例大于 25%（Chen et al.，2020a）。几项研究表明，宫颈微生物组内的物种多样性很高，以及存在与女性人乳头瘤病毒（HPV）风险相关的特定属（如加德纳菌属）（Chen et al.，2020b）。这些结果强调了宫颈微生物组与不同妇科问题之间的联系。

子宫内膜有其独特的微生物群，尽管几十年来一直被认为是无菌环境（Moreno and Franasiak，2017）。子宫内膜的微生物生物量较低，细菌数量为阴道生态位的 1/10 000～1/100。研究表明，如果乳杆菌是最具代表性的属，则表明子宫环境健康。尽管如此，对于子宫内膜中健康的细菌微生物群组成仍然没有达成共识。Franasiak 及其同事确定，乳杆菌和黄杆菌属（*Flavobacterium*）是子宫内膜样本中数量最多的属（Franasiak et al.，2016）。另一研究组得出结论，变形杆菌、厚壁菌、拟杆菌、乳杆菌占优势，但乳杆菌仅在 4/19 个子宫内膜样本发现（Verstraelen et al.，2016）。Moreno 等分析了 35 份取自生育妇女的子宫内膜液样本，发现乳杆菌属是最丰富的属（71.1%），其次是加德纳杆菌、双歧杆菌、链球菌、普雷沃氏菌，分别为 12.6%、3.7%、3.2%和 0.9%，所以可以得出以下分类：以乳杆菌为主（LD，＞90%的乳杆菌属）和非乳杆菌为主的微生物群

（NLD，＜90%的乳杆菌属加上＞10%的其他细菌）。这种分类方法对于评估和理解生殖结果具有潜在价值（García-Velasco et al.，2020）。2017 年，Miles 等对 10 名受试者的子宫内膜组织进行了采样，得出结论，乳杆菌是恢复最快的属（Miles et al.，2017）。Tao 等（2017）以子宫内膜样本中的 16S rRNA 基因为靶点，发现 33/70 样本中含有 90%以上的乳杆菌，50/70 样本中含有 70%以上的乳杆菌。这些发现与 Moreno 等报告的女性生殖道（female genital tract，FGT）乳杆菌优势一致。相反，也有研究表明，乳杆菌不再主导子宫内膜环境（其生物量为阴道的 1/103）。假单胞菌属、不动杆菌属、漫游球菌属（*Vagococcus*）和鞘氨醇杆菌属等构成了子宫内膜微生物群。Wee 及其同事在一项病例对照研究中检查了子宫内膜微生物组，对照组（健康育龄妇女，*n*=5）主要代表菌为乳杆菌和双歧杆菌，与阴道和宫颈样本相比，子宫内膜微生物组的相对丰度较低（Wee et al.，2018）。2018 年，另一研究组进行了子宫内膜微生物组鸟枪法测序，将假单胞菌属（*Pseudomonas*）、丙酸杆菌属（*Propionibacterium*）、链球菌属（*Streptococcus*）和莫拉氏菌属（*Moraxella*）确定为主导的分类群（Li et al.，2018a）。Kyono 等（2019）收集的子宫内膜液样本：47 名患者为 LD（＞90%的乳杆菌），45 名患者为 NLD（＜90%的乳杆菌加上＞10%的其他细菌），还回收到了其他几个主要的属，包括乳杆菌、陌生菌属（*Atopobium*）、双歧杆菌、加德纳菌、巨球形菌属（*Megasphaera*）、鞘菌属（*Sheathia*）和普雷沃氏菌属（*Prevotella*）。另一项研究在健康女性（*n*=2）中发现了乳杆菌属（*Lactobacillus*）、假单胞菌属（*Pseudomonas*）、链球菌属（*Streptococcus*）和陌生菌属（*Atopobium*）。Winters 的研究小组发现，子宫内膜微生物以不动杆菌（44%）为主，其次是大肠杆菌或假单胞菌，其中发现的乳杆菌少于 1%（Winters et al.，2019）。最近，Sola-Leyva 等（2021）研究了 7 名女性的样本，以破译年轻女性健康子宫内膜中的核心微生物成分。MetaRNA 测序表明，肺炎克雷伯氏菌（*Klebsiella pneumoniae*）、肉毒梭菌（*Clostridium botulinum*）、多杀性巴氏杆菌（*Pasteurella multocida*）是子宫内膜活检中含量最高的三种细菌，而乳杆菌不占优势。

关于上生殖道（upper genital tract，UGT）菌群的定植机制，提出了几个假设。UGT 微生物群可能来源于精液中或从阴道上升的细菌（Svenstrup et al.，2003）。蠕动收缩、宫颈液稠度变化、宫颈皱襞或免疫反应会促进或抑制阴道和子宫之间的沟通（Lee et al.，2019）。有报告显示，患有细菌性阴道病（BV）的女性 UGT 细菌负荷增加（Swidsinski et al.，2013）。相反，有些研究人员认为每个部位都有自己的群落，因为在子宫内膜中没有发现一些阴道微生物物种，反之亦然。另一种假设认为 UGT 定植可能是由胃肠道、气道或口腔生态位的血行扩散引起的（Garcia-Grau et al.，2019）。此外，某些妇科手术可以将微生物负荷从阴道转移到子宫。

3.4.1.2　男性生殖道微生物

男性生殖道不同内部解剖区域的微生物集合更难获得，主要原因是污染风险大，需要确定这些不同部分中的每一部分是否携带独特的微生物群。精液微生物群被视为所有不同部分共同作用的最终结果。精液的微生物成分似乎包含葡萄球菌科（Staphylococcaceae）、链球菌科（Streptococcaceae）、肠杆菌科（Enterobacteriaceae）、肠球菌科（Enterococcaceae）、乳杆菌科（Lactobacillaceae）。与精液相比，易接近冠沟的微生物群显示出不同的细菌家族，即卟啉单胞菌科（Porphyromonadaceae）和普雷沃氏菌科（Prevotellaceae）。男性生殖道的结果也表明，不同部位存在独特的微生物群。

3.4.2　生殖道微生物组的功能

男性和女性生殖系统由各自独特的结构组成，这些结构根据其解剖和生理特征进行分类。男性生殖系统包括外部器官如阴茎和阴囊，以及内部器官包括睾丸、附睾、副腺、输精管和尿道。女性生殖道由阴道、子宫颈，以及连接至卵巢附近、附有纤毛的子宫腔和输卵管构成。生殖道中的微生物是否对女性健康和生殖成功具有有益作用，尚不清楚。Mitchell 等（2015）发现，与阴道微生物数量相比，子宫内膜细菌的数量显著降低，这表明子宫颈起到了微生物过滤器或屏障的作用。未怀孕健康女性的阴道微生物群是动态的，受种族、性活动、月经周期和当地微生物群的影响，主要包括 4 种乳杆菌，即 *Lactobacillus crispatus*、*L. iners*、*L. jensenii* 及 *L. gasseri*（Ravel et al.，2011）。

在辅助生殖技术（ART）环境中，不同阴道微生物组的存在似乎会对妊娠结局产生负面影响（Hyman et al.，2014），而以乳杆菌为主的阴道微生物组则相反（Moore et al.，2000）。乳杆菌（*L. crispatus*、*L. iners*、*L. jensenii*、*L. gasseri* 等 *Lactobacillus* sp.）在胚胎移植前的分布与体外受精-胚胎移植程序的成功结果有关（Hyman et al.，2012）。更具体地说，Hyman 等调查了 30 名患者不孕治疗期间阴道微生物组分与随后临床结果之间的相关性，他们得出结论，活胎和非活胎在胚胎移植时采集的拭子上的细菌属的数量存在显著差异（P=0.028）。

体外受精（IVF）中不良妊娠结局的潜在原因可能是微生物对卵泡液的定植，因为取卵时卵泡液的微生物定植与较高的胚胎丢弃率有关（P＜0.0001），也与可育和不育妇女的胚胎移植率较低（P=0.0001）和妊娠率较低（P＜0.05）有关（Pelzer et al.，2013）。这些结果来源于 263 名女性，采集了两种类型的样本：左侧和右侧卵巢的卵泡液样本（n=463）及阴道拭子样本（n=263）。较低的胚胎移植率与右侧卵泡液中存在丙酸杆菌属（P＜0.05）和链球菌属（P＜0.01）有关，而较高的胚胎移植率与右侧和左侧卵泡液中存在乳杆菌属（P＜0.05）有关。在左侧卵巢卵泡液中存在放线菌属、双歧杆菌属、丙酸杆菌属和链球菌属（$P<0.01$），在右侧卵巢卵泡液中存在放线菌属、双歧杆菌属和中间链球菌（$P<0.01$），则发现不良妊娠结果。左卵巢中存在乳杆菌（$P<0.001$）时，妊娠结局呈阳性。

怀孕期间，阴道微生物组的丰富度和多样性降低（Aagaard et al.，2012），并向以乳酸菌为主的群落过渡（MacIntyre et al.，2015）。Aagaard 等（2012）比较了 24 名孕妇和 60 名非妊娠对照者的阴道样本，发现在妊娠期间微生物多样性和丰富度降低，而接近足月的妇女的微生物组可以恢复到非妊娠微生物组状态。有研究者分别对 42 名孕妇，以及 22 名孕妇和 32 名非孕妇进行了两项独立研究，证实了这些发现，怀孕期间阴道微生物群主要由 α 多样性低的乳杆菌属组成。MacIntyre 等（2015）报道了相反的发现，在产后，阴道微生物群较少由乳杆菌属主导，尽管 α 多样性增加。那些阴道微生物群中乳杆菌占优势较少，同时伴随加德纳菌或脲原体丰度升高的女性，以及阴道微生物群不稳定性增加的孕妇面临更高的早产风险（DiGiulio et al.，2015）。在怀孕期间，微生物成分的变化可能是对雌激素水平增加的反应（MacIntyre et al.，2015），因此，向以乳杆菌为主的群落的转变可以防止细菌性阴道病（Ravel et al.，2011），从而降低早产的风险（Hyman et al.，2014）。这些发现表明，阴道微生物群通常不是静态的，微生物组成的变化规律性地发生，并受到许多因素的影响（Gajer et al.，2012）。生殖微生物组学领域研究的未来目标应该是确定“健康”微生物组，以更深入地了解改变的微生物组如何以及何时导致疾病，以及如何将微生物组用作生殖健康的生物标志物。

3.5 肠道微生物组

3.5.1 肠道微生物间的互作类型

肠道是体内细菌定植的主要场所，这些数量巨大、复杂、多样化的微生物就形成了肠内微生态菌群落。而这些种类不同的微生物之间并不是孤立存在的，它们是一个在资源竞争、营养共生、群体感应、基因水平转移等相互作用机制下形成的复杂生态系统。肠道微生物间相互作用对微生物的适应度、种群动态和菌群内的功能产生不同的结果。相互作用既可以发生在同一物种的微生物之间，也可以发生在不同物种、属、科和跨界领域之间。理解微生物群落成员之间的相互作用一直是肠道微生态研究的一个基本目标。微生物相互作用是生态系统功能的核心，因此其对于从机制上理解生物多样性的维持、群落结构和功能非常重要。微生物个体及其相互作用研究，可以增强我们对菌群成员在群落中作用的了解，这是我们预测菌群对外源扰动的响应，甚至理性化地设计复杂的微生物群落的基础。

肠道微生物组内常见的相互作用主要分成三大类：正向合作关系、负向拮抗关系（antagonism）和中性关系；表 3-1 对肠道中常见的相互作用进行了分类和总结。肠道中最常见的正向合作关系是交叉饲喂（cross-feeding），也称为互养共栖（syntrophism），一般指一个物种利用由另一个物种产生的代谢物生长的共生相互作用，这种相互关系在肠道菌群对复杂碳水化合物的降解中比较常见（Belzer et al.，2017）。另一个常见的例子是在细菌生物膜形成中扮演重要角色的群体感应（quorum sensing，QS）。群体感应控制着细菌的协同活性，使其迅速启动基因表达，从而导致细胞-细胞黏附或生物膜的形成（Bassler and Losick，2006）。负向的拮抗关系在肠道中更为普遍，不同微生物种群争夺双方共同偏好的养料物质或其他生存空间。肠道中常见的对抗关系主要有竞争（competition）关系，通常是一种非直接的对称相互关系，指的是相关两个生物为共享的营养物质或是为占据同一生态位而产生竞争，结果使得两个物种的适应度均降低。肠道中最经典的竞争例子就是致病菌对铁元素的利用（Kortman et al.，2014）。不对称的竞争关系，通常称为剥削性竞争关系，又称剥削（exploitation），体现在一个物种的适应度得到提高，是以降低另一个物种的适应度为代价的。常见的例子是营养需求类似的产乳酸菌之间，它们在竞争营养的同时，会通过酸化环境而抑制其他竞争菌的生长（Ratzke and Gore，2018）；捕食或寄生通常也被归类为不对称的剥削关系，是指一个物种通过直接影响降低另一个物种的适应性，从而提高自身适应性。例如，寄生性噬菌体及蛭弧菌等寄生性细菌在细菌的胞内繁殖并经常最终杀死它们的细菌宿主（He et al.，2021；Starr and Baigent，1966；Sutton and Hill，2019）。偏害共生（amensalism），指的是一种生物遭受损害而另一种生物不受影响，是一种不对称的竞争关系，常见的例子是革兰氏阴性菌的 VI 型分泌系统和革兰氏阳性菌分泌的抗菌肽直接靶向其他菌（Kim et al.，2019）。

表 3-1 肠道微生物间的互作类型

合作大类	类型	特点	常见例子
合作关系	偏利共生（commensalism）	一方受益，另一方无损	肠黏液层降解中 *B. infantis* 和 *E. hallii*（Bunesova et al.，2018）
	互利共生（mutualism）	双方受益，并且双方具有特异性的生长依赖	复杂碳水化合物的代谢中古生菌 *M. smithii* 和 *B. thetaiotaomicron*（Samuel and Gordon，2006）
	交叉饲喂（cross-feeding）/互养共栖（syntrophy）	双方受益，但双方的合作非专属	黏蛋白降解过程中的 *A. muciniphila* 和产丁酸菌的协同合作（Belzer et al.，2017）；群体感应（Bassler and Losick，2006）
拮抗关系	竞争（competition）	双方为空间或营养而进行争夺，双方均因争夺受损	细菌对铁的利用（Kortman et al.，2014）
	剥削（exploitation）	双方为空间或营养而进行争夺，一方受益，另一方受损	产乳酸菌通过改变 pH 抑制其他营养竞争的菌生长（Ratzke and Gore，2018）

续表

合作大类	类型	特点	常见例子
拮抗关系	捕食（predation）	一方以另一方为食物，依赖其生存	噬菌体对细菌的裂解（Sutton and Hill，2019）
	寄生（parasitism）	一方生活在另一方的体内或体表，从后者的细胞、组织中获得营养，对后者产生危害	蛭弧菌在壁膜间隙中间繁殖导致寄主细菌的溶解（Starr and Baigent，1966）；候选门级辐射类群（CPR）细菌可寄生于其宿主细菌上（He et al.，2021）
	偏害共生（amensalism）	一方无损，另一方受害	抗菌肽分泌（Kim et al.，2019）；抗生素分泌（Kang et al.，2019）
中性关系	中性关系（neutralism）	在一定的环境下，双方互相不影响	

值得注意的是，我们谈到微生物之间的相互作用关系，都是在一定的时空环境下，微生物之间的相互关系很大程度依赖于所存在的环境，并不是一成不变的。营养元素和物理时空距离都可以影响微生物的相互作用（Dal Co et al.，2020；Santos et al.，2022）。通过高分辨率的成像技术，我们已经看到肠道微生物在肠道中的分布是具有空间组织分布的（Shi et al.，2020）。分布在不同的空间位的微生物，相互接触有限，相互作用则可能会削弱。相反，在有限的空间环境中可能使得微生物间倾向于激烈的竞争。在我们的肠道环境中，微生物间的相互作用也不是独立于宿主而存在的，宿主特别是肠道上皮为微生物提供大量可供竞争的营养环境，肠上皮细胞深度参与了微生物的相互作用。此外，微生物也通过诱导宿主反应来影响另一种微生物。例如，某些肠沙门氏菌（*Salmonella enterica*）菌株通过毒力因子诱导肠道上皮炎症，并产生新电子受体连四硫酸盐（tetrathionate），该受体只能由肠沙门氏菌所利用，进而为其提供生长优势（Stecher et al.，2007；Winter et al.，2010）。

3.5.2 核心肠道微生物菌群

3.5.2.1 关键分类单元

关键分类单元（keystone taxa）作为微生物多样性的驱动力，是一个重要的生态学概念，每个复杂的生态系统都是由一些被称为“基石”的关键分类单元构成的。这个术语是由美国生态学家潘恩在 1966 年创造的，他认为特定的海星是调节海岸生物多样性的重要捕食者。从那以后，这个术语被用在不同的地方，有不同的含义。出于进行综述的目的，我们采用了 Banerjee 等（2018）提出的关键分类单元的定义：“在微生物组中高度连接的、对群落结构和功能起重要作用且不因丰度和时空变化而改变的物种。这一类物种在微生物群落中有其独特的地位，而且它们的消亡会给群落结构和功能带来巨大的改变。关键分类单元是高度连接的分类单元，无论其在空间和时间上的丰度如何，它们单独或在一个功能群中对微生物组的结构和功能产生相当大的影响。这些分类单元在微生物群落中具有独特而至关重要的作用，移除这些分类单元会导致微生物组结构和功能的巨大变化”。这是一个至关重要的概念，因为它塑造了我们对复杂生态系统的调节、如何建立、如何长期保持稳定以及如何适应环境变化的理解。关键分类单元对于群落组成和功能的效应与其丰度无关。

大量研究基于网络分析来确定各种环境中假定的关键物种。人类微生物组计划（Human Microbiome Project，HMP）研究提供了关键物种的大部分经验证据，将关键物种与人体的一系列过程联系起来，包括炎症、结肠癌和胃癌、淀粉降解和人类相关微生物群的稳定等。有研究者根据洛特卡-沃尔泰拉方程（Lotka-Volterra equations），使用稀疏线性回归的方法找到了人体肠道中的两个关键物种，脆弱拟杆菌（*Bacteroides fragilis*）和粪便拟杆菌（*Bacteroides stercoris*），这两种细菌的扰动对人体肠道微生物群落结构有着显著影响（Fisher and Mehta，2014）。人类微生物组中其他关键物种的例子包括：多形拟杆菌（*Bacteroides thetaiotaomicron*）（Curtis et al.，2014）、布氏瘤胃球菌（*Ruminococcus bromii*）（Ze et al.，2012）、嗜黏蛋白阿克曼氏菌（*Akkermansia muciniphila*）（Belzer et al.，2017）、长双歧杆菌（*Bifidobacterium longum*）（Gotoh et al.，2019；Yu et al.，2013）等。阿克曼氏菌在肠道炎症、肥胖和代谢性疾病中作为关键物种已被证实，Yassour 等（2016）研究证明，阿克曼氏菌的减少可提示糖尿病的发作。

根据物种对于群落的影响和物种间相对丰度的关系，可以把关键物种和优势物种（dominant species）两个概念进行区分。优势物种由于其在群落中占绝对优势，会影响群落功能或某个特定的过程，而关键物种对于群落的影响并不受其相对丰度左右。有研究证明，关键物种可能会产生细菌素来选择性地改变微生物群的组成。例如，粪肠球菌（*Enterococcus faecalis*）产生的细菌素可以诱导胃肠道中的生态位竞争，从而改变整个微生物群组成（Kommineni et al.，2015）。

通过群落中菌群相互作用关系的研究，我们可以确定出关键类群，同时我们也看到了同相对丰度不成正比的某些稀有物种在群落中的重要作用。微生物个体间相互作用的研究，可以增强我们对菌群成员在群落中作用的了解，这是我们预测菌群对外源扰动的响应，甚至理性化地设计复杂的微生物群落的基础。

3.5.2.2　核心肠道菌组/群

“核心微生物组/群”的概念首先由 Shade 和 Handelsman 于 2012 年提出（Shade and Handelsman，2012），并在过去肠道微生物组学研究迅猛发展的十几年中，广泛用于微生物生态学的研究中。广义的核心微生物组是指某一生境下的一组具有特征性的微生物分类群，或是该类群微生物相关的基因组和功能属性。实验中狭义的核心微生物组则通常指的是来自特定宿主或环境的两个或多个样本之间共享的微生物分类群。研究发现，人类肠道微生物的组成在生命的头几年发生了巨大的变化，在2～3岁时会建立起来相对稳定的群落结构，并且此后所谓的“核心”健康微生物群体保持稳定（Faith et al.，2013；Yatsunenko et al.，2012）。微生物群落随着时间的推移而改变，这取决于宿主所处的环境条件、营养状况，以及所处的生长和健康阶段，甚至受宿主的昼夜节律的影响（Human Microbiome Project Consortium，2012）。相比之下，“核心微生物组”似乎保持相对稳定。核心微生物组的确定可以促进对肠道中的“常驻菌”和“过路菌”的区分，而这些群体可能是和特定的生长阶段相关、间歇性存在的，例如，婴幼儿时期的核心菌群和成人的核心菌群是有显著差异的（Milani et al.，2017）；或是与特定宿主的健康状态有关，例如，肥胖和精瘦双胞胎具有不同的特征性核心微生物组（Turnbaugh et al.，2009）。核心微生物组对于理解复杂微生物群落的稳定性、可塑性和功能非常重要。

尽管“核心微生物组”的概念在文献中多有提及，但对于如何定义和分析核心微生物组仍然存在争议。例如，定义核心微生物组需要多少的样品量？需要在多少比例的样品中共享的物种才可以被定义为核心微生物？定义核心微生物需要考虑该物种在群落中的相对丰度吗？丰度达到什么阈值才可以归为核心微生物？采用何种分类单元进行分类？……在这些问题上，均还存在争议。此外，量化核心微生物组的空间以及时间尺度也是可变的，样品的采集空间跨度以及样品采集的时间跨度上均缺乏统一的标准。目前，核心微生物群的定义大多是基于DNA序列的分类学信息。考虑到基于DNA分析（主要是16S rRNA的扩增子测序）的分辨率限制，很明显核心微生物群落主要是通过种群的种属水平来定义的，而没有考虑到菌株水平和功能变异。随着我们对肠道微生物功能研究的深入，有部分学者认为传统的分类学方法不再有用，应优先考虑微生物组的核心功能。因此Lemanceau等在2017年提出了一个功能核心微生物群的概念，其中包括携带特定基因（复制元件）的微生物载体，这些微生物载体具有对于群落的适应度至关重要的功能（Lemanceau et al.，2017）。然而，在实际科研中基于物种分类学的方法仍然非常广泛地被使用。不仅因为基于物种分类学方法所依赖的16S rRNA基因的测序成本远低于基于功能分析方法所需要高质量的宏基因组或宏转录组的测序成本。此外，基于物种分类学的方法更适用于描述物种之间宏观的生态关系，如基于菌的相对丰度共现（co-occurrence）分析模型去定义核心微生物组的组成。最后，基于物种分类法的核心微生物组提供了一个潜在的在生态上相关的物种类群，其可以用于指导靶向培养和多组学研究，同时也提供了可用于后续的单菌功能验证的科学假设。

3.5.3 肠道菌群功能和微生态

近年来，随着二代测序技术的发展，以美国国立卫生研究院（NIH）的人类微生物组计划（HMP）为标志，世界范围内人体肠道微生态的研究如火如荼。我们对人类微生物组的了解，逐渐从观察性的关联研究走向因果关系的机制研究，人们也越来越认识到肠道微生态系统对人体健康和疾病的重要性。人体肠道微生态系统是由宿主肠道环境和微生物群及其衍生代谢物共同构成的。在成人的不同肠段中，生存着种类繁多、组成分布迥异的微生物，并且其发挥着与人体健康息息相关的作用。肠道微生态系统可以被看作是一个长期被忽略的人体器官（O'Hara and Shanahan，2006），这个“器官”随新生儿的出生逐渐开始发育，并在幼儿期随着固态饮食模式的形成而逐渐成熟，直至老年，肠道微生态系统也呈现“衰老”的特征。在不同的年龄阶段的“稳态”情况下，肠道微生物群的组成不仅在个体水平上差异显著，同一个个体的菌群也是处于动态的变化的过程，但整体来讲，同一个体的微生物群的组成能保持相对长期的稳定性。肠道菌群成员之间的关系纷繁复杂，但整体却保持着相对均衡的状态，这种对人体健康有益的平衡状态被称为“稳态”（homeostasis）。与之相对的，当肠道微生物群的均衡关系被打破时，将处于一种“生态失调”（dysbiosis）的状态，这种状态会对人体健康产生危害。研究正常微生物群的结构、功能及其与宿主相互依赖和相互制约关系的科学称为肠道微生态学。

3.5.3.1 肠道菌群功能

肠道微生物是一个由宿主和宿主内定植的微生物共同组成的超级生物体。人体微生物，特别是肠道微生物对维持健康非常关键。一个健康的成人体内肠道菌群中有 400～500 个物种的存在，除了细菌，人体还存在正常病毒群、正常真菌群等，各有其生理作用。正常生理状态下，肠道微生物参与机体多种生理功能的调控，其中包括宿主营养代谢、免疫系统发育和调控、致病菌抵抗、大脑神经功能等（Honda and Littman，2016；Sonnenburg and Bäckhed，2016；Thaiss et al.，2016），是维持人体健康的必要因素。图 3-1 展示的是人肠道菌群的主要功能。

首先，肠道菌群深入参与宿主对异源和外源物质的代谢。肠道可以帮助消化宿主在小肠中无法分解吸收的营养物质，如膳食纤维等。膳食纤维可在肠道中通过菌群发酵产生短链脂肪酸（SCFA）。SCFA 作为肠道微生物发酵的主要最终代谢产物，对维持机体的健康起着非常关键的作用（Koh et al.，2016；Ríos-Covián et al.，2016）。以短链脂肪酸的一种，丁酸为例，它不仅是肠上皮的一个主要的能量来源，可维持上皮细胞的功能（Bach Knudsen et al.，2018），还是一个有广泛的生物学调控功能的信号分子（Li and Li，2006），具有免疫调节的功能（Furusawa et al.，

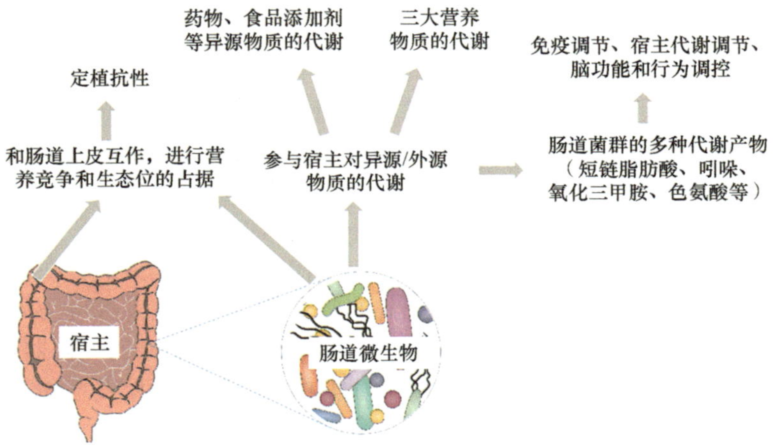

图 3-1　人肠道菌群的主要功能

2013）。近年大量研究表明，SCFA 的产量减少和多种疾病包括肥胖、糖尿病、炎症性肠炎、结直肠癌、炎症性衰老等的发生相关联（Koh et al.，2016）。此外，肠道菌群也参与到宿主的蛋白代谢，肠道菌群可降解内源性或外源性蛋白质，发酵过程中，复杂蛋白质首先被各种细菌肽酶、蛋白酶和内肽酶切割，释放出游离氨基酸和短肽。然后氨基酸和短肽进行发酵。蛋白质发酵产生支链脂肪酸（2-甲基丁酸酯、异丁酸酯、异戊酸酯）、有机酸、气体（H_2 和 CO_2）以及可能对健康有害的胺、吲哚和含硫化合物等；因此，微生物群被比作一个包含我们的“第二基因组”的器官，它编码消化酶收获其他宿主无法获得的营养物质。肠道内共生菌群能帮助人体合成维生素、叶酸等难以通过食物补充的营养素，包括 B 族维生素、维生素 K、泛酸、叶酸等。

肠道菌群可对药物等异源物质的活性或功效产生影响，潜在的药物-细菌相互作用可以通过生物转化降低微生物适应性或改变药物可用性。后者可以对药物活性和功效产生正面或负面影响。尽管洛伐他汀（lovastatin）（Sonnenburg and Bäckhed，2016）和柳氮磺吡啶（sulfasalazine）等药物会被肠道细菌通过化学转化转变为活性形式，但细菌代谢可以使地高辛（digoxin）等药物失活，或者像伊立替康（irinotecan）一样引起毒性作用。最近的研究显示，这种影响除了进行生物转化（改变药物成分或代谢为新的物质）外，特定细菌将药物储存在细胞内的生物累积作用可能是另一种重要影响。通过将药物累积在细胞内，会大大改变许多剂量依赖药物的药效（如研究中的抗抑郁药物度洛西汀），而且吸收累积了药物的菌的代谢会发生改变，进而会影响与之相互作用的其他细菌，最终改变菌群构成。

随着人们对肠道菌群越来越深入了解，人工食品添加剂类的异源物质对肠道菌群的影响近年来也受到广泛关注。也有越来越多的研究关注到了食品添加剂对肠道菌群组成进而对人类健康的影响，这需要引起人们的重视。越来越多的证据表明，食品添加剂和肠道菌群之间存在相互作用，这可能会影响宿主的健康。

临床研究数据表明，食品添加剂的增加和长期摄入与结肠炎和代谢性疾病的发生有关，而这与它们对肠道内稳态的不利影响密切相关。其中，盐是用于食品保存的最重要的天然添加剂之一。高盐摄入会改变肠道微生物群组成，并影响粪便短链脂肪酸（short chain fatty acid，SCFA）的产生（Bier et al.，2018），通过调节 Th17 细胞（Wilck et al.，2017）影响肠道-免疫轴，促进局部和全身组织炎症，可能导致高血压（Smiljanec and Lennon，2019）和肥胖（Seck et al.，2019）。此外，还有许多其他人工物质被有意地添加到食品中，以改善外观、保持风味和延长保质期。

根据对人类和动物研究的系统性分析，摄入人工甜味剂，包括安赛蜜、阿斯巴甜、糖精、三氯蔗糖、甜蜜素和纽甜，与肠道菌群失调、肠道炎症以及因此而出现的肠易激综合征相关的症状有关。在一项小鼠实验中，食用糖精的小鼠与对照组小鼠相比，糖类降解明显增加（Ruiz et al.，2017）。由于肠道细菌可以将糖类发酵成 SCFA（Koropatkin et al.，2012），糖精摄入量降低可能减少 SCFA 的产生。最近，研究者发现，富含人工甜味剂的饮食可能与病态肥胖成人的丁酸盐生产减少有关（Farup et al.，2019）。丁酸盐可以使人减少食欲，并且通过肠道-大脑神经回路激活棕色脂肪组织，从而起到抗肥胖的作用（Li et al.，2018c）。因此，这些结果突出了一些人工甜味剂对糖类的发酵和 SCFA 的产生的潜在不利影响，导致了代谢紊乱。另一项小鼠实验显示（Bian et al.，2017），摄入糖精 6 个月后的小鼠肝脏出现了明显的炎症反应，肿瘤坏死因子 α（TNF-α）的表达升高。TNF-α 是炎症中的关键细胞因子，TNF-α 的表达又可以进一步激活炎症通路，诱导细胞损伤和炎症反应。

乳化剂用于促进加工或改善加工食品的质地和保质期（Halmos et al.，2019）。它们存在于各种加工食品中，如聚苯乙烯-80（P80）和羧甲基纤维素（carboxymethyl cellulose，CMC）。最近的一项啮齿动物研究（Furuhashi et al.，2020）表明，CMC 以及 P80 会加重回肠炎，并增加产生硫化物的细菌数量。产生硫化物的细菌如 *Bilophila wadsworthia* 产生的高浓度硫化物可能会减少黏液中的二硫键，裂解肠黏膜组织中的聚合蛋白 MUC2（其由低聚物黏液凝胶形成）形成的网络。MUC2 由腺泡细胞分泌，在黏液层稳定和黏膜修复中具有关键作用。

食品防腐剂（苯甲酸钠、山梨酸钾、硝酸钠和亚硝酸钠等），本身的作用是抑制微生物的生长，然而它们对肠道菌群的影响却一直被忽视。最近的一项研究使用定植人类肠道菌群的小鼠模型发现，苯甲酸钠、亚硝酸钠和山梨酸钾的混合物会导致肠道菌群失调，表现为变形菌门细菌过度生长和梭菌目细菌减少。研究人员进一步研究了肠道菌群对苯甲酸钠、亚硝酸钠和山梨酸钾的敏感性，相比于某些具有促炎特性或易导致结肠炎的肠道细菌，一些具有抗炎特性的肠道细菌，如丁酸梭菌（*Clostridium butyricum*）或类干酪乳杆菌（*Lactobacillus paracasei*）更容易受到影响，数量明显减少。在动物研究中，摄入食品添加剂，如乳化剂、人工甜味剂、食品着色剂和防腐剂等，会改变肠道菌群的组成。肠道微生物多样性是人类健康的重要指标，肠道菌群失调可能与肠道功能障碍有关，导致宿主炎症和各种非传染性疾病以及肠易激综合征。因此，食品添加剂不仅对肠道菌群的组成有重大影响，而且对其功能也有重大影响。

此外，肠道菌群对外来病原菌有定植抗性，以保护宿主不受侵害。定植抗性是由一系列机制介导的，通常包括肠道菌群直接针对病原体、调节肠道生态环境以抵抗病原体，以及诱导免疫反应以杀死病原体。在许多情况下，共生体被认为可以直接杀死或抑制病原体，其中一个机制是产生抗细菌的细菌素，共生大肠杆菌的分离物可以通过分泌细菌素来抑制肠出血性大肠杆菌（EHEC）；而肠杆菌产生的微酸素被证明可以在患有炎症的肠道中调控种间竞争（Sassone-Corsi et al.，2016）。苏云金芽孢杆菌产生的细菌素的一种，苏云金菌素（thuricin CD）可抑制艰难梭菌（*Clostridium difficile*）和单核增生李斯特氏菌（*Listeria monocytogenes*）（Rea et al.，2010），而乳酸菌产生一种细菌素，可以抑制病原体和其他共生细菌（Rea et al.，2007）。除了细菌素，共生菌还可以通过产生短链脂肪酸（Cherrington et al.，1991）或次级胆汁酸（Buffie et al.，2015）来拮抗病原体。革兰氏阴性菌包括霍乱弧菌（*Vibrio cholerae*）（MacIntyre et al.，2010）和鼠伤寒沙门氏菌（*S. typhimurium*）（Sana et al.，2016），以及 *Bacteroides fragilis*（Chatzidaki-Livanis et al.，2016），也能够通过 VI 型分泌系统（type VI secretion system，T6SS）来杀死其他细菌。肠道菌群可能改变肠道微环境，阻止病原体定植，例如，肠道共生菌群中的大肠杆菌可以与致病性大肠杆菌竞争氨基酸和糖类物质（Leatham et al.，2009；Momose et al.，2008）。微生物群还与病原体竞争微量金属，如铁（Cassat and Skaar，2013；Deriu et al.，2013）和锌（Gielda and DiRita，2012），没有高亲和力转运体的病原体会被竞争淘汰。肠道菌群的兼性厌氧菌也可以从生态环境中清除剩余的氧气，从而降低了依赖氧气的病原体的毒力。另外，肠道菌群也可能产生代谢产物，如丁酸盐，这些代谢产物可以下调鼠伤寒杆菌（Marteyn et al.，2010）和肠炎沙门氏菌（Lopez et al.，2016）的毒力基因的表达。宿主的炎症可以为病原体的繁殖提供有利条件，一些肠道共生菌已经获得了抑制宿主炎症反应的能力。例如，拟杆菌属、梭菌属、乳杆菌属、链球菌属和双歧杆菌属的成员通过促进 $FoxP3^+$调节性 T 细胞的分化来抑制炎症反应（Gantois et al.，2006）。

肠道微生物群的另一个重要功能是参与宿主的免疫训练和调节。肠道是宿主免疫系统和肠道微生物发生互作的最主要的器官。动物实验显示，无菌小鼠的免疫系统存在缺陷（MacPherson and Harris，2004）。肠道菌群的结构和功能的稳定对维持体内免疫平衡和免疫病理发生至关重要。数据表明，肠道微生物群是免疫代谢的参与者，微生物衍生的分子，或由微生物产生或转化的分子，如短链脂肪酸、次级胆汁酸和色氨酸等能够对免疫反应进行调节（Levy et al.，2017）。鉴于肠道微生物群在生理过程中的关键作用，其组成或功能的改变都可能导致或参与疾病。

此外，随着脑-肠轴概念的提出，越来越多证据显示消化道常驻微生物与大脑之间存在双向交流（Mayer et al.，2014），肠道菌群在维持大脑健康方面发挥着关键作用。肠道微生物群影响着人类行为，并可能影响精神疾病的病理生理学（Foster and McVey Neufeld，2013）。肠道菌群通过脑-肠轴调控宿主行为，而脑-肠轴是由免疫、神经内分泌和迷走神经途径构成的肠道和脑之间的交流系统。动物研究和临床观测结果表明，肠道菌群通过脑-肠轴对宿主的应激反应、焦虑、抑郁和认知功能产生重要影响。平衡的肠道菌群可以促进宿主的身心健康，而肠道菌群失调则可能引发肠-脑疾病（如肠易激综合征、炎性肠道疾病和肝性脑病）和中枢神经系统疾病（如多发性硬化、阿尔茨海默病和孤独症谱系障碍等）。近年来对微生物组的功能和重要性的认识，将脑-肠轴的概念扩大为“微生物群-肠道-大脑轴”，强调了微生物组在调节肠道功能，以及调节肠道-大脑交流中的重要性（Bercik et al.，2011；Cryan and O'Mahony，2011；Rhee et al.，2009）。

3.5.3.2　肠道菌群的生态学

人肠道微生物是一个具有高度多样性的复杂生态系统，不仅不同种群和地域的人群肠道微生物结构和功能存在巨大差异（Deschasaux et al.，2018；Yatsunenko et al.，2012），个体间也会显著不同（Eckburg et al.，2005），并且在特定个体的生命的不同阶段也是不同的（Bäckhed et al.，2015；de la Cuesta-Zuluaga et al.，2019；O’Toole and Jeffery，2015；Wu et al.，2020）。肠道微生物具有高度个体特异性，不仅体现在来自宿主和环境因子的不同的压力，也表现在个体间的物种组成和丰度分布的高度差异及肠道中复杂的微生物本身的多样性的相互作用关系（Deschasaux et al.，2018）。尽管肠道微生物群的组成在不同健康个体之间显著不同，但以下几个特征常被提出来用于定义“健康的肠道菌群”。第一，具有功能冗余的特征；由于许多种类的细菌具有相似的功能，在许多情况下我们的肠道微生物群可被理解为一个冗余的群落（Moya and Ferrer，2016），并且会形成“核心微生物组”。第二，具有生态稳定性和抗干扰能力的特征；尽管有来自外源环境因子的频繁的扰动，研究表明，健康的成年人的肠道微生物能够在一定的时间内保持组成和功能的稳定（Faith et al.，2013）。第三，具有生态上弹性（resilience）的特征；一个健康的肠道微生物群是有弹性的，这意味着它在受到干扰后可以恢复到健康状态（Sommer et al.，2017）。面对不断变化的环境，微生物群落能否维持稳定？当环境变化时，微生物群落能够接受的扰动幅度大小和扰动后所需的恢复时间，反映了群落的生态恢复能力。以健康成年人的肠道菌群为例，群落的组成在短期服用抗生素后被破坏，但群落会在数月后恢复到接近抗生素处理前的状态（Palleja et al.，2018；Suez et al.，2018）。因此，健康的肠道菌群的定义不仅是某些特定功能和物种组成的集合，也包含了该群落具有的生态系统稳定和平衡的能力。肠道菌群的复杂多样性和可塑性，决定了定义基线的健康肠道菌群目前来说仍是一个挑战。

当肠道菌群的结构和功能被破坏，进而对宿主造成负面影响时，我们称为生态失调（dysbiosis）。肠道微生物的稳态不仅和肠道中的物种组成的丰度及功能的多样性有关，也和菌群成员间的相互作用网络关系有关。肠道菌群的稳态维持对人类的健康非常关键（Relman，2012），研究发现肠道菌群破坏后的紊乱会促进疾病的发生和发展（Mouries et al.，2019；Schroeder et al.，2018；Desai et al.，2016；Wheeler et al.，2016），并且肠道菌群的失衡与 2 型糖尿病、肥胖、炎症性肠病（inflammatory bowel disease，IBD）等慢性疾病及直结肠癌等的发生的关联研究更是被大量地报道（Lloyd-Price et al.，2019；Manichanh et al.，2012；Sobhani et al.，2019；Spychala et al.，2018；Korpela et al.，2016）。肠道菌群的物种和功能的多样性与生态系统稳定性之间存在着密切的关系。拥有高度物种和功能多样性的微生物群落通常具有更强的抵御外源干扰的能力，而菌群的失衡经常伴随着对外源致病菌的定植抗性的减弱，最终导致有害微生物的成功入侵。群落对于外来物种入侵的抵抗力也是衡量生态稳定性的另一个重要指标。研究表明，抗生素会显著降低小鼠的肠道物种多样性，使小鼠菌群处于失衡状态，进而导致了艰难梭菌的感染（Schubert et al.，2015）。人类肠道致病菌艰难梭菌的感染和抗生素的暴露有关（Pérez-Cobas et al.，2014）。肠道菌群成员间的相互作用网络关系，以及肠道微生物群和其宿主之间的复杂关系也对肠道菌群的结构有着重要影响。研究表明，肠道环境中密集的微生物的竞争，使得肠道群落更为稳定（Coyte et al.，2015）。肠道菌群作为一个复杂的生态系统也和宿主的免疫系统有着互作，肠道菌群对免疫系统的发育及活性的调控非常关键。菌群代谢产物，如 SCFA、色氨酸等均可调节免疫细胞活性，而宿主通过肠上皮分泌免疫球蛋白 A（IgA）对菌群进行塑造，限制病原菌的生长（Rollenske et al.，2021）。

3.6 微生态失衡与人体疾病

当人体内、外环境发生较大幅度改变，致使人体菌群菌与菌之间或菌与宿主之间的平衡被打破，菌群数量、多样性、体内分布等均发生改变，这种情况称为微生态失衡。微生态失衡是导致人体亚健康和多种疾病的重要因素。

3.6.1 感染性疾病

健康稳定的人体共生菌群可以抵抗外源致病微生物的入侵，保护机体免受感染性疾病的侵犯。但当微生态失衡时，共生菌群也可能成为引发感染性疾病的源头。其机制包括共生菌群原本承担的免疫调节、营养吸收、异生素（xenobiotic）代谢等功能减弱或改变，以及原生菌群抵抗外来病原菌生长、定植和继发感染的屏障功能受损等（Libertucci and Young，2019）。

肠道菌群是人体共生菌群中数量最多、种类最丰富的群体，肠道菌群失调可能引起胃炎、小肠炎、结肠炎等多种胃肠道感染性疾病，这些疾病的发生和后续的治疗手段，特别是抗生素的使用，又反过来进一步影响肠道微生态，加剧微生态失衡，导致部分耐药细菌或真菌能在不受限制的条件下过度生长，引发更严重的感染性疾病。

幽门螺杆菌（*Helicobacter pylori*）是一种微需氧、耐高酸性环境的革兰氏阴性细菌，在人类胃上皮表面定植（Marshall and Warren，1984）。*H. pylori* 感染是引起胃炎、消化道溃疡的主要原因，并且是胃癌的高危因素，在美国卫生及公共服务部 2021 年发布的第 15 版致癌物报告中，已经将其列为明确致癌物。全世界有大量人口感染 *H. pylori*，其阳性率在欧洲、美国人口中为 20%～30%，在发展中国家感染率可超过 50%（Chey et al.，2017）。尽管如此高比例的人体内都有 *H. pylori*，但大多数人在相当长时间内并无疾病症状。有研究认为 *H. pylori* 作为胃部菌群的一部分，可以在不超过环境承载量的情况下和其他胃部共生菌群平衡共存（Caguazango，2020），但当 *H. pylori* 的数量增加，突破了限制值，可以持续性地中和胃酸并导致腺体萎缩，破坏胃黏膜，渐进性地加剧炎症反应（Noto and Peek，2017；Rad et al.，2006），这些变化同时影响了其他胃部共生菌的生存并造成生态失衡。基于大量人群的研究显示，*H. pylori* 感染者的胃部菌群多样性降低，并且多样性与炎症症状的严重程度呈负相关，对胃部菌群组成的影响则包括放线菌门、拟杆菌门和厚壁菌门数量显著减少，变形菌门数量增加（Andersson et al.，2008；Bik et al.，2006；Wang et al.，2022）。*H. pylori* 感染除了改变胃内菌群多样性和组成外，还可能通过影响菌群间的相互作用参与疾病的发生。Coker 等（2018）分析浅表性胃炎、萎缩性胃炎、肠上皮化生与胃癌患者的胃内菌群，发现 *H. pylori* 感染者胃内微生物之间的相互作用显著低于 *H. pylori* 阴性者，尤其是在萎缩性胃炎和肠上皮化生阶段更为明显。*H. pylori* 的清除，目前临床上常用的药物主要是抗生素联合制剂和离子泵抑制剂，这些治疗手段至少在短期内会影响胃部菌群以及肠道菌群的丰度及多样性，长期跟踪观察发现大多数人的菌群多样性可自行恢复至基线水平，但根除前后的菌群在分类组成上可能有变化（Hsu et al.，2018；Liou et al.，2020；Ye et al.，2020）。目前，科学家们正在探索使用益生菌如乳酸菌（Canducci et al.，2000；Michetti et al.，1999）、长双歧杆菌（Chitapanarux et al.，2015）、布拉酵母菌（Szajewska et al.，2015）等辅助清除 *H. pylori* 或降低其他疗法的副作用。

艰难梭菌感染（*Clostridium difficile* infection，CDI）是一种与肠道微生态失衡，尤其是抗生素过度使用引起的肠道菌群紊乱密切相关的感染性疾病。*C. difficile* 是一种专性厌氧的革兰氏阳性杆菌，可低丰度存在于正常的肠道菌群中，但当大量应用广谱抗生素、免疫抑制剂或化疗药物后，肠道菌群失调，多样性大幅降低，*C. difficile* 过度繁殖、形成孢子并分泌毒素进而引发疾病症状（Abt et al.，2016）。CDI 主要临床症状为腹泻、腹痛、发热等，严重者可引发伪膜性肠炎，可伴中毒性巨结肠、肠穿孔、感染性休克等并发症，甚至导致死亡（Abt et al.，2016；Czepiel et al.，2019）。美国疾病控制与预防中心 2019 年发布的抗菌药物耐药威胁报告中，将 *C. difficile* 列为对公共卫生健康威胁级别最高的“极危（urgent）”等级（Jeffery et al.，2012）。抗生素可降低 *C. difficile* 的定植抗性，从而让患者对艰难梭菌感染变得易感，其机制可能是通过改变肠道微生物群的结构影响其代谢产物，将整体代谢状态转化为有利于 *C. difficile* 孢子萌发和生长的状态（Theriot et al.，2014）。动物实验表明，抗生素治疗后小鼠肠黏膜的代谢环境富含促进 *C. difficile* 孢子萌发的初级胆汁酸和有利于 *C. difficile* 生长的碳源，如甘露醇、果糖、山梨醇、棉子糖和水苏糖，而次级胆汁酸、葡萄糖、游离脂肪酸和二肽的水平降低（Theriot et al.，2014）。补充具有将初级胆汁酸代谢为次级胆汁酸能力的肠道菌，如裂解梭菌（*Clostridium scindens*），可以抑制 *C. difficile* 生长，并显著提高小鼠对于 *C. difficile* 的感染抗性（Buffie et al.，2015）。对于反复发作的艰难梭菌感染（recurrent CDI，rCDI）患者，其肠道中可能富集了大量具有多重抗生素耐药性的“超级耐药菌”，寻求一种快速恢复肠道微生态的治疗方案至关重要。粪菌移植（fecal microbiota transportation，FMT）即将来自健康供体粪便的肠道菌通过肠镜或口服胶囊手段移植到患者体内，是一种有利于重建肠道菌群多样性和健康的肠生态的治疗手段。临床显示 FMT 对于艰难梭菌结肠炎的治疗非常有效，临床治愈率高达 90%，远高于常见的其他治疗手段如抗生素等，尤其是对于 rCDI，FMT 已成为临床医疗指南的推荐疗法（Kassam et al.，2013；Khoruts et al.，2021；Kociolek and Gerding，2016）。

除了消化道菌群，身体其他各处的共生菌群的微生态失衡也可能引起感染性疾病，如口腔菌群与牙周疾病、鼻咽部的共生菌与呼吸道感染，皮肤菌群通过外伤或切口进入皮下或血液造成局部或全身感染等。

3.6.2 炎症性肠病和肠易激综合征

炎症性肠病（inflammatory bowel disease，IBD）与肠易激综合征（irritable

bowel syndrome，IBS）是两种慢性的胃肠道功能性疾病，其病因复杂，目前不被认为或未被确定为由病原菌感染导致。但它们的发生和进程均与肠道微生态有密切的关系。

IBD 是一种慢性、非特异性、炎症性胃肠道疾病，主要包括克罗恩病（Crohn's disease，CD）和溃疡性结肠炎（ulcerative colitis，UC），克罗恩病的主要症状为慢性腹泻和腹痛，而溃疡性结肠炎患者则更容易出现间歇性腹部痉挛和血性腹泻。IBD 病因复杂，一般认为基因易感性、环境改变、免疫调节、微生态紊乱等均有影响（Ananthakrishnan et al.，2018；Ni et al.，2017；Van Limbergen et al.，2014）。IBD 一旦发病无法治愈，给患者带来极大的生理困难和精神压力，被称为“绿色癌症”。

研究发现，微生物和其代谢产物在 IBD 的发病中起到重要作用，IBD 患者微生态失调，肠道菌群多样性减少，各细菌菌属比例明显改变，主要表现为变形菌门（Proteobacteria）增多和厚壁菌门（Firmicutes）（尤其梭菌属）减少，其中许多保护性细菌显著减少，如拟杆菌属（*Bacteroides*）（Zhou and Zhi，2016）、真杆菌属（*Eubacterium*）（Mukherjee et al.，2020）等。IBD 患者肠道内真菌多样性也发生改变，担子菌门/子囊菌门比例和白色念珠菌丰度增加，酵母菌丰度减少（Sokol et al.，2017）。IBD 患者的微生态失调引起肠道微生物群代谢产物变化，例如，SCFA 的减少导致肠上皮营养素缺乏，肠黏膜上皮细胞屏障功能下降，肠道通透性增加，此外 SCFA 还通过抑制组蛋白脱乙酰酶（HDAC）和激活 G 蛋白偶联受体（GPCR）调节免疫细胞的功能，IBD 患者肠道中 SCFA 的减少与炎症的严重程度和 IBD 的活动与发展密切相关（Carretta et al.，2021；Davie，2003；Parada Venegas et al.，2019）。同时，研究也表明肠道菌群与 IBD 患者预后发展为慢性炎症引发的结肠癌密切相关（Kang and Martin，2017；Popov et al.，2021）。

对炎症性肠病的菌群组成差异的观察中发现个体间差异较大，同时临床数据显示，对传统的治疗策略有反应的炎症性肠病患者不足半数。因此，针对炎症性肠病患者体内的肠道微生物群组成及功能特征改变，提供更加个性化、更加精准的治疗方案对于炎症性肠病的治疗和管理意义重大。通过了解患者的微生物组成能预测他们对特定炎症性肠病治疗的反应，或针对患者的微生物组成针对性地补充对应的活菌制剂或工程化细菌进行定向治疗，正成为炎症性肠病治疗方案优化的新方向。

肠易激综合征（IBS）是最常见的功能性胃肠病之一，症状包括抽筋、腹痛、腹胀、胀气、腹泻或便秘或两者兼有（Enck et al.，2016）。肠易激综合征是一种需要长期治疗的慢性疾病，但不会引起肠道组织的变化，也不会增加患大肠癌的风险。其发病机制及病因目前还不清楚，大量研究表明，IBS 可能涉及多种因素，包括肠道动力异常、内脏高敏感性、脑-肠轴功能失调、肠道感染、免疫系统激活、肠道菌群失调、精神心理障碍等（Enck et al.，2016；Ford et al.，2020）。近年来，随着微生态学的发展，肠道菌群与 IBS 的关系日益受到关注。

肠道菌群失调导致 IBS 发生发展的机制目前主要集中在肠道黏膜通透性、肠道黏膜免疫、肠道产气及影响脑-肠轴这几个方面。在大多数 IBS 患者中，厚壁菌门比例增加，拟杆菌门比例减少，促进炎症的大肠杆菌比例增加，而有益菌如双歧杆菌比例减少（Ford et al.，2020）。肠道菌群紊乱造成条件致病菌和致病菌失去控制而大量繁殖，产生大量内毒素和外毒素，侵袭和破坏肠黏膜，致病菌的过度生长使肠上皮细胞紧密连接蛋白的表达受到抑制（Ford et al.，2020）。肠道细菌酵解所产生的乙酸、丙酸可能与 IBS 患者腹部症状、生活质量低下和负面情绪相关（Martin et al.，2018）。此外，肠道细菌的过度繁殖，使肠腔内的结合胆汁酸大量分解为游离胆汁酸，游离胆汁酸可刺激肠道分泌过多水分，同时对肠黏膜有一定的毒性作用，常导致 IL-6、IL-8 等炎性细胞因子的释放从而造成黏膜炎症反应，破坏黏膜屏障，增加黏膜通透性，导致免疫细胞浸润而出现 IBS 症状（Dior et al.，2016；Yang et al.，2021）。

目前，临床上以肠道菌群为靶点的 IBS 治疗方案包括：直接补充益生菌；使用益生元、饮食以及药物等介导有益细菌增加；应用抗生素减少致病菌；粪菌移植等（Dale and Lied，2020）。近年来一些临床随机对照实验研究发现，益生菌可缓解 IBS 患者腹胀、腹痛、腹泻和总体症状，另有少数研究显示其对便秘有效，但由于各项研究纳入的实验对象、治疗菌株、观察指标、追踪疗程均存在较大差异，其结果也显示出益生菌和益生元的作用机制复杂多样，且通常有着菌株特异性。通过饮食调控改善 IBS 临床症状的尝试最成功的是一种限制摄入可发酵低聚糖、双糖、单糖和多元醇（fermentable oligosaccharides，disaccharides，monosaccharides and polyols，FODMAP）的饮食（Altobelli et al.，2017）。低 FODMAP 饮食已被推荐为 IBS 的一线饮食治疗。低 FODMAP 饮食可能通过降低肠道细菌代谢产生脂多糖，从而发挥抗炎症的有益作用（Spiller，2021）。

3.6.3 癌症

除前述章节中已提到的胃肠道菌群改变在幽门螺杆菌引发胃癌和炎症性肠病引发结肠癌的转变过程中起到重要作用外，人体菌群也与全身其他系统癌症的发生发展以及癌症患者对治疗的应答密切相关。

肠道菌群失调与癌症发生之间的关系主要通过改变菌群的代谢谱和影响宿主免疫进行。例如，一项研究发现，与健康群体相比，肺癌人群肠道微生物组中糖类的转运和代谢功能基团较少（Liu et al.，2019），并且肺癌患者肠道内的厚壁菌群数量及厚壁菌/拟杆菌比率均下降明显（Liu et al.，2019；Zhang et al.，2018）。

厚壁菌门中的大量成员具备产生 SCFA 的能力，它们能将未消化的碳水化合物和蛋白质转化为乙酸，乙酸可以被活化为乙酰辅酶，进入三羧酸循环为生命活动提供能量。肠道厚壁菌群成员丰度的下降显著影响糖代谢，包括单糖代谢如果糖、甘露糖和半乳糖，二糖和多糖如淀粉和蔗糖的代谢，戊糖与葡萄糖醛酸的相互转化，以及磷酸戊糖途径等（Zhang et al.，2018）。在更大范围内对比肺癌患者和健康对照组的肠道菌群代谢发现，与健康组相比，肺癌组中与细胞抗原、类固醇生物合成、泛素系统、转录相关蛋白、胆汁分泌和线粒体脂肪酸延伸相关的代谢通路增加，而与细菌运动蛋白、细菌趋化性、黄酮和黄酮醇生物合成、凋亡和 G 蛋白偶联受体相关的通路减少（Zheng et al.，2020）。这些研究表明肠道菌群代谢谱的改变在肺癌发展过程中起着重要作用。

肠道菌群还可以通过调节免疫系统影响癌症的发生。2018 年一篇刊登于 *Science* 杂志的研究中，科学家给予有肝癌的小鼠联合抗生素药物用以破坏肠道菌群后，发现实验小鼠肝脏内的自然杀伤 T 细胞（nature killer T cell，NKT）数量增加，进而使肝肿瘤变小、变少，并且较少发生自发性肝转移。这一现象的机制是初级胆汁酸能刺激肝脏内的细胞分泌促进 NKT 活化的因子 CXCL16，而肠道内的革兰氏阳性菌特别是梭菌属的成员可以将肝脏分泌的初级胆汁酸代谢为次级胆汁酸，阻碍 NKT 活化而助长肝肿瘤生长（Ma et al.，2018）。Kuugbee 等（2016）在另一项研究中，发现一种由嗜酸乳杆菌（*Lactobacillus acidophilus*）、两歧双歧杆菌（*Bifidobacterium bifidum*）及婴儿双歧杆菌（*Bifidobacterium infantis*）组成的肠道益生菌组合可以在结肠癌大鼠模型中降低肿瘤发生率、体积及数量，其机制是增加天然免疫中的一种重要分子，Toll 样受体 2（TLR2）的表达量，增强肠黏膜和肠上皮屏障功能，抑制细胞凋亡、炎症和 β 联蛋白（β-catenin）信号通路。但最近的另一项研究则发现乳杆菌对肿瘤发生可能具有促进作用，在他们使用的胰腺导管腺癌（pancreatic ductal adenocarcinoma，PDAC）小鼠模型中，乳杆菌通过将色氨酸代谢为吲哚，激活肿瘤相关巨噬细胞（tumor-associated macrophage，TAM）中的芳香烃受体（aryl hydrocarbon receptor，AHR），促使 TAM 分化为倾向抑制免疫的表型，增加肿瘤中 $CD4^+Foxp3^+$调节性 T 细胞的数量，帮助肿瘤细胞免疫逃逸，促进肿瘤生长（Hezaveh et al.，2022）。以上研究说明肠道菌群对于肿瘤免疫的调节作用非常复杂，既有正面影响也有负面影响，肠道菌群的不同成员，甚至相同菌在不同代谢状态下所发挥的作用均有差异，不同的癌症类型也可能导致占主导作用的机制不同，因此，未来的相关研究需要向更精细具体的方向努力。

肠道菌群可能对癌症患者响应化疗、放疗的治疗效果或副作用产生影响。环磷酰胺（cyclophosphamide，CTX）是一种通过抑制细胞复制及分裂并且刺激抗肿瘤免疫反应来阻止肿瘤生长的化学抗癌药物。Viaud 等（2013）通过对小鼠模型的研究，证明环磷酰胺改变了小肠中微生物群的组成，肠道乳杆菌和肠球菌的丰度降低，并诱导特定种类的革兰氏阳性细菌，包括约氏乳杆菌、鼠乳杆菌和希氏肠球菌转移到次级淋巴器官中。在次级淋巴器官中，这些细菌刺激产生一种特定的“致病性”辅助性 T 细胞 17(“pathogenic” T helper 17，pTh17)细胞亚群和记忆性 Th1 免疫反应。而无菌的荷瘤小鼠或经过抗生素清除革兰氏阳性菌的荷瘤小鼠则表现出 pTh17 反应降低，它们的肿瘤对环磷酰胺有耐药性。肠道菌群还与化疗引起的副作用及不良事件的发生具有相关性。例如，有研究发现，肠道细菌所表达的 β-葡萄糖醛酸苷酶可参与化疗药物伊立替康诱发腹泻，在动物实验中证实，利用抗生素清除肠道菌或给予作用于细菌 β-葡萄糖醛酸苷酶的抑制剂可有效治疗伊立替康治疗诱发的腹泻（Cheng et al.，2019；Stringer et al.，2008；Wallace et al.，2010）。另有研究表明，紫杉醇化疗减少了小鼠粪便和结肠中细菌的多样性并改变了菌群组成，这些菌群的变化引发结肠组织的病理性变化如结肠肿块增加、远端结肠隐窝深度增加、肠道屏障功能受损等，并且可能通过肠道-免疫-脑轴导致神经炎症或化疗诱导的疼痛敏感（Loman et al.，2019；Ramakrishna et al.，2019）。

近年来，肿瘤的免疫治疗发展迅速，特别是基于免疫检查点抑制剂(immuno-checkpoint inhibitor，ICI）的治疗已经成为继手术、放化疗、靶向治疗后治疗癌症的另一有效手段，但 ICI 治疗的效果在不同的癌症患者中存在较大差异。在一些早期的实验中，研究人员发现在无菌小鼠、使用广谱抗生素的小鼠，或是缺乏某些特定菌株的小鼠体内，ICI 抗癌疗法的效果都不尽如人意，说明微生态尤其是肠道菌群的平衡可能对免疫治疗的应答起着重要作用（Sivan et al.，2015；Vétizou et al.，2015）。这些早期研究中证实了一些特定的关键菌及其相关的免疫调节机制，包括双歧杆菌通过促进树突状细胞（dendritic cell，DC）的成熟和增加 CD8 T 细胞在肿瘤微环境中的活化和富集来恢复抗 PD-L1 抗体的抗肿瘤功效（Sivan et al.，2015），以及脆弱拟杆菌（*Bacteroides fragilis*）通过其多糖成分刺激 Th1 细胞活化，以增强抗 CTLA-4 的治疗效果（Vétizou et al.，2015）。2018 年，*Science* 杂志发表了三项在人类癌症患者中进行的后续研究，证实了基于肠道微生物群的组成和多样性可以预测其对 ICI 免疫疗法的反应（Gopalakrishnan et al.，2018；Matson et al.，2018；Routy et al.，2018）。在这些研究中被发掘出的与疗效呈正相关的关键菌包括嗜黏蛋白阿克曼氏菌（*Akkermansia muciniphila*）（Routy et al.，2018）、栖粪杆菌属（*Faecalibacterium*）、瘤胃球菌科（Ruminococcaceae）（Gopalakrishnan et al.，2018）、长双歧杆菌（*Bifidobacterium longum*）、产气柯林斯氏菌（*Collinsella aerofaciens*）和粪肠球菌（*Enterococcus faecalis*）（Matson et al.，2018）。

3.6.4 代谢性疾病

人体菌群，特别是人体肠道菌群已被研究证实与多种代谢性疾病相关，这里以肥胖、2 型糖尿病及非酒精性脂肪性肝病为例简述微生态失衡与代谢性疾病的关系。

随着社会经济的发展和生活方式的改变，肥胖的患病率日益增长。世界健康组织调查发现：自 1975 年以来，全世界肥胖人数几乎增加了两倍，目前全球约有 39%的成人和约 1/4 的儿童超重，肥胖人数高达 6.5 亿。肥胖能引起一系列慢性代谢性疾病，肥胖人群中糖尿病、高血压、心血管疾病的患病率远高于正常体重人群患病率。2 型糖尿病（type 2 diabetes，T2D）在糖尿病患者中发病人数高达 90%，影响全球近 4 亿人，T2D 以胰岛素敏感性降低为标志，其病因与肥胖直接相关（Chatterjee et al.，2017）。

肠道菌群组成和多样性的变化可能导致肥胖和胰岛素敏感性降低已被很多研究证实。最初的研究认为，肥胖人群中厚壁菌门与拟杆菌门的比例（Firmicutes/Bacteroidetes ratio，F/B ratio）升高（Ferrer et al.，2013；Ley et al.，2006；Sweeney and Morton，2013），但也有一些研究提出了不同甚至相反的结论，这可能是由于样本处理和 DNA 序列分析方法上的差异，或者是人文地理、饮食或其他生活方式等干扰因素的影响（Magne et al.，2020）。研究还发现某些关键菌如清酒乳杆菌（*Lactobacillus sakei*）（Štšepetova et al.，2011）、阴沟肠杆菌（*Enterobacter cloacae*）（Fei and Zhao，2013）、罗伊特氏乳杆菌（*Lactobacillus reuteri*）（Million et al.，2013）等与肥胖表型正相关，而动物双歧杆菌（*Bifidobacterium animalis*），尤其是 B420 菌株（Million et al.，2013；Stenman et al.，2014；Uusitupa et al.，2020）等与肥胖表型负相关并有可能帮助减轻体重。科学家们将肥胖人体的肠道细菌移植到无菌小鼠体内，与定植消瘦相关细菌的无菌小鼠相比，前者体脂明显增加，并且与肥胖相关的代谢表型也与供体一致（Ridaura et al.，2013），从而证实了肠道菌群与肥胖不仅有相关性，也有因果性。在肥胖和健康志愿者之间进行的粪菌移植研究也支持这一结论，肥胖参与者的肠道微生物与瘦的健康参与者相比微生物多样性较低，而将健康志愿者的肠道菌群移植到肥胖者体内后，肥胖者外周胰岛素敏感性显著增加（Vrieze et al.，2012）。饮食结构与肠道菌群组成关系密切，通过饮食来调整肠道微生态平衡，也可能成为一种治疗肥胖症的有效手段：最近的一项临床研究表明，在严重肥胖和代谢综合征患者中，使用粪菌移植配合低发酵纤维饮食可以更有效地提高胰岛素敏感性（Mocanu et al.，2021）。

肠道微生态失衡影响糖尿病的分子机制目前仍在研究中，2019 年一项研究发现，失调的肠道菌群可通过分泌石胆酸和脱氧胆酸等次级胆汁酸刺激肠壁上皮中的肠嗜铬细胞，后者接受刺激后大量分泌 5-羟色胺，进而升高血糖水平，使患者长期处于持续高血糖状态，导致糖尿病的发生（Martin et al.，2019）。除胆汁酸途径外，肠道菌群还可能通过 SCFA 来影响糖尿病的进展。肠道菌群通过发酵饮食中的可溶性纤维产生 SCFA，其中丁酸和丙酸可促进并维持肠道中的糖异生，使肝葡萄糖产生减少，提高能量利用率，对体重和血糖控制带来了有益的影响，并可以防止被喂以高脂肪、高蔗糖饮食的小鼠发展成肥胖和糖尿病（Cani et al.，2019；De Vadder et al.，2014）。糖尿病患者肠道菌群失衡的情况下，肠道中产 SCFA 菌丰度明显减少（Forslund et al.，2015），而二甲双胍（de la Cuesta-Zuluaga et al.，2017；Forslund et al.，2015；Montandon and Jornayvaz，2017）和高纤维膳食（Zhao et al.，2018）都可以增加患者肠道中产 SCFA 的细菌丰度，通过增加肠道 SCFA 含量调节糖代谢并达到控制和治疗糖尿病的效果。

非酒精性脂肪性肝病（non-alcoholic fatty liver disease，NAFLD）是指由非酒精因素引起的、以肝细胞脂肪变性为特征的疾病，包括单纯性脂肪肝、脂肪性肝炎、肝硬化及最终的肝细胞癌。目前肥胖、胰岛素抵抗、2 型糖尿病、高脂血症被认为是 NAFLD 发生发展的危险因素，但确切机制尚不清楚。目前研究认为，“肠-肝轴”是联系肠道微生态与 NAFLD 的主要机制（Han et al.，2023）。肠-肝轴是肠黏膜和肝脏在解剖学与功能上密切相关的双向作用的结果，门静脉为肝脏提供 70%～75% 的血流，大量肠道细菌产生的代谢产物、细菌毒素、细菌抗原等通过门静脉循环进入肝脏，由肝脏完成解毒、转运、免疫等多项功能，形成一个复杂的相互作用网络来调节和维持身体稳态。实验发现在 NAFLD 模型的实验动物和 NAFLD 患者中，肠通透性增加，并发生小肠细菌过度生长（small intestinal bacterial overgrowth，SIBO）（Ferolla et al.，2014；Mouzaki et al.，2013），肠道屏障受损后，细菌发生转移、内毒素进入门脉系统，此时肝脏暴露于大量的细菌产物中，激活肝脏免疫，进而释放一系列炎症因子，可导致肝细胞的炎症反应和纤维化过程（Gerard，2022；Kapil et al.，2016；Kessoku et al.，2021）。NAFLD 发生时除 SIBO 现象外，结肠菌群组成也发生变化：与健康对照小鼠相比，西方饮食诱导的 NAFLD 模型小鼠结肠中梭菌纲（Clostridia）和瘤胃球菌科（Ruminococcaceae）丰度降低，随着疾病进程，炎症相关菌如真杆菌属（*Eubacterium*）、罗姆布茨菌属（*Romboutsia*）和丹毒梭菌属（*Erysipelatoclostridium*）的丰度增加，有抗炎作用的阿克曼氏菌属（*Akkermansia*）丰度降低与脂肪性肝炎的发生同步，而胆汁酸代谢菌如杜博斯氏菌属（*Dubosiella*）、博斯氏菌属（*Bosea*）、螺杆菌属（*Helicobacter*）、另枝菌属（*Alistipes*）等则与脂肪型肝炎后期的氧化损伤和肝脏纤维化有关（Zhuge et al.，2022）。此外，有人群队列实验表明，根据粪便菌群宏基因组测序及血清代谢特征可以区分健康人群、早期 NAFLD 人群和 NAFLD 导致的肝硬化患者，这使得利用微生物群相关特征作为生物标志物开发潜在的

NAFLD 及相关疾病的非侵入性诊断方法成为可能（Oh et al.，2020）。通过应用益生菌、益生元以及合生元等方法恢复 NAFLD 患者肠道微生态平衡，可降低血液中的肠源性内毒素水平，降低对肝脏细胞的氧化损伤，减轻肝脏炎症及纤维化（Federico et al.，2016；van Best et al.，2015）。

3.6.5　神经疾病

早在 1991 年，就有研究发现伴随肝硬化的神经精神异常与肠源性毒素水平和神经递质水平的改变有关，并且通过调整饮食或服用抗生素改变肠道菌群可以改善疾病症状（Morgan，1991）。在中枢神经系统与肠道——包括肠道菌群和肠神经系统之间，存在活跃的双向信息交流通路，承担大脑认知、情感中枢与肠道功能的联结功能，称为“肠-脑轴”（gut-brain axis）或“肠-菌-脑轴”（gut-microbiota-brain axis）。“肠-脑轴”将神经系统、免疫系统、内分泌系统的稳态和功能紧密地联系在一起（Morais et al.，2021）。

人体肠道菌群可能通过多种方式直接或间接影响神经健康。首先，某些细菌的结构性成分，如脂多糖和其他菌源抗原，可以刺激免疫系统，引发神经炎症（Silwedel et al.，2018）。其次，肠道细菌特有的酶可能产生具有神经毒性的代谢物，也可能产生与人类相同的激素和神经递质（Cryan and Dinan，2012；Eicher and Mohajeri，2022）。健康状态下，肠道屏障和血脑屏障阻止这些物质直接进入大脑，但它们依然可以通过刺激肠神经系统的神经元向大脑发送反馈信号。而神经疾病则常常与肠道细菌的促炎性转变相关，并且伴随有肠道渗漏和神经炎症等（Eicher and Mohajeri，2022）。最后，迷走神经是副交感神经系统的主要组成部分，是由 80%的传入纤维和 20%的传出纤维组成的混合神经。迷走神经是肠道和大脑之间最主要的双向信号通道，也是连接微生物群、免疫系统和中枢神经系统的枢纽。迷走神经能够感知肠道菌群的代谢物，通过传入纤维将这些肠道信息传递到中枢神经系统，在那里它被整合到中枢自主神经网络中。而其传出纤维则释放神经递质乙酰胆碱，可以抑制外周炎症并降低肠道通透性，很可能由此影响肠道微生物群组成（Bonaz et al.，2018；Kakinuma，2021）。

通过这些不同的机制，肠道微生物参与塑造和调控下丘脑-垂体-肾上腺轴的反馈机制，从而影响记忆、情绪和认知，而肠道微生态失衡也与焦虑抑郁、孤独症、阿尔茨海默病等神经疾病存在密切关联。

孤独症谱系障碍（autism spectrum disorder，ASD）等神经发育疾病可能与从胚胎期到出生前母体的肠道菌群以及婴幼儿时期肠道菌群的建立有关。对 ASD 患者进行肠道菌群移植后，其 ASD 相关胃肠道症状的评分降低了约 80%，且 ASD 核心症状得到显著改善，疗效可持续 8 周以上（Kang et al.，2017）。使用 ASD

模型小鼠的实验也表明，口服罗氏乳杆菌（Buffington et al.，2016）、脆弱拟杆菌（Hsiao et al.，2013）等益生菌可明显提升小鼠的社交行为，并减少小鼠的重复刻板行为和焦虑样行为等。因此，以肠道菌群为干预靶点可能为 ASD 的治疗提供新的思路。

阿尔茨海默病（Alzheimer disease，AD）是一种神经退行性疾病，是神经元进行性变性死亡导致中枢神经系统受损从而影响患者认知及运动功能的疾病。细胞外纤维化的 β-淀粉样蛋白（Aβ）聚集是 AD 发展进程的主要神经病理学特征。许多致病菌如大肠埃希菌属、沙门菌属、分枝杆菌属和枯草芽孢杆菌等可诱导神经系统产生淀粉样蛋白纤维，大肠埃希菌属还可产生内毒素促进 β-淀粉样蛋白的形成，进而诱导 AD 的发生发展（Pistollato et al.，2016）。鉴别对 AD 具有预防保护作用的益生菌并以口服益生菌的方式治疗 AD 的尝试也已有了可喜的成果，例如，研究表明普氏栖粪杆菌（*Faecalibacterium prausnitzii*）在 AD 小鼠模型中可显著改善 β-淀粉样蛋白诱导的认知障碍（Ueda et al.，2021）。

参考文献

Aagaard K, Ma J, Antony K M, et al. 2014. The placenta harbors a unique microbiome. Science Translational Medicine, 6(237): 237ra65.

Aagaard K, Riehle K, Ma J, et al. 2012. A metagenomic approach to characterization of the vaginal microbiome signature in pregnancy. PLoS One, 7(6): e36466.

Aas J A, Paster B J, Stokes L N, et al. 2005. Defining the normal bacterial flora of the oral cavity. Journal of Clinical Microbiology, 43(11): 5721-5732.

Abt M C, McKenney P T, Pamer E G. 2016. *Clostridium difficile* colitis: pathogenesis and host defence. Nature Reviews Microbiology, 14(10): 609-620.

Adamczyk K, Garncarczyk A, Antończak P, et al. 2020. The foot microbiome. Journal of Cosmetic Dermatology. 19(5): 1039-1043.

Altobelli E, Del Negro V, Angeletti P M, et al. 2017. Low-FODMAP diet improves irritable bowel syndrome symptoms: a meta-analysis. Nutrients, 9(9): 940.

Ananthakrishnan A N, Bernstein C N, Iliopoulos D, et al. 2018. Environmental triggers in IBD: a review of progress and evidence. Nature Reviews Gastroenterology & Hepatology, 15(1): 39-49.

Andersson A F, Lindberg M, Jakobsson H, et al. 2008. Comparative analysis of human gut microbiota by barcoded pyrosequencing. PLoS One, 3(7): e2836.

Avila M, Ojcius D M, Yilmaz O. 2009. The oral microbiota: living with a permanent guest. DNA and Cell Biology, 28(8): 405-411.

Bach Knudsen K E, Lærke H N, Hedemann M S, et al. 2018. Impact of diet-modulated butyrate production on intestinal barrier function and inflammation. Nutrients, 10(10): 1499.

Bäckhed F, Roswall J, Peng Y Q, et al. 2015. Dynamics and stabilization of the human gut microbiome during the first year of life. Cell Host & Microbe, 17(5): 690-703.

Banerjee S, Schlaeppi K, van der Heijden M G A. 2018. Keystone taxa as drivers of microbiome structure and functioning. Nat Rev Microbiol, 16(9): 567-576.

Bassis C M, Erb-Downward J R, Dickson R P, et al. 2015. Analysis of the upper respiratory tract microbiotas as the source of the lung and gastric microbiotas in healthy individuals. mBio, 6(2): e00037.

Bassis C M, Tang A L, Young V B, et al. 2014. The nasal cavity microbiota of healthy adults. Microbiome, 2: 27.

Bassler B L, Losick R. 2006. Bacterially speaking. Cell, 125(2): 237-246.

Belzer C, Chia L W, Aalvink S, et al. 2017. Microbial metabolic networks at the mucus layer lead to diet-independent butyrate and vitamin B_{12} production by intestinal symbionts. mBio, 8(5): e00770-e00717.

Bercik P, Denou E, Collins J, et al. 2011. The intestinal microbiota affect central levels of brain-derived neurotropic factor and behavior in mice. Gastroenterology, 141(2): 599-609.

Bian X M, Tu P C, Chi L, et al. 2017. Saccharin induced liver inflammation in mice by altering the gut microbiota and its metabolic functions. Food Chem Toxicol, 107: 530-539.

Bier A, Braun T, Khasbab R, et al. 2018. A high salt diet modulates the gut microbiota and short chain fatty acids production in a salt-sensitive hypertension rat model. Nutrients, 10(9): 1154.

Biesbroek G, Tsivtsivadze E, Sanders E A M, et al. 2014. Early respiratory microbiota composition determines bacterial succession patterns and respiratory health in children. American Journal of Respiratory and Critical Care Medicine. 190(11): 1283-1292.

Bik E M, Eckburg P B, Gill S R, et al. 2006. Molecular analysis of the bacterial microbiota in the human stomach. Proc Natl Acad Sci U S A, 103(3): 732-737.

Biswas K, Hoggard M, Jain R, et al. 2015. The nasal microbiota in health and disease: variation within and between subjects. Frontiers in Microbiology, 9: 134.

Bonaz B, Bazin T, Pellissier S. 2018. The vagus nerve at the interface of the microbiota-gut-brain axis. Frontiers in Neuroscience, 12: 49.

Buffie C G, Bucci V, Stein R R, et al. 2015. Precision microbiome reconstitution restores bile acid mediated resistance to *Clostridium difficile*. Nature, 517(7533): 205-208.

Buffington S A, Di Prisco G V, Auchtung T A, et al. 2016. Microbial reconstitution reverses maternal diet-induced social and synaptic deficits in offspring. Cell, 165(7): 1762-1775.

Bunesova V, Lacroix C, Schwab C. 2018. Mucin cross-feeding of infant bifidobacteria and *Eubacterium hallii*. Microbial Ecology, 75(1): 228-238.

Burns E M, Ahmed H, Isedeh P N, et al. 2019. Ultraviolet radiation, both UVA and UVB, influences the composition of the skin microbiome. Experimental Dermatology, 28(2): 136-141.

Caguazango J C. 2020. Ecological models of gastric microbiota dysbiosis: *Helicobacter pylori* and gastric carcinogenesis. Medicine in Microecology, 3: 100010.

Callewaert C, Ravard Helffer K, Lebaron P. 2020. Skin microbiome and its interplay with the environment. American Journal of Clinical Dermatology, 21(Suppl 1): 4-11.

Canducci F, Armuzzi A, Cremonini F, et al. 2000. A lyophilized and inactivated culture of *Lactobacillus acidophilus* increases *Helicobacter pylori* eradication rates. Alimentary Pharmacology & Therapeutics, 14(12): 1625-1629.

Cani P D, Van Hul M, Lefort C, et al. 2019. Microbial regulation of organismal energy homeostasis. Nature Metabolism, 1(1): 34-46.

Capone K A, Dowd S E, Stamatas G N, et al. 2011. Diversity of the human skin microbiome early in life. Journal of Investigative Dermatology, 131(10): 2026-2032.

Cardenas P A, Cooper P J, Cox M J, et al. 2012. Upper airways microbiota in antibiotic-naïve wheezing and healthy infants from the tropics of rural Ecuador. PLoS One, 7(10): e46803.

Carretta M D, Quiroga J, López R, et al. 2021. Participation of short-chain fatty acids and their receptors in gut inflammation and colon cancer. Frontiers in Physiology, 12: 662739.

Cassat J E, Skaar E P. 2013. Iron in infection and immunity. Cell Host & Microbe, 13(5): 509-519.

Chatterjee S, Khunti K, Davies M J. 2017. Type 2 diabetes. Lancet, 389: 2239-2251.

Chatzidaki-Livanis M, Geva-Zatorsky N, Comstock L E. 2016. *Bacteroides fragilis* type VI secretion systems use novel effector and immunity proteins to antagonize human gut Bacteroidales species. Proc Natl Acad Sci U S A, 113(13): 3627-3632.

Chen C, Song X L, Wei W X, et al. 2017. The microbiota continuum along the female reproductive tract and its relation to uterine-related diseases. Nature Communications, 8(1): 875.

Chen S K, Gu Z Y, Zhang W, et al. 2020a. Microbiome of the lower genital tract in Chinese women with endometriosis by 16s-rRNA sequencing technique: a pilot study. Annals of Translational Medicine, 8(21): 1440.

Chen Y L, Qiu X D, Wang W J, et al. 2020b. Human papillomavirus infection and cervical intraepithelial neoplasia progression are associated with increased vaginal microbiome diversity in a Chinese cohort. BMC Infectious Diseases. 20(1): 629.

Cheng K W, Tseng C H, Tzeng C C, et al. 2019. Pharmacological inhibition of bacterial β-glucuronidase prevents irinotecan-induced diarrhea without impairing its antitumor efficacy *in vivo*. Pharmacological Research, 139: 41-49.

Cherrington C A, Hinton M, Pearson G R, et al. 1991. Short-chain organic acids at pH 5.0 kill *Escherichia coli* and *Salmonella* spp. without causing membrane perturbation. J Appl Bacteriol, 70(2): 161-165.

Chey W D, Leontiadis G I, Howden C W, et al. 2017. ACG clinical guideline: treatment of *Helicobacter pylori* infection. The American Journal of Gastroenterology, 112(2): 212-239.

Chiller K, Selkin B A, Murakawa G J. 2001. Skin microflora and bacterial infections of the skin. Journal of Investigative Dermatology Symposium Proceedings, 6(3): 170-174.

Chitapanarux T, Thongsawat S, Pisespongsa P, et al. 2015. Effect of *Bifidobacterium longum* on PPI-based triple therapy for eradication of *Helicobacter pylori*: a randomized, double-blind placebo-controlled study. Journal of Functional Foods, 13: 289-294.

Coker O O, Dai Z W, Nie Y Z, et al. 2018. Mucosal microbiome dysbiosis in gastric carcinogenesis. Gut, 67(6): 1024-1032.

Coyte K Z, Schluter J, Foster K R. 2015. The ecology of the microbiome: Networks, competition, and stability. Science, 350(6261): 663-666.

Cryan J F, Dinan T G. 2012. Mind-altering microorganisms: the impact of the gut microbiota on brain and behaviour. Nature Reviews Neuroscience, 13(10): 701-712.

Cryan J F, O'Mahony S M. 2011. The microbiome-gut-brain axis: from bowel to behavior. Neurogastroenterology & Motility, 23(3): 187-192.

Cundell A M. 2018. Microbial ecology of the human skin. Microbial Ecology, 76(1): 113-120.

Curtis M M, Hu Z P, Klimko C, et al. 2014. The gut commensal *Bacteroides thetaiotaomicron* exacerbates enteric infection through modification of the metabolic landscape. Cell Host & Microbe, 16(6): 759-769.

Czepiel J, Dróżdż M, Pituch H, et al. 2019. *Clostridium difficile* infection: review. European Journal of Clinical Microbiology & Infectious Diseases, 38(7): 1211-1221.

Dal Co A, van Vliet S, Kiviet D J, et al. 2020. Short-range interactions govern the dynamics and functions of microbial communities. Nat Ecol Evol, 4(3): 366-375.

Dale H F, Lied G A. 2020. Gut microbiota and therapeutic approaches for dysbiosis in irritable bowel syndrome: recent developments and future perspectives. Turkish Journal of Medical Sciences, 50(SI-2): 1632-1641.

Davie J R. 2003. Inhibition of histone deacetylase activity by butyrate. The Journal of Nutrition, 133(7): 2485S-2493S.

Dayan N. 2020. Skin Microbiome Handbook: From Basic Research to Product Development[M]. Hoboken, NJ: John Wiley & Sons.

de la Cuesta-Zuluaga J, Kelley S T, Chen Y F, et al. 2019. Age- and sex-dependent patterns of gut microbial diversity in human adults. mSystems, 4(4): e00261-e00219.

de la Cuesta-Zuluaga J, Mueller N T, Corrales-Agudelo V, et al. 2017. Metformin is associated with higher relative abundance of mucin-degrading *Akkermansia muciniphila* and several short-chain fatty acid-producing microbiota in the gut. Diabetes Care, 40(1): 54-62.

De Vadder F, Kovatcheva-Datchary P, Goncalves D, et al. 2014. Microbiota-generated metabolites promote metabolic benefits via gut-brain neural circuits. Cell, 156(1/2): 84-96.

Demmitt B A, Corley R P, Huibregtse B M, et al. 2017. Genetic influences on the human oral microbiome. BMC Genomics, 18(1): 659.

Deriu E, Liu J Z, Pezeshki M, et al. 2013. Probiotic bacteria reduce *Salmonella typhimurium* intestinal colonization by competing for iron. Cell Host & Microbe, 14(1): 26-37.

Desai M S, Seekatz A M, Koropatkin N M, et al. 2016. A dietary fiber-deprived gut microbiota degrades the colonic mucus barrier and enhances pathogen susceptibility. Cell, 167(5): 1339-1353.e21.

Deschasaux M, Bouter K E, Prodan A, et al. 2018. Depicting the composition of gut microbiota in a population with varied ethnic origins but shared geography. Nature Medicine, 24(10): 1526-1531.

Dickson R P, Erb-Downward J R, Freeman C M, et al. 2015. Spatial variation in the healthy human lung microbiome and the adapted island model of lung biogeography. Annals of the American Thoracic Society, 12(6): 821-830.

Dickson R P, Erb-Downward J R, Freeman C M, et al. 2014. Changes in the lung microbiome following lung transplantation include the emergence of two distinct *Pseudomonas* species with distinct clinical associations. PLoS One, 9(5): e97214.

DiGiulio D B, Callahan B J, McMurdie P J, et al. 2015. Temporal and spatial variation of the human microbiota during pregnancy. Proceedings of the National Academy of Sciences, 112(35): 11060-11065.

Dimitriu P A, Iker B, Malik K, et al. 2019. New insights into the intrinsic and extrinsic factors that shape the human skin microbiome. mBio, 10(4): e00839-e00819.

Dior M, Delagrèverie H, Duboc H, et al. 2016. Interplay between bile acid metabolism and microbiota in irritable bowel syndrome. Neurogastroenterology & Motility, 28(9): 1330-1340.

Dominguez-Bello M G, Costello E K, Contreras M, et al. 2010. Delivery mode shapes the acquisition and structure of the initial microbiota across multiple body habitats in newborns. Proceedings of the National Academy of Sciences, 107(26): 11971-11975.

Eckburg P B, Bik E M, Bernstein C N, et al. 2005. Diversity of the human intestinal microbial flora. Science, 308(5728): 1635-1638.

Edmonds-Wilson S L, Nurinova N I, Zapka C A, et al. 2015. Review of human hand microbiome research. Journal of Dermatological Science, 80(1): 3-12.

Ege M J, Mayer M, Normand A C, et al. 2011. Exposure to environmental microorganisms and childhood asthma. The New England Journal of Medicine, 364(8): 701-709.

Eicher T P, Mohajeri M H. 2022. Overlapping mechanisms of action of brain-active bacteria and bacterial metabolites in the pathogenesis of common brain diseases. Nutrients, 14(13): 2661.

Enck P, Aziz Q, Barbara G, et al. 2016. Irritable bowel syndrome. Nature Reviews Disease Primers, 2: 16014.

Etcheverría A I, Arroyo G H, Perdigón G, et al. 2006. *Escherichia coli* with anti-O157: H7 activity isolated from bovine colon. J Appl Microbiol, 100(2): 384-389.

Faith J J, Guruge J L, Charbonneau M, et al. 2013. The long-term stability of the human gut microbiota. Science, 341(6141): 1237439.

Farup P G, Lydersen S, Valeur J. 2019. Are nonnutritive sweeteners obesogenic? associations between diet, faecal microbiota, and short-chain fatty acids in morbidly obese subjects. J Obes. 2019: 4608315.

Federico A, Dallio M, Godos J, et al. 2016. Targeting gut-liver axis for the treatment of nonalcoholic steatohepatitis: translational and clinical evidence. Translational Research, 167(1): 116-124.

Fei N, Zhao L P. 2013. An opportunistic pathogen isolated from the gut of an obese human causes obesity in germfree mice. The ISME Journal, 7(4): 880-884.

Ferolla S M, Armiliato G N A, Couto C A, et al. 2014. The role of intestinal bacteria overgrowth in obesity-related nonalcoholic fatty liver disease. Nutrients, 6(12): 5583-5599.

Ferrer M, Ruiz A, Lanza F, et al. 2013. Microbiota from the distal guts of lean and obese adolescents exhibit partial functional redundancy besides clear differences in community structure. Environmental Microbiology, 15(1): 211-226.

Fillon S A, Harris J K, Wagner B D, et al. 2012. Novel device to sample the esophageal microbiome: the esophageal string test. PLoS One, 7(9): e42938.

Fisher C K, Mehta P. 2014. Identifying keystone species in the human gut microbiome from metagenomic timeseries using sparse linear regression. PLoS One, 9(7): e102451.

Flowers L, Grice E A. 2020. The skin microbiota: balancing risk and reward. Cell Host & Microbe, 28(2): 190-200.

Ford A C, Sperber A D, Corsetti M, et al. 2020. Functional gastrointestinal disorders 2 irritable bowel syndrome. Lancet, 396: 1675-1688.

Forslund K, Hildebrand F, Nielsen T, et al. 2015. Disentangling type 2 diabetes and metformin treatment signatures in the human gut microbiota. Nature, 528(7581): 262-266.

Foster J A, McVey Neufeld K A. 2013. Gut-brain axis: how the microbiome influences anxiety and depression. Trends in Neurosciences, 36(5): 305-312.

Franasiak J M, Werner M D, Juneau C R, et al. 2016. Endometrial microbiome at the time of embryo transfer: next-generation sequencing of the 16S ribosomal subunit. Journal of Assisted Reproduction and Genetics, 33(1): 129-136.

Furuhashi H, Higashiyama M, Okada Y, et al. 2020. Dietary emulsifier polysorbate-80-induced small-intestinal vulnerability to indomethacin-induced lesions via dysbiosis. J Gastroenterol Hepatol, 35(1): 110-117.

Furusawa Y, Obata Y, Fukuda S, et al. 2013. Commensal microbe-derived butyrate induces the differentiation of colonic regulatory T cells. Nature, 504(7480): 446-450.

Gajer P, Brotman R M, Bai G Y, et al. 2012. Temporal dynamics of the human vaginal microbiota. Science Translational Medicine, 4(132): 132ra52.

Gallo R L. 2017. Human skin is the largest epithelial surface for interaction with microbes. The Journal of Investigative Dermatology, 137(6): 1213-1214.

Gantois I, Ducatelle R, Pasmans F, et al. 2006. Butyrate specifically down-regulates *Salmonella* pathogenicity island 1 gene expression. Appl Environ Microbiol, 72(1): 946-949.

Garcia-Grau I, Simon C, Moreno I. 2019. Uterine microbiome-low biomass and high expectations. Biology of Reproduction, 101(6): 1102-1114.

García-Velasco J A, Budding D, Campe H, et al. 2020. The reproductive microbiome–clinical practice recommendations for fertility specialists. Reproductive BioMedicine Online, 41(3): 443-453.

Gerard P. 2022. Role of the gut microbiota in NAFLD. Correspondances En Metabolismes Hormones Diabetes Et Nutrition, 26: 98-117.

Gielda L M, DiRita V J. 2012. Zinc competition among the intestinal microbiota. mBio, 3(4): e00171-e00112.

Gopalakrishnan V, Spencer C N, Nezi L, et al. 2018. Gut microbiome modulates response to anti-PD-1 immunotherapy in melanoma patients. Science, 359(6371): 97-103.

Gotoh A, Ojima M N, Katayama T. 2019. Minority species influences microbiota formation: the role of *Bifidobacterium* with extracellular glycosidases in bifidus flora formation in breastfed infant guts. Microb Biotechnol, 12(2): 259-264.

Grice E A, Kong H H, Conlan S, et al. 2009. Topographical and temporal diversity of the human skin microbiome. Science, 324(5931): 1190-1192.

Halmos E P, Mack A, Gibson P R. 2019. Review article: emulsifiers in the food supply and implications for gastrointestinal disease. Aliment Pharmacol Ther, 49(1): 41-50.

Han H, Jiang Y, Wang M Y, et al. 2023. Intestinal dysbiosis in nonalcoholic fatty liver disease (NAFLD): focusing on the gut-liver axis. Critical Reviews in Food Science and Nutrition, 63(12): 1689-1706.

He C, Keren R, Whittaker M L, et al. 2021. Genome-resolved metagenomics reveals site-specific diversity of episymbiotic CPR bacteria and DPANN Archaea in groundwater ecosystems. Nat Microbiol, 6(3): 354-365.

Hezaveh K, Shinde R S, Klötgen A, et al. 2022. Tryptophan-derived microbial metabolites activate the aryl hydrocarbon receptor in tumor-associated macrophages to suppress anti-tumor immunity. Immunity, 55(2): 324-340.e8.

Hilty M, Burke C, Pedro H, et al. 2010. Disordered microbial communities in asthmatic airways. PLoS One, 5(1): e8578.

Honda K, Littman D R. 2016. The microbiota in adaptive immune homeostasis and disease. Nature, 535(7610): 75-84.

Hospodsky D, Pickering A J, Julian T R, et al. 2014. Hand bacterial communities vary across two different human populations. Microbiology, 160(Pt 6): 1144-1152.

Hsiao E Y, McBride S W, Hsien S, et al. 2013. Microbiota modulate behavioral and physiological abnormalities associated with neurodevelopmental disorders. Cell, 155(7): 1451-1463.

Hsu P I, Pan C Y, Kao J Y, et al. 2018. *Helicobacter pylori* eradication with bismuth quadruple therapy leads to dysbiosis of gut microbiota with an increased relative abundance of Proteobacteria and decreased relative abundances of Bacteroidetes and Actinobacteria. Helicobacter, 23(4): e12498.

Human Microbiome Project Consortium. 2012. Structure, function and diversity of the healthy human microbiome. Nature, 486(7402): 207-214.

Hyman R W, Fukushima M, Diamond L, et al. 2005. Microbes on the human vaginal epithelium. Proceedings of the National Academy of Sciences, 102(22): 7952-7957.

Hyman R W, Fukushima M, Jiang H, et al. 2014. Diversity of the vaginal microbiome correlates with preterm birth. Reproductive Sciences, 21(1): 32-40.

Hyman R W, Herndon C N, Jiang H, et al. 2012. The dynamics of the vaginal microbiome during infertility therapy with *in vitro* fertilization-embryo transfer. Journal of Assisted Reproduction and Genetics, 29(2): 105-115.

Jeffery I B, Quigley E M M, Öhman L, et al. 2012. The microbiota link to irritable bowel syndrome: an emerging story. Gut Microbes, 3(6): 572-576.

Jia G, Zhi A, Lai P F H, et al. 2018. The oral microbiota–a mechanistic role for systemic diseases. British Dental Journal, 224: 447-455.

Jugé R, Rouaud-Tinguely P, Breugnot J, et al. 2018. Shift in skin microbiota of Western European women across aging. Journal of Applied Microbiology, 125(3): 907-916.

Kakinuma Y. 2021. Significance of vagus nerve function in terms of pathogenesis of psychosocial disorders. Neurochemistry International, 143: 104934.

Kang D W, Adams J B, Gregory A C, et al. 2017. Microbiota Transfer Therapy alters gut ecosystem and improves gastrointestinal and autism symptoms: an open-label study. Microbiome, 5(1): 10.

Kang J D, Myers C J, Harris S C, et al. 2019. Bile acid 7α-dehydroxylating gut bacteria secrete antibiotics that inhibit *Clostridium difficile*: role of secondary bile acids. Cell Chem Biol, 26(1): 27-34.e4.

Kang M S, Martin A. 2017. Microbiome and colorectal cancer: Unraveling host-microbiota interactions in colitis-associated colorectal cancer development. Seminars in Immunology, 32: 3-13.

Kapil S, Duseja A, Sharma B K, et al. 2016. Small intestinal bacterial overgrowth and toll-like receptor signaling in patients with non-alcoholic fatty liver disease. Journal of Gastroenterology and Hepatology, 31(1): 213-221.

Kassam Z, Lee C H, Yuan Y H, et al. 2013. Fecal microbiota transplantation for *Clostridium difficile* infection: systematic review and meta-analysis. The American Journal of Gastroenterology, 108(4): 500-508.

Kessoku T, Kobayashi T, Tanaka K, et al. 2021. The role of leaky gut in nonalcoholic fatty liver disease: a novel therapeutic target. International Journal of Molecular Sciences, 22(15): 8161.

Khoruts A, Staley C, Sadowsky M J. 2021. Faecal microbiota transplantation for *Clostridioides difficile*: mechanisms and pharmacology. Nature Reviews Gastroenterology & Hepatology, 18(1): 67-80.

Kilian M, Chapple I L C, Hannig M, et al. 2016. The oral microbiome–an update for oral healthcare professionals. British Dental Journal, 221: 657-666.

Kim S G, Becattini S, Moody T U, et al. 2019. Microbiota-derived lantibiotic restores resistance against vancomycin-resistant *Enterococcus*. Nature, 572(7771): 665-669.

Kociolek L K, Gerding D N. 2016. Breakthroughs in the treatment and prevention of *Clostridium difficile* infection. Nature Reviews Gastroenterology & Hepatology, 13(3): 150-160.

Koh A, De Vadder F, Kovatcheva-Datchary P, et al. 2016. From dietary fiber to host physiology: short-chain fatty acids as key bacterial metabolites. Cell, 165(6): 1332-1345.

Kommineni S, Bretl D J, Lam V, et al. 2015. Bacteriocin production augments niche competition by enterococci in the mammalian gastrointestinal tract. Nature, 526(7575): 719-722.

Koropatkin N M, Cameron E A, Martens E C. 2012. How glycan metabolism shapes the human gut microbiota. Nat Rev Microbiol, 10(5): 323-335.

Korpela K, Salonen A, Virta L J, et al. 2016. Intestinal microbiome is related to lifetime antibiotic use in Finnish pre-school children. Nat Commun, 7: 10410.

Kortman G A M, Raffatellu M, Swinkels D W, et al. 2014. Nutritional iron turned inside out: intestinal stress from a gut microbial perspective. FEMS Microbiol Rev, 38(6): 1202-1234.

Kuugbee E D, Shang X Q, Gamallat Y, et al. 2016. Structural change in microbiota by a probiotic cocktail enhances the gut barrier and reduces cancer via TLR2 signaling in a rat model of colon cancer. Digestive Diseases and Sciences, 61(10): 2908-2920.

Kyono K, Hashimoto T, Kikuchi S, et al. 2019. A pilot study and case reports on endometrial microbiota and pregnancy outcome: an analysis using 16S rRNA gene sequencing among IVF patients, and trial therapeutic intervention for dysbiotic endometrium. Reproductive Medicine and Biology, 18(1): 72-82.

Leatham M P, Banerjee S, Autieri S M, et al. 2009. Precolonized human commensal *Escherichia coli* strains serve as a barrier to *E. coli* O157: H7 growth in the streptomycin-treated mouse intestine. Infect Immun, 77(7): 2876-2886.

Lee M J, Kwon J S, Jiang H B, et al. 2019. The antibacterial effect of non-thermal atmospheric pressure plasma treatment of titanium surfaces according to the bacterial wall structure. Scientific Reports, 9(1): 1938.

Lemanceau P, Blouin M, Muller D, et al. 2017. Let the core microbiota be functional. Trends in Plant Science, 22(7): 583-595.

Levy M, Blacher E, Elinav E. 2017. Microbiome, metabolites and host immunity. Curr Opin Microbiol, 35: 8-15.

Ley R E, Turnbaugh P J, Klein S, et al. 2006. Microbial ecology: human gut microbes associated with obesity. Nature, 444(7122): 1022-1023.

Li F, Chen C, Wei W X, et al. 2018a. The metagenome of the female upper reproductive tract. GigaScience, 7(10): giy107.

Li H, Goh B N, Teh W K, et al. 2018b. Skin commensal *Malassezia globosa* secreted protease attenuates *Staphylococcus aureus* biofilm formation. Journal of Investigative Dermatology, 138(5): 1137-1145.

Li M, Budding A E, van der Lugt-Degen M, et al. 2019. The influence of age, gender and race/ethnicity on the composition of the human axillary microbiome. International Journal of Cosmetic Science, 41(4): 371-377.

Li R W, Li C J. 2006. Butyrate induces profound changes in gene expression related to multiple signal pathways in bovine kidney epithelial cells. BMC Genomics, 7: 234.

Li Z, Yi C X, Katiraei S, et al. 2018c. Butyrate reduces appetite and activates brown adipose tissue via the gut-brain neural circuit. Gut, 67(7): 1269-1279.

Libertucci J, Young V B. 2019. The role of the microbiota in infectious diseases. Nat Microbiol, 4(1): 35-45.

Liou J M, Lee Y C, Wu M S. 2020. Treatment of *Helicobacter pylori* infection and its long-term impacts on gut microbiota. Journal of Gastroenterology and Hepatology, 35(7): 1107-1116.

Lipuma J J. 2010. The changing microbial epidemiology in cystic fibrosis. Clinical Microbiology Reviews, 23(2): 299-323.

Liu F, Li J J, Guan Y B, et al. 2019. Dysbiosis of the gut microbiome is associated with tumor biomarkers in lung cancer. Int J Biol Sci, 15(11): 2381-2392.

Lloyd-Price J, Arze C, Ananthakrishnan A N, et al. 2019. Multi-omics of the gut microbial ecosystem in inflammatory bowel diseases. Nature, 569(7758): 655-662.

Loman B R, Jordan K R, Haynes B, et al. 2019. Chemotherapy-induced neuroinflammation is associated with disrupted colonic and bacterial homeostasis in female mice. Scientific Reports, 9(1): 16490.

Lopez C A, Miller B M, Rivera-Chávez F, et al. 2016. Virulence factors enhance *Citrobacter rodentium* expansion through aerobic respiration. Science, 353(6305): 1249-1253.

Ma C, Han M J, Heinrich B, et al. 2018. Gut microbiome-mediated bile acid metabolism regulates liver cancer via NKT cells. Science, 360(6391): eaan5931.

MacIntyre D A, Chandiramani M, Lee Y S, et al. 2015. The vaginal microbiome during pregnancy and the postpartum period in a European population. Scientific Reports, 5: 8988.

MacIntyre D L, Miyata S T, Kitaoka M, et al. 2010. The *Vibrio cholerae* type VI secretion system displays antimicrobial properties. Proc Natl Acad Sci U S A, 107(45): 19520-19524.

MacPherson A J, Harris N L. 2004. Interactions between commensal intestinal bacteria and the immune system. Nature Reviews Immunology, 4(6): 478-485.

Magne F, Gotteland M, Gauthier L, et al. 2020. The Firmicutes/Bacteroidetes ratio: a relevant marker of gut dysbiosis in obese patients?. Nutrients, 12(5): 1474.

Manichanh C, Borruel N, Casellas F, et al. 2012. The gut microbiota in IBD. Nat Rev Gastroenterol Hepatol, 9(10): 599-608.

Manrique P, Bolduc B, Walk S T, et al. 2016. Healthy human gut phageome. PNAS, 113(37): 10400-10405.

Marshall B, Warren J R. 1984. Unidentified curved bacilli in the stomach of patients with gastritis and peptic ulceration. Lancet, 323(8390): 1311-1315.

Marteyn B, West N P, Browning D F, et al. 2010. Modulation of *Shigella* virulence in response to available oxygen *in vivo*. Nature, 465(7296): 355-358.

Martin A M, Yabut J M, Choo J M, et al. 2019. The gut microbiome regulates host glucose homeostasis via peripheral serotonin. Proceedings of the National Academy of Sciences, 116(40): 19802-19804.

Martin C R, Osadchiy V, Kalani A, et al. 2018. The brain-gut-microbiome axis. Cellular and Molecular Gastroenterology and Hepatology, 6(2): 133-148.

Matson V, Fessler J, Bao R Y, et al. 2018. The commensal microbiome is associated with anti-PD-1 efficacy in metastatic melanoma patients. Science, 359(6371): 104-108.

May M, Abrams J A. 2018. Emerging insights into the esophageal microbiome. Current Treatment Options in Gastroenterology, 16(1): 72-85.

Mayer E A, Knight R, Mazmanian S K, et al. 2014. Gut microbes and the brain: paradigm shift in neuroscience. J Neurosci, 34(46): 15490-15496.

McLean J S. 2014. Advancements toward a systems level understanding of the human oral microbiome. Frontiers in Cellular and Infection Microbiology, 4: 98.

Michetti P, Dorta G, Wiesel P H, et al. 1999. Effect of whey-based culture supernatant of *Lactobacillus acidophilus* (*johnsonii*) La1 on *Helicobacter pylori* infection in humans. Digestion, 60(3): 203-209.

Mika M, Mack I, Korten I, et al. 2015. Dynamics of the nasal microbiota in infancy: a prospective cohort study. Journal of Allergy and Clinical Immunology, 135(4): 905-912.e11.

Milani C, Duranti S, Bottacini F, et al. 2017. The first microbial colonizers of the human gut: composition, activities, and health implications of the infant gut microbiota. Microbiol Mol Biol Rev, 81(4): e00036-e00017.

Miles S M, Hardy B L, Merrell D S. 2017. Investigation of the microbiota of the reproductive tract in women undergoing a total hysterectomy and bilateral salpingo-oopherectomy. Fertility and Sterility, 107(3): 813-820.e1.

Million M, Angelakis E, Maraninchi M, et al. 2013. Correlation between body mass index and gut concentrations of *Lactobacillus reuteri, Bifidobacterium animalis*, *Methanobrevibacter smithii* and *Escherichia coli*. International Journal of Obesity, 37(11): 1460-1466.

Mitchell C M, Haick A, Nkwopara E, et al. 2015. Colonization of the upper genital tract by vaginal bacterial species in nonpregnant women. American Journal of Obstetrics and Gynecology, 212(5): 611.e1-611.e9.

Mocanu V, Zhang Z X, Deehan E C, et al. 2021. Fecal microbial transplantation and fiber supplementation in patients with severe obesity and metabolic syndrome: a randomized double-blind, placebo-controlled phase 2 trial. Nature Medicine, 27(7): 1272-1279.

Momose Y, Hirayama K, Itoh K. 2008. Competition for proline between indigenous *Escherichia coli* and *E. coli* O157: H7 in gnotobiotic mice associated with infant intestinal microbiota and its contribution to the colonization resistance against *E. coli* O157: H7. Antonie Van Leeuwenhoek, 94(2): 165-171.

Montandon S A, Jornayvaz F R. 2017. Effects of antidiabetic drugs on gut microbiota composition. Genes, 8(10): 250.

Moore D E, Soules M R, Klein N A, et al. 2000. Bacteria in the transfer catheter tip influence the live-birth rate after *in vitro* fertilization. Fertility and Sterility, 74(6): 1118-1124.

Morais L H, Schreiber H L, Mazmanian S K. 2021. The gut microbiota-brain axis in behaviour and

brain disorders. Nature Reviews Microbiology, 19(4): 241-255.
Moreno I, Franasiak J M. 2017. Endometrial microbiota–new player in town. Fertility and Sterility, 108(1): 32-39.
Morgan M Y. 1991. The treatment of chronic hepatic encephalopathy. Hepato-gastroenterology, 38(5): 377-387.
Morris A, Beck J M, Schloss P D, et al. 2013. Comparison of the respiratory microbiome in healthy nonsmokers and smokers. American Journal of Respiratory and Critical Care Medicine, 187(10): 1067-1075.
Mouries J, Brescia P, Silvestri A, et al. 2019. Microbiota-driven gut vascular barrier disruption is a prerequisite for non-alcoholic steatohepatitis development. J Hepatol, 71(6): 1216-1228.
Mouzaki M, Comelli E M, Arendt B M, et al. 2013. Intestinal microbiota in patients with nonalcoholic fatty liver disease. Hepatology, 58(1): 120-127.
Moya A, Ferrer M. 2016. Functional redundancy-induced stability of gut microbiota subjected to disturbance. Trends in Microbiology, 24(5): 402-413.
Mukherjee A, Lordan C, Ross R P, et al. 2020. Gut microbes from the phylogenetically diverse genus *Eubacterium* and their various contributions to gut health. Gut Microbes, 12(1): 1802866.
Murillo N, Raoult D. 2013. Skin microbiota: overview and role in the skin diseases acne vulgaris and rosacea. Future Microbiology, 8(2): 209-222.
Myles I A, Earland N J, Anderson E D, et al. 2018. First-in-human topical microbiome transplantation with *Roseomonas mucosa* for atopic dermatitis. JCI Insight, 3(9): e120608.
Nakatsuji T, Chen T H, Narala S, et al. 2017. Antimicrobials from human skin commensal bacteria protect against *Staphylococcus aureus* and are deficient in atopic dermatitis. Science Translational Medicine, 9(378): eaah4680.
Nardone G, Compare D. 2015. The human gastric microbiota: Is it time to rethink the pathogenesis of stomach diseases?. United European Gastroenterology Journal, 3(3): 255-260.
Ni J, Wu G D, Albenberg L, et al. 2017. Gut microbiota and IBD: causation or correlation?. Nature Reviews Gastroenterology & Hepatology, 14(10): 573-584.
Noto J M, Jr Peek R M. 2017. The gastric microbiome, its interaction with *Helicobacter pylori*, and its potential role in the progression to stomach cancer. PLoS Pathogens, 13(10): e1006573.
O'Hara A M, Shanahan F. 2006. The gut flora as a forgotten organ. EMBO Reports, 7(7): 688-693.
O'Toole P W, Jeffery I B. 2015. Gut microbiota and aging. Science, 350(6265): 1214-1215.
Oh T G, Kim S M, Caussy C, et al. 2020. A universal gut-microbiome-derived signature predicts cirrhosis. Cell Metabolism, 32(5): 878-888.e6.
Palleja A, Mikkelsen K H, Forslund S K, et al. 2018. Recovery of gut microbiota of healthy adults following antibiotic exposure. Nat Microbiol, 3(11): 1255-1265.
Parada Venegas D, De la Fuente M K, Landskron G, et al. 2019. Short chain fatty acids (SCFAs)-mediated gut epithelial and immune regulation and its relevance for inflammatory bowel diseases. Frontiers in Immunology, 10: 277.
Pei Z H, Bini E J, Yang L Y, et al. 2004. Bacterial biota in the human distal esophagus. Proceedings of the National Academy of Sciences, 101(12): 4250-4255.
Pelzer E S, Allan J A, Waterhouse M A, et al. 2013. Microorganisms within human follicular fluid: effects on IVF. PLoS One, 8(3): e59062.

Pelzer E S, Willner D, Buttini M, et al. 2018. A role for the endometrial microbiome in dysfunctional menstrual bleeding. Antonie Van Leeuwenhoek, 111(6): 933-943.

Peng M F, Biswas D. 2020. Environmental influences of high-density agricultural animal operation on human forearm skin microflora. Microorganisms, 8(10): 1481.

Pérez-Cobas A E, Artacho A, Ott S J, et al. 2014. Structural and functional changes in the gut microbiota associated to *Clostridium difficile* infection. Front Microbiol, 5: 335.

Peterson J, Garges S, Giovanni M, et al. 2009. The NIH human microbiome project. Genome Research, 19(12): 2317-2323.

Pistollato F, Sumalla Cano S, Elio I, et al. 2016. Role of gut microbiota and nutrients in amyloid formation and pathogenesis of Alzheimer disease. Nutrition Reviews, 74(10): 624-634.

Popov J, Caputi V, Nandeesha N, et al. 2021. Microbiota-immune interactions in ulcerative colitis and colitis associated cancer and emerging microbiota-based therapies. International Journal of Molecular Sciences, 22(21): 11365.

Prescott S L, Larcombe D L, Logan A C, et al. 2017. The skin microbiome: impact of modern environments on skin ecology, barrier integrity, and systemic immune programming. World Allergy Organization Journal, 10: 29.

Rad R, Brenner L, Bauer S, et al. 2006. $CD25^+$/$Foxp3^+$ T cells regulate gastric inflammation and *Helicobacter pylori* colonization *in vivo*. Gastroenterology, 131(2): 525-537.

Ramakrishna C, Corleto J, Ruegger P M, et al. 2019. Dominant role of the gut microbiota in chemotherapy induced neuropathic pain. Scientific Reports, 9(1): 20324.

Ratzke C, Gore J. 2018. Modifying and reacting to the environmental pH can drive bacterial interactions. PLoS Biology, 16(3): e2004248.

Ravel J, Gajer P, Abdo Z, et al. 2011. Vaginal microbiome of reproductive-age women. Proceedings of the National Academy of Sciences, 108(Suppl 1): 4680-4687.

Rea M C, Clayton E, O'Connor P M, et al. 2007. Antimicrobial activity of lacticin 3,147 against clinical *Clostridium difficile* strains. J Med Microbiol, 56(Pt 7): 940-946.

Rea M C, Sit C S, Clayton E, et al. 2010. Thuricin CD, a posttranslationally modified bacteriocin with a narrow spectrum of activity against *Clostridium difficile*. Proceedings of the National Academy of Sciences, 107(20): 9352-9357.

Relman D A. 2012. The human microbiome: ecosystem resilience and health. Nutrition Reviews, 70(Suppl 1): S2-S9.

Rhee S H, Pothoulakis C, Mayer E A. 2009. Principles and clinical implications of the brain-gut-enteric microbiota axis. Nat Rev Gastroenterol Hepatol, 6(5): 306-314.

Ridaura V K, Faith J J, Rey F E, et al. 2013. Gut microbiota from twins discordant for obesity modulate metabolism in mice. Science, 341(6150): 1241214.

Riganelli L, Iebba V, Piccioni M, et al. 2020. Structural variations of vaginal and endometrial microbiota: hints on female infertility. Frontiers in Cellular and Infection Microbiology, 10: 350.

Ríos-Covián D, Ruas-Madiedo P, Margolles A, et al. 2016. Intestinal short chain fatty acids and their link with diet and human health. Front Microbiol, 7: 185.

Rollenske T, Burkhalter S, Muerner L, et al. 2021. Parallelism of intestinal secretory IgA shapes functional microbial fitness. Nature, 598(7882): 657-661.

Routy B, Le Chatelier E, Derosa L, et al. 2018. Gut microbiome influences efficacy of PD-1-based immunotherapy against epithelial tumors. Science, 359(6371): 91-97.

Ruiz P A, Morón B, Becker H M, et al. 2017. Titanium dioxide nanoparticles exacerbate DSS-induced colitis: role of the NLRP3 inflammasome. Gut, 66(7): 1216-1224.

Samuel B S, Gordon J I. 2006. A humanized gnotobiotic mouse model of host-archaeal-bacterial mutualism. Proceedings of the National Academy of Sciences, 103(26): 10011-10016.

Sana T G, Flaugnatti N, Lugo K A, et al. 2016. *Salmonella typhimurium* utilizes a T6SS-mediated antibacterial weapon to establish in the host gut. Proceedings of the National Academy of Sciences, 113(34): E5044-E5051.

Santos A R D, Martino R D, Testa S, et al. 2022. Classifying interactions in a synthetic bacterialcommunity is hindered by inhibitory growth medium. mSystems, 7: 5.

Sassone-Corsi M, Nuccio S P, Liu H, et al. 2016. Microcins mediate competition among Enterobacteriaceae in the inflamed gut. Nature, 540(7632): 280-283.

Schroeder B O, Birchenough G M H, Ståhlman M, et al. 2018. Bifidobacteria or fiber protects against diet-induced microbiota-mediated colonic mucus deterioration. Cell Host & Microbe, 23(1): 27-40.e7.

Schubert A M, Sinani H, Schloss P D. 2015. Antibiotic-induced alterations of the murine gut microbiota and subsequent effects on colonization resistance against *Clostridium difficile*. mBio, 6(4): e00974.

Seck E H, Senghor B, Merhej V, et al. 2019. Salt in stools is associated with obesity, gut halophilic microbiota and *Akkermansia muciniphila* depletion in humans. International Journal of Obesity, 43(4): 862-871.

Segal L N, Alekseyenko A V, Clemente J C, et al. 2013. Enrichment of lung microbiome with supraglottic taxa is associated with increased pulmonary inflammation. Microbiome, 1(1): 19.

Shade A, Handelsman J. 2012. Beyond the Venn diagram: the hunt for a core microbiome. Environmental Microbiology, 14(1): 4-12.

Sharma N, Bhatia S, Sodhi A S, et al. 2018. Oral microbiome and health. AIMS Microbiology, 4(1): 42-66.

Shi H, Shi Q J, Grodner B, et al. 2020. Highly multiplexed spatial mapping of microbial communities. Nature, 588(7839): 676-681.

Shibagaki N, Suda W, Clavaud C, et al. 2017. Aging-related changes in the diversity of women's skin microbiomes associated with oral bacteria. Scientific Reports, 7(1): 10567.

Silwedel C, Speer C P, Haarmann A, et al. 2018. Novel insights into neuroinflammation: bacterial lipopolysaccharide, tumor necrosis factor α, and *Ureaplasma* species differentially modulate atypical chemokine receptor 3 responses in human brain microvascular endothelial cells. Journal of Neuroinflammation, 15(1): 156.

Sze M A, Hogg J C, Sin D D. 2014. Bacterial microbiome of lungs in COPD. International Journal of Chronic Obstructive Pulmonary Disease, 9: 229-238.

Sivan A, Corrales L, Hubert N, et al. 2015. Commensal *Bifidobacterium* promotes antitumor immunity and facilitates anti-PD-L1 efficacy. Science, 350(6264): 1084-1089.

Slade E, Williams L, Gagnon J. 2018. Hydrogen sulfide suppresses ghrelin secretion *in vitro* and delays postprandial ghrelin secretion while reducing appetite in mice. Physiological Reports, 6(19): e13870.

Smiljanec K, Lennon S L. 2019. Sodium, hypertension, and the gut: does the gut microbiota go salty?. Am J Physiol Heart Circ Physiol, 317(6): H1173-H1182.

Sobhani I, Bergsten E, Couffin S, et al. 2019. Colorectal cancer-associated microbiota contributes to oncogenic epigenetic signatures. Proc Natl Acad Sci U S A, 116(48): 24285-24295.

Sokol H, Leducq V, Aschard H, et al. 2017. Fungal microbiota dysbiosis in IBD. Gut, 66(6): 1039-1048.

Sola-Leyva A, Andrés-León E, Molina N M, et al. 2021. Mapping the entire functionally active endometrial microbiota. Human Reproduction, 36(4): 1021-1031.

Sommer F, Anderson J M, Bharti R, et al. 2017. The resilience of the intestinal microbiota influences health and disease. Nat Rev Microbiol, 15(10): 630-638.

Sonnenburg J L, Bäckhed F. 2016. Diet-microbiota interactions as moderators of human metabolism. Nature, 535(7610): 56-64.

Spiller R. 2021. Impact of diet on symptoms of the irritable bowel syndrome. Nutrients, 13(2): 575.

Spychala M S, Venna V R, Jandzinski M, et al. 2018. Age-related changes in the gut microbiota influence systemic inflammation and stroke outcome. Annals of Neurology, 84(1): 23-36.

Stamatas G N. 2020. Infant Skin Microbiome//Skin Microbiome Handbook. Hoboken, NJ: John Wiley & Sons, Ltd.: 131-142.

Starr M P, Baigent N L. 1966. Parasitic interaction of *Bdellovibrio bacteriovorus* with other bacteria. J Bacteriol, 91(5): 2006-2017.

Stecher B, Robbiani R, Walker A W, et al. 2007. *Salmonella enterica* serovar typhimurium exploits inflammation to compete with the intestinal microbiota. PLoS Biology, 5(10): 2177-2189.

Stenman L K, Waget A, Garret C, et al. 2014. Potential probiotic *Bifidobacterium animalis* ssp. *lactis* 420 prevents weight gain and glucose intolerance in diet-induced obese mice. Beneficial Microbes, 5(4): 437-445.

Stringer A M, Gibson R J, Logan R M, et al. 2008. Faecal microflora and beta-glucuronidase expression are altered in an irinotecan-induced diarrhea model in rats. Cancer Biology & Therapy, 7(12): 1919-1925.

Štšepetova J, Sepp E, Kolk H, et al. 2011. Diversity and metabolic impact of intestinal *Lactobacillus* species in healthy adults and the elderly. British Journal of Nutrition, 105(8): 1235-1244.

Suez J, Zmora N, Zilberman-Schapira G, et al. 2018. Post-antibiotic gut mucosal microbiome reconstitution is impaired by probiotics and improved by autologous FMT. Cell, 174(6): 1406-1423.e16.

Sultan A S, Kong E F, Rizk A M, et al. 2018. The oral microbiome: a Lesson in coexistence. PLoS Pathogens, 14(1): e1006719.

Sutton T D S, Hill C. 2019. Gut bacteriophage: current understanding and challenges. Frontiers in Endocrinology, 10: 784.

Svenstrup H F, Fedder J, Abraham-Peskir J, et al. 2003. *Mycoplasma genitalium* attaches to human spermatozoa. Human Reproduction, 18(10): 2103-2109.

Sweeney T E, Morton J M. 2013. The human gut microbiome: a review of the effect of obesity and surgically induced weight loss. JAMA Surgery, 148(6): 563-569.

Swidsinski A, Verstraelen H, Loening-Baucke V, et al. 2013. Presence of a polymicrobial endometrial biofilm in patients with bacterial vaginosis. PLoS One, 8(1): e53997.

Szajewska H, Horvath A, Kolodziej M. 2015. Systematic review with meta-analysis: *Saccharomyces boulardii* supplementation and eradication of *Helicobacter pylori* infection. Alimentary Pharmacology & Therapeutics, 41(12): 1237-1245.

Tao X, Franasiak J M, Zhan Y P, et al. 2017. Characterizing the endometrial microbiome by analyzing the ultra-low bacteria from embryo transfer catheter tips in IVF cycles: Next generation sequencing (NGS) analysis of the 16S ribosomal gene. Human Microbiome Journal, 3: 15-21.

Thaiss C A, Zmora N, Levy M, et al. 2016. The microbiome and innate immunity. Nature, 535(7610): 65-74.

Theriot C M, Koenigsknecht M J, Carlson P E Jr, et al. 2014. Antibiotic-induced shifts in the mouse gut microbiome and metabolome increase susceptibility to *Clostridium difficile* infection. Nature Communications, 5: 3114.

Turnbaugh P J, Hamady M, Yatsunenko T, et al. 2009. A core gut microbiome in obese and lean twins. Nature, 457(7228): 480-484.

Ueda A, Shinkai S, Shiroma H, et al. 2021. Identification of *Faecalibacterium prausnitzii* strains for gut microbiome-based intervention in Alzheimer's-type dementia. Cell Reports Medicine, 2(9): 100398.

Uusitupa H M, Rasinkangas P, Lehtinen M J, et al. 2020. *Bifidobacterium animalis* subsp. *lactis* 420 for Metabolic Health: Review of the Research. Nutrients, 12(4): 892.

van Best N, Jansen P L, Rensen S S. 2015. The gut microbiota of nonalcoholic fatty liver disease: current methods and their interpretation. Hepatology International, 9(3): 406-415.

Van Limbergen J, Radford-Smith G, Satsangi J. 2014. Advances in IBD genetics. Nature Reviews Gastroenterology & Hepatology, 11(6): 372-385.

Venkataraman A, Bassis C M, Beck J M, et al. 2015. Application of a neutral community model to assess structuring of the human lung microbiome. mBio, 6(1): e02284-e02214.

Verstraelen H, Vilchez-Vargas R, Desimpel F, et al. 2016. Characterisation of the human uterine microbiome in non-pregnant women through deep sequencing of the V1-2 region of the 16S rRNA gene. PeerJ, 4: e1602.

Vétizou M, Pitt J M, Daillère R, et al. 2015. Anticancer immunotherapy by CTLA-4 blockade relies on the gut microbiota. Science, 350(6264): 1079-1084.

Viaud S, Saccheri F, Mignot G, et al. 2013. The intestinal microbiota modulates the anticancer immune effects of cyclophosphamide. Science, 342(6161): 971-976.

Vrieze A, Van Nood E, Holleman F, et al. 2012. Transfer of intestinal microbiota from lean donors increases insulin sensitivity in individuals with metabolic syndrome. Gastroenterology, 143(4): 913-916.e7.

Wallace B D, Wang H W, Lane K T, et al. 2010. Alleviating cancer drug toxicity by inhibiting a bacterial enzyme. Science, 330(6005): 831-835.

Wang D M, Zhang T D, Lu Y Q, et al. 2022. *Helicobacter pylori* infection affects the human gastric microbiome, as revealed by metagenomic sequencing. FEBS Open Bio, 12(6): 1188-1196.

Wang Y H, Zhu W H, Shu M Y, et al. 2012. The response of human skin commensal bacteria as a reflection of UV radiation: UV-B decreases porphyrin production. PLoS One, 7(10): e47798.

Wee B A, Thomas M, Sweeney E L, et al. 2018. A retrospective pilot study to determine whether the reproductive tract microbiota differs between women with a history of infertility and fertile women. Australian and New Zealand Journal of Obstetrics and Gynaecology, 58(3): 341-348.

Wheeler M L, Limon J J, Bar A S, et al. 2016. Immunological consequences of intestinal fungal dysbiosis. Cell Host & Microbe, 19(6): 865-873.

Wilck N, Matus M G, Kearney S M, et al. 2017. Salt-responsive gut commensal modulates T_H17 axis and disease. Nature, 551(7682): 585-589.

Winter S E, Thiennimitr P, Winter M G, et al. 2010. Gut inflammation provides a respiratory electron acceptor for *Salmonella*. Nature, 467(7314): 426-429.

Winters A D, Romero R, Gervasi M T, et al. 2019. Does the endometrial cavity have a molecular microbial signature?. Scientific Reports, 9(1): 9905.

Wu L, Zeng T S, Deligios M, et al. 2020. Age-related variation of bacterial and fungal communities in different body habitats across the young, elderly, and centenarians in *Sardinia*. mSphere, 5(1): e00558-e00519.

Yan M L, Pamp S J, Fukuyama J, et al. 2013. Nasal microenvironments and interspecific interactions influence nasal microbiota complexity and *S. aureus* carriage. Cell Host & Microbe, 14(6): 631-640.

Yang L Y, Lu X H, Nossa C W, et al. 2009. Inflammation and intestinal *Metaplasia* of the distal esophagus are associated with alterations in the microbiome. Gastroenterology, 137(2): 588-597.

Yang M, Gu Y, Li L F, et al. 2021. Bile acid-gut microbiota axis in inflammatory bowel disease: from bench to bedside. Nutrients, 13(9): 3143.

Yassour M, Lim M Y, Yun H S, et al. 2016. Sub-clinical detection of gut microbial biomarkers of obesity and type 2 diabetes. Genome Medicine, 8(1): 17.

Yatsunenko T, Rey F E, Manary M J, et al. 2012. Human gut microbiome viewed across age and geography. Nature, 486(7402): 222-227.

Ye Q Q, Shao X N, Shen R W, et al. 2020. Changes in the human gut microbiota composition caused by *Helicobacter pylori* eradication therapy: a systematic review and meta-analysis. Helicobacter, 25(4): e12713.

Ying S, Zeng D N, Chi L, et al. 2015. The influence of age and gender on skin-associated microbial communities in urban and rural human populations. PLoS One, 10(10): e0141842.

Yu Z T, Chen C, Kling D E, et al. 2013. The principal fucosylated oligosaccharides of human milk exhibit prebiotic properties on cultured infant microbiota. Glycobiology, 23(2): 169-177.

Ze X L, Duncan S H, Louis P, et al. 2012. *Ruminococcus bromii* is a keystone species for the degradation of resistant starch in the human colon. The ISME Journal, 6(8): 1535-1543.

Zhang W Q, Zhao S K, Luo J W, et al. 2018. Alterations of fecal bacterial communities in patients with lung cancer. Am J Transl Res, 10(10): 3171-3185.

Zhao H S, Chu M, Huang Z W, et al. 2017. Variations in oral microbiota associated with oral cancer. Scientific Reports, 7(1): 11773.

Zhao L P, Zhang F, Ding X Y, et al. 2018. Gut bacteria selectively promoted by dietary fibers alleviate type 2 diabetes. Science, 359(6380): 1151-1156.

Zheng Y J, Fang Z Y, Xue Y, et al. 2020. Specific gut microbiome signature predicts the early-stage lung cancer. Gut Microbes, 11(4): 1030-1042.

Zhou Y J, Mihindukulasuriya K A, Gao H Y, et al. 2014. Exploration of bacterial community classes in major human habitats. Genome Biology, 15(5): R66.

Zhou Y T, Zhi F C. 2016. Lower level of *Bacteroides* in the gut microbiota is associated with inflammatory bowel disease: a meta-analysis. BioMed Research International, 2016(1): 5828959.

Zhuge A X, Li S J, Lou P C, et al. 2022. Longitudinal 16S rRNA sequencing reveals relationships among alterations of gut microbiota and nonalcoholic fatty liver disease progression in mice. Microbiology Spectrum, 10(3): e0004722.

第 4 章　肠道微生物的生物学

4.1　拟 杆 菌 门

拟杆菌门（Bacteroidetes）细菌约占人体肠道微生物的 60%，是人体胃肠道中丰度最高的细菌（Sorbara and Pamer，2022）。该菌参与人体结肠中许多重要的代谢活动，包括碳水化合物的发酵、含氮物质的利用，以及胆汁酸和其他类固醇的生物转化，相关代谢产物会对宿主健康产生有益或者有害的影响。有研究表明，拟杆菌目（Bacteroidales）的一些成员通过 5α-还原酶和 3β-羟基甾体脱氢酶，将次级胆汁酸修饰成影响 T 细胞分化的形式，进而帮助宿主抵御病原菌的入侵。此外，它们也会携带一些毒力基因，编码的脆弱拟杆菌毒素（*Bacteroides fragilis* toxin，BFT）能够激活机体 STAT3 和 Wnt 途径并刺激 IL-17 的产生以促进肿瘤的形成，最终导致结肠癌的出现。目前，拟杆菌门中研究得最充分的是拟杆菌属（*Bacteroides*）和普雷沃氏菌属（*Prevotella*），它们的组成和代谢活动在很大程度上受饮食调节。人类肠道宏基因组数据显示，拟杆菌含量与高脂、高蛋白摄入量有关，而普雷沃氏菌含量与富含植物性碳水化合物的饮食有关。近期研究表明，粪便普雷沃氏菌（*Prevotella copri*）与类风湿性关节炎有关，而表达肠毒素的脆弱拟杆菌（*Bacteroides fragilis*）与结肠癌有关。脆弱拟杆菌还产生一种具有免疫调节作用的两性离子多糖，可促进 $CD4^+$ T 细胞发育并改善炎症性肠病（inflammatory bowel disease，IBD）。

4.1.1　拟杆菌属

拟杆菌属（*Bacteroides*）是一类长度介于 1.6～12.0 μm，直径介于 0.5～2.0 μm 的严格厌氧的、不产芽孢的、杆状革兰氏阴性细菌（图 4-1）。该菌在血平板上可形成直径 1.0～3.0 mm 的白色或灰色光滑突起菌落，具有耐胆汁、耐氧、可分解利用多种植物源或动物源多糖的能力。它们通常对卡那霉素、万古霉素和黏菌素有耐药性。血红素和维生素 K 可刺激许多拟杆菌属的生长，并且是某些拟杆菌生长所必需的营养元素。该菌正常寄居于人和动物的肠道、口腔、上呼吸道和生殖道，无氧呼吸的主要副产物是乙酸、异戊酸和琥珀酸。

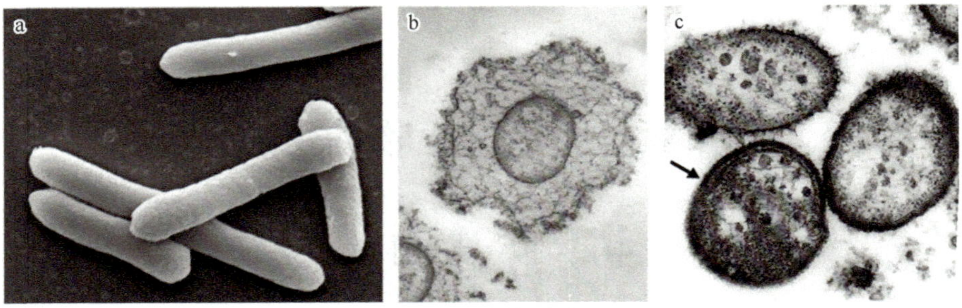

图 4-1　脆弱拟杆菌电子显微镜图片（Patrick，2015）

a. 扫描电镜图（童明拍摄）；b. 钌红染色的透射电子显微镜照片，展示了菌体表面的厚荚膜多糖；c. 钌红染色的透射电子显微镜照片，展示了菌体表面的薄荚膜多糖和微荚膜多糖（箭头指示）

4.1.1.1　拟杆菌属的分类

在过去的几十年中，随着肠道细菌分离培养技术的更新及宏基因组测序技术的出现，拟杆菌属的分类经历了几次重大修订。在 1989～1990 年，微生物学家主要依据细菌的细胞结构和生理、生化特性对拟杆菌属进行划定，导致拟杆菌属中的物种仅包含脆弱拟杆菌群的成员，而大多数未保留在拟杆菌属中的临床相关物种被归入卟啉单胞菌属（*Porphyromonas*）或普雷沃氏菌属（*Prevotella*）（Shah and Collins，1990）。1990 年以后，随着 16S rRNA 作为细菌分类鉴定“金标准”的确定及新一代测序技术的进步，研究者通过宏基因组测序技术发现了许多新的难以培养的拟杆菌属物种。截至 2021 年，人类胃肠道基因组（UHGG）（Almeida et al.，2021）共收录了 88 个拟杆菌属物种的基因组（图 4-2），但近半数物种尚未实现分离培养。

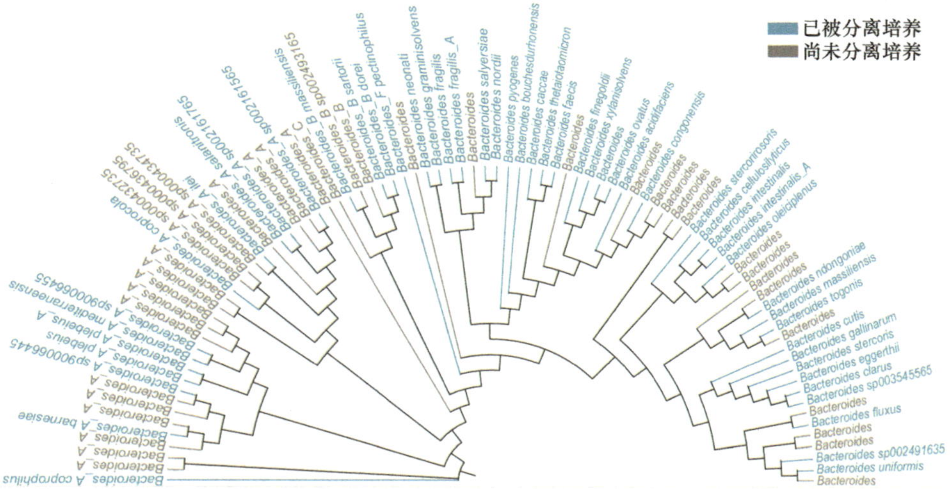

图 4-2　胃肠道拟杆菌属物种进化树（2021 年）

4.1.1.2　拟杆菌属的生理与功能

1. 拟杆菌编码了丰富的多糖利用基因簇

为了适应环境，拟杆菌练就了诸多“本领”。人体摄入的许多营养物质，尤其是单糖，已经在小肠中被吸收和消耗。据估计，只有大约2%的简单糖类能够通过胃肠道到达结肠。到达结肠的碳源主要是来自植物纤维的多糖，如纤维素、木聚糖、阿拉伯半乳聚糖、果胶及植物淀粉等，这些多糖能够抵抗宿主酶消化，不能被结肠上皮细胞吸收。为了利用这些多糖，拟杆菌进化出了多糖利用基因簇（polysaccharide utilization locus，PUL），这些 PUL 占据拟杆菌基因组的 1/4 左右，这使得它们能够将多种复杂的碳水化合物分解为简单的单糖和二糖，来支持自身和其他厌氧肠道微生物的生长。例如，多形拟杆菌（*Bacteroides thetaiotaomicron*）VPI-5482 菌株具有 88 个多糖利用基因簇，这些 PUL 在应对结肠内复杂的膳食多糖和宿主多糖时能够针对底物特点特异性地调动不同的 PUL，从而实现结肠内营养物的高效利用。

研究得比较清楚的是淀粉利用系统（starch utilization system，Sus）（图 4-3）。Sus 包括分布在外膜表面的聚糖结合蛋白（SusD、SusE、SusF）、外膜转运蛋白（SusC）、三种多糖水解酶（SusA、SusB、SusG）和调控蛋白（SusR）。首先，淀粉结合蛋白 SusD、SusE 和 SusF 将淀粉固定。随后，α-淀粉酶 SusG 将淀粉部分降解。然后，这些部分降解的寡糖通过外膜转运蛋白 SusC 进入周质空间。在

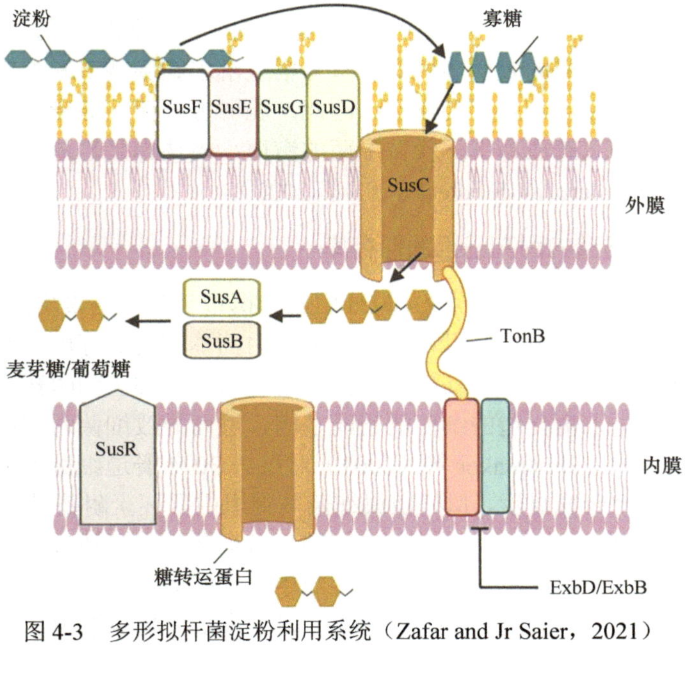

图 4-3　多形拟杆菌淀粉利用系统（Zafar and Jr Saier，2021）

周质中，α-淀粉酶 SusA 和 α-葡萄糖苷酶 SusB 将寡糖分解为麦芽糖和葡萄糖，其进而被拟杆菌直接利用。

2. 拟杆菌合成丰富的表面多糖

肠道拟杆菌不仅可以分解肠道内特异性的多糖分子来实现自身的能量供给和生长繁殖，还具备合成多种拥有免疫原性的表面多糖的能力，以充当机体健康的重要“益生菌”。拟杆菌属的表面多糖（surface polysaccharide）表现出独特的多样性和可变性。迄今为止，没有其他微生物在多糖生产中表现出如此广泛的种内和种间变异。以脆弱拟杆菌为例，其可以合成 8 种不同的荚膜多糖（Krinos et al.，2001）、一种细胞外多糖（Chatzidaki-Livanis et al.，2008）和多种糖蛋白（Coyne et al.，2005）。这些糖蛋白和荚膜多糖可以从细胞表面延伸数百纳米（图 4-1b 和 c），标志着微生物群的各个成员（及其宿主）之间的界面，有助于这些细菌在自然环境中的整体适应性，并在微生物-宿主相互作用中发挥重要的作用。Mazmanian 等（2008）发现，肠道内的脆弱拟杆菌（*B. fragilis* NCTC 9343）可以通过其表面的荚膜多糖 A（PSA）刺激淋巴细胞分泌 IL-10 等细胞因子，进而缓解由肝螺杆菌（*Helicobacter hepaticus*）引起的结肠炎；Ulsemer 等（2013）发现，来源于人肠道的卵形拟杆菌（*Bacteroides ovatus*）D-6 的荚膜多糖侧链上包含大量的肿瘤特异性抗原 TFα，该抗原可刺激抗 TFα IgM 和 IgG 的合成，进而抑制乳腺癌、结肠癌、肺癌、前列腺癌和膀胱癌的发生；Jiang 等（2017）发现，位于新生儿肠道内的 *B. fragilis* NCTC 9343 可以通过其表面的 PSA 诱导 TLR2、TLR4 受体活化，从而抑制 IL-8、IL-17 所引起的炎症反应，最终避免新生儿坏死性小肠结肠炎的发生。总的来说，拟杆菌合成的表面多糖能够参与宿主淋巴细胞调节和细胞因子表达，并在预防癌症方面发挥着重要的作用。因此，脆弱拟杆菌、卵形拟杆菌等多种拟杆菌属物种被认为具有成为下一代益生菌的潜质，被认为是目前最好的新一代益生菌候选株（Kaźmierczak-Siedlecka et al.，2022）。

3. 拟杆菌是肠道内耐药基因的储存库

为了应对环境中的抗生素压力，拟杆菌属会携带一些抗生素耐药基因。Salyers 等（2004）研究表明，拟杆菌可以作为肠道内耐药基因的储存库，允许抗性基因在物种之间发生转移，使得拟杆菌能够接收肠道内同属细菌的耐药基因和那些由于吸入或吞咽而进入消化道的细菌的耐药基因，进而导致细菌耐药性的增强和临床治疗难度的增加。Shoemaker 等（2001）对过去 30 年肠道细菌四环素和红霉素耐药基因的回顾性研究显示，拟杆菌属细菌基因组中四环素耐药基因 *tetQ* 的携带率从约 30%增加到 80%以上；与此同时，肺炎链球菌等呼吸道细菌也能将自身的红霉素耐药基因 *ermB* 转移至拟杆菌基因组中。这些耐药基因在细菌间的水平转移给临床用药带来了巨大的威胁，也因此造就了许多“超级细菌”。

为了降低环境适应成本，在没有抗生素压力的时候，拟杆菌会把抗性基因的启动子翻转，关闭耐药基因的表达。有研究表明（Jiang et al.，2019），从含红霉素的环境中分离的粪便拟杆菌（*Bacteroides stercoris*）菌株，红霉素耐药基因启动子是正方向（开启状态），而从没有红霉素的环境中分离的 *B. stercoris* 菌株，红霉素耐药基因启动子是翻转的关闭状态。然后，把启动子关闭的 *B. stercoris* 菌株放到有红霉素环境中，红霉素耐药基因启动子立马翻转，启动抗性基因表达。其实，不只是抗生素抗性基因是由可逆启动子来控制表达的，与拟杆菌适应环境相关的很多基因是由可逆启动子调控的，如荚膜多糖、菌毛、外膜蛋白及淀粉利用系统。

4. 外膜囊泡是拟杆菌与宿主以及其他肠道共生菌相互作用的重要媒介

外膜囊泡（outer membrane vesicle，OMV）（图 4-4）里包裹各种酶，如糖苷水解酶、脂质水解酶和蛋白酶，可以帮助细菌获得生长必需的营养物质，从而支持其他细菌的生长和维持肠道内稳态。有研究表明，卵形拟杆菌通过 OMV 释放的多糖水解酶降解菊粉，支持普通拟杆菌（*Bacteroides vulgatus*）的生长（Rakoff-Nahoum et al.，2016）。通过外膜囊泡里包裹的核酸介导的基因转移是基因水平转移的重要方式，其携带的抗菌蛋白可以清除自己的竞争对手，使其在物种竞争中获得优势。此外，外膜囊泡一般由革兰氏阴性菌产生，因此还会包裹细菌细胞壁上的成分，如脂多糖（LPS）、Sus 样成分、肽聚糖片段等。研究显示，外膜囊泡可以穿越肠屏障，被认为是细菌与宿主跨界交流的重要方式。脆弱拟杆菌

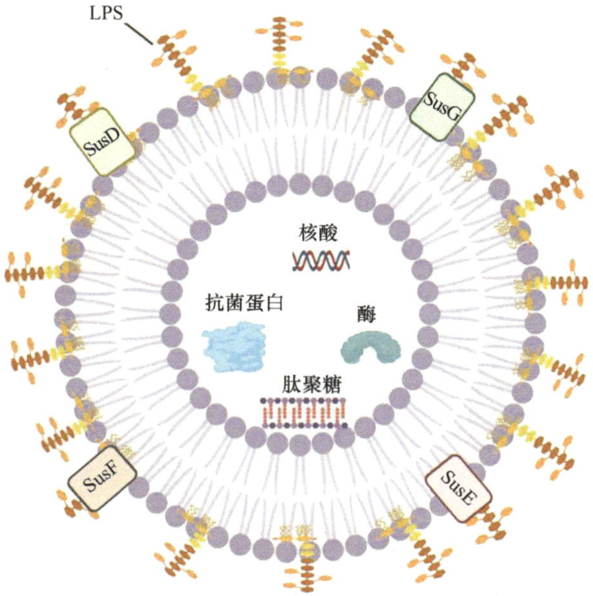

图 4-4　外膜囊泡

（Chu et al.，2016）和多形拟杆菌（Durant et al.，2020）通过 OMV 包裹的免疫调节分子，诱导树突状细胞产生细胞因子 IL-6 和 IL-10。

4.1.1.3 拟杆菌属与宿主健康

拟杆菌的所有功能和行为都是为了适应环境，抑或说环境选择了拟杆菌。拟杆菌表面包裹的荚膜多糖可以帮助拟杆菌抵御宿主的吞噬作用。许多拟杆菌还会通过产生溶血素和溶细胞素来杀死宿主免疫细胞，削弱宿主免疫系统。这也是它们可以定植在宿主体内的一个重要因素。据报道，敲除溶血素基因的脆弱拟杆菌，在体外和体内都显示出适应性降低，这表明溶血素可能在肠道细菌定植中起作用（Zafar and Jr Saier，2021）。此外，拟杆菌还会编码过氧化氢酶、过氧化物酶、硫氧还蛋白等，来应对宿主的氧化应激。当肠屏障破坏，拟杆菌从肠道进入宿主体内，将激活宿主的精胺氧化酶，进而产生过氧化氢和其他活性氧，导致宿主 DNA 损伤，增加癌症的患病率。以脆弱拟杆菌为例（图 4-5），脆弱拟杆菌毒素（BFT）

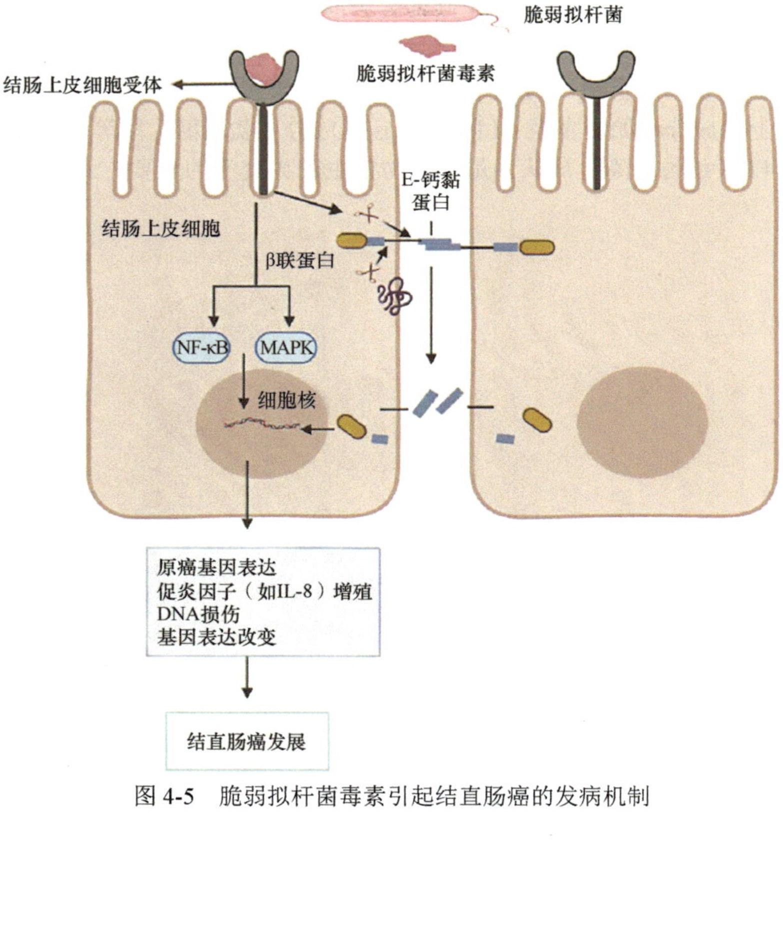

图 4-5 脆弱拟杆菌毒素引起结直肠癌的发病机制

和结肠上皮细胞（colon epithelial cell，CEC）受体的相互作用导致 E-钙黏蛋白裂解，从而引发一系列涉及核信号事件，包括活化核转录因子-κB（NF-κB）、丝裂原活化蛋白激酶（MAPK）和 β 联蛋白的 κ-轻链增强子等，进而导致促炎因子（如 IL-8）的产生、原癌基因的表达和 DNA 损伤。

此外，肠道拟杆菌对人体也会产生有益的影响。例如，脆弱拟杆菌表面的荚膜多糖 A 具有调节免疫系统、预防细菌和病毒感染，改善炎症性肠病的功能；卵形拟杆菌代谢生成的短链脂肪酸作为调节免疫、炎症和代谢的重要信号分子，具有调节黏膜免疫、调节食欲、抗炎、抗脂质、降胆固醇和抗癌的作用。

4.1.1.4　总结与展望

拟杆菌属菌作为人类肠道中最为丰富的革兰氏阴性菌，相较于肠道内其他细菌，具有易培养且能够进行基因操作等显著特征，因此已成为研究人类肠道细菌的理想模型。有关拟杆菌的功能研究显示，作为一种重要的共生菌，拟杆菌在调控宿主健康方面发挥双刃剑的作用。在适宜的肠道环境下，拟杆菌能降解宿主难以直接利用的多糖，对于维持宿主正常机能必不可少，被认为是目前最具发展潜质的抗癌益生菌。进一步研究这些“潜在的抗癌益生菌”的作用可能会导致现有癌症疗法的改进。未来的研究将有助于揭示人们不太了解的拟杆菌属菌株及其相互作用的生理和代谢细节。例如，脆弱拟杆菌的 PSA 在病毒感染期间的免疫调节中的作用。关于其在各种病毒感染期间的抗炎作用的研究肯定会成为越来越受关注的话题。

但另一方面，当机械性外力或生化物质使肠道内稳态遭到破坏后，拟杆菌可生成多种毒力因子，导致宿主腹部、大脑、肝脏、骨盆和肺部形成脓肿及菌血症等症状，对人类健康造成重大威胁。因此，明确肠道内不同生化因子对拟杆菌生理功能的调控将为揭示肠道中微生物群与宿主之间的动态关系提供理论依据，为开发肠道益生菌靶向疗法提供新视野。

4.1.2　副拟杆菌属

4.1.2.1　副拟杆菌属物种主要生物学特征

副拟杆菌属（*Parabacteroides*）是 Tannerellaceae 科的一类厌氧、不产生芽孢、不运动、革兰氏染色阴性的杆状细菌（图 4-6）。该属的模式物种为狄氏副拟杆菌（*Parabacteroides distasonis*）。狄氏副拟杆菌于 1933 年被 Eggerth 等报道，曾经被划分为拟杆菌属的成员（Eggerth and Gagnon，1933），因纪念罗马尼亚细菌学家 Arcangelo Distaso 而得名 *Bacteroides distasonis*。2006 年其 16S rRNA 基因序列以及呼吸醌组成被发现与拟杆菌属其他成员存在差异，因而其被重新分类为副拟杆菌属（Sakamoto and Benno，2006）。狄氏副拟杆菌在 EG 琼脂平板上菌落呈现灰色至灰白色，圆形，完整，略突起，表面光滑，菌落直径在 1～2 mm，细胞大小为（0.8～1.6）μm×（1.2～12.0）μm，可以耐受 20%胆汁。主要的呼吸醌是 MK-9 和 MK-10，而拟杆菌属的主要呼吸醌为 MK-10 和 MK-11（Sakamoto and Benno，2006）。据报道，副拟杆菌属（狄氏副拟杆菌）对甲硝唑敏感，对氨苄西林耐药，对头孢西丁耐药率为 75%（*n*=8），对四环素耐药率为 87.5%，对克林霉素耐药率为 50%（Boente et al.，2010）。

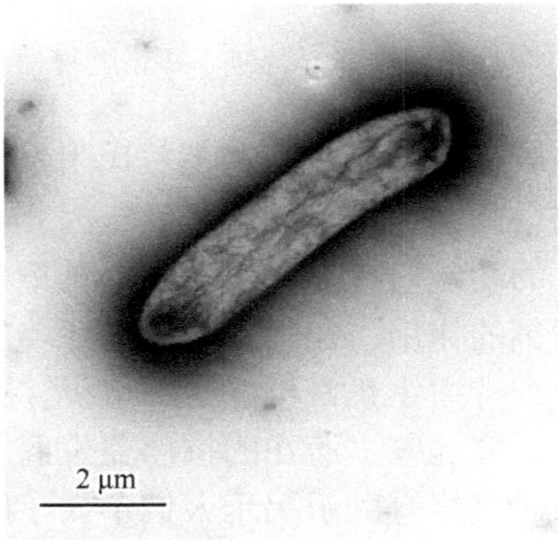

图 4-6　新物种产丙酸副拟杆菌（*Parabacteroides propionicigenes*）HA3406^T 透射电镜照片（刘双江课题组提供）

截至 2023 年 12 月，副拟杆菌拥有 13 个有效命名的物种，主要分离自人类的粪便样品（表 4-1），副拟杆菌属是健康人肠道中的核心属（Liu et al.，2021），与人类的健康有着紧密的联系。根据 GMrepo 数据库收录的信息，副拟杆菌属在健康人中的流行率为 80.33%，平均相对丰度为 1.30%，并且其相对丰度在健康人群和代谢、免疫和神经等疾病人群中存在明显变化，呈现复杂的相关性。例如，在糖尿病、肝硬化、结直肠癌、多发性硬化症和帕金森病等患者中丰度显著升高；在心血管疾病、类风湿性关节炎、强直性脊柱炎、系统性硬化症、肠易激综合征、溃疡性结肠炎和孤独症谱系障碍患者中丰度显著降低（GMrepo 数据库 https://gmrepo.humangut. info/home，图 4-7）。

表 4-1　已有效命名的副拟杆菌属（*Parabacteroides*）成员相关信息

种名	分离源	分离部位	参考文献
P. acidifaciens	人	粪便	Wang et al.，2019b
P. chartae	环境	造纸厂废水	Tan et al.，2012
P. chinchillae	龙猫	粪便	Kitahara et al.，2013

续表

种名	分离源	分离部位	参考文献
P. chongii	人	腹膜炎患者血液	Kim et al.，2018a
P. distasonis	人	粪便	Eggerth and Gagnon，1933
P. faecalis	猪	粪便	Bak et al.，2023
P. faecis	人	粪便	Sakamoto et al.，2015
P. goldsteinii	人	粪便	Song et al.，2005
P. gordonii	人	血液	Sakamoto et al.，2009b
P. hominis	人	粪便	Liu et al.，2021
P. johnsonii	人	粪便	Sakamoto et al.，2007a
P. leei	人	血液	Byun et al.，2023
P. merdae	人	粪便	Johnson et al.，1986

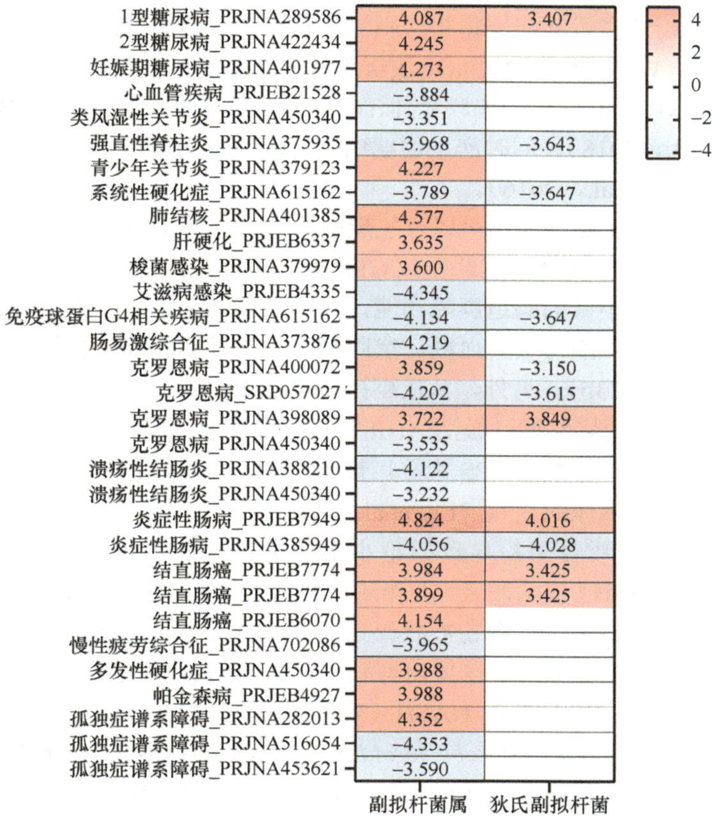

图 4-7　GMrepo 数据库中副拟杆菌属和狄氏副拟杆菌与疾病的相关性

红色代表正相关，蓝色代表负相关，右侧数值是线性判别分析（LDA）值

4.1.2.2 副拟杆菌属改善人类代谢性疾病

代谢性疾病是指破坏生物体正常代谢的一系列疾病，主要包括肥胖、2 型糖尿病、高血压、高脂血症和非酒精性脂肪肝等。在 2000～2019 年，代谢性疾病的患病率不断上升，给全球健康带来了沉重的负担（Chew et al.，2023）。近年来随着研究技术的发展，肠道菌群被认为是调节宿主健康的关键因素。其中一些研究已经发现副拟杆菌属的菌株可以调节宿主代谢过程。

在肥胖人群中身体质量指数（BMI）与肠道中副拟杆菌属丰度呈负相关，并且这一现象似乎与性别相关，在女性中发现了更强的相关性（Zhang et al.，2023）。其中狄氏副拟杆菌已经被证实具有调节血糖并且减轻肥胖的功能。通过对 ob/ob 和高脂诱导的肥胖小鼠灌胃给予狄氏副拟杆菌，发现小鼠体重和血糖得以降低，并且改善了肝脏脂肪的变性（Wang et al.，2019a）。狄氏副拟杆菌拥有转化初级胆汁酸和产生琥珀酸的能力，显著地改变了小鼠胆汁酸谱。对狄氏副拟杆菌体外培养物的提取分析证实了其能够将初级胆汁酸转化为次级胆汁酸，并能够发酵有机物产生琥珀酸（Wang et al.，2019a）。次级胆汁酸可以通过法尼醇 X 受体（farnesoid X receptor，FXR）和 G 蛋白偶联受体 TGR5 途径影响脂质代谢（de Boer et al.，2018；Jia et al.，2018）。同时产生的琥珀酸可以通过肠道糖异生途径改善葡萄糖稳态（De Vadder et al.，2016）。

根据报道，狄氏副拟杆菌可以产生烟酸，这是一种水溶性的 B 族维生素。研究发现烟酸可以作为 G 蛋白偶联受体 GPR109a 的外源性激动剂，激活抗炎通路，进而增强高脂诱导小鼠的肠道屏障功能，并改善胰岛素抵抗。在人群队列中也发现狄氏副拟杆菌和烟酸与空腹血糖、空腹胰岛素水平和胰岛素抵抗存在显著负相关（Sun et al.，2023b）。另外，狄氏副拟杆菌还可以参与色氨酸代谢，进而产生吲哚丙烯酸，吲哚丙烯酸通过激活 AHR 途径，提高 IL-22 的表达以进一步增强肠道屏障的完整性，降低血液 LPS 水平，抑制 TLR4-NF-κB 信号通路，从而改善高脂诱导小鼠的 2 型糖尿病症状（Liu et al.，2023a）。

研究发现通过喂食菊粉导致模型小鼠非酒精性脂肪性肝炎（non-alcoholic steatohepatitis，NASH）症状减轻，并伴随着肠道中狄氏副拟杆菌的升高。通过 ^{13}C 标记的菊粉代谢分析发现，菊粉被狄氏副拟杆菌特异性代谢产生一类饱和脂肪酸如十五烷酸，这类脂肪酸在小鼠体内抑制了多种 NASH 相关通路，抑制肝脏炎症并且保护肠道屏障，最终缓解 NASH（Wei et al.，2023）。

研究发现粪副拟杆菌（*Parabacteroides merdae*）可以改善 *ApoE* 模型小鼠动脉粥样硬化迹象，其机制是 *P. merdae* 可以通过其自身代谢功能，加快支链氨基酸分解，从而抑制由于支链氨基酸的慢性积累诱发宿主心脏缺血性损伤（Li et al.，2017），并且可以通过调节血小板活化促进血栓的形成（Xu et al.，2020b）。支链氨基酸水平的降低，抑制了 mTORC1 通路的激活，进而有助于减轻动脉粥样硬化的症状。

以上内容表明副拟杆菌属可以通过产生有益物质如琥珀酸、烟酸、吲哚丙烯酸和十五烷酸，或者通过转化和降低体内有害物质如支链氨基酸来维持和改善宿主正常代谢功能。

4.1.2.3　副拟杆菌属调节肠炎和自身免疫疾病

肠道微生物对宿主免疫系统的调节发挥着巨大的作用，有报道副拟杆菌属在改善肠道炎症中发挥潜在的作用。例如，狄氏副拟杆菌的某些分离株可以强烈刺激人外周血单个核细胞（PBMC）产生大量的 IL-10，并且促进未成熟的调节性树突状细胞产生调节性 T 细胞，展现了良好的抗炎特性。狄氏副拟杆菌亦可以降低三硝基苯磺酸诱导的结肠炎模型小鼠促炎细胞因子水平并改善宏观的炎症表型，显示出保护作用（Cuffaro et al.，2020）。此外，狄氏副拟杆菌对结直肠癌也具有潜在的治疗效果。研究发现，狄氏副拟杆菌可以通过抑制 TLR4 和 Akt 信号转导，进而减少炎性细胞因子，促进肿瘤细胞凋亡，最终阻断高脂饮食和偶氮甲烷（AOM）诱导小鼠的结肠肿瘤发生（Koh et al.，2018）。

副拟杆菌属除了可以改善宿主肠道炎症外，还具有治疗全身性炎症的潜在功能。在一项关于类风湿性关节炎的研究中发现新发病患者狄氏副拟杆菌丰度显著降低，这种现象与关节炎活动评分 DAS-28 呈负相关。经研究发现，狄氏副拟杆菌可以将宿主产生的初级胆汁酸转化为次级胆汁酸，从而发挥抑制炎症作用，包括抑制 Th17 细胞的分化并且促进巨噬细胞 M2 极化，最终改善模型诱导小鼠关节炎症状（Sun et al.，2023a）。

总之，副拟杆菌属可以通过改善肠道炎症和免疫对于肠炎和结直肠癌甚至全身性自身免疫都具有潜在的治疗效果，有望成为维持免疫稳态的重要益生菌。但是值得注意的是，一些研究报道在克罗恩病患者中副拟杆菌属成员丰度升高（Mackner et al.，2020；Mottawea et al.，2016），副拟杆菌属的部分菌株可能引发潜在的细胞毒性，并促进克罗恩病的发生（Singh et al.，2024）。因此在应用过程中应认真考虑菌株的功能特异性。

4.1.2.4　副拟杆菌属与肠易激综合征和精神神经疾病

肠易激综合征是一种影响肠道蠕动、肠道神经敏感性或脑部功能控制的疾病。肠易激综合征被发现与肠道菌群稳态失衡相关，其中副拟杆菌属丰度显著降低（Rajilić-Stojanović et al.，2011）。而通过粪菌移植后，*P. johnsonii* 的丰度与肠易激综合征患者症状的严重程度呈负相关（El-Salhy，2023）。这说明副拟杆菌属的成员有望成为治疗肠易激综合征的潜在益生菌。自闭症（又称孤独症）是一种特殊类型的广泛性发育障碍的代表性疾病，主要表现为社交困难、言语发育迟缓和刻板行为等。益生菌治疗是改善自闭症症状的有效手段（Abdellatif et al.，2020）。很多研究发现副拟杆菌属在自闭症儿童的肠道中丰度显著降低（Xu et al.，2019）。*P. goldsteinii* 可以改善自闭症样小鼠的焦虑行为及社会行为缺陷，*P. goldsteinii* 不仅减少了肠道和全身炎症，而且增强了神经肽相关的信号转导和海马区的抗氧化活性功能，有望作为治疗自闭症的潜在益生菌。尽管副拟杆菌属抑制肠道炎症可能对神经系统的恢复和改善具有重要意义，但是，应该注意的是有些研究中发现在帕金森病患者中副拟杆菌属丰度异常上升（Yan et al.，2021）。因此区分不同神经系统疾病病理学，讨论菌株差异性，有助于合理安全地利用益生菌治疗神经系统疾病。

4.1.2.5 中药成分和益生元促进肠道中副拟杆菌属生长

基于现有的研究，副拟杆菌属似乎对于治疗、改善和预防部分代谢和免疫类疾病具有广阔的前景，但是，狄氏副拟杆菌属等下一代益生菌仍不在人类可食用益生菌目录中。一些研究发现，传统中药或者新兴益生元可以通过天然成分促进体内副拟杆菌属的增殖。例如，可食用的海藻条浒苔（*Enteromorpha clathrata*）可以增加副拟杆菌属的丰度（Ma et al.，2022），冬虫夏草产生的多糖可以促进 *P. goldsteinii* 的增殖（Wu et al.，2019），灵芝杂萜衍生物可以提高肠道中 *P. merdae* 的丰度（Qiao et al.，2022），而杜仲树皮（Yan et al.，2022）、人参皂苷 Rg2（Sun，2023a）、铁皮石斛多糖（Sun，2023b）、菊粉（Wei et al.，2023）和抗性糊精（Thirion et al.，2022）均被报道可以促进狄氏副拟杆菌的生长。这些研究成果，有助于解释中医药和食物疗法对于治疗人类疾病的疗效，而且中药食补方法对于被治疗者而言更容易被接受。但是，值得注意的是，尽管这些中药和益生元可以提高肠道中副拟杆菌属成员的丰度，但它们可能只针对某些特定疾病有效。换言之，当应用在临床和实践中时应小心谨慎，注意物种在菌株水平上的差异和功能特殊性（Chamarande et al.，2022）。

4.1.2.6 小结

副拟杆菌属在人类肠道中普遍存在，并且发挥着重要作用，对肥胖、2 型糖尿病、心血管疾病、肠炎、结直肠癌、类风湿性关节炎、肠易激综合征和自闭症等具有潜在的治疗作用。副拟杆菌属通过产生对人体有益的代谢产物如短链脂肪酸、次级胆汁酸、维生素等，或者消耗人体内有害物质如支链氨基酸促进人体健康，并且调节宿主的代谢和免疫，是具有潜力的下一代益生菌，但应该关注菌株差异和功能特殊性，特别是在克罗恩病和神经系统疾病中，需要格外关注该属的潜在风险。

4.1.3　普雷沃氏菌属

4.1.3.1　普雷沃氏菌物种主要生物学特征

普雷沃氏菌属于拟杆菌门（Bacteroidetes）普雷沃氏菌科（Prevotellaceae），是一类厌氧、无孢子产生、不运动、革兰氏染色阴性的杆状细菌，具有糖分解能力。目前普雷沃氏菌科下已有 5 个属被有效发表（https://lpsn.dsmz.de/family/prevotellaceae），其中普雷沃氏菌属（*Prevotella*）被广泛研究。1990 年，Shar 和 Collins 将拟杆菌属（*Bacteroides*）中表型和系统发育一致的主要来自口腔、具有中度糖分解能力的一类微生物划分成一个新属，命名为 *Prevotella*，以纪念厌氧微生物学的先驱法国微生物学家 A. R. Prévot。在血琼脂平板上菌落的直径大小从非常微小到 2 mm 不等，通常是圆形的、表面完整、凸起、光滑有光泽，半透明或者不透明，颜色呈浅棕色、灰色或黑色。最适生长温度为 37℃，部分菌株可以在 10℃和 45℃生长。主要的呼吸醌是具有 10～13 个异戊二烯单元的不饱和甲基萘醌。基因组 DNA 的 GC 含量在 39%～60%。该属的模式物种为 *Prevotella melaninogenica*，因其菌落产生黑色色素得名（Shah and Collins，1990）。

在编写此书时 *Prevotella* 属内有 57 个种被有效发表（表 4-2），这些物种大部分来源于人或动物体内（包括口腔、瘤胃、肠道、皮肤、伤口、阴道和呼吸道）或者粪便，仅 4 个种来源于植物或环境。来源于人肠道或粪便的有 5 个种，其中菌种 *Prevotella copri* 在人肠道内最为丰富，它于 2007 年被 Hayashi 等描述并命名（Hayashi et al.，2007），是专性厌氧的、不形成孢子、不运动的革兰氏阴性杆菌（图 4-8a）。在血琼脂培养基上孵育 48 h 后，菌落呈乳白色，圆形，完整，微凸，光滑，菌落直径为 0.3～2.0 mm（图 4-8b）。*P. copri* 对糖类的利用能力较强，表现在其基因组中拥有大量编码多糖降解酶的基因，如淀粉酶、木聚糖酶和果胶酶（Accetto and Avguštin，2015），这些多糖最终被降解为单糖进入中心碳代谢，其主要的碳代谢途径为糖酵解和延胡索酸呼吸产生琥珀酸（Franke and Deppenmeier，2018）。*P. copri* DSM18205^{T} 被报道不能产生丙酸，代谢过程中产生的丙酮酸可被分解为甲酸和乙酸。

表 4-2　已有效命名的普雷沃氏菌属（*Prevotella*）成员相关信息

种名	分离源	分离部位	参考文献
P. albensis	动物（牛）	瘤胃	Avgustin et al.，1997
P. amnii	人	羊膜	Lawson et al.，2008
P. aurantiaca	人	口腔	Sakamoto et al.，2010
P. baroniae	人	口腔	Downes et al.，2005

续表

种名	分离源	分离部位	参考文献
P. bergensis	人	脓肿	Downes et al.，2006
P. bivia	人	子宫内膜	Shah and Collins，1990
P. brevis	动物	瘤胃	Avgustin et al.，1997
P. brunnea	人	伤口	Buhl et al.，2019
P. bryantii	动物（牛）	瘤胃	Avgustin et al.，1997
P. buccae	人	口腔	Shah and Collins，1990
P. buccalis	人	口腔	Shah and Collins，1990
P. cerevisiae	环境（啤酒厂）	废水	Nakata et al.，2019
P. colorans	人	伤口	Buhl et al.，2016
P. copri	人	粪便	Hayashi et al.，2007
P. corporis	人	阴道	Shah and Collins，1990
P. dentalis	人	口腔（牙齿根管）	Willems and Collins，1995
P. dentasini	动物（驴）	口腔	Takada et al.，2010
P. denticola	人	口腔	Shah and Collins，1990
P. disiens	人	阴道（脓肿）	Shah and Collins，1990
P. enoeca	人	口腔（牙龈缝隙）	Moore et al.，1994
P. falsenii	动物（猴子）	口腔（牙菌斑）	Sakamoto et al.，2009a
P. fusca	人	口腔	Downes and Wade，2011
P. herbatica	环境（产甲烷反应器）	植物残渣	Ueki et al.，2022
P. histicola	人	口腔	Downes et al.，2008
P. hominis	人	粪便	Liou et al.，2020
P. illustrans	人	口腔（脓肿）	Buhl et al.，2021
P. intermedia	人	脓胸	Shah and Collins，1990
P. jejuni	人	小肠	Hedberg et al.，2013
P. lascolaii	人	阴道	Shinkai et al.，2022
P. loescheii	人	口腔（牙龈缝隙）	Shah and Collins，1990
P. maculosa	人	口腔	Downes et al.，2007
P. marshii	人	口腔	Downes et al.，2005
P. melaninogenica	人	口腔（痰液）	Shah and Collins，1990
P. micans	人	口腔	Downes et al.，2009
P. mizrahii	动物（猪）	肠道	Wylensek et al.，2020
P. multiformis	人	口腔（牙菌斑）	Sakamoto et al.，2005a
P. multisaccharivorax	人	口腔（牙菌斑）	Sakamoto et al.，2005b
P. nanceiensis	人	血液	Alauzet et al.，2007
P. nigrescens	人	口腔（牙龈）	Shah and Gharbia，1992
P. oralis	人	口腔（牙周袋）	Shah and Collins，1990

续表

种名	分离源	分离部位	参考文献
P. oris	人	口腔（牙龈缝隙）	Shah and Collins，1990
P. oryzae	植物（水稻）	根部	Sakamoto and Ohkuma，2012
P. oulorum	人	口腔（牙龈缝隙）	Shah and Collins，1990
P. pallens	人	口腔（唾液）	Könönen et al.，1998
P. paludivivens	植物（水稻）	根部	Ueki et al.，2007
P. phocaeensis	人	肠道	Afouda et al.，2017
P. pleuritidis	人	胸膜液	Sakamoto et al.，2007b
P. rara	人	粪便	Efimov et al.，2018
P. ruminicola	动物	瘤胃	Shah and Collins，1990
P. saccharolytica	人	口腔	Downes et al.，2010
P. salivae	人	口腔	Sakamoto et al.，2004
P. scopos	人	口腔	Downes and Wade，2011
P. shahii	人	口腔	Sakamoto et al.，2004
P. stercorea	人	粪便	Hayashi et al.，2007
P. timonensis	人	脓肿	Glazunova et al.，2007
P. veroralis	人	口腔	Shah and Collins，1990
P. vespertina	人	脓肿	Buhl and Marschal，2020

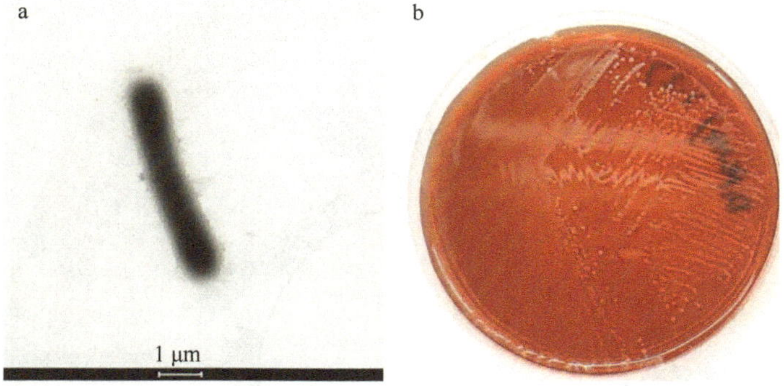

图 4-8　*Prevotella copri* SDDP-1 菌株的透射电镜照片和菌落形态照片（刘双江课题组提供）

a. 透射电镜照片，比例尺为 1 μm；b. 菌落形态照片

Prevotella 成员大多数最初很难分离，而一旦成功分离则可以适应体外的厌氧培养环境。其中 *P. copri* 对氧气的敏感程度较高，分离培养工作较难开展，导致目前基于培养对 *P. copri* 菌株基因和功能多样性的表征与研究非常有限。目前针对 *Prevotella* 的研究主要是通过使用宏基因组和扩增子测序这类免培养技术分析其与宿主的作用关系。

通过不同国家的肠道宏基因组数据分析发现，*P. copri* 菌株基因组存在地理差异，并且其种群结构在遗传学上是离散的。在长期的演化过程中形成了 4 个不同的进化枝（图 4-9），其中一个进化枝内的 3 个亚型包含的菌株几乎全部来自中国

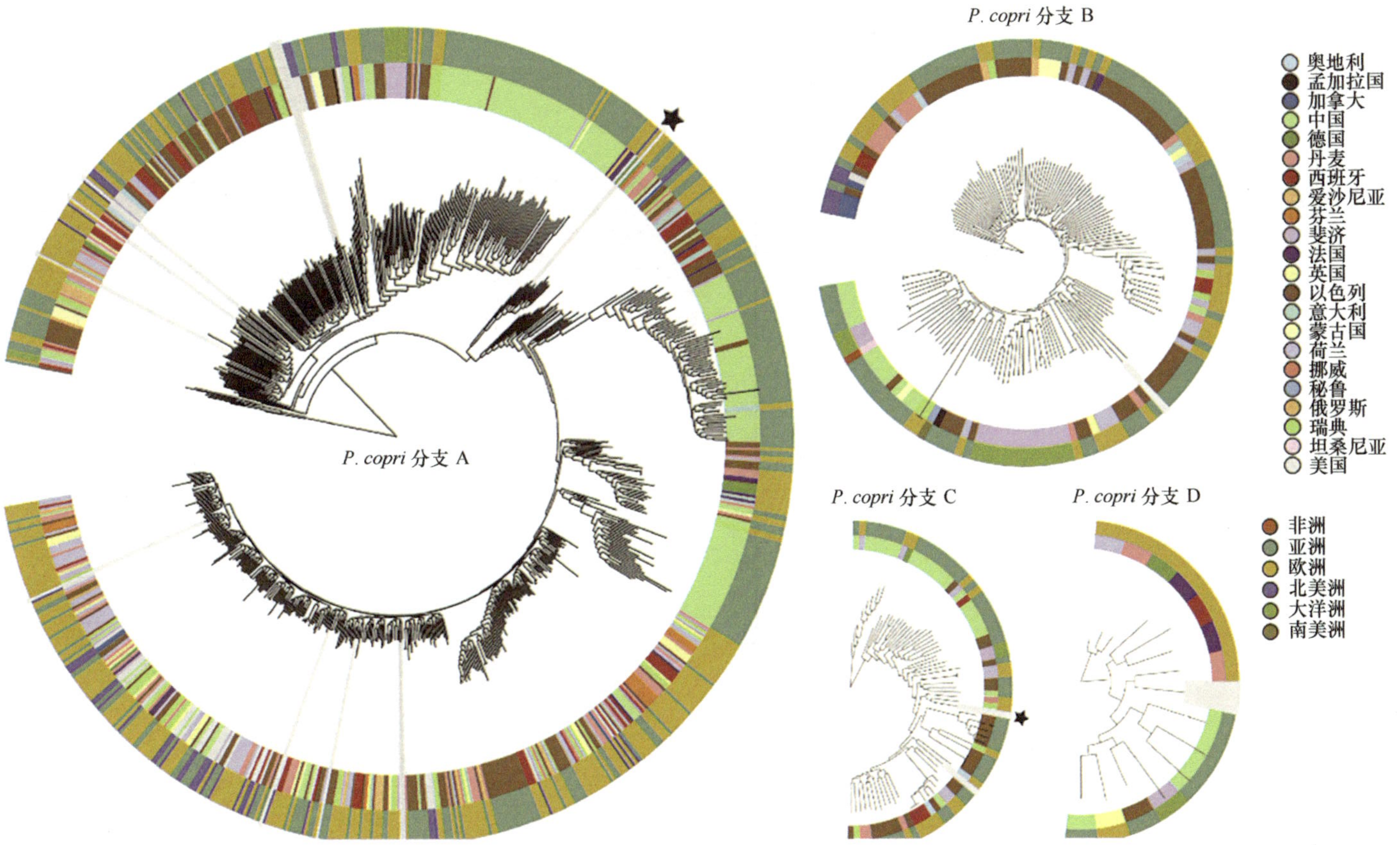

图 4-9 来自 22 个不同国家样品的宏基因组数据组装的 1023 个 *P. copri* 基因组的系统发育关系（Tett et al., 2019）

外环按原产大陆着色，内环按国家着色。径向灰条表示最近测序的分离物基因组，而公开可用的参考基因组则用黑星表示

（Tett et al.，2019；Truong et al.，2017）。尽管某些进化枝内亚型的地理分层十分明显，但大多数亚型似乎是包括多个国家甚至是多个大陆的，这表明 *P. copri* 在地理上的差异分布，不仅体现在进化枝水平，而且存在于进化枝内。除此以外，不同的 *P. copri* 菌株之间的遗传差异十分明显，它们的单核苷酸变异（SNV）率为 2.44%，远高于相近的 *Bacteroides*（0.36%～0.96%）的菌株（Truong et al.，2017）。虽然经常有位于不同进化枝的 *P. copri* 菌株出现在同一人体内的现象，但是人类肠道中的每个物种通常只有一个菌株占主导地位，其主要菌株的相对丰度占全部 *P. copri* 物种的 86%，这种个体化的优势菌株的保留可能有助于维持肠道微生物组的稳定性（Truong et al.，2017），在长期共存过程中不断进化，适应宿主并且也在塑造肠道微环境。由于其在人体内存在较高的遗传变异性，*P. copri* 被认为是人肠道中最具有可塑性的微生物之一（Truong et al.，2017）。

4.1.3.2　普雷沃氏菌属与宿主健康的相关性

目前已经发现，*Prevotella* 存在于各种动物体内，有些物种也可以在环境中生存。应用免培养测序技术进行分析发现，*Prevotella* 是哺乳动物（如人、狗、猪、鼠和瘤胃动物）体内常见且丰富的成员（Tett et al.，2021）。在人体内 *Prevotella* 主要存在于皮肤、口腔、阴道和胃肠道内。

1. 口腔中的普雷沃氏菌

口腔是 *Prevotella* 多样性最高的部位，截至目前已有 29 个物种从人类口腔分离并被有效命名。通过对数量超过 9500 个的人体微生物组宏基因组数据集的分析发现：在西方化生活的人群的口腔中 *Prevotella* 的流行率为 85%，平均相对丰度（指该物种在某类人群中的数目占细菌总数目比例的平均值）为 7.4%，在非西方化人群中为 100%，平均相对丰度为 11.5%（Pasolli et al.，2019；Tett et al.，2021）。在口腔中 *P. melaninogenica* 是丰度最高的菌种，其也是人群中流行率最高的菌种之一（Tett et al.，2021）。

Prevotella 是牙周炎患者口腔中最丰富的属，*Prevotella* 在健康人的口腔中的主要成员为 *P. nigrescens*，而在牙周炎患者口腔中 *Prevotella* 的种类呈现多样化，没有明显占据主导地位的种类（Wang et al.，2013）。在口腔中，*Prevotella* 参与了牙龈下生物膜形成的过程，这也为入侵和破坏牙周组织提供条件。这些引起牙周炎的 *Prevotella* 通过 IX 型分泌系统（简称 PorSS，IX 型分泌系统是一个广泛分布且仅存在于拟杆菌门中的多蛋白复合体，参与致病性、细胞滑动和生物大分子的降解。这些蛋白质参与调控的相关毒力因子包括牙龈素、菌毛、脂多糖、HBP35、CPG70 蛋白和蛋白质-肽基精氨酸脱亚氨酶等。它们通过 T9SS 转定位在细胞外膜上，然后释放至胞外，从而对牙周组织起破坏作用）将产生的蛋白酶分泌到细胞

表面，这些蛋白酶是诱发炎症的毒力因子，可以降解宿主蛋白质以获取必需营养物质，也能保护自身逃避宿主防御系统的杀伤，进而引起持续性炎症（Ibrahim et al.，2017；Matsui et al.，2014）。

牙周炎不仅会影响人类口腔健康，也会推动代谢紊乱等疾病的发展。例如，糖尿病被报道与牙周炎存在双向关系：糖尿病会增加患牙周炎的风险，而牙周炎也会对血糖控制产生负面影响。研究发现糖尿病患者与非糖尿病患者牙龈下生物膜的微生物组成存在差异，其中牙周炎病原菌 *P. intermedia* 在糖尿病患者口腔中富集。治愈牙周炎可以通过减少全身性炎症，促使代谢调节朝健康方向发展以改善糖尿病（Preshaw et al.，2012）。此外，全身性炎症疾病也通常伴随着牙周炎的高易感性，包括系统性红斑狼疮和类风湿性关节炎（Graves et al.，2019）。宿主对口腔细菌的反应可能会因全身性疾病发病而产生变化，炎症反应破坏了微生物菌群稳态，从而增加细菌致病性和牙周炎易感性。在系统性红斑狼疮和类风湿性关节炎患者口腔内与牙周炎相关的细菌显著富集，包括 *Prevotella* 的部分成员。当炎症得到控制后，又可以将微生物菌群转变成“健康状态”，恢复全身和口腔的稳态（Graves et al.，2019）。这说明口腔内部微环境与人类全身性的健康有密切联系。

2. 肠道中的普雷沃氏菌

2011 年，Arumugam 等首先提出了肠型（enterotype）的概念。肠型是根据人们肠道微生物中的优势菌属，对肠道微生物群进行分类的一种方法。不同肠型对人的体质、食物的利用效率和携带的潜在疾病的风险有很大的影响。例如：①拟杆菌肠型，人群饮食习惯倾向于高脂高蛋白，*Bacteroides* 能有效分解碳水化合物，这类肠型的人将会更容易从食物中获取能量；②普雷沃氏菌肠型，人群饮食习惯倾向于植物性碳水化合物。这类肠型的人往往和非西方化的饮食习惯相关；③瘤胃球菌肠型，此类人群饮食习惯倾向于高碳水化合物，*Ruminococcus* 有助于利用糖类，因此这类肠型的人可能会更多受到体重问题的困扰。通过结合跨越多个国家和大陆的数据，确定了三类稳健集群（肠型），它们在物种和功能组成上不同，据此把消化道划分为拟杆菌肠型、普雷沃氏菌肠型和瘤胃球菌肠型（Arumugam et al.，2011）。肠型聚类的基础尚不清楚，但是长期的饮食模式似乎影响着肠道内的微生物群落结构。近年来研究发现 *Prevotella* 在非西方化饮食人群肠道中富集，其中包括非洲、大洋洲、南美洲、亚洲和其他洲一些国家的农村地区（De Filippo et al.，2010；Pasolli et al.，2019；Wu et al.，2011）。饮食被认为是塑造这一现象的主要原因，非西方化饮食人群遵循着相对传统的生活方式，食物的主要成分为蔬菜、水果和较多的谷物。碳水化合物、纤维和非动物源蛋白的含量非常高，而脂肪和动物蛋白含量低。相比于西方化饮食，这种高纤维饮食更加传统，似乎也是更加健康的（Pasolli et al.，2019）。

通过饮食模式和肠型相关性分析，发现 *Prevotella* 肠型与碳水化合物的摄入呈正相关，与动物蛋白、多种氨基酸和脂肪呈负相关（Wu et al.，2011），这与 *Prevotella* 的生化功能是统一的。因为 *Prevotella* 专注于编码碳水化合物降解酶和多糖利用基因座（polysaccharide utilization loci，PUL），可以特异性地分解植物来源的纤维和多糖。PUL 中存在一个或多个编码 SusC/SusD 跨膜蛋白和多种碳水化合物降解酶的基因，如糖基水解酶和多糖裂解酶（Glenwright et al.，2017）。SusC 是将多糖转运至周质的细菌跨膜蛋白，SusC 与外膜聚糖结合蛋白 SusD 以及碳水化合物降解酶协作，共同吸收和分解多糖。*P. copri* PUL 中的碳水化合物降解酶可以特异性地分解代谢植物来源的多糖和内源性宿主黏蛋白，而缺乏分解代谢动物源多糖的能力（Fehlner-Peach et al.，2019）。这说明肠道中的 *Prevotella* 的主要营养来源是植物源多糖而非动物源多糖，印证了在 *Prevotella* 肠型中蛋白质、脂质水解和发酵潜能相对较低的现象（Vieira-Silva et al.，2016）。

最近的报道发现，*P. copri* 在非西方化饮食人群肠道中的流行率为 95.4%，几乎无处不在，而在西方化人群中仅有 29.6%的流行率，形成鲜明的对比。*P. copri* 在古代肠道样品和现代非西方化饮食人群中高度流行的现象说明了 *P. copri* 菌株长期以来一直是人类肠道微生物组的共生菌株（Tett et al.，2019）。西方化的生活习惯，使得来自非西方化饮食国家的移民中 *Prevotella* 菌株逐渐被 *Bacteroides* 菌株替代，并且生活时间越长，变化程度也越大（Vangay et al.，2018）。这些现象说明西方化饮食人群中 *Prevotella* 菌株流行率的逐代下降是菌株应对西方化生活而损失造成的，这种损失是在相对于宿主-微生物长期共同进化的几乎无限小的时间范围内发生的（Tett et al.，2019）。

3. 普雷沃氏菌与人类健康和疾病

Prevotella 菌株的多样性反映了对于不同肠道中生态位的适应过程和适应能力，在长期的协同进化过程中获得的功能基因可能会对人类健康造成不同程度的影响，其中包括代谢、免疫和神经等多个方面。通过使用肠道微生物群数据库（GMrepo）分析 *Prevotella* 在不同疾病表型中丰度的变化情况（Dai et al.，2022）。结果发现，在 2 型糖尿病、前期高血压和肝硬化这类代谢性炎症疾病患者中以及艾滋病、强直性脊柱炎患者中 *Prevotella* 成员的丰度升高，在肥胖、心血管疾病、一些神经退行性疾病（如帕金森病和多发性硬化），以及系统性硬化、克罗恩病、溃疡性结肠炎和炎症性肠病患者中丰度降低（图 4-10）。但是在阿尔茨海默病、孤独症谱系障碍和结直肠癌患者中，不同样品呈现了相反的趋势。根据 *Prevotella* 成员特性，肠道内的 *Prevotella* 通常被认为是与富含植物的饮食相关的一组有益细菌（De Filippis et al.，2016）。然而最近的一些报道发现，部分相关疾病宿主体

内的 *Prevotella* 可能会引起局部炎症，进而诱发全身性炎症（Maurice et al.，1999）。在 2 型糖尿病和前期高血压患者中，身体通常伴随着轻度的炎症反应。在 2 型糖尿病患者中胰岛素耐受和胰岛素分泌缺陷是由相应组织中慢性炎症引起的，炎症反应在 2 型糖尿病发病进程中起着关键作用（Calle and Fernandez，2012）。这种功能上明显的差异可能是由于菌种和菌株水平上的多样性，具体的益生和致病机理仍有待继续阐明。

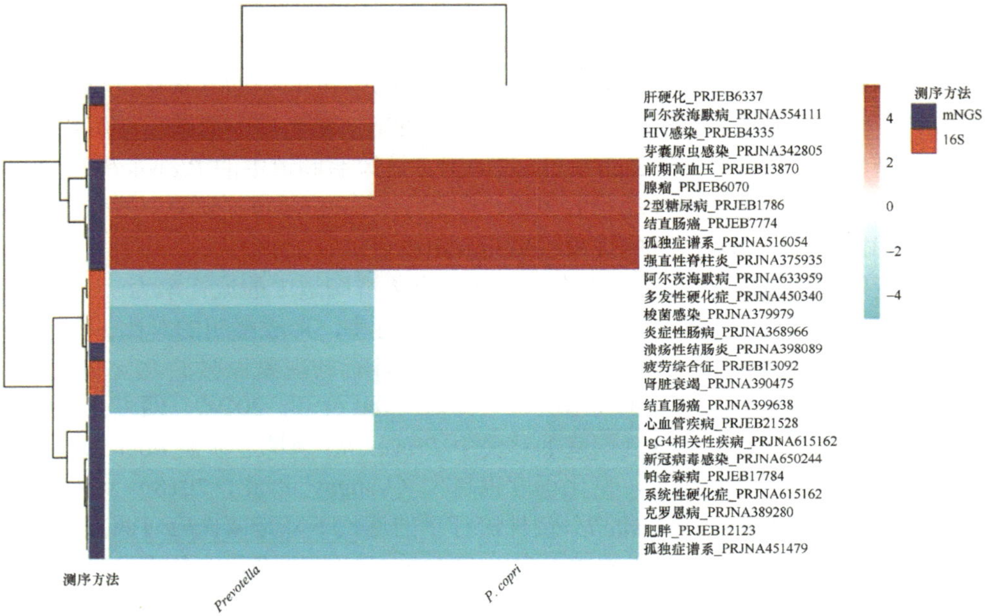

图 4-10 GMrepo 数据库中 *Prevotella* 和 *P. copri* 在相关疾病样品中丰度变化情况

热图中数值为线性判别分析（LDA）值，红色代表在对应疾病样品中丰度升高，蓝色代表在对应疾病样品中丰度降低；mNGS 表示新型宏基因组下一代测序（metagenomics next-generation sequencing）

4. 普雷沃氏菌属影响宿主代谢的机制

P. copri 对于植物源多糖的分解潜力可能有助于宿主对碳水化合物的代谢。研究发现 *P. copri* DSM18205^{T} 可以改善喂食膳食纤维小鼠的葡萄糖代谢（Kovatcheva-Datchary et al.，2015）。研究发现，*P. copri* 定植的小鼠盲肠中琥珀酸盐水平很高，但是没有检测到丙酸的产生。膳食琥珀酸盐被确定为肠道糖异生（intestinal gluconeogenesis，IGN）的底物，可以改善葡萄糖稳态，增加胰岛素敏感性（De Vadder et al.，2016）。同时也使用了不能将琥珀酸转化为丙酸的 *B. thetaiotaomicron* 突变体 BT1686-89 进行定植，发现盲肠琥珀酸盐水平升高，但与定植野生型 *B. thetaiotaomicron* 的小鼠相比，葡萄糖反应没有改善，这说明 *P. copri* 改善小鼠葡萄糖代谢的机理不仅仅是通过产生高水平琥珀酸。之后作者使用 RNA

测序（RNA-seq）分析了造成 *B. thetaiotaomicron* 和 *P. copri* 定植小鼠之间葡萄糖耐量差异的基因，发现在近端结肠中受影响最显著的基因是 *G6pc*（*G6pc* 基因负责编码葡萄糖-6-磷酸酶，这是肠道糖异生过程中的关键酶，对葡萄糖和能量平衡有诱导作用。肠道中 *G6pc* 基因激活可以促进肠道糖异生作用，产生内源性葡萄糖。与肝脏糖异生不同的是，内源性的葡萄糖可以被门静脉识别，并向调节能量稳态的下丘脑核发出神经信号，维持血糖平衡，引发饱腹感并且提高胰岛素敏感性），在 *B. thetaiotaomicron* 定植小鼠中表达下调。在肝脏中 *Pygl* 基因在 *B. thetaiotaomicron* 定植组中上调。*Pygl* 编码肝糖原磷酸化酶，负责催化糖原分解为葡萄糖。通过糖原测定发现 *B. thetaiotaomicron* 定植小鼠中的肝糖原含量显著降低。以上结果说明 *P. copri* 可以通过促进肠道糖异生作用和增加肝糖原储存以改善葡萄糖代谢（图 4-11）（Kovatcheva-Datchary et al.，2015）。在为期 29 天的口服毒性研究中发现 *P. copri* DSM18205^{T} 灌胃对小鼠生长、细胞血液成分、血清生化参数和重要器官并没有产生任何不利影响（Verbrugghe et al.，2021）。鉴于 *P. copri* 在葡萄糖代谢上的积极作用，其被认为是改善糖尿病前期综合征的下一代潜在益生菌（Chang et al.，2019）。但另一些研究发现，*P. copri* 也会引起小鼠葡萄糖不耐受并增强胰岛素抵抗（Pedersen et al.，2016），可能会进一步诱发缺血性心血管疾病和 2 型糖尿病。这可能是由于 *P. copri* 在肠道中代谢产生的支链氨基酸（branched-chain amino acid，BCAA），在高脂饮食背景下，BCAA 在诱发肥胖和糖尿病发病过程中发挥了重要作用（Newgard et al.，2009）。一项对 97 个不同饮食习惯志愿者的宏基因组数据分析中发现：富含纤维的饮食中 *P. copri* 菌株的遗传特征与碳水化合物分解和纤维降解的能力增强有关，而携带参与 BCAA 生物合成基因的菌株则与杂食性饮食习惯有关（De Filippis et al.，2019）。因此，菌株水平的多样性是反映 *P. copri* 在宿主中功能差异的一种合理的解释。

5. 普雷沃氏菌属与宿主免疫（炎症）互作机制

P. copri 也被认为是诱发局部和全身炎症的潜在病原体。来自美国（Scher et al.，2013）、欧洲（Alpizar-Rodriguez et al.，2019）和日本（Maeda et al.，2016）的样本数据表明，在早期的类风湿性关节炎（rheumatoid arthritis，RA）患者体内存在大量的 *P. copri*。并且将这些 RA 患者的肠道微生物菌群移植到无菌关节炎易感（SKG）小鼠肠道后，发现 RA-SKG 小鼠肠道中 Th17 细胞数量明显升高，位于淋巴结和结肠的淋巴细胞产生了高水平的细胞因子 IL-17，以响应关节炎相关的自身抗原核糖体蛋白 L23A（RPL23A），最终诱发了类似于人类 RA 的自身免疫性关节炎。而 SKG 无菌小鼠没有表现出关节炎迹象，这说明肠道微生物的刺激推动了 RA 发展（Maeda et al.，2016）。在体外实验中发现，SKG 小鼠 T 细胞与 *P. copri* 刺激的树突状细胞共培养，可以产生更多的 IL-17A 以响应 RPL23A。单独定植 *P. copri* 的

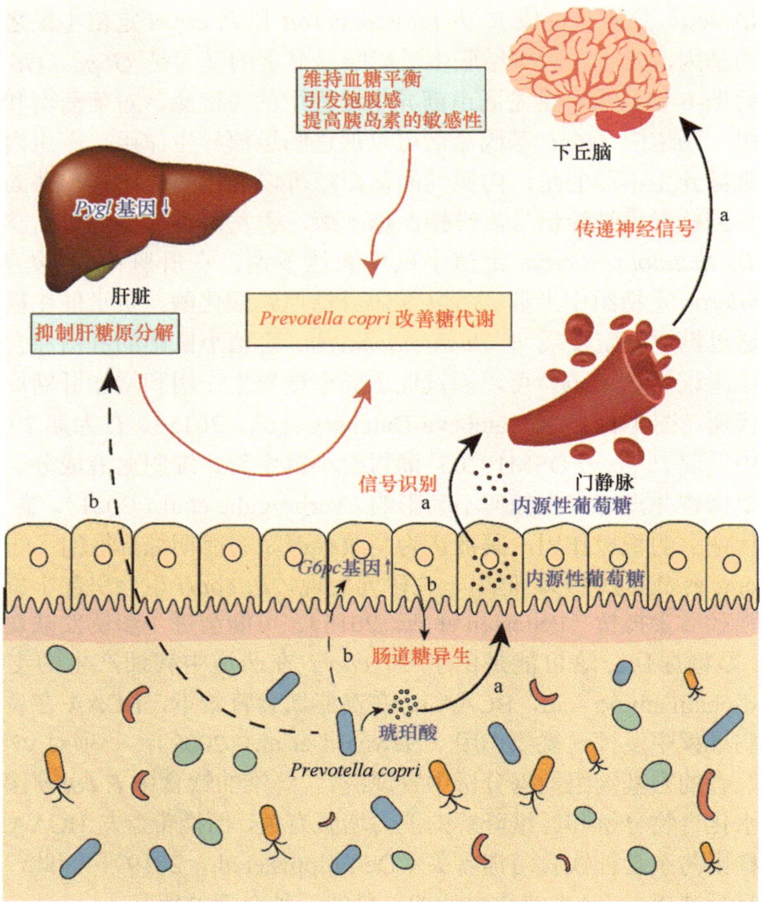

图 4-11 细菌 *Prevotella copri* 改善糖代谢过程的主要途径

a. *P. copri* 在肠腔内发酵产生的琥珀酸，可以作为肠道糖异生的底物，激活肠道糖异生作用，促进机体产生内源性葡萄糖。肠道产生的葡萄糖可以特异性地被门静脉检测识别，并向下丘脑核发出神经信号，进一步维持血糖平衡，引发饱腹感，提高胰岛素的敏感性；b. *P. copri* 还通过未知的途径，促进肠道内与糖异生相关基因 *G6pc* 的上调，并且抑制肝脏内肝糖原分解基因 *Pygl* 的下调，抑制肝糖原分解

SKG 小鼠在注射酵母聚糖后诱发出了 Th17 细胞依赖性关节炎（Maeda et al.，2016），这强化了 *P. copri* 主导的生态失调有助于 RA 的发展和维持的观点（Drago，2019）。除了依赖 Th17，在体内 *P. copri* 编码的磷酸腺苷磷酸硫酸盐还原酶参与硫代谢过程并产生硫氧还蛋白，硫氧还蛋白在 RA 患者的血清和关节滑液中的含量升高，基于其促进细胞生长和类细胞因子的功能特性，直接推动了 RA 的发展，并导致持续炎症（Maurice et al.，1999）。

在其他炎症性疾病患者中也发现 *Prevotella* 成员的异常升高，例如，艾滋病（acquired immunodeficiency syndrome，AIDS）患者中发现了高度特征性的肠道群落变化，即 *Prevotella* 的增多和 *Bacteroides* 的下降（Lozupone et al.，2013）。AIDS 患者中 *Prevotella* 成员的增多被认为会导致肠道黏膜免疫功能失调，从而导致细菌易位、内毒素血症和全身炎症（Larsen，2017）。在 AIDS 患者中 *Prevotella* 可能作为致病菌扮演着负面的角色。然而在人类免疫缺陷病毒（human immunodeficiency virus，HIV）精英控制者（指的是一些无须通过治疗就能控制住体内的 HIV 病毒，从而不发病的人群）体内，*Prevotella* 的丰度比未经治疗的 AIDS 患者更高，并且在粪便代谢物中发现一些二肽的明显富集。体外实验发现，这些二肽具有抑制 HIV 感染的能力，并且也具有促进 *Prevotella* 成员生长的特性。*Prevotella* 的成员具有将色氨酸代谢为吲哚和粪臭素的能力，这些代谢产物具有抗氧化和抗炎特性，并能通过提高紧密连接蛋白表达以促进肠上皮屏障功能。二肽和 *Prevotella* 的富集改善了 HIV 精英控制者的代谢并且增强了对病毒的抵抗，提供了有益的作用（Sperk et al.，2021）。通过分析发现，在 AIDS 患者中升高的 *P. copri* 具有菌株特异性，因为在患者体内增加最多和减少最多的 OTU 都被注释为 *P. copri*，这说明不同的 *P. copri* 菌株在环境适应和功能上可能存在较大的差异（Armstrong et al.，2018）。

Prevotella 在多种炎症性疾病患者体内富集，可能是由于 *Prevotella* 进化出的免疫逃逸机制以及具有对炎症环境的适应能力（Larsen，2017）。例如，一些口腔中定植的 *Prevotella* 成员可诱导中性粒细胞功能障碍和死亡，以逃避中性粒细胞的控制，损害宿主的先天免疫防御（Matsui et al.，2014）。*P. copri* CB7^{T} 菌株定植的小鼠在化学诱导结肠炎的过程中表现出了炎症增强反应，并且肠道中微生物的群落结构发生改变，这可能反映了 *P. copri* 主导的微生物群落在炎症环境中茁壮成长，并可能为了自身的利益进一步加剧炎症（Scher et al.，2013）。在炎症期间，宿主肠道中会产生过量的活性氧，*P. copri* 基因组中编码的超氧化物歧化酶有助于抵抗活性氧造成的氧化损伤，从而在竞争中获利（Winter et al.，2013）。在不同炎症性疾病中 *Prevotella* 丰度异常增高的具体机理，以及其与推动疾病发展的因果关系仍需要具体的验证和阐明。

6. 普雷沃氏菌属影响宿主神经系统的机制

在一些神经退行性疾病中 *Prevotella* 似乎扮演着保护者的作用。一些研究认为帕金森病（Parkinson’s disease，PD）可能起源于肠道（Liddle，2018）。在 PD 患者肠道内的 *Prevotella*，尤其是 *P. copri* 丰度显著降低（Aho et al.，2019；Bedarf et al.，2017；Gerhardt and Mohajeri，2018；Heinzel et al.，2021）。肠道内 *P. copri* 丰度的降低可能推动了 PD 的发展，主要原因为：①*P. copri* 是肠道内纤维的主要降解菌，并且产生乙酸等短链脂肪酸，纤维降解能力减弱会破坏肠屏障功能并导致炎症的发生（Bedarf et al.，2017）；②富含 *P. copri* 的人群可能会远离便秘的发生。PD 患者通常伴随不同程度的便秘，并且导致与受累脑区细胞改变相似的肠神经系统紊乱，这提示 *Prevotella* 与自主神经紊乱和运动障碍有关（Heinzel et al.，2021）。总体来看，*Prevotella* 尤其是 *P. copri* 的丰度在所有退行性疾病的患者体内都下降了，其中包括多系统萎缩（multiple system atrophy，MSA）、多发性硬化（multiple sclerosis，MS）和视神经脊髓炎（neuromyelitis optica，NMO），但是不包括阿尔茨海默病（Alzheimer disease，AD），这反映了 *Prevotella* 对大脑神经退行性过程的保护作用（Gerhardt and Mohajeri，2018），但具体的机理仍有待验证。

7. 小结

Prevotella 长期以来都是人体内十分重要的共生菌株，它遍布在人类身体各处，包括皮肤、口腔和肠道等。*Prevotella* 的成员拥有不同的遗传机制以适应各种生态位，其中肠道内的 *P. copri* 被认为是人肠道内最具可塑性的菌种。近年来随着西方化生活方式的推进，部分西方人肠道内的 *Prevotella* 流行率逐代降低，这可能与饮食模式的改变有关，因为 *P. copri* 专注于编码植物来源的碳水化合物降解酶，难以适应高脂高蛋白的西方化饮食。在人体内不同生态位 *Prevotella* 丰度的改变可能都与人类的健康有重大的关联。在一些代谢性疾病、炎症性疾病和神经退行性疾病中发现 *Prevotella* 丰度的升高或降低，暗示了 *Prevotella* 在这些疾病中的潜在作用。但是由于部分菌种多样性水平较高，在不同宿主体内经常会呈现相反的功能。目前一些 *Prevotella*，尤其是 *P. copri* 由于氧气耐受能力很差，难以分离培养，因此限制了对这些菌种的多样性分析和表征，以及与疾病发生发展的因果关系的讨论。对于培养方法以及免培养测序技术的改进和深入，将是实现对这类重要菌种功能解析的关键一步。

4.1.4 另枝菌属

另枝菌属（*Alistipes*）在分类上属于拟杆菌门拟杆菌纲拟杆菌目理研菌科，主要存在于健康人肠道中，但在尿液和口腔中也有发现，偶尔会从阑尾炎、直肠脓肿、结肠癌患者的血液和肠易激综合征儿童的粪便中分离出来。该菌属首个成员（*Bacteroides putredinis*）原属于拟杆菌属，2003 年被 Rautio 等重新命名为 *Alistipes putredinis*（Rautio et al.，2003）。截至 2023 年 12 月，研究报道了 *Alistipes* 有 39 个“物种”，但有效发表并命名的物种只有 11 个（https://lpsn.dsmz.de/genus/alistipes）。本小节介绍该种的生理生化特性，并总结其与健康和疾病之间的关联。

4.1.4.1 另枝菌属的生理生化特征

另枝菌属的成员为革兰氏染色阴性，直径 0.2～0.9 μm，长度 0.5～4 μm，末端为圆形、直或略弯曲的棒状细菌。该属细菌多数不运动，不产生孢子，严格厌氧，80℃加热 10 min 失活，对 20%的胆汁抗性不同，可产生吲哚。硝酸盐还原反应阳性，精氨酸和尿素水解阴性，糖代谢终产物是琥珀酸和少量的乙酸、丙酸。基因组 DNA 的 GC 含量为 55%～62%。

4.1.4.2　另枝菌属与疾病的相关性

Alistipes 与宿主健康和疾病密切关联，其丰度的变化在不同疾病中存在一定的异质性。一方面，有研究报道 *Alistipes* 可能对某些疾病有保护作用，包括结肠炎、血脂代谢异常和胰腺癌等。另一方面，*Alistipes* 在结直肠癌以及神经系统疾病中具有致病性。

1. 另枝菌属与肠道炎症

Alistipes 在炎症性肠病中既有抗炎作用，又有促炎作用。研究显示，炎症性肠病患者 *Alistipes finegoldii* 和 *Alistipes putredinis* 丰度显著降低，其中，*Alistipes finegoldii* 在结肠炎中发挥抗炎作用，可减轻葡聚糖磺酸钠盐诱导的小鼠结肠炎症状（de Meij et al.，2018；Dziarski et al.，2016）。对比 173 名克罗恩病患者与 50 名健康人的肠道微生物发现，*Alistipes shahii* 的丰度与疾病病程呈负相关（Kang et al.，2023a）。*Alistipes* 产生的短链脂肪酸以及代谢色氨酸产生的吲哚能够补充结肠炎患者肠道中代谢产物的缺失，从而减轻肠道炎症。然而也有研究认为，*Alistipes* 丰度的增加可诱发肠道炎症。结肠炎小鼠中 *Alistipes* 显著富集，且与炎症程度呈正相关（Liu et al.，2023b），提示 *Alistipes* 可能是一种条件致病菌，通过干扰 IL-6/STAT3 信号通路和胆汁酸代谢，促进肠道炎症的发生。*Alistipes* 对肠道炎症的作用具有两面性，可能受菌株特异性、宿主环境和病程等多种因素的影响，因此需进一步证实其具体的作用以及宿主互作机制。

2. 另枝菌属与代谢性疾病

Alistipes 在代谢性疾病（如糖尿病、高血压、非酒精性脂肪肝、肥胖等）中可能发挥保护作用。在伴有糖尿病的高血压患者体内，*Alistipes putredinis* 丰度显著降低，并且糖尿病患者进行减肥手术后，*Alistipes putredinis* 丰度又增加（Davies et al.，2020）。在代谢综合征的队列研究中，*Alistipes* 在健康组富集，*Alistipes onderdonkii* 与腰围呈现负相关（Qin et al.，2021）。非酒精性脂肪肝患者肠道中，*Alistipes* 特异性降低，并且在伴有肥胖的脂肪肝患者中，*Alistipes* 进一步降低，关键物种为 *Alistipes putredinis*（Zhou et al.，2022）。*Alistipes* 的丰度与肥胖密切相关，在较瘦人群中 *Alistipes obesi* 富集（Jie et al.，2021）。以上研究表明，*Alistipes* 在宿主的代谢性疾病中发挥重要作用，但在针对糖脂代谢和抗

炎功能的不同队列的结论不尽相同。*Alistipes* 可能通过产生短链脂肪酸参与对糖脂代谢的调节，抑制结肠 TLR4/NF-κB 通路，上调肠紧密连接蛋白表达，从而调节葡萄糖和血脂代谢。

3. 另枝菌属与神经系统疾病

Alistipes 丰度的增加可能会诱发某些神经系统疾病的发生。研究表明，*Alistipes* 丰度在阿尔茨海默病患者中升高，并且与认知功能呈负相关（Vogt et al.，2017）。帕金森病患者与健康人相比，肠道中 *Alistipes* 显著富集（Yan et al.，2021）。在鱼藤酮诱导的帕金森病模型小鼠中，*Alistipes* 的高丰度导致肠道菌群及其代谢物紊乱（Chu et al.，2023）。*Alistipes* 被证实与帕金森病小鼠中脑 miR-155-5p 的表达呈正相关，通过激活小胶质细胞促进疾病的发生（Lee et al.，2023）。长期压力应激模型中 *Alistipes* 丰度显著增加，移植应激模型的粪便后 *Alistipes* 维持较高丰度，表现出空间探索及记忆能力降低，焦虑行为增加（Kraimi et al.，2022）。此外，*Alistipes* 在自闭症儿童、重度抑郁症患者和慢性疲劳综合征患者中出现特异性富集，推测可能是通过影响色氨酸代谢，导致 5-羟色胺能系统失衡，引发焦虑和抑郁。综上所述，*Alistipes* 可能通过微生物-肠-脑轴影响大脑功能，导致神经系统疾病的发生。

4. 另枝菌属与癌症

结直肠癌人群中 *Alistipes* 特异性富集，促进肿瘤细胞的生长，被认为是结直肠癌的潜在病原标志物。研究显示，*Alistipes finegoldii* 和 *Alistipes indistinctus* 可能通过增加 IL-6 的产生，促进肥大细胞成熟，抑制内质网应激，导致结直肠癌的发生（Liu et al.，2023c；Moschen et al.，2016）。*Alistipes* 产生的脂多糖、*O*-聚糖以及 β-葡萄糖醛酸酶可以导致结直肠癌（Hasan et al.，2022）。*Alistipes* 促进组氨酸降解以及吲哚和苯酚的产生，释放过量的氨，氨在吸收时会损害肠道细胞，加速癌细胞的增殖（Fung et al.，2013）。此外，*Alistipes* 通过调节 AMPK-mTOR 信号通路，促进脂肪诱导的肝癌发生（Özdirik et al.，2021）。*Alistipes* 在膀胱癌和乳腺癌中的富集也提示其可能是癌症发生过程中的驱动因素。

然而在其他癌症类型中，*Alistipes* 可能发挥肿瘤抑制的作用。与宫颈癌患者相比，健康队列中 *Alistipes* 显著富集（Sims et al.，2019）。*Alistipes onderdonkii* 在胰腺癌模型小鼠中显著减少，其丰度随着胰腺癌的发病进程而降低（Lee et al.，2021b）。卵巢癌小鼠口服给药柚皮素后，肠道中 *Alistipes* 富集，并且能够增强免疫治疗反应，抑制肿瘤的增殖和迁移（Lin et al.，2022）。此外，*Alistipes senegalensis* 与其他 10 种菌株联合进行粪菌移植，可增加肿瘤浸润的 IFN-γ^+CD8$^+$ T 细胞，从而增强抗肿瘤免疫（Tanoue et al.，2019）。

4.1.4.3 展望

目前关于 *Alistipes* 与疾病之间的关系研究大多停留在相关性分析层面，研究结果受到样本数量、实验设计以及测序质量和分析工具等诸多因素的影响，可能出现相悖的结论。为了更好地了解 *Alistipes* 的作用，未来仍需进一步探索其与疾病之间的因果关系，并深入研究其作用机制，挖掘其作为疾病诊断和治疗靶点的可能性。

4.2 厚壁菌门

4.2.1 梭菌属

梭菌属（*Clostridium*）也被称为梭状芽孢杆菌属，最早发现于 1880 年（Prazmowski，1880）。到目前为止，根据原核生物标准命名名录（List of Prokaryotic Names with Standing in Nomenclature，LPSN，https://lpsn.dsmz.de/genus/clostridium）以及 NCBI 数据库统计，梭菌属共有 290 种和亚种，菌株超过 2600 株，已测基因组达到 134 个，PubMed 中涉及梭菌属菌株的论文也已远超过 6 万篇。

梭菌属最早的定义依据为能够形成芽孢的、厌氧的、革兰氏阳性细菌（Lawson，2016），这种较为宽泛的分类方式使得归类为梭菌属的菌种数量较大，种类繁杂，遗传多样性较高。随着对梭菌属菌种分类地位、筛选方法以及生物学特性研究的深入开展，梭菌属中的成员发生了较大的变化。梭菌广泛存在于厌氧环境条件中，且生物学特征多样。梭菌是一类重要的工业微生物类，在合成生物学以及工业生物技术中的应用越来越广泛。梭菌还是人体肠道中重要的共生群体，既包括促进肠道稳态的有益梭菌，又包括影响人类健康安全的致病梭菌。本小节系统介绍了梭菌属的分类演变，以及梭菌的分离与筛选技术，并以肠道梭菌为例，分析梭菌的生理与功能。

4.2.1.1 梭菌属的分类

梭菌种类多样性十分显著，包括嗜冷、嗜热、嗜酸等类型。该属染色体的 GC 含量为 21%～54%，如此大的变化范围也通常不适用于单个属的分类（Stackebrandt and Rainey，1997）。基于这一现状，从 20 世纪 70 年代起，科学家们开始基于 DNA-rRNA 配对探索梭菌属系统发育和物种多样性，而梭菌属所具有的庞大的物种多样性及其与其他分类群的相互关系是在实现了 16S rRNA 基因的测序后才得以真正研究的。测序研究表明，许多梭菌属物种在系统发育上与丁酸梭菌亲缘关系较远，却与其他属的物种具有更为密切的关系（Rainey et al.，1993）。1994 年，

Collins 等根据对 16S rRNA 基因序列的遗传分析比对，首次开展了梭菌物种的全面的系统发育关系研究，并将梭菌属重新划分为 19 个族群（*Clostridium* Cluster）（Collins et al.，1994），相当于科水平的分类单元。其中，Cluster I 包含丁酸梭菌这一模式物种，被定义为严格梭菌（*Clostridium sensu stricto*），是梭菌属的真正代表（Rainey et al.，2009）。

在随后的研究中，这些分组逐渐被科学界接纳，很多从前的梭菌种被重新定义到其他的属（Genus）、科（Family），甚至目（Order）中（Finegold et al.，2002）（图 4-12）。例如，2016 年，Lawson 等将 Cluster II 中的 *C. histolyticum*、*C. limosum* 和 *C. proteolyticum* 等与严格梭菌最为相近的几个种，重新划分到梭菌科（Clostridiaceae）的哈撒韦氏菌属（*Hathewaya*）中（Lawson and Rainey，2016）。许多梭菌属物种被划分到梭菌纲（Clostridia）下的 Lachnospiraceae、Peptostreptococcaceae、Ruminococcaceae（Oscillospiraceae）等科当中，甚至分离到其他的纲下，如 Erysipelotrichia 纲下的 Erysipelotrichaceae 中。

同时，人们通过在长期研究过程中对一些最初划分为梭菌属的菌种的生物学特征的进一步深入了解，将这些物种的分类地位进行了多次的变更。例如，热纤梭菌（*Clostridium thermocellum*）是一株在 1926 年分离获得的嗜热纤维素降解菌株（Viljoen et al.，1926），随后在 1980 年发表的《核准的细菌名录》中被正式批准命名（Skerman et al.，1980），在 1994 年被归类为梭菌属的 Cluster III（Collins et al.，1994）。随着研究的开展，人们发现热纤梭菌等菌种除了具有专性厌氧、产芽孢等广义梭菌特征外，还具有典型的革兰氏阳性细胞壁，但革兰氏染色显示阴性。不仅如此，这一类菌通常产生球形或长圆形的终端孢子，从而形成肿胀的细胞。基于这些特征，Yutin 等在 2013 年利用 RNA 聚合酶 beta 亚基（RpoB）、DNA 旋转酶（GyrB）的蛋白质序列以及 16S rRNA 基因序列构建了进化树并进行比较分析，进而将热纤梭菌等归类到新属 *Ruminiclostridium* 中（Yutin and Galperin，2013）。2018 年，Zhang 等经过进一步的菌种挖掘、生理与进化关系比对，认为热纤梭菌与 *Ruminiclostridium* 中的代表菌种仍有较大差别，进而将热纤梭菌划分到 Clostridiales 目下的新科 Hungateiclostridiaceae 中，命名为 *Hungateiclostridium thermocellum*（Zhang et al.，2018a）。2019 年，Tindall 又报道 Zhang 等对热纤梭菌等菌种的命名违反了《国际原核生物命名规则》，要求将其改为 *Acetivibrio thermocellus*，从而不再属于 Clostridiales 目，而是划分到真杆菌目（Eubacteriales）中（Tindall，2019）。

然而，这些重新划分的菌种中的大部分仍然还在使用梭菌作为属名。因此，文献及专利中描述的梭菌并不一定代表着与 Cluster I 中的代表菌种丁酸梭菌以及严格梭菌属有着紧密联系。为了描述这些菌种，NCBI 分类数据库和 SILVA 数据库将这些命名不准确的菌种统称为梭菌属（*Clostridium*），但这种方式仍不能彻底解决梭菌在系统分类上的问题。

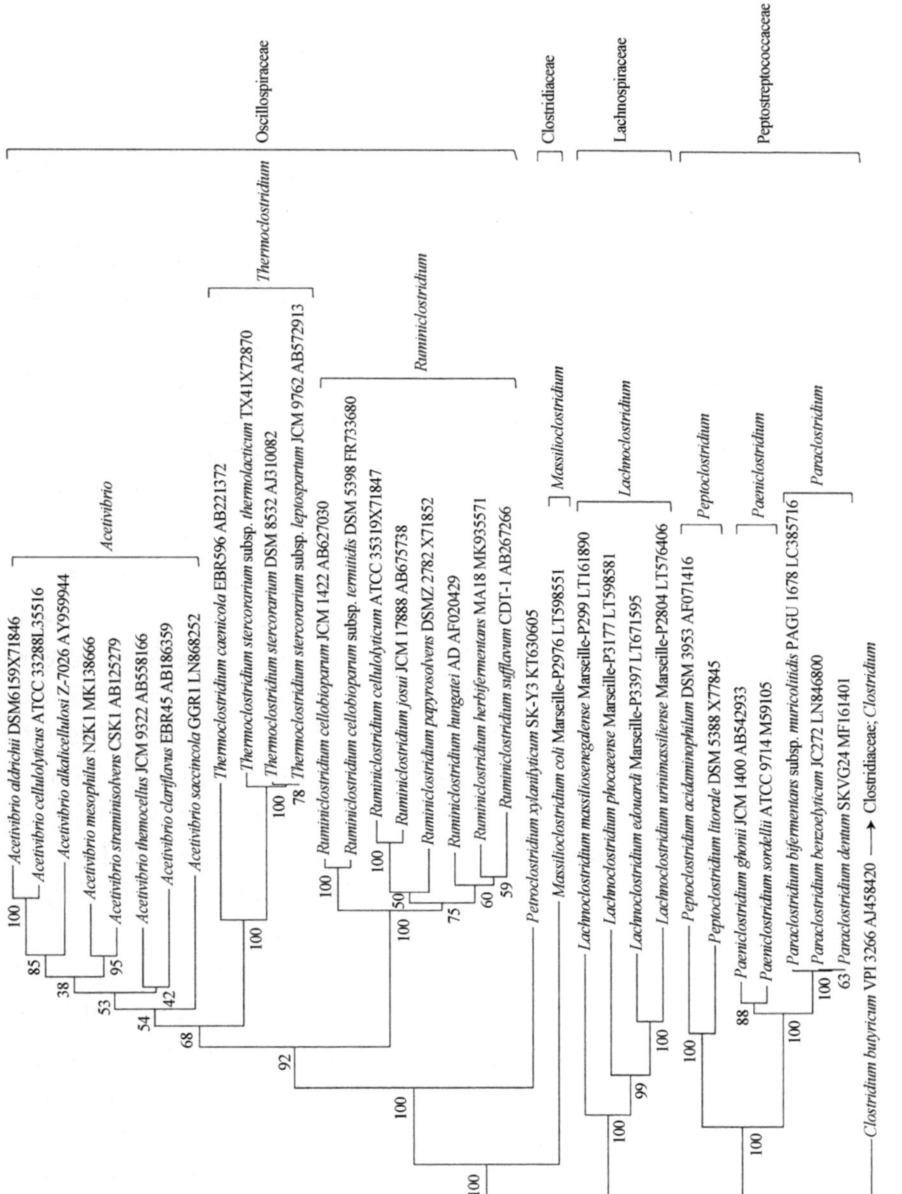

图 4-12　基于 16S rRNA 基因构建进化树分析重新划分出梭菌属但仍属于梭菌纲（Clostridia）、真杆菌目（Eubacteriales）的“梭菌种”，及其与丁酸梭菌（*Clostridium butyricum*）的亲缘关系

采用邻接法（neighbor joining）统计，自展值（bootstrap）为 500

4.2.1.2 梭菌的分离与鉴定

分离培养特定微生物的关键在于了解这种微生物所生存的环境特点以及能够利用的营养物质，对于梭菌的分离培养也不例外。由于大部分梭菌是严格厌氧菌，且常常以芽孢休眠形式存在，这给梭菌的分离带来了一定的难度：一方面需要模拟梭菌的生存条件，使其更容易生长；另一方面，需要剔除掉生长速度更快的其他菌群营养细胞，同时刺激梭菌芽孢萌发。

以肠道梭菌的分离培养为例，一般通过向培养基中加入羊血和瘤胃液来模拟肠道环境条件，以分离肠道中的 *C. perfringes*、*C. sporegens*、*C. buyticium* 等梭菌。从牛瘤胃中分离 *C. kluyveri*，还需要加入乙醇、乙酸盐、琥珀酸等瘤胃中常见化学物质来作为电子供体或者受体。针对环境中的梭菌占菌群丰度低（在肠道菌群中的丰度仅占 3%），以及梭菌主要以休眠芽孢的形式存在的问题，如果仅用适宜条件的培养基按常规稀释方式涂布分离，往往其他高丰度、快速生长的菌群会先于梭菌芽孢萌发，而造成梭菌无法成功分离。因此，针对梭菌芽孢环境耐受性好的特性，一般提前采用高温热处理（60～80℃）（Yang et al.，2009）或用乙醇浸泡（Liu et al.，2021）来杀死样品中的其他高丰度营养细胞，同时促进梭菌芽孢的成熟。随后，通过向培养基中加入特殊化学药品来刺激芽孢的萌发。常见的芽孢促萌发药剂有甘氨酸和各种胆酸盐，如牛黄胆酸钠、甘氨脱氧胆酸钠、甘氨鹅脱氧胆酸钠等。值得注意的是，过高的胆酸盐浓度也可能会对部分梭菌芽孢萌发有抑制效果（Guo et al.，2020）。采用微生物组培养技术和策略，越来越多的肠道梭菌被分离培养。Lagier 等（2015，2012）建立了可培养组技术，用 212 种不同的培养条件，分离得到 3 万多个人体肠道微生物，并鉴定出 340 个物种，其中包含 10 种梭菌。中国科学院微生物研究所刘双江研究员课题组，利用 67 种不同培养条件，从来自 239 名健康志愿者的粪便样品中，分离得到了 2 万多个单克隆培养物，共鉴定到 404 个物种，其中梭菌有 35 种（Liu et al.，2021）。

梭菌的鉴定通常采用生理生化特征与分子遗传分析相结合的方法。分子遗传分析一般基于对 DNA 上一段较为保守序列的测定，以及与已知微生物相同序列的相似性比对，来进行种类上的鉴定。对于细菌的鉴定，一般选取编码 16S 核糖体 RNA（16S rRNA）所对应的 DNA 序列片段进行测序比对，这段序列包括保守区和可变区，保守区反映了物种之间的亲缘关系，可变区则反映了物种之间的差异。16S rRNA 通常可以鉴定到种水平，但还需要结合其他理化指标，对单菌落培养物进行准确的鉴定。梭菌属中有一部分属于条件致病菌，像 *C. difficile*、*C. perfringens* 等，这些条件致病菌通常在种内存在不同类型的毒株，而这些毒株的致病性往往有着很大差异，对不同致病型菌株的鉴定，对于疾病暴发的预测、病情诊断和治疗方案的确定有着极其重要的意义。对条件致病梭菌种内的不同菌株，通常基于测定基因间区（intergenic region，IGR）的序列，或者对胞内蛋白质的指纹分析，与现有数据库中的不同菌株类型进行比对，来实现不同菌株的类型鉴定。常用的其他分子生物学鉴定方法还包括限制性核酸内切酶分析、脉冲电场凝胶电泳、毒素分型、多位点可变数量串联重复分析、多位点序列分型、SlpA 蛋白分型、PCR 核糖体分型偶联后续毛细管凝胶电泳（Schneeberg et al.，2015），以及 MALDI-TOF MS 分析等（Rizzardi and Akerlund，2015）。

4.2.1.3　肠道梭菌的生理与功能

1. 梭菌在肠道中的分布与定植

在人体和动物肠道内，梭菌是丰度较高的菌群之一，能够产生抗逆性芽孢的特性提高了它们在消化道中生存的能力。它们通常定植在大肠中，特别是在回肠和大肠的肠黏膜褶皱中，是肠道内的核心定植菌，其丰度可达到肠道总菌群的 3% 左右，在个别人群肠道中丰度能达到 5%。第一个从人体肠道中分离得到的梭菌是产气荚膜梭菌（Rajilić -Stojanović and de Vos，2014）。到目前为止，据高通量测序结果统计，肠道中已检测到的梭菌有近 80 种，其中能够被分离纯化的有约 40 种（Lagier et al.，2015；Liu et al.，2021；Rajilić -Stojanović and de Vos，2014）。已经报道的肠道梭菌涵盖了梭菌族群分类中的 I、III、IV、IX、XI、XIII、XIVa/b、XV、XVI、XVII 和 XVIII（Van den Abbeele et al.，2010；Ohashi and Fujisawa，2019），既包括对宿主健康有益的益生菌，也有会引起疾病的病原菌或条件致病菌。梭菌能够利用大部分宿主难以分解的营养成分，并产生短链脂肪酸（SCFA），在维持肠道稳态中发挥着重要作用。梭菌是被发现最早定植在人体肠道中的菌群之一，在婴儿出生一周内的粪便样品中，就能够检测到梭菌（Tsukuda et al.，2021），并且丰度高达 10^7 CFU/g（Lakshminarayanan et al.，2013）。与人类相似，幼年的牛犊肠道中也能够检测到梭菌的存在（Alipour et al.，2018）。常见的婴儿肠道中的梭菌包括丁酸梭菌、类腐败梭菌、第三梭菌和艰难梭菌等（Guo et al.，2020；Milani et al.，2017）。并且出生方式、喂养方式等一些外界条件因素还会影响婴儿肠道内定植菌群的种类和丰度。例如，剖宫产的婴儿就被证实肠道中定植更多的严格梭菌族群和艰难梭菌（Milani et al.，2017）。在母乳喂养的婴儿体内，早期梭菌丰度会持续下降，而在奶粉喂养的婴儿肠道中，一岁之前变化却不明显（Albenberg and Wu，2014）。此外，肠道梭菌的种类也会随年龄增长而改变：婴儿肠道中主要以族群 I 为主，而成年人的肠道梭菌则主要为族群 IV 和 XIVa（Obermajer et al.，2017）。

梭菌是哺乳动物肠道中的核心菌群，但这不意味着它们能够一直稳定定植在肠道中，很多梭菌种甚至菌株之间，在哺乳动物肠道中的定植力有很大差异，除了与菌本身在肠道中的附着力有关，也与肠道中其他菌群的互作和影响有着密不可分的关系。研究人员用丁酸梭菌 CBM588 进行口服实验，发现对小鼠饲喂丁酸梭菌之后，短期内丁酸梭菌能够在小鼠肠道中萌发生长，但最终却无法稳定定植（Sato and Tanaka，1997）。可以稳定定植于结肠中得益于定植在小肠中的大肠杆菌的协助。

除了年龄，肠道梭菌的种类和丰度还与饮食结构和健康状况密切相关。梭菌根据营养成分偏好可以分为两类：碳水化合物发酵类和蛋白质发酵类。因此，饮食中的碳水化合物和蛋白质含量变化，都会对肠道内的梭菌类型和丰度有较明显的影响，但这种影响在人类和不同动物体内，以及不同生长阶段，都有可能不同，并且与碳水化合物的种类和纤维的含量也有一定关系。例如，大量摄入菊粉、低聚果糖、阿拉伯木糖醇等，会增加人肠道中梭菌族群 IV 和 XIVa 的丰度（Lange et al.，2015）。同时，部分低聚糖还可以间接促进双歧杆菌发酵产生乙酸，为梭菌产生丁酸提供更多的底物（Godefroy et al.，2018）。高蛋白低纤维的豆类饲料会减少猪体内梭菌族群 IV 和 XIVa 的种类，但过量摄入直链淀粉也会产生同样的结果（Fouhse et al.，2015；Pieper et al.，2012；Rist et al.，2014）。即使是相同的梭菌族群，不同的饮食结构也会对它们在肠道不同部位的定植和丰度产生影响。少量苜蓿摄入增加了近端结肠黏膜中梭菌族群 XIVa 的丰度，而相同剂量的纯纤维素则会增加远端结肠黏膜中同一族群的丰度（Mu et al.，2017）。某些梭菌也能降解多酚类化合物，因此饮食中的这类物质含量也会影响肠道梭菌的丰度（Guo et al.，2020）。除了饮食结构，身体的生理状态也会显著影响肠道梭菌的丰度，部分疾病可能导致肠道微生态的失衡，从而波及梭菌的定植。例如，肠衰竭时，有益梭菌族群 III、IV 和 XIVa 的丰度会下降（Till et al.，2015），在湿疹或哮喘患者体内，肠道梭菌的丰度较高（Stiemsma et al.，2016）。研究发现，在 2 型糖尿病患者中，高碳水、脂肪和蛋白质饮食与肠道中的高丰度梭菌族群 XI 呈正相关性。在小鼠试验中也证实了高脂饮食会造成梭菌族群 XI 在肠道中的富集（Ohashi and Fujisawa，2019）。

2. 肠道益生梭菌

作为主要的肠道细菌之一，大部分梭菌是可以与其他肠道细菌和谐共存的，其中有益梭菌族群 XIVa（*C. coccoides* 组）和 IV（*C. leptum* 组）占到了全部肠道梭菌的 10%～40%（Obermajer et al.，2017）。这些有益梭菌会通过直接与宿主免疫系统互作，或者间接地产生有益代谢产物来提高宿主的健康状况。它们能够分解利用大部分宿主肠道内难消化的营养成分，包括多糖类、蛋白质、有机酸和其他一些有机营养物质，生成乙酸、丁酸、丙酸等短链脂肪酸（SCFA），以及丙酮、丁醇等对宿主健康有益的代谢产物（Guo et al.，2020）。因此，这些有益梭菌在维持人体肠道稳态中起着至关重要的作用。

以往的多项研究中都发现，有益梭菌可以直接参与宿主的免疫反应，提高宿主的肠道免疫耐受，而针对其中的机制，研究最多的就属普氏栖粪杆菌（*Faecalibacterium prausnitzii*，*F. prausnitzii*），又名普拉梭菌。有研究发现普拉梭菌可以通过抑制 NF-κB 活性，阻断炎症因子 IL8 的产生，来保护机体免受炎症损伤（Sokol et al.，2008），并且在结肠炎康复过程中表现出一定的抗炎效果。族群 IV、XIVa 和 XVIII 中的菌株通过促进结肠黏膜 Treg 细胞的积累、增加 IL10 的产生来抑制炎症，改善结肠炎和过敏性腹泻（Atarashi et al.，2013）。普拉梭菌的胞外聚合物可以调控生物膜形成，同时诱导依赖于 TLR2 的抗炎细胞因子 IL-10 和 IL-2 的分泌，从而减轻炎症的发生（Richard et al.，2018）。也有研究指出普拉梭菌可以发酵产生水杨酸，抑制 IL-8 的产生，从而减轻炎症反应（Miquel et al.，2015）。

梭菌是动物和人体肠道内产短链脂肪酸的主要菌群之一，而以丁酸为代表的短链脂肪酸，参与协调多种生理功能，起着维持肠道环境和健康的重要作用。例如，乙酸可以作为肠道细菌产丁酸的底物，并且具有部分丁酸的生理功能；丙酸主要参与葡萄糖和脂质代谢的管理（Rivière et al.，2016）。肠道梭菌产丁酸通常有两种途径，一种是丁酰辅酶 A 转移酶途径，存在于大部分梭菌中，另外一种是丁酸激酶途径，在丁酸梭菌中占主导地位（Guo et al.，2020）。已有研究证实丁酸作为结肠上皮细胞的首选能量来源，除了具有抗炎作用，还能够降低肠腔内的 pH 来降低胆汁盐的溶解度，具有抑制氨吸收、阻止病原体入侵等多种对宿主健康有益的作用（Rivière et al.，2016）。也有研究利用丁酸、乙酸等 SCFA 对小鼠灌肠或腹腔注射后，发现它们还会参与调节内分泌和神经系统信号传输（Christiansen et al.，2018；Goswami et al.，2018）。但丁酸也不总是对健康有益，有研究表明，低浓度的丁酸会促进肠上皮细胞的增殖，而高浓度则会抑制细胞增殖（Kaiko et al.，2016）。

胆汁酸是由肝脏生成，用以协助肠道消化脂质的，运输到回肠和结肠的胆汁酸会在肠道细菌的作用下转化分解为次级胆汁酸，初级和次级胆汁酸在管理肠道代谢和维持肠道稳态中都发挥着很重要的作用，肠道中胆汁酸的失调就与多种疾病之间存在联系。初级胆汁酸通过胆固醇分解代谢在肝脏中产生，作为结合物沉积在胆囊中，并在进食后释放到小肠。结合的胆汁酸可被回肠细菌解偶联，然后在远端回肠和结肠中通过脱羟基作用被细菌代谢为次级胆汁酸（Gérard，2013）。*Clostridium scindens*、*C. hiranonis*、*C. hylemonae* 和 *C. sordelli* 等多种梭菌都被证实可以分泌 7α-羟基类固醇脱氢酶（7α-HSDH），参与初级和次级胆汁酸的代谢途径（Buffie et al.，2015；Gérard，2013）。此外，肠道有益梭菌还有缓解肠道功能障碍和调节肠道紊乱的作用，已知梭菌族群 XIVa 和 IV 可以维持肠道的正常状态，而在菌群失调的肠道中，族群 III、IV 和 XIVa 的丰度通常有不同程度的降低。

3. 肠道致病梭菌

虽然肠道梭菌中包含多种有益微生物，但肠道厌氧感染有时也是由梭菌造成的（Guo et al.，2020）。尽管大多数致病梭菌不直接参与疾病过程，但它们在人体、动物和食物系统中通常以芽孢形式存在，且芽孢抗逆性极强，常规的消毒方法很难杀死，因此防控治疗尤为困难。已知致病性梭菌属导致的人类疾病有破伤风、肉毒杆菌中毒、气性坏疽和伪膜性结肠炎等（Wells and Wilkins，1996）。致病梭菌主要属于族群 XI，其中艰难梭菌（*C. difficile*）和产气荚膜梭菌（*C. perfringens*）是最常见的致病梭菌（Ohashi and Fujisawa，2019），它们的毒素系统、定植方式、致病机理，及其对肠道微生态的影响都已经得到了非常深入的研究。

1）艰难梭菌

艰难梭菌最早于 1935 年从一个健康的新生儿粪便中分离得到。一直到 19 世纪 70 年代，人们仍认为艰难梭菌是一种少见的肠道微生物。然而，事实上，艰难梭菌广泛存在，定植于 5%的健康成人和 15%～70%的健康新生儿肠道中（Czepiel et al.，2019）。作为一种严格厌氧菌，艰难梭菌芽孢在有氧环境下可以存活，是一种条件致病菌。艰难梭菌感染（*Clostridium difficile* infection，CDI）与肠道菌群失调密切相关，是医学研究的重要课题。一般来说，正常肠道菌群可以抵抗艰难梭菌的定植（colonization）和失控繁殖，但在长期使用抗生素或者免疫力低下的情况下，肠道中的艰难梭菌就会大量繁殖并且释放毒素，导致肠道损伤，即 CDI 疾病（Crobach et al.，2018）。进入 20 世纪以来，由于抗生素的滥用，CDI 问题变得越来越严重。据报道，CDI 的致死率高达 6.9%～16.7%，而高毒力菌株 BI/NAP1/02 的发现进一步使得 CDI 问题受到关注。

艰难梭菌主要通过分泌产生毒素 A 和毒素 B 两种毒素结合并破坏肠道上皮，导致肠道疾病。其中，毒素 A 是一种肠毒素，也有一定的细胞毒素作用，与胃肠道中的液体分泌和全身炎症有关；毒素 B 是一种细胞毒素，其毒力是毒素 A 的 10 倍，是复发性 CDI 毒力的主要决定因素，并且与更严重的结肠损伤有关（Henderson et al.，2017）。艰难梭菌的毒素激活肠道宿主免疫，使中性粒细胞急剧增加，导致宿主强烈的炎症反应，进而导致腹泻；还通过结合肠道上皮细胞表面受体转运到细胞质中，使 Rho、Ras 和 Rap 亚家族蛋白发生单糖基化修饰，从而破坏肠道上皮肌动蛋白骨架和紧密连接，引起结肠炎等病变。由于毒素是 CDI 危害的直接因素，因此也成为探索感染预防措施的重要目标，目前的主要研究领域是通过改变毒素结构作为疫苗的靶点，来制备类毒素疫苗。改造过的类毒素不会损伤胃肠道，但会促使免疫系统在将来遇到细菌时识别并清除细菌中的真正毒素，从而预防疾病（Henderson et al.，2017）。

2）产气荚膜梭菌

据报道，产气荚膜梭菌可产生 17 种毒素，其中最主要的类型有 4 种，即 α、β、ε、ι 型毒素。根据蛋白质毒素的生产类型和种类，产气荚膜梭菌分为 A、B、C、D 和 E 五种类型，导致人类和动物的组织毒性、神经系统和肠道感染等不同疾病（Uzal et al.，2014）。在已知的十余种毒素中，与人类疾病相关的主要毒素是 α（CPA）、β（CPB）、肠毒素（CPE）等。其中，所有产气荚膜梭菌均合成 CPA，其是人类气性坏疽的主要毒力因子；CPB 导致坏死性肠炎和肠毒血症，主要发生在包括人类在内的许多动物物种的新生儿中；CPE 是造成人类食物中毒和非食源性产气荚膜梭菌介导腹泻的主要原因。

在大多数情况下，宿主与梭菌的互作关系起始于毒素蛋白对肠道细胞质膜上的特定受体的识别，这种特异性识别可以激活细胞内通路，进而引发多种反应，甚至细胞死亡。例如，CPA 是一种锌金属酶，可以在钙离子存在条件下与宿主细胞膜结合，这种毒素具有磷脂酶 C 和鞘磷脂酶的活性，因此可以水解细胞膜中的磷脂酰胆碱（PC）与鞘磷脂（SM），从而破坏细胞膜的完整性，导致细胞的裂解和死亡，进而引起腹泻，是坏死性肠炎的主要致病因子。除了产生毒素蛋白，产气荚膜梭菌对肠道健康的危害还有产酸产气破坏肠道环境。虽然产气荚膜梭菌属于厌氧性细菌，但其对厌氧程度的要求并不严格，且与其他肠道厌氧微生物相比，这种梭菌的糖发酵能力及产酸产气能力很强。这种特性会破坏肠道厌氧环境和正常的菌群结构，诱发大肠杆菌、沙门氏菌等有害菌繁殖，导致腹泻（Navarro et al.，2018）。

除此之外，腐化梭菌（*C. putrefaciens*）、酯化梭菌（*C. estertheticum*）和气化梭菌（*C. gasigenes*）等与真空包装冷藏肉制品的腐败有关。其他的致病梭菌还有 *C. tertium*、*C. paraputrificum*、*C. cadaveris*、*C. chauvoei* 等。*C. cadaveris* 可能引发菌血症，而 *C. chauvoei* 可引起反刍动物的黑腿病。值得注意的是，丁酸梭菌的某些特定菌株具有抵抗病原体的有益作用，并已作为益生菌剂进行了商业化开发，但 E 型丁酸梭菌却可以像艰难梭菌一样分泌毒素导致肠毒血症（Cassir et al.，2016；Guo et al.，2020）。因此，肠道梭菌的开发和应用需要深刻认识其与宿主的互作关系、作用机理，以及环境等外因导致的致病因素。

4.2.2　毛螺菌

毛螺菌科（Lachnospiraceae）是细菌域（Bacteria）厚壁菌门（Firmicutes）梭菌纲（Clostridia）真杆菌目（Eubacteriales）的成员，其主要栖息地是人与动物胃肠道。根据目前报道，毛螺菌科包括了含毛螺菌属在内的 92 属 198 个物种。毛螺菌科的所有成员都是严格厌氧、化能异养型细菌。多数毛螺菌能够水解多糖物质和利用多种碳源，具有较强降解代谢能力。已有的研究报道显示，毛螺菌科与宿主的生理和健康（包括代谢、免疫和神经活动等多个方面）有关联。*Roseburia* 和 *Blautia* 等毛螺菌已被报道产生包括丁酸在内的多种益生物质（本小节在有文献结果条件下，尽可能在物种或者菌株水平上描述已有知识并展开讨论。针对一些文献特别是基于免培养技术的研究，无法确定更低阶分类单元，本小节中“毛螺菌”是毛螺菌科和毛螺菌属成员的简称）。

4.2.2.1 毛螺菌的生存环境与生态分布特征

毛螺菌生存环境多样，基于目前已知的基于分离培养的研究报道毛螺菌科主要的生境是人肠道和动物肠道（Cotta and Forster，2006；Meehan and Beiko，2014），除此之外，在人口腔（Moore and Moore，1994）、人血液（Amir et al.，2014）、土壤（Ueki et al.，2021）、地表水（Lomans et al.，2001）、盐湖（Kim et al.，2019a）、污泥（Haas and Blanchard，2020）、深海热液口（Schouw et al.，2016）、沼气池（Ueki et al.，2017）等多种无氧环境样品中也已分离得到毛螺菌科菌株（图 4-13）。基于现有的研究报道，人与动物肠道中的毛螺菌科隶属于包括 *Agathobacter*、*Anaerobutyricum*、*Anaerocolumna*、*Anaerosacchariphilus*、*Anaerostipes*、*Anaerotignum*、*Blautia*、*Butyribacter*、*Butyrivibrio*、*Coprococcus*、*Cuneatibacter*、*Dorea*、*Enterocloster*、*Extibacter*、*Faecalicatena*、*Faecalimonas*、*Frisingicoccus*、*Fusicatenibacter*、*Hespellia*、*Lachnospira*、*Lacrimispora*、*Mediterraneibacter*、*Merdimonas*、*Muricomes*、*Muricoprocola*、*Murimonas*、*Robinsoniella*、*Roseburia*、*Sellimonas*、*Sporofaciens* 等属在内的 60 个属。同时，至今报道的 *Lachnotalea*、*Herbinix*、*Sporobacterium*、*Variimorphobacter*、*Anaeromicropila*、*Anaeropeptidivorans*、*Natranaerovirga* 这几个属的成员仅分离自沼气池或高盐土壤等特殊环境（https://lpsn.dsmz.de/family/lachnospiraceae）。

基于免培养的多样本测序与分析更是确证了毛螺菌科的主要生境和分布特征。Meehan 等一项共包含 1697 个样本、涵盖 17 个不同类别生境的高通量测序分析研究显示，毛螺菌科主要生境为人和动物胃肠道以及口腔，而在水和土壤环境中也检测到少量毛螺菌科（Meehan and Beiko，2014）（图 4-14）。

基于多组宏基因组数据的分析显示，在健康人肠道中毛螺菌科的相对丰度高达 10%～20%（Arumugam et al.，2011；Lopetuso et al.，2013；Meehan and Beiko，2014），如此高的丰度必然预示着其重要的、复杂的功能。在一项囊括了非洲、亚洲、欧洲和美洲大陆 15 个国家人群肠道微生物组成的研究中，作者发现在科水平上所有样品中都存在属于毛螺菌科（Lachnospiraceae）、红蝽菌科（Coriobacteriaceae）、韦荣氏球菌科（Veillonellaceae）、肠杆菌科（Enterobacteriaceae）和丹毒丝菌科（Erysipelotrichaceae）的类群（Mobeen et al.，2018），证实了毛螺菌科在全球人群中的高患病率（prevalence）。基于宏基因组学的分析研究结果显示，在毛螺菌科中的布劳特氏菌属（*Blautia*）、粪球菌属（*Coprococcus*）、多尔氏菌属（*Dorea*）、毛螺菌属（*Lachnospira*）、罗斯拜瑞氏菌属（*Roseburia*）和瘤胃球菌属（*Ruminococcus*）是在人体肠道中检测到的主要类群（Mancabelli et al., 2017b）。

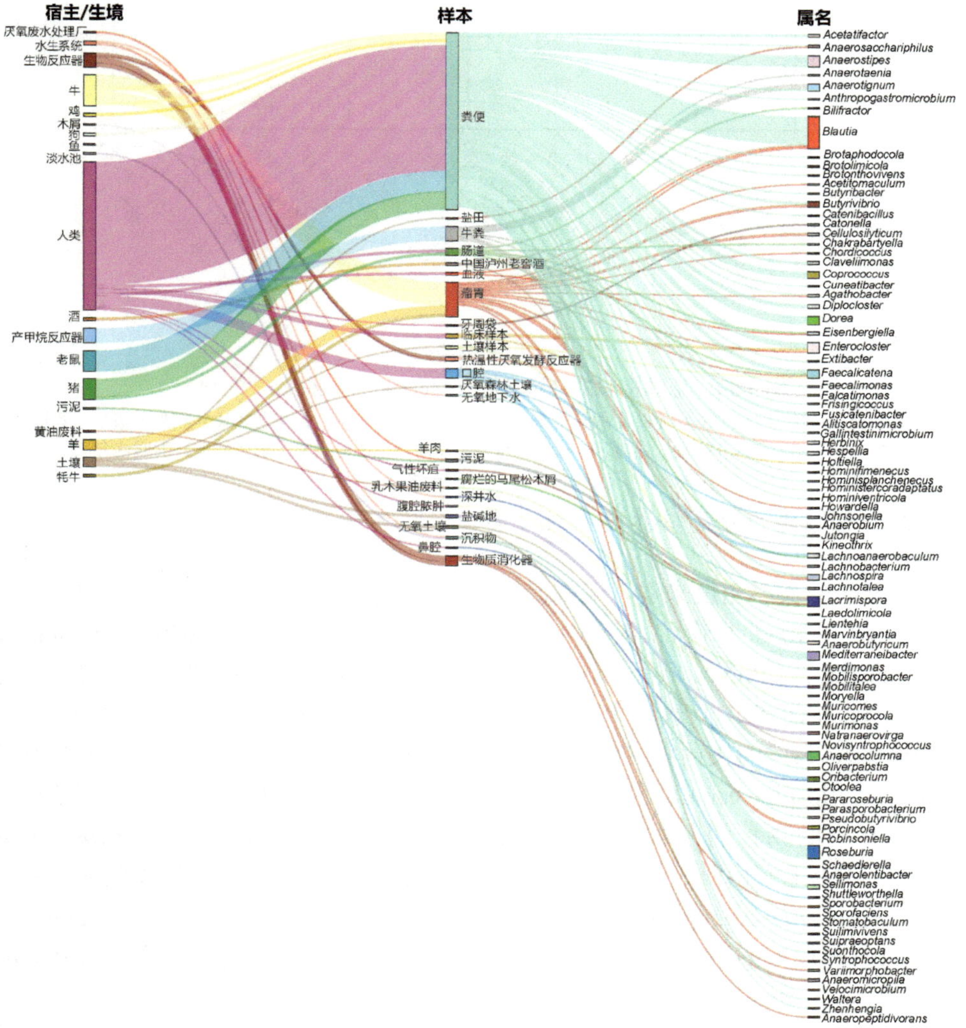

图 4-13　毛螺菌科的模式菌株分离环境分布（https://lpsn.dsmz.de/family/lachnospiraceae）

根据每个属内的模式物种的分离生境（或宿主）和样本的分布信息进行了汇总（数据收集日期为 2024 年 5 月 15 日）

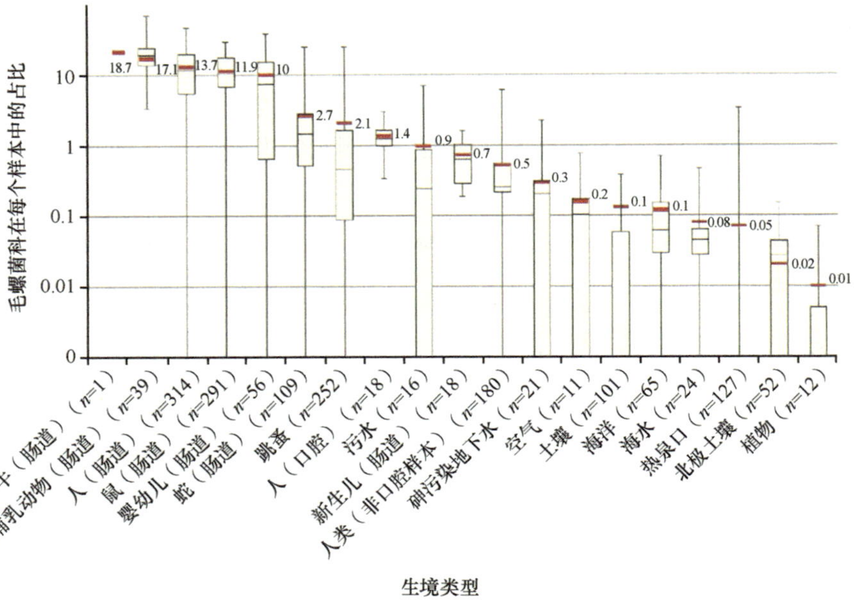

图 4-14 毛螺菌科的环境分布（Meehan and Beiko，2014）

针对涵盖 17 个不同的生境的 1697 个样本的分析来评估毛螺菌科在各个环境的中的占比。箱形图概括了数据的第 25、50 和 75 个百分位数。还显示了该家族每个样品的最小、最大和平均（红框）丰度百分比

4.2.2.2 毛螺菌的分离培养与系统分类学

从系统分类学角度来看，毛螺菌科属于厚壁菌门梭菌纲真杆菌目。根据最新版本原核生物标准命名名录（List of Prokaryotic Names with Standing in Nomenclature，LPSN），至今为止（2024 年 5 月）毛螺菌科已被成功分离培养并准确命名的有 92 个属、198 个种。毛螺菌科系统分类上临近真杆菌目（Eubacteriales）的梭菌科（Clostridiaceae）、真杆菌科（Eubacteriaceae）和颤螺菌科（Oscillospiraceae）。近几年基于基因组的系统分类学研究进一步确证和修订了这些科内的物种的分类学地位，比如将原先被归类于梭菌科的 *Clostridium oroticum* 归为毛螺菌科成员，并命名为 *Faecalicatena orotica*；将原先归为真杆菌科的 *Eubacterium contortum* 修订为毛螺菌科的 *Faecalicatena contorta*（Sakamoto et al.，2017）；将原先归为颤螺科的 *Ruminococcus productus* 修订为毛螺菌科的 *Blautia producta*（Liu et al.，2008a）。

毛螺菌科所包括的物种多，进化关系复杂，不同成员之间基因型和表型差异较大。毛螺菌科成员均为严格厌氧，值得注意的是其形态多样（图 4-15），有些成员具运动性[如 *Roseburia rectibacter*（Chen et al.，2023）和 *Pararoseburia lenta*（Abdugheni et al.，2022b）等]，革兰氏染色为阴性[如 *Lientehia hominis*（Abdugheni et al.，2023）和 *Pararoseburia lenta*（Abdugheni，2022b）]或阳性[如 *Blautia intestinalis* 和 *Anaerobium acetethylicum*（Wang et al.，2021b）等]，有些成员如 *Sporobacterium olearium* 和 *Anaerostipes hominis* 产生芽孢（Lee et al.，2021a；Mechichi et al.，1999），但多数不能产生芽孢[如布劳特氏菌属（*Blautia*）等]。

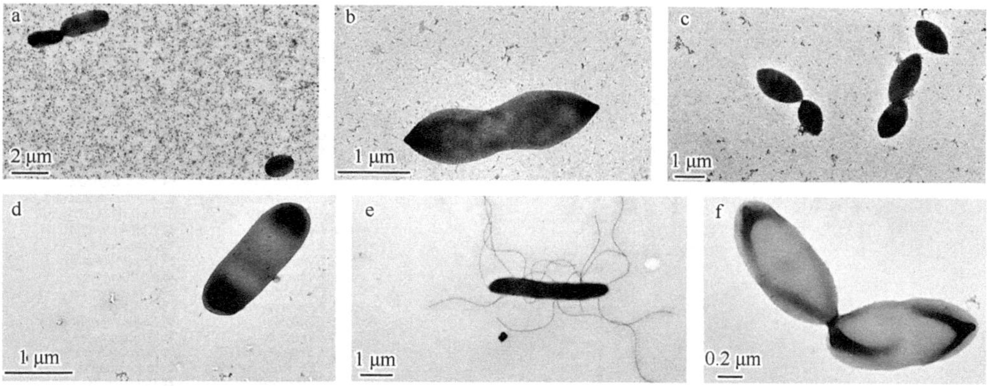

图 4-15　一些毛螺菌科菌株的细胞形态特征（透射电子显微镜图）（Lin et al.，2024）

a. *Blautia intestinalis* 27-44^{T}（Wang et al.，2021b）'；b. *Lientehia hominis* NSJ-141^{T}（Abdugheni et al.，2023）；c. *Wansuia hejianensis* NSJ-29^{T}（Liu et al.，2021）；d. *Anaerostipes hominis* NSJ-7^{T}（Liu et al.，2021）；e. *Lachnospira hominis* NSJ-43^{T}（Liu et al.，2021）；f. *Mediterraneibacter hominis* NSJ-55^{T}（Liu，2021）

毛螺菌科代谢活动活跃，多数物种产生包括短链脂肪酸在内的有利于宿主健康的物质，但所产短链脂肪酸类型与产量存在物种和菌株差异（https://lpsn.dsmz.de/family/lachnospiraceae）（Vacca et al.，2020）。这些物种，近 80%分离自人或动物肠道、口腔或粪便，以及其他人与动物相关的样品（如生活污水），而部分物种分离自非人源环境，如产聚合物厌氧嗜糖菌（*Anaerosacchariphilus polymeriproducens*）分离自盐田（Kim et al.，2019b），水解需苏打厌氧杆状菌（*Natranaerovirga hydrolytica*）分离自盐湖（Schouw et al.，2016），酒窖新互营球菌（*Novisyntrophococcus fermenticellae*）分离自白酒样品（Chai et al.，2021），橄榄油生孢杆菌（*Sporofaciens olearium*）分离自污水样品（Mechichi et al.，1999）。显而易见的是，人和动物肠道是毛螺菌科主要的也是重要的栖息地，是毛螺菌科物种多样性最高的一个生态环境（图 4-16）。

目前，基于培养组学以及培养物正在进行的机理以及开发应用的研究仅限于几种已被广泛报道的潜在致病菌和几种潜在益生菌，包括被认为引起炎症性肠病（inflammatory bowel disease，IBD）和克罗恩病（Crohn’s disease，CD）等疾病的活泼瘤胃球菌（*Ruminococcus gnavus*）（Henke et al.，2019；Zhai et al.，2023），具有益生菌活性的肠道罗斯拜瑞氏菌（*Roseburia intestinalis*）（Kang et al.，2023b）、食葡糖罗斯拜瑞氏菌（*Roseburia inulinivorans*）（Scott et al.，2014）和粪布劳特氏

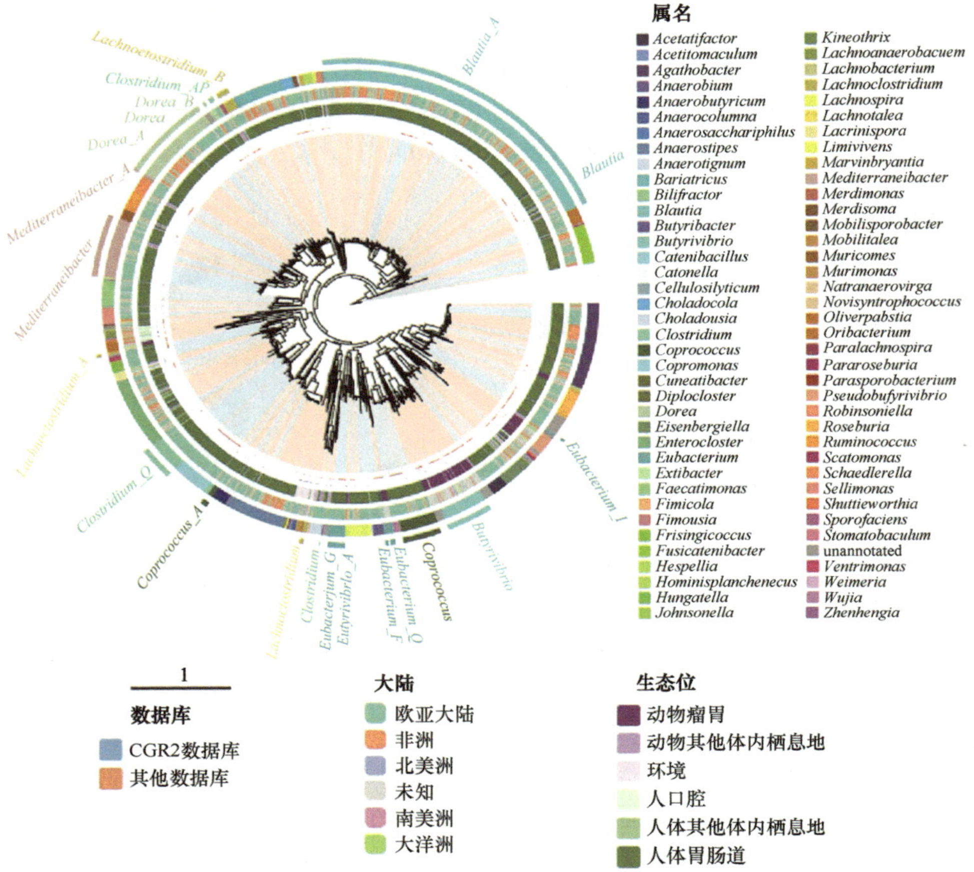

图 4-16 基于基因组的毛螺菌科系统进化树（微生物属水平地理与生态位分布）（Lin et al.，2024）

菌（*Blautia faecis*）（Verstraeten et al.，2022），而基于培养的研究也仅限于一直被报道的罗斯拜瑞氏菌属（*Roseburia*）和布劳特氏菌属（*Blautia*）等极少数的类群。

目前，针对整个毛螺菌科的基于培养的研究仍有限。2020 年，Sorbara 等从人类粪便样品中培养获得了代表 11 个属和 27 个物种的 273 个毛螺菌科菌株，而该团队分离得到的微生物种类限于 *Blautia*、*Roseburia*、*Coprococcus*、*Dorea* 和 *Agathobacter* 等最为常见的 11 个属的已知物种，并在物种和菌株水平进行了基于基因组的研究，揭示了该科物种在系统进化和基因层面的多样性（Sorbara et al.，2020）。在不同的肠道微生物研究中，常分离得到一些较高丰度的毛螺菌科菌株。另外，近期 Lin 等（2024）基于基因组挖掘的研究结果发现，毛螺菌科仍存在众多待分离培养的潜在新分类单元。该研究中，作者还发现了毛螺菌科成员的一些重要特征，如在部分成员中的产芽孢、杆菌肽、水解酶以及趋化等相关的基因元件的存在。这些发现拓展了我们对毛螺菌科的多样性和复杂性的进一步认识，同时该研究有望助力针对毛螺菌科，尤其是未培养和难培养类群的分离培养与研究。

4.2.2.3　毛螺菌的生理生化与代谢特征

毛螺菌科的所有成员都为严格厌氧菌，普遍具发酵活性，并且表现出较强水解活性。例如，通过果胶甲酯酶、果胶酸裂合酶、木聚糖酶、α-L-阿拉伯呋喃糖苷酶、β-木糖苷酶、α-半乳糖苷酶、β-半乳糖苷酶、α-葡萄糖苷酶和 β-葡萄糖苷酶、*N*-乙酰-β-氨基葡萄糖苷酶或 α-淀粉酶对多种底物进行水解和利用（Cotta and Forster，2006）。基于基因组分析的研究结果显示，毛螺菌科可利用食物来源的多种多糖（包括淀粉、菊粉和阿拉伯木聚糖）进行生长，同时部分菌株在淀粉酶作用下可利用直链淀粉和支链淀粉，其中食葡糖罗斯拜瑞氏菌（*Roseburia inulinivorans*）能利用岩藻糖（Duncan et al.，2006），肠道罗斯拜瑞氏菌能够降解木聚糖（La Rosa et al.，2019），挑剔毛螺菌（*Lachnospira eligens*）（Wade，2006）和裂果胶毛螺菌（*Lachnospira pectinoschiza*）被证明能利用果胶（Cornick et al.，1994）。

毛螺菌科成员作为人大肠中的重要微生物群，具很强的食物发酵活性，因此必然产生多种代谢物。然而，目前为止，报道的主要是 *Agathobacter*、*Roseburia*、*Blautia*、*Butyrivibrio* 等属产生的丁酸、乙酸、琥珀酸、乳酸和乙醇这几类普遍较受关注的物质（Abdugheni et al.，2022a；Duncan et al.，2002；Hayashi et al.，2024；Kopečný et al.，2003）。

此外，霍尔氏厌氧丁酸杆菌（*Anaerobutyricum hallii*，又名 *Eubacterium hallii*）被报道产生具有抗菌活性的 3-羟基丙醛（Fekry et al.，2016），同时还产生有益生活性的维生素 B_{12} 和 1,2-丙二醇（Belzer et al.，2017）。氢养布劳特氏菌（*Blautia hydrogenotrophica*）被报道产生对宿主健康有危害的对甲酚（Saito et al.，2018）。一项体外研究表明，*Blautia* 对多甲氧基黄酮具有转化作用（Burapan et al.，2017），而这类黄酮类化合物涉及多种生物学功能，其中在抗癌、抗炎、抗过敏、抗致突变和神经保护等方面发挥重要作用（Possemiers et al.，2005）。

然而，除了上述较受关注的几个毛螺菌科类群和几种代谢物之外，目前其他毛螺菌科的众多代谢产物并无较为全面的相关报道。

4.2.2.4　毛螺菌科与宿主健康或者疾病的相关性

目前已被分离培养的毛螺菌科包括的物种在系统分化上多样，生化特征各异，提示着它们在宿主健康中发挥多种复杂功能。毛螺菌科对宿主健康的作用存在多重性，既有发现发挥有益作用的成员，也有发现发挥有害作用的物种和菌株。毛螺菌科中最常被报道的益生菌种包括罗斯拜瑞氏菌属（*Roseburia*）、粪球菌属（*Coprococcus*）和布劳特氏菌属（*Blautia*）等，这些毛螺菌科成员能够降解食物中植物来源的纤维素和半纤维素等成分，同时产生短链脂肪酸等多种代谢物，从而对宿主健康发挥积极作用（Louis and Flint，2009）。丁酸盐是结肠上皮细胞的主要能量来源，通常与健康状态相关的 *Blautia* 和 *Roseburia* 是主要的短链脂肪酸生产者（Fusco et al.，2023；Schoeps et al.，2024）。*Roseburia intestinalis* 刺激 Toll 样受体 5（Toll-like receptor 5，TLR5）依赖性肠道免疫反应，有助于树突状细胞诱导的调节性 T 细胞分化从而改善结肠炎（Shen et al.，2022），*Roseburia intestinalis* 能缓解宿主动脉硬化（Kasahara et al.，2018）。科学家们发现 *Blautia* 和 *Roseburia* 参与控制肠道炎症、动脉粥样硬化和免疫系统成熟等过程，其中是细菌代谢产生的丁酸盐介导了这些作用（Guilloteau et al.，2010；Martin-Gallausiaux et al.，2021）。此外，*Blautia* 在结直肠癌、术后的炎症和肝硬化患者中显示出有益的抗炎关联性（Song et al.，2024）。值得注意的是，*Roseburia hominis* 和 *Lachnospira eligens* 已被申请为商业益生菌（美国，专利 No. US16636615）（Han et al.，2020）。

此外，有些毛螺菌被报道对宿主健康发挥有害作用。活泼地中海杆菌（亦称活泼瘤胃球菌）被报道称会引起宿主肠炎（Hall et al.，2017；Hong et al.，2024），而 *Anaerostipes*、*Blautia*、*Dorea* 等属被报道在抑郁症患者中丰度较高，可能与该疾病的诱发有关联（Iglesias-Vázquez et al.，2020）。基于高通量测序分析发现，回肠克罗恩病患者的回肠黏膜样本中发现较高丰度的罗斯拜瑞氏菌属（*Roseburia*）和粪球菌属（*Coprococcus*），推测这两个属的存在可能与回肠克罗恩病的诱发有关联（Baumgart et al.，2007）。

基于高通量测序的研究发现，溃疡性结肠炎患者粪便中毛螺菌科丰度减少，并推测毛螺菌科丰度降低也许可作为溃疡性结肠炎的标志（Sasaki et al.，2019）。Sagheddu 等（2016）的研究发现，在婴儿肠道中检测到较高丰度的 *Blautia* 和 *Ruminococcus*，此外有研究发现毛螺菌科影响婴儿的神经系统的发育（Oliphant et al.，2021）。Karcher 等（2020）利用宏基因组组装超过 6500 个不同地理位置和生活方式的宿主的肠道宏基因组，获得了 1300 个直肠有益杆状菌（*Agathobacter rectalis*，又名 *Eubacterium rectale*）的高质量基因组，发现欧洲特有的 *Agathobacter rectalis* 菌株缺乏与细胞运动相关的基因。另一项宏基因组学研究显示，与健康对照相比，*Blautia* 的丰度在银屑病患者样品中更高（Dei-Cas et al.，2020）。在 Karlsson 等（2012）的一项有关动脉粥样硬化疾病相关的研究中发现，*Roseburia* 的丰度在健康群体中更高，预示其可能在宿主心血管健康中具有重要积极作用。

总而言之，根据现有研究报道，多数研究限于毛螺菌科与多种健康和疾病状况的关联分析。目前，部分对宿主健康有积极作用的微生物得到更多关注，然而针对多数毛螺菌的生理生化特征、在不同生境中的生存策略、它们与其他肠道微生物以及宿主之间的相互作用和相关机制，仍待进一步关注和解析。

4.2.2.5　毛螺菌科菌株资源库

菌株资源库是在“肠-菌相关性”基础上开展“因果关系”或者“机制研究”的必需条件。近期，中国科学院微生物研究所建立了一个专门针对人体来源的毛螺菌资源库（图 4-17）（热西丁 · 阿不都艾尼、王文昭等，https://hgmb.nmdc.cn/subject/lachnospiraceae）（Abdugheni et al.，2022a），该菌库共包括 77 个物种的 110 个菌株，并提供了菌株代谢产物（https://hgmb.nmdc.cn/subject/lachnospiraceae/metabolites）等信息。该菌库中的菌株产生 17 类 242 种代谢物。其中较大的类别是醇、酮、吡嗪、短链（C2～C5）和长链（C ＞ 5）酸、酚、醛和其他 30 种化合物。其中，22 个代谢物为芳香族化合物。直肠有益杆状菌 Lach-101 和伶俐粪球菌 NSJ-173 的丁酸产量分别为 331.5 mg/L 和 310.9 mg/L。对公开的、基于队列的人类粪便挥发性代谢组学数据集的进一步分析表明，超过 30%的主要挥发性代谢物被本研究中的毛螺菌科代谢物所覆盖。这项研究为未来研究宿主-微生物相互作用以及新型益生菌或生物疗法的开发提供了毛螺菌科菌株资源及其代谢特征。

4.2.2.6　毛螺菌属物种及其与健康和疾病的关系

截至本书编写，毛螺菌属包括 3 个正式命名的物种，分别是挑剔毛螺菌（*Lachnospira elegens*）、多产毛螺菌（*Lachnospira multipara*）和裂果胶毛螺菌（*Lachnospira pectinoschiza*）。其中，挑剔毛螺菌分离自人粪便中，最初命名为 *Eubacterium elegens*；多产毛螺菌和裂果胶毛螺菌都是最先在猪肠道中分离，后来从人粪便中分离了这两个物种的多个菌株，表明它们在人体肠道中也普遍存在。

有关这些毛螺菌属物种与健康和疾病关系的研究，依然缺乏因果关系证据，机制性研究更是少见。美国夏威夷大学 Ma 等（2021）通过食物频率问卷（food frequency questionnaire）和微生物分类单元属水平 16S（V1-V3）多样性分析，发现了纵向（9 年和 12 年）队列人群粪便中 152 个细菌属水平上，有包括挑剔毛螺菌和毛螺菌属其他物种在内的 7 个属（*Anaerostipes*、*Coprococcus*_2、*Eubacterium eligens*、*Lachnospira*、Lachnospiraceae_ND3007、*Ruminococcaceae*_UCG-013 和 *Ruminococcus*_1）与健康饮食指数（healthy eating index）正相关。澳门大学一项基于粪便微生物宏基因组和代谢组以及尿液分泌组两年纵向数据的综合研究表明，与对照组相比，神经认知障碍易感老人中包括挑剔毛螺菌、活泼瘤胃球菌

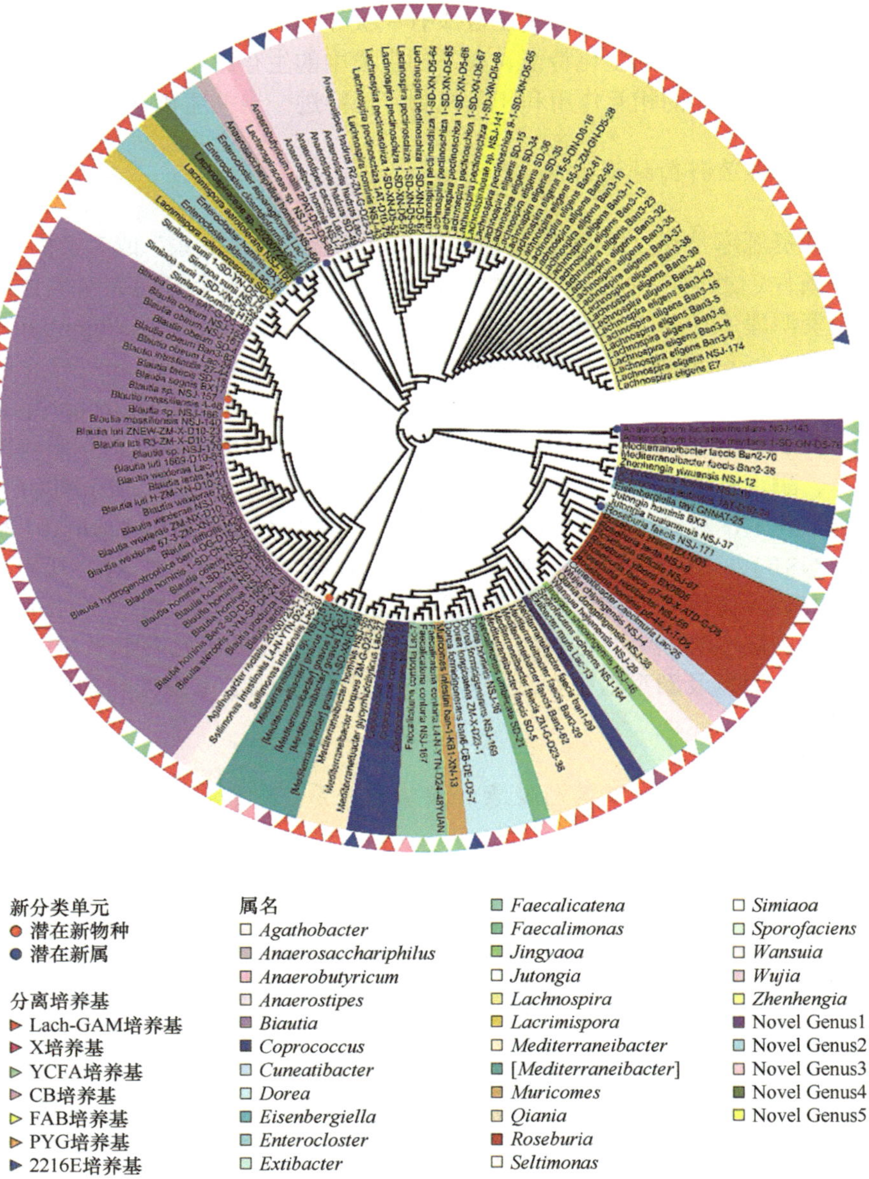

图 4-17 进化树形式展示毛螺菌资源库菌株及分离培养基（Abdugheni et al.，2022a）
进化枝上的蓝色实心圆点表示潜在新属，红色实心圆点表示潜在新物种；圆环不同背景颜色表示不同属；外圈不同颜色三角形表示对应菌株分离培养基类型

（*Ruminococcus gnavus*）、大肠埃希菌（俗称大肠杆菌）（*Escherichia coli*）和懒惰脱硫弧菌（*Desulfovibrio piger*）的丰度显著升高（Han et al.，2022）。粪菌移植是一种治疗反复性艰难梭菌感染以及改善由使用抗生素引发的肠炎的有效手段，

研究表明，粪菌移植后宿主肠道内解果胶毛螺菌、*Clostridium leptum*、*Oscillospira guillermondii*、*Sporobacter termitidis*、*Anaerotruncus colihominis*、*Ruminococcus callidus*、*R. bromii* 和 *C. colinum* 的丰度增加，并认为这些菌丰度增加与抗炎有关（Antushevich，2020）。一项基于仔猪的研究表明，饲料中补充香草酸（4 g/kg）能够减轻脂多糖引发的炎症、氧化应激反应和改善仔猪生长，富集了毛螺菌属中包括挑剔毛螺菌在内的多种微生物，同时降低了普雷沃氏菌属（*Prevotella*）的丰度。

4.2.3　肠球菌属

肠球菌属（*Enterococcus*）为革兰氏阳性球菌，属于细菌域（Bacteria）厚壁菌门（Firmicutes）芽孢杆菌纲（Bacilli）乳杆菌目（Lactobacillales）肠球菌科（Enterococcaceae），模式物种为粪肠球菌（*Enterococcus faecalis*）。肠球菌多为卵球状，单生、双生（双球菌）或以短链状排列，生理特征与链球菌相似（Gilmore et al.，2002）。人类肠道中两类常见的共生肠球菌分别是粪肠球菌（*Enterococcus faecalis*，占 90%～95%）和屎肠球菌（*Enterococcus faecium*，占 5%～10%）。其他肠球菌会引起偶发的群体感染，包括铅黄肠球菌（*Enterococcus casseliflavus*）、鸡肠球菌（*Enterococcus gallinarum*）和棉子糖肠球菌（*Enterococcus raffinosus*）（Gilmore，2002）。作为人和动物肠道内的偏利共生菌，肠球菌具有丰富的物种与功能多样性，能在各种条件下生长繁殖，并具有显著的代谢适应性，以扮演其作为共生菌和机会性致病菌的不同角色（Arias and Murray，2012）。肠球菌在自然界各类生态环境中分布广泛，主要存在于哺乳动物和鸟类的肠道，也存在于土壤、水、乳制品和其他食品以及植物中。在人体内，它们主要栖居于胃肠道，也少量分布于泌尿生殖系统、口腔和皮肤等身体部位。目前，肠球菌在食品、饲料及微生物制剂等领域发挥着重要的作用（Devriese et al.，2006）。近年来，肠球菌因对众多抗菌药物表现出固有耐药性，容易传播抗性并可以在恶劣环境中生存，已成为院内感染的重要致病菌之一，肠球菌感染患者的发病率和死亡率显著升高，其安全性备受争议（Teixeira et al.，2022）。

4.2.3.1　肠球菌属的生理生化与系统分类学

1. 肠球菌属的生理学特征

肠球菌是兼性厌氧菌，即它们在富氧和缺氧环境中均能进行细胞呼吸，但更偏爱厌氧条件；无芽孢、无荚膜。绝大多数肠球菌无运动性，氧化酶和接触酶试验阴性，最适生长温度为 35～37℃。作为 GC 含量较低（摩尔百分比＜50%）的同型发酵（homofermentation）乳酸菌，其主要的代谢产物为 L（+）乳酸。虽然肠球菌不能形成芽孢，但其对各种环境具有广泛的耐受性，包括对干燥、极端温度（10℃和 45℃）、极端 pH（4.6 和 9.9）、高盐浓度（6.5%氯化钠）和 40%胆盐的耐受性（Fisher and Phillips，2009）。在含 6.5%氯化钠培养基中的生长和在胆汁-七叶苷中水解的生化反应可用于肠球菌的鉴定。大多数肠球菌能水解亮氨酸-β-萘酰胺（LAP）和 L-吡咯烷酮酰-β-萘基酰胺（PYR）。此外，肠球菌通常在羊血琼脂上表现为 γ 溶血。

2. 肠球菌属的分类

肠球菌属[来自希腊语 ἑντερο，éntero（肠道）和 κοκκος，coccos（颗粒）]的成员，如粪肠球菌和屎肠球菌，能产生一种与细胞壁组成有关的甘油磷壁酸抗原，被确认为链球菌 D 群抗原，因而曾长期被归类为 D 型链球菌属（Group D *Streptococcus*）的一个亚群（Švec and Devriese，2009）。直到 1984 年，Schleifer 和 Kilpper-Balz 经 DNA-DNA 与 DNA-rRNA 杂交和基于 16S rRNA 基因序列的细菌分类学方法，证实粪肠球菌和屎肠球菌不同于链球菌，因而将其划分为新的肠球菌属（Schleifer and Kilpper-Balz，1984）。肠球菌属于 GC 含量较低的厚壁菌门，即芽孢杆菌分支。自此，越来越多的分子鉴别方法被应用于描述新的肠球菌物种，引起了许多命名学的变更，现有肠球菌属的物种达 65 个（截至 2021 年 9 月）（Švec and Devriese，2009；Teixeira et al.，2019）。

目前，对于肠球菌属及其新物种的分类标准，常采用结合不同分子技术和表型检测的多种方法。其中，16S rRNA 基因测序是一种强大实用的工具，有助于肠球菌物种的鉴定，尽管已有文献报道其对少数肠球菌物种的鉴别存在局限性（Teixeira et al.，2019）。针对其他遗传决定因素的测序分析已越来越多地用于评估肠球菌物种之间的系统发育关系和作为制定新物种描述的补充性工具（Švec and Devriese，2009）。例如，多位点序列分型（multilocus sequence typing，MLST）作为 16S rRNA 序列菌株鉴定技术的升级，可通过比较不同菌株的多个管家基因（housekeeping gene）的序列组成信息确定菌株的序列型（sequence typing，ST），基于此研究不同菌株间的遗传距离，进而推演菌株之间的进化关系。在可靠的肠球菌分型技术支撑下，MLST 在多样性分析中显示出许多优势（Homan et al.，2002；Ruiz-Garbajosa et al.，2006）。此外，鉴于肠球菌分离株中抗生素耐药性高频率和高多样性的特征，绘制与多种抗生素耐药性相关的基因谱，可作为流行病学和生物分型目标之外的另一个有价值的诊断工具（Raven et al.，2016）。其中，由 MLST 分析定义的克隆复合体的圆形系统进化树显示氨基糖苷类高水平耐药（high level aminoglyeoside resistant，HLAR）的粪肠球菌分离株来自巴西里约热内卢卫生保健机构。

4.2.3.2 肠球菌属的病原性与耐药性

1. 病原性

肠球菌是多种感染的机会性病原体，尤其是在有严重基础疾病的老年患者和其他免疫功能低下的患者中（Pfaller et al.，1999）。肠球菌曾被认为仅是心内膜炎和罕见脑膜炎病例的诱因，但现已发展成为院内获得性菌血症以及外科和泌尿系统感染的主要病原体之一（Devriese et al.，2006；Gray and Pedler，1992）。其中，粪肠球菌最常与人类疾病相关。尽管屎肠球菌菌株比粪肠球菌菌株更容易对抗生素产生耐药性，但这似乎与这些物种的临床重要性无关（Huycke et al.，1998）。粪肠球菌的毒力更强，或更常具有毒力因子，包括溶血素、聚集物质、胞外超氧化物和表面蛋白（Devriese et al.，2006；Jett et al.，1994），但其致病作用机理在很大程度上仍不清楚。肠球菌在临床上引起的重要感染包括尿路感染、菌血症、细菌性心内膜炎、憩室炎、脑膜炎和自发性细菌腹膜炎（Fiore et al.，2017），敏感菌株的感染可用氨苄西林（ampicillin）、青霉素（penicillin）和万古霉素（vancomycin）治疗。尿路感染是肠球菌病最常见的形式，最常由院内患者使用尿路导管、尿路器械操作和尿道结构异常引起（Arias and Murray，2012），而院外由肠球菌导致的单纯性尿路感染极其少见。此前的抗生素治疗，特别是使用无法有效抗肠球菌的抗生素，如头孢菌素（cephalosporin）、氟喹诺酮类（fluoroquinolones）、多黏菌素（polymyxin）、大环内酯类（macrolides）、林可酰胺类（lincosamides）和磺胺类（sulfonamide），则是另一易感因素（Flores-Mireles et al.，2015；Gilmore et al.，2013）。若尿路感染由万古霉素耐药性肠球菌菌株引发，通常还可以用呋喃妥因（nitrofurantoin）进行特异性治疗（Zhanel et al.，2001）。然而，肠球菌具有其他病原体产生的获得性耐药基因，可能导致病情恶化。

肠球菌性脑膜炎是一种罕见的神经外科并发症。它通常经静脉注射或鞘内注射万古霉素治疗，但其治疗效果仍存在争议（Fisher and Phillips，2009）。肠球菌引起的心内膜炎大多病例发生于有心脏瓣膜病或人工瓣膜的老年男性，并常伴随尿路感染或涉及仪器的侵入性检查（Singh et al.，2015）。肠球菌菌血症常发生于有严重基础疾患的老年人、免疫功能低下患者以及长期住院接受抗生素治疗的患者，其入侵途径多涉及尿路、腹腔、盆腔感染、创伤（主要是手术部位、褥疮和烧伤伤口）、糖尿病足以及血管内导管等（Agudelo Higuita and Huycke，2014；Arias and Murray，2012）。肠球菌是在美国、加拿大等国家引起菌血症的最常见原因之一，而多种微生物导致的菌血症是常见的死亡率偏高病症，这很可能是由严重的潜在疾病和复杂因素所致（Pfaller et al.，1999）。

新的流行病学证据表明，肠球菌还是慢性细菌性前列腺炎的主要感染源，能在前列腺内形成生物膜，使其难以根除（Lebreton et al.，2014）。此外，肠球菌还常与腹内和盆腔感染有关，罕见的疾病包括新生儿感染、呼吸道或中枢神经系统的肠球菌感染，以及中耳炎、鼻窦炎、化脓性关节炎和眼内炎，大多数病例代表基础疾病的并发症（Pelletier，1996）。胃肠道被认为是与疾病相关的肠球菌菌株的主要储存库，因而需谨慎建立临床意义的特殊隔离。它们可能会从胃肠道迁移至其他部位导致感染，也可能传播到其他宿主和环境中（Gilmore et al.，2013）。

2. 耐药性

从医学角度来看，肠球菌属的本质特征是对众多抗生素的耐药性，分为固有耐药（intrinsic resistance）和获得性耐药（acquired resistance）。部分肠球菌对诸如青霉素、头孢菌素（cephalosporin）、碳青霉烯（carbapenem）及许多氨基糖苷类（aminoglycosides）等 β-内酰胺类抗生素具有固有抗性，具体表现为对一般剂量或中剂量氨基糖苷类和对低剂量万古霉素的先天性耐药。近年来，随着获得性耐药株不断增多，表现为对氨基糖苷类、万古霉素、替考拉宁高度耐药。在过去 20 年里，抗万古霉素肠球菌（vancomycin-resistant enterococcus，VRE）的剧毒菌株逐渐在院内感染患者中被检出。尽管美国、英国、新加坡等发达国家曾有效避免或遏制了 VRE 的大规模发生与流行（Fisher and Phillips，2009；Kurup et al.，2008），但 VRE 的暴发仍然不断被报道，其流行比例受环境因素和地理位置等多方面的影响。VRE 感染难以治疗，作为医院长期暴发的流行病，给感染控制带来了巨大挑战。因此，美国疾病控制和预防中心（Centers for Disease Control and Prevention，CDC）已将 VRE 视为对公共卫生的主要威胁，且世界卫生组织（The World Health Organization，WHO）已将耐万古霉素的屎肠球菌列为“高度威胁”的致病菌（Teixeira et al.，2022）。

尽管肠球菌感染的流行病学是研究重点，但考虑到 VRE 的频繁出现，针对医院暴发的调查以及具有耐药标志物的肠球菌菌株的传播机制的研究具有重要意义。肠球菌的耐药基因主要存在于染色体上，其携带的 *vanA* 和 *vanB* 被认为是最具临床相关性的基因型，通常与屎肠球菌和粪肠球菌分离株相关，而 *vanC* 抗性基因是鸡肠球菌（*vanC1* 基因型）和铅黄肠球菌（*vanC2*～*vanC4* 基因型）的内在固有特征（Weber et al.，2007）。相较而言，由 *vanD*、*vanE*、*vanG* 和 *vanL*～*vanN* 编码的其他类型的糖肽抗性基因似乎很少出现在肠球菌中（Werner et al.，2011）。因此，应鼓励医院实施 VRE 例行监测项目，以及时阻控其暴发与流行（Usacheva et al.，2010）。目前三种主要的分子检测系统是基于两种主要类型的万古霉素耐药有关的遗传决定因素的基因检测（*vanA* 和 *vanB*），分别为：LightCycler *vanA*/*vanB* 检测、GenOhm *vanR* 检测和 Cepheid Xpert *vanA*/*vanB* 检测，可直接应用于临床和标本检测（Holzknecht et al.，2017）。

绝大多数肠球菌感染的抗生素治疗采用单一药物，如氨苄西林、青霉素、万古霉素。共杀素（synercid）、奎奴普丁/达福普丁（quinupristin/dalfopristin）此前曾被美国批准用于 VRE 感染治疗（Batts et al.，2001），约有 70%的患者可达到治疗效果，但由于其对粪肠球菌的治疗效果不佳，美国食品药品监督管理局（FDA）撤销了对该适应证的用药批准（Collins et al.，1993；Singh et al.，2002）。替加环素（tigecycline）也已被证明能用于治疗肠球菌感染，如利福平（rifampicin）。然而，当涉及高水平氨基糖苷抗性菌株时，这些方案明显不足；面对多重耐药情况，单药政策可能也必须改变。某些 β-内酰胺类药物如青霉素、氨苄西林、哌拉西林（piperacillin）、亚胺培南（imipenem）具有良好的抑菌活性（Huycke et al.，1998），因而，β-内酰胺类和氨基糖苷类抗生素联合的优势杀菌效果已被广泛应用于肠球菌感染治疗，如心内膜炎。同时，糖肽万古霉素和替考拉宁是有价值的替代品（Devriese et al.，2006）。

4.2.3.3　肠球菌属的生理与功能

1. 粪肠球菌

粪肠球菌（*Enterococcus faecalis*），以前被归类为 D 组链球菌系统的亚种，是一种革兰氏阳性、共生细菌，栖息在人类与动物的胃肠道。粪肠球菌可作为益生菌。例如，益生菌菌株如 Symbioflor1 和 EF-2001 的特点是缺乏与耐药性和发病机制有关的特异性基因（Jacobson et al.，2020）。作为一种机会性病原体，粪肠球菌可引起危及生命的感染，如心内膜炎、脓毒症、尿路感染、脑膜炎和其他人类感染。粪肠球菌经常出现在重新感染的根管治疗的牙齿中，患病率为 30%～90%（Panthee et al.，2021）。根管治疗的牙齿重新感染粪肠球菌的可能性则是原发性感染的 9 倍。粪肠球菌通常对诸如氨基糖苷、阿兹特罗宁、喹诺酮等许多常用的抗菌药物具有抗药性，耐万古霉素粪肠球菌的治疗选择包括呋喃妥因（尿路感染无并发症的情况下）、利奈唑胺、奎奴普丁、替加环素和达托霉素（Arias et al.，2010）。根据一项联合药物治疗研究，在严重感染（如心脏瓣膜感染）情况下联合用药对易受影响的粪肠球菌菌株的疗效有所提高。氨苄西林和万古霉素敏感粪肠球菌（对氨基糖苷缺乏高抗性）菌株可以采用庆大霉素（gentamicin）和氨苄西林抗生素治疗。泰地唑利、特拉万星、达巴万星和奥利万星抗生素被 FDA 批准作为粪肠球菌的治疗用药（Singh et al.，2019）。

2. 屎肠球菌

屎肠球菌（*Enterococcus faecium*）是一种革兰氏阳性、γ 溶血性或非溶血性肠球菌属细菌。它在人和动物的胃肠道中可能是共生的，但也可能是致病的，可引起新生儿脑膜炎或心内膜炎等疾病（Pidot et al.，2018）。屎肠球菌已发展出多重耐药，并利用能够分解蛋白质和碳水化合物的酶以抑制竞争细菌（McArthur，2019）。肠球菌表面蛋白（ESP）允许细菌聚集并形成生物膜。大约40%的医疗重症监护单位发现，大多数与设备相关的感染是由万古霉素和氨苄西林耐药的屎肠球菌引起的。

3. 鸡肠球菌

Collins 等（1984）依据新定义的肠球菌属特性于 1984 年将鸡肠球菌（*Enterococcus gallinarum*）归类到肠球菌属。鸡肠球菌对低浓度万古霉素表现为固有耐药性。其耐药性由染色体基因 *vanC* 编码，该基因编码细胞壁肽聚糖前体蛋白中的末端 D-丙氨酸-D-丝氨酸，而不是通常的 D-丙氨酸-D-丙氨酸，是一种区别于粪肠球菌和屎肠球菌 VRE 的耐药性机制。鸡肠球菌是除粪肠球菌和屎肠球菌外唯一的已知可在院内引起暴发和传播的物种，并较少可能引起聚集性感染（Li et al.，2018）。2018 年发表的一项研究发现，这种传染性细菌可从肠道转移（扩散）到其他器官，如淋巴结、肝脏和脾脏，引发人类和小鼠的自身免疫反应。此外，鸡肠球菌作为机会病原菌，可能引起脑膜炎和菌血症（Lauté-Caly et al.，2019）。

4. 病臭肠球菌

病臭肠球菌（*Enterococcus malodoratus*）是一种机会性致病的革兰氏阳性细菌，具有厚多肽层。与其他肠球菌不同，病臭肠球菌在 45℃下不能生长，同时也无法在 60℃加热下存活 30 min（Collins et al.，1984）。病臭肠球菌诱导血小板聚集和组织因子依赖性纤维蛋白的产生可能与肠球菌心内膜炎的发病机制有关。病臭肠球菌可引起院内感染宿主的获得性感染、菌血症和尿路感染（Goh and Facklam，2000；Raza et al.，2018）。

4.2.3.4 肠球菌属的应用

肠球菌作为广泛定植于动物肠道的正常菌群，具有改善肠道菌落、调节免疫系统、抑制病原腐败微生物、降低胆固醇和辅助癌症治疗等功效，具有很强的实用性。目前开发出的益生肠球菌已应用到食品、动物饲料、微生物制剂和医药等领域。

1. 肠球菌属在食品中的应用

肠球菌在肉制品发酵中具有优于其他微生物种群的竞争性优势，将肠球菌产生的细菌素或者其他代谢产物纯化后应用于香肠发酵或者真空包装的熟肉制品中可以抑制单增李斯特氏菌的生长和产黏液乳酸菌的生长，延长货架期（Aymerich et al.，2000）。同时肠球菌的耐热、耐盐特性使其容易在煮熟或加热的加工肉类中引起腐败（Franz et al.，1999）从而被列为食品卫生质量的指标。此外，肠球菌是传统奶酪制作过程的重要菌种，其含量达 10^5～10^7 CFU，其产生的蛋白水解酶、乙醛、乙酰乙酸和双乙酰，以及水解乳脂的酯酶活性对奶酪成熟非常重要，并在制作和发酵过程中的风味形成方面发挥关键作用（Saavedra et al.，2003）。其中，屎肠球菌属于乳酸菌类益生菌，已被美国、欧盟和中国划为在食品工业中可以充当添加剂使用的菌种。

2. 肠球菌属在畜禽方面的应用

肠球菌在畜禽养殖生产中经常被作为一种绿色饲料添加剂，其饲用效果也越来越被养殖从业人员认可。将粪肠球菌制成微生态制剂，添加到畜禽饲料中，可调节机体微生物菌群平衡、提高机体免疫力（Ognik et al.，2017）。此外，粪肠球菌经黏附作用形成的保护屏障可抵御大肠杆菌等致病菌的定植和入侵（Rojo-Bezares et al.，2006）。

3. 肠球菌属在医药方面的应用

肠球菌是人类和许多动物的一种肠道共生菌，粪肠球菌和屎肠球菌作为动物肠道内常见的共生菌，已被证明具有促进人体和动物（猪、家禽等）健康的功效，通常以药物制剂的形式作为益生菌用于改善腹泻或肠易激综合征（irritable bowel syndrome，IBS）等病症（Enck et al.，2008；Kirjavainen et al.，2002）。此外，肠球菌因其耐药性并非公认是安全的（generally recognized as safe，GRAS）菌种，故肠球菌作为益生菌原料的安全性须审慎评估。

4. 肠球菌属在环境方面的应用

即使在阳光直射下，肠球菌也能在无生命表面上长时间存活（Bale et al.，1993）。在水体中，可接受的肠球菌污染水平非常低，监测饮用水中肠球菌的存在主要是因为粪肠球菌和屎肠球菌比水中其他肠道细菌存活时间长。另一应用则涉及地表水和休闲娱乐用水水质评估（Godfree et al.，1997）。在验证粪便污染的某些情况下，应考虑植物相关物种和菌株的存在（Niemi et al.，1993）。水中肠球菌的检测计数采用膜过滤法或液相富集法。研究表明，肠球菌是比大肠杆菌和粪大肠菌群更稳定的指标，在咸水条件下是更保守的指标（Jin et al.，2004），因此肠球菌成为美国水质标准的新指标。

总而言之，肠球菌属由自然界广泛分布的革兰氏阳性球菌组成，它们要么是无害的共生菌，要么被认为是难以治疗的院内感染的机会性或条件性致病菌。在过去的几十年里，它们已经成为医学上重要的多重抗生素耐药病原体，特别是在与医疗保健相关的感染中，显著增加了患者的发病率和死亡率，并增加了医疗保健成本。肠球菌的耐热、耐盐等特性使其可在恶劣的环境中存活，并对多种抗菌药物产生耐药性，从而为感染控制带来了相当大的挑战。抗菌药物耐药性克隆复合体的产生和传播在屎肠球菌及粪肠球菌中已被广泛记录，特别是在 VRE 分离株中。除了对人类感染的流行病学调查外，还使用了强大的现代分子分型技术来追踪肠球菌在不同环境和宿主中的传播，以及多耐药菌株的进化，极大地扩展了我们对肠球菌流行病学、群体结构、抗生素耐药性和毒性的认知。

4.2.4 乳杆菌属

许多乳杆菌属（*Lactobacillus*）菌种是公认的益生菌，作为人体肠道菌群的次主要及阴道菌群的主要菌属，也存在于其他身体部位、某些食物如奶制品和自然环境中。由于其对健康和经济的重要性，乳杆菌的系统发育、代谢及生理生化特性等已被广泛研究。乳杆菌属属于厚壁菌门芽孢杆菌纲乳杆菌目乳杆菌科。乳杆菌的传统分类源自 Heineman（1920）最初根据发酵类型和形态对乳酸菌（lactic acid bacteria，LAB）的分类，该分类根据乳酸菌从碳水化合物发酵中产生的最终产物将乳酸菌分为三组：①专性同型发酵；②兼性异型发酵；③专性异型发酵。乳杆菌为兼性厌氧、过氧化氢酶阴性、革兰氏阳性、不形成芽孢的杆状菌，通常在微需氧条件下生长得更好。细胞形态各不相同，包括短而丰满的杆状、长而细长的杆状、链状或栅栏状。菌落形态常常呈灰白色、大小不等，在营养上很挑剔（Blaser，2006），通常在血琼脂上表现出 α 溶血。

截至 2020 年 3 月，乳杆菌属已涵盖 261 个种，在表型、生态和基因型水平上极为多样化，2020 年 4 月，15 位科学家通过对已公布的大量乳杆菌属全基因组数据分析，将原乳杆菌属重新划分为 25 个属（其中包括 23 个新属，以及对 *Paralactobacillus* 的修订），并对分类学地位变迁菌种进行了描述（Zheng et al.，2020），其中许多公认的益生菌种被分到其他属。截至 2024 年，LPSN 中显示乳杆菌属有 46 个种及 9 个亚种。

4.2.4.1 乳杆菌特性

1. 乳杆菌代谢及生理生化特性

乳杆菌属以发酵方式利用碳水化合物并产生乳酸作为主要最终产物。在同型发酵和专性异型发酵的情况下，已糖通过糖酵解（Embden-Meyerhof-Parnas，EMP）途径发酵为乳酸。同型发酵物种缺乏戊糖发酵所需的磷酸转酮酶（phosphoketolase），而兼性异型发酵物种具有这种酶，并且还可能产生醛缩酶，使它们能够利用葡萄糖酸盐。异型发酵物种不使用 EMP 途径（Blokhina et al.，1995），如 *L. iners* 使用黏蛋白作为首选生长碳源和氮源（Macklaim et al.，2011），并发酵宿主饮食中存在的低聚糖和多糖（Duar et al.，2017）。此外，乳杆菌在 37℃或更高温度下生长最佳，这反映了大多数哺乳动物和鸟类的体温，它们通常还能耐受高浓度的胆汁酸；乳制品等来源的菌株，从头合成氨基酸的能力往往会丧失；从环境中分离的菌株往往具有更广泛的生物合成能力（Cai et al.，2009）。

乳杆菌属对抗生素的耐药性得到了持续的关注。某些乳杆菌对万古霉素和氨基糖苷类药物具有内在耐药性（Gueimonde et al.，2013；Salminen et al.，2006），而其他糖肽类抗生素对不同物种和菌株具有不同的活性；乳杆菌通常对青霉素敏感，但它们对头孢菌素的敏感性较低（Goldstein et al.，1995，2003）。有研究报道了乳杆菌中非典型抗生素耐药特性相关基因，如虽然通常对大环内酯类药物敏感，但乳杆菌（如鼠李糖乳杆菌）的染色体突变会降低红霉素对核糖体的亲和力（Flórez et al.，2007）。此外，替加环素对多种乳杆菌具有活性，包括干酪乳杆菌的多重耐药株（Goldstein et al.，2006）。另有研究表征了用于制造乳制品和发酵蔬菜产品的 19 种乳杆菌对红霉素及四环素的获得性耐药性（Nawaz et al.，2011）。目前关于乳杆菌的耐药性，仍需进行更详细的研究。

2. 乳杆菌的生长环境

乳杆菌天然存在于人体许多部位，包括消化道（口腔至胃肠）、皮肤和阴道。口腔（唾液和黏膜）和小肠中的乳杆菌数量很少，在成人口腔中为 10^3～10^4 CFU/g（Indrio et al.，2011），仅占全部口腔微生物物种（大约 700 种）的小部分（Parahitiyawa et al.，2010）。乳杆菌也存在于胃中，约占胃部菌群的 0.2%。据估计，该属占人类十二指肠细菌细胞总数的 6%，在回肠内数量为 10^3～10^7 CFU/g，约占结肠中所有细菌的 0.3%。在超过 70%成人粪便样品中成功培养出乳杆菌，但乳杆菌占可培养细菌的比例通常很低，为每克粪便中 10^6～10^8 CFU 或 0.01%～1%（O'Callaghan and O'Toole，2013）。而在婴儿粪便中，乳杆菌为 10^5～10^8 CFU/g（Indrio et al.，2011）。乳杆菌代表了定植于育龄妇女健康阴道的主要细菌属（Witkin et al.，2007），且被证实阴道是乳杆菌占主导地位的唯一解剖部位，在阴道菌群中占据主导地位（占细菌总数的 90%～100%）（Chu et al.，2017）。乳杆菌在人体皮肤上构成亚优势目，但相对丰度要低得多（Chu et al.，2017）。数据显示，10 个人每人的 20 个皮肤部位，乳杆菌占总读数的 0.69%～1.37%（Grice et al.，2009）。研究显示，皮肤上 3963 个运算分类单元（OTU）中仅 16 个为乳杆菌（占读数的 0.4%）（Gao et al.，2008）。人们预测乳杆菌会短暂存在于人体皮肤上，特别是在会阴区域和手部，这种偶然携带可能对其传播很重要。

从物种上来说，最常见的乳杆菌包括干酪乳杆菌等，很少从肠道以外的环境中分离出来。嗜酸乳杆菌也天然存在于人和动物的口腔及胃肠道中。栖息在胃肠道中的包括干酪乳杆菌等，而胃黏膜中最常见的是罗伊氏乳杆菌等 5 种（Turroni et al.，2014）。共计 50 多种乳杆菌在健康志愿者的粪便中被反复检测到（Rossi et al.，2016），在成人粪便中，主要的乳杆菌是加氏乳杆菌等，相比之下，婴儿粪便菌群更不稳定和多变，常见的是植物乳杆菌等（Lebeer et al.，2008）。其他黏膜部位由不同的物种定植，如 *L. iners* 等 6 种是常见的阴道分离菌。

4.2.4.2 乳杆菌的益生作用

乳杆菌在商业上用于生产发酵食品，包括乳制品、发酵蔬菜和肉制品，因此某些种可作为正常饮食的一部分，如短乳杆菌、发酵乳杆菌和副干酪乳杆菌是 3 种主要的乳制品专性异型发酵菌；*L. parabuchneri* 用于生产酸面包和发酵蔬菜；保加利亚乳杆菌用于生产酸奶等发酵产品；另外，还有鼠李糖乳杆菌、干酪乳杆菌菌株等。乳杆菌的益生作用已被大量证实并被广泛应用。

1. 肠道疾病

鼠李糖乳杆菌已被证明可以减轻小鼠结肠炎症和损伤以及结肠缩短，抑制细胞凋亡并减弱肠上皮细胞中紧密连接的破坏（Yoda et al.，2014）。鼠李糖乳杆菌 L34 和干酪乳杆菌 L39 可抑制艰难梭菌感染所诱导的 IL-8 的产生（Boonma et al.，2014）。此外，接受嗜酸乳杆菌 GP1B 或其细胞提取物的艰难梭菌感染小鼠在 5 天内的存活率大大提高（Yun et al.，2014）。

摄入乳杆菌可有效降低每日腹泻发生风险（Hilton et al.，1997），而不同的乳杆菌均能有效缩短儿童腹泻的轮状病毒感染期（Un-Nisa et al.，2022）。当罗伊氏乳杆菌与锌同时给药时，显示出对急性小儿腹泻的有益作用（Maragkoudaki et al.，2018），而成功定植于胃肠道后，还有效缩短轮状病毒引起的水样腹泻持续时间（Shornikova et al.，1997）。乳杆菌给药降低了放射治疗引起的腹泻的发生率和频率（Costas et al.，1994；Kelly and LaMont，1998）。乳杆菌还可以显著降低儿童和成人抗生素相关性腹泻（ADD）的风险（McFarland，2010），并且发现含乳杆菌的饮料在预防 ADD 方面非常有效（Dietrich et al.，2014）。给予患急性腹泻的儿童含鼠李糖乳杆菌 GG 的口服补液，可缩短腹泻时间并加快恢复和出院速度（Guandalini et al.，2000），荟萃分析结果也证实了施用其他乳杆菌时的安全性、有效性、腹泻持续时间缩短和每日排便量减少（Van Niel et al.，2002）。

荟萃分析结果显示，乳杆菌在以腹泻为主的 IBS 患者中耗竭（Liu et al.，2017a），植物乳杆菌可有效减轻 IBS 患者疼痛（Saggioro，2004），溃疡性结肠炎（ulcerative colitis，UC）患者食用乳杆菌后临床症状改善（Ganji-Arjenaki and Rafieian-Kopaei，2018）。与上述结果一致，荟萃分析纳入益生菌干预治疗 IBS 的研究，多种益生菌均可减轻症状（基于腹痛、腹胀和胃肠胀气评分）（Ford et al.，2014；Scaldaferri et al.，2013）。令人意外的是，有报道称肠道中乳杆菌等在克罗恩病（Crohn's disease，CD）患者中丰度升高（Lewis et al.，2015；Wang et al.，2014），而乳杆菌是否参与疾病发生发展，或者只是某些乳杆菌适应于在促炎性肠道环境中生存尚不清楚。

2. 抗毒、抑菌和抗病毒活性

乳杆菌具有解毒特性和中和毒素或有毒化合物的能力（Nowak et al.，2014；Vasama et al.，2014），对于维持宿主的健康很重要。例如，罗伊氏乳杆菌和嗜酸乳杆菌显示出增强肿瘤坏死因子（TNF）-α 对赭曲霉毒素 A 反应的能力，从而减少毒素诱导的细胞凋亡（Mechoud et al.，2012）。

罗伊氏乳杆菌可产生干扰毒力基因的关键调节因子 AGR 的小信号分子，抑制金黄色葡萄球菌诱导的中毒性休克综合征毒素-1 的表达（Li et al.，2011）。植物乳杆菌 DMDL 9010 在发酵 24 h 后降解亚硝酸盐能力显著提高（Fei et al.，2014）。

就抑菌活性而言，嗜酸乳杆菌和植物乳杆菌可抑制沙门菌对肠上皮细胞的感染（Eom et al.，2015；Lim and Ahn，2012），嗜酸乳杆菌可抑制多种致病菌（Jebur，2010）。研究表明，罗伊氏乳杆菌表现出抑制白色念珠菌（机会性致病菌）繁殖的能力（Zelante et al.，2013）。罗伊氏乳杆菌口服强饲法从 Toll 样受体（TLR）1 敲除小鼠中清除了脱硫弧菌科（Desulfovibrionaceae）细菌感染（Kamdar et al.，2016）。罗伊氏乳杆菌 CRL1324 给药小鼠后，观察到由 *Streptococcus agalactiae* NH17 诱导的白细胞内流减少，并对其阴道定植有预防作用（De Gregorio et al.，2015）。此外，乳杆菌已被广泛用于治疗幽门螺杆菌感染，众多菌株均可抑制幽门螺杆菌生长，无论灭活与否（Di Cerbo et al.，2016）。例如，约氏乳杆菌 1088 可被视为根除幽门螺杆菌金标准的有效附加疗法（Aiba et al.，2015）。

关于抗病毒活性，越来越多的数据表明，缺乏乳杆菌的异常阴道菌群会促进病毒传播，如艾滋病毒、人瘤病毒和单纯疱疹病毒（Cherpes et al.，2003；Myer et al.，2005；Watts et al.，2005）。将植物乳杆菌直接接种到猴免疫缺陷病毒（SIV）感染猕猴的回肠中，可减轻白细胞介素（IL）-1β 介导的炎症，改善屏障功能（Hirao et al.，2014）。在人体中，服用混合菌株的 HIV^{+}患者在外周血和肠道中显示出更多的记忆 Th17 细胞，结肠活检表明其肠道屏障功能增加（D'Ettorre et al.，2017）。

3. 代谢相关

研究表明，鼠李糖乳杆菌通过抑制 α-葡萄糖苷酶和 β-葡萄糖苷酶活性，降低了大鼠在碳水化合物摄食期间的血糖波动（Panwar et al.，2014）。1 型糖尿病（T1D）成人和婴儿患者肠道中乳杆菌的比例均降低（Alkanani et al.，2015；de Goffau et al.，2014）。有趣的是，在生命早期暴露于乳杆菌的儿童发生胰岛自身免疫的风险显著降低（Uusitalo et al.，2016）。初步研究发现 T2D 患者的乳杆菌水平升高（Karlsson et al.，2013）。食用乳杆菌发酵酸奶等也与预防 T2D 和肥胖显著相关

（Marco et al.，2017）。

乳杆菌因其在调节脂质代谢、减少他汀类药物需求方面的有效性而受到高度关注（De Smet et al.，1998；Kumar et al.，2011），如从母乳中分离出的 *L. oris* 具有降胆固醇特性（Anandharaj and Sivasankari，2014）。研究报道了植物乳杆菌 ATCC 14917 在 MRS 肉汤中较高的胆固醇同化活性，而罗伊氏乳杆菌 NCIMB 701089 则在生理肠道条件下吸收了超过 67%的胆固醇（Tomaro-Duchesneau et al.，2014）。最近从传统印度发酵食品中分离出可降低胆固醇的 4 株乳杆菌（Anandharaj et al.，2015），其中 GI9 表现出最强的胆固醇降低能力，并能够解偶联胆盐。植物乳杆菌菌株 K21 可抑制 3T3-L1 前脂肪细胞中的脂质积累，缓解体重增加和附睾脂肪量堆积，降低血浆瘦素水平，降低胆固醇和甘油三酯水平，并减轻饮食诱导肥胖小鼠模型中的肝损伤（Wu et al.，2015）。植物乳杆菌 KY1032 和曲氏乳杆菌 HY7601 给药 8 周后，观察到大鼠血液中高密度脂蛋白胆固醇的降低（Jeong et al.，2015）。此外，加氏乳杆菌 SBT2055 通过防止体重增加和脂肪堆积，同时促进脂肪组织中促炎基因的表达，显示出抗肥胖作用。该菌株还通过益生菌介导的抑制脂质吸收和增加脂肪排泄的机制影响脂肪乳化（Miyoshi et al.，2014；Ogawa et al.，2015）。

4. 关节炎及自身免疫性疾病

口服用德氏乳杆菌保加利亚亚种发酵的脱脂牛奶可抑制小鼠胶原诱导的关节炎的发展（Kano et al.，2002）。此外，干酪乳杆菌通过下调 Th1 型炎症反应来抑制实验性类风湿性关节炎（So et al.，2008）。乳杆菌在类风湿性关节炎中的免疫调节活性也通过在 45 名成年受试者中的试验得到证实（Mandel et al.，2010）。

在胶原诱导的关节炎小鼠及重度和早发型类风湿性关节炎患者中，均观察到肠道菌群中乳杆菌的比例增加（Liu et al.，2016；Zhang et al.，2015b），这些结果与最近在 RA 患者中进行的益生菌随机对照试验相反。研究显示食用干酪乳杆菌的患者疾病活动度评分降低，血清 IL-10 含量增加，血清 TNF-α、IL-6 和 IL-12 水平降低（Vaghef-Mehrabany et al.，2014）。另一项随机对照试验中，混合菌株可显著改善疾病活动度评分，并降低血清 C 反应蛋白（CRP）水平（Zamani et al.，2016）。这可能与宿主本身乳杆菌和异源乳杆菌对类风湿性关节炎疾病活动的物种或菌株特异性影响相关。

多发性硬化（multiple sclerosis，MS）患者的肠道乳杆菌相对丰度较低（Chen et al.，2016），在 MS 啮齿动物模型中也观察到肠道乳杆菌的耗竭（Stanisavljević et al.，2016）。乳杆菌产生的吲哚醛对脑神经胶质细胞（星形胶质细胞）具有强大的抗炎作用，以限制 MS 小鼠模型的中枢神经系统炎症（Rothhammer et al.，2016）。MS 患者食用混合菌株可改善扩展残疾状态评分、自我报告的抑郁、焦虑和应激，并降低血清 CRP（Kouchaki et al.，2017）；混合菌株给药通过调节免疫反应和降低 MS 风险等位基因 *HLA-DQA* 的表达，与施用的 MS 疗法产生协同作用（Tankou et al.，2018）。

罗伊氏乳杆菌治疗会导致实验性自身免疫性脑脊髓炎（EAE）中 Th1/Th17 细胞及其合并的细胞因子 IFN-γ/IL-17 减少（He et al.，2019）；瑞士乳杆菌腹腔给药在 EAE 小鼠模型中，显著降低了 IL6 的产生，并下调了 Th17 的分化和脊髓浸润，从而缓解了 EAE 症状（Yamashita et al.，2018）。含植物乳杆菌的混合菌株在 MS-EAE 模型中显著减少多发性硬化的病理特征，有效地抑制了 EAE 的发展，并加强了调节性 T 细胞（Treg cell）的极化（Salehipour et al.，2017）。一项随机安慰剂对照试验中，混合菌株对 MS 患者扩展残疾状态量表（expanded disability status scale，EDSS）、心理健康和炎症参数、胰岛素抵抗标志物和 MDA 水平有良好影响（Kouchaki et al.，2017）。

5. 脑-肠轴相关

在人类中，产前皮质醇浓度与婴儿肠道乳杆菌水平呈负相关（Zijlmans et al.，2015），在啮齿动物的产前应激模型中也观察到乳杆菌耗竭，其后代成年后菌群仍然受到破坏（Golubeva et al.，2015）。这些可能影响认知发展和行为缺陷的情况，可以通过向孕妇施用乳杆菌等及对后代同时施用罗伊氏乳杆菌来预防（Buffington et al.，2016；Leclercq et al.，2017）。据报道，乳杆菌降低了肠道的通透性，使下丘脑-垂体-肾上腺（HPA）轴发挥作用（Smith et al.，2014）；法氏乳杆菌可导致 HPA 轴减弱，降低下丘脑中促肾上腺皮质激素（adrenocorticotropic hormone，ACTH）、可的松和促肾上腺皮质激素释放因子（corticotropin releasing factor，CRF）表达水平（Ait-Belgnaoui et al.，2012）。乳杆菌可影响迷走神经并刺激 γ-氨基丁酸（GABA）能受体转录，从而引起行为和心理反应的显著变化。在菌群-肠-脑轴缺陷的成年小鼠模型中，施用乳杆菌对认知和结肠功能都有正面影响，同时可以缓解肠道菌群失调（Emge et al.，2016；Smith et al.，2014）。因此，关于乳杆菌对菌群-肠-脑轴的有益影响，应该进行更彻底的研究。

发酵乳杆菌可分泌具有抗阿尔茨海默病（AD）活性的阿魏酸，它还有助于减少神经炎症和 β 淀粉样斑块（Xiao et al.，2011）。混合菌株可减少 β 淀粉样蛋白斑块的形成，并且结合适当运动可缓解 AD 进展（Abraham et al.，2019）。混合菌株改善了学习和记忆障碍，配对脉冲促进率也有所增加（Rezaeiasl et al.，2019）。研究表明，乳杆菌通过调节丙二醛和超氧化物歧化酶的表达来改善行为障碍，减少氧化应激，并改善 AD 模型中的认知功能障碍（Athari Nik Azm et al.，2018）。研究结果表明，在诱导的延迟性神经退行性大鼠中，植物乳杆菌 MTCC1325 将海马体和大脑皮层中 ATP 酶的所有成分逆转至几乎正常水平（Nimgampalle and Kuna，2017）。瑞士乳杆菌发酵酸奶可显著改善东莨菪碱诱导的认知障碍和物体识别记忆（Ohsawa et al.，2015）。鼠李糖乳杆菌与姜黄素联合使用可通过抗氧化酶水平的提高和神经元细胞损失的减少，缓解东莨菪碱诱导的痴呆小鼠的认知功能障碍（Patel et al.，2020）。植物乳杆菌 C29 治疗显著改善了记忆障碍，使小鼠模型脑源性神经营养因子（brain-derived neurotrophic factor，BDNF）水平降低、双皮质素（doublecortin，DCX）表达和 cAMP 应答元件结合蛋白（cAMP response element-binding protein，CREB）激活发生逆转，衰老标志物 p16 也随着各类炎症标志物水平一同降低（Woo et al.，2014）。补充植物乳杆菌 45 和短双歧杆菌 TMC3115 可调节空间记忆障碍和改变肠道菌群，并进一步有益于 AD 患者（Wang et al.，2020a）。另一项补充植物乳杆菌的研究发现，其通过增强 BDNF 和 p-CREB 的表达来抑制注射东莨菪碱小鼠的认知功能障碍（Jung et al.，2012）。研究表明，混合菌株通过肠-脑轴调节 β-淀粉样蛋白（Aβ）诱导的阿尔茨海默病动物模型的空间认知能力和突触功能障碍（Rezaei Asl et al.，2019）。最后，食用混合菌株对 AD 患者的代谢状态和认知功能有积极影响（Akbari et al.，2016）。总之，食用乳杆菌可以通过调节 Aβ 的积累、减少炎症介质的表达和增强认知功能来减少神经退行性病变。

罗伊氏乳杆菌治疗组小鼠抑郁样行为得到显著治疗，5-羟色胺水平显著升高（Xie et al.，2020）。研究表明，在饮食中接受益生菌的小鼠表现出与接受选择性 5-羟色胺再摄取抑制药（selective serotonin reuptake inhibitor，SSRI）西酞普兰的小鼠相似的抗焦虑和抗抑郁作用（Popovych et al.，2019）。黏膜乳杆菌和长双歧杆菌在给予压力诱导的焦虑/抑郁小鼠模型中具有协同作用，显著改善各项抑郁症的指标（Han and Kim，2019）。源自植物乳杆菌的细胞外囊泡可以在诱导应激的小鼠模型中产生抗抑郁活性，使得海马体中 BDNF 的表达得以维持（Choi et al.，2019）。研究表明，瑞士乳杆菌 NS8 可改善焦虑/抑郁和认知障碍，使各项指标恢复及正常化（Liang et al.，2015）。瑞士乳杆菌（热灭活）可以显著改善慢性社交挫败应激模型小鼠的症状（Maehata et al.，2019）。值得注意的是，在 79 名抑郁症状的受试者中，瑞士乳杆菌和长双歧杆菌的组合结果是无显著差异。而在 25 名人类受试者中给予瑞士乳杆菌 R0052 和长双歧杆菌 R015 达 30 天，抑郁和焦虑样行为得到改善（Messaoudi et al.，2011）。423 名孕妇使用鼠李糖乳杆菌 HN001 后，结果显示可降低抑郁评分（Slykerman et al.，2017）。植物乳杆菌 DR7 给药 12 周可改善受试者的压力和焦虑样行为，还通过减少促炎细胞因子，提高皮质醇水平，改善了应激个体的认知和记忆功能（Chong et al.，2019）。总体而言，在大多数试验中，使用合适的乳杆菌可改善抑郁和焦虑症状。

多项研究结果显示，肠道中乳杆菌等失调通过脑-肠轴与疾病病理学相关联（Un-Nisa，2022）。补充植物乳杆菌 PS128 显著缓解了帕金森小鼠模型的运动缺陷、皮质酮升高、黑质纹状体和纹状体多巴胺减少，同时还减轻了氧化应激和神经炎症，抑制了小鼠纹状体中的神经胶质细胞过度激活，并提高了去甲肾上腺素和神经营养因子水平（Liao et al.，2020）。

6. 抗肿瘤活性

荟萃分析表明，乳杆菌在结直肠癌患者中持续减少，而乳杆菌能够竞争性地抑制致癌物和诱变剂的形成，改变整体代谢，吸附和去除有毒及致突变的代谢物，并产生保护性代谢物（Liong，2008）。具体的，酸奶中热灭活干酪乳杆菌 Shirota（LC 9018）可降低结肠癌风险（Baldwin et al.，2010；Horinaka et al.，2010；McIntosh et al.，1999）。混合菌株改变了肝细胞癌小鼠模型中 Th 细胞与 Th17 细胞的极化（Li et al.，2016b）。乳杆菌尤其是干酪乳杆菌的肿瘤抑制、抗增殖和促凋亡作用也被证明可用于正在进行的抗癌治疗（Abedin-Do et al.，2015；Tiptiri-Kourpeti et al.，2016）。然而，乳杆菌在某些肠外部位可能并不总是有益的，如恶性乳腺癌中发现的乳杆菌水平高于良性疾病组织（Hieken et al.，2016），口腔菌群中乳杆菌的水平与头颈部鳞状细胞癌也呈正相关（Guerrero-Preston et al.，2016）。

7. 牙周病

研究表明，乳杆菌在减少牙龈炎症和致龋牙周病原菌数量方面是有效的（Alok et al.，2017；Samot and Badet，2013）。在临床应用方面，乳杆菌降低了中度至重度牙龈炎症的患病率，改善了牙菌斑指数（Shimauchi et al.，2008）并降低促炎因子的水平（Twetman et al.，2009）。另外，4 株罗伊氏乳杆菌可将口腔常见病原菌变形杆菌抑制到不可检测的水平（＜10 CFU/mL）（Saha et al.，2014）。

每日摄入乳杆菌被证明可有效对抗致龋潜力，并可能有助于维持牙齿和牙周健康；乳杆菌也被用于治疗口臭，还被发现可显著减少探诊出血、牙龈指数和探诊深度，表明其在治疗牙龈炎和牙周炎方面的潜在功效（Zhang et al.，2018b）。

8. 其他益生作用

研究表明，乳杆菌借助其免疫调节作用，在特应性皮炎中显示出益生作用（Isolauri et al.，2000；Rautava et al.，2002）。不同种类的乳杆菌均显示出在过敏性鼻炎中的有效性（Yang et al.，2013），研究表明，副干酪乳杆菌可以降低 31 名患过敏性鼻炎的成年志愿者鼻液中作为免疫标志物的 IL-5、IL-8 和 IL-10 的含量（Wassenberg et al.，2011）。另有报道显示，口服植物乳杆菌通过增强 Th-1 型免疫反应促进 Th1/Th2 平衡的恢复，从而改善桦树花粉诱导的过敏性鼻炎的症状（Choi et al.，2018）。补充乳杆菌是治疗哺乳期感染性乳腺炎和预防妊娠晚期感染性乳腺炎的有效方法（Bond et al.，2017；Fernández et al.，2016；Foxman et al.，2002）。另外，许多研究支持益生菌（含乳杆菌）作为治疗终末期肾病的替代疗法并缓解“尿毒症”状况（Di Cerbo et al.，2016）。尿草酸盐水平在饲喂动物乳杆菌

5323 和动物乳杆菌 223C 4 周后大鼠中显著降低（Murphy et al.，2009）。因此，乳杆菌可能有助于减少草酸尿症并预防肾结石或降低肾结石形成的发生率和严重程度。最后，有研究提议在怀孕期间和产后应用乳杆菌来抑制母体感染和炎症过程，以促进婴儿免疫发育（Reid et al.，2013；Sanz，2011）。

4.2.4.3 乳杆菌的益生机制

乳杆菌可以通过多种机制来发挥其益生作用。包括通过消化和同化营养物质、刺激宿主组织成熟、调节宿主免疫反应和防止病原定植，在宿主的生理学中发挥有益作用（Backhed et al.，2005）。

1. 胃肠道存活率及胃肠道黏附

乳杆菌在宿主中发挥益生作用的先决条件是对肠道环境的适应，以确保其存活、适应和定植。在通过胃肠道的过程中需调用特定的生存策略来响应各种不利的环境压力源（即酸、胆汁、氧化、渗透和饥饿）。此外，到达肠道黏膜和结肠的细菌数量还取决于其他因素，如使用的菌株及胃转运速率等。

事实上，乳杆菌通过与 TLR 的相互作用黏附在宿主的胃肠道上，对触发宿主免疫反应进而发挥益生作用至关重要（Boirivant and Strober，2007）。同时，对胃肠道的黏附也可以由表面蛋白、脂肪酸以及蛋白质表层成分驱动，如在鼠李糖乳杆菌 PEN 和植物乳杆菌 91 中所观察到的（Polak-Berecka et al.，2014；Yadav et al.，2015）。另外，在鼠李糖乳杆菌 GG 中还发现了一种有助于生物膜形成、上皮细胞黏附以及与小鼠肠道组织结合的蛋白质（Velez et al.，2010）。

2. 营养及生理作用

乳杆菌对宿主生长具有显著的益处，包括与宿主间消化代谢的协同作用。例如，许多菌株可以通过上调生长因子的合成来改变宿主肠道的生理机能，帮助宿主消化无法代谢的营养成分，以提高宿主对宏量和微量营养素的生物利用度（Turpin et al.，2010）。乳杆菌通过降解乳糖的能力来解决乳糖不耐症和消化不良相关问题，还可以通过分解单宁和植酸盐来提高矿物质的生物利用度（de Vrese et al.，2001）。许多研究报告说，乳杆菌能够产生宿主所需的维生素，如维生素 B_2、B_9（叶酸）和 B_{12}（Crittenden et al.，2003）。乳杆菌还可以通过表现出酶促作用，特别是通过 β-葡萄糖苷酶活性来发挥其益生菌作用（Panwar et al.，2014）。通过产生胆盐水解酶，在胆汁酸代谢中也起着至关重要的作用（Kumar et al.，2011）。胆盐水解酶的产生是乳杆菌属的显著特征之一，可调控法尼醇 X 受体（farnesoid X receptor，FXR）信号转导及激活肝脂质代谢（Gonzalez et al.，2016；Zhang et al.，2016）。

3. 维持微生态平衡

乳杆菌有助于维持或改善宿主环境中的微生态平衡，并抑制病原体入侵和定植。例如，人类共生拟杆菌具有强大的多糖利用系统，消化产生的寡糖可以被共定植的乳杆菌发酵（Sonnenburg et al.，2006）。此外，乳杆菌产生的乳酸可以被结肠中的细菌如 *Eubacterium hallii* 转化为丁酸，防止乳酸在宿主细胞中积累，同时，丁酸盐对胃肠道上皮也有益（Wang et al.，2015a）。

更重要的是，乳杆菌可以抵御病原体的入侵。首先，其通过如上所述的黏附机制，与病原体竞争与宿主黏膜的相同位点来抵御入侵。此外，其可通过竞争营养物质来防止病原物种的积累（Vandenplas et al.，2015）。另外，乳杆菌合成的多种代谢产物（如乳酸、H_2O_2、细菌素）具有直接的抗细菌、病毒和真菌病原活性（Zhang et al.，2018b）。其中乳酸可抑制革兰氏阴性菌毒力因子的产生，同时乳酸积累产生的低 pH 环境可以破坏革兰氏阴性菌的外膜并抑制脲酶活性（Alakomi et al.，2000）；嗜酸乳杆菌表层（S 层）蛋白可通过阻断细胞受体——树突状细胞特异性细胞间黏附分子-3-结合非整合素（dendritic cell-specific intercellular adhesion molecule-3-grabbing nonintergrin，DC-SIGN）抑制细菌感染，防止病原菌进入宿主细胞（Prado Acosta et al.，2016）；乳杆菌分泌的细菌素能够通过诱导膜通透化和随后靶向其他细菌的分子泄漏机制来控制同一生态位中的相关细菌（Mokoena，2017）。

4. 加强肠道屏障

多项研究证实，乳杆菌在体外和体内维持上皮屏障完整性方面起着重要作用（Kozakova et al.，2016；Yoda et al.，2014）。该功能的各种机制包括调节细胞骨架、诱导黏液产生和紧密连接蛋白的磷酸化，进而增强紧密连接功能以及预防上皮细胞凋亡（Sanyal and Russell，1978）。乳杆菌通过表面的脂磷壁酸（lipoteichoic acid，LTA）分子和宿主细胞产生的黏蛋白间的相互作用，与上皮细胞直接接触，对上皮细胞产生有益作用。此外，乳杆菌能够通过激活丝裂原活化蛋白激酶（MAPK）和 Akt 直接与上皮细胞接触，从而防止核转录因子-κB（NF-κB）抑制蛋白降解和干预表皮生长因子受体（EGFR）的失活（Zhang et al.，2018b）。同时，乳杆菌也通过分泌刺激 Akt 活化的蛋白质间接接触上皮细胞，从而抑制细胞凋亡并通过涉及核转录因子-κB（NF-κB）、激活蛋白-1 和 MAPK 的途径促进上皮细胞的生长（Schlee et al.，2008）。

5. 抗氧化活性

乳杆菌可防止脂质过氧化（Uskova and Kravchenko，2009）和自由基的产生（Sun et al.，2010），维持最利于生长所需的低氧化还原电位（Li et al.，2012）。

据报道，施用含 2 株乳杆菌的益生菌合剂 18 天，阿霉素诱导大鼠的氧化应激降低（Amaretti et al.，2013）。此外，乳杆菌属已被报道为潜在的抗氧化候选菌，以改善体外实验中衰老的各方面问题（Grompone et al.，2012；Lee et al.，2016）。

6. 调节免疫系统

乳杆菌是触发黏膜和全身免疫反应的潜在佐剂（Tuomola et al.，2001）。在各种生理系统中观察到的乳杆菌的免疫调节作用包括增加自然杀伤细胞的细胞毒性、诱导 γ 干扰素的产生和细胞因子表达（Di Cerbo et al.，2016）。这种效果是通过增强全身/局部免疫（Meydani and Ha，2000）并同时减弱全身应激反应（Diop et al.，2008）来实现的。

乳杆菌的细胞壁成分如 LTA、脂多糖、肽聚糖和脂蛋白，通过模式识别受体被宿主细胞识别，包括 TLR 和细胞内核苷酸结合寡聚化结构域样受体，导致宿主免疫反应的激活（Zhang et al.，2018b）。这是通过调节细胞因子表达、调节树突状细胞和 Treg 细胞以及影响吞噬作用来实现的（Galdeano et al.，2007）。乳杆菌还可通过下调 TLR 表达、分泌可能抑制 TNF-α 进入血液单核细胞的代谢物以及抑制肠细胞中的 NF-κB 信号转导来抑制肠道炎症（Bermudez-Brito et al.，2012）。此外，有报道称乳杆菌可能与 AHR 配体产生相关并通过代谢色氨酸减弱小鼠肠道炎症（Lamas et al.，2016）。

乳杆菌产生保护作用的另一种机制是提高肠道内的分泌型免疫球蛋白 A（secretory immunoglobulin A，sIgA）的水平。sIgA 参与免疫球蛋白 A（IgA）向上皮细胞管腔侧的易位，从而增强屏障功能（Plaza-Diaz et al.，2019）。通过减弱 NF-κB 和增强 IgA，益生菌上调抗炎因子水平并下调促炎因子水平，从而诱导保护性反应（Tredinnick and Probst，2020）。综上，因其对免疫的多种正面影响，乳杆菌是治疗炎症性疾病的更好、更天然、更安全的候选佐剂或药物。

4.2.4.4 乳杆菌的安全性

虽然乳杆菌是人类正常共生菌群的一部分，但它们也从多种人类感染中被分离出来（Aguirre and Collins，1993；Salminen et al.，2006）。乳杆菌的广泛临床应用，也凸显了其潜在的易位或突变以及不良反应，一般不良反应包括腹痛、恶心、呕吐、皮疹、便秘和胸痛（Katkowska et al.，2021）。一项研究显示，摄入鼠李糖乳杆菌显示出肝脓肿的风险（Rautio et al.，1999），乳杆菌使用不当还可能出现败血症、心内膜炎、菌血症甚至死亡（Di Cerbo et al.，2016），尽管证据并不确凿（Sanders et al.，2010）。

目前的共识是，在临床实践中，应将主要危险因素作为使用益生菌（包括乳杆菌）的排除标准。这些危险因素包括免疫功能低下和早产儿（作为主要因素）

以及导管插入术、屏障功能受损、广谱抗生素、空肠造口术给药或存在心脏瓣膜病（仅适用于乳杆菌）（Boyle et al.，2006）。

4.2.4.5　总结与展望

乳杆菌作为高度复杂的细菌种属，仍需各方面的研究以揭示其全貌。与此同时，在医疗保健领域，越来越多的证据支持将乳杆菌用于胃肠道相关疾病和肠外适应证，即泌尿生殖系统疾病、特应性疾病、食物过敏和龋齿等（Vandenplas et al.，2015），尽管少数情况下需谨慎使用，但乳杆菌在动物和人类中有着长期的安全记录（Shanahan，2012）。另外，益生菌给药的效果随着时间的推移而演变（Troost et al.，2008），因此口服益生菌的给药时间和周期需要仔细研究。

乳杆菌是表达异源蛋白、抗原、疫苗和药物的有吸引力的宿主，因为其具有 GRAS 认证。双结构域 CD^4 蛋白在 *L. jensenii* 中表达分泌，可以抑制 HIV 进入培养的 HeLa 细胞（Chang et al.，2003；Liu et al.，2008b）。另有两项研究均强调了使用乳杆菌载体进行黏膜疫苗接种的可能性（Kajikawa and Igimi，2010；Mohamadzadeh et al.，2005）。此外，乳杆菌基因组序列的可用性为大规模系统发育和比较基因组分析创造了一个强大的框架，可以阐明其系统发育关系（Sun et al.，2015；Zheng et al.，2015），还可将基因信息与精细系统发育分析和菌株的代谢及功能联系起来，并开发基因编辑技术，如较新的 CRISPR/Cas9 技术（Vento and Beisel，2022；Zhou et al.，2019）。今后的进一步研究应侧重于乳杆菌完整的表型和基因型特征，结合大量且长期的安全评估以更好地开发乳杆菌资源，为人类的健康生活作出贡献。

4.2.5　双歧杆菌属

双歧杆菌是存在于人及其他动物肠道内的重要益生菌，是一类革兰氏阳性、不运动、细胞呈杆状、不产孢子、一端有时呈分叉状的专性厌氧的细菌，具有较高的 GC 含量，属于放线菌门放线菌纲双歧杆菌目双歧杆菌科（Hidalgo-Cantabrana et al.，2017）。双歧杆菌是人类胃肠道的主要共生菌之一，它的存在与健康密切相关，被广泛认为能够对宿主发挥各种促进健康的作用，其因具有治疗慢性便秘、肠易激综合征，促进肠道稳态，改善肠道屏障，防止和减少肠道感染，改善代谢综合征等生理功能而日益受到关注（Quax，2000）。本小节总结了双歧杆菌的分类、生态分布和基本特性；从双歧杆菌的益生功能方面出发，综述了其对人类健康的影响，及其在功能性食品中的应用；最后对双歧杆菌的应用前景和研究趋势进行了综述。

4.2.5.1 双歧杆菌的分类、生态分布和基本特性

1899 年，Tissier 从婴儿粪便样本中首次分离出双歧杆菌，然而，由于它们的形态和生理特征与乳杆菌相似，又因当时技术和认知的限制，在 20 世纪的大部分时间里，它们被归类为乳杆菌属（*Lactobacillus*）的成员。随着全基因组测序技术的出现，对系统发育分类的理解进入了一个全新的时代，双歧杆菌属从发现至今物种数量持续不断增加，到目前为止已包含 94 个已知的种/亚种，成为放线菌门中最大的一个分支谱系（Turroni et al.，2009）。

双歧杆菌在生态系统中分布广泛，存在于不同的生态位，但目前鉴定的双歧杆菌大多来自人或其他动物的胃肠道（Duranti et al.，2019），少量存在于口腔、污水、血液和食物（Ventura et al.，2007），所有这些生态位都与人类/动物肠道环境直接或间接相关。一项与动物粪便相关的双歧杆菌种群生态调查显示，双歧杆菌在多种动物的肠道中广泛分布（如哺乳动物、社会性昆虫和鸟类等），并且对特定的动物肠道也表现出特异性的生态适应（如兔体内存在的 *B. cuniculi*、鸡体内的 *B. gallinarum*）（Lamendella et al.，2008）。通过对双歧杆菌属成员的 48 个基因组序列进行系统发育重建，表明该属内共 7 个系统发育群，包括 *B. adolescentis*、*B. asteroides*、*B. boum*、*B. longum*、*B. bifidum*、*B. pseudolongum* 和 *B. pullorum*。这些类群分布同样展现出与不同生态位的相关性：*B. asteroides* 类群主要存在于昆虫体内，*B. pullorum* 类群主要存在于鸟类，*B. adolescentis*、*B. longum*、*B. bifidum* 和 *B. pseudolongum* 等类群是人体肠道微生物群中常见的菌群，而大多数双歧杆菌益生菌属于这些菌群（Lugli et al.，2014）。

1. 双歧杆菌的基因组特征

基因组学的发展不仅为人们了解双歧杆菌对人类健康有益的分子机制提供了科学支持，而且通过基因组信息也为其如何适应胃肠道环境以及它们如何与宿主相互作用提供了线索。通过对多种双歧杆菌进行基因组测序及比较分析，结果表明双歧杆菌的染色体大小在 2.0～2.8 Mb，具有多拷贝的 tRNA 分子（Turroni et al.，2011），泛基因组由超过 5000 个基因组成（Bottacini et al.，2010）。通过比较基因组分析发现，相对于其基因组大小，双歧杆菌属的许多成员拥有最大比例的糖苷水解酶和碳水化合物摄取系统相关基因，这些基因参与了植物和宿主来源的多糖的降解和利用。双歧杆菌在宿主肠道的存活和定植是其发挥益生功能的基础，而对复杂碳水化合物的降解能力是其定植和存活的关键遗传策略之一。功能基因组分析揭示，双歧杆菌的基因组包含大量被预测编码参与碳水化合物代谢的酶的基因（Milani et al.，2014）；属于糖苷水解酶 13 家族（glycoside hydrolase family 13，GH13）的各种糖基水解酶是双歧杆菌中最丰富和最常见的 GH 家族。该酶家族的成员被分类为 α-葡萄糖苷酶，能够降解含有 α-葡萄糖苷单位的复杂聚糖，如淀粉、

糖原和相关衍生物，包括支链淀粉、直链淀粉、葡聚糖、麦芽糊精和环麦芽糊精，代表成年哺乳动物（杂食性和草食性）饮食中常见的碳水化合物（Turroni et al.，2018）。此外，双歧杆菌基因组具有遗传系统，旨在限制和遏制来自其他丰富的肠道微生物群成员（如噬菌体）的可能威胁（Alessandri et al.，2021）。

口腔双歧杆菌 *B. dentium* Bd1 菌株的基因组研究是一个特殊的例子，该菌株的基因组测序结果揭示了其对人类口腔的遗传适应信息，通过特殊的营养获取，对抗菌剂的防御，以及增加口腔内适应性和竞争力的特定基因产物，来确保其生存和定植；对 Bd1 基因组的研究还发现其具有较强的代谢能力，可以利用多种碳水化合物，包括简单和复杂的多糖（Ventura et al.，2009）。

2. 双歧杆菌的生理与代谢特征

双歧杆菌的最适生长温度在 37℃左右。为了适应肠道环境，双歧杆菌进化出较强的对复杂碳水化合物的降解和利用能力，通过水解两个或多个碳水化合物亚基之间的糖苷键，催化复杂多糖分解成单糖或低聚糖，然后利用特定的碳水化合物吸收机制进行摄取，进入细胞质后，糖被进一步修饰，最终产生磷酸化的单糖，然后进入中央发酵途径加以利用（Pokusaeva et al.，2011）。双歧杆菌能够利用多种碳源，如葡萄糖、果糖等产生乳酸、乙酸等有益的代谢产物。双歧杆菌对酸环境有较强的适应能力，能够在较低 pH 环境下存活和繁殖。这使得它们能够顺利通过胃等酸性环境，到达肠道发挥作用。双歧杆菌能够产生的生理活性物质，包括抗氧化、抗炎性物质等，在调节免疫系统、抑制有害微生物的生长等方面发挥积极作用。

双歧杆菌作为益生菌，为了到达并定植于其需要的生态位，必须克服哺乳动物胃肠道上部的各种不利环境，氧气、有机酸和胆汁酸的胁迫可能会破坏双歧杆菌的细胞活力和功能（Bottacini et al.，2014），因此，为了迅速应对多种具有挑战性的肠道条件，双歧杆菌进化出了一些适应性功能，例如，为了对抗氧的损害，产生各种酶来还原氧自由基（Ruiz et al.，2012）；为了应对胃的低 pH 环境和肠道中因发酵产生的有机酸，进化出一种主动运输质子以确保细胞内 pH 稳态的 F_0F_1-ATP 酶（den Besten et al.，2013）；为了限制肠道中的胆盐和胆汁酸对它们的伤害，激活膜相关的外排泵排出积聚在细胞质中的胆盐和胆汁酸，除此之外一些物种还有双组分调节系统，可以抑制特定宿主蛋白酶的活性（Alessandri et al.，2019）。

然而，双歧杆菌到达相应生态位后也仍面临着许多环境的挑战，为了确保它们能在盲肠和直肠中适应与生存，双歧杆菌必须采取一些策略与宿主相互作用。目前关于双歧杆菌与宿主肠上皮作用的分子机制仍在研究中，但已有许多预测，在这种情况下，某些细胞外结构、生物活性分子和排泄酶在促进双歧杆菌的肠道定植中起着至关重要的作用。有些双歧杆菌会产生菌毛，已被证实是通过促进肠上皮的黏附而直接参与与宿主相互作用的主要细胞外结构（Scott and Zähner，2006），有些被证实可以促进宿主黏膜稳态、参与双歧杆菌与宿主的免疫作用和微生物之间的相互作用等（O'Connell Motherway et al.，2011）。一些双歧杆菌的细胞表面覆盖着聚糖层，常由葡萄糖、果糖和半乳糖等作为前体形成（Hidalgo-Cantabrana et al.，2012），通过不同的异构体、乙酰变化体、单糖亚基聚合的各种化学连锁类型以及重复糖单元的多重聚合和分支模式形成许多种不同的结构。这些复杂的细胞外聚糖除了参与微生物与宿主的相互作用，还能发挥对宿主有益的功效（Fanning et al.，2012），目前已有研究发现该聚糖层可以调节免疫反应，在保护双歧杆菌不被免疫系统清除的同时降低抗炎反应（Bottacini et al.，2017）。有研究表明，在特定的双歧杆菌菌种中，胆酸具有支持宿主-微生物相互作用和促进其肠道定植的作用（Colagiorgi et al.，2015）。

4.2.5.2 双歧杆菌的益生功能

人体肠道中居住着数万亿的微生物，这些微生物构成了肠道菌群。肠道中的微生物之间，以及微生物与宿主之间处于一种微妙的平衡中，肠道细菌与宿主之间由于相互作用，可以归为一个整体。在肠道环境中，人类和细菌的适应性共同进化使共生关系进一步发展（Backhed et al.，2005），体内和体外研究表明，通过补充益生菌和益生元来调节肠道内的双歧杆菌水平可以改变肠道微生物群的整体组成和代谢（Boto-Ordóñez et al.，2014）。双歧杆菌是许多哺乳动物新生儿肠道中最早定植和最丰富的细菌之一，给宿主提供了独特的营养，能够帮助消化人不能消化的膳食纤维来源的多糖，有助于宿主的健康（Sonnenburg et al.，2005）。某些双歧杆菌菌株能够作为复杂膳食中植物性碳水化合物的初级降解者，这反过来又促进了与次级降解者的交叉喂养，并使特定宿主健康相关代谢物（如短链脂肪酸等）有更高的产量。另外双歧杆菌还会影响肠道细胞增殖和分化、免疫系统发育和对抗病原微生物的能力。有研究称，婴儿早期微生物群的建立似乎遵循了细菌种群演替的精心安排和有组织的模式。第一批肠道定植菌中双歧杆菌占主导地位，这有助于减少环境的不利因素并产生代谢物，帮助其他细菌种群以后能够定植肠道。这支持了细菌相关性极大地影响肠道菌群建立、稳定和进化的观点（Turroni et al.，2016）。

1. 对宿主健康和疾病的影响

科学界和医学界越来越意识到肠道微生物对人体健康的重要性，通常来说健康肠道内的菌群处于一种动态平衡的状态，当内部或外部因素改变这种微生物群落时，这种平衡就会被打破，导致“生态失衡”，这种失衡通常会导致健康问题（Tojo et al.，2014）。常见的例子就是抗生素治疗，在一些情况下，使用抗生素根除病原体是必需的，但是抗生素的使用也对肠道内的其他共生菌造成了影响。这时通常建议补充一些益生菌来调节、恢复肠道菌群的稳态，目前常用的益生菌就是双歧杆菌。一些特定的菌种被加入了我国可用于食品的菌种名单中，包括双歧杆菌属的青春双歧杆菌、动物双歧杆菌、两歧双歧杆菌、婴儿双歧杆菌、短双歧杆菌、长双歧杆菌 6 种。双歧杆菌介导的健康益处源于双歧杆菌、肠道微生物群的其他成员和人类宿主之间复杂的动态相互作用。一些研究报告指出，胃肠道内双歧杆菌的减少与肠道病原体和疾病存在相关性（Gagnon et al.，2006），双歧杆菌可以通过产生有机酸、抗菌肽、群体感应抑制剂和免疫刺激等来抑制病原体，这些机制的发现为它们预防某些感染的能力提供了理论支撑。

在肠道疾病治疗方面，动物双歧杆菌已被用于改善乳糖不耐症（He et al.，2008）和儿童腹泻（Weizman et al.，2005）。一些双歧杆菌也被用于调节患者的肠道菌群，使之朝着健康的方向发展，已经有许多研究使用了双歧杆菌辅助治疗幽门螺杆菌感染（Li et al.，2015）。另外，双歧杆菌也被用于调节结直肠癌患者的肠道菌群。微生物群的变化是促使结直肠癌发展的重要因素之一，通过补充双歧杆菌可以改善肠道环境、提升患者的免疫力。也有研究表明，手术期使用益生菌治疗可以有效降低结肠切除术患者术后败血症的发生率（Liu et al.，2013）。

益生菌也被提出用于预防非肠道疾病，如过敏性疾病，一些研究表明，益生菌对预防和治疗过敏性疾病有一定的益处。通过摄入益生菌来预防过敏性疾病，已有几项临床试验取得了不错的结果（Huurre et al.，2008）。然而，并不是所有临床试验结果都是成功的，也有研究发现一些双歧杆菌对过敏性疾病没有显著的治疗效果（Soh et al.，2009），这说明双歧杆菌对过敏性疾病的治疗效果也因菌株特异性及疾病类型而异，这需要进行进一步的临床研究来确定。

双歧杆菌与某些炎症的标志物呈负相关，如脂多糖和 C 反应蛋白。有研究表明青春双歧杆菌和长双歧杆菌有明显的免疫调节作用（Stražar et al.，2021）。双歧杆菌所产生的胞外多糖是它与宿主之间相互作用最重要的桥梁，长双歧杆菌 35624 产生的胞外多糖在临床炎症模型中已被证实可以诱导宿主的免疫调节反应，并抑制促炎反应（Schiavi et al.，2016）。

心血管疾病是世界范围内导致死亡的主要疾病之一，肠道菌群失调已被证明与心血管疾病的发展有关，另外，胆固醇水平升高也是导致心血管疾病的重要原因和生物标志物之一，已有研究发现双歧杆菌及其代谢物（如短链脂肪酸）有降低胆固醇水平的作用（Suez et al.，2019）。

2. 双歧杆菌在食品和营养中的应用

目前，已有多种双歧杆菌作为益生菌添加进各种功能性食品中。发酵的牛奶和酸奶是目前商业化最成功的补充双歧杆菌的产品，与普通牛奶相比，将乳制品的发酵产品和双歧杆菌一起食用可以增加益生菌食品的功能效益（Turroni et al.，2011）。

益生元是一种膳食成分，通常是低聚糖，通过调节人体肠道微生物群为宿主提供健康益处。益生元通常被添加到各种食品，如婴儿奶粉中。从母乳中获得低聚糖的途径有限，并且在婴儿的肠道中，双歧杆菌是优势菌种，因此目前许多关于益生元的研究都把双歧杆菌作为目标物种。一些益生元通过增加双歧杆菌与肠细胞的结合，以及通过调节紧密连接蛋白提高肠道屏障功能的完整性，从而增强双歧杆菌在肠道中的持久性（Chichlowski et al.，2012）。虽然一直以来对益生元的研究大多聚焦于菊粉和低聚果糖，但最近研究的热点转为半乳糖低聚糖。已有团队对几种半乳糖低聚糖的产品展开了体外研究和临床研究，结果证明补充半乳糖低聚糖确实有助于双歧杆菌的丰度上调（Walton et al.，2012）。益生元也被发现可能对人体免疫功能、腹泻和肠易激综合征等疾病的治疗有着积极的影响，虽然目前还没有阐明明确的机制，但可以预见在不久的将来，补充益生元治疗免疫疾病及胃肠道疾病有着广阔的发展空间，同时，对作用机制的研究也可能会发现更多疾病治疗的潜在靶点，对发展新的药物治疗方法也有着积极的促进作用（Drakoularakou et al.，2010）。

4.2.5.3 双歧杆菌在应用过程中的挑战

双歧杆菌虽然有着众多益生功效，应用十分广泛，但其生长条件较为苛刻，菌体密度不高，影响商业化成本。因此，实现发酵工艺现代化，使用低成本、高收益、易获得且增菌效果良好的培养基，制备高密度菌体是大规模生产使用的必要条件，因此需要确定最佳碳源的种类、搭配及浓度。

目前除发酵食品外，益生菌大多以菌粉的形式售卖，因此需要一种能最大程度上保持菌的活性且便于使用的菌粉制备方法，另外，由于双歧杆菌需要在严格厌氧的条件下生长，这为其干燥工艺又增加了一个难题。除制备工艺外，还需要探索最佳的保护剂配方以提高双歧杆菌的存活率，目前已有许多种保护剂的配方被研究出来，一般包含各种糖类、氨基酸和抗氧化的化合物等，综合来看，甘油、脱脂乳和海藻糖是应用较多的冻干保护剂添加物（Champagne et al.，2012）。

在大规模工业化生产中，要求具有高纯度的双歧杆菌产品变得更加重要。微生物杂质或不良变种的存在都可能影响产品的质量和效果。因此，开发有效的分离和纯化技术是一个挑战。双歧杆菌产品的稳定性和保质期也是一个重要的考虑因素。在扩大规模后，需要确保产品在运输、存储和使用过程中能够保持其活性和效果，这对产品的配方和包装等方面也提出了更高的要求（Sarao and Arora，2017）。

4.2.5.4　未来方向和研究趋势

传统益生菌在功能食品和生物医学领域的应用存在一定的局限性。包括双歧杆菌在内的一些益生菌可能含有可传播的抗生素耐药性或产生有害的代谢物（Kazimierczak et al.，2006）。随着培养方法、基因组技术和宏基因组测序技术的不断发展，以及基因编辑技术的不断进步，现在正处于益生菌研究新时代的风口，开发特定的益生菌来解决更多样的消费者需求的问题变得十分迫切。

目前，双歧杆菌的合成生物学技术正在发展中，基因组工程仍然是最重要的工具。除了一些受宿主限制的传统的基因组工程策略外，还出现了一些具有广泛应用潜力的新策略。CRISPR/Cas 技术以及其他技术不仅将为设计具有增强益生菌特性的双歧杆菌提供技术支撑，而且与组学技术相结合，有助于更好地了解这种促进宿主健康的细菌的分子作用机制（Pan and Barrangou，2020）。

为了合理设计应用于食品和生物医学领域的益生双歧杆菌，有研究报告建议首先在分子水平上研究它们与宿主细胞或其他微生物群成员相互作用的机制，然后在其天然益生菌特性的基础上进行基因工程改造，使其具有更好的功能特性，进一步可以通过发酵技术大规模工业化生产某些效应分子或新的治疗分子。另外，工程益生菌菌株需要配备生物控制系统，消除任何可转移的抗生素耐药基因，然后才能应用于食品或药物的生产（Zuo et al.，2020）。

4.2.5.5　结论

双歧杆菌作为一种益生菌，具有广泛的未来应用潜力，涉及食品、医药、健康管理等多个领域。除了传统的酸奶和发酵乳制品，未来有望看到更多种类的食品和饮料，如双歧杆菌富集的果汁、零食、面点等。随着个性化医疗和健康管理的兴起，未来双歧杆菌可被用于定制化健康产品中，基于个体的肠道微生态状况，生产定制的益生菌产品，实现更加个性化的健康管理。双歧杆菌在免疫调节和炎症控制方面的潜力是未来的研究重点，可应用于预防和治疗免疫相关性疾病，如自身免疫病、过敏性疾病等；在胃肠道疾病的辅助治疗上具有潜在价值，对于肠道炎症性疾病、肠易激综合征等疾病，可作为一种安全有效的辅助治疗手段，促进患者康复。

4.3　变 形 菌 门

Woese 在 1987 年已经提出了紫细菌的概念（Woese，1987），当时提到的紫细菌，就是我们现在认为的变形菌。变形菌门（Proteobacteria）这个名称在 1988 年由 Stackebrandt 等首次报道（Stackebrandt et al.，1988），该名字取自希腊神话中能够变化外形的神——普罗透斯（这同时也是变形菌门中变形杆菌属的名字）。顾名思义，该门细菌具有极为多样的形态、运动方式及代谢形式。多数种类的变形菌利用鞭毛运动，也有一些非运动型的种类，或者仅仅是滑行。变形菌门的细菌都属于革兰氏阴性菌，其外膜主要由脂多糖组成（Rizzatti et al.，2017）。此外还有一类独特的黏细菌，可以聚集形成多细胞的子实体。变形菌门包含多种代谢种类，大多数细菌营兼性或者专性厌氧，依靠有机或者无机氧化物提供能量，也有很多非紧密相关的属可以利用光能，进行不产氧气的光合作用。

根据 16S rRNA 序列，变形菌门被分为 6 类，用希腊字母 α、β、γ、δ、ε 和 ζ 命名（图 4-18）。很多为我们所熟知的细菌隶属于变形菌门，如布鲁氏菌属（*Brucella*）和立克次氏体属（*Rickettsia*）属于 α-变形菌；支气管败血鲍特菌（*Bordetella bronchiseptica*）、洋葱伯克霍尔德氏菌（*Burkholderia cepacia*）和奈瑟氏球菌属（*Neisseria*）属于 β-变形菌；大肠杆菌（*Escherichia coli*）、志贺氏菌属（*Shigella*）、沙门氏菌属（*Salmonella*）和鼠疫耶尔森氏菌（*Yersinia pestis*）属于 γ-变形菌；幽门螺杆菌（*Helicobacter pylori*）属于 ε-变形菌。

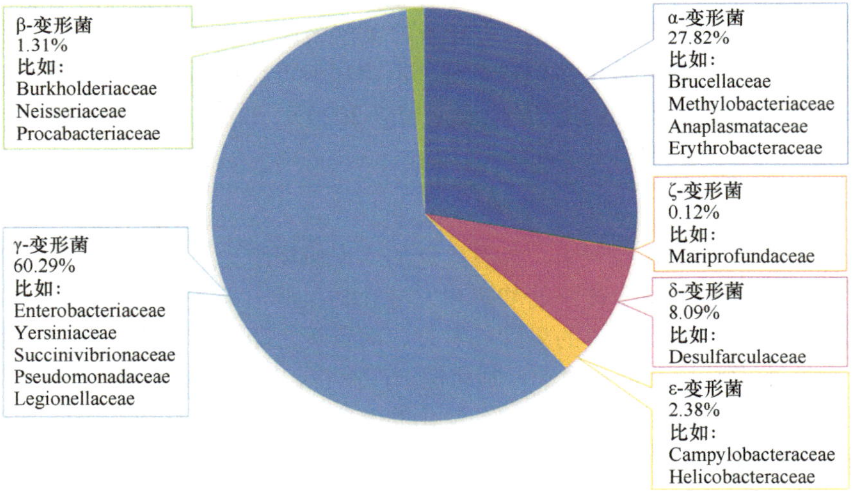

图 4-18 变形菌门分类及常见菌种

摘自 https://www.marinespecies.org/aphia.php?p=taxdetails&id=178054

变形菌广泛分布在自然界中，如土壤、水、垃圾、腐败有机物及人或动物体内，甚至在一些极端环境中也被发现，例如，在温泉中发现的嗜热性的硫单胞菌属（*Thiomonas*）及在冰川中发现的嗜冷性的极地单胞菌属（*Polaromonas*）均属于变形菌。变形菌门细菌在人体肠道中普遍存在，约占肠道菌群的 3%，是肠道中最主要的 4 个细菌门类之一，在维护肠道稳态的过程中发挥重要作用。例如，γ-变形菌纲（Gammaproteobacteria）所包含的肠杆菌科（Enterobacteriaceae），囊括了多种常见的肠道益生菌和病原菌，变形菌的扩张是肠道菌群失调的标志之一（Sorbara and Pamer，2022）。在人体内，除了肠道和粪便中，变形菌门细菌还常分布于皮肤、口腔和阴道等多个器官（Grice，2009；Wade，2013）。

4.3.1　α-变形菌

α-变形菌纲细菌是广泛存在于许多环境和动植物体内的变形菌门细菌，该纲细菌包含光能自养菌、化能自养菌及化能异养菌等代谢多样化的群体。科学工作者根据其基因组上特定保守基因（包括 *Ctag*、*PurC*、*DnaB*、*FtsK* 等）和 16S rRNA 介导的系统发育关系将 α-变形菌按照分支顺序依次划分为：立克次氏体目、红螺菌目-鞘氨醇单胞菌目、红杆菌目-茎杆菌目、根瘤菌（根瘤菌科-布鲁氏菌科-叶杆菌科）（Gupta，2005）。不同的 α-变形菌栖息在多样化的环境生态位中，进而导致不同的生活方式。例如，新月柄杆菌（*Caulobacter crescentus*）是一种自由生活的水生细菌；流产布鲁氏菌（*Brucella abortus*）和苜蓿中华根瘤菌（*Sinorhizobium meliloti*）分别是动物胞内病原体和植物胞内共生菌（Collier，2016）。此外，海洋中也广泛存在着多种 α-变形菌，如远洋杆菌（*Pelagibacter ubique*）（Mukhopadhya et al.，2012）。α-变形菌在陆地及海洋环境中占据了广泛的生态位，尤其在海洋中，α-变形菌纲的微生物占据了很大的比重（Giovannoni et al.，2005）。近些年新发现的内共生起源学说显示，在真核生物早期进化过程中，线粒体可能是从光合型 α-变形菌进化而来的，该祖先利用 α-变形菌胞质内膜（intracytoplasmic membrane，ICM）来提高其生物能量效率（Muñoz-Gómez et al.，2017）。

4.3.1.1　布鲁氏菌属（*Brucella*）

布鲁氏菌隶属 α-变形菌纲根瘤菌目布鲁氏菌科布鲁氏菌属（Yanagi and Yamasato，1993），是一种革兰氏阴性、兼性胞内需氧菌。该菌形态上呈杆状或球杆状（直径为 0.5～0.7 μm，长度为 0.6～1.5 μm），表面无芽孢、鞭毛和荚膜等特殊结构（Al Dahouk et al.，2013）。其生长缓慢、营养要求高，对高温及光照较为敏感，对大多数常见的消毒剂敏感，因此常规消毒方式均可杀灭布鲁氏菌。该菌主要通过呼吸道、消化道、受损的皮肤和结膜感染宿主，引起布鲁氏菌病，简称布病。随着畜牧业和全球贸易的高速发展，布鲁氏菌病已成为世界上流行最广的一种人畜共患病，给畜牧业发展和人类健康造成了重大的危害。因此，世界动物卫生组织（Office International des Epizooties，OIE）将其列为多种动物共患病，我国将其列为乙类传染病。近年来，人畜布鲁氏菌病在我国出现新的流行趋势，即疫区从牧区向农区及城市蔓延，以点状散发或点状暴发流行，防控形势非常严峻（陈礼朋等，2018；葛慎锋等，2012）。

布鲁氏菌在 1886 年首次从死于“马耳他热”的士兵脾脏中分离（Mantur et al.，2007），后相继发现于牛、羊、猪、犬、海豚等陆生或海洋哺乳动物。此外，在多种两栖动物体内也分离到该菌（Eisenberg et al.，2012；Scholz et al.，2016；Soler-Lloréns et al.，2016）。目前，布鲁氏菌属细菌依据其感染宿主和抗原性的差异共分为 12 种（https://www.bacterio.net/brucella.html）（Marzetti et al.，2013），分别为 *B. melitensis*（分离自山羊和绵羊）、*B. abortus*（分离自牛）、*B. suis*（分离自猪）、*B. ovis*（分离自绵羊）、*B. canis*（分离自犬）、*B. neotomae*（分离自林鼠类）、*B. ceti*（分离自鲸类）、*B. pinnipedialis*（分离自鳍足类）、*B. microti*（分离自田鼠）、*B. inopinata*（分离自人）、*B. papionis*（分离自狒狒）和 *B. vulpis*（分离自狐狸），每种都有其偏好的宿主动物，但也存在交叉感染现象（O'Callaghan and Whatmore，2011）。其中，人类作为布病的偶发宿主，主要是由毒力最强的 *B. melitensis* 引起，此外，*B. abortus*、*B. suis* 和 *B. canis* 也是导致人患布病的重要病原菌（Franco et al.，2007）。

布鲁氏菌基因组首次于 2002 年发布（DelVecchio et al.，2002），截至 2021 年，在世界范围内共测定有约 1500 个布鲁氏菌基因组，其中以人畜共患病物种居多（Rajendhran，2021）。布鲁氏菌基因组包含两条染色体：染色体 I 长度为 2.1 Mbp，编码细菌核心代谢机制中转录、翻译和蛋白质合成等基因；染色体 II 长度为 1.2 Mbp，编码参与膜运输、调节能量代谢等基因。各物种基因组的平均 GC 含量约为 57%，编码 3200～3400 个可读框。两条染色体具有相似的 GC 含量、编码区和等效分布的管家基因。而且不同布鲁氏菌种间核苷酸水平上高度保守（Ficht，2010），但不同种布鲁氏菌表现出的表型特征、宿主偏好、毒力和人畜共患病风险等差异的原因还未得到揭示。

1. 传播途径及临床特征

布鲁氏菌病已被描述为全球最常见的人畜共患疾病，造成全球每年超过 50 万人的感染（Pappas et al.，2006）。人作为布鲁氏菌的偶发宿主，主要通过直接接触受感染的动物、吸入空气传播的病原体或摄入受污染的乳制品而感染（Godfroid et al.，2013）。也存在极少数通过器官移植（Ay et al.，2018）、输血（Tuon et al.，2017）或母乳喂养（Bosilkovski et al.，2020）等途径造成的人与人之间传播的案例。在经低剂量（通过气溶胶或皮下途径感染 10～100 个细菌）感染后可以使人在短期内出现波状热、食欲不振、疲劳和盗汗等流感样急性感染症状（Wu et al.，2013；Yagupsky and Baron，2005）。随后，30%左右的患者会转变成慢性感染并在宿主的整个生命周期中持续存在，导致神经系统疾病、心内膜炎、肝脾肿大、脊柱炎、骨髓炎、关节炎、脑膜脑炎和泌尿生殖系统疾病并发症等一系列症状（Buzgan et al.，2010；Köse et al.，2014），因此民间俗称这种病为“懒汉病”。

2. 毒力因子及致病机制

作为一种兼性胞内需氧菌，布鲁氏菌可以感染多种类型的细胞，包括上皮细胞、胎盘滋养细胞、树突状细胞和巨噬细胞等（Gorvel，2008），进而实现在富含网状内皮细胞的器官（包括脾脏、肝、骨髓和淋巴结等）内驻留和增殖（González-Espinoza et al.，2021）。不同于其他肠道病原菌，该菌不具备鞭毛、荚膜、外毒素、菌毛等经典毒力因子（Seleem et al.，2008），而是通过生成特殊的毒力因子进而实现在宿主细胞内的黏附、入侵、定植和扩散。其中，细菌表面的脂多糖（lipopolysaccharide，LPS）可以帮助细菌逃避宿主补体介导的细菌裂解和细胞凋亡（Lapaque et al.，2005）；双组分系统（BvrS/BvrR）调控细菌从胞外向胞内的转移（Altamirano-Silva et al.，2018）；IV 型分泌系统有利于细菌的胞内生存和复制（O'Callaghan et al.，1999）。近年来，伴随着测序技术的进步和比较基因组、功能基因组技术的迅猛发展，包括布鲁氏菌毒力因子 A（*Brucella* virulence factor A，BvfA）（Lavigne et al.，2005）、铁转运体（iron transporter，AfuA）（Lowry et al.，2010）、环 β-1,2-葡聚糖（cyclic β-1,2-glucan）（Coloma-Rivero et al.，2020）等新型毒力因子被不断发现，但其调控机制目前尚不清楚。

现有的研究表明，布鲁氏菌通过与巨噬细胞表面的脂筏相互作用进而进入宿主细胞并形成布氏小体（*Brucella*-containing vacuole，BCV）。该液泡样结构在巨噬细胞内经历 3 个阶段进而影响细胞凋亡，调控宿主细胞的自噬，从而创造在宿主细胞中生存和繁殖的有利条件。首先，在布鲁氏菌侵入细胞后 8～12 h 内，BCV 通过与溶酶体及核内体相互作用获得一些宿主标记分子（Rab5 和 EEA1）后成为酸化的核内体，这个阶段的 BCV 被称为核内体布氏小体（endosomal *Brucella*-containing vacuole，eBCV）；进一步，在布鲁氏菌侵入细胞后 12～48 h 内，eBCV 逐渐成熟，失去早期核内体的标志物，获得晚期核内体和溶酶体识别的标记分子（LAMP1 和 Rab7），并与溶酶体融合，部分 eBCV 可以摆脱溶酶体的降解并激活 IV 型分泌系统（type IV secretion system，T4SS），通过调控宿主细胞 Sar1、Rab2 蛋白酶的方式与内质网完成融合并实现布鲁氏菌的胞内增殖，这个阶段的 BCV 被称为复制型布氏小体（repetitive *Brucella*-containing vacuole，rBCV）；随后，在感染阶段末期，含有大量布鲁氏菌的 rBCV 通过裂解和非裂解机制释放布鲁氏菌以完成细胞内生殖周期和胞外扩散过程，这个阶段的 BCV 被称为自噬型布氏小体（autophagic *Brucella*-containing vacuole，aBCV）（Jiao et al.，2021）；最终，裂解的巨噬细胞释放出的细菌又继续通过淋巴循环系统和血液循环系统遍布全身，引起淋巴结、肝、脾等器官肿大等慢性症状。布鲁氏菌胞内复制机制见图 4-19。

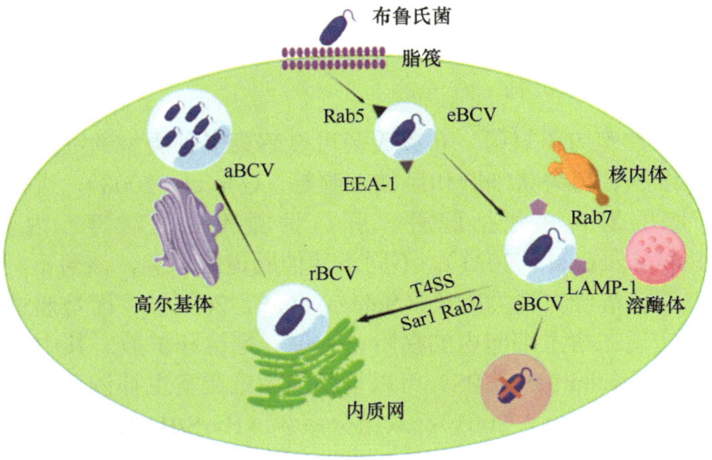

图 4-19 布鲁氏菌胞内复制机制（修改自 Jiao et al.，2021）

3. 诊断和治疗

考虑到牛羊等易感动物是人布鲁氏菌传播的重要载体，因此养殖户、挤奶工人、屠宰人员、畜牧兽医等与牛羊等家畜直接接触的人或有直接饮用未经巴氏消毒灭菌乳汁习惯的人是该病的主要感染人群。对于人布鲁氏菌病和家畜布鲁氏菌病的诊断，除了根据该菌在感染急性期和慢性期的临床特征，实验室诊断对于该病的确诊也至关重要。现阶段实验室诊断基于三种不同的微生物学方法：①通过培养直接诊断；②通过血清学检测间接诊断；③通过基于分子 PCR 的方法直接快速诊断。

由于布鲁氏菌具有胞内存活及适应巨噬细胞吞噬等特性，一般抗生素不易到达该菌的定植位点对其进行杀伤，因此该病在临床治疗上往往成功率低且容易复发。在人医临床上治疗无并发症的布鲁氏菌病和预防复发过程中，为防止药物不良反应和耐药性的出现，常采用联合用药的治疗方案。现有的治疗效果较好的三联药物治疗方案包括：①多西环素联合利福平口服 6 周和阿米卡星口服 1 周；②多西环素联合利福平口服 6 周和链霉素口服 2～3 周（Seleem et al.，2009）。此外，庆大霉素在联合用药中也可以起到较好的治疗效果（Glynn and Lynn，2008）。在兽医临床上，考虑到布鲁氏菌感染会严重影响家畜的生长发育和生产性能，而且该病的治疗成本高、治疗效果不明显，因此临床上对检测阳性的家畜进行隔离饲养或采取逐步淘汰政策。对于有特殊价值的特种动物的治疗，常参考人医临床诊疗方案。

4. 预防和控制

目前，我国动物布鲁氏菌病疫情有明显的上升趋势（朱良全，2016），这对人类健康产生了巨大的威胁，做好布鲁氏菌病防控的源头在于动物疫情的防控。

现阶段，动物布鲁氏菌病防控的最佳方法是对风险地区的所有易感动物进行疫苗接种，并逐步清除流行地区的阳性动物（Briones et al.，2001）。在国际上，广泛将 RB51 和 S19 弱毒苗株应用于牛布鲁氏菌病的防治（Beauvais et al.，2016；Hou et al.，2019）；羊种 Rev.1 弱毒疫苗株应用于小型反刍动物布鲁氏菌病的防控（Benkirane et al.，2014）。此外，我国科学家也陆续开发了猪种 S2 弱毒疫苗（王楠等，2013）、羊种 M5-90 弱毒疫苗（胡森，2009），且在疫病防控中起到了良好的效果。但现有的商品化疫苗多为弱毒株，存在毒力返祖的风险及不适用于孕畜接种等缺陷，同时给布鲁氏菌病的血清学诊断带来了麻烦。因此研发保护性好、安全、稳定的新型疫苗，特别是标记疫苗，并应用于布鲁氏菌的净化规划中，具有很重要的意义。

对于人布鲁氏菌病的防控，由于目前缺乏相关的疫苗，现阶段主要是通过加强相关知识的宣传培训，禁止食用未经检疫的动物制品，并加强易感动物的检疫、检测和净化免疫工作等措施降低人布鲁氏菌病的感染率。

4.3.1.2　立克次氏体属（*Rickettsia*）

立克次氏体是 α-变形菌纲立克次氏体目的一类专性胞内寄生菌，该菌呈杆状、球状或多形状（直径为 0.3～0.5 μm，长度为 0.8～2.0 μm），表面无芽孢、鞭毛等特殊结构，是一类典型的革兰氏阴性细菌。作为一种专性寄生菌，该菌主要通过恙螨、蜱、跳蚤和虱子等节肢动物进行传播，并在脊椎动物红细胞、巨噬细胞和血管内皮细胞内完成生长和复制。因此，有关立克次氏体的培养通常在鸡胚或特定细胞系中进行（Raoult et al.，2001）。

1906 年，美国病理学家 Howard Taylor Ricketts 首次在斑疹伤寒患者体内发现了该菌，并在 1910 年明确节肢动物是该菌的重要传播源。但令人遗憾的是，Ricketts 在斑疹伤寒病原体的研究工作中，不幸感染并因此失去了生命。为了表彰他的工作，研究者以他的名字命名了这种专性胞内寄生菌，以纪念他在蜱传斑疹热方面的开创性工作。随后的几十年里，Henrique da Rocha Lima 等陆续发现了多种立克次氏体，这些细菌能引起人、鼠、牛、山羊等多种脊椎动物出现斑疹热、斑疹伤寒、战壕热等症状（表 4-3），严重威胁着人畜健康。与此同时，由于该菌是严格的胞内寄生菌，因此临床常见的四环素类抗生素对该病的治疗无明显效果。

表 4-3　立克次氏体与疾病

疾病	立克次氏体种类	昆虫载体	易感宿主
流行性斑疹伤寒	*R. prowazekii*	虱	人类（Angelakis et al.，2016）
鼠斑疹伤寒	*R. typhi*	跳蚤	啮齿动物（Rees et al.，2021）
恙虫病	*Orientia tsutsugamushi*	螨虫	啮齿动物（Luce-Fedrow et al.，2018）
印度蜱虫斑疹伤寒	*R. conorii*	蜱	啮齿动物、狗（Torina et al.，2012）

续表

疾病	立克次氏体种类	昆虫载体	易感宿主
落基山斑疹热	*R. rickettsii*	蜱	啮齿动物、狗（Stanley et al.，2020）
立克次体痘	*R. akari*	螨虫	老鼠（Kass et al.，1994）
Q 热	*Coxiella burnetti*	—	牛、羊、鸟（Eldin et al.，2017）
战壕热	*Rochalimaea quintana*	虱	人类（Anstead，2016）

考虑到立克次氏体对人畜健康所造成的巨大威胁以及该病在临床治疗上的困难，有关该菌的防治主要以预防为主，常见的预防措施包括：前往蜱虫出没地区时穿着合适的衣物并使用驱虫剂；从蜱虫出没地区返回后对自身及宠物体表进行检查。

4.3.2 β-变形菌

β-变形菌是变形菌门中一类特殊的革兰氏阴性菌，该纲细菌拥有广泛的代谢策略，可以利用环境中有机物、无机盐等各种营养物质，因此遍布于地下水、泥沼、土壤、高等生物体内等各种环境。该纲细菌被分为伯克氏菌目、奈瑟氏球菌目、亚硝化单胞菌目、红环菌目等 4 个目（表 4-4）。不同目细菌在代谢策略方面具有偏好性，例如，*Cupriavidus oxalaticus*（伯克氏菌目细菌）（Bedade et al.，2019）、*Nitrosomonadales*（亚硝化单胞菌目细菌）（Song et al.，2021）能够通过反硝化作用将硝酸盐及亚硝酸盐还原为气态氮化物和氮气，并排放至大气中；伯克氏菌目中 *Herbaspirillum seropedicae*（Schmidt et al.，2011）、*Paraburkholderia azotifigens*（Choi and Im，2018）可以从空气中固定分子氮作为其生长的氮源，在水稻、豆科植物等各类植物中发挥固氮作用；奈瑟氏球菌目中的淋病奈瑟氏球菌（*Neisseria gonorrhoeae*）和脑膜炎奈瑟氏球菌（*N. meningitidis*）能够分别引起机体出现淋病和脑膜炎症状，严重威胁人类健康。

表 4-4 β-变形菌分类（修改自 Boden et al.，2017）

	形态特点	营养类型	代表科
伯克氏菌目	球状、短棒状、弧状、螺旋状	异养生物 兼性自养生物	Burkholderiaceae Alcaliginaceae Comamonadaceae Oxalobacteraceae Sutterellaceae
奈瑟氏球菌目	球状、短棒状、弧状、螺旋状、链状、细丝状	异养生物	Neisseriaceae Chromobacteriaceae
亚硝化单胞菌目	短棒状、弧状、螺旋状	化能自养（大多数） 异养生物	Nitrosomonadaceae Methylophilaceae

续表

	形态特点	营养类型	代表科
亚硝化单胞菌目	短棒状、弧状、螺旋状	化能自养（大多数） 异养生物	Thiobacillaceae Sterolibacteriaceae Spirillaceae Gallionellaceae
红环菌目	球状、短棒状、弧状、螺旋状、环状	异养生物（大多数） 化能自养	Rhodocyclaceae Azonexaceae Zoogloeaceae

奈瑟氏球菌属（*Neisseria*）是一种革兰氏阴性双球菌，直径在 0.6～0.8 μm，呈现典型的咖啡豆状，常成对排列，其细胞表面分布着一层由核心多糖和脂质 A 组成的脂寡糖（LOS）（Harvey et al.，2001）。作为人类呼吸道常见菌群，目前共发现 11 种奈瑟氏球菌能定植于人类黏膜处，但大多不致病（Weyand et al.，2016）。这些奈瑟氏球菌具有非常强大的三羧酸循环功能，可发酵多种糖类生成酸，因此临床检验中常根据糖发酵实验来鉴定此细菌（Robinson et al.，2000）。

1879 年，德国细菌学家 Albert Neisser 首次通过染色技术在患有淋病的人类组织中发现并命名了奈瑟氏球菌属，并在随后几十年里发现并命名了 40 多种奈瑟氏球菌，这些奈瑟氏球菌在机体内大多呈现无症状感染，只有淋病奈瑟氏球菌和脑膜炎奈瑟氏球菌是专性人类致病菌，可分别导致机体出现淋病和细菌性脑膜炎。由于这两种致病性奈瑟氏球菌对人类健康造成重大威胁且具备传播的潜质，因此有关这两种致病性奈瑟氏球菌疫苗的研发一直得到广泛的关注。目前，已经开发出针对血清型 A、B、C、Y 和 W-135 的脑膜炎奈瑟氏球菌疫苗，但尚未开发出针对淋病奈瑟氏球菌的相关疫苗（Noinaj et al.，2012）。

4.3.3　γ-变形菌

γ-变形菌包含约 250 个属，是原核生物中属最丰富的分类单元。其中，有 50 多种可以感染人类，其余种属广泛分布于多种陆地和海洋环境中，甚至海底热泉处也发现了 γ-变形菌的存在。这些感染人的 γ-变形菌包括沙门氏菌属（*Salmonella*）（引起肠炎和伤寒）、耶尔森氏菌属（*Yersinia*）（引起鼠疫）、霍乱弧菌（*Vibrio cholerae*）（引起霍乱）以及模式生物大肠杆菌（*Escherichia coli*）等。

4.3.3.1　大肠杆菌（*Escherichia coli*）

1884 年，德国的微生物学家兼儿科医生 Theodor Escherich 在研究婴儿肠道微生物时发现了一种快速生长的细菌，他称之为大肠杆菌群（*Bacterium coli* commune），也就是现在我们所熟知的大肠杆菌（Escherich，1988；Shulman et al.，

2007）。大肠杆菌因为其易存活、生长周期短、操作简单等特点受到微生物学家的青睐，直到现在，大肠杆菌发展成微生物领域最为重要的模式生物之一。

大肠杆菌，两端呈钝圆形，是不产生孢子的兼性厌氧菌。大肠杆菌是人和动物肠道中的正常寄居菌，是肠道中主要的兼性厌氧菌（Berg，1996；Tenaillon et al.，2010）。肠道主要是一个缺氧的环境，肠道微生物群落主要由专性厌氧菌控制，如拟杆菌和厚壁菌，它们占肠道微生物总数的 90%以上，相比之下，大肠杆菌只能占到群落的 0.1%～5%（Bäckhed et al.，2005；Eckburg et al.，2005；Tenaillon et al.，2010）。大肠杆菌与宿主之间是一种互惠共生的关系，宿主为大肠杆菌提供营养和栖息地，而大肠杆菌可以消耗进入肠道的氧气而为其厌氧的邻居维护一个友好的环境。另外，大肠杆菌竞争性地将其他病原菌排除在肠道生态位之外（Chang et al.，2004）。大肠杆菌是条件致病菌（图 4-20），通常在婴儿出生数小时后就定植于其肠道内，大多数情况下，大肠杆菌与人类宿主互利共生，但当宿主的免疫力低下

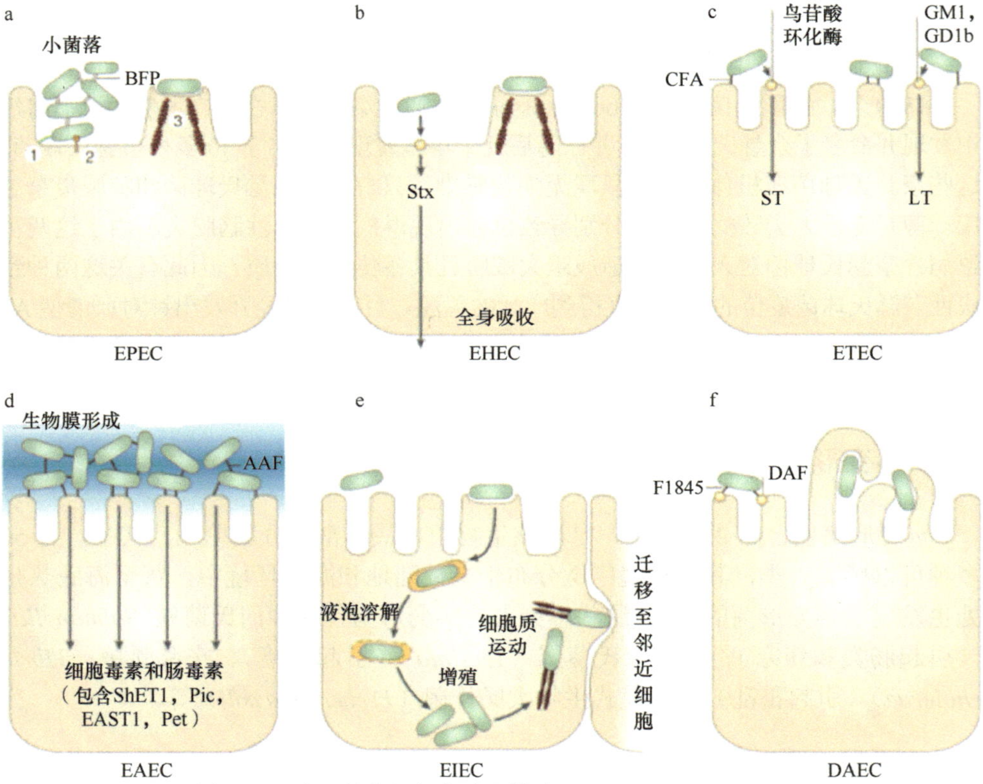

图 4-20　致泻性大肠杆菌致病模式（Kaper et al.，2004）

AAF，聚集性黏附菌毛；BFP，成束菌毛；CFA，定植因子抗原；DAF，衰变加速因子；EAST1，肠聚集性大肠杆菌 ST1；LT，热不稳定的肠毒素；ShET1，志贺氏菌肠毒素 1；ST，热稳定的肠毒素

或者正常胃肠道平衡被打破时，大肠杆菌会引起人和动物发生胃肠道感染或者其他脏器感染，有些致病菌株可以引发严重的肠道反应，甚至危及生命（表 4-5），如臭名昭著的大肠杆菌 O157:H7 便是典型的肠出血性大肠杆菌（enterohemorrhagic *E. coli*，EHEC），还有的菌株可以引发癌症（Arthur et al.，2012；Kaper et al.，2004）。

表 4-5　致泻性大肠杆菌分类及作用方式

类型	简称	作用方式（图 4-20）
肠致病性大肠杆菌（enteropathogenic *E. coli*）	EPEC	黏附小肠上皮细胞，破坏正常微绒毛结构，使总体细胞骨架紊乱，形成特征性黏附和脱落，使肠黏膜吸收能力下降
肠出血性大肠杆菌（enterohemorrhagic *E. coli*）	EHEC	产生志贺毒素（Stx），与肠壁组织的微血管内皮细胞上的受体结合，引起血管损伤，同时激发局部细胞因子 TNF、LPS 及 IL-1β 增加
肠产毒性大肠杆菌（enterotoxigenic *E. coli*）	ETEC	黏附小肠细胞，通过分泌热不稳定（LT）和/或热稳定（ST）肠毒素诱发水样腹泻
肠集聚性大肠杆菌（enteroaggre-gative *E. coli*）	EAEC	附着于小肠和大肠上皮细胞，形成厚厚的生物膜，分泌肠毒素和细胞毒素
肠侵袭性大肠杆菌（enteroinvasive *E. coli*）	EIEC	侵入结肠上皮细胞，可以直接通过细胞间扩散的方式横向穿过上皮细胞
弥散黏附性大肠杆菌（diffusely adherent *E. coli*）	DAEC	在小肠细胞中引发一种特征性的信号转导效应，表现为长出手指状的细胞突出结构，包裹在细菌周围

除致病性大肠杆菌以外，部分大肠杆菌菌株可以作为肠道益生菌，通过其代谢产物或其与宿主之间的相互作用预防、治疗疾病，进而有益于宿主健康。大肠杆菌菌株 Nissle 1917（简称 EcN）是非乳酸菌中研究最多的肠道益生菌。其最早于 1917 年，由德国医生 Alfred Nissle 分离于疫区未患肠炎士兵的粪便中，是一株益生性大肠杆菌，因其益生功能后来被欧洲应用于医用产品 Mutaflor，作为产品活性成分治疗各种肠道疾病（Nougayrède et al.，2021）。

EcN 是一种非致病性大肠杆菌，其具有大肠杆菌普遍具备的生理遗传特性，如生长速度快、培养条件简单、遗传操作简便等。EcN 基因组分析结果表明其缺乏明确的毒力因子，易于在宿主体内定植。EcN 与致病性大肠杆菌菌株相比有显著的代谢差异且其具有益生菌的特征（图 4-21）。

1. EcN 在肠道中的定植机制

EcN 基因组编码了 F1A、F1C、卷曲菌毛三种不同类型菌毛，保障了其在肠上皮细胞或体内肠壁黏液层的黏附，这有利于其在宿主肠道内的定植（Lasaro et al.，2009）；EcN 具有铁营养素的 6 种摄取系统，这提高了其在肠道中的定植效率，提高了其对人体中有限铁离子的吸收（Grozdanov et al.，2004）；此外，根据其血

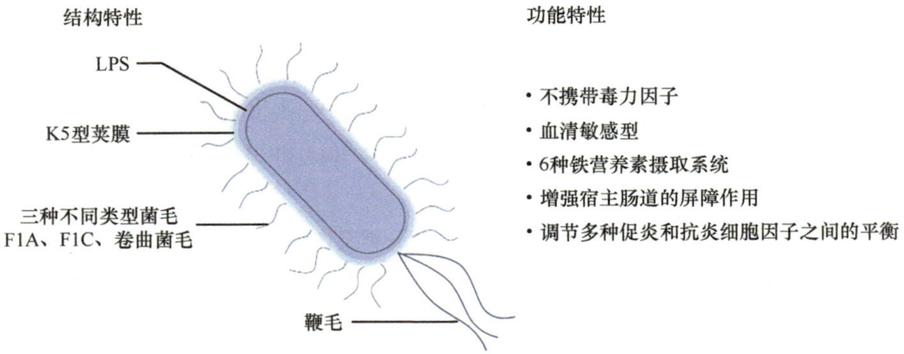

图 4-21　EcN 结构及功能特性

清型（O6:K5:H1）得知，EcN 可形成 K5 型荚膜。有报道称在 EcN 染色体 DNA 中检测到负责 K5 型荚膜合成的基因簇，K5 型荚膜的表达对细菌黏附和定植至关重要（Soundararajan et al.，2019）。

2. EcN 的安全性

EcN 外细胞膜有一种特殊的脂多糖（LPS）。EcN 与致病性大肠杆菌相比，由于其 LPS 中 O 抗原聚合酶基因中存在突变，因此其 LPS 的 O 抗原侧链较短。同时，研究发现在磷酸乙醇胺转移酶的作用下，磷脂 A 被磷酸乙醇胺修饰，这一特殊的结构决定了 EcN 具有免疫调节作用而不具有免疫毒性作用（Grozdanov et al.，2002）。DNA-DNA 杂交实验验证，EcN 菌株中没有发现致病性大肠杆菌中已知毒素蛋白的编码基因，该菌株不表达重要的尿路致病性大肠杆菌（uropathogenic *Escherichia coli*，UPEC）毒力因子（如 α-溶血素、P-菌毛黏附素、血清耐药型长链 O6 LPS 等）（Sonnenborn et al.，2009），不携带致病性黏附因子，不具有致病性及侵入性，也不产生甘露糖抵抗血凝（MRHA）黏附素。EcN 在血清中存在时，会迅速被血清中的非特异性防御因子杀死，因此 EcN 的 K5 型荚膜不产生血清抗性，即 EcN 为血清敏感型菌株。且实验表明 EcN 在动物体内毒性较小（Blum et al.，1995）。

3. EcN 益生机制

1）防御作用

在物理防御作用方面，EcN 的菌毛除具有黏附作用外，还发挥了形成天然屏障、抵御病原菌入侵的作用。与此同时，菌体紧密连接形成了对肠上皮细胞的“封闭效应”，在肠道屏障作用被扰乱时及时发挥修复作用（图 4-22）。

在化学防御作用方面，大肠杆菌外膜蛋白 A 能够激活肠道细胞中的 gp96 蛋白，来提高 Claudin-1 和 IL-22 的表达，增强宿主肠道的屏障作用。EcN 的 K5 型

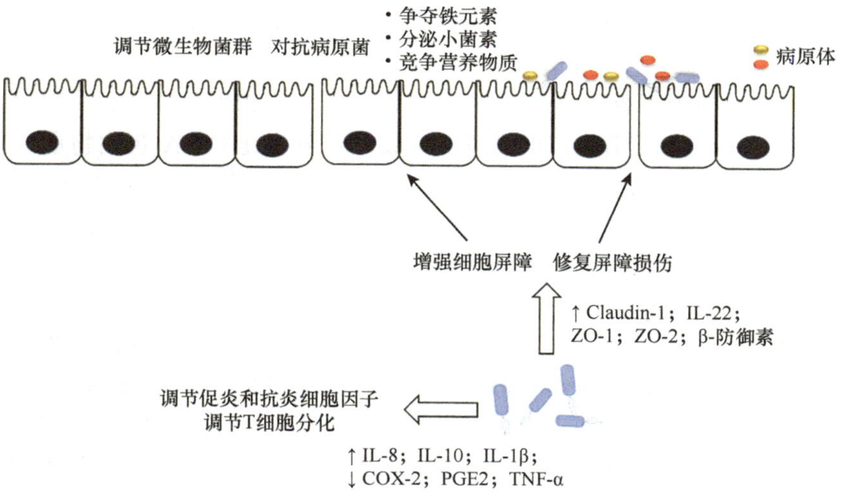

图 4-22　肠内 EcN 作用机制示意图（修改自 Zhao et al.，2022）

荚膜能激活肠上皮细胞和鼠小肠中 Toll 样受体 5（TLR5）产生化学增活素（Hafez et al.，2009）。其次，EcN 的鞭毛蛋白可诱导人体产生 β-防御素以增强结肠上皮细胞化学防御（Schlee et al.，2007）。此外，EcN 携带的基因岛（GEI）上存在小菌素等抑菌肽的基因簇，使其分泌小菌素 M、小菌素 H47 来抑制肠道致病微生物生长（Patzer et al.，2003）。EcN 在提高自身竞争力、促进其在肠道内定植的同时实现益生功能。

2）调节免疫系统

EcN 可调节多种促炎和抗炎细胞因子之间的平衡，例如，可激活 T 细胞诱导外周血 $CD4^+$ T 细胞的生长、促进白细胞介素-8（IL-8）的分泌（Splichalova et al.，2016）、降低 Caco-2 细胞结肠致癌指示物环氧酶-2（COX-2）（Nzakizwanayo et al.，2015）及前列腺素 E2（PGE2）的表达水平（Zhang et al.，2015a），调节促炎和抗炎细胞因子并调节 T 细胞分化。除此之外，在动物模型和人类新生儿中，EcN 也被证明可以诱导肠道免疫系统成熟。

4. EcN 的应用

大肠杆菌菌株 EcN 具有特定的适应度因子，缺乏明确的毒力因子，这有助于其在宿主体内存活，提高定植效率，发挥益生菌作用，具备成药基础。此外，研究发现 EcN 的代谢产物，如乙酸等，促进结肠运动，这有助于治疗慢性便秘，而且临床试验显示 EcN 对部分疾病（如溃疡性结肠炎、慢性便秘、急性和拖延性腹泻）具有治疗效果，已被许可作为治疗腹泻和溃疡性结肠炎等疾病的药物。除此之外，以 EcN 为底盘细胞的合成益生菌可应用于无创监测肠道疾病、控制由病原菌引发的肠道感染、治疗代谢性疾病、调节肿瘤代谢等方面，得到了研究人员的广泛关注。

Mimee 等（2018）在大肠杆菌 EcN 中设计了一套识别血红素、产生荧光信号的单组分传感系统，当消化道出血时，合成益生菌通过 ChuA 蛋白将血红素转运至细胞内与 HrtR 结合，改变 HrtR 蛋白质构象，进而解除其对启动子 $P_{L\ (HrtO)}$ 的转录抑制作用，使 $P_{L\ (HrtO)}$ 控制的荧光素基因得以表达，输出荧光信号。进一步利用微电子集成方式将荧光信号发送到电脑或手机端，实现了原位、实时、无创监测肠道出血。Hwang 等（2017）在大肠杆菌 EcN 中引入群体感应，捕杀和裂解三个遗传模块，转录因子 LasR 感应铜绿假单胞菌产生的自诱导因子酰基高丝氨酸内酯（AHL）浓度，二者结合形成的复合物激活绿脓杆菌素 S5 和裂解蛋白 E7 的表达，E7 促进大肠杆菌细胞破裂，释放绿脓杆菌素 S5 靶向杀灭铜绿假单胞菌。Kurtz 等（2019）强化大肠杆菌 EcN 的精氨酸合成途径而构建了益生菌 SYNB1020，将氨转化为 L-精氨酸以降低小鼠血液中氨的含量，将高血氨小鼠的存活率提高 50%。Fernando P. Canale 等开发了一种大肠杆菌 EcN 工程益生菌，使其定植于肿瘤中，将积累在肿瘤中的代谢废物——氨转化为 L-精氨酸，提高肿瘤内 L-精氨酸浓度，增加肿瘤浸润 T 细胞数量，提高免疫治疗效果（Kurtz et al.，2019）。EcN 及 EcN 工程益生菌在人类及动物健康方面具有良好的应用前景（表 4-6）。

表 4-6　EcN 作为益生菌的应用

表达产物	作用	参考文献
表皮生长因子（EGF）	刺激细胞迁移，修复受损的胃肠黏膜	Choi et al.，2012
靶向程序性细胞死亡配体 1（PD-L1）和细胞毒性 T 淋巴细胞相关蛋白 4（CTLA-4）纳米抗体	表达和传递拮抗剂以用于癌症治疗	Gurbatri et al.，2020
抗细菌生物膜酶 β-*N*-乙酰氨基葡萄糖苷酶（DspB）	治疗和预防铜绿假单胞菌肠道感染	Hwang et al.，2017
免疫调节蛋白 Sj16	缓解结肠炎	Wang et al.，2021a
来自啮齿动物线虫 *Acanthocheilonema viteae* 的半胱氨酸蛋白酶抑制剂（AvCys）	改善肠上皮屏障功能，抑制结肠炎	Whelan et al.，2014
凋亡素融合蛋白（TAT）	诱导病变细胞凋亡，提高肿瘤治疗效果	Zhou et al.，2011

大肠杆菌作为常见的模式生物，已得到研究人员的广泛研究，但还有许多问题值得探索和解答。例如，大肠杆菌如何适应非宿主环境？大肠杆菌基因组的流动性如何？环境和生态条件如何影响这种流动性？泛基因组是如何进化的？大肠杆菌的泛基因组和其他微生物的泛基因组之间有多少相互作用？宿主对其大肠杆菌种群的适应程度如何？大肠杆菌如何适应人类饮食和生活方式的变化？每一个未回答的问题都提供了新的研究机会，为我们更深入地了解大肠杆菌，更广泛地应用大肠杆菌提供了可能性。

4.3.3.2　沙门氏菌属（*Salmonella*）

沙门氏菌是一类兼性厌氧的革兰氏阴性短杆菌，1885 年首次被分离培养出来，菌体直径 0.7～1.5 μm，长度 2.0～5.0 μm，具有鞭毛（Brands，2006）。它是一种普遍存在、能够适应多种极端环境的细菌，耐寒耐酸，可以在干燥的环境下存活数周，在水中存活数月，也是一类重要的胞内寄生菌（Jantsch et al.，2011）。沙门氏菌属（*Salmonella*）根据其表型特征可分为两个种，即肠沙门氏菌（*S. enterica*）和邦戈尔沙门氏菌（*S. bongori*），有超过 2600 种血清型，其中 59%的血清型属于肠沙门氏菌。肠沙门氏菌种又包括 7 个亚种，分别是肠沙门氏菌肠亚种（*Salmonella enterica* subsp. *enterica*）、肠沙门氏菌萨拉姆亚种（*Salmonella enterica* subsp. *salamae*）、肠沙门氏菌亚利桑那亚种（*Salmonella enterica* subsp. *arizonae*）、肠沙门氏菌双亚利桑那亚种（*Salmonella enterica* subsp. *diarizonae*）、肠沙门氏菌豪顿亚种（*Salmonella enterica* subsp. *houtenae*）、肠沙门氏菌邦戈尔亚种（*Salmonella enterica* subsp. *bongori*）和肠沙门氏菌印度亚种（*Salmonella enterica* subsp. *indica*）（Brenner et al.，2000）。

肠沙门氏菌是一类常见的食源性致病菌，主要通过粪口传播，大多数能引起家禽家畜等动物致病，一些还可导致人类食物中毒，引发局部的免疫反应，甚至特异性针对人类引发全身系统性的感染——伤寒，因而被认为是公共卫生学上具有重要意义的能够非特异性引起人畜共患病的病原菌之一。

据统计，在世界各国的细菌性食物中毒中，由沙门氏菌引起的食物中毒常位列榜首（Cissé，2019），在我国内陆地区也以沙门氏菌为最主要的感染源（Elbediwi et al.，2021）。世界卫生组织（WHO）的数据显示，肠炎沙门氏菌（*S. enteritidis*）和鼠伤寒沙门氏菌（*S. typhimurium*）是在临床上最常见的两种血清型。鼠伤寒沙门氏菌因其更广泛的宿主范围而更易引发感染和暴发性食物中毒，病死率较高（Sabbagh et al.，2010）。老人和婴幼儿等免疫力较弱的群体感染沙门氏菌后，通常可以通过使用抗生素进行治疗。但随着耐药沙门氏菌的不断涌现，在 2015 年世界卫生组织发布的急需开发新抗生素的 12 种重点耐药性细菌中，沙门氏菌被列为高度耐药型细菌之一。因此，针对耐药性沙门氏菌开发新型抗感染药物具有重要意义（Kirk et al.，2015）。

鼠伤寒沙门氏菌经粪口传播，通过受污染的食物或水进入人体消化道后，首先要面临的是胃部的强酸性环境。通过激活自身的多组分抗酸性系统，沙门氏菌会排出涌入胞内的质子，维持胞内 pH 稳定（Bueno et al.，2012；Fàbrega and Vila，2013；Gao et al.，2010）。通过胃部后，沙门氏菌会到达宿主的肠道，在肠道中定植（图 4-23-1），部分沙门氏菌会进一步突破肠道黏液层达到肠上皮细胞并黏附于肠上皮细胞表面，通过沙门氏菌毒力岛 1（*Salmonella* pathogen island 1，SPI-1）

的 III 型分泌系统（type III secretion system，T3SS）分泌的效应蛋白诱导宿主细胞骨架重排，促使膜褶皱形成，细菌被内吞包裹在沙门氏菌包含囊泡（*Salmonella* containing vacuole，SCV）中（图 4-23-2，5），实现沙门氏菌对宿主的入侵过程（Herrero-Fresno and Olsen，2018；van der Heijden and Finlay，2012）。在小鼠体内，沙门氏菌会优先黏附入侵 M 细胞，在 M 细胞中被吞噬细胞内化，形成 SCV 囊泡（图 4-23-3，5）。在细菌入侵的同时，肠上皮细胞的变化会诱导引发吞噬细胞从黏膜下层向肠管周围的聚集和转移，并伴随炎症因子的产生（Helaine et al.，2014；Kurtz et al.，2017）。

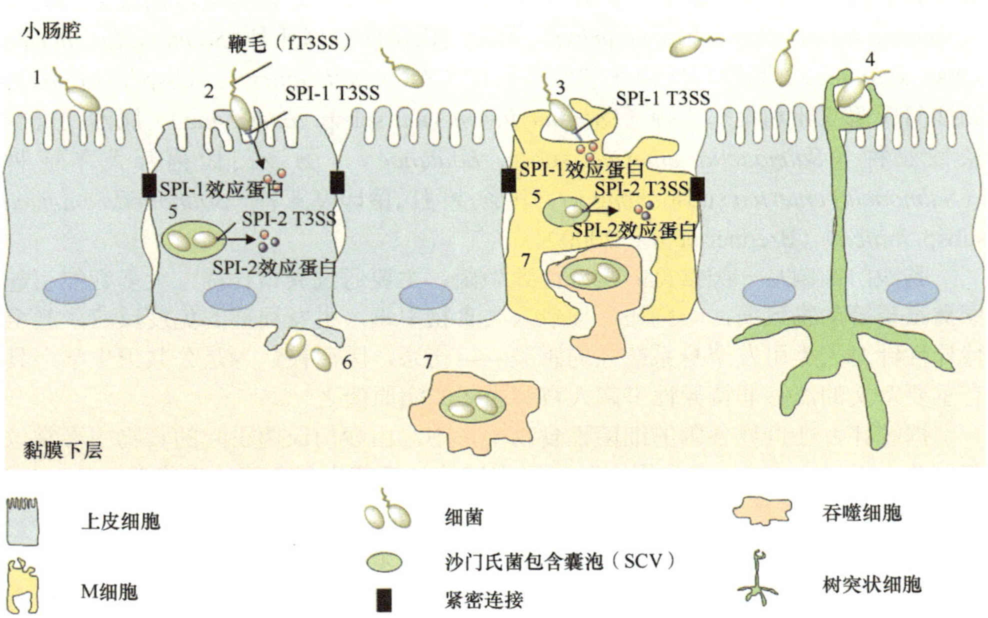

图 4-23　沙门氏菌入侵宿主过程示意图（修改自 Sansonetti，2002）

1. 沙门氏菌通过黏附素黏附在细胞表面；2 和 3. 沙门氏菌依靠 SPI-1 T3SS 向肠上皮细胞内分泌效应蛋白，引起其细胞骨架的改变，并在其表面形成称为褶皱的结构；4. 树突状细胞直接从黏膜下层吞噬沙门氏菌；5. 在进入细胞后，沙门氏菌躲在沙门氏菌包含囊泡（SCV）中通过 SPI-2 T3SS 向细胞内分泌效应蛋白帮助沙门氏菌繁殖生存；6. SCV 迁移到基底膜附近并释放沙门氏菌至黏膜下层；7. 沙门氏菌被吞噬细胞吞噬并内化，再次形成 SCV 囊泡

SCV 囊泡最初是通过细胞内吞作用形成的（Bakowski et al.，2008），在 SCV 成熟过程中，通过沙门氏菌毒力岛 2（*Salmonella* pathogen island 2，SPI-2）上的第二套 T3SS 分泌效应蛋白，在 SCV 周围重构肌动蛋白网，这对维持 SCV 膜的完整和稳定是必需的（Kirk，2015；Rajashekar et al.，2008；Worley et al.，2006）。为了方便沙门氏菌摄取营养物质以保证其在 SCV 囊泡内的复制和繁殖，SCV 囊泡会迁移至高尔基体附近（Jennings et al.，2017；Salcedo and Holden，2003）。当然，在这个过程中，沙门氏菌还需要依靠 T3SS 分泌的效应蛋白躲避溶酶体的消

化（Garcia-del Portillo et al.，1993）。之后，一部分 SCV 囊泡会迁移至基底膜附近，细菌穿过肠上皮细胞，被释放到黏膜下层，接着被吞噬细胞吞噬和内化，再次形成 SCV 囊泡（图 4-23-6，7），这些吞噬细胞主要包括被炎症因子招募而来的中性粒细胞和炎症单核细胞及树突状细胞（Galán，2021；Kurtz et al.，2017）。树突状细胞也会穿过肠上皮细胞间的紧密连接，直接吞噬细菌（图 4-23-4）。伴随着这些吞噬细胞的迁移，细菌借助血流向其他组织和系统进行传播扩散。

4.3.4　δ-变形菌

δ-变形菌主要包括两大分支。一类是好氧的可以形成子实体的黏细菌（myxobacteria），另一类是专性厌氧的硫还原菌或硫酸盐还原菌（Mukhopadhya et al.，2012）。黏细菌是一类可以滑动的土壤细菌，主要生存在富有微生物和有机物的地方，如土壤、腐烂的植物、草食动物的粪便、活树或死树的树皮等（Reichenbach，1999）。黏细菌在系统进化上属于变形菌门的 δ 分支，但在其生活史中却表现出复杂的多细胞群体行为（multicellular social behavior）特性，能够在细胞间通过信号的传递和感应，协同摄食、运动和发育形成子实体，具有显著的社会学特征。黏细菌因此被认为是生活于多细胞生命边缘的单细胞生物类群，是一类“高等”的原核生物（Dworkin，1996；李越中等，2000）。

与普通的细菌相比，黏细菌具有两个非常突出的特性：第一是黏细菌可以构建种特异性的多细胞结构，称为子实体，并在其中分化孢子。由于黏细菌细胞具有滑动性能，菌落可发展成薄的、扩展的群落。在饥饿的条件下，群落内的细胞开始聚集堆积形成多细胞的子实体。该特点使黏细菌成为研究原核生物多细胞行为和形态发生的重要模式材料（李越中等，2000）。第二是黏细菌可以产生丰富的生物活性物质，是除放线菌和真菌外，又一重要的微生物资源。鉴于致病病原菌的抗生素耐药性日益严重，必须寻找有效的天然来源抗菌药物，黏细菌因具有丰富的次级代谢物，所以是很好的研究对象（Bhat et al.，2021）。另外，黏细菌产生的这些次级代谢物不但结构新颖，而且具有其他微生物的代谢物所不具备的活性作用机制，该特点使黏细菌成为目前新药研发的一类重要药源菌（Reichenbach et al.，1988；李越中等，2000）。如埃博霉素（epothilone）就是黏细菌来源的一类大环内酯类化合物，具有类似紫杉醇微管蛋白聚合和抑制微管解聚的活性，且对关键肿瘤耐药机制的敏感性较低，已进入临床试验阶段，有望发展成为比紫杉醇更有效的抗肿瘤药物（Reichenbach and Höfle，2008）。

黏细菌常分布在土壤、腐殖质以及食草动物粪便中，少数存在于湖泊及海洋等水体环境中（Reichenbach and Höfle，2000；孙宝婷等 2017），但黏细菌的单个细胞不能形成菌落，细胞代时很长，且细胞壁上有复杂的胞外附属物，易于携带其他细菌、真菌、阿米巴，甚至线虫卵，给黏细菌的分离和纯化带来困难。分离一株黏细菌往往需要几个月甚至一两年的时间（李越中和李健，1997；李越中等，2000）。黏细菌作为一个宝库还有许多的未知领域值得科研工作者更加深入挖掘。

4.3.5 ε-变形菌

ε-变形菌是变形菌门中一类广泛存在的能利用鞭毛进行运动的微需氧菌，根据它们所栖息的环境生态位，可分成两个不同的亚群（Kelley et al.，2021）。第一个亚群是鹦鹉螺目，包括多种海洋嗜热菌，约占海洋热液喷口微生物群落的66%～98%（Vetriani et al.，2014）；第二个亚群是临床常见的人兽共患病原体，包括弯曲杆菌属（*Campylobacter*）和螺杆菌属（*Helicobacter*），二者分别导致人类出现腹泻、慢性胃炎等症状，是临床常见的传染性疾病（Beeby，2015）。近年来伴随着宏基因组测序技术的出现，人类在深海极端环境中陆续发现了大量未报道的ε-变形菌，但其环境适应机理目前尚不清楚。

4.3.5.1 弯曲杆菌属（*Campylobacter*）

弯曲杆菌是一类螺旋状[（0.2～0.8）μm×（0.5～5.0）μm]、非孢子形成的革兰氏阴性微需氧菌，该菌的生长相对缓慢，对营养成分的要求高，通常在基础培养基中补充5%～10%血液后才能获得最佳生长（Bolton and Coates，1983）。此外，该菌的运动性强，通常在一端或两端有极性无鞘鞭毛，但在较老的培养物中常形成球形或球状体。

1886年，由Theodor Escherich 在患有“婴儿霍乱”的儿童结肠内首次发现了这类不易培养的螺旋形细菌，并在随后的1906年由两名英国兽医John McFadyean和Stewart Stockman在流产母羊子宫黏液中分离并进行纯培养，他们在蓝色染色涂片中观察到“大量奇特的生物”（Skirrow，2006）。1919年，Theobald Smith 和Marian Taylor在美国从流产母牛体内也分离出这种螺旋状“奇特的生物”，并将其命名为胎儿弧菌（Smith and Taylor，1919）。1973年，Véron 和 Chatelain将胎儿弧菌重新分类为胎儿弯曲杆菌，并提出了弯曲杆菌属。直到20世纪80年代初期，用于从粪便样本中分离弯曲杆菌的选择性培养基得到开发并推广之后，弯曲杆菌感染才被确定为引起人类胃肠道疾病的主要原因，从粪便样本中分离并培养弯曲杆菌也成为诊断这种感染的最佳方法（Acheson and Allos，2001）。

迄今为止，科学家发现弯曲杆菌属有38个分类单元（图4-24），其中包括32个物种和9个亚种。这些物种聚集在5个离散的系统发育组中，每个系统发育组中均含有病原微生物，突出了整个属的临床相关性。其中，与人类密切相关的弯曲杆菌包括空肠弯曲杆菌（*Campylobacter jejuni*）（约占人类病例的90%）和大肠弯曲杆菌（*Campylobacter coli*）。研究表明，由弯曲杆菌引起的感染已经成为人类细菌性胃肠炎的主要原因（Fitzgerald，2015），其全球发病率甚至高于早期发现的能引起人类急性胃肠道感染的病原体，如大肠杆菌、志贺氏菌或沙门氏菌。

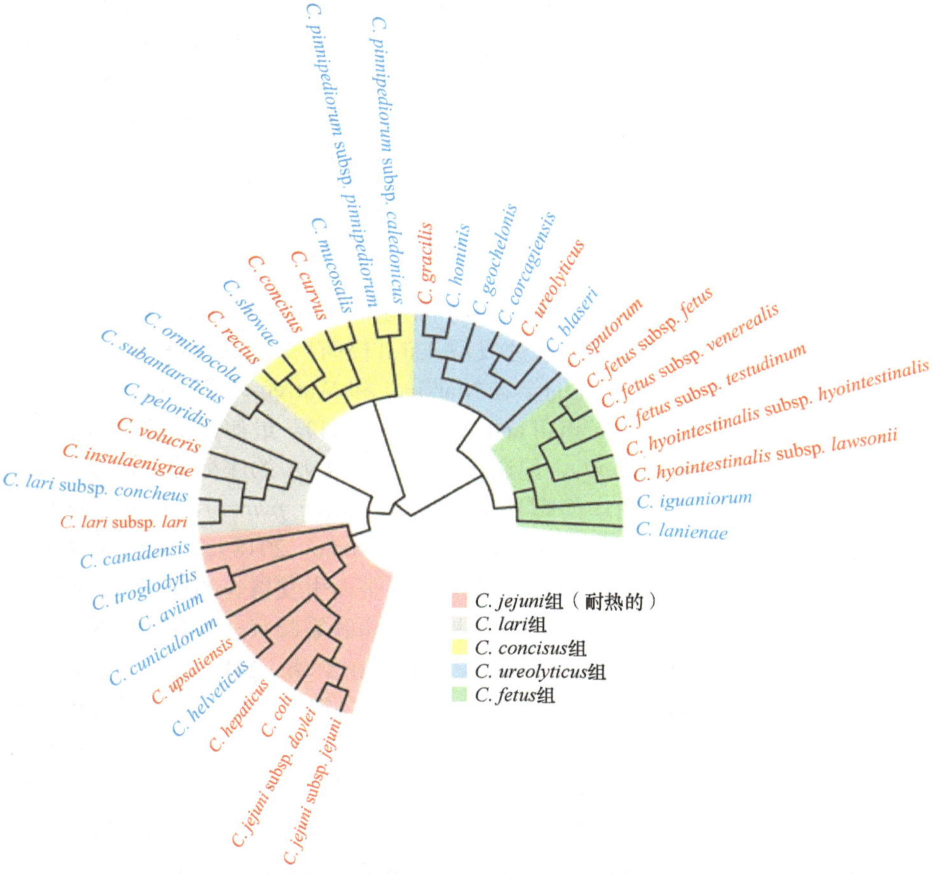

图 4-24　弯曲杆菌属系统发育群（Costa and Iraola，2019）

红色标注：对于有文献记载可导致人类和/或其他动物感染的物种；蓝色标注：对于尚未被记载具有感染能力的物种

作为一种人畜共患病原菌，弯曲杆菌广泛定植于家禽、家畜等多种动物，且不会引起明显的症状。但在人身上，弯曲杆菌感染常引起腹泻、腹痛、发烧、头痛、恶心和呕吐等临床症状，且具有散发性、季节性和自限性等特征，此外少数患者会存在感染后并发症，如吉兰-巴雷综合征（0.1%）、肠易激综合征和败血症。幸运的是，尽管人类弯曲杆菌病病例数量很多，但死亡率很低，仅限于非常年幼的儿童或老年人以及患有多种基础病或其他潜在疾病（如癌症、艾滋病或慢性肝病）的患者。

在大多数人类病例中，弯曲杆菌通过粪口途径传播，人类通常在摄入受污染或未煮熟的肉类、未经高温消毒的牛奶或未洗过的蔬菜后受到感染，而人与人之间的传播被认为是相对罕见的（Rotariu et al.，2010）。近年来，随着抗菌药物的使用和抗生素的滥用，弯曲杆菌展现出越来越明显的抗药性，现已成为抗生素耐药基因的储存库，增加了将耐药基因传递给其他致病菌和共生菌的可能性（Shen et al.，2018）。尽管弯曲杆菌已成为全球胃肠炎的四大病因之一，对人类健康具有重要威胁，但缺乏易于操作的遗传工具和疾病动物模型，导致其致病机制的研究仍相对缓慢（Young et al.，2007）。

4.3.5.2 幽门螺杆菌（*Helicobacter pylori*）

由于胃部的强酸性环境，最初的时候，科学家们认为胃是不会有微生物存在的。早年间，曾经有解剖学家及临床医师发现人的胃部存在螺旋状细菌（Marshall，1986），直到 1982 年，澳大利亚的学者 Marshall 和 Warren 才首次从胃炎患者的胃黏膜中分离出螺旋状细菌（Marshall and Warren，1984）。最初该菌被认为属于空肠弯曲杆菌（*Campylobacter jejuni*），但通过后续 16S rRNA 的序列分析，分类学家将这株螺旋状细菌重新命名为幽门螺杆菌（*Helicobacter pylori*），其成为螺杆菌属（*Helicobacter*）的第一位成员（Quaglia and Dambrosio，2018）。之后，澳大利亚学者 Marshall 用自己做实验，吞食了幽门螺杆菌，进而引发胃炎的症状，从而证实了幽门螺杆菌的致病性，将幽门螺杆菌与肠胃部疾病联系起来。也有更多的学者证明用抗生素消灭幽门螺杆菌可以治愈胃溃疡（马丁•布莱泽，2016），因为他们在医学上的重大贡献，Marshall 和 Warren 在 2005 年共同获得了诺贝尔生理学或医学奖。

幽门螺杆菌是一种微嗜氧、螺旋形的革兰氏阴性细菌，具有多个极性鞭毛，用于移动。该菌在进化过程中为适应机体内恶劣的生存环境（包括温度或 pH 变化、两餐之间的长间隔和抗生素治疗），常以 S 形、C（U）形和球状等多种形式存在（Li et al.，2018；Reshetnyak and Reshetnyak，2017）。研究表明，人类是幽门螺杆菌的唯一天然宿主，世界上约有 50%的人口感染幽门螺杆菌，约 15%的感染者会出现胃溃疡（Bravo et al.，2018），2%～3%的感染者会发展为胃腺癌，0.1%的感染者会发展为黏膜相关淋巴组织（MALT）淋巴瘤（Bagheri et al.，2016；Díaz et al.，2018）。因此，世界卫生组织自 1994 年以来将其列为 I 类致癌物。该菌感染导致的慢性胃炎通常无症状，但感染的最初发作会引起急性胃炎伴胃酸过少，可能引起腹痛、恶心和呕吐，并在几天内消退，因此并未得到患者的关注。近些年来，随着幽门螺杆菌感染对人类癌症发病率的影响逐步清晰，抗生素耐药性的升级以及缺乏合适的疫苗使得针对幽门螺杆菌的研究具有重大的临床价值。

作为一种长期在人类胃内定植的条件性致病菌，幽门螺杆菌已经开发出许多在其酸性生态位中生存的方法。例如，通过分泌幽门螺杆菌脲酶将胃内尿素转化为氨和二氧化碳以提高局部 pH；或是利用螺旋状外形和极性鞭毛来破坏胃黏膜层，从而逃避胃腔低 pH 对自身造成的不良影响（Salama et al.，2013）。此外，幽门螺杆菌还能通过合成多种黏附因子以实现与胃上皮结合，这些黏附因子包括：血型抗原结合黏附素（BabA）、唾液酸结合黏附素（SabA）、外膜炎性蛋白 A（OipA）和黏附相关脂蛋白（AlpA/B）（Fagoonee and Pellicano，2019）。在完成胃内的长期稳定定植后，部分幽门螺杆菌为实现对机体的致病作用，编码与胃癌发展有关的毒力因子，包括空泡细胞毒素基因 A（*vacA*）和细胞毒素相关基因 A（*cagA*）（Matos et al.，2013）。*cagA* 作为迄今为止研究最广泛的幽门螺杆菌毒力基因，位于 cag 致病岛的末端，编码 120～145 kDa 的免疫显性蛋白 CagA（Backert and Blaser，2016）。cag 致病岛同时包含 31 个编码 IV 型分泌系统成分的基因，促使 CagA 和其他细菌效应分子直接易位到宿主细胞中（图 4-25），进而导致宿主细胞运动、增殖和信号通路的异常，增加胃癌的风险（Salimzadeh et al.，2015）；*vacA* 基因存在于所有幽门螺杆菌中，编码一种分子质量为 88 kDa 的蛋白质 VacA，由两个亚基（p33 和 p55）组成，具有多种致病作用（Maleki Kakelar et al.，2019）。VacA 内化后，在胃上皮细胞胞质膜形成大孔，使细胞更易受到细菌脲酶的作用（De Falco et al.，2015），进而促使一系列生化反应的启动以促进细胞内大液泡的积累，从而导致上皮细胞的功能劣化。此外，通过细胞内的转运系统，VacA 能够进入线粒体，破坏线粒体内膜的完整性。这会导致线粒体跨膜电位（$\Delta\Psi_m$）下降，随后释放细胞色素 c 并激活促凋亡因子 Bcl-2 相关蛋白（Rassow and Meinecke，2012）。

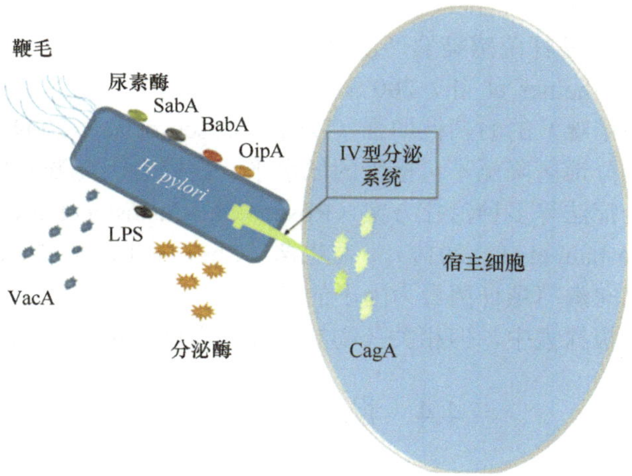

图 4-25　幽门螺杆菌毒力因子与致病机制（FitzGerald and Smith，2021）

全球范围内，幽门螺杆菌感染较为普遍，其感染途径多样，易导致胃炎、溃疡、胃癌等。研究证实，垂直传播和水平传播均可实现幽门螺杆菌的感染，且家庭内传播被认为是目前证实的最重要的途径（Kayali et al.，2018；Mentis et al.，2015；Sgambato et al.，2018）。幽门螺杆菌感染通常发生在儿童期，未经抗菌治疗可无限期地留在宿主体内（Linz et al.，2007）。近年来，对可能的传播途径，如粪-口、口-口和胃-口，也已进行全面研究（Kayali et al.，2018；Mladenova and Durazzo，2018）。研究者通过 PCR 在牙菌斑、唾液等体液及环境样本中均检测出幽门螺杆菌（Burucoa and Axon，2017），这提示我们注意"病从口入"。

幽门螺杆菌的检测可以通过几种不同的无创或侵入性手段进行，每种手段都有优点和缺点（Brennan et al.，2016）。尿素呼气试验由于其相对较低的成本、较高的敏感性（88%～95%）和特异性（95%～100%），成为诊断幽门螺杆菌感染和评估幽门螺杆菌根除效果的金标准，在临床应用广泛（Brennan et al.，2016）。该测试的工作原理是让患者口服 ^{13}C 或 ^{14}C 标记的尿素，利用幽门螺杆菌有活性很高的尿素酶将核素标记的尿素转化为 CO_2 被细菌吸收到血流中。放射性标记的碳可以在呼出时被测量（Wang et al.，2015b）。但是该方法使用的核素标记的尿素会使患者暴露于辐射，因此不适用于儿童或孕妇（Malfertheiner et al.，2017）。另一种无创试验是粪便抗原试验（stool antigen test，SAT），它也具有高敏感性和特异性。此外，由于幽门螺杆菌可以从活检组织中培养，其特异性极强且具有药敏特性，常规的组织学检查也用于检测活检组织中的幽门螺杆菌，使用苏木精和沃森-斯塔里银染色（Warthin-Starry silver staining）、吉姆萨染色（Giemsa staining）、免疫组化对幽门螺杆菌进行染色（Wang et al.，2015b），并利用药敏试验对其进行筛查。

基于质子泵抑制剂、克拉霉素和阿莫西林或甲硝唑的标准三联疗法在 20 世纪 90 年代是治疗幽门螺杆菌感染的"金标准"，这一疗法具有超过 90%的根除率以及安全性（Malfertheiner et al.，2007）。但随着幽门螺杆菌对关键抗生素（主要是克拉霉素和甲硝唑）的耐药性增强（De Francesco et al.，2009），这一疗法的疗效在世界大部分地区降至不可接受的低水平，研究者因此开发出铋四联疗法、序贯疗法和混合疗法等多种治疗方案（Roszczenko-Jasińska et al.，2020）。此外，基于抗菌肽（Neshani et al.，2019）、益生菌（Chey et al.，2017）、中草药（Ye et al.，2015）、靶向幽门螺杆菌毒力因子的新药物（Shaffer et al.，2016）等新兴辅助治疗法也在积极探索中，但相关药物的疗效仍需进一步的临床验证。

4.4 肠道古菌

4.4.1 古菌的特征

古菌，作为与细菌及真核生物并列的第三种生命形式（Woese and Fox，1977），虽然在形态上与细菌几乎无法区分，但在分子水平上，古菌是呈现出多种特征的混合体，其中一些特征与真核生物密切相关，一些特征与细菌共享，还有一些则是独一无二的，为古菌所特有（Villanueva et al.，2014）。古菌同细菌一样没有细胞核和细胞器，基因组呈环状，但两者却在进化上表现出了较远的亲缘关系，同时，古菌与真核生物传递和操纵遗传信息的分子机制也十分相似（如 RNA 和 DNA 聚合酶）。古菌具有一些特定的结构特征，如独特的膜脂（Albers and Meyer，2011；Becker et al.，2016）。它们的胞膜不含类似于细菌的肽聚糖或脂多糖，而含有蛋白质或改性杂多糖。在某些情况下，即使只有没有附加层的单膜或双膜也能起到外壳的作用（Chaudhury et al.，2018）。因此，古菌不受以肽聚糖为靶点的抗生素（如β-内酰胺）的影响，但易受对细菌和真核生物同样有效的抗菌剂（如甲硝唑）的影响（Klingl，2014）。古菌依靠独特的旋转鞭毛来运动，这种鞭毛与细菌和真核生物的鞭毛不是同源的，但是在进化和结构上却与 IV 型菌毛相关（Shahapure et al.，2014）。而且，大多数古菌只有一层膜，缺乏许多革兰氏阴性菌将毒素输送到真核靶细胞的特殊机制，如 III 型分泌系统（Becker et al.，2016）。古菌可以通过转换到极慢的生长状态或休眠状态以实现在极具挑战性的条件下的生存，但迄今为止未观察到其具有形成孢子的能力。

古菌广泛存在于各种生态系统中，包括自养生物、异养生物、光养生物、化学养生物和岩养生物，以及好氧生物和厌氧生物，同时，古菌可以适应长期的能量压力，因此它们能够很好地适应具有营养限制的生态位（Valentine，2007）。古菌最初是从极端的生态系统中被发现并分离出来的，包括火山、盐湖和其他以极端温度、pH 或离子浓度为特征的生物区（DeLong，1992；Schleper et al.，2005）。尽管大多数古菌被认为是极端微生物，生活在恶劣的环境中，但在土壤、海洋等温和的环境中也发现了一些古菌的存在，如嗜中温古菌（Karner et al.，2001）。此外，还有一些研究也证实了人类皮肤、口腔和肠道中均存在古菌（Caporaso et al.，2011）。例如，甲烷古菌是人类微生物组的成员之一，该类古菌的第一个代表是在近 40 年前分离出来的史密斯甲烷短杆菌（*Methanobrevibacter smithii*）（Pausan et al.，2019）。

基于测序的方法极大地促进了我们对于人体古菌多样性的理解，人类肠道中拥有比其他身体部位更加丰富的微生物群落。据报道，古菌在肠道中能够稳定存在并且有助于一些生物过程，它们代谢活跃，能够优化发酵菌在人体肠道内的发酵代谢途径（Nakamura et al.，2010）。30 多年来，产甲烷古菌一直被视为人类肠道微生物组的一部分，主要包括 Methanobacteriales（包括 *Methanobrevibacter smithii* 和 *Methanosphaera stadtmanae*）和 Methanomassiliicoccales（包括 *Methanomethylophilaceae*）这两个古菌目中的成员（Gaci et al.，2014）。在肠道内营养物质的消化过程中，产甲烷菌能够以氢气为电子供体，还原二氧化碳生成甲烷，从而减少肠道内氢气含量。基于非培养方法的研究证明人类肠道中并非只有产甲烷古菌存在。例如，2008 年，Nam 等（2010）基于传统的分子生态学方法，在韩国受试者的粪便样本中首次发现了嗜盐古菌的存在。目前已从人类粪便中分离出了 *Haloferax* 古菌属的嗜盐古菌（Khelaifia and Raoult，2016），并有两个源于人类肠道的嗜盐古菌基因组（即 *Haloferax massiliensis* 和 *Halorubrum lipolyticum*）可用。最近，Kim 等（2020）分析了来自 897 个韩国居住者的肠道样品，表明了嗜盐古菌在肠道古菌组中是广泛存在的，在某些个体中其丰度高于甲烷古菌，同时，他们根据优势古菌的种类划分出了 4 种古菌肠型，表明了某些古菌与膳食营养成分存在关联。2020 年，Chibani 等通过对 1167 个人类肠道宏基因组样品的分析，发现了一些新的古菌分类单元，揭示了人类肠道中古菌的多样性，同时表明，这些肠道古菌的功能也会因个人的年龄或生活方式而存在差异（Chibani et al.，2020）。

4.4.2 肠道古菌与人体健康

古菌的存在也与人类的健康和疾病状况有关，于君等在结直肠癌和结直肠腺瘤患者中观察到了明显的结肠古菌群，与健康受试者的样品相比，在结直肠癌患者的粪便样本中，嗜盐古菌丰富，而产甲烷古菌明显减少，表明盐环境可能与结肠癌的发生有关（Coker et al.，2020）。结肠古菌也被证明有助于肠道中三甲胺（trimethylamine，TMA）的移除（Brugère et al.，2014）。TMA 是在结肠细菌分解胆碱过程中产生的，与动脉粥样硬化和心血管疾病风险的增加有关。小鼠模型证实 *Methanobrevibacter smithii*、马泽氏甲烷八叠球菌（*Methanosarcina mazei*）和甲烷微球菌（*Methanomicrococcus blatticola*）以 TMA 为生长底物，能够减少动脉粥样硬化（Ramezani et al.，2018）。此外，古菌还与炎症性肠病、厌食症和厌氧脓肿的发生有关（Blais Lecours et al.，2014；Drancourt et al.，2017）。

综上所述，虽然人体肠道内的古菌数量相对较少，但它们同样也是人体肠道微生物群落的重要组成部分，在人体肠道微生物组中扮演着重要角色。目前，人体肠道古菌研究仍处于初步阶段，还有许多未知的信息等待发掘。

4.5 益生元和益生菌、活菌药物

益生菌与益生元具有调节肠道菌群促进宿主健康的作用。近 10 年来，伴随着肠道微生物组研究的迅速积累，益生菌和益生元作为调节肠道微生物组的重要手段，越来越受到人们的关注。以益生菌为例，乳杆菌属（*Lactobacillus*）、双歧杆菌属（*Bifidobacterium*）等传统益生菌有着悠久的安全、有效的使用历史，而罗斯拜瑞氏菌属（*Roseburia*）、阿克曼氏菌属（*Akkermansia*）等新一代益生菌也逐渐被发现和研究。由此衍生出的合生元、后生元等概念（表 4-7），也逐渐被用于肠道微生物组工程中。

表 4-7　国际益生菌与益生元科学协会（ISAPP）对益生菌、益生元、合生元和后生元的定义

生物质	定义
益生菌（probiotics）	一种活的微生物，在给予足够剂量时，对宿主的健康有利
益生元（prebiotics）	一种底物，能够被宿主微生物选择性利用，对宿主的健康有利
合生元（synbiotics）	由活的微生物和能被宿主微生物选择性利用的底物组成的混合物，可为宿主带来健康益处
后生元（postbiotics）	对宿主健康有益的无生命微生物和/或其成分的制剂

4.5.1　传统益生菌

4.5.1.1　分类

传统益生菌主要包括乳杆菌属（*Lactobacillus*）、双歧杆菌属（*Bifidobacterium*）和酵母菌属（*Saccharomyces*），主要从发酵乳制品和粪便菌群中分离出来。截至2019 年，我国已批准了可用于保健食品的 10 个益生菌种或亚种，以及 11 种真菌类益生菌（表 4-8）。

表 4-8　我国可用于保健食品的益生菌菌种名单

名称		拉丁名
第一类	双歧杆菌属	*Bifidobacterium*
1	两歧双歧杆菌	*Bifidobacterium bifidum*
2	婴儿双歧杆菌	*Bifidobacterium infantis*
3	长双歧杆菌	*Bifidobacterium longum*
4	短双歧杆菌	*Bifidobacterium breve*
5	青春双歧杆菌	*Bifidobacterium adolescentis*
第二类	乳杆菌属	*Lactobacillus*
1	德氏乳杆菌保加利亚种	*Lactobacillus delbrueckii* subsp. *bulgaricus*
2	嗜酸乳杆菌	*Lactobacillus acidophilus*
3	干酪乳杆菌干酪亚种	*Lactobacillus casei* subsp. *casei*
4	罗伊氏乳杆菌	*Lactobacillus reuteri*
第三类	链球菌属	*Streptococcus*
1	嗜热链球菌	*Streptococcus thermophilus*
第四类	真菌类	Fungi
1	酿酒酵母	*Saccharomyces cerevisiae*
2	产朊假丝酵母	*Cadida utilis*
3	乳酸克鲁维酵母	*Kluyveromyces lactis*
4	卡氏酵母	*Saccharomyces carlsbergensis*

续表

	名称	拉丁名
5	蝠蛾拟青霉	*Paecilomyces hepiali* sp. nov.
6	蝙蝠蛾被毛孢	*Hirsutella hepiali*
7	灵芝	*Ganoderma lucidum*
8	紫芝	*Ganoderma sinensis*
9	松杉灵芝	*Ganoderma tsugae*
10	红曲霉	*Monacus anka*
11	紫红曲霉	*Monacus purpureus*

资料来源：《关于印发真菌类和益生菌类保健食品评审规定的通知》（卫法监发〔2001〕84 号）

4.5.1.2 益生菌的作用机制

益生菌通过多种方式发挥作用（图 4-26），包括调节免疫功能、产生有机酸、与宿主肠道微生物群相互作用、与宿主相互作用、改善肠道屏障、产生功能性小分子和微生物酶。

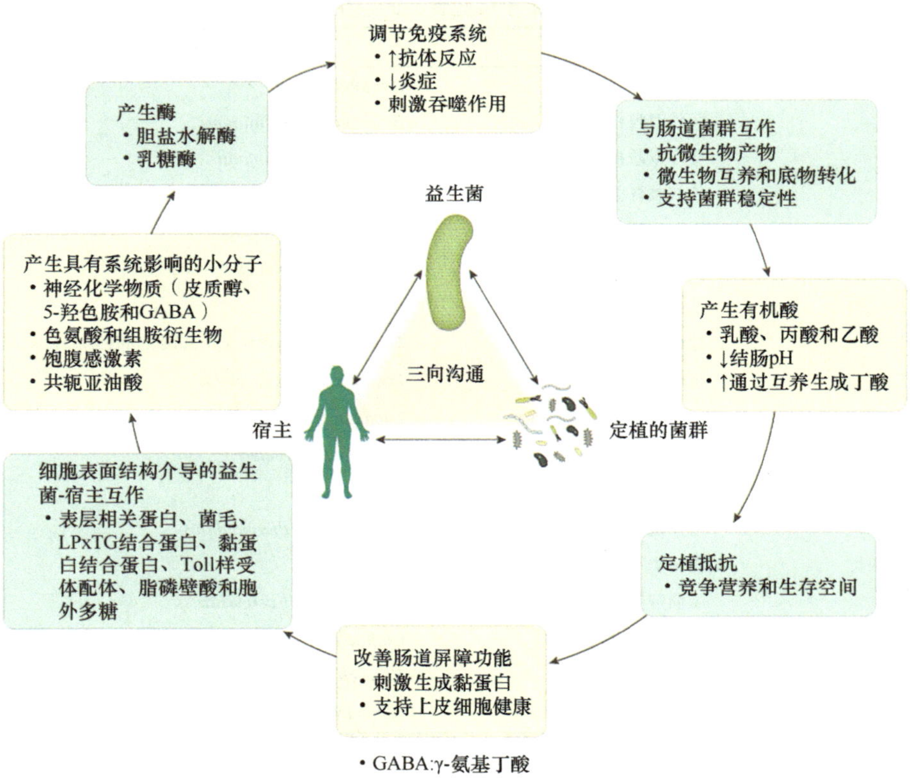

图 4-26　益生菌的作用机制（改自 Sanders et al.，2019）

1. 调节宿主的细胞免疫和体液免疫功能

部分益生菌可以激活树突状细胞，诱导白细胞介素 12 和肿瘤坏死因子的表达（Klaenhammer et al.，2012）。通过上调抗体的分泌，增强对病原体的防御，以及放大对疫苗的应答（Childs et al.，2014；Przemska-Kosicka et al.，2016）。益生菌菌株还可以上调抗炎细胞因子（如肿瘤坏死因子 TNF）的水平，帮助缓解结肠癌和结肠炎（Klaenhammer et al.，2012；Rowland et al.，2018）。

2. 产生有机酸

乳酸和乙酸是乳杆菌和双歧杆菌等益生菌代谢发酵的主要终产物，这些有机酸可以降低肠道内的 pH，阻碍病原体的生长（Aoudia et al.，2016）。此外，虽然乳杆菌和双歧杆菌无法直接产生丁酸，但可以与肠道中的丁酸产生菌形成交叉互养的生态关系（Rivière et al.，2015），促进肠道中丁酸和其他短链脂肪酸（short-chain fatty acid，SCFA）的水平增加。短链脂肪酸（如丁酸）的增加，对宿主可能产生系统性的影响（Koh et al.，2016），如胰岛素应答、心血管健康等方面。

3. 与肠道菌群相互作用

益生菌可以通过营养竞争、拮抗、交叉喂养等多种生态关系与肠道菌群相互作用，发挥其对宿主的益生功能（van Baarlen et al.，2013）。通过降解糖类产生的有机酸或者分泌的细菌素，益生菌对肠道中的一些致病微生物产生拮抗作用（Hegarty et al.，2016）。伴随双歧杆菌 *B. longum* AH1206 和 *B. bifidum* ATCC15696 在婴儿肠道中的持续存在，病原菌的丰度受到显著抑制（Abdulkadir et al.，2016）。乳杆菌不仅可以协助幽门螺杆菌（*Helicobacter pylori*）感染后的清除，还可以减少抗生素治疗导致的不良反应（Fang et al.，2019）。

4. 益生菌-宿主间的相互作用

益生菌与宿主间的相互作用主要由细胞表面的一些大分子介导，包括蛋白质（表层相关蛋白、黏蛋白结合蛋白、菌毛）和非蛋白质成分（脂磷壁酸、肽聚糖、胞外多糖）（Sanders et al.，2018）。这些结构分子可以影响益生菌与肠道和阴道细胞、黏液蛋白、免疫细胞或树突状细胞的结合，从而增加益生菌的穿过时间以及宿主屏障的完整性（Sanders et al.，2018）。不同益生菌与宿主结合所借助的表面结构分子可能有所区别，鼠李糖乳杆菌（*Lactobacillus rhamnosus* GG）利用鞭毛分子与肠道组织结合，另外一株鼠李糖乳杆菌 GR-1 则是通过胞外多糖分子与阴道上皮结合（Petrova et al.，2018）。

5. 改善肠道屏障功能

部分乳杆菌和双歧杆菌可以增加肠道屏障功能相关的紧密连接蛋白的表达

（La Fata et al.，2018）。鼠李糖乳杆菌的预处理可以减弱干扰素引起的紧密连接相关蛋白的结构损伤（Han et al.，2019）。此外，益生菌还可以通过上调黏蛋白的表达和分泌，减少致病菌在肠道的定植，从而改善肠道的屏障功能（Mack et al.，1999）。最后，下调肠道炎症反应也是益生菌改善肠道屏障功能的重要途径之一（Sanders et al.，2018）。

6. 产生有局部或非局部效果的小分子

某些益生菌可以通过产生小分子影响宿主及其肠道微生物群，如催产素、γ-氨基丁酸、5-羟色胺、色胺、去甲肾上腺素、多巴胺和乙酰胆碱等参与影响宿主大脑功能的多种小分子（Kim et al.，2018b；Reid，2019）。在应激大鼠模型中，瑞士乳杆菌 *L. helveticus* NS8 可以降低血浆中的皮质酮和促肾上腺皮质激素水平，并恢复海马体内的血清素和去甲肾上腺素水平（Liang et al.，2015）。

7. 产生微生物酶

一些益生菌可以通过产生 β-半乳糖苷酶（Kotz et al.，1994）、胆盐水解酶（Costabile et al.，2017）等微生物酶，改善宿主的乳糖消化和血脂状况。酸奶中的嗜热链球菌（*Streptococcus thermophilus*）进入小肠时，被胆汁渗透后可以释放β-半乳糖苷酶到肠道中，将乳糖分解为可消化的葡萄糖和半乳糖，这对乳糖不耐症患者有明显的临床益处（Kotz et al.，1994）。

4.5.1.3 益生菌的应用

1. 便秘、腹泻和肠易激综合征

目前，益生菌被广泛应用于便秘、腹泻和肠易激综合征等肠道相关疾病的临床治疗。动物双歧杆菌（Lim et al.，2018）、两歧双歧杆菌（Wang et al.，2022；陈书巧等，2018）在可以增加便秘人群的排便次数的同时，还可减少肠鸣的频率、改善粪便的不良气味。长期使用以及不合理使用抗生素是直接导致菌群失调的主要因素，由此常常引起腹泻症状的发生，益生菌干预使得患者的腹泻发生频率、持续时间和水样便的比例均显著降低，症状明显减轻（Barker et al.，2017）。罗伊氏乳杆菌不仅可以显著降低儿童急性腹泻的复发率，使儿童平均身高增加，还可有效缓解母乳喂养婴儿的肠绞痛，明显缩短婴儿哭闹的时间（Pernica et al.，2017）。

2. 哮喘、过敏

肠道菌群可以通过免疫信号通路调控黏膜炎症及免疫耐受，采用益生菌对菌群进行干预，可通过免疫排斥、免疫排除和免疫调节等方式增强机体的免疫功能。唾液乳杆菌和短双歧杆菌组合制剂可以显著减少儿童的哮喘发作（Drago et al.，

2022）。鼠李糖乳杆菌可以通过调节哮喘高危儿童肠道菌群的发育成熟，减少儿童哮喘疾病的发生（Durack et al.，2018）。嗜酸乳杆菌能有效地改善花粉症、常年性过敏性鼻炎、特异性皮炎和接触性皮炎等过敏性疾病的症状，这可能与其特有的膜蛋白质分子有关（Shah et al.，2012）。

3. 自闭、抑郁等精神性疾病

嗜酸乳杆菌可以显著提高自闭症儿童的执行命令能力和专心程度，缓解自闭症症状（Kałużna-Czaplińska and Blaszczyk，2012）。植物乳杆菌（Liao et al.，2020；Misra and Mohanty，2019），在动物模型和人体试验中均发现其针对不同精神健康问题的益处，包括可能有助于预防帕金森病并作为辅助治疗，以及改善高压力工作人群的心理健康。

4. 抵抗致病菌定植

枯草芽孢杆菌通过分泌脂肽芬荠素类抗菌肽，抵抗致病菌金黄色葡萄球菌在人体肠道中的定植（Piewngam et al.，2018）。此外，益生菌干预还可以有效预防抗生素用药后的艰难梭菌感染（Shen et al.，2017）。

4.5.2　下一代益生菌——嗜黏蛋白阿克曼氏菌

随着人体微生物组技术的发展，微生物在人体健康和疾病中的作用逐渐被解析。一些人体共生菌可以帮助人体抵御病原菌入侵，改善宿主代谢和调节机体免疫。这些具有预防或治疗疾病作用的活的微生物被称为下一代益生菌（next-generation probiotic，NGP），又称活体生物治疗产品（live biotherapeutic product，LBP）或者活菌药物。人类肠道微生物组被认为是下一代益生菌菌库，是下一代益生菌的主要来源。目前，一些人体肠道共生微生物已被评估为下一代益生菌。其中，嗜黏蛋白阿克曼氏菌（*Akkermansia muciniphila*）、拟杆菌（*Bacteroides* spp.）、克里斯滕森菌科（Christensenellaceae）、霍氏真杆菌（*Eubacterium hallii*）、普氏栖粪杆菌（*Faecalibacterium prausnitzii*）、粪便普雷沃氏菌（*Prevotella copri*）、韦荣氏球菌属（*Veillonella*）被认为是最有前途的下一代益生菌。这些益生菌的功能已经在动物模型中得到表征（表 4-9），表中多数益生菌在前面章节中已有描述，本小节仅对嗜黏蛋白阿克曼氏菌进行总结。

嗜黏蛋白阿克曼氏菌（*Akkermansia muciniphila*，Akk）是疣微菌门（Verrucomicrobia）的一种厌氧的、不能运动、不形成孢子的革兰氏阴性细菌。该菌是 2004 年从人类粪便中分离出的一种肠道黏液降解细菌（Derrien et al.，2004），并以荷兰瓦赫宁根大学著名微生物生态学者 Antoon D. L. Akkermans 的名字命名。Akk 菌可以在肠黏液层稳定定植，占人体微生物群落的 3%～5%。

表 4-9 已报道的下一代益生菌功能（De Filippis et al.，2022）

下一代益生菌	功能	文献
A. muciniphila	①改善肠道屏障，降低肠道通透性；②减少体重和改善肥胖；③改善葡萄糖耐受和胰岛素抵抗；④减少肠道炎症；⑤调节免疫系统；⑥产生抗癌代谢物	Bian et al.，2019；Chelakkot et al.，2018；Dao et al.，2016；Depommier et al.，2020；Grajeda-Iglesias et al.，2021；Hänninen et al.，2018；Huck et al.，2020；Li et al.，2016a；Mulhall et al.，2020；Plovier et al.，2017；van der Lugt et al.，2019；Wang et al.，2020b；Yoon et al.，2021；Zhao et al.，2017
B. acidifaciens	①减少体重和减轻肥胖；②改善胰岛素抵抗；③改善肝脏损伤	Yang et al.，2017
B. fragilis	改善急性和慢性移植物抗宿主病（GVHD）的发展	Sofi et al.，2021
B. thetaiotaomicron	①减少体重；②降低血浆甘油三酯、改善胰岛素抵抗	Liu et al.，2017b；Olli et al.，2016
B. uniformis	①改善肠道屏障，降低肠道通透性；②减少体重和减轻肥胖；③降低血浆胆固醇和甘油三酯；④改善葡萄糖耐受；⑤调节免疫系统	Gauffin Cano et al.，2012；Fabersani et al.，2021；López-Almela et al.，2021
C. butyricum	①降低血浆胆固醇水平；②增强胆汁酸排泄	Seo et al.，2013
Christensenellaceae	与体重指数、代谢综合征以及炎症性肠病呈负相关	Alemán et al.，2018；He et al.，2018；Mancabelli et al.，2017a
E. hallii	①降低血糖水平；②降低肝甘油三酯水平；③产生丁酸	Udayappan et al.，2016
F. prausnitzii	①改善肠道屏障，降低肠道通透性；②改善胰岛素抵抗；③减少肠道炎症；④增加短链脂肪酸	Foditsch et al.，2015；Hu et al.，2021；Lapiere et al.，2020；Laval et al.，2015；Martín et al.，2014，2015；Miquel et al.，2015；Munukka et al.，2017；Qiu et al.，2013；Rossi et al.，2015；Wrzosek et al.，2013；Xu et al.，2020a；Zhang et al.，2014
P. copri	①改善葡萄糖耐受和胰岛素抵抗；②改善免疫系统，增加肠道中 Th17 细胞的产生	De Vadder et al.，2016；Huang et al.，2020；Kovatcheva-Datchary et al.，2015；Pedersen et al.，2016；Scher et al.，2013
R. intestinalis	①减少肠道炎症；②增加短链脂肪酸	Luo et al.，2019
Veillonella	①预防龋齿；②免疫保护；③改善运动耐力	Scheiman et al.，2019

Akk 菌对于宿主健康和疾病的作用已经得到很好的解析。①Akk 菌具有改善宿主代谢的作用。诸多研究表明，炎症性肠病、肥胖和糖尿病患者体内缺乏 Akk 菌（De Filippis et al.，2022；Martín and Langella，2019；O'Toole et al.，2017）。口服 Akk 菌，可以逆转高脂饮食引起的代谢紊乱，预防肥胖和相关并发症（Everard et al.，2013；Zhao et al.，2017）。给患有代谢综合征的超重、肥胖志

愿者口服 Akk 菌（10^{10} CFU/天）3 个月（Wang et al.，2020b），发现口服一定剂量 Akk 菌是安全的，并且减少了炎症并提高了胰岛素敏感性。②Akk 菌具有辅助癌症免疫治疗的作用。癌症免疫疗法，如靶向 PD-1/PD-L1 轴的免疫检查点抑制剂（ICI）对于晚期黑色素瘤、非小细胞肺癌（NSCLC）和肾细胞癌（RCC）有很高的疗效。然而，60%～70%的患者对 ICI 存在原发性抵抗。一项针对上皮性肿瘤的研究中，报告了 Akk 菌在改善患者免疫应答中的作用（Routy et al.，2018）。然而，Akk 菌辅助癌症免疫治疗的机制目前尚不清楚。一种可能的机制是，Akk 菌与其他肠道共生菌形成一种“稳态”联盟，可防止肠漏和全身免疫抑制。③Akk 菌具有治疗癫痫作用。生酮饮食是一类高脂肪低碳水饮食，最初用来治疗儿童癫痫，目前在癌症、阿尔茨海默病、代谢综合征和孤独症谱系障碍的辅助治疗中也有广泛应用。科研人员利用生酮饮食干预难治性癫痫小鼠模型，发现饮食干预显著提高了 Akk 菌与 *Parabacteroides* 菌的丰度，使得 GABA/谷氨酸值升高（Olson et al.，2018）。但在无菌小鼠和抗生素治疗小鼠中，生酮饮食却没有发挥它的抗癫痫作用。此外，该研究发现不论是生酮饮食，还是补充 Akk 菌与 *Parabacteroides*，都观察到小鼠海马体中 GABA/谷氨酸值增高。海马体是与癫痫密切相关的大脑区域。④Akk 菌还有延缓早衰症进程、减缓渐冻症发展的作用。早衰症（HGPS）是一种罕见且致命的遗传病，目前尚无有效的治疗方法。一项研究发现，Akk 菌对于早衰症中加速的老化具备防护作用。给早衰症小鼠补充 Akk 菌，肠三叶因子 Tff3 增加，促进修复肠道黏膜层，小鼠的寿命得到了延长（Bárcena et al.，2019）。

除了这些有益作用，多项研究发现 Akk 菌与炎症性肠病 IBD、2 型糖尿病的发病存在相关关系。因此，下一代益生菌在广泛应用于市场之前，需要进行全面的安全评估。

4.5.3　活菌药物

在一个世纪之前，已有使用细菌来治疗人类疾病的研究，自此打开了活菌药物研究的大门。随着现代科学技术和合成生物学的发展，活菌药物的研究和开发也越来越受到学术及产业界的关注。

4.5.3.1　活菌药物的基本概念

活菌药物，利用细菌本身特性或者通过基因改造获得一定的功能，使其能够达到诊断或者治疗宿主疾病的目的（图 4-27）。

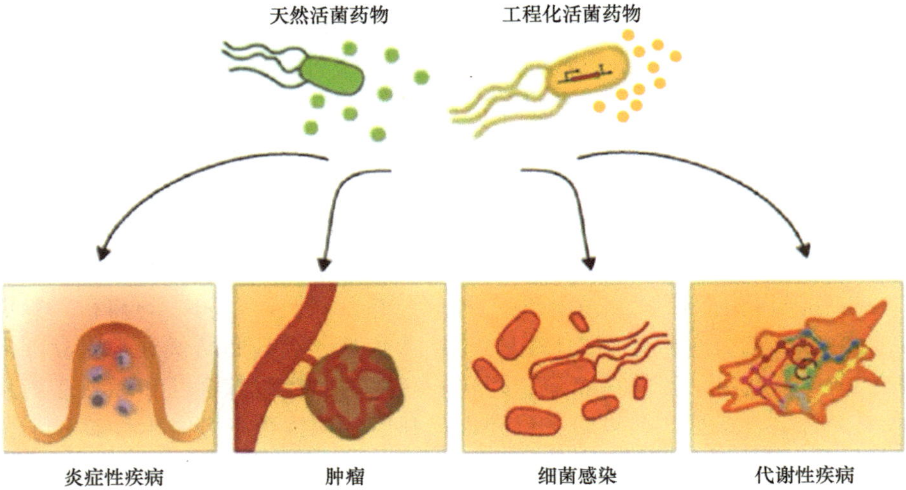

图 4-27 活菌药物在人体疾病中的应用（修改自 Piñero-Lambea et al.，2015）

4.5.3.2 活菌药物的分类与特点

1. 天然活菌药物

摄入一定剂量后对宿主的疾病治疗有益的微生物被称为天然活菌药物（又称益生菌）。天然活菌药物无须经过基因改造，利用自身的特性，即可达到治疗相关疾病的目的。例如，乳杆菌属（*Lactobacillus*）和双歧杆菌属（*Bifidobacterium*）常常被用于梭菌感染（*Clostridium* infection）、炎症性疾病（如炎症性肠病）、代谢性疾病（如肥胖、糖尿病）、神经系统疾病（如焦虑、抑郁和阿尔茨海默病）的治疗或者改善。天然活菌药物主要通过化学或物理方式直接向人类宿主发出信号，或通过改变肠道微生物群的组成和代谢来发挥有益作用。

与此同时，粪菌移植（fecal microbiota transplantation，FMT）也是比较受到大家关注的一种治疗技术。FMT 指的是将健康人的粪便菌群移植到患者胃肠道内，以重建患者的肠道菌群并实现肠内外的疾病治疗。2013 年 2 月，美国食品药品监督管理局首次将 FMT 写入复发性或难治性艰难梭菌感染（*Clostridium difficile* infection，CDI）治疗指南。近十年来，FMT 在治疗 CDI 方面取得了突出的疗效，受到国内外越来越多的关注。然而作为一项尚未完全成熟、只在部分国家地区获批使用的临床治疗手段，FMT 的安全性和重现性有待进一步验证。

2. 工程化活菌药物

通过基因工程赋予目标细菌一些特定的功能，使其能够感应一些生物标志物，实现疾病的诊断，甚至分泌相关的药物分子以达到疾病治疗的效果，这类益生菌又被称为工程益生菌。在医学应用领域，利用合成生物学技术构建的工程益生菌可在肠内生理或病理信号刺激下，表达酶、细胞因子、抗菌肽、激素、抗体等特定产物，改善肠道微环境。与传统药物治疗相比，工程益生菌具有更高的灵活性、特异性、可预测性和可控性。目前，乳酸菌特别是乳酸乳球菌（经常作为发酵乳制品的一部分被食用），因具有较高的安全性常被用作递送治疗药物的载体，具有广泛的临床应用价值。此外，芽孢杆菌、大肠杆菌和拟杆菌等益生菌也是重组活体生物药研究过程中常见的微生物底盘细胞（microbial chassis cell）。

4.5.3.3　工程化活菌药物的构建

近年来，随着合成生物学的发展，微生物活体疗法的遗传工具箱不断扩充，CRISPR/Cas 和 Mobile-CRISPRi 等工具的开发为模式和非模式微生物的基因整合研究提供了有效方法。基于合成生物学技术发展起来的智能微生物工程也赋予了微生物自主决策能力，在精准医疗方面具有广泛的发展前景，为具有传感、生产和生物遏制作用的全功能活菌生物制剂的成功研发提供了可能。

工程化活菌药物主要包括以下几种类别：直接作用于宿主的药物或分子的表达；表达特定酶以局部切割药物前体；表达抗菌肽或微生物毒素结合蛋白；激活免疫系统以进行免疫或诱导耐受。工程化活菌药物的构建一般需要考虑两点：底盘菌株和基因元件（图 4-28）。

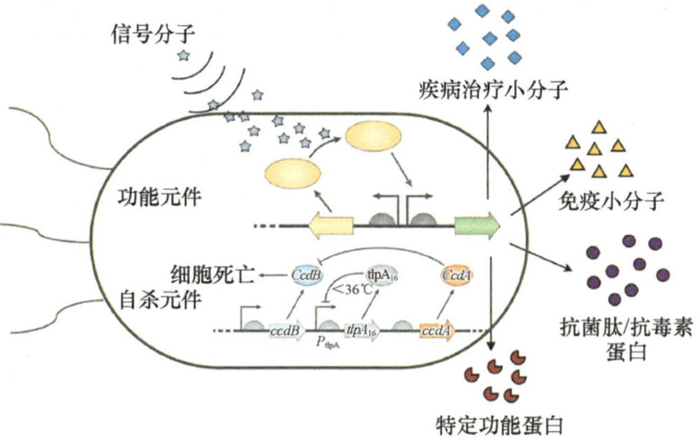

底盘细胞改造的元件类型

图 4-28　底盘微生物的选择和改造

选择底盘菌株时，需要考虑以下几种特性：①可培养；②能够进行基因操作；③在宿主中的生态位，如肠道、口腔、皮肤、肿瘤微环境等部位。不同的生态位会影响菌株的选择，例如，靶标位置是肠道时，可以选择乳酸乳球菌和大肠杆菌等人类肠道常驻细菌为底盘微生物；当靶标位置是肿瘤等疾病组织时，则可以选择减毒的鼠伤寒沙门氏菌，这是一种能够在人体中表达蛋白质和刺激免疫的病原体，全身给药时可以靶向缺氧的肿瘤环境，口服时则可以靶向肠道黏膜部位。另一种减毒的病原体李斯特氏菌则可以在循环免疫细胞内生长并激活免疫系统，从而引发抗肿瘤反应。除了这些物种外，一些乳杆菌、拟杆菌、梭状芽孢杆菌也被用于靶向肠道、口腔、阴道和肿瘤。

基因元件的选择：合成生物学和基因工程的基石是编码功能蛋白（治疗分子蛋白）和调节转录和翻译（阻遏物、激活物、启动子和核糖体结合位点）的 DNA 模块。迄今为止，工程化活菌药物通常是组成性地或在简单的诱导系统下表达单个蛋白质。近几十年来，已经看到了更为复杂的合成遗传元件和回路模块的发展，这些元件能够复杂地控制基因的表达反应。此类较为复杂基因元件的应用将为工程益生菌的新功能、安全特性和控制机制提供广阔的应用前景。

4.5.3.4 活菌药物的应用

目前，对于活菌药物的研究主要集中在消化性疾病（炎症性肠病、肠癌）、代谢性疾病（肥胖、糖尿病）和精神性疾病（抑郁症、阿尔茨海默病）的治疗。人们比较关注的细菌主要集中在以乳酸菌、大肠杆菌、沙门氏菌和拟杆菌为代表的 12 种细菌（表 4-10），其中部分活菌药物已进入临床试验，并取得不错的效果。

表 4-10 工程化活菌药物靶向疾病的微生物疗法（改自高梦学等，2022）

底盘菌株	靶向疾病	治疗策略
大肠杆菌 Nissle 1917	炎症性疾病	细菌传感器，感应硫代硫酸盐和硝酸盐等炎症标志物
		表达酮体 3-羟基丁酸（3-HB）
		受近红外光和 pH 同时调控的光诊疗纳米系统
		肠道内原位分泌三叶因子
		肠内原位分泌表皮生长因子
乳酸乳球菌 MG1363		原位合成治疗剂 mIL-10
		结肠黏膜处局部递送抗跨膜 TNF（mTNF）纳米抗体
卵形拟杆菌		表达 KGF-2 因子
		表达 TGF-β1
酵母菌 BS004		分泌并产生抑制炎症的腺苷
枯草芽孢杆菌		释放 hIL-1Ra/hIL-1b
戈登链球菌		分泌 hIL-1Ra

续表

底盘菌株	靶向疾病	治疗策略
大肠杆菌 Nissle 1917	肠癌	将十字花科蔬菜的天然成分转化为具有抗癌活性的萝卜硫烷
戊糖片球菌 SL4		分泌抗癌蛋白 P8
大肠杆菌 Nissle 1917		分泌抑癌分子 5-氨基乙酰丙酸（5-ALA）
乳酸乳球菌 MG1363	肥胖	分泌 GLP-1
大肠杆菌 Nissle 1917		表达分泌 GLP-1GM
长双歧杆菌 NCC2705		作为胃泌酸调节素
乳酸乳球菌 NZ9000		表达分泌羧化或低羧化的骨钙素
乳酸乳球菌 NZ3900		表达成纤维细胞生长因子 21
大肠杆菌 Nissle 1917		表达 *N*-酰基磷脂酰乙醇胺（NAPE）
枯草芽孢杆菌 SCK6		高产丁酸
乳酸乳球菌 MG1363 和 sAGX0037	1 型糖尿病	分泌抗原 GAD65370-575 和 IL-10
		分泌完整的胰岛素原自身抗原和 IL-10
乳酸乳球菌 pCYT		表达金葡菌核酸酶（SNase）
乳酸乳球菌 NZ9000		表达 HSP65-6P277
乳酸乳球菌	2 型糖尿病	分泌胰高血糖素样肽-1
加氏乳杆菌 ATCC 33323		分泌胰高血糖素样肽-1
乳酸乳球菌 NZ9000		分泌胰高血糖素样肽-1
乳酸乳球菌 NZ9000		分泌 L-阿拉伯糖异构酶代谢产生 D-塔格糖
短乳杆菌 CGMCC1306	抑郁症	高产 γ-氨基丁酸（GABA）
乳酸乳球菌乳脂亚种 MG1363	阿尔茨海默病	递送胰高血糖素样肽-1，改善 LPS 引起的小鼠空间学习和记忆障碍
枯草芽孢杆菌 60015/YF256		代谢肌醇产生鲨肌醇
乳酸乳球菌乳脂亚种 MG1363		表达递送 p62 蛋白
鼠伤寒沙门氏菌	肿瘤	分泌 IFN-γ
长双歧杆菌	细菌感染	表达沙门氏菌抗原，抑制沙门氏菌感染
大肠杆菌 Nissle 1917		表达霍乱自诱导剂 1
		分泌小菌素 J25，抑制沙门氏菌感染
		分泌溶菌素 E，抑制假单胞菌感染

1. 炎症性肠病

炎症性肠病（inflammatory bowel disease，IBD）是一组病因不明的复发性肠道炎症性疾病，包括溃疡性结肠炎（ulcerative colitis，UC）和克罗恩病（Crohn’s disease，CD）。IBD 常常伴随肠道组织内硫代硫酸盐水平升高、炎症反应以及黏膜屏障功能的损伤。基于这些特征，可以通过工程活菌药物进行 IBD 的诊断和相关治疗。

IBD 的诊断：以大肠杆菌 Nissle 1917（*Escherichia coli* Nissle 1917，EcN）为底盘菌，通过工程化改造使其具有检测硫代硫酸盐的双组分系统，用于感知肠道组织中硫代硫酸盐的水平，进而用于 IBD 的诊断。由此还衍生出含有同时检测硫代硫酸盐和硝酸盐等多个信号的工程菌、可植入胃肠道的微型检测器等，为炎症相关疾病的非侵入性诊断提供了新途径（Schultz，2008）。

IBD 的治疗：针对 IBD 患者的肠道炎症反应，利用乳酸乳球菌的分泌体系，构建表达白细胞介素-10（interleukin-10，IL-10）和抗肿瘤坏死因子 α（tumor necrosis factor-α，TNF-α）纳米抗体的递送系统，引导 IL-10 和抗 TNF-α 纳米抗体在结肠内的局部释放，避免了全身给药导致的副反应，可以有效缓解小鼠结肠的炎症水平。此外，重组益生菌还可通过递送转化生长因子、超氧化物歧化酶、血红素氧合酶、胰岛素样生长因子、血吸虫免疫调节蛋白和胱抑素等蛋白类药物治疗 IBD。通过工程化改造，还可以使益生菌同时兼具感受器以及治疗的功能。结合定向进化和合成基因回路的方法，可以使工程化酵母菌能够根据肠道内促炎代谢物三磷酸腺苷（adenosine triphosphate，ATP）的水平启动三磷酸腺苷双磷酸酶的表达和分泌，以降解过多的 ATP 并产生抑制炎症的腺苷，从而提供局部的炎症治疗（Schultz，2008）。

2. 结直肠癌

结直肠癌（colorectal cancer，CRC）是一种病发部位位于结肠或直肠的癌症，包括散发型和结肠炎型两种类型。慢性炎症是结肠炎型 CRC 发展的关键驱动因素。原位分泌抗炎药物的重组工程菌，不仅可以用于治疗 IBD，还可以抑制肠息肉的形成，从而阻断 CRC 的发生发展。通过构建表达芥子酶的重组工程菌，成功将十字花科蔬菜中的芥子油苷转化成了具有抗癌活性的萝卜硫素，抑制了超过 95%的癌细胞增殖，与十字花科蔬菜饮食联合使用显著减少了 CRC 小鼠的肿瘤数量（Siguenza et al.，2024）。

3. 肥胖

肥胖是一种慢性代谢性疾病，构建分泌激素类药物的重组益生菌有助于控制肥胖。例如，胰高血糖素样肽-1（glucagon-like peptide-1，GLP-1）是一种肠促胰岛素分泌激素，具有延缓胃排空和控制食欲的作用。GLP-1 引领了新一代的抗肥胖药物，然而目前注射仍是 GLP-1 等激素类药物释放的主要途径，常伴有药物半衰期短、患者服药依从性差等问题。因此，构建分泌 GLP-1 长效类似物的重组工程菌具有明显长效的临床优势，通过口服方式使其定植于肠道内，可持续表达

GLP-1 并降低肥胖小鼠的体重（Wang et al.，2024）。

N-酰基磷脂酰乙醇胺（*N*-acylphosphatidylethanolamine，NAPE）是一类具有抗肥胖特性的脂质家族。通过给肥胖小鼠持续口服表达 NAPE 的工程菌可降低高脂饮食小鼠的肥胖水平，改善小鼠胰岛素抵抗和肝脂肪变性情况（Dosoky et al.，2018）。除此之外，短链脂肪酸（short chain fatty acid，SCFA）也是人们较为关注的一类小分子。经过基因工程构建高产丁酸的枯草芽孢杆菌可明显改善肥胖疾病小鼠模型的基础代谢，达到减轻肥胖的效果（Frolova et al.，2022）。

4. 糖尿病

糖尿病（diabetes）是一组以高血糖为常见表型的代谢性疾病，包括 1 型糖尿病（type 1 diabetes，T1D）和 2 型糖尿病（type 2 diabetes，T2D）。活菌药物主要用于糖尿病的诱导免疫耐受、促进胰岛素分泌细胞的生成及分泌产生抗糖药物，从而减轻糖尿病的症状。

抗原递送是一种有吸引力的 1 型糖尿病治疗策略。研究人员通过给非肥胖型糖尿病（non-obese diabetic，NOD）小鼠口服表达金葡菌核酸酶（staphylococcal nuclease，SNase）的重组乳酸乳球菌，降低了 NOD 小鼠的发病率和死亡率。进一步的研究表明，SNase 延缓 1 型糖尿病发作的机制与中性粒细胞外陷阱的早期干预有关（Lang et al.，2017）。

工程菌还可以刺激上皮细胞转化为胰岛素分泌细胞，恢复并维持肠内胰岛素的分泌。乳酸乳球菌工程菌可以刺激肠上皮细胞转化为胰岛素分泌细胞，增加胰岛素的分泌，表达 GLP-1 的工程菌则可以显著降低糖尿病大鼠的血糖水平（Holmes，2015）。

通过直接递送具有抗糖作用的工程菌，也可以达到治疗糖尿病的效果。D-塔格糖是一种新型低热量糖，对人体健康有许多益处，可以降低血糖、控制肥胖，并表现出强烈的抗生物膜作用。分泌 L-阿拉伯糖异构酶的重编程乳酸乳杆菌具有体内原位生产 D-塔格糖的能力，对糖尿病小鼠显示出良好的降血糖作用（Salonen et al.，2013）。

5. 抑郁症

抑郁症（depression）是临床精神科中一类常见的精神疾病，也是导致残疾和自杀的常见原因之一。它具有患病率高、复发率高和疾病负担沉重等特点。

精神益生菌（psychobiotics）是一类可产生并递送神经活性物质的益生菌，可通过调节肠-脑轴的平衡起到抗抑郁作用，有望成为治疗抑郁症的新兴疗法。与传统的抗抑郁药物不同，精神益生菌的疗效好、副作用小，且具有改善焦虑和失眠等症状的多种生理功能，是治疗抑郁症的潜在药物。产生 GABA 等神经递质是精神益生菌的一个重要标志性特征。婴儿双歧杆菌、瑞士乳杆菌和干酪乳杆菌等乳酸菌都是常见的精神益生菌，也是产生 GABA 的重要微生物（Patterson et al.，2019）。

6. 阿尔茨海默病

阿尔茨海默病（Alzheimer disease，AD）是一种以进行性认知功能障碍和记忆障碍为特征的中枢神经系统疾病。与健康个体不同，AD 患者的菌群多样性降低，脂多糖、淀粉样蛋白等内源性有害渗出物增加，这些有害渗出物有可能通过体循环到达大脑部位诱导炎症反应，从而增加 AD 的发病风险。

肠内释放对大脑有益物质的工程益生菌或许可作为 AD 的直接或辅助疗法。有研究发现，鲨肌醇和多功能蛋白质 p62 可以与 β-淀粉样肽相互作用，缓解脑部炎症反应。因此，Yamaoka 等（2011）操纵枯草芽孢杆菌的肌醇代谢途径将肌醇转化为鲨肌醇，构建了用于生产鲨肌醇的细胞工厂；Cecarini 等（2020）使用编码 p62 蛋白的工程乳酸乳杆菌，开发了用于治疗早期 AD 小鼠的活菌生物制剂。另有研究通过在乳酸乳球菌乳脂亚种中引入合成 GLP-1 的基因片段，构建了高效表达 GLP-1 的工程益生菌。连续摄入这类工程菌可以减轻 AD 小鼠的空间学习记忆障碍，减少脑部的炎症反应和海马区 β-淀粉样蛋白的积聚。这些指标的改善主要与肠球菌等病原菌的生长被抑制、MAPK 和 PI3K/Akt 的磷酸化反应被破坏等过程相关。

4.5.3.5 挑战

1. 治疗评估

随着基因工程技术的快速发展，将会有越来越多的工程菌产生。在临床试验之前，对于工程菌疗效的体外评价是相当关键的一步。在预测其临床疗效时，需要对工程菌表达的生物制剂的总量和浓度进行体外测试，以满足相应疾病对特异小分子的要求值。

然而，由于和体内环境存在不同，工程菌体外测试体系的结果可靠性受到严重影响。一方面，工程菌一般在体外理想的培养基或小鼠体内进行检测和测试，但是这与营养缺乏的体内环境相差甚远；另一方面，工程菌在体内的表达水平以及细胞数量都随着所在身体部位的不同发生着变化。因此，开发简单、方便及高度模拟人体的体外测试系统对于实现工程菌治疗评价非常重要。人类肠道微生物生态系统模拟器（simulator of the human intestinal microbial ecosystem，SHIME）、器官芯片微流体或离体器官生长技术都是有朝一日可以更准确地量化和评价工程菌疗效的系统示例。

2. 稳定性

工程菌的功能稳定性对于临床应用是非常重要的，在相关的动物实验中已经发现，工程菌由于选择压力和突变率，会使一些基因元件发生突变或者质粒的丢失，从而导致其功能丧失。相比之下，通过将功能元件整合到底盘工程菌的基因组或者给予外在选择压力，可以大大提高工程菌的功能稳定性。

3. 安全性

活菌药物在临床中的使用意味着将这些细菌释放到环境中。因此，生物防护和生物安全是活菌药物使用过程中需要考虑的关键因素。例如，防止细菌在个体间转移、防止基因元件在群落中的转移，以及活菌药物在环境中的释放等。

4.5.4　益生元

4.5.4.1　分类

益生元由于其独特的生化结构，经口腔摄入后难以被宿主的消化酶所消化，进入大肠后能够被肠道中的一些微生物所降解利用，成为这些微生物生长繁殖的营养底物。最常见的益生元包括低聚果糖、低聚半乳糖、抗性淀粉，还有菊粉（Gibson et al.，2017）。随着合成生物学技术的创新和发展，靶向特定肠道微生物的新兴益生元也逐渐被研究和关注，通过直接合成特定的生化结构，新兴益生元对特定肠道微生物具有更好的靶向性和精准性（Deehan et al.，2020）。

需要注意的是，膳食纤维是一个广泛的总称，包括微生物区系可利用的碳水化合物（microbiota-accessible carbohydrate，MAC）和益生元（Holscher，2017）。虽然益生元和MAC都可被肠道菌群利用，但并非所有的MAC都被认为是益生元，益生元是一类肠道微生物选择性使用的底物，并且有科学证据支持其对宿主健康的益处。

4.5.4.2　益生元的作用机制

肠道菌群对益生元的降解和代谢过程是益生元发挥有益功能的关键（图4-29）。多数的益生元属于具有一定聚合度的复杂多糖，只有少数肠道微生物能够直接降解利用；例如，瘤胃球菌可以促进抗性淀粉的降解（Ze et al.，2012）。随后，通过微生物间的生态食物链，降解产生的寡糖、单糖被其他微生物所利用（Koropatkin et al.，2012）。双歧杆菌和乳杆菌的主要代谢产物乙酸盐和乳酸盐被其他微生物利用来生产丙酸盐和丁酸盐（Falony et al.，2006）。因此，从多糖到短链脂肪酸的途径是一个复杂而间接的代谢网络。

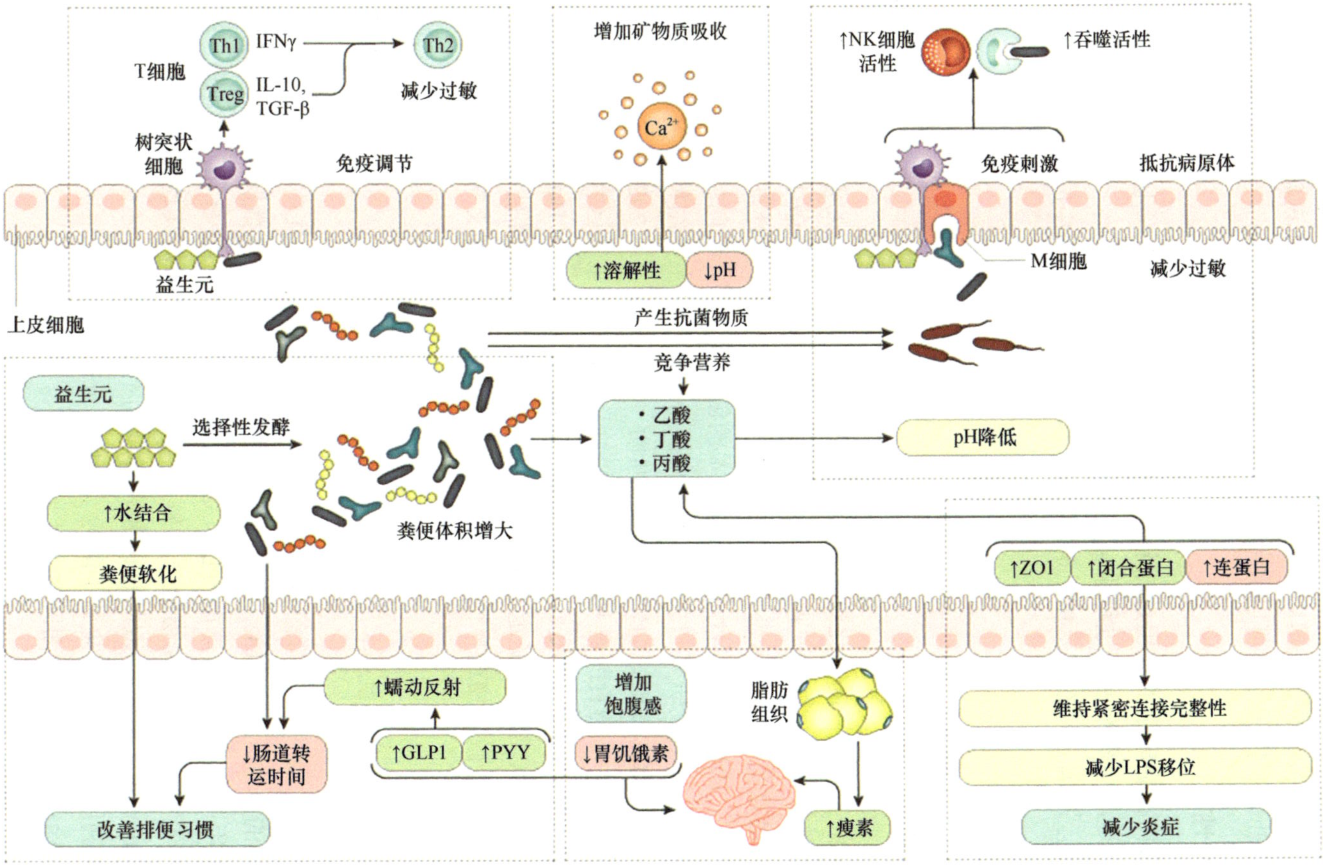

图 4-29 益生元的作用机制（改自 Sanders et al.，2019）

GLP1，胰高血糖素样肽 1；Th1 细胞，1 型辅助 T 细胞；M 细胞，微皱褶细胞；Th2 细胞，2 型辅助 T 细胞；NK 细胞，自然杀伤细胞；Treg 细胞，调节性 T 细胞；PYY， YY 肽；ZO1，闭锁小带 1；TGF-β，转化生长因子-β

1. 有益代谢产物 SCFA

短链脂肪酸（short-chain fatty acid，SCFA）是肠道菌群发酵利用益生元的主要代谢产物，主要包括乙酸、丙酸、丁酸等（Koh et al.，2016）。

（1）增加矿物质的吸收：SCFA 引起的肠腔 pH 降低可以增加钙的溶解度，从而为被动吸收提供了更大的动力。

（2）维持肠道屏障功能：肠道微生物从膳食纤维中产生的丁酸盐提供了肠道内壁细胞所需的燃料，由此保持肠道内壁的完整性，防止发生肠漏。当肠道屏障功能受损时，细菌产生的炎症介质[如脂多糖（LPS）]可以易位进入血液循环，引起代谢内毒素血症，并进一步诱导糖尿病和肥胖等代谢性疾病的发生（Cani et al.，2007）。

（3）抗炎、抗癌：通过抑制核转录因子-κB（nuclear factor-κB，NF-κB）的激活和下游的信号通路，丁酸盐可以调节促炎细胞因子的产生（Koh et al.，2016）。此外，丁酸通过与巨噬细胞、T 细胞、树突状细胞和中性粒细胞的表面受体直接结合，发挥免疫调节的功能。

（4）阻止病原菌入侵和定植：SCFA 的产生可以降低消化道管腔的 pH，增强肠道菌群对致病菌的定植抗性（Jacobson et al.，2018），从而抑制病原体的定植和生长。

（5）影响饱腹感：SCFA 可进入血液循环，与不同器官和组织细胞表达的脂肪酸受体相互作用，调节多种激素的分泌和释放，包括肠胰高血糖素样肽-1（incretin glucagon-like peptide-1）、YY 肽（peptide YY，PYY）、胰高血糖素样肽-1（glucagon-like peptide-1，GLP-1）、瘦素等（Koh et al.，2016）。此外，乙酸还可以穿过血脑屏障直接进入下丘脑，在中枢食欲调节中起直接作用（Frost et al.，2014）。

2. 维持肠道菌群稳态

作为特定肠道微生物的发酵底物，益生元可以维持肠道菌群的平衡与稳态，保持菌群结构的生态多样性。当受到抗生素、高脂饮食、膳食纤维剥夺等环境扰动时，肠道菌群的多样性以及生态结构受到严重破坏，而这一结果可以通过补充益生元得到有效缓解（Ng et al.，2019；Sonnenburg et al.，2016；Tanes et al.，2021）。

3. 与肠道细胞互作

益生元可以通过不依赖肠道菌群的方式，直接与肠道上皮细胞发生相互作用，调节肠道黏膜信号通路，通过降低核转录因子-κB（NF-κB）的激活水平，抵御病原菌的感染（Wu et al.，2017）。

4.5.4.3 益生元的应用

1. 儿童腹泻与呼吸道感染

婴儿奶粉中常规添加的果酸和果聚糖混合物，可以有效降低呼吸道感染的发生率（Boehm et al.，2004；Shahramian et al.，2018），低聚半乳糖的添加则降低了儿童腹泻的发生率（Drakoularakou et al.，2010）。

2. 肥胖

益生元食品通过增加饱腹感和减少能量摄入来达到减肥的目标。菊粉益生元可以有效增加肥胖儿童的饱腹感，减少能量摄入、BMI 和体脂含量（Hume et al.，2017；Nicolucci et al.，2017）。在成人当中，低聚果糖同样可以增加宿主的饱腹感并减少摄入量以减轻体重（Pol et al.，2018）。

3. 控制餐后血糖

由于益生元无法在小肠被宿主消化吸收，因此可以利用益生元代替食品中的升糖碳水化合物，以减少餐后的血糖反应（Lightowler et al.，2018）。在这种替代策略中，益生元可能会带来额外的好处，如增加饱腹感。

4. 便秘

益生元还被用于便秘患者的饮食干预，菊粉可以通过调节肠道菌群中特定的微生物丰度，缓解宿主的便秘症状，并改善其生活质量（Vandeputte et al.，2017）。

4.5.4.4 利用益生元调控肠道菌群

尽管目前研究已发现膳食纤维主要通过刺激菌群中部分有益微生物的生长发挥作用，但膳食纤维干预后微生物的应答变化一方面取决于关键微生物的丰度差异，另一方面取决于微生物之间存在的竞争、共生或互惠等生态互作关系。肠道菌群在不同个体间的生态结构差异更进一步增加了膳食纤维干预后肠道菌群应答变化的复杂性。

布氏瘤胃球菌（*Ruminococcus bromii*）是抗性淀粉的初级降解菌（Ze et al.，2012），当人体肠道菌群中缺失布氏瘤胃球菌时，肠道菌群不能执行初步降解抗性淀粉的关键步骤，这也间接导致无法为下游的次级降解菌提供可利用的寡糖和单糖分子，最终造成肠道菌群结构和 SCFA 代谢的双重不应答；通过补充关键微生物布氏瘤胃球菌，则可以有效改善肠道菌群的应答变化，并使下游次级降解菌直肠真杆菌（*Eubacterium rectale*）等 SCFA 产生菌的丰度升高。

在复杂环境中对单个微生物进行调节，通常会牵动整个生态系统。Patnode 等（2019）通过合成菌群的方法研究发现，纤维素降解拟杆菌（*Bacteroides cellulosilyticus*）和普通拟杆菌存在强烈的营养竞争关系，前者对果胶中的聚半乳糖醛酸具有更强的竞争能力，因此果胶干预后小鼠肠道内普通拟杆菌的丰度变化明显受到纤维素降解拟杆菌的抑制，只有当菌群中去除纤维素降解拟杆菌时，果胶干预后普通拟杆菌才会表现出丰度的增加。

因此，对于不同个体的益生元干预仍需要谨慎对待，通过开发个性化的益生元，达到精准、有效、安全地调控肠道菌群，从而预防或缓解肠道菌群相关疾病。

参 考 文 献

陈礼朋, 张淼, 李新生, 等. 2018. 我国人畜间布鲁氏菌病流行状况. 中国动物检疫, 35(10): 1-5.

陈书巧, 王柯, 于晓红, 等. 2018. TMC3115 两歧双歧杆菌对中老年人粪便性状及肠道症状的改善效果. 广州: 益生菌：技术及产业化——第十三届益生菌与健康国际研讨会.

高梦学, 王丽娜, 黄鹤. 2022. 合成生物学在肠道微生态疗法研发中的应用. 合成生物学, (1): 35-52.

葛慎锋, 王虹, 刘建文, 等. 2012. 动物布鲁菌病的流行态势与防控策略. 中国兽医杂志, 48(6): 90-93.

胡森. 2009. 马耳他布鲁氏菌 M5-90 bp26 基因缺失疫苗株的构建及安全性和免疫原性评估. 哈尔滨: 东北农业大学博士学位论文.

李越中, 李健. 1997. 粘细菌的分离与纯化. 微生物学通报, 24(4): 237-240.

李越中, 李健, 周璐, 等. 2000. 我国粘细菌(*Myxobacteria*)资源的分离与鉴定. 微生物学报, 40(6): 652-656.

马丁·布莱泽. 2016. 消失的微生物: 滥用抗生素引发的健康危机. 傅贺译. 长沙: 湖南科学技术出版社.

孙宝婷, 祝文兴, 刘新利. 2017. 粘细菌的分离纯化与鉴定. 齐鲁工业大学学报, 31(4): 25-28.

王楠, 程君生, 丁家波, 等. 2013. 布氏菌病活疫苗的生产现状与质量分析. 中国兽药杂志, 47(4): 49-50.

朱良全. 2016. 布鲁氏菌病活疫苗 S2 株小鼠评价模型构建及其鉴别抗原筛选. 北京: 中国农业大学博士学位论文.

Abdellatif B, McVeigh C, Bendriss G, et al. 2020. The promising role of probiotics in managing the altered gut in autism spectrum disorders. Int J Mol Sci, 21(11): 4159.

Abdugheni R, Li D H, Wang Y J, et al. 2023. *Acidaminococcus hominis* sp. nov., *Amedibacillus hominis* sp. nov., *Lientehia hominis* gen. nov. sp. nov., *Merdimmobilis hominis* gen. nov. sp. nov., and *Paraeggerthella hominis* sp. nov., isolated from human faeces. Int J Syst Evol Microbiol, 73(2): 005648.

Abdugheni R, Wang W Z, Wang Y J, et al. 2022a. Metabolite profiling of human-originated Lachnospiraceae at the strain level. iMeta, 1(4): e58.

Abdugheni R, Wang Y J, Li D H, et al. 2022b. *Pararoseburia lenta* gen. nov., sp. nov. isolated from human faeces. Int J Syst Evol Microbiol, 72(5): 005371.

Abdulkadir B, Nelson A, Skeath T, et al. 2016. Routine use of probiotics in preterm infants: longitudinal impact on the microbiome and metabolome. Neonatology, 109(4): 239-247.

Abedin-Do A, Taherian-Esfahani Z, Ghafouri-Fard S, et al. 2015. Immunomodulatory effects of *Lactobacillus* strains: emphasis on their effects on cancer cells. Immunotherapy, 7(12): 1307-1329.

Abraham D, Feher J, Scuderi G L, et al. 2019. Exercise and probiotics attenuate the development of Alzheimer's disease in transgenic mice: role of microbiome. Experimental Gerontology, 115: 122-131.

Accetto T, Avguštin G. 2015. Polysaccharide utilization locus and CAZYme genome repertoires reveal diverse ecological adaptation of *Prevotella* species. Syst Appl Microbiol, 38(7): 453-461.

Acheson D, Allos B M. 2001. *Campylobacter jejuni* infections: update on emerging issues and trends. Clinical Infectious Diseases, 32(8): 1201-1206.

Afouda P, Ndongo S, Khelaifia S, et al. 2017. Noncontiguous finished genome sequence and description of *Prevotella phocaeensis* sp. nov., a new anaerobic species isolated from human gut infected by *Clostridium difficile*. New Microbes and New Infections, 15: 117-127.

Agudelo Higuita N, Huycke M. 2014. Enterococci: From Commensals to Leading causes of Drug Resistant Infection//Gilmore M S, Clewell D B, Ike Y, et al. Enterococci: From Commensals to Leading Causes of Drug Resistant Infection. Boston: Massachusetts Eye and Ear Infirmary.

Aguirre M, Collins M D. 1993. Lactic acid bacteria and human clinical infection. J Appl Bacteriol, 75(2): 95-107.

Aho V T E, Pereira P A B, Voutilainen S, et al. 2019. Gut microbiota in Parkinson's disease: temporal stability and relations to disease progression. eBioMedicine, 44: 691-707.

Aiba Y J, Nakano Y, Koga Y, et al. 2015. A highly acid-resistant novel strain of *Lactobacillus johnsonii* No. 1088 has antibacterial activity, including that against *Helicobacter pylori*, and inhibits gastrin-mediated acid production in mice. MicrobiologyOpen, 4(3): 465-474.

Ait-Belgnaoui A, Durand H, Cartier C, et al. 2012. Prevention of gut leakiness by a probiotic treatment leads to attenuated HPA response to an acute psychological stress in rats. Psychoneuroendocrinology, 37(11): 1885-1895.

Akbari E, Asemi Z, Daneshvar Kakhaki R, et al. 2016. Effect of probiotic supplementation on cognitive function and metabolic status in Alzheimer's disease: a randomized, double-blind and controlled trial. Front Aging Neurosci, 8: 256.

Al Dahouk S, Sprague L D, Neubauer H. 2013. New developments in the diagnostic procedures for zoonotic brucellosis in humans. Rev Sci Tech, 32(1): 177-188.

Alakomi H L, Skyttä E, Saarela M, et al. 2000. Lactic acid permeabilizes gram-negative bacteria by disrupting the outer membrane. Appl Environ Microbiol, 66(5): 2001-2005.

Alauzet C, Mory F, Carlier J P, et al. 2007. *Prevotella nanceiensis* sp. nov., isolated from human clinical samples. Int J Syst Evol Microbiol, 57(pt 10): 2216-2220.

Albenberg L G, Wu G D. 2014. Diet and the intestinal microbiome: associations, functions, and implications for health and disease. Gastroenterology, 146(6): 1564-1572.

Albers S V, Meyer B H. 2011. The archaeal cell envelope. Nat Rev Microbiol, 9(6): 414-426.

Alemán J O, Bokulich N A, Swann J R, et al. 2018. Fecal microbiota and bile acid interactions with systemic and adipose tissue metabolism in diet-induced weight loss of obese postmenopausal women. Journal of Translational Medicine, 16(1): 244.

Alessandri G, Ossiprandi M C, MacSharry J, et al. 2019. Bifidobacterial dialogue with its human host and consequent modulation of the immune system. Frontiers in Immunology, 10: 2348.

Alessandri G, van Sinderen D, Ventura M. 2021. The genus *Bifidobacterium*: From genomics to functionality of an important component of the mammalian gut microbiota running title: Bifidobacterial adaptation to and interaction with the host. Computational and Structural Biotechnology Journal, 19: 1472-1487.

Alipour M J, Jalanka J, Pessa-Morikawa T, et al. 2018. The composition of the perinatal intestinal microbiota in cattle. Scientific Reports, 8(1): 10437.

Alkanani A K, Hara N, Gottlieb P A, et al. 2015. Alterations in intestinal microbiota correlate with susceptibility to type 1 diabetes. Diabetes, 64(10): 3510-3520.

Almeida A, Nayfach S, Boland M, et al. 2021. A unified catalog of 204, 938 reference genomes from the human gut microbiome. Nat Biotechnol, 39(1): 105-114.

Alok A, Singh I D, Singh S, et al. 2017. Probiotics: a new era of biotherapy. Adv Biomed Res, 6: 31.

Alpizar-Rodriguez D, Lesker T R, Gronow A, et al. 2019. *Prevotella copri* in individuals at risk for rheumatoid arthritis. Annals of the Rheumatic Diseases, 78(5): 590-593.

Altamirano-Silva P, Meza-Torres J, Castillo-Zeledón A, et al. 2018. *Brucella abortus* senses the intracellular environment through the BvrR/BvrS two-component system, which allows *B. abortus* to adapt to its replicative niche. Infection and Immunity, 86(4): e00713-e00717.

Amaretti A, di Nunzio M, Pompei A, et al. 2013. Antioxidant properties of potentially probiotic bacteria: *in vitro* and *in vivo* activities. Appl Microbiol Biotechnol, 97(2): 809-817.

Amir I, Bouvet P, Legeay C, et al. 2014. *Eisenbergiella tayi* gen. nov., sp. nov., isolated from human blood. International Journal of Systematic and Evolutionary Microbiology, 64(pt 3): 907-914.

Anandharaj M, Sivasankari B. 2014. Isolation of potential probiotic *Lactobacillus oris* HMI68 from mother's milk with cholesterol-reducing property. J Biosci Bioeng, 118(2): 153-159.

Anandharaj M, Sivasankari B, Santhanakaruppu R, et al. 2015. Determining the probiotic potential of cholesterol-reducing *Lactobacillus* and *Weissella* strains isolated from gherkins (fermented cucumber) and South Indian fermented koozh. Res Microbiol, 166(5): 428-439.

Angelakis E, Bechah Y, Raoult D. 2016. The history of epidemic typhus. Microbiology Spectrum, 4(4): 9.

Anstead G M. 2016. The centenary of the discovery of trench fever, an emerging infectious disease of World War 1. Lancet Infect Dis, 16(8): e164-e172.

Antushevich H. 2020. Fecal microbiota transplantation in disease therapy. Clinica Chimica Acta, 503: 90-98.

Aoudia N, Rieu A, Briandet R, et al. 2016. Biofilms of *Lactobacillus plantarum* and *Lactobacillus fermentum*: effect on stress responses, antagonistic effects on pathogen growth and immunomodulatory properties. Food Microbiology, 53: 51-59.

Arias C A, Contreras G A, Murray B E. 2010. Management of multidrug-resistant enterococcal infections. Clinical Microbiology and Infection, 16(6): 555-562.

Arias C A, Murray B E. 2012. The rise of the *Enterococcus*: beyond vancomycin resistance. Nat Rev Microbiol, 10(4): 266-278.

Armstrong A J S, Shaffer M, Nusbacher N M, et al. 2018. An exploration of *Prevotella*-rich microbiomes in HIV and men who have sex with men. Microbiome, 6(1): 198.

Arthur J C, Perez-Chanona E, Mühlbauer M, et al. 2012. Intestinal inflammation targets cancer-inducing activity of the microbiota. Science, 338(6103): 120-123.

Arumugam M, Raes J, Pelletier E, et al. 2011. Enterotypes of the human gut microbiome. Nature, 473(7346): 174-180.

Atarashi K, Tanoue T, Oshima K, et al. 2013. Treg induction by a rationally selected mixture of Clostridia strains from the human microbiota. Nature, 500(7461): 232-236.

Athari Nik Azm S, Djazayeri A, Safa M, et al. 2018. Lactobacilli and bifidobacteria ameliorate memory and learning deficits and oxidative stress in β-amyloid(1-42) injected rats. Appl Physiol Nutr Metab, 43(7): 718-726.

Avgustin G, Wallace R J, Flint H J. 1997. Phenotypic diversity among ruminal isolates of *Prevotella ruminicola*: proposal of *Prevotella brevis* sp. nov., *Prevotella bryantii* sp. nov., and *Prevotella albensis* sp. nov. and redefinition of *Prevotella ruminicola*. International Journal of Systematic Bacteriology, 47(2): 284-288.

Ay N, Kaya S, Anil M, et al. 2018. Pulmonary involvement in brucellosis, a rare complication of renal transplant: case report and brief review. Exp Clin Transplant, 16(6): 757-760.

Aymerich T, Garriga M, Ylla J, et al. 2000. Application of enterocins as biopreservatives against *Listeria innocua* in meat products. Journal of Food Protection, 63(6): 721-726.

Backert S, Blaser M J. 2016. The role of CagA in the gastric biology of *Helicobacter pylori*. Cancer Research, 76(14): 4028-4031.

Bäckhed F, Ley R E, Sonnenburg J L, et al. 2005. Host-bacterial mutualism in the human intestine. Science, 307(5717): 1915-1920.

Bagheri N, Azadegan-Dehkordi F, Rafieian-Kopaei M, et al. 2016. Clinical relevance of *Helicobacter pylori* virulence factors in Iranian patients with gastrointestinal diseases. Microbial Pathogenesis, 100: 154-162.

Bak J E, Oh B S, Ryu S W, et al. 2023. *Parabacteroides faecalis* sp. nov. Isolated from Swine Faeces. Curr Microbiol, 80(3): 91.

Bakowski M A, Braun V, Brumell J H. 2008. *Salmonella*-containing vacuoles: directing traffic and nesting to grow. Traffic, 9(12): 2022-2031.

Baldwin C, Millette M, Oth D, et al. 2010. Probiotic *Lactobacillus acidophilus* and *L. casei* mix sensitize colorectal tumoral cells to 5-fluorouracil-induced apoptosis. Nutrition and Cancer, 62(3): 371-378.

Bale M J, Bennett P M, Beringer J E, et al. 1993. The survival of bacteria exposed to desiccation on surfaces associated with farm buildings. Journal of Applied Bacteriology, 75(6): 519-528.

Bárcena C, Valdés-Mas R, Mayoral P, et al. 2019. Healthspan and lifespan extension by fecal microbiota transplantation into progeroid mice. Nature Medicine, 25(8): 1234-1242.

Barker A K, Duster M, Valentine S, et al. 2017. A randomized controlled trial of probiotics for *Clostridium difficile* infection in adults (PICO). The Journal of Antimicrobial Chemotherapy, 72(11): 3177-3180.

Batts D H, Lavin B S, Eliopoulos G M. 2001. Quinupristin/dalfopristin and linezolid: spectrum of activity and potential roles in therapy: a status report. Current Clinical Topics in Infectious Diseases, 21: 227-251.

Baumgart M, Dogan B, Rishniw M, et al. 2007. Culture independent analysis of ileal mucosa reveals a selective increase in invasive *Escherichia coli* of novel phylogeny relative to depletion of Clostridiales in Crohn's disease involving the ileum. The ISME Journal, 1(5): 403-418.

Beauvais W, Musallam I, Guitian J. 2016. Vaccination control programs for multiple livestock host species: an age-stratified, seasonal transmission model for brucellosis control in endemic settings. Parasites & Vectors, 9: 55.

Becker K W, Elling F J, Yoshinaga M Y, et al. 2016. Unusual butane- and pentanetriol-based tetraether lipids in *Methanomassiliicoccus luminyensis*, a representative of the seventh order of methanogens. Appl Environ Microbiol, 82(15): 4505-4516.

Bedade D K, Muley A B, Singhal R S. 2019. Magnetic cross-linked enzyme aggregates of acrylamidase from *Cupriavidus oxalaticus* ICTDB921 for biodegradation of acrylamide from industrial waste water. Bioresour Technol, 272: 137-145.

Bedarf J R, Hildebrand F, Coelho L P, et al. 2017. Functional implications of microbial and viral gut metagenome changes in early stage L-DOPA-naïve Parkinson's disease patients. Genome Medicine, 9(1): 39.

Beeby M. 2015. Motility in the epsilon-proteobacteria. Current Opinion in Microbiology, 28: 115-121.

Belzer C, Chia L W, Aalvink S, et al. 2017. Microbial metabolic networks at the mucus layer lead to diet-independent butyrate and vitamin B_{12} production by intestinal symbionts. mBio, 8(5): e00770-e00717.

Benkirane A, Idrissi A H, Doumbia A, et al. 2014. Innocuity and immune response to *Brucella melitensis* Rev.1 vaccine in camels (*Camelus dromedarius*). Open Vet J, 4(2): 96-102.

Berg R D. 1996. The indigenous gastrointestinal microflora. Trends in Microbiology, 4(11): 430-435.

Bermudez-Brito M, Plaza-Díaz J, Muñoz-Quezada S, et al. 2012. Probiotic mechanisms of action. Ann Nutr Metab, 61(2): 160-174.

Bhat M A, Mishra A K, Bhat M A, et al. 2021. Myxobacteria as a source of new bioactive compounds: a perspective study. Pharmaceutics, 13(8): 1265.

Bian X Y, Wu W R, Yang L Y, et al. 2019. Administration of *Akkermansia muciniphila* ameliorates dextran sulfate sodium-induced ulcerative colitis in mice. Frontiers in Microbiology, 10: 2259.

Blais Lecours P, Marsolais D, Cormier Y, et al. 2014. Increased prevalence of *Methanosphaera stadtmanae* in inflammatory bowel diseases. PLoS One, 9(2): e87734.

Blaser M J. 2006. Who are we? Indigenous microbes and the ecology of human diseases. EMBO Rep, 7: 956-960.

Blokhina I N, Levanova G F, Bondarenko V M, et al. 1995. The traditional classification and genetic systematics of bacteria in the genus *Lactobacillus*. Zh Mikrobiol Epidemiol Immunobiol, (4): 19-23.

Blum G, Hacker J, Marre R. 1995. Properties of *Escherichia coli* strains of serotype O6. Infection, 23(4): 234-236.

Boden R, Hutt L P, Rae A W. 2017. Reclassification of *Thiobacillus aquaesulis* (Wood & Kelly. 1995) as *Annwoodia aquaesulis* gen. nov., comb. nov., transfer of *Thiobacillus* (Beijerinck. 1904) from the Hydrogenophilales to the Nitrosomonadales, proposal of Hydrogenophilalia class. nov. within the 'Proteobacteria', and four new families within the orders Nitrosomonadales and Rhodocyclales. Int J Syst Evol Microbiol, 67(5): 1191-1205.

Boehm G, Jelinek J, Stahl B, et al. 2004. Prebiotics in infant formulas. J Clin Gastroenterol, 38(6 suppl): S76-S79.

Boente R F, Ferreira L Q, Falcão L S, et al. 2010. Detection of resistance genes and susceptibility patterns in *Bacteroides* and *Parabacteroides* strains. Anaerobe, 16(3): 190-194.

Boirivant M, Strober W. 2007. The mechanism of action of probiotics. Curr Opin Gastroenterol, 23(6): 679-692.

Bolton F J, Coates D. 1983. A study of the oxygen and carbon dioxide requirements of thermophilic campylobacters. J Clin Pathol, 36(7): 829-834.

Bond D M, Morris J M, Nassar N. 2017. Study protocol: evaluation of the probiotic *Lactobacillus* Fermentum CECT5716 for the prevention of mastitis in breastfeeding women: a randomised controlled trial. BMC Pregnancy Childbirth, 17(1): 148.

Boonma P, Spinler J K, Venable S F, et al. 2014. *Lactobacillus rhamnosus* L34 and *Lactobacillus casei* L39 suppress *Clostridium difficile*-induced IL-8 production by colonic epithelial cells. BMC Microbiol, 14: 177.

Bosilkovski M, Arapović J, Keramat F. 2020. Human brucellosis in pregnancy — an overview. Bosn J Basic Med Sci, 20(4): 415-422.

Boto-Ordóñez M, Urpi-Sarda M, Queipo-Ortuño M I, et al. 2014. High levels of Bifidobacteria are associated with increased levels of anthocyanin microbial metabolites: a randomized clinical trial. Food & Function, 5(8): 1932-1938.

Bottacini F, Medini D, Pavesi A, et al. 2010. Comparative genomics of the genus *Bifidobacterium*. Microbiology, 156(Pt 11): 3243-3254.

Bottacini F, van Sinderen D, Ventura M. 2017. Omics of bifidobacteria: research and insights into their health-promoting activities. Biochem J, 474(24): 4137-4152.

Bottacini F, Ventura M, van Sinderen D, et al. 2014. Diversity, ecology and intestinal function of bifidobacteria. Microbial Cell Factories, 13(Suppl 1): S4.

Boyle R J, Robins-Browne R M, Tang M L K. 2006. Probiotic use in clinical practice: what are the risks?. Am J Clin Nutr, 83(6): 1256-1264, 1446-1447.

Brands D, 2005. *Salmonella*. New York: Infobase Publishing.

Bravo D, Hoare A, Soto C, et al. 2018. *Helicobacter pylori* in human health and disease: Mechanisms for local gastric and systemic effects. World J Gastroenterol, 24(28): 3071-3089.

Brennan D E, Omorogbe J, Hussey M, et al. 2016. Molecular detection of *Helicobacter pylori* antibiotic resistance in stool *vs* biopsy samples. World J Gastroenterol, 22(41): 9214-9221.

Brenner F W, Villar R G, Angulo F J, et al. 2000. *Salmonella* nomenclature. RNA Biology, 38(7): 2465-2467.

Briones G, Iñón de Iannino N, Roset M, et al. 2001. *Brucella abortus* cyclic beta-1, 2-glucan mutants have reduced virulence in mice and are defective in intracellular replication in HeLa cells. Infect Immun, 69(7): 4528-4535.

Brugère J F, Borrel G, Gaci N, et al. 2014. Archaebiotics: proposed therapeutic use of Archaea to prevent trimethylaminuria and cardiovascular disease. Gut Microbes, 5(1): 5-10.

Bueno S M, Riquelme S, Riedel C A, et al. 2012. Mechanisms used by virulent *Salmonella* to impair dendritic cell function and evade adaptive immunity. Immunology, 137(1): 28-36.

Buffie C G, Bucci V, Stein R R, et al. 2015. Precision microbiome reconstitution restores bile acid mediated resistance to *Clostridium difficile*. Nature, 517(7533): 205-208.

Buffington S A, Di Prisco G V, Auchtung T A, et al. 2016. Microbial reconstitution reverses maternal diet-induced social and synaptic deficits in offspring. Cell, 165(7): 1762-1775.

Buhl M E J, Meier-Kolthoff J P, Marschal M. 2021. *Prevotella illustrans* sp. nov., derived from human oropharyngeal abscess puncture fluid. Int J Syst Evol Microbiol, 71(12): 005146.

Buhl M, Dunlap C, Marschal M. 2019. *Prevotella brunnea* sp. nov., isolated from a wound of a patient. I Int J Syst Evol Microbiol, 69(12): 3933-3938.

Buhl M, Marschal M. 2020. *Prevotella vespertina* sp. nov., isolated from an abscess of a hospital patient. Int J Syst Evol Microbiol, 70(8): 4576-4582.

Buhl M, Willmann M, Liese J, et al. 2016. *Prevotella colorans* sp. nov., isolated from a human wound. Int J Syst Evol Microbiol, 66(8): 3005-3009.

Burapan S, Kim M, Han J. 2017. Demethylation of polymethoxyflavones by human gut bacterium, *Blautia* sp. MRG-PMF1. J Agric Food Chem, 65(8): 1620-1629.

Burucoa C, Axon A, 2017. Epidemiology of *Helicobacter pylori* infection. Helicobacter, 22: Suppl 1.

Buzgan T, Karahocagil M K, Irmak H, et al. 2010. Clinical manifestations and complications in 1028 cases of brucellosis: a retrospective evaluation and review of the literature. Int J Infect Dis, 14(6): e469-e478.

Byun J H, Cho H W, Lee H, et al. 2023. *Parabacteroides leei* sp. nov., isolated from human blood. Int J Syst Evol Microbiol, 73.

Cai H, Thompson R, Budinich M F, et al. 2009. Genome sequence and comparative genome analysis of *Lactobacillus casei*: insights into their niche-associated evolution. Genome Biol Evol, 1: 239-257.

Calle M C, Fernandez M L. 2012. Inflammation and type 2 diabetes. Diabetes & Metabolism, 38(3): 183-191.

Cani P D, Amar J, Iglesias M A, et al. 2007. Metabolic endotoxemia initiates obesity and insulin resistance. Diabetes, 56(7): 1761-1772.

Caporaso J G, Lauber C L, Costello E K, et al. 2011. Moving pictures of the human microbiome. Genome Biology, 12(5): R50.

Cassir N, Benamar S, La Scola B. 2016. *Clostridium butyricum*: from beneficial to a new emerging pathogen. Clin Microbiol Infect, 22(1): 37-45.

Cecarini V, Bonfili L, Gogoi O, et al. 2020. Neuroprotective effects of p62(SQSTM1)-engineered lactic acid bacteria in Alzheimer's disease: a pre-clinical study. Aging, 12(16): 15995-16020.

Chai L J, Fang G Y, Xu P X, et al. 2021. *Novisyntrophococcus fermenticellae* gen. nov., sp. nov., isolated from an anaerobic fermentation cellar of Chinese strong-flavour Baijiu. Int J Syst Evol

Microbiol, 71(12). doi: 10.1099/ijsem.0.005149.

Chamarande J, Cunat L, Pavlov N, et al. 2022. *Parabacteroides distasonis* properties linked to the selection of new biotherapeutics. Nutrients, 14(19): 4176.

Champagne C P, Raymond Y, Simon J P. 2012. Effect of water activity and protective solutes on growth and subsequent survival to air-drying of *Lactobacillus* and *Bifidobacterium* cultures. Applied Microbiology and Biotechnology, 95(3): 745-756.

Chang C J, Lin T L, Tsai Y L, et al. 2019. Next generation probiotics in disease amelioration. Journal of Food and Drug Analysis, 27(3): 615-622.

Chang D E, Smalley D J, Tucker D L, et al. 2004. Carbon nutrition of *Escherichia coli* in the mouse intestine. Proceedings of the National Academy of Sciences, 101(19): 7427-7432.

Chang T L Y, Chang C H, Simpson D A, et al. 2003. Inhibition of HIV infectivity by a natural human isolate of *Lactobacillus jensenii* engineered to express functional two-domain CD4. Proc Natl Acad Sci U S A, 100(20): 11672-11677.

Chatzidaki-Livanis M, Coyne M J, Roche-Hakansson H, et al. 2008. Expression of a uniquely regulated extracellular polysaccharide confers a large-capsule phenotype to *Bacteroides fragilis*. J Bacteriol, 190(3): 1020-1026.

Chaudhury P, Quax T E F, Albers S V. 2018. Versatile cell surface structures of Archaea. Mol Microbiol, 107(3): 298-311.

Chelakkot C, Choi Y, Kim D K, et al. 2018. *Akkermansia muciniphila*-derived extracellular vesicles influence gut permeability through the regulation of tight junctions. Experimental & Molecular Medicine, 50(2): e450.

Chen H H, Wang Y X, Li D F, et al. 2023. Chemoreceptors from the commensal gut *Roseburia rectibacter* bind to mucin and trigger chemotaxis. Environ Microbiol, 25(7): 1329-1343.

Chen J, Chia N, Kalari K R, et al. 2016. Multiple sclerosis patients have a distinct gut microbiota compared to healthy controls. Sci Rep, 6: 28484.

Cherpes T L, Meyn L A, Krohn M A, et al. 2003. Association between acquisition of herpes simplex virus type 2 in women and bacterial vaginosis. Clin Infect Dis, 37(3): 319-325.

Chew N W S, Ng C H, Tan D J H, et al. 2023. The global burden of metabolic disease: data from 2000 to 2019. Cell Metab, 35(3): 414-428.e3.

Chewning J H. 2011. Vancomycin-resistant *Enterococcus faecium* bacteremia successfully treated with high-dose ampicillin-sulbactam in a pediatric patient after hematopoietic stem cell transplantation. Journal of Pediatric Hematology/Oncology, 33(5): 401.

Chey W D, Leontiadis G I, Howden C W, et al. 2017. ACG clinical guideline: treatment of *Helicobacter pylori* infection. The American Journal of Gastroenterology, 112(2): 212-239.

Chibani C, Mahnert A, Borrel G, et al. 2020. A comprehensive analysis of the global human gut archaeome from a thousand genome catalogue. SSRN Electronic Journal, DOI:10.2139/ssrn.3742253.

Chichlowski M, De Lartigue G, German J B, et al. 2012. Bifidobacteria isolated from infants and cultured on human milk oligosaccharides affect intestinal epithelial function. Journal of Pediatric Gastroenterology and Nutrition, 55(3): 321-327.

Childs C E, Röytiö H, Alhoniemi E, et al. 2014. Xylo-oligosaccharides alone or in synbiotic combination with *Bifidobacterium animalis* subsp. lactis induce bifidogenesis and modulate markers of immune function in healthy adults: a double-blind, placebo-controlled, randomised, factorial cross-over study. Br J Nutr, 111(11): 1945-1956.

Choi G M, Im W T. 2018. *Paraburkholderia azotifigens* sp. nov., a nitrogen-fixing bacterium isolated from paddy soil. Int J Syst Evol Microbiol, 68(1): 310-316.

Choi H J, Ahn J H, Park S H, et al. 2012. Enhanced wound healing by recombinant *Escherichia coli* Nissle 1917 via human epidermal growth factor receptor in human intestinal epithelial cells: therapeutic implication using recombinant probiotics. Infection and Immunity, 80(3): 1079-1087.

Choi J, Kim Y K, Han P L. 2019. Extracellular vesicles derived from *Lactobacillus plantarum* increase BDNF expression in cultured hippocampal neurons and produce antidepressant-like effects in mice. Exp Neurobiol, 28(2): 158-171.

Choi S P, Oh H N, Choi C Y, et al. 2018. Oral administration of *Lactobacillus plantarum* CJLP133 and CJLP243 alleviates birch pollen-induced allergic rhinitis in mice. J Appl Microbiol, 124(3): 821-828.

Chong H X, Yusoff N A A, Hor Y Y, et al. 2019. *Lactobacillus plantarum* DR7 alleviates stress and anxiety in adults: a randomised, double-blind, placebo-controlled study. Beneficial Microbes, 10(4): 355-373.

Christiansen C B, Gabe M B N, Svendsen B, et al. 2018. The impact of short-chain fatty acids on GLP-1 and PYY secretion from the isolated perfused rat colon. American Journal of Physiology Gastrointestinal and Liver Physiology, 315(1): G53-G65.

Chu C Q, Yu L L, Li Y W, et al. 2023. *Lactobacillus plantarum* CCFM405 against rotenone-induced Parkinson's disease mice via regulating gut microbiota and branched-chain amino acids biosynthesis. Nutrients, 15(7): 1737.

Chu D M, Ma J, Prince A L, et al. 2017. Maturation of the infant microbiome community structure and function across multiple body sites and in relation to mode of delivery. Nature Medicine, 23(3): 314-326.

Chu H, Khosravi A, Kusumawardhani I P, et al. 2016. Gene-microbiota interactions contribute to the pathogenesis of inflammatory bowel disease. Science, 352(6289): 1116-1120.

Cissé G. 2019. Food-borne and water-borne diseases under climate change in low- and middle-income countries: Further efforts needed for reducing environmental health exposure risks. Acta Tropica, 194: 181-188.

Coker O O, Wu W K K, Wong S H, et al. 2020. Altered gut Archaea composition and interaction with bacteria are associated with colorectal cancer. Gastroenterology, 159(4): 1459-1470.e5.

Colagiorgi A, Turroni F, Mancabelli L, et al. 2015. Insights into teichoic acid biosynthesis by *Bifidobacterium bifidum* PRL2010. FEMS Microbiol Lett, 362(17): fnv141.

Collier J. 2016. Cell cycle control in Alphaproteobacteria. Curr Opin Microbiol, 30: 107-113.

Collins L A, Malanoski G J, Eliopoulos G M, et al. 1993. *In vitro* activity of RP59500, an injectable streptogramin antibiotic, against vancomycin-resistant gram-positive organisms. Antimicrobial Agents and Chemotherapy, 37(3): 598-601.

Collins M D, Lawson P A, Willems A, et al. 1994. The phylogeny of the genus *Clostridium*: proposal of five new genera and eleven new species combinations. International Journal of Systematic Bacteriology, 44(4): 812-826.

Collins M, Jones D, Farrow J, et al. 1984. *Enterococcus avium* nom. rev., comb. nov.; *E. casseliflavus* nom. rev., comb. nov.; *E. durans* nom. rev., comb. nov.; *E. gallinarum* comb. nov.; and *E. malodoratus* sp. nov. International Journal of Systematic Evolutionary Microbiology, 34: 220-223.

Coloma-Rivero R F, Gómez L, Alvarez F, et al. 2020. The role of the flagellar protein FlgJ in the virulence of *Brucella abortus*. Front Cell Infect Microbiol, 10: 178.

Cornick N A, Jensen N S, Stahl D A, et al. 1994. *Lachnospira pectinoschiza* sp. nov., an anaerobic pectinophile from the pig intestine. Physiological Reports, 44(1): 87-93.

Costa D, Iraola G. 2019. Pathogenomics of emerging *Campylobacter* species. Clin Microbiol Rev, 32(4): e00072-e00018.

Costabile A, Buttarazzi I, Kolida S, et al. 2017. An *in vivo* assessment of the cholesterol-lowering efficacy of *Lactobacillus plantarum* ECGC 13110402 in normal to mildly hypercholesterolaemic adults. PLoS One, 12(12): e0187964.

Costas M, Holmes B, On S L, et al. 1994. Investigation of an outbreak of *Clostridium difficile* infection in a general hospital by numerical analysis of protein patterns by sodium dodecyl sulfate-polyacrylamide gel electrophoresis. J Clin Microbiol, 32(3): 759-765.

Cotta M, Forster R. 2006. The Family Lachnospiraceae, Including the Genera *Butyrivibrio*, *Lachnospira* and *Roseburia*. The Prokaryotes. New York, NY: Springer US: 1002-1021.

Coyne M J, Reinap B, Lee M M, et al. 2005. Human symbionts use a host-like pathway for surface fucosylation. Science, 307(5716): 1778-1781.

Crittenden R G, Martinez N R, Playne M J. 2003. Synthesis and utilisation of folate by yoghurt starter cultures and probiotic bacteria. Int J Food Microbiol, 80(3): 217-222.

Crobach M J T, Vernon J J, Loo V G, et al. 2018. Understanding *Clostridium difficile* colonization. Clin Microbiol Rev, 31(2): e00021-e00017.

Cuffaro B, Assohoun A L W, Boutillier D, et al. 2020. *In vitro* characterization of gut microbiota-derived commensal strains: selection of *Parabacteroides distasonis* strains alleviating TNBS-induced colitis in mice. Cells, 9(9): 2104.

Czepiel J, Dróżdż M, Pituch H, et al. 2019. *Clostridium difficile* infection: review. European Journal of Clinical Microbiology & Infectious Diseases, 38(7): 1211-1221.

D'Ettorre G, Rossi G, Scagnolari C, et al. 2017. Probiotic supplementation promotes a reduction in T-cell activation, an increase in Th17 frequencies, and a recovery of intestinal epithelium integrity and mitochondrial morphology in ART-treated HIV-1-positive patients. Immun Inflamm Dis, 5(3): 244-260.

Dai D, Zhu J Y, Sun C Q, et al. 2022. GMrepo v2: a curated human gut microbiome database with special focus on disease markers and cross-dataset comparison. Nucleic Acids Research, 50(D1): D777-D784.

Dao M C, Everard A, Aron-Wisnewsky J, et al. 2016. *Akkermansia muciniphila* and improved metabolic health during a dietary intervention in obesity: relationship with gut microbiome richness and ecology. Gut, 65(3): 426-436.

Davies N, O'Sullivan J M, Plank L D, et al. 2020. Gut microbial predictors of type 2 diabetes remission following bariatric surgery. Obesity Surgery, 30(9): 3536-3548.

de Boer J F, Bloks V W, Verkade E, et al. 2018. New insights in the multiple roles of bile acids and their signaling pathways in metabolic control. Current Opinion in Lipidology, 29(3): 194-202.

De Falco M, Lucariello A, Iaquinto S, et al. 2015. Molecular mechanisms of *Helicobacter pylori* pathogenesis. J Cell Physiol, 230(8): 1702-1707.

De Filippis F, Esposito A, Ercolini D. 2022. Outlook on next-generation probiotics from the human gut. Cellular and Molecular Life Sciences: CMLS, 79(2): 76.

De Filippis F, Pasolli E, Tett A, et al. 2019. Distinct genetic and functional traits of human intestinal *Prevotella copri* strains are associated with different habitual diets. Cell Host & Microbe, 25(3): 444-453.e3.

De Filippis F, Pellegrini N, Vannini L, et al. 2016. High-level adherence to a Mediterranean diet beneficially impacts the gut microbiota and associated metabolome. Gut, 65(11): 1812-1821.

De Filippo C, Cavalieri D, Di Paola M, et al. 2010. Impact of diet in shaping gut microbiota revealed by a comparative study in children from Europe and rural Africa. Proc Natl Acad Sci U S A, 107(33): 14691-14696.

De Francesco V, Zullo A, Ierardi E, et al. 2009. Minimal inhibitory concentration (MIC) values and different point mutations in the 23S rRNA gene for clarithromycin resistance in *Helicobacter pylori*. Dig Liver Dis, 41(8): 610-611.

de Goffau M C, Fuentes S, van den Bogert B, et al. 2014. Aberrant gut microbiota composition at the onset of type 1 diabetes in young children. Diabetologia, 57(8): 1569-1577.

De Gregorio P R, Juárez Tomás M S, Leccese Terraf M C, et al. 2015. Preventive effect of *Lactobacillus reuteri* CRL1324 on Group B *Streptococcus* vaginal colonization in an experimental mouse model. J Appl Microbiol, 118(4): 1034-1047.

de Meij T G J, de Groot E F J, Peeters C F W, et al. 2018. Variability of core microbiota in newly diagnosed treatment-naïve paediatric inflammatory bowel disease patients. PLoS One, 13(8): e0197649.

De Smet I, De Boever P, Verstraete W. 1998. Cholesterol lowering in pigs through enhanced bacterial bile salt hydrolase activity. Br J Nutr, 79(2): 185-194.

De Vadder F, Kovatcheva-Datchary P, Zitoun C, et al. 2016. Microbiota-produced succinate improves glucose homeostasis via intestinal gluconeogenesis. Cell Metabolism, 24(1): 151-157.

de Vrese M, Stegelmann A, Richter B, et al. 2001. Probiotics: compensation for lactase insufficiency. Am J Clin Nutr, 73(2 Suppl): 421S-429S.

Deehan E C, Yang C, Perez-Muñoz M E, et al. 2020. Precision microbiome modulation with discrete dietary fiber structures directs short-chain fatty acid production. Cell Host & Microbe, 27(3): 389-404.e6.

Dei-Cas I, Giliberto F, Luce L, et al. 2020. Metagenomic analysis of gut microbiota in non-treated plaque psoriasis patients stratified by disease severity: development of a new Psoriasis-Microbiome Index. Scientific Reports, 10(1): 12754.

DeLong E F. 1992. Archaea in coastal marine environments. Proc Natl Acad Sci U S A, 89(12): 5685-5689.

DelVecchio V G, Kapatral V, Redkar R J, et al. 2002. The genome sequence of the facultative intracellular pathogen *Brucella melitensis*. Proc Natl Acad Sci U S A, 99(1): 443-448.

den Besten G, van Eunen K, Groen A K, et al. 2013. The role of short-chain fatty acids in the interplay between diet, gut microbiota, and host energy metabolism. J Lipid Res, 54(9): 2325-2340.

Depommier C, Van Hul M, Everard A, et al. 2020. Pasteurized *Akkermansia muciniphila* increases whole-body energy expenditure and fecal energy excretion in diet-induced obese mice. Gut Microbes, 11(5): 1231-1245.

Derrien M, Vaughan E E, Plugge C M, et al. 2004. *Akkermansia muciniphila* gen. nov., sp. nov., a human intestinal mucin-degrading bacterium. Int J Syst Evol Microbiol, 54(pt 5): 1469-1476.

Devriese L, Baele M, Butaye P. 2006. The genus *Enterococcus*[M]//Dworkin M, Falkow S, Rosenberg E, et al. The Prokaryotes. New York, NY: Springer US: 163-174.

Di Cerbo A, Palmieri B, Aponte M, et al. 2016. Mechanisms and therapeutic effectiveness of lactobacilli. J Clin Pathol, 69(3): 187-203.

Díaz P, Valenzuela Valderrama M, Bravo J, et al. 2018. *Helicobacter pylori* and gastric cancer: adaptive cellular mechanisms involved in disease progression. Front Microbiol, 9: 5.

Dietrich C G, Kottmann T, Alavi M. 2014. Commercially available probiotic drinks containing *Lactobacillus casei* DN-114001 reduce antibiotic-associated diarrhea. World Gastroenterol, 20(42): 15837-15844.

Diop L, Guillou S, Durand H. 2008. Probiotic food supplement reduces stress-induced gastrointestinal symptoms in volunteers: a double-blind, placebo-controlled, randomized trial. Nutr Res, 28(1): 1-5.

Dosoky N S, Guo L L, Chen Z Y, et al. 2018. Dietary fatty acids control the species of *N*-acyl-phosphatidylethanolamines synthesized by therapeutically modified bacteria in the intestinal tract. ACS Infect Dis, 4(1): 3-13.

Downes J, Hooper S J, Wilson M J, et al. 2008. *Prevotella histicola* sp. nov., isolated from the human oral cavity. Int J Syst Evol Microbiol, 58(pt 8): 1788-1791.

Downes J, Liu M, Kononen E, et al. 2009. *Prevotella micans* sp. nov., isolated from the human oral cavity. Int J Syst Evol Microbiol, 59(pt 4): 771-774.

Downes J, Sutcliffe I C, Booth V, et al. 2007. *Prevotella maculosa* sp. nov., isolated from the human oral cavity. Int J Syst Evol Microbiol, 57(pt 12): 2936-2939.

Downes J, Sutcliffe I C, Hofstad T, et al. 2006. *Prevotella bergensis* sp. nov., isolated from human infections. Int J Syst Evol Microbiol, 56(pt 3): 609-612.

Downes J, Sutcliffe I, Tanner A C R, et al. 2005. *Prevotella marshii* sp. nov. and *Prevotella baroniae* sp. nov., isolated from the human oral cavity. Int J Syst Evol Microbiol, 55: 1551-1555.

Downes J, Tanner A C R, Dewhirst F E, et al. 2010. *Prevotella saccharolytica* sp. nov., isolated from the human oral cavity. Int J Syst Evol Microbiol, 60(pt 10): 2458-2461.

Downes J, Wade W G. 2011. *Prevotella fusca* sp. nov. and *Prevotella scopos* sp. nov., isolated from the human oral cavity. Int J Syst Evol Microbiol, 61(pt 4): 854-858.

Drago L. 2019. *Prevotella copri* and microbiota in rheumatoid arthritis: fully convincing evidence?. Journal of Clinical Medicine, 8(11): 1837.

Drago L, Cioffi L, Giuliano M, et al. 2022. The probiotics in pediatric asthma management (PROPAM) study in the primary care setting: a randomized, controlled, double-blind trial with *Ligilactobacillus salivarius* LS01 (DSM 22775) and *Bifidobacterium breve* B632 (DSM 24706). J Immunol Res, 2022: 3837418.

Drakoularakou A, Tzortzis G, Rastall R A, et al. 2010. A double-blind, placebo-controlled, randomized human study assessing the capacity of a novel galacto-oligosaccharide mixture in reducing travellers' diarrhoea. Eur J Clin Nutr, 64(2): 146-152.

Drancourt M, Nkamga V D, Lakhe N A, et al. 2017. Evidence of archaeal methanogens in brain abscess. Clin Infect Dis, 65(1): 1-5.

Duar R M, Lin X B, Zheng J S, et al. 2017. Lifestyles in transition: evolution and natural history of the genus *Lactobacillus*. FEMS Microbiol Rev, 41(Supp_1): S27-S48.

Duncan S H, Aminov R I, Scott K P, et al. 2006. Proposal of *Roseburia faecis* sp. nov., *Roseburia hominis* sp. nov. and *Roseburia inulinivorans* sp. nov., based on isolates from human faeces. International Journal of Systematic and Evolutionary Microbiology, 56(Pt 10): 2437-2441.

Duncan S H, Hold G L, Barcenilla A, et al. 2002. *Roseburia intestinalis* sp. nov., a novel saccharolytic, butyrate-producing bacterium from human faeces. International Journal of Systematic and Evolutionary Microbiology, 52(pt 5): 1615-1620.

Durack J, Kimes N E, Lin D L, et al. 2018. Delayed gut microbiota development in high-risk for asthma infants is temporarily modifiable by *Lactobacillus* supplementation. Nature Communications, 9(1): 707.

Durant L, Stentz R, Noble A, et al. 2020. *Bacteroides thetaiotaomicron*-derived outer membrane vesicles promote regulatory dendritic cell responses in health but not in inflammatory bowel disease. Microbiome, 8(1): 88.

Duranti S, Lugli G A, Napoli S, et al. 2019. Characterization of the phylogenetic diversity of five novel species belonging to the genus *Bifidobacterium*: *Bifidobacterium castoris* sp. nov., *Bifidobacterium callimiconis* sp. nov., *Bifidobacterium goeldii* sp. nov., *Bifidobacterium samirii* sp. nov. and *Bifidobacterium dolichotidis* sp. nov. International Journal of Systematic and Evolutionary Microbiology, 69(5): 1288-1298.

Dworkin M. 1996. Recent advances in the social and developmental biology of the myxobacteria. Microbiol Rev, 60(1): 70-102.

Dziarski R, Park S Y, Kashyap D R, et al. 2016. Pglyrp-regulated gut microflora *Prevotella falsenii*, *Parabacteroides distasonis* and *Bacteroides eggerthii* enhance and *Alistipes finegoldii* attenuates colitis in mice. PLoS One, 11(1): e0146162.

Eckburg P B, Bik E M, Bernstein C N, et al. 2005. Diversity of the human intestinal microbial flora. Science, 308(5728): 1635-1638.

Efimov B A, Chaplin A V, Shcherbakova V A, et al. 2018. *Prevotella rara* sp. nov., isolated from human faeces. Int J Syst Evol Microbiol, 68(12): 3818-3825.

Eggerth A H, Gagnon B H. 1933. The *Bacteroides* of human feces. J Bacteriol, 25(4): 389-413.

Eisenberg T, Hamann H P, Kaim U, et al. 2012. Isolation of potentially novel *Brucella* spp. from frogs. Appl Environ Microbiol, 78(10): 3753-3755.

Elbediwi M, Shi D W, Biswas S, et al. 2021. Changing patterns of *Salmonella enterica* serovar rissen from humans, food animals, and animal-derived foods in China. 1995-2019. Front Microbiol, 12: 702909.

Eldin C, Mélenotte C, Mediannikov O, et al. 2017. From Q fever to *Coxiella burnetii* infection: a paradigm change. Clin Microbiol Rev, 30(1): 115-190.

El-Salhy M. 2023. Intestinal bacteria associated with irritable bowel syndrome and chronic fatigue. Neurogastroenterology & Motility, 35(9): e14621.

Emge J R, Huynh K, Miller E N, et al. 2016. Modulation of the microbiota-gut-brain axis by probiotics in a murine model of inflammatory bowel disease. American Journal of Physiology Gastrointestinal and Liver Physiology, 310(11): G989-G998.

Enck P, Zimmermann K, Menke G, et al. 2008. A mixture of *Escherichia coli* (DSM 17252) and *Enterococcus faecalis* (DSM 16440) for treatment of the irritable bowel syndrome–A randomized controlled trial with primary care physicians. Neurogastroenterology & Motility, 20(10): 1103-1109.

Eom J S, Song J, Choi H S. 2015. Protective effects of a novel probiotic strain of *Lactobacillus plantarum* JSA22 from traditional fermented soybean food against infection by *Salmonella enterica* serovar typhimurium. J Microbiol Biotechnol, 25(4): 479-491.

Escherich T. 1988. The intestinal bacteria of the neonate and breast-fed infant. 1884. Reviews of Infectious Diseases, 10(6): 1220-1225.

Everard A, Belzer C, Geurts L, et al. 2013. Cross-talk between *Akkermansia muciniphila* and intestinal epithelium controls diet-induced obesity. Proceedings of the National Academy of Sciences of the United States of America, 110(22): 9066-9071.

Fabersani E, Portune K, Campillo I, et al. 2021. *Bacteroides uniformis* CECT 7771 alleviates inflammation within the gut-adipose tissue axis involving TLR5 signaling in obese mice. Scientific Reports, 11(1): 11788.

Fàbrega A, Vila J. 2013. *Salmonella enterica* serovar Typhimurium skills to succeed in the host: virulence and regulation. Clin Microbiol Rev, 26(2): 308-341.

Fagoonee S, Pellicano R. 2019. *Helicobacter pylori*: molecular basis for colonization and survival in gastric environment and resistance to antibiotics. A short review. Infect Dis, 51(6): 399-408.

Falony G, Vlachou A, Verbrugghe K, et al. 2006. Cross-feeding between *Bifidobacterium longum* BB536 and acetate-converting, butyrate-producing colon bacteria during growth on oligofructose. Applied and Environmental Microbiology, 72(12): 7835-7841.

Fang H R, Zhang G Q, Cheng J Y, et al. 2019. Efficacy of *Lactobacillus*-supplemented triple therapy for *Helicobacter pylori* infection in children: a meta-analysis of randomized controlled trials. Eur J Pediatr, 178(1): 7-16.

Fanning S, Hall L J, Cronin M, et al. 2012. Bifidobacterial surface-exopolysaccharide facilitates commensal-host interaction through immune modulation and pathogen protection. Proceedings of the National Academy of Sciences of the United States of America, 109(6): 2108-2113.

Fehlner-Peach H, Magnabosco C, Raghavan V, et al. 2019. Distinct polysaccharide utilization profiles of human intestinal *Prevotella copri* isolates. Cell Host & Microbe, 26(5): 680-690.e5.

Fei Y T, Liu D M, Luo T H, et al. 2014. Molecular characterization of *Lactobacillus plantarum* DMDL 9010, a strain with efficient nitrite degradation capacity. PLoS One, 9(11): e113792.

Fekry M I, Engels C, Zhang J B, et al. 2016. The strict anaerobic gut microbe *Eubacterium hallii* transforms the carcinogenic dietary heterocyclic amine 2-amino-1-methyl-6-phenylimidazo[4, 5-b]pyridine (PhIP). Environmental Microbiology Reports, 8(2): 201-209.

Fernández L, Cárdenas N, Arroyo R, et al. 2016. Prevention of infectious mastitis by oral administration of *Lactobacillus salivarius* PS2 during late pregnancy. Clin Infect Dis, 62(5):

568-573.

Ficht T. 2010. *Brucella* taxonomy and evolution. Future Microbiology, 5(6): 859-866.

Finegold S M, Song Y L, Liu C X. 2002. Taxonomy—general comments and update on taxonomy of clostridia and anaerobic cocci. Anaerobe, 8(5): 283-285.

Fiore M, Maraolo A E, Gentile I, et al. 2017. Current concepts and future strategies in the antimicrobial therapy of emerging Gram-positive spontaneous bacterial peritonitis. World J Hepatol, 9(30): 1166-1175.

Fisher K, Phillips C. 2009. The ecology, epidemiology and virulence of *Enterococcus*. Microbiology, 155(Pt 6): 1749-1757.

Fitzgerald C. 2015. *Campylobacter*. Clinics in Laboratory Medicine, 35(2): 289-298.

FitzGerald R, Smith S M. 2021. An overview of *Helicobacter pylori* infection. Methods in Molecular Biology, 2283: 1-14.

Flores-Mireles A L, Walker J N, Caparon M, et al. 2015. Urinary tract infections: epidemiology, mechanisms of infection and treatment options. Nat Rev Microbiol, 13(5): 269-284.

Flórez A B, Ladero V, Álvarez-Martín P, et al. 2007. Acquired macrolide resistance in the human intestinal strain *Lactobacillus rhamnosus* E41 associated with a transition mutation in 23S rRNA genes. Int J Antimicrob Agents, 30(4): 341-344.

Foditsch C, Pereira R V, Ganda E K, et al. 2015. Oral administration of *Faecalibacterium prausnitzii* decreased the incidence of severe diarrhea and related mortality rate and increased weight gain in preweaned dairy heifers. PLoS One, 10(12): e0145485.

Ford A C, Quigley E M M, Lacy B E, et al. 2014. Efficacy of prebiotics, probiotics, and synbiotics in irritable bowel syndrome and chronic idiopathic constipation: systematic review and meta-analysis. Am J Gastroenterol, 109(10): 1547-1561; quiz1546, 1562.

Fouhse J M, Gänzle M G, Regmi P R, et al. 2015. High amylose starch with low *in vitro* digestibility stimulates hindgut fermentation and has a bifidogenic effect in weaned pigs. The Journal of Nutrition, 145(11): 2464-2470.

Foxman B, D'Arcy H, Gillespie B, et al. 2002. Lactation mastitis: occurrence and medical management among 946 breastfeeding women in the United States. Am J Epidemiol, 155(2): 103-114.

Franco M P, Mulder M, Gilman R H, et al. 2007. Human brucellosis. Lancet Infect Dis, 7(12): 775-786.

Franke T, Deppenmeier U. 2018. Physiology and central carbon metabolism of the gut bacterium *Prevotella copri*. Mol Microbiol, 109(4): 528-540.

Franz C M A P, Holzapfel W H, Stiles M E. 1999. Enterococci at the crossroads of food safety?. International Journal of Food Microbiology, 47(1/2): 1-24.

Frolova M S, Suvorova I A, Iablokov S N, et al. 2022. Genomic reconstruction of short-chain fatty acid production by the human gut microbiota. Front Mol Biosci, 9: 949563.

Frost G, Sleeth M L, Sahuri-Arisoylu M, et al. 2014. The short-chain fatty acid acetate reduces appetite via a central homeostatic mechanism. Nature Communications, 5: 3611.

Fung K Y C, Ooi C C, Zucker M H, et al. 2013. Colorectal carcinogenesis: a cellular response to sustained risk environment. Int J Mol Sci, 14(7): 13525-13541.

Fusco W, Lorenzo M B, Cintoni M, et al. 2023. Short-chain fatty-acid-producing bacteria: key components of the human gut microbiota. Nutrients, 15(9): 2211.

Gaci N, Borrel G, Tottey W, et al. 2014. Archaea and the human gut: new beginning of an old story. World J Gastroenterol, 20(43): 16062-16078.

Gagnon M, Kheadr E E, Dabour N, et al. 2006. Effect of *Bifidobacterium thermacidophilum* probiotic feeding on enterohemorrhagic *Escherichia coli* O157: H7 infection in BALB/c mice. Int J Food Microbiol, 111(1): 26-33.

Galán J E. 2021. *Salmonella typhimurium* and inflammation: a pathogen-centric affair. Nat Rev Microbiol, 19(11): 716-725.

Galdeano C M, de Moreno de LeBlanc A, Vinderola G, et al. 2007. Proposed model: mechanisms of immunomodulation induced by probiotic bacteria. Clin Vaccine Immunol, 14(5): 485-492.

Ganji-Arjenaki M, Rafieian-Kopaei M. 2018. Probiotics are a good choice in remission of inflammatory bowel diseases: a meta analysis and systematic review. J Cell Physiol, 233(3): 2091-2103.

Gao X, Zhou L J, Jiao X Y, et al. 2010. Mechanism of substrate recognition and transport by an amino acid antiporter. Nature, 463(7282): 828-832.

Gao Z, Tseng C H, Strober B E, et al. 2008. Substantial alterations of the cutaneous bacterial biota in psoriatic lesions. PLoS One, 3(7): e2719.

Garcia-del Portillo F, Zwick M B, Leung K Y, et al. 1993. *Salmonella* induces the formation of filamentous structures containing lysosomal membrane glycoproteins in epithelial cells. Proc Natl Acad Sci U S A, 90(22): 10544-10548.

Gauffin Cano P, Santacruz A, Moya Á, et al. 2012. *Bacteroides uniformis* CECT 7771 ameliorates metabolic and immunological dysfunction in mice with high-fat-diet induced obesity. PLoS One, 7(7): e41079.

Gérard P. 2013. Metabolism of cholesterol and bile acids by the gut microbiota. Pathogens, 3(1): 14-24.

Gerhardt S, Mohajeri M H. 2018. Changes of colonic bacterial composition in Parkinson's disease and other neurodegenerative diseases. Nutrients, 10(6): 708.

Gibson G R, Hutkins R, Sanders M E, et al. 2017. Expert consensus document: The International Scientific Association for Probiotics and Prebiotics (ISAPP) consensus statement on the definition and scope of prebiotics. Nature Reviews Gastroenterology & Hepatology, 14(8): 491-502.

Gilmore M S, Lebreton F, van Schaik W. 2013. Genomic transition of enterococci from gut commensals to leading causes of multidrug-resistant hospital infection in the antibiotic era. Curr Opin Microbiol, 16(1): 10-16.

Gilmore M, Clewell D, Courvalin P. 2002. The enterococci: pathogenesis, molecular biology, and antibiotic resistance. History, taxonomy, biochemical characteristics, and antibiotic susceptibility testing of enterococci. Washington, DC: ASM.

Giovannoni S J, Tripp H J, Givan S, et al. 2005. Genome streamlining in a cosmopolitan oceanic bacterium. Science, 309(5738): 1242-1245.

Glazunova O O, Launay T, Raoult D, et al. 2007. *Prevotella timonensis* sp. nov., isolated from a human breast abscess. Int J Syst Evol Microbiol, 57(pt 4): 883-886.

Glenwright A J, Pothula K R, Bhamidimarri S P, et al. 2017. Structural basis for nutrient acquisition by dominant members of the human gut microbiota. Nature, 541(7637): 407-411.

Glynn M K, Lynn T V. 2008. Brucellosis. J Am Vet Med Assoc, 233: 900-908.

Godefroy E, Alameddine J, Montassier E, et al. 2018. Expression of CCR6 and CXCR6 by gut-derived $CD4^+/CD8\alpha^+$ T-regulatory cells, which are decreased in blood samples from patients with inflammatory bowel diseases. Gastroenterology, 155(4): 1205-1217.

Godfree A F, Kay D, Wyer M D. 1997. Faecal streptococci as indicators of faecal contamination in water. Society for Applied Bacteriology Symposium Series, 26: 110S-119S.

Godfroid J, Al Dahouk S, Pappas G, et al. 2013. A "One Health" surveillance and control of brucellosis in developing countries: Moving away from improvisation. Comp Immunol Microbiol Infect Dis, 36(3): 241-248.

Goh S H, Facklam R R, Chang M, et al. 2000. Identification of *Enterococcus* species and phenotypically similar *Lactococcus* and *Vagococcus* species by reverse checkerboard hybridization to chaperonin 60 gene sequences. Journal of Clinical Microbiology, 38(11): 3953-3959.

Goldstein B P, Candiani G, Arain T M, et al. 1995. Antimicrobial activity of MDL 63, 246, a new semisynthetic glycopeptide antibiotic. Antimicrob Agents Chemother, 39(7): 1580-1588.

Goldstein E J C, Citron D M, Merriam C V, et al. 2003. *In vitro* activities of dalbavancin and nine comparator agents against anaerobic gram-positive species and corynebacteria. Antimicrob Agents Chemother, 47(6): 1968-1971.

Goldstein E J C, Citron D M, Merriam C V, et al. 2006. Comparative *in vitro* susceptibilities of 396 unusual anaerobic strains to tigecycline and eight other antimicrobial agents. Antimicrob Agents Chemother, 50(10): 3507-3513.

Golubeva A V, Crampton S, Desbonnet L, et al. 2015. Prenatal stress-induced alterations in major physiological systems correlate with gut microbiota composition in adulthood. Psychoneuroendocrinology, 60: 58-74.

Gonzalez F J, Jiang C T, Patterson A D. 2016. An intestinal microbiota–farnesoid X receptor axis modulates metabolic disease. Gastroenterology, 151(5): 845-859.

González-Espinoza G, Arce-Gorvel V, Mémet S, et al. 2021. *Brucella*: reservoirs and niches in animals and humans. Pathogens, 10(2): 186.

Gorvel J P. 2008. *Brucella*: a mr "hide" converted into dr Jekyll. Microbes and Infection, 10(9): 1010-1013.

Goswami C, Iwasaki Y, Yada T. 2018. Short-chain fatty acids suppress food intake by activating vagal afferent neurons. The Journal of Nutritional Biochemistry, 57: 130-135.

Grajeda-Iglesias C, Durand S, Daillère R, et al. 2021. Oral administration of *Akkermansia muciniphila* elevates systemic antiaging and anticancer metabolites. Aging, 13(5): 6375-6405.

Graves D T, Corrêa J D, Silva T A. 2019. The oral microbiota is modified by systemic diseases. Journal of Dental Research, 98(2): 148-156.

Gray J W, Pedler S J. 1992. Antibiotic-resistant enterococci. J Hosp Infect, 21(1): 1-14.

Grice E A, Kong H H, Conlan S, et al. 2009. Topographical and temporal diversity of the human skin microbiome. Science, 324(5931): 1190-1192.

Grompone G, Martorell P, Llopis S, et al. 2012. Anti-inflammatory *Lactobacillus rhamnosus* CNCM

I-3690 strain protects against oxidative stress and increases lifespan in *Caenorhabditis elegans*. PLoS One, 7(12): e52493.

Grozdanov L, Raasch C, Schulze J, et al. 2004. Analysis of the genome structure of the nonpathogenic probiotic *Escherichia coli* strain Nissle 1917. Journal of Bacteriology, 186(16): 5432-5441.

Grozdanov L, Zähringer U, Blum-Oehler G, et al. 2002. A single nucleotide exchange in the wzy gene is responsible for the semirough O6 lipopolysaccharide phenotype and serum sensitivity of *Escherichia coli* strain Nissle 1917. Journal of Bacteriology, 184(21): 5912-5925.

Guandalini S, Pensabene L, Zikri M A, et al. 2000. *Lactobacillus* GG administered in oral rehydration solution to children with acute diarrhea: a multicenter European trial. J Pediatr Gastroenterol Nutr, 30(1): 54-60.

Gueimonde M, Sánchez B, de Los Reyes-Gavilán C G, et al. 2013. Antibiotic resistance in probiotic bacteria. Frontiers in Microbiology, 4: 202.

Guerrero-Preston R, Godoy-Vitorino F, Jedlicka A, et al. 2016. 16S rRNA amplicon sequencing identifies microbiota associated with oral cancer, human papilloma virus infection and surgical treatment. Oncotarget, 7(32): 51320-51334.

Guilloteau P, Martin L, Eeckhaut V, et al. 2010. From the gut to the peripheral tissues: the multiple effects of butyrate. Nutr Res Rev, 23(2): 366-384.

Guo P T, Zhang K, Ma X, et al. 2020. *Clostridium* species as probiotics: potentials and challenges. Journal of Animal Science and Biotechnology, 11: 24.

Gupta R S. 2005. Protein signatures distinctive of alpha proteobacteria and its subgroups and a model for alpha-proteobacterial evolution. Crit Rev Microbiol, 31(2): 101-135.

Gurbatri C R, Lia I, Vincent R, et al. 2020. Engineered probiotics for local tumor delivery of checkpoint blockade nanobodies. Science Translational Medicine, 12(530): eaax0876.

Haas K N, Blanchard J L. 2020. Reclassification of the *Clostridium clostridioforme* and *Clostridium sphenoides* clades as *Enterocloster* gen. nov. and *Lacrimispora* gen. nov., including reclassification of 15 taxa. Int J Syst Evol Microbiol, 70(1): 23-34.

Hafez M, Hayes K, Goldrick M, et al. 2009. The K5 capsule of *Escherichia coli* strain Nissle 1917 is important in mediating interactions with intestinal epithelial cells and chemokine induction. Infection and Immunity, 77(7): 2995-3003.

Hall A B, Yassour M, Sauk J, et al. 2017. A novel *Ruminococcus gnavus* clade enriched in inflammatory bowel disease patients. Genome Medicine, 9(1): 103.

Han A W, Goodyear A W, Yamamoto M L, et al. 2020. *Roseburia hominis*, *Eubacterium eligens*, and combinations thereof as biotherapeutics. AU2018309153A1.

Han S K, Kim D H. 2019. *Lactobacillus mucosae* and *Bifidobacterium longum* synergistically alleviate immobilization stress-induced anxiety/depression in mice by suppressing gut dysbiosis. J Microbiol Biotechnol, 29(9): 1369-1374.

Han X, Lee A, Huang S, et al. 2019. *Lactobacillus rhamnosus* GG prevents epithelial barrier dysfunction induced by interferon-gamma and fecal supernatants from irritable bowel syndrome patients in human intestinal enteroids and colonoids. Gut Microbes, 10(1): 59-76.

Han Y, Quan X P, Chuang Y C, et al. 2022. A multi-omics analysis for the prediction of neurocognitive disorders risk among the elderly in Macao. Clinical and Translational Medicine,

12(6): e909.

Hänninen A, Toivonen R, Pöysti S, et al. 2018. *Akkermansia muciniphila* induces gut microbiota remodelling and controls islet autoimmunity in NOD mice. Gut, 67(8): 1445-1453.

Harvey H A, Swords W E, Apicella M A. 2001. The mimicry of human glycolipids and glycosphingolipids by the lipooligosaccharides of pathogenic *Neisseria* and *Haemophilus*. J Autoimmun, 16(3): 257-262.

Hasan R, Bose S, Roy R, et al. 2022. Tumor tissue-specific bacterial biomarker panel for colorectal cancer: *Bacteroides massiliensis, Alistipes species, Alistipes onderdonkii, Bifidobacterium pseudocatenulatum, Corynebacterium appendicis*. Archives of Microbiology, 204(6): 348.

Hayashi H, Shibata K, Sakamoto M, et al. 2007. *Prevotella copri* sp. nov. and *Prevotella stercorea* sp. nov., isolated from human faeces. Int J Syst Evol Microbiol, 57(pt 5): 941-946.

Hayashi K, Uchida R, Horiba T, et al. 2024. Soy sauce-like seasoning enhances the growth of *Agathobacter rectalis* and the production of butyrate, propionate, and lactate. Bioscience of Microbiota, Food and Health, 43(3): 2023-2103.

He B K, Hoang T K, Tian X J, et al. 2019. *Lactobacillus reuteri* reduces the severity of experimental autoimmune encephalomyelitis in mice by modulating gut microbiota. Front Immunol, 10: 385.

He T, Priebe M G, Zhong Y, et al. 2008. Effects of yogurt and bifidobacteria supplementation on the colonic microbiota in lactose-intolerant subjects. J Appl Microbiol, 104(2): 595-604.

He Y, Wu W, Wu S, et al. 2018. Linking gut microbiota, metabolic syndrome and economic status based on a population-level analysis. Microbiome, 6(1): 172.

Hedberg M E, Israelsson A, Moore E R B, et al. 2013. *Prevotella jejuni* sp. nov., isolated from the small intestine of a child with coeliac disease. Int J Syst Evol Microbiol, 63(pt 11): 4218-4223.

Hegarty J W, Guinane C M, Ross R P, et al. 2016. Bacteriocin production: a relatively unharnessed probiotic trait?. F1000Research, 5: 2587.

Heineman P G. 1920. Orla-Jensen's Classification of Lactic Acid Bacteria. Journal of Dairy Science, 3(2): 143-155.

Heinzel S, Aho V T E, Suenkel U, et al. 2021. Gut microbiome signatures of risk and prodromal markers of Parkinson disease. Annals of Neurology, 90(3): E1-E12.

Helaine S, Cheverton A M, Watson K G, et al. 2014. Internalization of *Salmonella* by macrophages induces formation of nonreplicating persisters. Science, 343(6167): 204-208.

Henderson M, Bragg A, Fahim G, et al. 2017. A review of the safety and efficacy of vaccines as prophylaxis for *Clostridium difficile* infections. Vaccines, 5(3): 25.

Henke M T, Kenny D J, Cassilly C D, et al. 2019. *Ruminococcus gnavus*, a member of the human gut microbiome associated with Crohn's disease, produces an inflammatory polysaccharide. Proc Natl Acad Sci U S A, 116(26): 12672-12677.

Herrero-Fresno A, Olsen J E. 2018. *Salmonella typhimurium* metabolism affects virulence in the host-A mini-review. Food Microbiology, 71: 98-110.

Hidalgo-Cantabrana C, Delgado S, Ruiz L, et al. 2017. Bifidobacteria and their health-promoting effects. Microbiology Spectrum, 5(3). DOI: 10.1128/microbiolspec.BAD-10.1128/microbiolspec0010-2016.

Hidalgo-Cantabrana C, López P, Gueimonde M, et al. 2012. Immune modulation capability of exopolysaccharides synthesised by lactic acid bacteria and bifidobacteria. Probiotics & Antimicrobial Proteins, 4(4): 227.

Hieken T J, Chen J, Hoskin T L, et al. 2016. The microbiome of aseptically collected human breast tissue in benign and malignant disease. Sci Rep, 6: 30751.

Hilton E, Kolakowski P, Singer C, et al. 1997. Efficacy of *Lactobacillus* GG as a diarrheal preventive in travelers. J Travel Med, 4(1): 41-43.

Hirao L A, Grishina I, Bourry O, et al. 2014. Early mucosal sensing of SIV infection by paneth cells induces IL-1β production and initiates gut epithelial disruption. PLoS Pathog, 10(8): e1004311.

Holmes D. 2015. Genetically engineered Lactobacilli reprogram intestinal cells to secrete insulin and ameliorate hyperglycaemia. Nat Rev Endocrinol, 11(4): 192.

Holscher H D. 2017. Dietary fiber and prebiotics and the gastrointestinal microbiota. Gut Microbes, 8(2): 172-184.

Holzknecht B J, Hansen D S, Nielsen L, et al. 2017. Screening for vancomycin-resistant enterococci with Xpert® vanA/vanB: diagnostic accuracy and impact on infection control decision making. New Microbes and New Infections, 16: 54-59.

Homan W L, Tribe D, Poznanski S, et al. 2002. Multilocus sequence typing scheme for *Enterococcus faecium*. J Clin Microbiol, 40(6): 1963-1971.

Hong J N, Fu T T, Liu W Z, et al. 2024. An update on the role and potential molecules in relation to *Ruminococcus gnavus* in inflammatory bowel disease, obesity and diabetes mellitus. Diabetes, Metabolic Syndrome and Obesity: Targets and Therapy, 17: 1235-1248.

Horinaka M, Yoshida T, Kishi A, et al. 2010. *Lactobacillus* strains induce TRAIL production and facilitate natural killer activity against cancer cells. FEBS Letters, 584(3): 577-582.

Hou H H, Liu X F, Peng Q S. 2019. The advances in brucellosis vaccines. Vaccine, 37(30): 3981-3988.

Hu W B, Lu W W, Li L Z, et al. 2021. Both living and dead *Faecalibacterium prausnitzii* alleviate house dust mite-induced allergic asthma through the modulation of gut microbiota and short-chain fatty acid production. Journal of the Science of Food and Agriculture, 101(13): 5563-5573.

Huang Y, Tang J, Cai Z, et al. 2020. *Prevotella* induces the production of Th17 cells in the colon of mice. Journal of Immunology Research, 2020: 9607328.

Huck O, Mulhall H, Rubin G, et al. 2020. *Akkermansia muciniphila* reduces *Porphyromonas gingivalis*-induced inflammation and periodontal bone destruction. Journal of Clinical Periodontology, 47(2): 202-212.

Hume M P, Nicolucci A C, Reimer R A. 2017. Prebiotic supplementation improves appetite control in children with overweight and obesity: a randomized controlled trial. Am J Clin Nutr, 105(4): 790-799.

Hütt P, Lapp E, Štšepetova J, et al. 2016. Characterisation of probiotic properties in human vaginal lactobacilli strains. Microb Ecol Health Dis, 27: 30484.

Huurre A, Laitinen K, Rautava S, et al. 2008. Impact of maternal atopy and probiotic supplementation during pregnancy on infant sensitization: a double-blind placebo-controlled study. Clin Exp Allergy, 38(8): 1342-1348.

Huycke M M, Sahm D F, Gilmore M S. 1998. Multiple-drug resistant enterococci: the nature of the problem and an agenda for the future. Emerging Infectious Diseases, 4(2): 239-249.

Hwang I Y, Koh E, Wong A, et al. 2017. Engineered probiotic *Escherichia coli* can eliminate and prevent *Pseudomonas aeruginosa* gut infection in animal models. Nature Communications, 8: 15028.

Ibrahim M, Subramanian A, Anishetty S. 2017. Comparative pan genome analysis of oral *Prevotella* species implicated in periodontitis. Functional & Integrative Genomics, 17(5): 513-536.

Iglesias-Vázquez L, Van Ginkel Riba G, Arija V, et al. 2020. Composition of gut microbiota in children with autism spectrum disorder: a systematic review and meta-analysis. Nutrients, 12(3): 792.

Indrio F, Riezzo G, Raimondi F, et al. 2011. *Lactobacillus reuteri* accelerates gastric emptying and improves regurgitation in infants. Eur J Clin Invest, 41(4): 417-422.

Isolauri E, Arvola T, SÜtas Y, et al. 2000. Probiotics in the management of atopic eczema. Clin Exp Allergy, 30(11): 1605-1610.

Jacobson A, Lam L, Rajendram M, et al. 2018. A gut commensal-produced metabolite mediates colonization resistance to *Salmonella* infection. Cell Host & Microbe, 24(2): 296-307.e7.

Jacobson R A, Wienholts K, Williamson A J, et al. 2020. *Enterococcus faecalis* exploits the human fibrinolytic system to drive excess collagenolysis: implications in gut healing and identification of druggable targets. American Journal of Physiology Gastrointestinal and Liver Physiology, 318(1): G1-G9.

Jantsch J, Chikkaballi D, Hensel M. 2011. Cellular aspects of immunity to intracellular *Salmonella enterica*. Immunological Reviews, 240(1): 185-195.

Jebur M S. 2010. Therapeutic efficacy of *Lactobacillus acidophilus* against bacterial isolates from burn wounds. N Am J Med Sci, 2(12): 586-591.

Jennings E, Thurston T L M, Holden D W. 2017. *Salmonella* SPI-2 type III secretion system effectors: molecular mechanisms and physiological consequences. Cell Host & Microbe, 22(2): 217-231.

Jeong J J, Kim K A, Ahn Y T, et al. 2015. Probiotic mixture KF attenuates age-dependent memory deficit and lipidemia in Fischer 344 rats. J Microbiol Biotechnol, 25(9): 1532-1536.

Jett B D, Huycke M M, Gilmore M S. 1994. Virulence of enterococci. Journal of the American Academy of Dermatology, 7(4): 462-478.

Jia W, Xie G X, Jia W P. 2018. Bile acid-microbiota crosstalk in gastrointestinal inflammation and carcinogenesis. Nat Rev Gastroenterol Hepatol, 15(2): 111-128.

Jiang F, Meng D, Weng M, et al. 2017. The symbiotic bacterial surface factor polysaccharide A on Bacteroides fragilis inhibits IL-1β-induced inflammation in human fetal enterocytes via toll receptors 2 and 4. PLoS One, 12(3): e0172738.

Jiang X F, Hall A B, Arthur T D, et al. 2019. Invertible promoters mediate bacterial phase variation, antibiotic resistance, and host adaptation in the gut. Science, 363(6423): 181-187.

Jiao H W, Zhou Z X, Li B W, et al. 2021. The mechanism of facultative intracellular parasitism of *Brucella*. Int J Mol Sci, 22(7): 3673.

Jie Z Y, Yu X L, Liu Y H, et al. 2021. The baseline gut microbiota directs dieting-induced weight loss trajectories. Gastroenterology, 160(6): 2029-2042.e16.

Jin G, Jeng H W, Bradford H, et al. 2004. Comparison of *E. coli*, enterococci, and fecal coliform as indicators for brackish water quality assessment. Water Environment Research: a Research Publication of the Water Environment Federation, 76(3): 245-255.

Johnson J L, Moore W E C, Moore L V H. 1986. *Bacteroides caccae* sp. nov., *Bacteroides merdae* sp.

nov., and *Bacteroides stercoris* sp. nov. isolated from human feces. International Journal of Systematic Bacteriology, 36(4): 499-501.

Jung I H, Jung M A, Kim E J, et al. 2012. *Lactobacillus pentosus* var. *plantarum* C29 protects scopolamine-induced memory deficit in mice. J Appl Microbiol, 113(6): 1498-1506.

Kaiko G E, Ryu S H, Koues O I, et al. 2016. The colonic crypt protects stem cells from microbiota-derived metabolites. Cell, 165(7): 1708-1720.

Kajikawa A, Igimi S. 2010. Innate and acquired immune responses induced by recombinant *Lactobacillus casei* displaying flagellin-fusion antigen on the cell-surface. Vaccine, 28(19): 3409-3415.

Kałużna-Czaplińska J, Błaszczyk S. 2012. The level of Arabinitol in autistic children after probiotic therapy. Nutrition, 28(2): 124-126.

Kamdar K, Khakpour S, Chen J Y, et al. 2016. Genetic and metabolic signals during acute enteric bacterial infection alter the microbiota and drive progression to chronic inflammatory disease. Cell Host & Microbe. 19(1): 21-31.

Kang D Y, Park J L, Yeo M K, et al. 2023a. Diagnosis of Crohn's disease and ulcerative colitis using the microbiome. BMC Microbiol, 23(1): 336.

Kang X, Liu C G, Ding Y Q, et al. 2023b. *Roseburia intestinalis* generated butyrate boosts anti-PD-1 efficacy in colorectal cancer by activating cytotoxic $CD8^+$ T cells. Gut, 72(11): 2112-2122.

Kano H, Kaneko T, Kaminogawa S. 2002. Oral intake of *Lactobacillus delbrueckii* subsp. *bulgaricus* OLL1073R-1 Prevents Collagen-Induced Arthritis in Mice. J Food Prot, 65(1): 153-160.

Kaper J B, Nataro J P, Mobley H L T. 2004. Pathogenic *Escherichia coli*. Nature Reviews Microbiology, 2: 123-140.

Karcher N, Pasolli E, Asnicar F, et al. 2020. Analysis of 1321 *Eubacterium rectale* genomes from metagenomes uncovers complex phylogeographic population structure and subspecies functional adaptations. Genome Biology, 21(1): 138.

Karlsson F H, Fåk F, Nookaew I, et al. 2012. Symptomatic atherosclerosis is associated with an altered gut metagenome. Nat Commun, 3: 1245.

Karlsson F H, Tremaroli V, Nookaew I, et al. 2013. Gut metagenome in European women with normal, impaired and diabetic glucose control. Nature, 498(7452): 99-103.

Karner M B, DeLong E F, Karl D M. 2001. Archaeal dominance in the mesopelagic zone of the Pacific Ocean. Nature, 409(6819): 507-510.

Kasahara K, Krautkramer K A, Org E, et al. 2018. Interactions between *Roseburia intestinalis* and diet modulate atherogenesis in a murine model. Nature Microbiology, 3(12): 1461-1471.

Kass E M, Szaniawski W K, Levy H, et al. 1994. Rickettsialpox in a New York city hospital. 1980 to 1989. N Engl J Med, 331(24): 1612-1617.

Katkowska M, Garbacz K, Kusiak A. 2021. Probiotics: should all patients take them?. Microorganisms, 9(12): 2620.

Kayali S, Manfredi M, Gaiani F, et al. 2018. *Helicobacter pylori*, transmission routes and recurrence of infection: state of the art. Acta Biomed, 89(8-S): 72-76.

Kazimierczak K A, Flint H J, Scott K P. 2006. Comparative analysis of sequences flanking Tet(W) resistance genes in multiple species of gut bacteria. Antimicrob Agents Chemother, 50(8): 2632-2639.

Kaźmierczak-Siedlecka K, Skonieczna-Żydecka K, Hupp T, et al. 2022. Next-generation probiotics - do they open new therapeutic strategies for cancer patients?. Gut Microbes, 14(1): 2035659.

Kelley B R, Lu J, Haley K P, et al. 2021. Metal homeostasis in pathogenic Epsilonproteobacteria: mechanisms of acquisition, efflux, and regulation. Metallomics, 13(1): mfaa002.

Kelly C P, LaMont J T. 1998. *Clostridium difficile* infection. Annu Rev Med, 49: 375-390.

Khelaifia S, Raoult D. 2016. *Haloferax massiliensis* sp. nov., the first human-associated halophilic Archaea. New Microbes and New Infections, 12: 96-98.

Kim H, Im W T, Kim M, et al. 2018a. *Parabacteroides chongii* sp. nov., isolated from blood of a patient with peritonitis. Journal of Microbiology (Seoul, Korea), 56(10): 722-726.

Kim J Y, Whon T W, Lim M Y, et al. 2020. The human gut archaeome: identification of diverse haloarchaea in Korean subjects. Microbiome, 8(1): 114.

Kim N, Yun M S, Oh Y J, et al. 2018b. Mind-altering with the gut: Modulation of the gut-brain axis with probiotics. Journal of Microbiology, 56(3): 172-182.

Kim W, Yang S H, Park M J, et al. 2019a. *Anaerosacchariphilus polymeriproducens* gen. nov., sp. nov., an anaerobic bacterium isolated from a salt field. International Journal of Systematic and Evolutionary Microbiology, 69(7): 1934-1940.

Kim W, Yang S H, Park M J, et al. 2019b. *Anaerosacchariphilus polymeriproducens* gen. nov., sp. nov., an anaerobic bacterium isolated from a salt field. Int J Syst Evol Microbiol, 69(7): 1934-1940.

Kirjavainen P V, Arvola T, Salminen S J, et al. 2002. Aberrant composition of gut microbiota of allergic infants: a target of bifidobacterial therapy at weaning?. Gut, 51(1): 51-55.

Kirk M D, Pires S M, Black R E, et al. 2015. World health organization estimates of the global and regional disease burden of 22 foodborne bacterial, protozoal, and viral diseases, 2010: a data synthesis. PLoS Medicine, 12(12): e1001921.

Kitahara M, Sakamoto M, Tsuchida S, et al. 2013. *Parabacteroides chinchillae* sp. nov., isolated from chinchilla (*Chincilla lanigera*) faeces. Int J Syst Evol Microbiol, 63(Pt 9): 3470-3474.

Klaenhammer T R, Kleerebezem M, Kopp M V, et al. 2012. The impact of probiotics and prebiotics on the immune system. Nature Reviews Immunology, 12(10): 728-734.

Klingl A. 2014. S-layer and cytoplasmic membrane - exceptions from the typical archaeal cell wall with a focus on double membranes. Front Microbiol, 5: 624.

Koh A, De Vadder F, Kovatcheva-Datchary P, et al. 2016. From dietary fiber to host physiology: short-chain fatty acids as key bacterial metabolites. Cell, 165(6): 1332-1345.

Koh G Y, Kane A, Lee K, et al. 2018. *Parabacteroides distasonis* attenuates toll-like receptor 4 signaling and Akt activation and blocks colon tumor formation in high-fat diet-fed azoxymethane-treated mice. International Journal of Cancer, 143(7): 1797-1805.

Könönen E, Eerola E, Frandsen E V, et al. 1998. Phylogenetic characterization and proposal of a new pigmented species to the genus *Prevotella*: *Prevotella pallens* sp. nov. International Journal of Systematic Bacteriology, 48 Pt 1: 47-51.

Kopečný J, Zorec M, Mrázek J, et al. 2003. *Butyrivibrio hungatei* sp. nov. and *Pseudobutyrivibrio xylanivorans* sp. nov., butyrate-producing bacteria from the rumen. International Journal of Systematic and Evolutionary Microbiology, 53(pt 1): 201-209.

Koropatkin N M, Cameron E A, Martens E C. 2012. How glycan metabolism shapes the human gut microbiota. Nat Rev Microbiol, 10(5): 323-335.

Köse Ş, Serin Senger S, Akkoçlu G, et al. 2014. Clinical manifestations, complications, and treatment of brucellosis: evaluation of 72 cases. Turk J Med Sci, 44(2): 220-223.

Kotz C M, Furne J K, Savaiano D A, et al. 1994. Factors affecting the ability of a high beta-galactosidase yogurt to enhance lactose absorption. Journal of Dairy Science, 77(12): 3538-3544.

Kouchaki E, Tamtaji O R, Salami M, et al. 2017. Clinical and metabolic response to probiotic supplementation in patients with multiple sclerosis: a randomized, double-blind, placebo-controlled trial. Clin Nutr, 36(5): 1245-1249.

Kovatcheva-Datchary P, Nilsson A, Akrami R, et al. 2015. Dietary fiber-induced improvement in glucose metabolism is associated with increased abundance of *Prevotella*. Cell Metabolism, 22(6): 971-982.

Kozakova H, Schwarzer M, Tuckova L, et al. 2016. Colonization of germ-free mice with a mixture of three lactobacillus strains enhances the integrity of gut mucosa and ameliorates allergic sensitization. Cell Mol Immunol, 13(2): 251-262.

Kraimi N, Lormant F, Calandreau L, et al. 2022. Microbiota and stress: a loop that impacts memory. Psychoneuroendocrinology, 136: 105594.

Krinos C M, Coyne M J, Weinacht K G, et al. 2001. Extensive surface diversity of a commensal microorganism by multiple DNA inversions. Nature, 414(6863): 555-558.

Kumar R, Grover S, Batish V K. 2011. Hypocholesterolaemic effect of dietary inclusion of two putative probiotic bile salt hydrolase-producing *Lactobacillus plantarum* strains in Sprague-Dawley rats. Br J Nutr, 105(4): 561-573.

Kurtz C B, Millet Y A, Puurunen M K, et al. 2019. An engineered *E. coli* Nissle improves hyperammonemia and survival in mice and shows dose-dependent exposure in healthy humans. Science Translational Medicine, 11(475): eaau7975.

Kurtz J R, Goggins J A, McLachlan J B. 2017. *Salmonella* infection: Interplay between the bacteria and host immune system. Immunology Letters, 190: 42-50.

Kurup A, Chlebicki M P, Ling M L, et al. 2008. Control of a hospital-wide vancomycin-resistant Enterococci outbreak. Am J Infect Control, 36(3): 206-211.

La Fata G, Weber P, Mohajeri M H. 2018. Probiotics and the gut immune system: indirect regulation. Probiotics and Antimicrobial Proteins, 10(1): 11-21.

La Rosa S L, Leth M L, Michalak L, et al. 2019. The human gut Firmicute *Roseburia intestinalis* is a primary degrader of dietary β-mannans. Nature Communications, 10(1): 905.

Lagier J C, Armougom F, Million M, et al. 2012. Microbial culturomics: paradigm shift in the human gut microbiome study. Clin Microbiol Infect, 18(12): 1185-1193.

Lagier J C, Hugon P, Khelaifia S, et al. 2015. The rebirth of culture in microbiology through the example of culturomics to study human gut microbiota. Clin Microbiol Rev, 28(1): 237-264.

Lakshminarayanan B, Harris H M B, Coakley M, et al. 2013. Prevalence and characterization of *Clostridium perfringens* from the faecal microbiota of elderly Irish subjects. Journal of Medical Microbiology, 62(Pt 3): 457-466.

Lamas B, Richard M L, Leducq V, et al. 2016. CARD9 impacts colitis by altering gut microbiota metabolism of tryptophan into aryl hydrocarbon receptor ligands. Nature Medicine, 22(6): 598-605.

Lamendella R, Santo Domingo J W, Kelty C, et al. 2008. Bifidobacteria in feces and environmental waters. Appl Environ Microbiol, 74(3): 575-584.

Lang J C, Wang X K, Liu K F, et al. 2017. Oral delivery of staphylococcal nuclease by *Lactococcus lactis* prevents type 1 diabetes mellitus in NOD mice. Appl Microbiol Biotechnol, 101(20): 7653-7662.

Lange K, Hugenholtz F, Jonathan M C, et al. 2015. Comparison of the effects of five dietary fibers on mucosal transcriptional profiles, and luminal microbiota composition and SCFA concentrations in murine colon. Molecular Nutrition & Food Research, 59(8): 1590-1602.

Lapaque N, Moriyon I, Moreno E, et al. 2005. *Brucella* lipopolysaccharide acts as a virulence factor. Curr Opin Microbiol, 8(1): 60-66.

Lapiere A, Geiger M, Robert V, et al. 2020. Prophylactic *Faecalibacterium prausnitzii* treatment prevents the acute breakdown of colonic epithelial barrier in a preclinical model of pelvic radiation disease. Gut Microbes, 12(1): 1-15.

Larsen J M. 2017. The immune response to *Prevotella* bacteria in chronic inflammatory disease. Immunology, 151(4): 363-374.

Lasaro M A, Salinger N, Zhang J, et al. 2009. F1C fimbriae play an important role in biofilm formation and intestinal colonization by the *Escherichia coli* commensal strain Nissle 1917. Applied and Environmental Microbiology, 75(1): 246-251.

Lauté-Caly D L, Raftis E J, Cowie P, et al. 2019. The flagellin of candidate live biotherapeutic *Enterococcus gallinarum* MRx0518 is a potent immunostimulant. Scientific Reports, 9(1): 801.

Laval L, Martin R, Natividad J N, et al. 2015. *Lactobacillus rhamnosus* CNCM I-3690 and the commensal bacterium *Faecalibacterium prausnitzii* A2-165 exhibit similar protective effects to induced barrier hyper-permeability in mice. Gut Microbes, 6(1): 1-9.

Lavigne J P, Patey G, Sangari F J, et al. 2005. Identification of a new virulence factor, BvfA, in *Brucella suis*. Infect Immun, 73(9): 5524-5529.

Lawson P A. 2016. The taxonomy of the genus *Clostridium*: current status and future perspectives . Microbiology China, 43: 1070-1074.

Lawson P A, Moore E, Falsen E. 2008. *Prevotella amnii* sp. nov., isolated from human amniotic fluid. Int J Syst Evol Microbiol, 58(pt 1): 89-92.

Lawson P A, Rainey F A. 2016. Proposal to restrict the genus *Clostridium* Prazmowski to *Clostridium butyricum* and related species. Int J Syst Evol Microbiol, 66(2): 1009-1016.

Lebeer S, Vanderleyden J, De Keersmaecker S C J. 2008. Genes and molecules of lactobacilli supporting probiotic action. Microbiol Mol Biol Rev, 72(4): 728-764.

Lebreton F, Willems R J L, Gilmore M S. 2014. *Enterococcus* diversity, origins in nature, and gut colonization[M]//Gilmore M S, Clewell D B, Ike Y, et al. Enterococci: from Commensals to Leading Causes of Drug Resistant Infection. Boston: Massachusetts Eye and Ear Infirmary.

Leclercq S, Mian F M, Stanisz A M, et al. 2017. Low-dose penicillin in early life induces long-term changes in murine gut microbiota, brain cytokines and behavior. Nat Commun, 8: 15062.

Lee J Y, Kang W, Shin N R, et al. 2021a. *Anaerostipes hominis* sp. nov., a novel butyrate-producing bacteria isolated from faeces of a patient with Crohn's disease. Int J Syst Evol Microbiol, 71: 5129.

Lee J, Yang W, Hostetler A, et al. 2016. Characterization of the anti-inflammatory *Lactobacillus reuteri* BM36301 and its probiotic benefits on aged mice. BMC Microbiol, 16: 69.

Lee K, Oh H J, Kang M S, et al. 2021b. Metagenomic analysis of gut microbiome reveals a dynamic change in *Alistipes onderdonkii* in the preclinical model of pancreatic cancer, suppressing its proliferation. Appl Microbiol Biotechnol, 105: 8343-8358.

Lee Y Z, Cheng S H, Chang M Y, et al. 2023. Neuroprotective effects of *Lactobacillus plantarum* PS128 in a mouse model of Parkinson's disease: the role of gut microbiota and microRNAs. Int J Mol Sci, 24(7): 6794.

Lewis J D, Chen E Z, Baldassano R N, et al. 2015. Inflammation, antibiotics, and diet as environmental stressors of the gut microbiome in pediatric Crohn's disease. Cell Host & Microbe, 18(4): 489-500.

Li B Z, Threapleton D E, Wang J Y, et al. 2015. Comparative effectiveness and tolerance of treatments for *Helicobacter pylori*: systematic review and network meta-analysis. BMJ, 351: h4052.

Li J R, Wang W L, Xu S X, et al. 2011. *Lactobacillus reuteri*-produced cyclic dipeptides quench agr-mediated expression of toxic shock syndrome toxin-1 in staphylococci. Proc Natl Acad Sci U S A, 108(8): 3360-3365.

Li J, Lin S Q, Vanhoutte P M, et al. 2016a. *Akkermansia muciniphila* protects against atherosclerosis by preventing metabolic endotoxemia-induced inflammation in apoe-/- mice. Circulation, 133(24): 2434-2446.

Li J, Perez-Perez G I. 2018. *Helicobacter pylori* the latent human pathogen or an ancestral commensal organism. Front Microbiol, 9: 609.

Li J, Sung C Y J, Lee N, et al. 2016b. Probiotics modulated gut microbiota suppresses hepatocellular carcinoma growth in mice. Proc Natl Acad Sci U S A, 113(9): E1306-E1315.

Li S Y, Zhao Y J, Zhang L, et al. 2012. Antioxidant activity of *Lactobacillus plantarum* strains isolated from traditional Chinese fermented foods. Food Chem, 135(3): 1914-1919.

Li T, Zhang Z, Kolwicz S C, et al. 2017. Defective branched-chain amino acid catabolism disrupts glucose metabolism and sensitizes the heart to ischemia-reperfusion injury. Cell Metab, 25(2): 374-385.

Li X Q, Fan S J, Lin X J, et al. 2018. The first case report of *Enterococcus gallinarum* meningitis in neonate: a literature review. Medicine, 97(7): e9875.

Liang S, Wang T, Hu X, et al. 2015. Administration of *Lactobacillus helveticus* NS8 improves behavioral, cognitive, and biochemical aberrations caused by chronic restraint stress. Neuroscience, 310: 561-577.

Liao J F, Cheng Y F, You S T, et al. 2020. *Lactobacillus plantarum* PS128 alleviates neurodegenerative progression in 1-methyl-4-phenyl-1,2,3,6-tetrahydropyridine-induced mouse models of Parkinson's disease. Brain Behav Immun, 90: 26-46.

Liddle R A. 2018. Parkinson's disease from the gut. Brain Research, 1693: 201-206.

Lightowler H, Thondre S, Holz A, et al. 2018. Replacement of glycaemic carbohydrates by inulin-type fructans from chicory (oligofructose, inulin) reduces the postprandial blood glucose and insulin response to foods: report of two double-blind, randomized, controlled trials. Eur J Nutr, 57(3): 1259-1268.

Lim S M, Ahn D H. 2012. Factors affecting adhesion of lactic acid bacteria to Caco-2 cells and inhibitory effect on infection of *Salmonella typhimurium*. J Microbiol Biotechnol, 22(12): 1731-1739.

Lim Y J, Jamaluddin R, Hazizi A S, et al. 2018. Effects of synbiotics among constipated adults in serdang, Selangor, Malaysia-a randomised, double-blind, placebo-controlled trial. Nutrients, 10(7): 824.

Lin C J, Zeng Z, Lin Y R, et al. 2022. Naringenin suppresses epithelial ovarian cancer by inhibiting proliferation and modulating gut microbiota. Phytomedicine: International Journal of Phytotherapy and Phytopharmacology, 106: 154401.

Lin X Q, Hu T Y, Wu Z N, et al. 2024. Isolation of potentially novel species expands the genomic and functional diversity of Lachnospiraceae. iMeta, 3(2): e174.

Linz B, Balloux F, Moodley Y, et al. 2007. An African origin for the intimate association between humans and *Helicobacter pylori*. Nature, 445(7130): 915-918.

Liong M T. 2008. Roles of probiotics and prebiotics in colon cancer prevention: Postulated mechanisms and *in-vivo* evidence. Int J Mol Sci, 9(5): 854-863.

Liou J S, Huang C H, Ikeyama N, et al. 2020. *Prevotella hominis* sp. nov., isolated from human faeces. Int J Syst Evol Microbiol, 70: 4767-4773.

Liu C X, Finegold S M, Song Y L, et al. 2008a. Reclassification of *Clostridium coccoides*, *Ruminococcus hansenii*, *Ruminococcus hydrogenotrophicus*, *Ruminococcus luti*, *Ruminococcus productus* and *Ruminococcus schinkii* as *Blautia coccoides* gen. nov., comb. nov., *Blautia hansenii* comb. nov., *Blautia hydrogenotrophica* comb. nov., *Blautia luti* comb. nov., *Blautia producta* comb. nov., *Blautia schinkii* comb. nov. and description of *Blautia wexlerae* sp. nov., isolated from human faeces. Int J Syst Evol Microbiol, 58(Pt 8): 1896-1902.

Liu C, Du M X, Abuduaini R, et al. 2021. Enlightening the taxonomy darkness of human gut microbiomes with a cultured biobank. Microbiome, 9(1): 119.

Liu D L, Zhang S B, Li S J, et al. 2023a. Indoleacrylic acid produced by *Parabacteroides distasonis* alleviates type 2 diabetes via activation of AhR to repair intestinal barrier. BMC Biology, 21(1): 90.

Liu H N, Wu H, Chen Y Z, et al. 2017a. Altered molecular signature of intestinal microbiota in irritable bowel syndrome patients compared with healthy controls: a systematic review and meta-analysis. Dig Liver Dis, 49(4): 331-337.

Liu J G, Huang X L, Chen C B, et al. 2023c. Identification of colorectal cancer progression-associated intestinal microbiome and predictive signature construction. Journal of Translational Medicine, 21(1): 373.

Liu J X, Cai J P, Fan P, et al. 2023b. Salidroside alleviates dextran sulfate sodium-induced colitis in mice by modulating the gut microbiota. Food & Function, 14(16): 7506-7519.

Liu R X, Hong J, Xu X Q, et al. 2017b. Gut microbiome and serum metabolome alterations in obesity and after weight-loss intervention. Nature Medicine, 23(7): 859-868.

Liu X F, Zeng B H, Zhang J, et al. 2016. Role of the gut microbiome in modulating arthritis progression in mice. Sci Rep, 6: 30594.

Liu X W, Lagenaur L A, Lee P P, et al. 2008b. Engineering of a human vaginal *Lactobacillus* strain for surface expression of two-domain CD4 molecules. Appl Environ Microbiol, 74(15): 4626-4635.

Liu Z H, Huang M J, Zhang X W, et al. 2013. The effects of perioperative probiotic treatment on serum zonulin concentration and subsequent postoperative infectious complications after colorectal cancer surgery: a double-center and double-blind randomized clinical trial. Am J Clin Nutr, 97(1): 117-126.

Lomans B P, Leijdekkers P, Wesselink J J, et al. 2001. Obligate sulfide-dependent degradation of methoxylated aromatic compounds and formation of methanethiol and dimethyl sulfide by a freshwater sediment isolate, *Parasporobacterium paucivorans* gen. nov., sp. nov. Appl Environ Microbiol, 67(9): 4017-4023.

Lopetuso L R, Scaldaferri F, Petito V, et al. 2013. Commensal Clostridia: leading players in the maintenance of gut homeostasis. Gut Pathog, 5(1): 23.

López-Almela I, Romaní-Pérez M, Bullich-Vilarrubias C, et al. 2021. *Bacteroides uniformis* combined with fiber amplifies metabolic and immune benefits in obese mice. Gut Microbes, 13(1): 1-20.

Louis P, Flint H J. 2009. Diversity, metabolism and microbial ecology of butyrate-producing bacteria from the human large intestine. FEMS Microbiology Letters, 294(1): 1-8.

Lowry J E, Goodridge L, Vernati G, et al. 2010. Identification of *Brucella abortus* genes in elk (*Cervus elaphus*) using in vivo-induced antigen technology (IVIAT) reveals novel markers of infection. Vet Microbiol, 142(3/4): 367-372.

Lozupone C A, Li M, Campbell T B, et al. 2013. Alterations in the gut microbiota associated with HIV-1 infection. Cell Host & Microbe, 14(3): 329-339.

Luce-Fedrow A, Lehman M L, Kelly D J, et al. 2018. A review of scrub typhus (*Orientia tsutsugamushi* and related organisms): then, now, and tomorrow. Trop Med Infect Dis, 3(1): 8.

Lugli G A, Milani C, Turroni F, et al. 2014. Investigation of the evolutionary development of the genus *Bifidobacterium* by comparative genomics. Appl Environ Microbiol, 80(20): 6383-6394.

Luo W W, Shen Z H, Deng M Z, et al. 2019. *Roseburia intestinalis* supernatant ameliorates colitis induced in mice by regulating the immune response. Molecular Medicine Reports, 20(2): 1007-1016.

Ma M F, Fu T Y, Wang Y M, et al. 2022. Polysaccharide from edible *Alga enteromorpha clathrata* improves ulcerative colitis in association with increased abundance of *Parabacteroides* spp. in the gut microbiota of dextran sulfate sodium-fed mice. Marine Drugs, 20(12): 764.

Mack D R, Michail S, Wei S, et al. 1999. Probiotics inhibit enteropathogenic *E. coli* adherence *in vitro* by inducing intestinal mucin gene expression. Am J Physiol, 276(4): G941-G950.

Macklaim J M, Gloor G B, Anukam K C, et al. 2011. At the crossroads of vaginal health and disease, the genome sequence of *Lactobacillus iners* AB-1. Proc Natl Acad Sci U S A, 108(Suppl 1): 4688-4695.

Mackner L M, Hatzakis E, Allen J M, et al. 2020. Fecal microbiota and metabolites are distinct in a pilot study of pediatric Crohn's disease patients with higher levels of perceived stress. Psychoneuroendocrinology, 111: 104469.

Maeda Y, Kurakawa T, Umemoto E, et al. 2016. Dysbiosis contributes to arthritis development via activation of autoreactive T cells in the intestine. Arthritis & Rheumatology, 68(11): 2646-2661.

Maehata H, Kobayashi Y, Mitsuyama E, et al. 2019. Heat-killed *Lactobacillus helveticus* strain MCC1848 confers resilience to anxiety or depression-like symptoms caused by subchronic social defeat stress in mice. Biosci Biotechnol Biochem, 83(7): 1239-1247.

Maleki Kakelar H, Barzegari A, Dehghani J, et al. 2019. Pathogenicity of *Helicobacter pylori* in cancer development and impacts of vaccination. Gastric Cancer, 22(1): 23-36.

Malfertheiner P, Megraud F, O'Morain C A, et al. 2017. Management of *Helicobacter pylori* infection-the maastricht v/florence consensus report. Gut, 66(1): 6-30.

Malfertheiner P, Megraud F, O'Morain C A, et al. 2007. Current concepts in the management of *Helicobacter pylori* infection: the Maastricht III Consensus Report. Gut, 56(6): 772-781.

Mancabelli L, Milani C, Lugli G A, et al. 2017a. Identification of universal gut microbial biomarkers of common human intestinal diseases by meta-analysis. FEMS Microbiology Ecology, 93(12): 12.

Mancabelli L, Milani C, Lugli G A, et al. 2017b. Unveiling the gut microbiota composition and functionality associated with constipation through metagenomic analyses. Scientific Reports, 7(1): 9879.

Mandel D R, Eichas K, Holmes J. 2010. *Bacillus coagulans*: a viable adjunct therapy for relieving symptoms of rheumatoid arthritis according to a randomized, controlled trial. BMC Complement Altern Med, 10: 1.

Mantur B, Amarnath S, Shinde R. 2007. Review of clinical and laboratory features of human brucellosis. J Med Microbiol, 25(3): 188-202.

Maragkoudaki M, Chouliaras G, Moutafi A, et al. 2018. Efficacy of an oral rehydration solution enriched with *Lactobacillus reuteri* DSM 17938 and zinc in the management of acute diarrhoea in infants: a randomized, double-blind, placebo-controlled trial. Nutrients, 10(9): 1189.

Marco M L, Heeney D, Binda S, et al. 2017. Health benefits of fermented foods: microbiota and beyond. Curr Opin Biotechnol, 44: 94-102.

Marshall B J. 1986. *Campylobacter* pyloridis and gastritis. The Journal of Infectious Diseases, 153(4): 650-657.

Marshall B, Warren J R. 1984. Unidentified curved bacilli in the stomach of patients with gastritis and peptic ulceration. The Lancet, 323(8390): 1311-1315.

Martín R, Chain F, Miquel S, et al. 2014. The commensal bacterium *Faecalibacterium prausnitzii* is protective in DNBS-induced chronic moderate and severe colitis models. Inflammatory Bowel Diseases, 20(3): 417-430.

Martín R, Langella P. 2019. Emerging health concepts in the probiotics field: streamlining the definitions. Frontiers in Microbiology, 10: 1047.

Martín R, Miquel S, Chain F, et al. 2015. *Faecalibacterium prausnitzii* prevents physiological damages in a chronic low-grade inflammation murine model. BMC Microbiology, 15: 67.

Martin-Gallausiaux C, Marinelli L, Blottière H M, et al. 2021. SCFA: mechanisms and functional importance in the gut. The Proceedings of the Nutrition Society, 80(1): 37-49.

Marzetti S, Carranza C, Roncallo M, et al. 2013. Recent trends in human *Brucella canis* infection. Comp Immunol Microbiol Infect Dis, 36(1): 55-61.

Matos J I, de Sousa H A C, Marcos-Pinto R, et al. 2013. *Helicobacter pylori* CagA and VacA genotypes and gastric phenotype: a meta-analysis. Eur J Gastroenterol Hepatol, 25(12): 1431-1441.

Matsui A, Jin J O, Johnston C D, et al. 2014. Pathogenic bacterial species associated with endodontic infection evade innate immune control by disabling neutrophils. Infect Immun, 82(10): 4068-4079.

Maurice M M, Nakamura H, Gringhuis S, et al. 1999. Expression of the thioredoxin-thioredoxin reductase system in the inflamed joints of patients with rheumatoid arthritis. Arthritis and Rheumatism, 42(11): 2430-2439.

Mazmanian S K, Round J L, Kasper D L, 2008. A microbial symbiosis factor prevents intestinal inflammatory disease. Nature, 453: 620-625.

McArthur D B. 2019. Emerging Infectious Diseases. Nurs Clin North Am, 54: 297-311.

McFarland L V. 2010. Probiotics and diarrhea. Ann Nutr Metab, 57 Suppl: 10-11.

McIntosh G H, Royle P J, Playne M J. 1999. A probiotic strain of *L. acidophilus* reduces DMH-induced large intestinal tumors in male Sprague-Dawley rats. Nutr Cancer, 35(2): 153-159.

Mechichi T, Labat M, Garcia J L, et al. 1999. *Sporobacterium olearium* gen. nov., sp. nov., a new methanethiol-producing bacterium that degrades aromatic compounds, isolated from an olive mill wastewater treatment digester. International Journal of Systematic Bacteriology, 49 Pt 4: 1741-1748.

Mechoud M A, Juarez G E, de Valdez G F, et al. 2012. *Lactobacillus reuteri* CRL 1098 and *Lactobacillus acidophilus* CRL 1014 differently reduce *in vitro* immunotoxic effect induced by Ochratoxin A. Food Chem Toxicol, 50(12): 4310-4315.

Meehan C J, Beiko R G. 2014. A phylogenomic view of ecological specialization in the Lachnospiraceae, a family of digestive tract-associated bacteria. Genome Biology and Evolution, 6(3): 703-713.

Mentis A, Lehours P, Mégraud F. 2015. Epidemiology and Diagnosis of *Helicobacter pylori* infection. Helicobacter, 20(Suppl 1): 1-7.

Messaoudi M, Violle N, Bisson J F, et al. 2011. Beneficial psychological effects of a probiotic formulation (*Lactobacillus helveticus* R0052 and *Bifidobacterium longum* R0175) in healthy human volunteers. Gut Microbes, 2(4): 256-261.

Meydani S N, Ha W K. 2000. Immunologic effects of yogurt. Am J Clin Nutr, 71(4): 861-872.

Milani C, Duranti S, Bottacini F, et al. 2017. The first microbial colonizers of the human gut: composition, activities, and health implications of the infant gut microbiota. Microbiology and Molecular Biology Reviews: MMBR, 81(4): e00036-e00017.

Milani C, Lugli G A, Duranti S, et al. 2014. Genomic encyclopedia of type strains of the genus *Bifidobacterium*. Appl Environ Microbiol, 80(20): 6290-6302.

Mimee M, Nadeau P, Hayward A, et al. 2018. An ingestible bacterial-electronic system to monitor gastrointestinal health. Science, 360(6391): 915-918.

Miquel S, Leclerc M, Martin R, et al. 2015. Identification of metabolic signatures linked to anti-inflammatory effects of *Faecalibacterium prausnitzii*. mBio, 6(2): e00300-e00315.

Misra S, Mohanty D. 2019. Psychobiotics: a new approach for treating mental illness?. Crit Rev Food Sci Nutr, 59(8): 1230-1236.

Miyoshi M, Ogawa A, Higurashi S, et al. 2014. Anti-obesity effect of *Lactobacillus gasseri* SBT2055 accompanied by inhibition of pro-inflammatory gene expression in the visceral adipose tissue in diet-induced obese mice. Eur J Nutr, 53(2): 599-606.

Mladenova I, Durazzo M. 2018. Transmission of *Helicobacter pylori*. Minerva Gastroenterol Dietol, 64(3): 251-254.

Mobeen F, Sharma V, Tulika P. 2018. Enterotype variations of the healthy human gut microbiome in different geographical regions. Bioinformation, 14(9): 560-573.

Mohamadzadeh M, Olson S, Kalina W V, et al. 2005. Lactobacilli activate human dendritic cells that skew T cells toward T helper 1 polarization. Proc Natl Acad Sci U S A, 102(8): 2880-2885.

Mokoena M P. 2017. Lactic acid bacteria and their bacteriocins: classification, biosynthesis and applications against uropathogens: a mini-review. Molecules, 22(8): 1255.

Moore L V, Johnson J L, Moore W E. 1994. Descriptions of *Prevotella tannerae* sp. nov. and *Prevotella enoeca* sp. nov. from the human gingival crevice and emendation of the description of *Prevotella zoogleoformans*. International Journal of Systematic Bacteriology, 44(4): 599-602.

Moore L V, Moore W E. 1994. *Oribaculum catoniae* gen. nov., sp. nov.; *Catonella morbi* gen. nov., sp. nov.;*Hallella seregens* gen. nov., sp. nov.; *Johnsonella ignava* gen. nov., sp. nov.; and *Dialister pneumosintes* gen. nov., comb. nov., nom. rev., Anaerobic gram-negative bacilli from the human gingival crevice. International Journal of Systematic Bacteriology, 44(2): 187-192.

Moschen A R, Gerner R R, Wang J, et al. 2016. Lipocalin 2 protects from inflammation and tumorigenesis associated with gut microbiota alterations. Cell Host & Microbe, 19(4): 455-469.

Mottawea W, Chiang C K, Mühlbauer M, et al. 2016. Altered intestinal microbiota-host mitochondria crosstalk in new onset Crohn's disease. Nat Commun, 7: 13419.

Mu C L, Zhang L L, He X Y, et al. 2017. Dietary fibres modulate the composition and activity of butyrate-producing bacteria in the large intestine of suckling piglets. Anton Leeuw Int J G, 110(5): 687-696.

Mukhopadhya I, Hansen R, El-Omar E M, et al. 2012. IBD-what role do Proteobacteria play?. Nature Reviews Gastroenterology & Hepatology, 9(4): 219-230.

Mulhall H, DiChiara J M, Deragon M, et al. 2020. *Akkermansia muciniphila* and its pili-like protein Amuc_1100 modulate macrophage polarization in experimental periodontitis. Infection and Immunity, 89(1): e00500-e00520.

Muñoz-Gómez S A, Wideman J G, Roger A J, et al. 2017. The origin of mitochondrial cristae from alphaproteobacteria. Mol Biol Evol, 34(4): 943-956.

Munukka E, Rintala A, Toivonen R, et al. 2017. *Faecalibacterium prausnitzii* treatment improves hepatic health and reduces adipose tissue inflammation in high-fat fed mice. The ISME Journal, 11(7): 1667-1679.

Murphy C, Murphy S, O'Brien F, et al. 2009. Metabolic activity of probiotics—Oxalate degradation. Vet Microbiol, 136(1/2): 100-107.

Myer L, Denny L, Telerant R, et al. 2005. Bacterial vaginosis and susceptibility to HIV infection in South African women: a nested case-control study. J Infect Dis, 192(8): 1372-1380.

Nakamura N, Lin H C, McSweeney C S, et al. 2010. Mechanisms of microbial hydrogen disposal in the human colon and implications for health and disease. Annu Rev Food Sci Technol, 1: 363-395.

Nakata H, Kanda H, Nakakita Y, et al. 2019. *Prevotella cerevisiae* sp. nov., beer-spoilage obligate anaerobic bacteria isolated from brewery wastewater. Int J Syst Evol Microbiol, 69(6): 1789-1793.

Navarro M A, McClane B A, Uzal F A. 2018. Mechanisms of action and cell death associated with *Clostridium perfringens* toxins. Toxins, 10(5): 212.

Nawaz M, Wang J, Zhou A P, et al. 2011. Characterization and transfer of antibiotic resistance in lactic acid bacteria from fermented food products. Curr Microbiol, 62(3): 1081-1089.

Neshani A, Zare H, Akbari Eidgahi M R, et al. 2019. Review of antimicrobial peptides with anti-*Helicobacter pylori* activity. Helicobacter, 24(1): e12555.

Newgard C B, An J, Bain J R, et al. 2009. A branched-chain amino acid-related metabolic signature that differentiates obese and lean humans and contributes to insulin resistance. Cell Metabolism, 9(4): 311-326.

Ng K M, Aranda-Díaz A, Tropini C, et al. 2019. Recovery of the gut microbiota after antibiotics depends on host diet, community context, and environmental reservoirs. Cell Host & Microbe, 26(5): 650-665.e4.

Nicolucci A C, Hume M P, Martínez I, et al. 2017. Prebiotics reduce body fat and alter intestinal microbiota in children who are overweight or with obesity. Gastroenterology, 153(3): 711-722.

Niemi R M, Niemelä S I, Bamford D H, et al. 1993. Presumptive fecal streptococci in environmental samples characterized by one-dimensional sodium dodecyl sulfate-polyacrylamide gel electrophoresis. Appled and Enbironmental Microbiology, 59(7): 2190-2196.

Nimgampalle M, Kuna Y. 2017. Anti-Alzheimer Properties of Probiotic, *Lactobacillus plantarum* MTCC 1325 in Alzheimer's Disease induced Albino Rats. J Clin Diagn Res, 11(8): KC01-KC05.

Noinaj N, Buchanan S K, Cornelissen C N. 2012. The transferrin-iron import system from pathogenic *Neisseria* species. Mol Microbiol, 86(2): 246-257.

Nougayrède J P, Chagneau C V, Motta J P, et al. 2021. A toxic friend: genotoxic and mutagenic activity of the probiotic strain *Escherichia coli* nissle 1917. mSphere, 6(4): e0062421.

Nowak A, Kuberski S, Libudzisz Z. 2014. Probiotic lactic acid bacteria detoxify *N*-nitrosodimethylamine. Food Addit Contam Part A Chem Anal Control Expo Risk Assess, 31(10): 1678-1687.

Nzakizwanayo J, Kumar S, Ogilvie L A, et al. 2015. Disruption of *Escherichia coli* Nissle 1917 K5 capsule biosynthesis, through loss of distinct kfi genes, modulates interaction with intestinal epithelial cells and impact on cell health. PLoS One, 10(3): e0120430.

O'Callaghan D, Cazevieille C, Allardet-Servent A, et al. 1999. A homologue of the *Agrobacterium tumefaciens* VirB and *Bordetella pertussis* Ptl type IV secretion systems is essential for intracellular survival of *Brucella suis*. Mol Microbiol, 33(6): 1210-1220.

O'Callaghan D, Whatmore A M. 2011. *Brucella* genomics as we enter the multi-genome era. Brief Funct Genomics, 10(6): 334-341.

O'Callaghan J, O'Toole P W. 2013. *Lactobacillus*: host-microbe relationships. Curr Top Microbiol Immunol, 358: 119-154.

O'Connell Motherway M, Zomer A, Leahy S C, et al. 2011. Functional genome analysis of *Bifidobacterium breve* UCC2003 reveals type IVb tight adherence (Tad) pili as an essential and conserved host-colonization factor. Proceedings of the National Academy of Sciences of the United States of America, 108(27): 11217-11222.

O'Toole P W, Marchesi J R, Hill C. 2017. Next-generation probiotics: the spectrum from probiotics to live biotherapeutics. Nature Microbiology, 2: 17057.

Obermajer T, Grabnar I, Benedik E, et al. 2017. Microbes in infant gut development: placing abundance within environmental, clinical and growth parameters. Scientific Reports, 7(1): 11230.

Ogawa A, Kobayashi T, Sakai F, et al. 2015. *Lactobacillus gasseri* SBT2055 suppresses fatty acid release through enlargement of fat emulsion size *in vitro* and promotes fecal fat excretion in healthy Japanese subjects. Lipids Health Dis, 14: 20.

Ognik K, Krauze M, Cholewińska E, et al. 2017. The effect of a probiotic containing *Enterococcus faecium* DSM 7134 on redox and biochemical parameters in chicken blood. Annals of Animal Science, 17(4): 1075-1088.

Ohashi Y, Fujisawa T. 2019. Analysis of *Clostridium* cluster XI bacteria in human feces. Bioscience of Microbiota, Food and Health, 38(2): 65-68.

Ohsawa K, Uchida N, Ohki K, et al. 2015. *Lactobacillus helveticus*-fermented milk improves learning and memory in mice. Nutr Neurosci, 18(5): 232-240.

Oliphant K, Ali M, D'Souza M, et al. 2021. Bacteroidota and Lachnospiraceae integration into the gut microbiome at key time points in early life are linked to infant neurodevelopment. Gut Microbes, 13(1): 1997560.

Olli K, Saarinen M T, Forssten S D, et al. 2016. Independent and combined effects of lactitol, polydextrose, and *Bacteroides thetaiotaomicron* on postprandial metabolism and body weight in rats fed a high-fat diet. Frontiers in Nutrition, 3: 15.

Olson C A, Vuong H E, Yano J M, et al. 2018. The gut microbiota mediates the anti-seizure effects of the ketogenic diet. Cell, 173(7): 1728-1741.e13.

Özdirik B, Müller T, Wree A, et al. 2021. The role of microbiota in primary sclerosing cholangitis and related biliary malignancies. Int J Mol Sci, 22(13): 6975.

Pan M C, Barrangou R. 2020. Combining omics technologies with CRISPR-based genome editing to study food microbes. Curr Opin Biotechnol, 61: 198-208.

Panthee S, Paudel A, Hamamoto H, et al. 2021. Complete genome sequence and comparative genomic analysis of *Enterococcus faecalis* EF-2001, a probiotic bacterium. Genomics, 113(3): 1534-1542.

Panwar H, Calderwood D, Grant I R, et al. 2014. *Lactobacillus* strains isolated from infant faeces possess potent inhibitory activity against intestinal alpha- and beta-glucosidases suggesting anti-diabetic potential. Eur J Nutr, 53(7): 1465-1474.

Pappas G, Papadimitriou P, Akritidis N, et al. 2006. The new global map of human brucellosis. Lancet Infect Dis, 6(2): 91-99.

Parahitiyawa N B, Scully C, Leung W K, et al. 2010. Exploring the oral bacterial flora: current status and future directions. Oral Dis, 16(2): 136-145.

Pasolli E, Asnicar F, Manara S, et al. 2019. Extensive unexplored human microbiome diversity revealed by over 150, 000 genomes from metagenomes spanning age, geography, and lifestyle. Cell, 176(3): 649-662.e20.

Patel C, Pande S, Acharya S. 2020. Potentiation of anti-Alzheimer activity of curcumin by probiotic *Lactobacillus rhamnosus* UBLR-58 against scopolamine-induced memory impairment in mice. Naunyn-Schmiedeberg's Archives of Pharmacology, 393(10): 1955-1962.

Patnode M L, Beller Z W, Han N D, et al. 2019. Interspecies competition impacts targeted manipulation of human gut bacteria by fiber-derived glycans. Cell, 179(1): 59-73.e13.

Patrick S. 2015. Chapter 51 - *Bacteroides*//Tang Y W, Sussman M, Liu D, et al. Molecular Medical Microbiology. 2nd ed. Boston: Academic Press: 917-944.

Patterson E, Ryan P M, Wiley N, et al. 2019. Gamma-aminobutyric acid-producing lactobacilli positively affect metabolism and depressive-like behaviour in a mouse model of metabolic syndrome. Sci Rep, 9: 16323.

Patzer S I, Baquero M R, Bravo D, et al. 2003. The colicin G, H and X determinants encode microcins M and H47, which might utilize the catecholate siderophore receptors FepA, Cir, Fiu and IroN. Microbiology, 149(Pt 9): 2557-2570.

Pausan M R, Csorba C, Singer G, et al. 2019. Exploring the archaeome: detection of archaeal signatures in the human body. Front Microbiol, 10: 2796.

Pedersen H K, Gudmundsdottir V, Nielsen H B, et al. 2016. Human gut microbes impact host serum metabolome and insulin sensitivity. Nature, 535(7612): 376-381.

Pelletier L L Jr, 1996. Microbiology of the Circulatory System[M]//Baron S. Medical Microbiology. Galveston (TX): University of Texas Medical Branch at Galveston.

Pernica J M, Steenhoff A P, Mokomane M, et al. 2017. Rapid enteric testing to permit targeted antimicrobial therapy, with and without *Lactobacillus reuteri* probiotics, for paediatric acute diarrhoeal disease in Botswana: a pilot, randomized, factorial, controlled trial. PLoS One, 12(10): e0185177.

Petrova M I, Macklaim J M, Wuyts S, et al. 2018. Comparative genomic and phenotypic analysis of the vaginal probiotic *Lactobacillus rhamnosus* GR-1. Front Microbiol, 9: 1278.

Pfaller M A, Jones R N, Doern G V, et al. 1999. Survey of blood stream infections attributable to Gram-positive cocci: frequency of occurrence and antimicrobial susceptibility of isolates collected in 1997 in the United States, Canada, and Latin America from the SENTRY antimicrobial surveillance program. Diagnostic Microbiology and Infectious Disease, 33(4): 283-297.

Pidot S J, Gao W, Buultjens A H, et al. 2018. Increasing tolerance of hospital *Enterococcus faecium* to handwash alcohols. Science Translational Medicine, 10(452): eaar6115.

Pieper R, Kröger S, Richter J F, et al. 2012. Fermentable fiber ameliorates fermentable protein-induced changes in microbial ecology, but not the mucosal response, in the colon of piglets. The Journal of Nutrition, 142(4): 661-667.

Piewngam P, Zheng Y, Nguyen T H, et al. 2018. Pathogen elimination by probiotic *Bacillus* via signalling interference. Nature, 562(7728): 532-537.

Plaza-Diaz J, Ruiz-Ojeda F J, Gil-Campos M, et al. 2019. Mechanisms of action of probiotics. Adv Nutr, 10: S49-S66.

Plovier H, Everard A, Druart C, et al. 2017. A purified membrane protein from *Akkermansia muciniphila* or the pasteurized bacterium improves metabolism in obese and diabetic mice. Nature Medicine, 23(1): 107-113.

Pokusaeva K, Fitzgerald G F, van Sinderen D. 2011. Carbohydrate metabolism in bifidobacteria. Genes & Nutrition, 6(3): 285-306.

Pol K, de Graaf C, Meyer D, et al. 2018. The efficacy of daily snack replacement with oligofructose-enriched granola bars in overweight and obese adults: a 12-week randomised controlled trial. Br J Nutr, 119(9): 1076-1086.

Polak-Berecka M, Waśko A, Paduch R, et al. 2014. The effect of cell surface components on adhesion ability of *Lactobacillus rhamnosus*. Antonie Van Leeuwenhoek, 106(4): 751-762.

Popovych V, Koshel I, Malofiichuk A, et al. 2019. A randomized, open-label, multicenter, comparative study of therapeutic efficacy, safety and tolerability of BNO 1030 extract, containing marshmallow root, chamomile flowers, horsetail herb, walnut leaves, yarrow herb, oak bark, dandelion herb in the treatment of acute non-bacterial tonsillitis in children aged 6 to 18 years. Am J Otolaryngol, 40(2): 265-273.

Possemiers S, Heyerick A, Robbens V, et al. 2005. Activation of proestrogens from hops (*Humulus lupulus* L.) by intestinal microbiota; conversion of isoxanthohumol into 8-prenylnaringenin. J Agric Food Chem, 53(16): 6281-6288.

Prado Acosta M, Ruzal S M, Cordo S M. 2016. S-layer proteins from *Lactobacillus* sp. inhibit bacterial infection by blockage of DC-SIGN cell receptor. Int J Biol Macromol, 92: 998-1005.

Prazmowski A, 2018. Untersuchung über die Entwickelungsgeschichte und Fermentwirking einiger Bacterien-Arten[M]. London: Forgotten Books.

Preshaw P M, Alba A L, Herrera D, et al. 2012. Periodontitis and diabetes: a two-way relationship. Diabetologia, 55(1): 21-31.

Przemska-Kosicka A, Childs C E, Enani S, et al. 2016. Effect of a synbiotic on the response to seasonal influenza vaccination is strongly influenced by degree of immunosenescence. Immunity & Ageing: I & A, 13: 6.

Qiao S S, Liu C, Sun L, et al. 2022. Gut *Parabacteroides merdae* protects against cardiovascular damage by enhancing branched-chain amino acid catabolism. Nat Metab, 4(10): 1271-1286.

Qin Q, Yan S, Yang Y, et al. 2021. A metagenome-wide association study of the gut microbiome and metabolic syndrome. Front Microbiol, 12: 682721.

Qiu X Y, Zhang M M, Yang X T, et al. 2013. *Faecalibacterium prausnitzii* upregulates regulatory T cells and anti-inflammatory cytokines in treating TNBS-induced colitis. Journal of Crohns & Colitis, 7(11): e558-e568.

Quaglia N C, Dambrosio A. 2018. *Helicobacter pylori*: a foodborne pathogen?. World J Gastroentero, 24(31): 3472-3487.

Quax W J. 2000. The prokaryotes: an evolving electronic resource for the microbiological community. New York: Springer-Verlag.

Rainey F A, Ward N L, Morgan H W, et al. 1993. Phylogenetic analysis of anaerobic thermophilic bacteria: aid for their reclassification. Journal of Bacteriology, 175(15): 4772-4779.

Rainey F, Holley B, Small A. 2009. Genus I. *Clostridium*// Vos P D, Garrity G M, Jones D, et al. Bergey's Manual of Systematic Bacteriology. New York: Springer.

Rajashekar R, Liebl D, Seitz A, et al. 2008. Dynamic remodeling of the endosomal system during formation of *Salmonella*-induced filaments by intracellular *Salmonella enterica*. Traffic, 9(12): 2100-2116.

Rajendhran J. 2021. Genomic insights into *Brucella*. Infect Genet Evol, 87: 104635.

Rajilić-Stojanović M, Biagi E, Heilig H G H J, et al. 2011. Global and deep molecular analysis of microbiota signatures in fecal samples from patients with irritable bowel syndrome. Gastroenterology, 141(5): 1792-1801.

Rajilić-Stojanović M, de Vos W M. 2014. The first 1000 cultured species of the human gastrointestinal microbiota. FEMS Microbiology Reviews, 38(5): 996-1047.

Rakoff-Nahoum S, Foster K R, Comstock L E. 2016. The evolution of cooperation within the gut microbiota. Nature, 533(7602): 255-259.

Ramezani A, Nolin T D, Barrows I R, et al. 2018. Gut colonization with methanogenic Archaea lowers plasma trimethylamine *N*-oxide concentrations in apolipoprotein E-/- mice. Scientific Reports, 8(1): 14752.

Raoult D, La Scola B, Enea M, et al. 2001. A flea-associated *Rickettsia* pathogenic for humans. Emerg Infect Dis, 7(1): 73-81.

Rassow J, Meinecke M. 2012. *Helicobacter pylori* VacA: a new perspective on an invasive chloride channel. Microbes Infect, 14(12): 1026-1033.

Rautava S, Kalliomäki M, Isolauri E. 2002. Probiotics during pregnancy and breast-feeding might confer immunomodulatory protection against atopic disease in the infant. J Allergy Clin Immunol, 109(1): 119-121.

Rautio M, Eerola E, Väisänen-Tunkelrott M L, et al. 2003. Reclassification of *Bacteroides putredinis* (Weinberg et Al. 1937) in a New Genus *Alistipes* gen. nov., as *Alistipes putredinis* comb. nov., and Description of *Alistipes finegoldii* sp. nov., from Human Sources. Syst Appl Microbiol, 26(2): 182-188.

Rautio M, Jousimies-Somer H, Kauma H, et al. 1999. Liver abscess due to a *Lactobacillus rhamnosus* strain indistinguishable from *L. rhamnosus* strain GG. Clin Infect Dis, 28(5): 1159-1160.

Raven K E, Reuter S, Reynolds R, et al. 2016. A decade of genomic history for healthcare-associated *Enterococcus faecium* in the United Kingdom and Ireland. Genome Research, 26(10): 1388-1396.

Raza T, Ullah S R, Mehmood K, et al. 2018. Vancomycin resistant Enterococci: a brief review. J Pak Med Assoc, 68(5): 768-772.

Rees R, Park C, Long B, et al. 2021. Murine typhus presenting with mucosal involvement. J Pediatric Infect Dis Soc, 10(4): 540-542.

Reichenbach H. 1999. The ecology of the myxobacteria. Environmental Microbiology, 1(1): 15-21.

Reichenbach H, Gerth K, Irschik H, et al. 1988. Myxobacteria: a source of new antibiotics. Trends in Biotechnology, 6(6): 115-121.

Reichenbach H, Höfle G. 2000. Myxobacteria as producers of secondary metabolites//Grabley S, Thiericke R. Drug Discovery from Nature. Berlin, Heidelberg: Springer Berlin Heidelberg: 149-179.

Reichenbach H, Höfle G. 2008. Discovery and development of the epothilones: a novel class of antineoplastic drugs. Drugs in R&D, 9(1): 1-10.

Reid G. 2019. Disentangling what we know about microbes and mental health. Frontiers in Endocrinology, 10: 81.

Reid J N S, Bisanz J E, Monachese M, et al. 2013. The rationale for probiotics improving reproductive health and pregnancy outcome. Am J Reprod Immunol, 69(6): 558-566.

Reshetnyak V I, Reshetnyak T M. 2017. Significance of dormant forms of *Helicobacter pylori* in ulcerogenesis. World J Gastroenterol, 23(27): 4867-4878.

Rezaei Asl Z, Sepehri G, Salami M. 2019. Probiotic treatment improves the impaired spatial cognitive performance and restores synaptic plasticity in an animal model of Alzheimer's disease. Behav Brain Res, 376: 112183.

Rezaeiasl Z, Salami M, Sepehri G. 2019. The effects of probiotic *Lactobacillus* and *Bifidobacterium* strains on memory and learning behavior, long-term potentiation (LTP), and some biochemical parameters in β-amyloid-induced rat's model of Alzheimer's disease. Prev Nutr Food Sci, 24(3): 265-273.

Richard M L, Liguori G, Lamas B, et al. 2018. Mucosa-associated microbiota dysbiosis in colitis associated cancer. Gut Microbes, 9(2): 131-142.

Rist V T S, Weiss E, Sauer N, et al. 2014. Effect of dietary protein supply originating from soybean meal or casein on the intestinal microbiota of piglets. Anaerobe, 25: 72-79.

Rivière A, Gagnon M, Weckx S, et al. 2015. Mutual cross-feeding interactions between *Bifidobacterium longum* subsp. *longum* NCC2705 and *Eubacterium rectale* ATCC 33656 explain the bifidogenic and butyrogenic effects of arabinoxylan oligosaccharides. Applied and Environmental Microbiology, 81(22): 7767-7781.

Rivière A, Selak M, Lantin D, et al. 2016. Bifidobacteria and butyrate-producing colon bacteria: importance and strategies for their stimulation in the human gut. Front Microbiol, 7: 979.

Rizzardi K, Åkerlund T. 2015. High molecular weight typing with MALDI-TOF MS – A novel method for rapid typing of *Clostridium difficile*. PLoS One, 10(4): e0122457.

Rizzatti G, Lopetuso L R, Gibiino G, et al. 2017. Proteobacteria: a common factor in human diseases. BioMed Research International. 2017: 9351507.

Robinson R K, Batt C A, Patel P D. 2000. Encyclopedia of Food Microbiology[M]. San Diego: Academic Press.

Rojo-Bezares B, Sáenz Y, Poeta P, et al. 2006. Assessment of antibiotic susceptibility within lactic acid bacteria strains isolated from wine. Int J Food Microbiol, 111(3): 234-240.

Rossi M, Martínez-Martínez D, Amaretti A, et al. 2016. Mining metagenomic whole genome sequences revealed subdominant but constant *Lactobacillus* population in the human gut microbiota. Environmental Microbiology Reports, 8(3): 399-406.

Rossi O, Khan M T, Schwarzer M, et al. 2015. *Faecalibacterium prausnitzii* strain HTF-F and its extracellular polymeric matrix attenuate clinical parameters in DSS-induced colitis. PLoS One, 10(4): e0123013.

Roszczenko-Jasińska P, Wojtyś M I, Jagusztyn-Krynicka E K. 2020. *Helicobacter pylori* treatment in the post-antibiotics era-searching for new drug targets. Appl Microbiol Biotechnol, 104(23): 9891-9905.

Rotariu O, Smith-Palmer A, Cowden J, et al. 2010. Putative household outbreaks of campylobacteriosis typically comprise single MLST genotypes. Epidemiol Infect, 138(12): 1744-1747.

Rothhammer V, Mascanfroni I D, Bunse L, et al. 2016. Type I interferons and microbial metabolites of tryptophan modulate astrocyte activity and central nervous system inflammation via the aryl hydrocarbon receptor. Nature Medicine, 22(6): 586-597.

Routy B, Le Chatelier E, Derosa L, et al. 2018. Gut microbiome influences efficacy of PD-1-based immunotherapy against epithelial tumors. Science, 359(6371): 91-97.

Rowland I, Gibson G, Heinken A, et al. 2018. Gut microbiota functions: metabolism of nutrients and other food components. European Journal of Nutrition, 57(1): 1-24.

Ruiz L, Gueimonde M, Ruas-Madiedo P, et al. 2012. Molecular clues to understand the aerotolerance phenotype of *Bifidobacterium animalis* subsp. lactis. Appl Environ Microbiol, 78(3): 644-650.

Ruiz-Garbajosa P, Bonten M J M, Robinson D A, et al. 2006. Multilocus sequence typing scheme for *Enterococcus faecalis* reveals hospital-adapted genetic complexes in a background of high rates of recombination. J Clin Microbiol, 44(6): 2220-2228.

Saavedra L, Taranto M P, Sesma F, et al. 2003. Homemade traditional cheeses for the isolation of probiotic *Enterococcus faecium* strains. International Journal of Food Microbiology, 88(2/3): 241-245.

Sabbagh S C, Forest C G, Lepage C, et al. 2010. So similar, yet so different: uncovering distinctive features in the genomes of *Salmonella enterica* serovars Typhimurium and Typhi. FEMS Microbiol Lett, 305(1): 1-13.

Sáez-Lara M J, Robles-Sanchez C, Ruiz-Ojeda F J, et al. 2016. Effects of probiotics and synbiotics on obesity, insulin resistance syndrome, type 2 diabetes and non-alcoholic fatty liver disease: a review of human clinical trials. Int J Mol Sci, 17(6): 928.

Saggioro A. 2004. Probiotics in the treatment of irritable bowel syndrome. J Clin Gastroenterol, 38(6 Suppl): S104-S106.

Sagheddu V, Patrone V, Miragoli F, et al. 2016. Infant early gut colonization by Lachnospiraceae: high frequency of *Ruminococcus gnavus*. Frontiers in Pediatrics, 4: 57.

Saha S, Tomaro-Duchesneau C, Rodes L, et al. 2014. Investigation of probiotic bacteria as dental caries and periodontal disease biotherapeutics. Benef Microbes, 5(4): 447-460.

Saito Y, Sato T, Nomoto K, et al. 2018. Identification of phenol- and p-cresol-producing intestinal bacteria by using media supplemented with tyrosine and its metabolites. FEMS Microbiology Ecology, 94(9): fiy125.

Sakamoto M, Benno Y. 2006. Reclassification of *Bacteroides distasonis*, *Bacteroides goldsteinii* and *Bacteroides merdae* as *Parabacteroides distasonis* gen. nov., comb. nov., *Parabacteroides goldsteinii* comb. nov. and *Parabacteroides merdae* comb. nov. Int J Syst Evol Microbiol, 56(Pt 7): 1599-1605.

Sakamoto M, Huang Y, Umeda M, et al. 2005a. *Prevotella multiformis* sp. nov., isolated from human subgingival plaque. Int J Syst Evol Microbiol, 55(pt 2): 815-819.

Sakamoto M, Iino T, Ohkuma M. 2017. *Faecalimonas umbilicata* gen. nov., sp. nov., isolated from human faeces, and reclassification of *Eubacterium contortum*, *Eubacterium fissicatena* and *Clostridium oroticum* as *Faecalicatena contorta* gen. nov., comb. nov., *Faecalicatena fissicatena* comb. nov. and *Faecalicatena orotica* comb. nov. Int J Syst Evol Microbiol, 67(5): 1219-1227.

Sakamoto M, Kitahara M, Benno Y. 2007a. *Parabacteroides johnsonii* sp. nov., isolated from human faeces. Int J Syst Evol Microbiol, 57(pt 2): 293-296.

Sakamoto M, Kumada H, Hamada N, et al. 2009a. *Prevotella falsenii* sp. nov., a *Prevotella intermedia*-like organism isolated from monkey dental plaque. Int J Syst Evol Microbiol, 59(pt 2): 319-322.

Sakamoto M, Ohkuma M. 2012. Reclassification of *Xylanibacter oryzae* Ueki et al. 2006 as *Prevotella oryzae* comb. nov., with an emended description of the genus *Prevotella*. Int J Syst Evol Microbiol, 62(Pt 11): 2637-2642.

Sakamoto M, Ohkusu K, Masaki T, et al. 2007b. *Prevotella pleuritidis* sp. nov., isolated from pleural fluid. Int J Syst Evol Microbiol, 57(pt 8): 1725-1728.

Sakamoto M, Suzuki M, Huang Y, et al. 2004. *Prevotella shahii* sp. nov. and *Prevotella salivae* sp. nov., isolated from the human oral cavity. Int J Syst Evol Microbiol, 54: 877-883.

Sakamoto M, Suzuki N, Matsunaga N, et al. 2009b. *Parabacteroides gordonii* sp. nov., isolated from human blood cultures. Int J Syst Evol Microbiol, 59(pt 11): 2843-2847.

Sakamoto M, Suzuki N, Okamoto M. 2010. *Prevotella aurantiaca* sp. nov., isolated from the human oral cavity. Int J Syst Evol Microbiol, 60(pt 3): 500-503.

Sakamoto M, Tanaka Y, Benno Y, et al. 2015. *Parabacteroides faecis* sp. nov., isolated from human faeces. Int J Syst Evol Microbiol, 65(pt 4): 1342-1346.

Sakamoto M, Umeda M, Ishikawa I, et al. 2005b. *Prevotella multisaccharivorax* sp. nov., isolated from human subgingival plaque. Int J Syst Evol Microbiol, 55(Pt 5): 1839-1843.

Salama N R, Hartung M L, Müller A. 2013. Life in the human stomach: persistence strategies of the bacterial pathogen *Helicobacter pylori*. Nat Rev Microbiol, 11(6): 385-399.

Salcedo S P, Holden D W. 2003. SseG, a virulence protein that targets *Salmonella* to the Golgi network. The EMBO Journal, 22(19): 5003-5014.

Salehipour Z, Haghmorad D, Sankian M, et al. 2017. *Bifidobacterium animalis* in combination with human origin of *Lactobacillus plantarum* ameliorate neuroinflammation in experimental model of multiple sclerosis by altering CD4$^+$ T cell subset balance. Biomed Pharmacother, 95: 1535-1548.

Salimzadeh L, Bagheri N, Zamanzad B, et al. 2015. Frequency of virulence factors in *Helicobacter pylori*-infected patients with gastritis. Microbial Pathogenesis, 80: 67-72.

Salminen M K, Rautelin H, Tynkkynen S, et al. 2006. *Lactobacillus* bacteremia, species identification, and antimicrobial susceptibility of 85 blood isolates. Clin Infect Dis, 42(5): e35-e44.

Salonen N, Salonen K, Leisola M, et al. 2013. D-Tagatose production in the presence of borate by resting *Lactococcus lactis* cells harboring *Bifidobacterium longum* L-arabinose isomerase. Bioprocess Biosyst Eng, 36(4): 489-497.

Salyers A A, Gupta A, Wang Y, 2004. Human intestinal bacteria as reservoirs for antibiotic resistance genes.Trends in Microbiology, 12(9): 412-416.

Samot J, Badet C. 2013. Antibacterial activity of probiotic candidates for oral health. Anaerobe, 19: 34-38.

Sanders M E, Akkermans L M A, Haller D, et al. 2010. Safety assessment of probiotics for human use. Gut Microbes, 1(3): 164-185.

Sanders M E, Benson A, Lebeer S, et al. 2018. Shared mechanisms among probiotic taxa: implications for general probiotic claims. Curr Opin Biotechnol, 49: 207-216.

Sanders M E, Merenstein D J, Reid G, et al. 2019. Probiotics and prebiotics in intestinal health and disease: from biology to the clinic. Nat Rev Gastroenterol Hepatol, 16(10): 605-616.

Sansonetti P. 2002. Host-pathogen interactions: the seduction of molecular cross talk. Gut, 50(Suppl 3): III2-III8.

Sanyal B, Russell C. 1978. Nonsporing, anaerobic, gram-positive rods in saliva and the gingival crevice of humans. Appl Environ Microbiol, 35(4): 670-678.

Sanz Y. 2011. Gut microbiota and probiotics in maternal and infant health. The American Journal of

Clinical Nutrition, 94(6 Suppl): 2000S-2005S.

Sarao L K, Arora M. 2017. Probiotics, prebiotics, and microencapsulation: a review. Critical Reviews in Food Science and Nutrition, 57(2): 344-371.

Sasaki K, Inoue J, Sasaki D, et al. 2019. Construction of a model culture system of human colonic microbiota to detect decreased Lachnospiraceae abundance and butyrogenesis in the feces of ulcerative colitis patients. Biotechnol J, 14(5): e1800555.

Sato R, Tanaka M. 1997. Intestinal distribution and intraluminal localization of orally administered *Clostridium butyricum* in rats. Microbiology and Immunology, 41(9): 665-671.

Scaldaferri F, Gerardi V, Lopetuso L R, et al. 2013. Gut microbial flora, prebiotics, and probiotics in IBD: their current usage and utility. Biomed Res Int. 2013: 435268.

Scheiman J, Luber J M, Chavkin T A, et al. 2019. Meta-omics analysis of elite athletes identifies a performance-enhancing microbe that functions via lactate metabolism. Nature Medicine, 25(7): 1104-1109.

Scher J U, Sczesnak A, Longman R S, et al. 2013. Expansion of intestinal *Prevotella copri* correlates with enhanced susceptibility to arthritis. eLife, 2: e01202.

Schiavi E, Gleinser M, Molloy E, et al. 2016. The surface-associated exopolysaccharide of *Bifidobacterium longum* 35624 plays an essential role in dampening host proinflammatory responses and repressing local TH17 responses. Appl Environ Microbiol, 82(24): 7185-7196.

Schlee M, Harder J, Köten B, et al. 2008. Probiotic lactobacilli and VSL#3 induce enterocyte beta-defensin 2. Clin Exp Immunol, 151(3): 528-535.

Schlee M, Wehkamp J, Altenhoefer A, et al. 2007. Induction of human beta-defensin 2 by the probiotic *Escherichia coli* Nissle 1917 is mediated through flagellin. Infection and Immunity, 75(5): 2399-2407.

Schleifer K H, Kilpper-Balz R. 1984. Transfer of *Streptococcus faecalis* and *Streptococcus faecium* to the Genus *Enterococcus* nom. rev. as *Enterococcus faecalis* comb. nov. and *Enterococcus faecium* comb. nov. International Journal of Systematic Bacteriology, 34(1): 31-34.

Schleper C, Jurgens G, Jonuscheit M. 2005. Genomic studies of uncultivated Archaea. Nat Rev Microbiol, 3(6): 479-488.

Schmidt M A, Souza E M, Baura V, et al. 2011. Evidence for the endophytic colonization of *Phaseolus vulgaris* (common bean) roots by the diazotroph *Herbaspirillum seropedicae*. Braz J Med Biol Res, 44(3): 182-185.

Schneeberg A, Ehricht R, Slickers P, et al. 2015. DNA microarray-based PCR ribotyping of *Clostridium difficile*. Journal of Clinical Microbiology, 53(2): 433-442.

Schoeps V A, Zhou X Y, Horton M K, et al. 2024. Short-chain fatty acid producers in the gut are associated with pediatric multiple sclerosis onset. Ann Clin Transl Neurol, 11(1): 169-184.

Scholz H C, Mühldorfer K, Shilton C, et al. 2016. The change of a medically important genus: worldwide occurrence of genetically diverse novel *Brucella* species in exotic frogs. PLoS One, 11(12): e0168872.

Schouw A, Leiknes Eide T, Stokke R, et al. 2016. *Abyssivirga alkaniphila* gen. nov., sp. nov., an alkane-degrading, anaerobic bacterium from a deep-sea hydrothermal vent system, and emended descriptions of *Natranaerovirga pectinivora* and *Natranaerovirga hydrolytica*. Int J Syst Evol Microbiol, 66(4): 1724-1734.

Schultz M. 2008. Clinical use of *E. coli* Nissle 1917 in inflammatory bowel disease. Inflamm Bowel Dis, 14(7): 1012-1018.

Scott J R, Zähner D. 2006. Pili with strong attachments: Gram-positive bacteria do it differently. Mol Microbiol, 62(2): 320-330.

Scott K P, Martin J C, Duncan S H, et al. 2014. Prebiotic stimulation of human colonic butyrate-producing bacteria and bifidobacteria, *in vitro*. FEMS Microbiology Ecology, 87(1): 30-40.

Seleem M N, Boyle S M, Sriranganathan N. 2008. *Brucella*: a pathogen without classic virulence genes. Vet Microbiol, 129(1/2): 1-14.

Seleem M N, Jain N, Pothayee N, et al. 2009. Targeting *Brucella melitensis* with polymeric nanoparticles containing streptomycin and doxycycline. FEMS Microbiol Lett, 294(1): 24-31.

Seo M, Inoue I, Tanaka M, et al. 2013. *Clostridium butyricum* MIYAIRI 588 improves high-fat diet-induced non-alcoholic fatty liver disease in rats. Digestive Diseases and Sciences, 58(12): 3534-3544.

Sgambato D, Visciola G, Ferrante E, et al. 2018. Prevalence of *Helicobacter pylori* infection in sexual partners of *H. pylori*- infected subjects: role of gastroesophageal reflux. United European Gastroenterol J, 6(10): 1470-1476.

Shaffer C L, Good J A D, Kumar S, et al. 2016. Peptidomimetic small molecules disrupt type IV secretion system activity in diverse bacterial pathogens. mBio, 7(2): e00221-e00216.

Shah H N, Collins D M. 1990. *Prevotella*, a new genus to include *Bacteroides melaninogenicus* and related species formerly classified in the genus *Bacteroides*. International Journal of Systematic Bacteriology, 40(2): 205-208.

Shah H N, Gharbia S E. 1992. Biochemical and chemical studies on strains designated *Prevotella intermedia* and proposal of a new pigmented species, *Prevotella nigrescens* sp. nov. International Journal of Systematic Bacteriology, 42(4): 542-546.

Shah M M, Saio M, Yamashita H, et al. 2012. *Lactobacillus acidophilus* strain L-92 induces $CD4^+CD25^+Foxp3^+$ regulatory T cells and suppresses allergic contact dermatitis. Biol Pharm Bull, 35(4): 612-616.

Shahapure R, Driessen R P C, Haurat M F, et al. 2014. The archaellum: a rotating type IV pilus. Mol Microbiol, 91(4): 716-723.

Shahramian I, Kalvandi G, Javaherizadeh H, et al. 2018. The effects of prebiotic supplementation on weight gain, diarrhoea, constipation, fever and respiratory tract infections in the first year of life. J Paediatr Child Health, 54(8): 875-880.

Shanahan F. 2012. A commentary on the safety of probiotics. Gastroenterol Clin North Am, 41(4): 869-876.

Shen N T, Maw A, Tmanova L L, et al. 2017. Timely use of probiotics in hospitalized adults prevents *Clostridium difficile* infection: a systematic review with meta-regression analysis. Gastroenterology, 152(8): 1889-1900.e9.

Shen Z H, Luo W W, Tan B, et al. 2022. *Roseburia intestinalis* stimulates TLR5-dependent intestinal immunity against Crohn's disease. EBioMedicine, 85: 104285.

Shen Z Q, Wang Y, Zhang Q J, et al. 2018. Antimicrobial resistance in *Campylobacter* spp. Microbiology Spectrum, 6(2): 11.

Shimauchi H, Mayanagi G, Nakaya S, et al. 2008. Improvement of periodontal condition by probiotics with *Lactobacillus salivarius* WB21: a randomized, double-blind, placebo-controlled study. J Clin Periodontol, 35(10): 897-905.

Shinkai T, Ikeyama N, Kumagai M, et al. 2022. *Prevotella lacticifex* sp. nov., isolated from the rumen of cows. Int J Syst Evol Microbiol, (3): 72.

Shoemaker N B, Vlamakis H, Hayes K, et al. 2001. Evidence for extensive resistance gene transfer among *Bacteroides* spp. and among *Bacteroides* and other genera in the human colon. Applied and Environmental Microbiology, 67: 561-568.

Shornikova A V, Casas I A, Mykkänen H, et al. 1997. Bacteriotherapy with *Lactobacillus reuteri* in rotavirus gastroenteritis. Pediatr Infect Dis J, 16(12): 1103-1107.

Shulman S T, Friedmann H C, Sims R H. 2007. Theodor Escherich: the first pediatric infectious diseases physician?. Clinical Infectious Diseases, 45(8): 1025-1029.

Siguenza N, Brevi A, Zhang J T, et al. 2024. Engineered bacterial therapeutics for detecting and treating CRC. Trends in Cancer, 10(7): 588-597.

Sims T T, Colbert L E, Zheng J L, et al. 2019. Gut microbial diversity and genus-level differences identified in cervical cancer patients versus healthy controls. Gynecologic Oncology, 155(2): 237-244.

Singh H, Das S, Yadav J, et al. 2019. In search of novel protein drug targets for treatment of *Enterococcus faecalis* infections. Chem Biol Drug Des, 94(4): 1721-1739.

Singh K V, La Rosa S L, Somarajan S R, et al. 2015. The fibronectin-binding protein EfbA contributes to pathogenesis and protects against infective endocarditis caused by *Enterococcus faecalis*. Infect Immun, 83(12): 4487-4494.

Singh K V, Weinstock G M, Murray B E. 2002. An *Enterococcus faecalis* ABC homologue (Lsa) is required for the resistance of this species to clindamycin and quinupristin-dalfopristin. Antimicrob Agents Chemother, 46(6): 1845-1850.

Singh V, West G, Fiocchi C, et al. 2024. Clonal *Parabacteroides* from gut microfistulous tracts as transmissible cytotoxic succinate-commensal model of Crohn's disease complications. BioRxiv: the Preprint Server for Biology: 2024.01.09.574896.

Skerman V B D, Sneath P H A, McGowan V. 1980. Approved lists of bacterial names. International Journal of Systematic and Evolutionary Microbiology, 30(1): 225-420.

Skirrow M B. 2006. John McFadyean and the centenary of the first isolation of *Campylobacter* species. Clin Infect Dis, 43(9): 1213-1217.

Slykerman R F, Hood F, Wickens K, et al. 2017. Effect of *Lactobacillus rhamnosus* HN001 in pregnancy on postpartum symptoms of depression and anxiety: a randomised double-blind placebo-controlled trial. EBioMedicine, 24: 159-165.

Smith C J, Emge J R, Berzins K, et al. 2014. Probiotics normalize the gut-brain-microbiota axis in immunodeficient mice. American Journal of Physiology Gastrointestinal and Liver Physiology, 307(8): G793-G802.

Smith T, Taylor M S. 1919. Some morphological and biological characters of the spirilla (*Vibrio fetus*, n. sp.) associated with disease of the fetal membranes in cattle. Journal of Experimental Medicine, 30(4): 299-311.

So J S, Kwon H K, Lee C G, et al. 2008. *Lactobacillus casei* suppresses experimental arthritis by down-regulating T helper 1 effector functions. Mol Immunol, 45(9): 2690-2699.

Sofi M H, Wu Y X, Ticer T, et al. 2021. A single strain of *Bacteroides fragilis* protects gut integrity and reduces GVHD. JCI Insight, 6(3): e136841.

Soh S E, Aw M, Gerez I, et al. 2009. Probiotic supplementation in the first 6 months of life in at risk Asian infants: effects on eczema and atopic sensitization at the age of 1 year. Clin Exp Allergy, 39(4): 571-578.

Sokol H, Pigneur B, Watterlot L, et al. 2008. *Faecalibacterium prausnitzii* is an anti-inflammatory commensal bacterium identified by gut microbiota analysis of Crohn disease patients. Proceedings of the National Academy of Sciences, 105(43): 16731-16736.

Soler-Lloréns P F, Quance C R, Lawhon S D, et al. 2016. A *Brucella* spp. isolate from a Pac-man frog (*Ceratophrys ornata*) reveals characteristics departing from classical brucellae. Front Cell Infect Microbiol, 6: 116.

Song C G, Zhao C K, Wang Q Z, et al. 2021. Impact of carbon/nitrogen ratio on the performance and microbial community of sequencing batch biofilm reactor treating synthetic mariculture wastewater. J Environ Manage, 298: 113528.

Song C H, Kim N, Nam R H, et al. 2024. The possible preventative role of lactate- and butyrate-producing bacteria in colorectal carcinogenesis. Gut and Liver, 18(4): 654-666.

Song Y, Liu C, Lee J, et al. 2005. "*Bacteroides goldsteinii* sp. nov." isolated from clinical specimens of human intestinal origin. J Clin Microbiol, 43(9): 4522-4527.

Sonnenborn U, Janosch D, Dubbert S, et al. 2009. Antimutagenic activities of living versus killed or inactivated cells of the probiotic *E. coli* strain Nissle 1917. Journal of Crohn's and Colitis, 3: S136.

Sonnenburg E D, Smits S A, Tikhonov M, et al. 2016. Diet-induced extinctions in the gut microbiota compound over generations. Nature, 529(7585): 212-215.

Sonnenburg J L, Chen C T L, Gordon J I. 2006. Genomic and metabolic studies of the impact of probiotics on a model gut symbiont and host. PLoS Biology, 4(12): e413.

Sonnenburg J L, Xu J, Leip D D, et al. 2005. Glycan foraging *in vivo* by an intestine-adapted bacterial symbiont. Science, 307(5717): 1955-1959.

Sorbara M T, Littmann E R, Fontana E, et al. 2020. Functional and genomic variation between human-derived isolates of Lachnospiraceae reveals inter- and intra-species diversity. Cell Host & Microbe, 28(1): 134-146.e4.

Sorbara M T, Pamer E G. 2022. Microbiome-based therapeutics. Nature Reviews Microbiology, 20: 365-380.

Soundararajan M, von Bünau R, Oelschlaeger T A. 2019. K5 capsule and lipopolysaccharide are important in resistance to T4 phage attack in probiotic *E. coli* strain nissle 1917. Frontiers in Microbiology, 10: 2783.

Sperk M, Ambikan A T, Ray S, et al. 2021. Fecal metabolome signature in the HIV-1 elite control phenotype: enrichment of dipeptides acts as an HIV-1 antagonist but a *Prevotella* agonist. J Virol, 95(18): e0047921.

Splichalova A, Splichal I, Slavikova V. 2016. Impact of *E. coli* Nissle 1917, *Lactobacillus amylovorus* and *Salmonella typhimurium* on intestinal IL-8, IL-12/23 p40, TNF alpha, claudin-1 and occludin in gnotobiotic piglets. Melbourne: European Journal of Immunology: 634-634.

Stackebrandt E, Murray R, Truper H G. 1988. *Proteobacteria classis* nov., a Name for the Phylogenetic Taxon That Includes the "Purple Bacteria and Their Relatives". Int J Syst Bacteriol, 38: 321-325.

Stackebrandt E, Rainey F A. 1997. Chapter 1 - Phylogenetic Relationships[M]//Rood J I, McClane B A, Songer J G, et al. The Clostridia. San Diego: Academic Press: 3-19.

Stanisavljević S, Lukić J, Soković S, et al. 2016. Correlation of gut microbiota composition with resistance to experimental autoimmune encephalomyelitis in rats. Front Microbiol, 7: 2005.

Stanley H M, Ford S L, Snellgrove A N, et al. 2020. The ability of the invasive Asian longhorned tick *Haemaphysalis longicornis* (Acari: Ixodidae) to acquire and transmit *Rickettsia rickettsii* (Rickettsiales: Rickettsiaceae), the agent of rocky mountain spotted fever, under laboratory conditions. J Med Entomol, 57(5): 1635-1639.

Stiemsma L T, Arrieta M C, Dimitriu P A, et al. 2016. Shifts in *Lachnospira* and *Clostridium* sp. in the 3-month stool microbiome are associated with preschool age asthma. Clinical Science, 130(23): 2199-2207.

Stražar M, Temba G S, Vlamakis H, et al. 2021. Gut microbiome-mediated metabolism effects on immunity in rural and urban African populations. Nature Communications, 12(1): 4845.

Suez J, Zmora N, Segal E, et al. 2019. The pros, cons, and many unknowns of probiotics. Nature Medicine, 25(5): 716-729.

Sun H J, Guo Y K, Wang H D, et al. 2023a. Gut commensal *Parabacteroides distasonis* alleviates inflammatory arthritis. Gut, 72(9): 1664-1677.

Sun J, Hu X L, Le G W, et al. 2010. Lactobacilli prevent hydroxy radical production and inhibit *Escherichia coli* and *Enterococcus* growth in system mimicking colon fermentation. Lett Appl Microbiol, 50(3): 264-269.

Sun Y G, Nie Q X, Zhang S S, et al. 2023b. *Parabacteroides distasonis* ameliorates insulin resistance via activation of intestinal GPR109a. Nat Commun, 14(1): 7740.

Sun Z H, Harris H M B, McCann A, et al. 2015. Expanding the biotechnology potential of lactobacilli through comparative genomics of 213 strains and associated Genera. Nat Commun, 6: 8322.

Švec P, Devriese L, 2009. Genus I *Enterococcus* [M]//Vos P D, Garrity G M, Jones D, et al. Bergey's Manual of Systematic Bacteriology. Vol 3: the Firmicutes. New York: Springer.

Takada K, Hayashi K, Sato Y, et al. 2010. *Prevotella dentasini* sp. nov., a black-pigmented species isolated from the oral cavity of donkeys. Int J Syst Evol Microbiol, 60: 1637-1639.

Tan H Q, Li T T, Zhu C, et al. 2012. *Parabacteroides chartae* sp. nov., an obligately anaerobic species from wastewater of a paper mill. Int J Syst Evol Microbiol, 62(pt 11): 2613-2617.

Tanes C, Bittinger K, Gao Y, et al. 2021. Role of dietary fiber in the recovery of the human gut microbiome and its metabolome. Cell Host & Microbe, 29(3): 394-407.e5.

Tankou S K, Regev K, Healy B C, et al. 2018. A probiotic modulates the microbiome and immunity in multiple sclerosis. Annals of Neurology, 83(6): 1147-1161.

Tanoue T, Morita S, Plichta D R, et al. 2019. A defined commensal consortium elicits CD8 T cells and anti-cancer immunity. Nature, 565(7741): 600-605.

Teixeira L M, Faria A R, Souza S S R, et al. 2022. *Enterococcus*[M]//de Filippis I. Molecular Typing in Bacterial Infections, Volume II. Cham: Springer: 131-145.

Teixeira L, Carvalho M, Facklam R. 2015.Genus I *Enterococcus* [M]//Jorgensen J H, Carroll K C,

Funke G. Manual of Clinical Microbiology. Washington, DC: ASM.

Tenaillon O, Skurnik D, Picard B, et al. 2010. The population genetics of commensal *Escherichia coli*. Nature Reviews Microbiology, 8(3): 207-217.

Tett A, Huang K D, Asnicar F, et al. 2019. The *Prevotella copri* complex comprises four distinct clades underrepresented in westernized populations. Cell Host & Microbe, 26(5): 666-679.e7.

Tett A, Pasolli E, Masetti G, et al. 2021. *Prevotella* diversity, niches and interactions with the human host. Nat Rev Microbiol, 19(9): 585-599.

Thirion F, Da Silva K, Plaza Oñate F, et al. 2022. Diet supplementation with NUTRIOSE, a resistant dextrin, increases the abundance of *Parabacteroides distasonis* in the human gut. Molecular Nutrition & Food Research, 66(11): e2101091.

Till H, Castellani C, Moissl-Eichinger C, et al. 2015. Disruptions of the intestinal microbiome in necrotizing enterocolitis, short bowel syndrome, and Hirschsprung's associated enterocolitis. Frontiers in Microbiology, 6: 1154.

Tindall B J. 2019. The names *Hungateiclostridium* Zhang *et al.* 2018, *Hungateiclostridium thermocellum* (Viljoen *et al.* 1926) Zhang *et al.* 2018, *Hungateiclostridium cellulolyticum* (Patel *et al.* 1980) Zhang *et al.* 2018, *Hungateiclostridium aldrichii* (Yang *et al.* 1990) Zhang *et al.* 2018, *Hungateiclostridium alkalicellulosi* (Zhilina *et al.* 2006) Zhang *et al.* 2018, *Hungateiclostridium clariflavum* (Shiratori *et al.* 2009) Zhang *et al.* 2018, *Hungateiclostridium straminisolvens* (Kato *et al.* 2004) Zhang *et al.* 2018 and *Hungateiclostridium saccincola* (Koeck *et al.* 2016) Zhang *et al.* 2018 contravene Rule 51b of the International Code of Nomenclature of Prokaryotes and require replacement names in the genus *Acetivibrio* Patel *et al.* 1980. Int J Syst Evol Microbiol, 69(12): 3927-3932.

Tiptiri-Kourpeti A, Spyridopoulou K, Santarmaki V, et al. 2016. *Lactobacillus casei* exerts anti-proliferative effects accompanied by apoptotic cell death and up-regulation of TRAIL in colon carcinoma cells. PLoS One, 11(2): e0147960.

Tojo R, Suárez A, Clemente M G, et al. 2014. Intestinal microbiota in health and disease: role of bifidobacteria in gut homeostasis. World J Gastroentero. 20(41): 15163-15176.

Tomaro-Duchesneau C, Jones M L, Shah D, et al. 2014. Cholesterol assimilation by *Lactobacillus* probiotic bacteria: an *in vitro* investigation. Biomed Res Int, 2014: 380316.

Torina A, Fernández de Mera I G, Alongi A, et al. 2012. *Rickettsia conorii* Indian tick typhus strain and *R. slovaca* in humans, Sicily. Emerg Infect Dis, 18(6): 1008-1010.

Tredinnick A R, Probst Y C. 2020. Evaluating the effects of dietary interventions on disease progression and symptoms of adults with multiple sclerosis: an umbrella review. Adv Nutr, 11(6): 1603-1615.

Troost F J, van Baarlen P, Lindsey P, et al. 2008. Identification of the transcriptional response of human intestinal mucosa to *Lactobacillus plantarum* WCFS1 *in vivo*. BMC Genomics, 9: 374.

Truong D T, Tett A, Pasolli E, et al. 2017. Microbial strain-level population structure and genetic diversity from metagenomes. Genome Res, 27(4): 626-638.

Tsukuda N, Yahagi K, Hara T, et al. 2021. Key bacterial taxa and metabolic pathways affecting gut short-chain fatty acid profiles in early life. The ISME Journal, 15(9): 2574-2590.

Tuomola E, Crittenden R, Playne M, et al. 2001. Quality assurance criteria for probiotic bacteria. Am J Clin Nutr, 73(2 Suppl): 393S-398S.

Tuon F F, Gondolfo R B, Cerchiari N. 2017. Human-to-human transmission of *Brucella* – a systematic review. Trop Med Int Health, 22(5): 539-546.

Turpin W, Humblot C, Thomas M, et al. 2010. Lactobacilli as multifaceted probiotics with poorly disclosed molecular mechanisms. Int J Food Microbiol, 143(3): 87-102.

Turroni F, Milani C, Duranti S, et al. 2016. Deciphering bifidobacterial-mediated metabolic interactions and their impact on gut microbiota by a multi-omics approach. The ISME Journal, 10(7): 1656-1668.

Turroni F, Milani C, Duranti S, et al. 2018. Glycan utilization and cross-feeding activities by bifidobacteria. Trends in Microbiology, 26(4): 339-350.

Turroni F, van Sinderen D, Ventura M. 2009. Bifidobacteria: from ecology to genomics. Frontiers in Bioscience (Landmark Edition), 14(12): 4673-4684.

Turroni F, van Sinderen D, Ventura M. 2011. Genomics and ecological overview of the genus *Bifidobacterium*. Int J Food Microbiol, 149(1): 37-44.

Turroni F, Ventura M, Buttó L F, et al. 2014. Molecular dialogue between the human gut microbiota and the host: a *Lactobacillus* and *Bifidobacterium* perspective. Cell Mol Life Sci, 71(2): 183-203.

Twetman S, Derawi B, Keller M, et al. 2009. Short-term effect of chewing gums containing probiotic *Lactobacillus reuteri* on the levels of inflammatory mediators in gingival crevicular fluid. Acta Odontol Scand, 67(1): 19-24.

Udayappan S, Manneras-Holm L, Chaplin-Scott A, et al. 2016. Oral treatment with *Eubacterium hallii* improves insulin sensitivity in *db/db* mice. NPJ Biofilms and Microbiomes, 2: 16009.

Ueki A, Akasaka H, Satoh A, et al. 2007. *Prevotella paludivivens* sp. nov., a novel strictly anaerobic, Gram-negative, hemicellulose-decomposing bacterium isolated from plant residue and rice roots in irrigated rice-field soil. Int J Syst Evol Microbiol, 57(pt 8): 1803-1809.

Ueki A, Goto K, Ohtaki Y, et al. 2017. Description of *Anaerotignum aminivorans* gen. nov., sp. nov., a strictly anaerobic, amino-acid-decomposing bacterium isolated from a methanogenic reactor, and reclassification of *Clostridium propionicum*, *Clostridium neopropionicum* and *Clostridium lactatifermentans* as species of the genus *Anaerotignum*. Int J Syst Evol Microbiol, 67(10): 4146-4153.

Ueki A, Tonouchi A, Kaku N, et al. 2021. *Anaerocolumna chitinilytica* sp. nov., a chitin-decomposing anaerobic bacterium isolated from anoxic soil subjected to biological soil disinfestation. Int J Syst Evol Microbiol, 71(9): 10.

Ueki A, Tonouchi A, Kaku N, et al. 2022. *Prevotella herbatica* sp. nov., a plant polysaccharide-decomposing anaerobic bacterium isolated from a methanogenic reactor. Int J Syst Evol Microbiol, 72.

Ulsemer P, Henderson G, Toutounian K, et al. 2013. Specific humoral immune response to the Thomsen-Friedenreich tumor antigen (CD176) in mice after vaccination with the commensal bacterium D-6. Cancer Immunol Immun, 62(5):875-887.

Un-Nisa A, Khan A, Zakria M, et al. 2022. Updates on the role of probiotics against different health issues: focus on *Lactobacillus*. Int J Mol Sci, 24(1): 142.

Usacheva E A, Ginocchio C C, Morgan M, et al. 2010. Prospective, multicenter evaluation of the BD GeneOhm VanR assay for direct, rapid detection of vancomycin-resistant *Enterococcus* species in perianal and rectal specimens. Am J Clin Pathol, 134(2): 219-226.

Uskova M A, Kravchenko L V. 2009. Antioxidant properties of lactic acid bacteria: probiotic and yogurt strains. Vopr Pitan, 78(2): 18-23.

Uusitalo U, Liu X, Yang J M, et al. 2016. Association of early exposure of probiotics and islet autoimmunity in the TEDDY study. JAMA Pediatr, 170(1): 20-28.

Uzal F A, Freedman J C, Shrestha A, et al. 2014. Towards an understanding of the role of *Clostridium perfringens* toxins in human and animal disease. Future Microbiol, 9(3): 361-377.

Vacca M, Celano G, Calabrese F M, et al. 2020. The controversial role of human gut Lachnospiraceae. Microorganisms, 8(4): 573.

Vaghef-Mehrabany E, Alipour B, Homayouni-Rad A, et al. 2014. Probiotic supplementation improves inflammatory status in patients with rheumatoid arthritis. Nutrition, 30(4): 430-435.

Valentine D L. 2007. Adaptations to energy stress dictate the ecology and evolution of the Archaea. Nat Rev Microbiol, 5(4): 316-323.

van Baarlen P, Wells J M, Kleerebezem M. 2013. Regulation of intestinal homeostasis and immunity with probiotic lactobacilli. Trends in Immunology, 34(5): 208-215.

Van den Abbeele P, Grootaert C, Marzorati M, et al. 2010. Microbial community development in a dynamic gut model is reproducible, colon region specific, and selective for Bacteroidetes and *Clostridium* cluster IX. Applied and Environmental Microbiology, 76(15): 5237-5246.

van der Heijden J, Finlay B B. 2012. Type III effector-mediated processes in *Salmonella* infection. Future Microbiol, 7(6): 685-703.

van der Lugt B, van Beek A A, Aalvink S, et al. 2019. *Akkermansia muciniphila* ameliorates the age-related decline in colonic mucus thickness and attenuates immune activation in accelerated aging *Ercc1* $^{-/\Delta 7}$ mice. Immunity & Ageing: I & A, 16: 6.

Van Niel C W, Feudtner C, Garrison M M, et al. 2002. *Lactobacillus* therapy for acute infectious diarrhea in children: a meta-analysis. Pediatrics, 109(4): 678-684.

Vandenplas Y, Huys G, Daube G. 2015. Probiotics: an update. J Pediatr(Rio J), 91(1): 6-21.

Vandeputte D, Falony G, Vieira-Silva S, et al. 2017. Prebiotic inulin-type fructans induce specific changes in the human gut microbiota. Gut, (2017): 1968-1974.

Vangay P, Johnson A J, Ward T L, et al. 2018. US immigration westernizes the human gut microbiome. Cell, 175(4): 962-972.e10.

Vasama M, Kumar H, Salminen S, et al. 2014. Removal of paralytic shellfish toxins by probiotic lactic acid bacteria. Toxins, 6(7): 2127-2136.

Vélez M P, Petrova M I, Lebeer S, et al. 2010. Characterization of *MabA*, a modulator of *Lactobacillus rhamnosus* GG adhesion and biofilm formation. FEMS Immunology and Medical Microbiology, 59(3): 386-398.

Vento J M, Beisel C L. 2022. Genome editing with Cas9 in lactobacilli. Methods in Molecular Biology, 2479: 245-261.

Ventura M, Canchaya C, Tauch A, et al. 2007. Genomics of Actinobacteria: tracing the evolutionary history of an ancient Phylum. Microbiol Mol Biol Rev, 71(3): 495-548.

Ventura M, Turroni F, Zomer A, et al. 2009. The *Bifidobacterium dentium* Bd1 genome sequence reflects its genetic adaptation to the human oral cavity. PLoS Genetics, 5(12): e1000785.

Verbrugghe P, Brynjólfsson J, Jing X J, et al. 2021. Evaluation of hypoglycemic effect, safety and immunomodulation of *Prevotella copri* in mice. Scientific Reports, 11(1): 21279.

Verstraeten S, Sencio V, Raise A, et al. 2022. Description of a newly isolated *Blautia faecis* strain and its benefit in mouse models of post-influenza secondary enteric and pulmonary infections. Nutrients, 14(7): 1478.

Vetriani C, Voordeckers J W, Crespo-Medina M, et al. 2014. Deep-sea hydrothermal vent Epsilonproteobacteria encode a conserved and widespread nitrate reduction pathway (Nap). The ISME Journal, 8(7): 1510-1521.

Vieira-Silva S, Falony G, Darzi Y, et al. 2016. Species-function relationships shape ecological properties of the human gut microbiome. Nat Microbiol, 1(8): 16088.

Viljoen J A, Fred E B, Peterson W H. 1926. The fermentation of cellulose by thermophilic bacteria. The Journal of Agricultural Science, 16(1): 1-17.

Villanueva L, Damsté J S, Schouten S. 2014. A re-evaluation of the archaeal membrane lipid biosynthetic pathway. Nat Rev Microbiol, 12(6): 438-448.

Vogt N M, Kerby R L, Dill-McFarland K A, et al. 2017. Gut microbiome alterations in Alzheimer's disease. Sci Rep, 7(1): 13537.

Wade W G. 2006. The genus *Eubacterium* and related genera[M]// Dworkin M. The Prokaryotes. New York, NY: Springer US: 823-835.

Wade W G. 2013. The oral microbiome in health and disease. Pharmacol Res, 69(1): 137-143.

Walton G E, van den Heuvel E G H M, Kosters M H W, et al. 2012. A randomised crossover study investigating the effects of galacto-oligosaccharides on the faecal microbiota in men and women over 50 years of age. The British Journal of Nutrition, 107(10): 1466-1475.

Wang F, Xu T, Zhang Y J, et al. 2020a. Long-term combined administration of *Bifidobacterium bifidum* TMC3115 and *Lactobacillus plantarum* 45 alleviates spatial memory impairment and gut dysbiosis in APP/PS1 mice. FEMS Microbiol Lett, 367(7): fnaa048.

Wang J F, Qi J, Zhao H, et al. 2013. Metagenomic sequencing reveals microbiota and its functional potential associated with periodontal disease. Scientific Reports, 3: 1843.

Wang K, Liao M F, Zhou N, et al. 2019a. *Parabacteroides distasonis* alleviates obesity and metabolic dysfunctions via production of succinate and secondary bile acids. Cell Reports, 26(1): 222-235.e5.

Wang L F, Liao Y, Yang R B, et al. 2021a. An engineered probiotic secreting Sj16 ameliorates colitis via Ruminococcaceae/butyrate/retinoic acid axis. Bioeng Transl Med, 6(3): e10219.

Wang L J, Tang L, Feng Y M, et al. 2020b. A purified membrane protein from *Akkermansia muciniphila* or the pasteurised bacterium blunts colitis associated tumourigenesis by modulation of $CD8^+$ T cells in mice. Gut, 69(11): 1988-1997.

Wang L Y, Wang L L, Tian P J, et al. 2022. A randomised, double-blind, placebo-controlled trial of *Bifidobacterium bifidum* CCFM16 for manipulation of the gut microbiota and relief from chronic constipation. Food Funct, 13(3): 1628-1640.

Wang R, Chen S B, Jin J H, et al. 2015a. Survival of *Lactobacillus casei* strain Shirota in the intestines of healthy Chinese adults. Microbiol Immunol, 59(5): 268-276.

Wang W, Chen L P, Zhou R, et al. 2014. Increased proportions of *Bifidobacterium* and the *Lactobacillus* group and loss of butyrate-producing bacteria in inflammatory bowel disease. J Clin Microbiol, 52(2): 398-406.

Wang Y F, Shi Y P, Peng X Y, et al. 2024. Biochemotaxis-oriented engineering bacteria expressing GLP-1 enhance diabetes therapy by regulating the balance of immune. Adv Healthc Mater, 13(11): 2303958.

Wang Y J, Abdugheni R, Liu C, et al. 2021b. *Blautia intestinalis* sp. nov., isolated from human feces. Int J Syst Evol Microbiol: 71.

Wang Y J, Xu X J, Zhou N, et al. 2019b. *Parabacteroides acidifaciens* sp. nov., isolated from human faeces. Int J Syst Evol Microbiol, 69(3): 761-766.

Wang Y K, Kuo F C, Liu C J, et al. 2015b. Diagnosis of *Helicobacter pylori* infection: Current options and developments. World J Gastroenterol, 21(40): 11221-11235.

Wassenberg J, Nutten S, Audran R, et al. 2011. Effect of *Lactobacillus paracasei* ST11 on a nasal provocation test with grass pollen in allergic rhinitis. Clin Exp Allergy, 41(4): 565-573.

Watts D H, Fazzari M, Minkoff H, et al. 2005. Effects of bacterial vaginosis and other genital infections on the natural history of human papillomavirus infection in HIV-1-infected and high-risk HIV-1-uninfected women. J Infect Dis, 191(7): 1129-1139.

Weber S G, Huang S S, Oriola S, et al. 2007. Legislative mandates for use of active surveillance cultures to screen for methicillin-resistant *Staphylococcus aureus* and vancomycin-resistant enterococci: Position statement from the Joint SHEA and APIC Task Force. Am J Infect Control, 35(2): 73-85.

Wei W C, Wong C C, Jia Z J, et al. 2023. *Parabacteroides distasonis* uses dietary inulin to suppress NASH via its metabolite pentadecanoic acid. Nat Microbiol, 8(8): 1534-1548.

Weizman Z, Asli G, Alsheikh A. 2005. Effect of a probiotic infant formula on infections in child care centers: comparison of two probiotic agents. Pediatrics, 115(1): 5-9.

Wells C L, Wilkins T D. 1996. Clostridia: sporeforming anaerobic bacilli. Medical Microbiology: 18.

Werner G, Serr A, Schütt S, et al. 2011. Comparison of direct cultivation on a selective solid medium, polymerase chain reaction from an enrichment broth, and the BD GeneOhm™ VanR Assay for identification of vancomycin-resistant enterococci in screening specimens. Diagn Microbiol Infect Dis, 70(4): 512-521.

Weyand N J, Ma M, Phifer-Rixey M, et al. 2016. Isolation and characterization of *Neisseria musculi* sp. nov., from the wild house mouse. Int J Syst Evol Microbiol, 66(9): 3585-3593.

Whelan R A, Rausch S, Ebner F, et al. 2014. A transgenic probiotic secreting a parasite immunomodulator for site-directed treatment of gut inflammation. Mol Ther, 22(10): 1730-1740.

Willems A, Collins M D. 1995. 16S rRNA gene similarities indicate that *Hallella seregens* (Moore and Moore) and *Mitsuokella dentalis* (Haapsalo et al.) are genealogically highly related and are members of the genus *Prevotella*: emended description of the genus *Prevotella* (Shah and Collins) and description of *Prevotella dentalis* comb. nov. . International Journal of Systematic Bacteriology, 45(4): 832-836.

Winter S E, Winter M G, Xavier M N, et al. 2013. Host-derived nitrate boosts growth of *E. coli* in the inflamed gut. Science, 339(6120): 708-711.

Witkin S S, Linhares I M, Giraldo P. 2007. Bacterial flora of the female genital tract: function and immune regulation. Best Pract Res Clin Obstet Gynaecol, 21(3): 347-354.

Woese C R. 1987. Bacterial evolution. Microbiol Rev, 51: 221-271.

Woese C R, Fox G E. 1977. Phylogenetic structure of the prokaryotic domain: the primary Kingdoms. Proc Natl Acad Sci U S A, 74(11): 5088-5090.

Woo J Y, Gu W, Kim K A, et al. 2014. *Lactobacillus pentosus* var. *plantarum* C29 ameliorates memory impairment and inflammaging in a D-galactose-induced accelerated aging mouse model. Anaerobe, 27: 22-26.

Worley M J, Nieman G S, Geddes K, et al. 2006. *Salmonella typhimurium* disseminates within its host by manipulating the motility of infected cells. Proc Natl Acad Sci U S A, 103(47): 17915-17920.

Wrzosek L, Miquel S, Noordine M L, et al. 2013. *Bacteroides thetaiotaomicron* and *Faecalibacterium prausnitzii* influence the production of mucus glycans and the development of goblet cells in the colonic epithelium of a gnotobiotic model rodent. BMC Biology, 11: 61.

Wu C C, Weng W L, Lai W L, et al. 2015. Effect of *Lactobacillus plantarum* Strain K21 on High-Fat Diet-Fed Obese Mice. Evid Based Complement Alternat Med. 2015: 391767.

Wu G D, Chen J, Hoffmann C, et al. 2011. Linking long-term dietary patterns with gut microbial enterotypes. Science, 334(6052): 105-108.

Wu H Y, Zuo Y M, Cui C J, et al. 2013. Rapid quantitative detection of *Brucella melitensis* by a label-free impedance immunosensor based on a gold nanoparticle-modified screen-printed carbon electrode. Sensors, 13(7): 8551-8563.

Wu R Y, Määttänen P, Napper S, et al. 2017. Non-digestible oligosaccharides directly regulate host kinome to modulate host inflammatory responses without alterations in the gut microbiota. Microbiome, 5(1): 135.

Wu T R, Lin C S, Chang C J, et al. 2019. Gut commensal *Parabacteroides goldsteinii* plays a predominant role in the anti-obesity effects of polysaccharides isolated from *Hirsutella sinensis*. Gut, 68(2): 248-262.

Wylensek D, Hitch T C A, Riedel T, et al. 2020. A collection of bacterial isolates from the pig intestine reveals functional and taxonomic diversity. Nat Commun, 11(1): 6389.

Xiao X, Wu Z C, Chou K C. 2011. A multi-label classifier for predicting the subcellular localization of gram-negative bacterial proteins with both single and multiple sites. PLoS One, 6(6): e20592.

Xie R N, Jiang P, Lin L, et al. 2020. Oral treatment with *Lactobacillus reuteri* attenuates depressive-like behaviors and serotonin metabolism alterations induced by chronic social defeat stress. J Psychiatr Res, 122: 70-78.

Xu J H, Liang R R, Zhang W, et al. 2020a. *Faecalibacterium prausnitzii*-derived microbial anti-inflammatory molecule regulates intestinal integrity in diabetes mellitus mice via modulating tight junction protein expression. Journal of Diabetes, 12(3): 224-236.

Xu M Y, Xu X F, Li J J, et al. 2019. Association between gut microbiota and autism spectrum disorder: a systematic review and meta-analysis. Frontiers in Psychiatry, 10: 473.

Xu Y Y, Jiang H J, Li L, et al. 2020b. Branched-chain amino acid catabolism promotes thrombosis risk by enhancing tropomodulin-3 propionylation in platelets. Circulation, 142(1): 49-64.

Yadav A K, Tyagi A, Kumar A, et al. 2015. Adhesion of indigenous *Lactobacillus plantarum* to gut extracellular matrix and its physicochemical characterization. Archives of Microbiology, 197(2): 155-164.

Yagupsky P, Baron E J. 2005. Laboratory exposures to brucellae and implications for bioterrorism. Emerg Infect Dis, 11(8): 1180-1185.

Yamaoka M, Osawa S, Morinaga T, et al. 2011. A cell factory of *Bacillus subtilis* engineered for the simple bioconversion of myo-inositol to scyllo-inositol, a potential therapeutic agent for Alzheimer's disease. Microb Cell Fact, 10: 69.

Yamashita M, Ukibe K, Matsubara Y, et al. 2018. *Lactobacillus helveticus* SBT2171 attenuates experimental autoimmune encephalomyelitis in mice. Front Microbiol, 8: 2596.

Yan D, Si W H, Zhou X Y, et al. 2022. *Eucommia ulmoides* bark extract reduces blood pressure and inflammation by regulating the gut microbiota and enriching the *Parabacteroides* strain in high-salt diet and *N* (omega)-nitro-L-arginine methyl ester induced mice. Front Microbiol, 13: 967649.

Yan Z Z, Yang F, Cao J W, et al. 2021. Alterations of gut microbiota and metabolome with Parkinson's disease. Microbial Pathogenesis, 160: 105187.

Yanagi M, Yamasato K. 1993. Phylogenetic analysis of the family Rhizobiaceae and related bacteria by sequencing of 16S rRNA gene using PCR and DNA sequencer. FEMS Microbiol Lett, 107(1): 115-120.

Yang G, Liu Z Q, Yang P C. 2013. Treatment of allergic rhinitis with probiotics: an alternative approach. N Am J Med Sci, 5(8): 465-468.

Yang J Y, Lee Y S, Kim Y, et al. 2017. Gut commensal *Bacteroides acidifaciens* prevents obesity and improves insulin sensitivity in mice. Mucosal Immunology, 10(1): 104-116.

Yang W W, Crow-Willard E N, Ponce A. 2009. Production and characterization of pure *Clostridium* spore suspensions. Journal of Applied Microbiology, 106(1): 27-33.

Ye H, Liu Y, Li N, et al. 2015. Anti-*Helicobacter pylori* activities of *Chenopodium ambrosioides* L. *in vitro* and *in vivo*. World J Gastroenterol, 21(14): 4178-4183.

Yoda K, Miyazawa K, Hosoda M, et al. 2014. *Lactobacillus* GG-fermented milk prevents DSS-induced colitis and regulates intestinal epithelial homeostasis through activation of epidermal growth factor receptor. Eur J Nutr, 53(1): 105-115.

Yoon H S, Cho C H, Yun M S, et al. 2021. *Akkermansia muciniphila* secretes a glucagon-like peptide-1-inducing protein that improves glucose homeostasis and ameliorates metabolic disease in mice. Nature Microbiology, 6(5): 563-573.

Young K T, Davis L M, Dirita V J. 2007. *Campylobacter jejuni*: molecular biology and pathogenesis. Nat Rev Microbiol, 5(9): 665-679.

Yun B, Oh S, Griffiths M W. 2014. *Lactobacillus acidophilus* modulates the virulence of *Clostridium difficile*. J Dairy Sci, 97(8): 4745-4758.

Yutin N, Galperin M Y. 2013. A genomic update on clostridial phylogeny: Gram-negative spore formers and other misplaced clostridia. Environ Microbiol, 15(10): 2631-2641.

Zafar H, Jr Saier M H. 2021. Gut *Bacteroides* species in health and disease. Gut Microbes, 13(1): 1-20.

Zamani B, Golkar H R, Farshbaf S, et al. 2016. Clinical and metabolic response to probiotic supplementation in patients with rheumatoid arthritis: a randomized, double-blind, placebo-controlled trial. Int J Rheum Dis, 19(9): 869-879.

Ze X L, Duncan S H, Louis P, et al. 2012. *Ruminococcus bromii* is a keystone species for the degradation of resistant starch in the human colon. The ISME Journal, 6(8): 1535-1543.

Zelante T, Iannitti R G, Cunha C, et al. 2013. Tryptophan catabolites from microbiota engage aryl hydrocarbon receptor and balance mucosal reactivity via interleukin-22. Immunity, 39(2): 372-385.

Zhai L X, Huang C H, Ning Z W, et al. 2023. *Ruminococcus gnavus* plays a pathogenic role in diarrhea-predominant irritable bowel syndrome by increasing serotonin biosynthesis. Cell Host & Microbe, 31(1): 33-44.e5.

Zhanel G G, Hoban D J, Karlowsky J A. 2001. Nitrofurantoin is active against vancomycin-resistant enterococci. Antimicrob Agents Chemother, 45(1): 324-326.

Zhang F, Zhang X R, Fu J X, et al. 2023. Sex- and age-dependent associations between *Parabacteroides* and obesity: evidence from two population cohort. Microorganisms, 11(8): 2087.

Zhang L M, Xie C, Nichols R G, et al. 2016. Farnesoid X receptor signaling shapes the gut microbiota and controls hepatic lipid metabolism. mSystems, 1(5): e00070-e00016.

Zhang M M, Qiu X Y, Zhang H, et al. 2014. *Faecalibacterium prausnitzii* inhibits interleukin-17 to ameliorate colorectal colitis in rats. PLoS One, 9(10): e109146.

Zhang W, Zhu Y H, Yang J C, et al. 2015a. A selected *Lactobacillus rhamnosus* strain promotes EGFR-Independent Akt activation in an enterotoxigenic *Escherichia coli* K88-Infected IPEC-J2 cell model. PLoS One, 10(4): e0125717.

Zhang X, Tu B, Dai L R, et al. 2018a. *Petroclostridium xylanilyticum* gen. nov., sp. nov., a xylan-degrading bacterium isolated from an oilfield, and reclassification of clostridial cluster III members into four novel genera in a new Hungateiclostridiaceae fam. nov. Int J Syst Evol Microbiol, 68(10): 3197-3211.

Zhang X, Zhang D Y, Jia H J, et al. 2015b. The oral and gut microbiomes are perturbed in rheumatoid arthritis and partly normalized after treatment. Nature Medicine, 21(8): 895-905.

Zhang Z W, Lv J L, Pan L, et al. 2018b. Roles and applications of probiotic *Lactobacillus* strains. Appl Microbiol Biotechnol, 102(19): 8135-8143.

Zhao J F, Zhang X Y, Liu H B, et al. 2019. Dietary protein and gut microbiota composition and function. Current Protein & Peptide Science. 20(2): 145-154.

Zhao S Q, Liu W, Wang J Q, et al. 2017. *Akkermansia muciniphila* improves metabolic profiles by reducing inflammation in chow diet-fed mice. Journal of Molecular Endocrinology, 58(1): 1-14.

Zhao Z J, Xu S M, Zhang W Y, et al. 2022. Probiotic *Escherichia coli* NISSLE 1917 for inflammatory bowel disease applications. Food & Function, 13(11): 5914-5924.

Zheng J S, Ruan L F, Sun M, et al. 2015. A genomic view of lactobacilli and pediococci demonstrates that phylogeny matches ecology and physiology. Appl Environ Microbiol, 81(20): 7233-7243.

Zheng J S, Wittouck S, Salvetti E, et al. 2020. A taxonomic note on the genus *Lactobacillus*: Description of 23 novel genera, emended description of the genus *Lactobacillus* Beijerinck 1901, and union of Lactobacillaceae and Leuconostocaceae. Int J Syst Evol Microbiol, 70(4): 2782-2858.

Zhou D, Jiang Z N, Pang Q X, et al. 2019. CRISPR/Cas9-assisted seamless genome editing in *Lactobacillus plantarum* and its application in *N*-acetylglucosamine production. Appl Environ Microbiol, 85(21): e01367-e01319.

Zhou J L, Zhang Q, Zhao Y Z, et al. 2022. The relationship of *Megamonas* species with nonalcoholic fatty liver disease in children and adolescents revealed by metagenomics of gut microbiota.

Scientific Reports, 12(1): 22001.

Zhou S N, Zhang M X, Wang J S. 2011. Tumor-targeted delivery of TAT-Apoptin fusion gene using *Escherichia coli* Nissle 1917 to colorectal cancer. Medical Hypotheses, 76(4): 533-534.

Zijlmans M A C, Korpela K, Riksen-Walraven J M, et al. 2015. Maternal prenatal stress is associated with the infant intestinal microbiota. Psychoneuroendocrinology, 53: 233-245.

Zuo F L, Chen S W, Marcotte H. 2020. Engineer probiotic bifidobacteria for food and biomedical applications–Current status and future prospective. Biotechnol Adv, 45: 107654.

第 5 章　肠道噬菌体及其应用

5.1　肠道噬菌体的组成和特征

5.1.1　噬菌体的生命周期

就像在其他环境中一样，在肠道中的噬菌体也可以根据它们的生活方式来区分。传统上，基于噬菌体靶向宿主时所采用的感染方法的不同，噬菌体的生命周期被分为裂解周期（lytic cycle）和溶原周期（lysogenic cycle）（Hobbs and Abedon，2016）。这两个生命周期都是通过吸附开始的，即噬菌体的受体结合蛋白与相应的细菌细胞表面的受体蛋白发生结合。随后，噬菌体将其自身的遗传物质（单链或双链 DNA/RNA）注入宿主细胞内。正是在这一过程中，噬菌体的生命周期出现了分歧。裂解性噬菌体利用宿主的复制和翻译机制，组装噬菌体成分并产生足够的后代。这最终以宿主细胞的裂解和后代的释放结束，从而感染新的宿主细胞。相反，溶原性噬菌体不会杀死宿主，而是进入溶原周期，在不干扰宿主复制的情况下，将它们的基因组整合到细菌的基因组中或者以质粒的形式存在，形成与细菌基因组同步复制的原噬菌体（prophage）。环境的变化、触发细菌的 DNA 损伤或者激活 SOS 反应的化学物质以及细菌的新陈代谢的改变，都可以触发前噬菌体的诱导，从而导致噬菌体基因组的表达，从溶原周期回到裂解周期（Paul，2008）。

除了传统上的裂解周期和溶原周期，还有假溶原性（pseudolysogeny）、慢性感染（chronic infection）以及载体状态（carrier state）。在假溶原性周期中，噬菌体基因组既不整合到细菌的基因组中，也不进行繁殖（Cenens et al.，2013）。慢性感染的特征是一种出芽机制，即噬菌体不断复制并且释放后代，但是不杀死宿主细菌（Smeal et al.，2017）。载体状态是噬菌体吸附于细菌表面而不会引起感染。载体状态感染最近被发现存在于感染细菌 *Bacteroides intestinalis* 的 crAss-like 噬菌体 crAss001。虽然在 crAss001 的基因组中没有发现与溶原相关的基因，但是 crAss001 可以在人类肠道微生物群中与其宿主细菌长期共存。Shkoporov 等（2018）研究发现拟杆菌的荚膜多糖的快速相位变化在细菌对噬菌体的敏感性和耐药性之间的动态平衡中发挥了重要作用，允许噬菌体和细菌的同步繁殖。此外，crAss001 与细菌共存的机制与被感染细菌的延迟裂解有关，这种延迟裂解类似于载体状态感染。与裂解周期和溶原周期相比，假溶原性、载体状态和慢性感染这三类生命周期的特征较少。并且我们对每个生命周期在人体肠道中的总体流行程度仍知之甚少。有研究表明裂解周期和溶原周期被认为是肠道噬菌体的主导生命周期（Reyes et al.，2015）。然而，在今后对肠道噬菌体的分析将可能发现在肠道中噬菌体会出现所有的生命周期。

肠道噬菌体的任一生命周期处于主导地位时，都会影响细菌的新陈代谢和生态系统功能。例如，在“杀死胜利者”（kill-the winner）的动态过程中，裂解周期确保了养分的快速周转和细菌的高度多样性（Maurice et al.，2011）。在肠道中，温和噬菌体的数量超过了裂解噬菌体，这表明了杀死胜利者动力学的缺失和整合酶基因的优势，而整合酶基因是溶原过程中不可或缺的（Mirzaei and Maurice，2017）。通常基于测序方法来研究肠道噬菌体的一个主要缺点是很难确定前噬菌体或者类似于前噬菌体的序列是可诱导的前噬菌体还是未被发现的噬菌体。未来的工作将会需要确定肠道中可诱导的前噬菌体的比例，这可能会导致新的噬菌体的产生，从而改变肠道菌群。

5.1.2　噬菌体的分类

人肠道噬菌体呈现高度的多样性，按形态可以分为有尾噬菌体和无尾噬菌体；按核酸类型可以分为双链 DNA（dsDNA）、单链 DNA（ssDNA）、双链 RNA（dsRNA）以及单链 RNA（ssRNA）噬菌体；按生命周期可分为烈性噬菌体和溶原噬菌体。国际病毒分类学委员会（ICTV）对原核病毒的传统分类是以病毒粒子的形态为基础进行分类的（Lefkowitz et al.，2018）。噬菌体家族中最具特征的是长尾噬菌体科（*Siphoviridae*）、短尾噬菌体科（*Podoviridae*）和肌尾噬菌体科（*Myoviridae*），这些噬菌体构成了有尾噬菌体目（*Caudovirales*），基因组都是双链 DNA。而 ssDNA 噬菌体主要为微小噬菌体科（*Microviridae*）和丝状噬菌体科（*Inoviridae*）。人粪便滤液的电子显微镜观察结果显示，人体肠道噬菌体组中有尾噬菌体家族占据绝对的优势（Hoyles et al.，2014）。一项研究专门检测了 ssDNA 噬菌体占据人类粪便噬菌体的比例，揭示了微小噬菌体科占人类粪便中已知病毒的 3%～9%（Kim et al.，2011）。相反，在肠道中，RNA 噬菌体即使不是完全不存在，也是罕见的。最近，对于噬菌体基于形态的分类的准确性受到了质疑。因此，在噬菌体科的水平上，噬菌体的分类学正在经历一场快速的革命，从基于形态学的分类转向基于基因组的分类。在物种和属的级别上，已经实施了基于平均核苷酸一致性（ANI）的划分标准，允许在这些级别上对宏基因组数据进行系统的分类（Adriaenssens，2021）。

噬菌体基于基因组的分类方法，发现了候选的噬菌体新分类单元。CrAssphage（Cross-Assembly）正是基于基因组的方法发现的新的噬菌体的一个重要代表。CrAssphage 编码的蛋白大部分与病毒数据库中的噬菌体蛋白没有同源性，属于高度独立的一个进化分支，被证实为一种新的噬菌体科（Dutilh et al.，2014）。这些噬菌体被预测具有类似于短尾噬菌体科的形态，属于有尾噬菌体目，主要感染拟杆菌属（*Bacteroides*）。此外，CrAssphage 最初被预测为主要是溶原噬菌体构成的（Yutin et al.，2018）。Guerin 等（2018）使用蛋白质聚类方法将 CrAssphage 分为 4 个亚科（*Alphacrassvirinae*、*Betacrassvirinae*、*Gammacrassvirinae* 和 *Deltacrassvirinae*）和 10 个候选属。Lak phages 是 Devoto 等（2019）从成年人完整的微生物群样本中鉴定到的，由于其基因组特别大、长度超过 540 kb，它们被称为 megaphage（巨型噬菌体），在系统发育树上位于单独的进化枝。它们的宿主被预测为普雷沃氏菌属（*Prevotella*）。Gubaphage 是在人体肠道宏基因中发现的一组与 CrAssphage 具有相似特征的噬菌体，使用大终止酶基因构建系统发育树发现，这组噬菌体与其他 CrAssphage 明显不同，形成了一个独特的进化枝（Camarillo-Guerrero et al.，2021）。此外，三个候选的新噬菌体科 *Flandersviridae*、*Quimbyviridae* 和 *Gratiaviridae* 是通过分析大终止酶亚基（TerL）、衣壳或门户蛋白等噬菌体标志蛋白的序列和进化信息鉴定出来的。其中 *Flandersviridae* 和 *Gratiaviridae* 的基因共享网络与其他已知噬菌体簇间的连接很弱，这表明它们可能是新的噬菌体科（Benler et al.，2021）。这三个候选的新噬菌体科预计会感染拟杆菌属。尽管发现了如此丰富的新噬菌体科，但是这些新噬菌体科里的噬菌体实体几乎均没有被分离出来，只有 CrAssphage 最近有噬菌体分离出来，但是作为人体肠道中最丰富的一类噬菌体，其分离的数量屈指可数。

5.2 肠道噬菌体的分离培养

迄今为止的研究结果表明，健康的人体肠道噬菌体具有个体特异性和时间稳定性，包括一个以 crAss-like 噬菌体、有尾病毒纲和微病毒科为主的噬菌体核心，但并不是所有个体的肠道噬菌体核心都是一样的。然而，与我们对细菌部分的理解相比，我们对肠道菌群中的噬菌体这一难以捉摸的组成部分的整体了解仍然很差，这在很大程度上是由于分离方法的不足。肠道总病毒粒子的获取和肠道噬菌体的分离有助于提高我们对肠道噬菌体的认识，促进宏基因组研究，并且有助于研究噬菌体在体外和体内对人类肠道原核微生物种群的影响。基于此，需要开发和标准化肠道病毒的分离方法，并且提高整体的重现性，可以高效地分离感染严格厌氧原核微生物的噬菌体并进行生物学鉴定。

目前唯一可以用于研究人类病毒体的分子方法是宏基因组学。宏基因组学是一种独立于培养的、基于分子的方法，它允许对环境样本中包含的群体微生物基因组进行功能和基于序列的分析，为探索复杂微生物群落的生态学提供了一种强有力的方法（Riesenfeld et al.，2004）。它已被用来检测健康和疾病中与人体肠道微生物群相关的原核生物群落，以及检测除肠道外其他部位的病毒。大多数病毒宏基因组学研究涉及的重要方法步骤包括从环境中富集病毒样颗粒（virus-like particle，VLP）、病毒的核酸提取、测序文库的制备，以及使用生物信息学管道对生成的病毒序列进行表征和注释。

当前用于从粪便和环境样本中提取病毒颗粒的方法包括以下步骤：①溶解；②离心；③顺序过滤，包括死端过滤（dead-end filtration）和切向流过滤（cross-flow filtration），首先死端过滤用于去除细胞，然后切向流过滤用于浓缩病毒；④通过氯化铯梯度超速离心进行病毒颗粒的最终纯化（Deng et al.，2019；Thurber et al.，2009）。尽管有着相同的主干步骤，但是因为研究的不同会对方法步骤做出相应的调整，例如，使用不同的离心速度、过滤器孔径值和浓缩技术等。

病毒宏基因组研究的第一步是去除生物样品中的非目标污染物，以确保文库中核酸的最佳产量和质量。去除生物样品中的非目标污染物是通过物理和化学处理方法来消除原核生物和真核生物的 DNA 和 RNA，以及细胞和饮食残渣对病毒核酸的影响。物理和化学的处理方法包括样品的均质、过滤、氯仿以及酶作用。随后对 VLP 进行富集浓缩，VLP 的富集浓缩主要是采用物理浓缩的方法，主要包括切向流过滤（Castro-Mejía et al.，2015）、氯化铯梯度超速离心、使用聚乙二醇（PEG）沉降病毒颗粒并进行重悬浓缩和超滤浓缩（30 kDa 或 100 kDa 孔径超滤膜）。在富集 VLP 和提取病毒核酸过程中，过滤器孔径的选择是重要的。使用更大孔径的过滤器，如 0.8 μm，可以保留更大的病毒，但也会导致高水平的细菌污染。孔隙大小为 0.45 μm 被认为是最佳的。最近，Hoyles 等（2014）报告说，用 0.45 μm 过滤器，而不是 0.22 μm 的过滤器，有可能使从人类粪便和盲肠液中分离的病毒 DNA 的产量增加一倍。Conceição 等（2015）使用定量 PCR 和下一代测序评估了均质化、离心、过滤、氯仿处理和随机扩增对模拟病毒组（含有 9 种高度多样化的病毒）和细菌模拟群落（含有 4 种粪便细菌）的定量效应，提出了 NetoVIR（novel enrichment technique of VIRomes，病毒组富集新技术）方法。该优化方法为病毒宏基因组学研究提供快速、可重复以及高通量的样品制备。

需要注意的是，使用不正确的获取 VLP 的方法可能会导致病毒组组成产生偏差。大多数宏基因组学研究集中在 VLP 的富集和核酸的提取上，尽管有许多方法偏重游离噬菌体和 DNA 噬菌体的富集。这种方法也可能产生低的核酸产率，多重置换扩增（MDA）可以克服这一问题（Marine et al.，2014）。然而，这种方法导致了病毒组中单链 DNA 病毒（如 *Microviridae*）的偏向扩增高达 10 倍，进而扭曲了噬菌体群落的组成。因此在 MDA 已经用于获取 VLP 的研究中，结果可能是有偏倚的。此外，荧光激活细胞分选（FACS）也可以从粪便样本中获取 VLP。从理论上讲，样品经 0.22 μm 的过滤器过滤后利用 FACS 可以分离不同的病毒组分，直接测序病毒 DNA，而不需要全基因组的扩增，避免了生物样品被细菌污染，改善了病毒基因组的组装（Džunková et al.，2015）。在获取 VLP 的过程中，更重要的是需要考虑到噬菌体是由包含不同核酸（ssDNA、dsDNA、ssRNA 和 dsRNA）的烈性噬菌体和温和噬菌体组成的。在将来需要开发一个考虑到所有这些成分的方法，这将可能重塑我们对人类肠道噬菌体概况的整体认识。

5.2.1 基于细菌培养物分离噬菌体的方法

宏基因组学研究已经证明了人类肠道中细菌丰富的多样性，但是在需要分离肠道细菌的情况下，宏基因组学可用数据的价值是有限的。尽管如此，人们还是做出了巨大的努力来培养“未培养细菌”。因此，使用基因组测序补充的新技术来分离和培养细菌已经成为一种推动力。肠道细菌的培养不仅是提高我们对其在微生物群中的作用的理解所必需的，也是研究噬菌体-宿主动力学和验证及扩展计算机发现的关键。培养方法的改进对培养人类肠道菌群起着重要作用。培养基的发展有助于从人类粪便中分离出新的专性厌氧菌。例如，YCFA 培养基已被证明可以使专性厌氧菌保持高水平的生长，并且可以用抗生素、碳水化合物或其他成分来调整培养基，以筛选稀有物种或感兴趣的细菌表型。

在筛选新型肠道噬菌体时，粪便样本是普遍的样本来源。但是考虑到微生物组在肠道内不同位置丰度组成不一样，也可用小型脊椎动物的肠道黏膜和结肠样本或者其他可能富有靶标菌的环境样品，如污水、海水、土壤等也可以作为肠道噬菌体的样本来源（Guerin and Hill，2020）。从环境样本中分离噬菌体的传统方法是双层琼脂平板（double layer agar plate）法。具体分为以下步骤：①将富含噬菌体的粪便滤液或污水与对数期的单株或多株目标靶向菌混合共培养数小时或过夜，以富集目标噬菌体；②离心上清过滤除菌后，过滤液（含有噬菌体）再和单株目标靶向菌混合培养；③上述两个步骤重复 3～5 次，使样品中的目标噬菌体得到累积富集；④通过斑点裂解区域或者斑块形成验证噬菌体分离成功与否；⑤利用双层琼脂平板法纯化噬菌体，连续挑取单噬菌斑纯化 3～5 次。crAss001 就是在其宿主 *Bacteroides intestinalis* 的纯培养物中多次富集分离获得的。它是 CrAssphage 家族中第一个被分离出来的可以产生噬菌斑的成员（Shkoporov et al.，2018）。对于温和噬菌体来说，在采用上述步骤进行分离之前，需要利用诱导的方法，如采用丝裂霉素 C、紫外线以及抗生素等，将噬菌体诱导至裂解状态后再进行分离。

然而，对于那些在双层琼脂板上无法形成噬菌斑的噬菌体来说，传统的双层琼脂平板法就不是最有效的方法了。Hankyphage 是 Benler 等（2018）在研究产生多样性的反转录因子（diversity-generating retroelement，DGR）时，在一株 *Bacteroides dorei* 菌株中鉴定到的含有 DGR 盒的前噬菌体。他们通过在 *Bacteroides dorei* 菌的液体培养物中加入卡巴多（Carbadox）诱导前噬菌体 Hankyphage，并通过电子显微镜证实了该噬菌体的存在。有趣的是，Hankyphage 不能在其宿主菌上形成噬菌斑。另外一株前噬菌体，*Bacteroides phage* BV01 是通过 qPCR 以及测序上清液中存在的环状重叠群（contig）发现它是活跃增殖的（Campbell et al., 2020）。但是 BV01 前噬菌体也不能产生可检测的噬菌斑。除了这两株前噬菌体外，还有一株烈性噬菌体 crAss002，尽管在它的基因组中没有发现与现有的溶原相关的基因，但是依旧无法在其宿主菌 *Bacteroides xylanisolvens* 的菌苔上形成噬菌斑。因此，crAss002 的分离是通过在粪便发酵罐中添加抗生素驱动拟杆菌目细菌的富集，从而富集 CrAssphage，再联合 qPCR 的方法检测富集液里目标噬菌体的增殖（Guerin et al., 2021）。

连续共培养联合 qPCR 的方法成功分离 crAss002 的例子，给我们的启发是针对无法形成噬菌斑的肠道噬菌体，不以形成噬菌斑为条件判断噬菌体的分离成功与否，而是定量噬菌体每次在富集液里的增殖。除了 qPCR 可以特异性定量噬菌体外，还有基于激光的定量方法，即表观荧光显微镜、流式细胞术和纳米颗粒跟踪分析。基于激光的定量方法需要用荧光染料（如 SYBR gold 和 SYBR green）染色噬菌体。Kaletta 等（2020）用流式细胞仪、纳米颗粒跟踪分析、落射荧光显微镜、qPCR 以及透射电镜这 5 种方法定量评估 4 种噬菌体和环境水样，结果显示这 5 种方法对纯的噬菌体可以准确定量。但是这 5 种方法对于定量微小噬菌体或者 ssDNA/RNA 噬菌体效率低下。

5.2.2　不依赖细菌培养物的噬菌体分离方法

传统的肠道噬菌体实体颗粒的分离需要基于肠道宿主菌的培养。但是肠道细菌通常是严格的厌氧菌，难以培养，而且它们生长的必要条件可能是未知的。此外，传统的双层琼脂平板法通常是依赖肠道细菌培养的，这限制到了那些可以形成斑块的噬菌体的分离。为了解决这一问题，我们应该采用新兴的、独立于肠菌培养的方法来分离和表征它们。

在生物样本中，总有一定比例的细菌细胞，要么表面附着自由的病毒粒子，要么内部含有噬菌体，要么作为前噬菌体进行复制。病毒标记（viral-tagging，VT）正是利用这一特征来配对噬菌体-宿主菌。它使用荧光激活细胞分选（fluorescence activated cell sorting，FACS）将噬菌体感染的细菌及其感染的噬菌体从未感染的细菌中分离出来，而不需要使用标记基因。具体的做法是，在生物样本中，用核酸荧光染料随机标记病毒粒子，然后将标记的噬菌体应用于潜在的宿主菌。如果两者发生相互作用，FACS 将标记的配对噬菌体-宿主菌以及游离的噬菌体区分开来（Deng et al., 2012）。同时，流式细胞仪也可以从样品中分离出单个的细菌，并对其进行基因组测序，也可以获得附着或者感染细菌的噬菌体的基因组。

Džunková 等（2019）开发了一个将单细胞 VT 与宏基因组学和单病毒基因组学（single viral genomics）结合的实验方法流程，利用这个流程从人粪便样本中鉴定了 363 对新的噬菌体-宿主菌。因此，VT 是鉴定噬菌体-宿主菌对的强大工具，它可以应用于已知的细菌种群，在鉴定来自特定的样本中的未知细菌和新噬菌体之间的配对关系方面也有其应用前景。

除了 VT 方法，最近也已经开发了多种将噬菌体与它们的肠菌宿主进行物理连接的方法：第一，邻位连接试验（proximity ligation assay）使用宏基因组染色体构象捕获（meta3C），结合实验和计算方法，利用 DNA 分子之间的物理接触来推断噬菌体和细菌之间的邻近性。具体来说，存在于复杂微生物群落中的序列被交联和消化，产生一个 meta3C 文库，该文库根据不同 DNA 分子之间的物理接触将噬菌体基因组分配给其假定的细菌宿主。第二，微流控数字 PCR（microfluidic digital PCR）允许在单细胞水平上使用标记基因同时识别噬菌体及其宿主细菌。从环境中收集微生物细胞，稀释后装入多通道微流控数字 PCR，利用数字 PCR 检测噬菌体和宿主细菌（Tadmor et al.，2011）。第三，噬菌体荧光原位杂交（phageFISH），一种显著改进的基因 FISH 方案，可将基因检测效率提高至 50%以上，已被开发用于识别和可视化细胞内和细胞外噬菌体 DNA。这种方法是基于表面荧光显微镜进行可视化，并使用基于序列的荧光标记探针进行识别（Allers et al.，2013）。第四，吸附测序（AdsorpSeq）是使用凝胶电泳分离吸附在细菌上的噬菌体，然后对吸附的噬菌体的 DNA 进行测序。具体来说，从环境中纯化的病毒样颗粒与目标细菌的包膜混合，并应用于琼脂糖凝胶。吸附的噬菌体通过凝胶电泳分离，然后收集进行宏基因组分析。de Jonge 等（2020）应用 AdsorpSeq 在医院污水中检测到 26 对未知的噬菌体-细菌配对。

除了上述方法，还不得不提最近最热门的宏基因组学技术。宏基因组一词最早出现于 1998 年（Handelsman et al.，1998），定义为对从环境样本中回收的所有遗传物质进行直接测序和分析（Thomas et al.，2012）。随着高通量测序（HTS）的发展，对未培养的微生物群落进行定性和定量分析现在已经成为可能，宏基因组学成为对未培养微生物种群进行基因组分析的最有效和最全面的方法（Duhaime and Sullivan，2012）。已发表的宏基因组研究的数量从 2002 年的 11 项增加到 2023 年的 35 000 多项（使用宏基因组学作为 PubMed 搜索引擎的搜索词），而现在有 34 000 多个宏基因组数据集（其中 29 000 多个是公开可用的）存放在综合微生物基因组和微生物组（IMG/M）系统（v.7）中，该系统是测序基因组和宏基因组数据集的公共比较资源（Markowitz et al.，2012）。这些宏基因组研究远不是简单地产生大量的测序数据，而是不断产生新的信息，如功能和系统发育之间的基因组联系及群落功能和结构的进化概况，以及促进新基因和酶的发现（Markowitz et al.，2012）。将宏基因组学应用于病毒样本的挑战很多：缺乏通用的标记基因，这意味着需要完整的宏基因组学；其次是受到细菌 DNA 的污染，细菌DNA比病毒丰富得多，因此在序列分析过程中分离这些DNA会有困难（Roux et al.，2013）；自然界中病毒类型的巨大多样性，使得分离、测序和组装无偏见的病毒宏基因组极其困难（Labonté and Suttle，2013）；数据库中缺乏病毒序列，使得比较基因组学的价值有限。然而，病毒也具有一些有利于宏基因组分析的特征，例如，它们的小尺寸允许通过离心或过滤有效地去除细胞碎片，允许在不同的样本中快速提纯噬菌体。

自从2002年首次将病毒宏基因组学应用于未养殖的海洋样本（Breitbart et al.，2002）以来，病毒基因组研究已经应用于广泛的环境和地点，包括淡水、海水、土壤、工业发酵以及人类和许多其他生物的肠道。由于环境的多样性，没有一种单一的、一刀切的方法可以通用，操作流程需要改进并适合特定样本。但研究通常涉及一些关键步骤：①病毒颗粒纯化（包括样品采集、过滤、纯化）；②核酸提取；③高通量测序；④序列数据的生物信息学分析和解释（Castro-Mejía et al.，2015；Thurber et al.，2009）（图 5-1）。

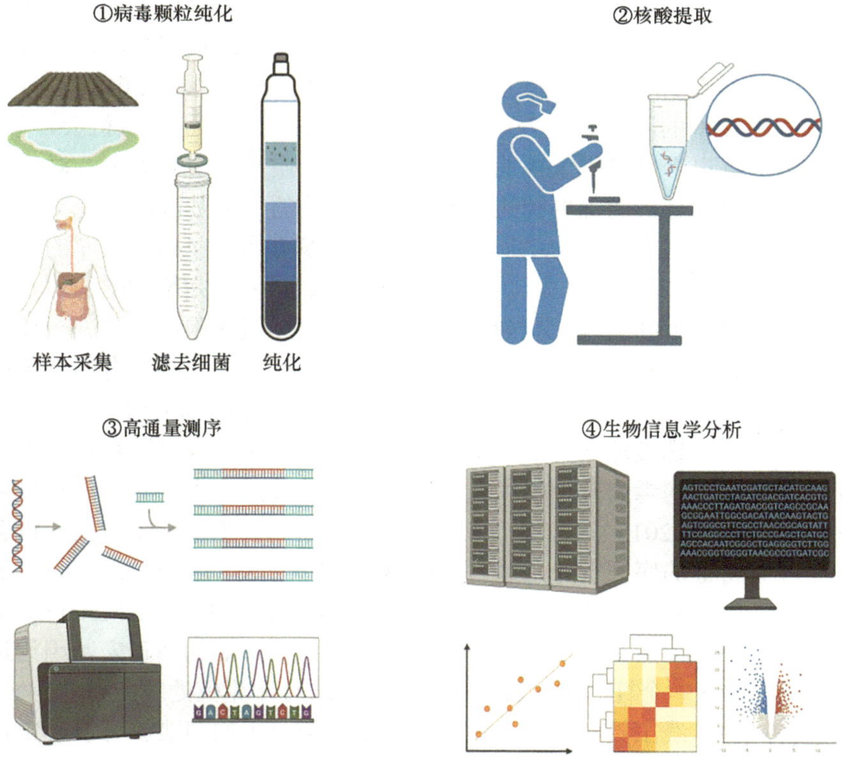

图 5-1　病毒宏基因组研究的关键步骤

众多研究提出了从人体肠道中提取和纯化噬菌体以进行病毒基因组分析的方法，包括第一步（前处理）涉及样品中噬菌体的悬浮/溶解和大颗粒的去除。然后进行第二步（噬菌体纯化）以去除低分子量杂质和微生物细胞。准备样本的下一步是提取和纯化其病毒核酸。这一步骤必须产生具有足够纯度和浓度的核酸，用于下游文库构建和测序（Thomas et al.，2012）。在这一步骤之前，通常进行 DNA 酶处理以消除污染的细胞 DNA。在为测序做准备时，从分离的病毒 DNA 中制备文库，然后将片段扩增到合适的长度以供特定的测序平台使用，同时将样本损失降至最低，并防止引入偏差（Hurwitz et al.，2016）。根据测序平台的不同，使用不同的碎片技术。接着是进行 dsDNA 接头连接。一旦连接了接头，它们就在测序反应中充当引物位置，还可以包含条形码，以便在一次运行中对池中的文库进行测序。扩增通常是测序前文库准备的最后步骤之一，产生约 1000 个 DNA 拷贝供测序仪读取（Solonenko and Sullivan，2013）。一旦准备好 DNA 文库，就会进行测序，可以利用三个主要的二代测序（NGS）平台之一：Illumina[目前最受欢迎的平台（Oulas et al.，2015）]、Roche 454（2016 年停止使用）和 Ion Torrent PGM。在测序之后，执行质量控制步骤，以确保序列数据已准备好用于分析。这些质量控制包括确保每个样本有足够的测序覆盖率，并去除可能代表测序错误或污染的罕见读数，从而避免高估病毒酶的蛋白质丰度（Hurwitz et al.，2013）。

虽然测序技术的不断进步为病毒宏基因组学领域提供了大量机会，但 NGS 产生的大量数据也带来了重大挑战，即序列数据的质量分析和处理。对病毒进行有效的生物信息学分析的主要制约因素是前面讨论的病毒基因组中缺乏通用基因标记，这意味着对病毒读数的识别仅限于它们与参考病毒序列数据库的比对。截至 2024 年 3 月，NCBI 病毒基因组数据库包含 4200 多个完整的噬菌体基因组，其中近一半来自 4 个细菌属（分枝杆菌属、肠杆菌属、假单胞菌属和葡萄球菌属），因为它们的临床相关性已被详细研究。虽然人们普遍认为几乎所有的细菌都会受到噬菌体的捕食；但是，在已知的 29 个具有培养分离株的细菌门中，只有 8 个细菌门的噬菌体代表株被测序（Bibby，2014）。因此存在着大量的数据是当前比较分析无法获取的。病毒宏基因组大量的序列与当前数据库中的序列没有显著的同源性（Bikel et al.，2015）。这种“未知”序列的高比例也带来了最大的机会，以拥有一个没有特征的序列宝库。通常使用 BLAST（Basic Local Alignment Search Tool）或基于 BLAST 的程序[如 MG-RAST（Glass et al.，2010）、MetaPhyler（Liu et al.，2011）或 CARMA（Gerlach et al.，2009）]对测序后的病毒宏基因组进行分类组成分析，这是一个耗时的过程。因为这些方法对计算机处理能力的巨大需求，还可以选择一些在线工具，降低外行进行宏基因组分析的门槛。可以确定样本中存在的病毒的丰度和类型的程序包括：VIROME（The Viral Informatics Resource for Metagenome Exploration）（Wommack et al.，2012）、Metavir（Roux et al.，2014）

和 VMGAP（The Viral MetaGenome Annotation Pipeline）（Lorenzi et al.，2011），以及更多的“通用型”程序，包括前面提到的结合 BLAST 分析的程序。这些管道通常使用开放阅读框（ORF）查找算法，该算法预测编码序列，然后与蛋白质数据库进行随后的比较，BLAST 是准确分析病毒多样性的最可靠的工具，其次是 Metavir 工具。与病毒宏基因组过程的所有步骤一样，生物信息学工具的选择可以显著影响所获得的发现和派生的结论（Tangherlini et al.，2016）。还有不依赖于序列相似性的工具 PHACCS（来自 contig 分布图的噬菌体群落），它根据最丰富的病毒型的原理，提供病毒宏基因组中最丰富病毒的丰富度、均匀度和丰度的估计值（Wommack et al.，2015）（基于百分比同一性阈值而不是系统发育标记的分类学分类）将更有可能组装成大型重叠群。其他无需参考序列的工具还包括 MaxiPhi（Angly et al.，2006），它分析两个样本之间的样本间多样性，有助于同时交叉组装数据集中的所有样本。还有很多新工具不断涌现，如 VirSorter（Roux et al.，2015）和 MetaPhinder（Jurtz et al.，2016），它们都是为检测宏基因组数据中的病毒序列而设计的；VirusSeeker，于 2017 年初发布；还有 iVirus 社区资源，它提供对一系列病毒宏基因组工具和数据集的访问（Bolduc et al.，2017）。

5.3　肠道噬菌体的功能

噬菌体在自然界广泛分布于细菌丰富的环境如土壤、污水、肠道等，其发现早于抗生素，1896 年 Hankin 观察到印度的恒河及其支流亚穆纳河水对霍乱弧菌具有杀菌作用（Hankin，1896）。1915 年，英国细菌学家 Frederic Twort 描述了非致病性超显微病毒和可传播的细菌裂解物的存在，病毒是可能的解释之一（Twort，1915）。1917 年首次将这种杀菌物命名为噬菌体。1921 年第一篇关于噬菌体疗法的研究被发表。从此进入噬菌体治疗的小高峰，但随着 1929 年青霉素的诞生，抗生素迎来了黄金时代，噬菌体疗法研究热度断崖下跌，仅苏联、东欧部分国家继续使用噬菌体抗感染。但随着新抗生素发现的减少（Gordillo Altamirano and Barr，2019）、耐药菌的出现以及进入精准医疗时代，噬菌体疗法再次进入研究者视线（Silver，2011）。

5.3.1　噬菌体在肠道疾病中扮演的角色

在感染性疾病中，有几种情况会导致肠道问题：外源性病原体引起的感染性腹泻、长期使用抗生素导致的肠道菌群紊乱引起的抗生素相关性腹泻，以及炎症性肠病活动期可能因肠道菌群失调、肠道屏障功能受损和免疫调节药物使用导致的肠道菌自体感染，进而引发肠道脓肿甚至败血症。针对有明确病原菌的感染性疾病，理论上可由其噬菌体进行特异性杀菌，从而改变疾病预后。

在非感染性疾病中，炎症性肠病（inflammatory bowel disease，IBD）、结直肠癌（colorectal cancer，CRC）、肝脏疾病患者的肠道菌群及肠道噬菌体组与健康个体相比均发生变化（Ni et al.，2017；Tripathi et al.，2018；Wong and Yu，2019）。对克罗恩病（27 例）和溃疡性结肠炎（42 例）患者的粪便进行宏基因组测序发现，患者粪便中有尾噬菌体丰度增加、组成改变，以温和噬菌体为主，且对应菌群有相应改变，如厚壁菌门细菌丰度下降，噬菌体含量增多（Clooney et al.，2019；Norman et al.，2015）。对 CRC 患者肠道微生物特征进行分析，已发现 CRC 患者肠道病毒的特征（Hannigan et al.，2018）及 4 种分类标志物（Nakatsu et al.，2018）。对酒精性肝炎（Duan et al.，2019；Jiang et al.，2020）及非酒精性脂肪肝（Lang et al.，2020）患者、饮酒者、未饮酒者的粪便病毒组分析结果表明，与未饮酒者对比，酒精性肝炎患者的病毒多样性增加，以肠杆菌和肠球菌的噬菌体为主，且葡萄球菌的噬菌体的丰度增加，这与疾病严重程度正相关（Jiang et al.，2020）。非酒精性脂肪肝越重，肠道病毒多样性越低，与其他肠道病毒相比，肠道噬菌体比例明显下降（Lang et al.，2020）。和健康个体相比，肝硬化患者肠道中针对乳杆菌和肠杆菌的噬菌体增多（Bajaj et al.，2021）。

5.3.2 噬菌体疗法的安全性研究

噬菌体疗法是指使用严格裂解型噬菌体控制或者杀死致病细菌的方法，致病细菌作为噬菌体的宿主，提供噬菌体繁殖的空间和物质基础。在宿主细菌存在时，噬菌体复制并增加其数量，当宿主细菌数量足够多时，噬菌体的剂量随之放大。随着宿主细菌的消除，噬菌体也随之被清除。虽然噬菌体治疗在东欧及苏联有数年应用历史，但缺少充分有力的双盲、安慰剂对照、随机临床试验的科学证据。噬菌体治疗在获得批准和广泛使用之前，需要妥善解决监管和质量标准问题（Pelfrene et al.，2016）。目前噬菌体制剂需要满足以下条件：无抗生素抗性基因、无细菌毒力毒素、无菌、无热源、内毒素≤5 EU/（kg·mL）（Sybesma et al.，2016）。

噬菌体作为完整病毒颗粒，其与机体免疫系统的相互影响是复杂的。首先，噬菌体的衣壳为外源性蛋白，尤其是在体内杀菌过程中噬菌体繁殖进行性增多，理论上可诱发超敏反应，目前临床病例报道、临床试验均无超敏反应报道。猜测可能是因为后生动物在进化早期与噬菌体接触，从而对噬菌体有较高的免疫耐受（Barr，2017）。其次，还需要考虑噬菌体杀菌过程是否诱发过度炎症反应、赫氏反应（Herxheimer reaction）（Castro-Mejía，2015）。由于噬菌体杀菌起效快速，释放的大量子代噬菌体侵染细菌后使大量细菌裂解，释放大量宿主菌蛋白，短时间大量外源蛋白释放可能诱发赫氏反应，在严重革兰氏阴性菌感染中，细菌裂解后可能释放大量内毒素，诱发炎症因子风暴，但目前尚无相关报道。在体外实验中发现大肠杆菌噬菌体杀菌产生的内毒素水平比头孢曲松、亚胺培南更低（Dufour et al.，2017）。噬菌体还可通过抑制 NF-κB p65 磷酸化抑制其下游的 IL-6、IL-1、细胞信号抑制因子 3（SOCS3）、TNF-α 等炎症因子的释放（Caflisch et al.，2019；Jariah and Hakim，2019）。

目前有少量健康志愿者接受口服噬菌体制剂以评估噬菌体安全性，成人整体可耐受，儿童给予鸡尾酒制剂后天冬氨酸氨基转移酶（AST）、嗜酸性粒细胞升高，但考虑与噬菌体剂量无关（McCallin et al.，2013）。部分儿童接受高剂量噬菌体后出现呕吐、腹泻、耳痛等不适，降低剂量后无不良反应出现（Sarker et al.，2017）。口服给予噬菌体制剂后在血液中未检测到噬菌体及抗噬菌体抗体，粪便中噬菌体制剂含量和给药剂量相关，但粪便中的大肠杆菌总数无明显减少（Bruttin and Brüssow，2005）（表 5-1）。粪便中大肠杆菌总数无明显减少的原因，可能是噬菌体抗菌谱未覆盖宿主肠道内大肠杆菌或口服后噬菌体被胃液等消化液灭活（Sabino et al.，2020）。

表 5-1　噬菌体疗法在健康人体中的安全性试验

作者（年）	噬菌体制剂	研究对象	结局
Hallie（2019）（Febvre et al.，2019）	PreforPro®	36 名健康成年人	不会破坏整体的肠道菌群 血 IL-4 下降，其余炎症因子、脂代谢无改变
Shawna（2018）（McCallin et al.，2018）	单噬菌体和 Pyophage	21 名金黄色葡萄球菌携带者、健康育龄期女性	经鼻给药和对照组无统计学差异 口服给药有 4 例不良反应报道，临床医生考虑与噬菌体无关
Sarker（2012）（Sarker et al.，2012）	鸡尾酒：9 种 T4-like 噬菌体	15 名健康成年人	肠道菌群无影响 无不良反应
Gindin（2019）（Gindin et al.，2019）	鸡尾酒：4 种噬菌体	43 名健康成年人伴轻-中度胃肠道不适	安全、可耐受
Sarker（2017）（Sarker et al.，2017）	鸡尾酒：T4-like 噬菌体 Microgen ColiProtues	40 名健康儿童	相对耐受，噬菌体剂量为 10^9 PFU（噬斑形成单位）/mL 时出现 1 例腹泻、1 例呕吐、2 例耳痛，降低剂量（10^8 PFU/mL）后无明显不良反应
Shawna McCallin（2013）（McCallin et al.，2013）	鸡尾酒：Microgen ColiProtues	5 名健康成年人 5 名 5～10 岁健康儿童 5 名<5 岁儿童	<5 岁儿童观察到 AST 升高 5～10 岁儿童观察到嗜酸性粒细胞升高 异常结果与噬菌体剂量无关 未观察到皮疹、过敏，血液中未检测到噬菌体及抗噬菌体抗体
Bruttin（2005）（Bruttin and Brüssow，2005）	T4 噬菌体	15 名健康成年人	无不良反应 血液中未检测到噬菌体和抗噬菌体抗体 未减少粪便中的 *E. coli* 总数

5.3.3 噬菌体疗法的有效性

关于噬菌体疗法有效性，需考虑如下问题。

首先，细菌在噬菌体的选择压力下会产生耐噬菌体现象，从而减弱噬菌体疗效（Tzipilevich et al.，2017）。研究发现噬菌体和抗生素具有协同作用（Ong et al.，2020；Tkhilaishvili et al.，2020），对抗生素耐药的细菌给予噬菌体治疗，出现耐噬菌体现象后，细菌会再次对已经耐药的抗生素敏感（Ho et al.，2018；Oechslin，2018）。其可能的机制是噬菌体感染细菌的途径和细菌耐抗生素机制互补（Burmeister et al.，2020）。采用抗生素噬菌体联合治疗或采用噬菌体鸡尾酒制剂来提高杀菌作用。目前已发表的噬菌体疗法病例报道，除一篇体外实验发现鸡尾酒制剂不能提高杀菌作用选用单噬菌体治疗（Cano et al.，2021），其余均为鸡尾酒方案，并根据治疗期间细菌培养结果评估细菌耐噬菌体情况及时更改鸡尾酒组成成分。

其次，噬菌体制剂的给药方式也影响疗效，特别是口服给药，在一篇临床试验研究中发现，口服给予 T4 样噬菌体 10^8 PFU 后在每克粪便中仅回收到 10^7 PFU 噬菌体，因为胃酸可显著减低噬菌体活性（Samtlebe et al.，2018）。一篇体外实验发现，给予胃蛋白酶及 pH＜2 处理 30 min 后，T4 噬菌体鸡尾酒活性降至初始的 0.1%（Sarker et al.，2012），可通过同服胃酸中和剂提高口服活性噬菌体通过胃液的比例。

此外，噬菌体作为完整病毒颗粒，具有刺激机体免疫系统的能力。噬菌体衣壳为蛋白质，可以激活体液免疫，产生特异性抗体，可能减弱噬菌体的杀菌能力。体外实验发现噬菌体特异性抗体可降低其杀菌活性，噬菌体与含噬菌体抗体血清共同孵育 6 h，其杀菌活性减少 50%（Singla et al.，2016）。静脉给予 T4 噬菌体后小鼠会产生抗 Hoc 抗体，降低噬菌体疗效（Dąbrowska et al.，2014）。但一项源于噬菌体治疗鼻窦炎的临床试验后续报道显示，不同噬菌体抗体产生水平与噬菌体治疗效率无显著性差异（Łusiak-Szelachowska et al.，2021）。链球菌噬菌体鸡尾酒口服或局部给药治疗耐药菌感染患者疗程中也发现噬菌体抗体的存在与否不会导致治疗失败，相反，在治疗前后噬菌体抗体水平均较低的患者其预后更差（Żaczek et al.，2016）。噬菌体抗体对不同实验体的噬菌体疗效的影响不同，可能与噬菌体种类、给药方式相关，需要进一步研究。

5.3.4 消化道疾病中的噬菌体疗法

过去二十年里，关于噬菌体治疗胃肠道疾病的研究有限（表 5-2）。Sarker 团队对两种噬菌体制剂治疗急性腹泻进行随机双盲临床试验。研究设计纳入 120 名腹泻患儿，但该研究在中期分析发现噬菌体疗法并未优于口服补液盐治疗，故而53%的计划患者被纳入后研究中止。虽然治疗前已排除轮状病毒、弧菌感染，但入组患儿只有60%的粪便培养为大肠杆菌阳性，其中仅50%的大肠杆菌为噬菌体敏感（Sarker et al.，2016）。

表 5-2　噬菌体治疗胃肠道疾病的临床试验及个案报道

参考文献	噬菌体制剂	疾病	结果
Sarker et al.，2016	Nestlé Research Centre 提供的 11 种 T4 样噬菌体（T4-like phage）和 Microgen ColiProtues 口服给药	120 名腹泻儿童	两组噬菌体鸡尾酒治疗组的疗效不优于口服补液盐治疗 实验中止
Gindin et al.，2019	鸡尾酒：4 种噬菌体 口服给药	43 名健康成年人伴轻-中度胃肠道不适	安全、可耐受 改善胃肠道功能与安慰剂效果无统计学差异
Schooley et al.，2017	9 种噬菌体组成的鸡尾酒，静脉（5×10^9 PFU）+皮下留置管注入脓肿腔内	胰腺假性囊肿伴多耐鲍曼不动杆菌感染	完全清除鲍曼不动杆菌，临床症状好转
Corbellino et al.，2020	单噬菌体（10^7 PFU 口服，10^6 PFU 直肠给药）	克罗恩病伴肠道多发多耐肺炎克雷伯氏菌感染	清除肺炎克雷伯氏菌

对于有明确病原菌的肠道感染如艰难梭菌感染，目前公认的治疗方案为抗生素抗感染及粪菌移植（fecal microbiota transplantation，FMT）。粪菌移植是一种将健康人的粪便菌群移植到患者体内，通过恢复患者肠道微生物群的平衡来治疗疾病的方法（Kelly et al.，2021）。FMT 的成功与益生菌的移植、艰难梭菌感染相关失调状态的改善、噬菌体的移植有关（Leffler and Lamont，2015；Park et al.，2019），在一项初步研究中，FMT 后供体有尾病毒的定植与患者预后正相关（Zuo et al.，2018）。在另一项试验中，从供体粪便中转移无菌滤液减轻 5 名有症状的艰难梭状芽孢杆菌结肠炎患者的症状，这可能是与病毒颗粒的移植有关（Ott et al.，2017）。由于目前以艰难梭菌为宿主的烈性噬菌体尚未成功分离，有研究者利用多种温和噬菌体鸡尾酒，在体内和体外均可清除艰难梭菌感染（Nale et al.，2015）。

黏附-侵袭大肠杆菌是 IBD 的病因之一（Palmela et al.，2018；Rolhion and Darfeuille-Michaud，2007）。在动物实验中，IBD 合并黏附-侵袭大肠杆菌感染小鼠灌胃给予噬菌体鸡尾酒制剂，可减轻肠道炎症，减少大肠杆菌定植，且在回肠组织活检中观察到噬菌体的增殖（Galtier et al.，2017）。本书成稿之际，一项关于口服噬菌体治疗克罗恩病合并黏附-侵袭大肠杆菌的 I/IIa 期双盲、随机、安慰剂对照临床试验（NCT03808103）正在招募中。

噬菌体还可以通过改变肠道菌群从而治疗胃肠道疾病。研究发现酒精性肝硬化患者的粪便中粪肠球菌丰度明显高于过度饮酒者和未饮酒者，产生溶细胞素的粪肠球菌菌株与酒精性肝硬化的不良预后相关。无菌鼠经口灌胃溶细胞素阳性肠球菌可加速酒精性肝脏疾病的疾病进程，而通过口服针对溶细胞素阳性粪肠球菌的噬菌体则可减缓疾病进程（Duan et al.，2019）。在结直肠癌（CRC）的发病机制研究中，链球菌属被发现能通过上调β-连环蛋白诱导肿瘤的发生（Kumar et al.，2017）。在动物实验中，通过灌胃钨酸钠抑制大肠杆菌可减轻肠道炎症和与结肠炎相关结肠肿瘤发生（Zhu et al.，2019）。目前，通过噬菌体调控 CRC 相关病原菌仍处在临床前研究阶段。

5.3.5 靶向递送药物

利用噬菌体识别宿主菌，将噬菌体作为靶向运送药物的工具，实现局部药物高浓度释放，目前已有部分相关研究。在一项体外研究中，氯霉素分子通过酯键与金黄色葡萄球菌噬菌体表面连接，噬菌体识别并吸附到金黄色葡萄球菌，用血清酯酶水解酯键，实现细菌富集部位的氯霉素高浓度释放，从而避免亚杀菌浓度诱导耐药菌的出现（Vaks and Benhar，2011）。

在 CRC 肿瘤部位，具核梭杆菌作用于 Toll 样受体-4 和 miRNA 激活自噬途径，从而促进 CRC 对化疗药物产生耐药，削弱化疗效果（Yu et al.，2017）。在一项 CRC 动物研究中，对具核梭杆菌噬菌体包被伊立替康，利用噬菌体特异性识别吸附具核梭杆菌，使伊立替康在肿瘤部位富集，同时噬菌体降低具核梭杆菌丰度，使肿瘤对化疗药再次敏感（Zheng et al.，2019）。将化疗药替换为抗菌纳米银颗粒，噬菌体联合化疗药物对减小肿瘤体积、延长小鼠生存时间比单纯化疗药物效果更佳（Dong et al.，2020）。肠道微生物（如丁酸梭菌）产生的短链脂肪酸可以抑制肿瘤生长，激活机体免疫清除肿瘤。右旋糖酐可促进丁酸梭菌增殖，具核梭杆菌噬菌体与右旋糖酐纳米颗粒共价结合，在杀具核梭杆菌的同时促使丁酸梭菌产生短链脂肪酸，增强抗肿瘤作用。

5.4 肠道噬菌体在合成微生物组工程中的应用

面对越来越多的耐药菌感染给人类的生命健康带来巨大的威胁（耐药危害），噬菌体因为其特异性高、不会引起不必要的共生微生物被误杀，并且只要有宿主存在就可以繁殖、与宿主共进化的能力，以及一般不会对人类健康造成不良影响等优点，受到人们的重视（Vandenheuvel et al.，2015）。目前已经有大量的临床病例使用了噬菌体治疗耐药菌感染，并取得了良好的效果，如已经商业化应用的噬菌体鸡尾酒（EcoShield™）治疗大肠杆菌 O157: H7（Boyacioglu et al.，2013）、利用 Listex P-100 来控制单核细胞增生性李斯特氏菌（Iacumin et al.，2016）等，但是直接使用天然噬菌体往往会遇到某些限制，主要是噬菌体抗性的迅速出现，以及不能快速从自然界中分离得到。噬菌体具有生长速度快、基因组相对较小、易于遗传操作的优势，因此噬菌体是进行基因工程改造的良好的底盘生物。利用基因工程改造噬菌体可以扩大噬菌体的宿主范围、增强噬菌体的裂解能力、将溶原性噬菌体转变为裂解性噬菌体、让噬菌体表达异种蛋白以增强抗菌活性、改变噬菌体的内在自限性、增强噬菌体的稳定性等，人工噬菌体凭借其众多优点，在未来会被更广泛地应用。

5.4.1　工程噬菌体有更宽的宿主谱

噬菌体在自然界中的丰度和多样性极高，几乎所有的细菌都有其相应的噬菌体，但是实际的操作过程中，宿主常快速出现对噬菌体的抗性突变（Iacumin et al.，2016；Rostøl and Marraffini，2019），并且分离噬菌体往往需要花费大量的时间和精力，并且仍然不一定能分离到合适的裂解性噬菌体。利用基因工程改造噬菌体使其整合上不同的受体结合蛋白（receptor-binding proteins）可以改变、拓宽噬菌体的宿主范围。噬菌体的尾纤维黏附素是宿主范围的主要决定因素，在 T4 噬菌体家族中 gp38 的 C 端特异性结构域决定了它的宿主受体亲和力，该结构域有一系列的 4 个高可变片段，它们被一组高度保守的富含甘氨酸的基序分开，这些基序显然形成了该结构域的保守结构核心。我们可以在 T4 噬菌体家族中筛选到一个可替换黏附素结构域的文库，可以在 T4 噬菌体家族中有效地重组（Trojet et al.，2011）。一项研究中，将类 T4 噬菌体 WG01 的宿主决定基因（基因 *gp37*）替换为另一个类 T4 噬菌体 QL01 的宿主决定基因，所得的产物 WQD 噬菌体拥有比两母代噬菌体都宽的裂解谱（Chen et al.，2017）。另一项研究中，通过同源重组将 T2 噬菌体的长尾纤维基因（基因 *gp37* 和 *gp38*）替换为 IP008 噬菌体的长尾纤维基因，可以使重组的 T2 噬菌体获得与 IP008 相同的宿主范围，并保持 T2 的裂解酶活性（Mahichi et al.，2009）。在相同的位点，T2 噬菌体长尾纤维基因 37 和 38，Masatoshi Yoichi 将其与大肠杆菌 O157:H7 特异性噬菌体 PP01 基因 37～38 周围区域进行同源重组。他们将重组 T2 噬菌体命名为 T2ppD1，携带 PP01 基因 37 和 38 的基因产物，使得重组噬菌体可以感染异质宿主细胞大肠杆菌 O157:H7 和相关物种（Yoichi et al.，2005）。同样，用 T7 噬菌体的尾部纤维基因 17 替换掉 T3 噬菌体的尾部纤维基因 17 后，T3 噬菌体的吸附效率和宿主谱均得到增强（Lin et al.，2012）。此外噬菌体还拥有和噬菌体共进化的能力，当宿主菌进化出对噬菌体的抗性时，噬菌体也可能会进化出新的受体结合蛋白而改变宿主范围，这些新的受体结合蛋白基因可以被筛选出来添加到受体结合蛋白文库中，为以后编辑其他噬菌体做储备（de Jonge et al.，2019）。Yehl 等（2019）确定了 T3 噬菌体尾纤蛋白中的宿主范围决定区，即在 T3 尾丝中，由 *gp17* 远端编码的环状结构是宿主范围决定域。Yehl 等（2019）还开发了一种高通量策略，分别针对这些环状结构，包括内侧环 CD、EF 和 GH 以及外侧环 BC、DE、FG 和 HI，通过定点突变对这些区域进行基因工程改造，用 PCR 扩增的方式替换每一个密码子，构建噬菌体文库，可以高效地筛选出宿主范围发生改变并能避免耐噬菌体现象的噬菌体。

5.4.2 工程噬菌体有更强的裂解能力

T4 噬菌体可以根据宿主细胞的生长参数调节其发育。当宿主细胞处于不利的环境中时宿主的生长非常缓慢，这时噬菌体的发育也可能停止，将基因组保存在受感染的宿主细胞中，直到宿主恢复生长。这种在细胞内维持噬菌体的基因组而不复制的现象称为假性溶原（Golec et al.，2011）。假性溶原现象在自然界中有利于 T4 噬菌体种群更长远的繁殖，但是在治疗中可能会引起严重的后果。Marcin 等的研究发现控制 T4 噬菌体假性溶原现象的基因是基因 *rI*、基因 *rIII* 和基因 *rIIA*（Los et al.，2003）。将这些基因敲除后可以获得无假溶原性的噬菌体以在噬菌体疗法中得到应用。增强噬菌体的某些基因的表达也可以提高噬菌体的裂解能力，Young 等将 T4 噬菌体中的穿孔素 Tctd 周质结构域过表达得到裂解效力提升的 T4 噬菌体（Tran et al.，2005）。此外，Lu 和 Collins（2007）通过基因工程的手段使大肠杆菌噬菌体 T7 在感染菌体的同时表达裂解酶 DspB，发现其对生物被膜中细菌数量的清除率可达 99.997%，与未表达 DspB 的噬菌体相比，清除率有了明显提高。

5.4.3 工程噬菌体应对宿主的噬菌体抗性

在噬菌体和宿主菌的相互作用中，宿主菌会进化出各种突变体来产生噬菌体抗性，如受体突变防止吸附、限制修饰系统、CRISPR/Cas 系统等。为了对抗宿主菌的限制性内切酶，噬菌体通过甲基化、糖基化和羟基化等方式将氨基酸、多胺类、糖类等各种成分引入其基因组核苷酸上（Kornberg et al.，1961；Lee et al.，2018；Weigele and Raleigh，2016）。将转甲基酶、糖基化酶等基因整合到噬菌体基因组上可以获得防御限制性修饰系统的能力。Kevin Yehl 等通过自然进化和结构建模，确定了 T3 噬菌体尾纤蛋白中的宿主范围决定区域（HRDR），并开发了一种高通量策略，通过定点诱变对这些区域进行基因工程改造（Yehl et al.，2019）。同样，很多宿主菌携带有 CRISPR/Cas 系统以防御噬菌体的感染，但是很多噬菌体同时也共进化出 anti-CRISPR 基因，将筛选出的 anti-CRISPR 基因汇总成库，并插入到需改造的噬菌体中使其获得 anti-CRISPR 的能力。降低细菌抗性的另一途径是使用噬菌体混合物。Ling Yu 等将大肠杆菌细胞与裂解噬菌体一起孵育，然后分离出针对噬菌体抗性进化的噬菌体，随后将其与原始的裂解噬菌体混合以制备用于杀菌的新型噬菌体混合物。数据表明，噬菌体混合物不仅具有显著的杀菌作用，包括扩大宿主范围和快速裂解，还降低了体外抗噬菌体菌株的产生和突变频率（Yu et al.，2018）。

5.4.4　工程噬菌体稳定性更高

在噬菌体治疗的过程中，噬菌体有可能遇到不利的环境而被灭活，例如，人体胃肠道中 pH 在 2.0～6.8，温度在 38～42℃，在这样的酸碱度和温度下，噬菌体的活性往往会下降甚至灭活，这在一定程度上掣肘了噬菌体在胃肠道的应用（Jończyk et al.，2011）。为此，Franklin 等将大肠杆菌 PhoE 信号肽和 T7 噬菌体的主要衣壳蛋白 10A 进行基因融合，使磷脂可以附着在噬菌体衣壳上，从而在酸性环境中保护噬菌体（Nobrega et al.，2016）。此外，噬菌体可以被包裹在保护性微粒和纳米颗粒中，以克服不利的生理条件。可以使用多种策略来实现噬菌体递送应用的控释和持续释放。噬菌体包封研究使用了多种亲水和疏水聚合物，包括琼脂糖（Bean et al.，2014）、藻酸盐（Dini et al.，2012）、壳聚糖（Kaikabo et al.，2017；Ma et al.，2008）等。噬菌体被包裹在不同的形态中，包括纳米球、微球、纳米纤维、微纤维、膜和薄膜结构。稳定性增强的噬菌体可以扩宽噬菌体治疗在人体的应用范围。

5.4.5　工程噬菌体可以降解生物膜

生物膜是在生物或非生物表面形成的微生物群落，其由多聚糖、磷壁酸、蛋白质和胞外 DNA 组成的胞外聚合物及基质环境中的细菌细胞组成（Abebe，2020）。生物膜是医疗中的一项重大挑战，病原菌在生物膜中可以逃避抗生素、机体免疫系统及噬菌体的清除作用（Vidakovic et al.，2018）。有一些噬菌体能合成一些可以降解生物膜的酶，如荚膜多糖解聚酶、内唾液酸酶和果胶裂解酶等（Pires et al.，2016）。这些酶的基因可以用于加强以单核细胞增生性李斯特氏菌、大肠杆菌等为宿主的噬菌体，从而获得相较于传统生防方法更独特的优势。Timothy 等将 T3 噬菌体中表达 DspB 的基因整合到 T7 噬菌体上，从而使 T7 噬菌体获得了表达生物膜分散剂的能力（Pei and Lamas-Samanamud，2014）。除了直接表达生物膜降解酶外，噬菌体还可以阻断生物膜形成过程中必要的群体感应系统来减少生物膜的形成，Ruoting 等将一种具有广泛活性的内酰胺酶整合到 T7 噬菌体中，使其获得降解群体感应系统中参与细胞间通信的酰基高丝氨酸内酯的能力，从而达到淬灭宿主群体感应的效果（Pei and Lamas-Samanamud，2014）。

5.4.6 基因工程将溶原性噬菌体转化为裂解性噬菌体

自然界中存在大量的溶原性噬菌体，它们整合到噬菌体基因组上后进入休眠，一定条件下才再次转变到裂解周期，溶原性噬菌体因为其有限的药效和基因水平转移的风险而被认为不适合应用于治疗。但是溶原性噬菌体可以通过去除溶原因素，如重组酶和抑制子等，而转化为裂解性噬菌体（Howard-Varona et al.，2017）。完成转化后，产物裂解性噬菌体不仅能获得更强的裂解能力（Dedrick et al.，2019），还能获得更大的宿主谱（Kilcher et al.，2018）。溶原性噬菌体转化为裂解性噬菌体能极大提高噬菌体应用的多样性和有效性。

参 考 文 献

Abebe G M. 2020. The role of bacterial biofilm in antibiotic resistance and food contamination. International Journal of Microbiology, 2020(1): 1705814.

Adriaenssens E M. 2021. Phage diversity in the human gut microbiome: a taxonomist's perspective. mSystems, 6(4): e0079921.

Allers E, Moraru C, Duhaime M B, et al. 2013. Single-cell and population level viral infection dynamics revealed by phageFISH, a method to visualize intracellular and free viruses. Environ Microbiol, 15(8): 2306-2318.

Angly F E, Felts B, Breitbart M, et al. 2006. The marine viromes of four oceanic regions. PLoS Biology, 4(11): e368.

Bajaj J S, Sikaroodi M, Shamsaddini A, et al. 2021. Interaction of bacterial metagenome and virome in patients with cirrhosis and hepatic encephalopathy. Gut, 70(6): 1162-1173.

Barr J J. 2017. A bacteriophages journey through the human body. Immunological Reviews, 279(1): 106-122.

Bean J E, Alves D R, Laabei M, et al. 2014. Triggered release of bacteriophage K from agarose/hyaluronan hydrogel matrixes by *Staphylococcus aureus* virulence factors. Chemistry of Materials, 26(24): 7201-7208.

Benler S, Cobián-Güemes A G, McNair K, et al. 2018. A diversity-generating retroelement encoded by a globally ubiquitous *Bacteroides phage*. Microbiome, 6(1): 191.

Benler S, Yutin N, Antipov D, et al. 2021. Thousands of previously unknown phages discovered in whole-community human gut metagenomes. Microbiome, 9(1): 78.

Bibby K. 2014. Improved bacteriophage genome data is necessary for integrating viral and bacterial ecology. Microbial Ecology, 67(2): 242-244.

Bikel S, Valdez-Lara A, Cornejo-Granados F, et al. 2015. Combining metagenomics, metatranscriptomics and viromics to explore novel microbial interactions: towards a systems-level understanding of human microbiome. Computational and Structural Biotechnology Journal, 13: 390-401.

Bolduc B, Youens-Clark K, Roux S, et al. 2017. iVirus: facilitating new insights in viral ecology with software and community data sets imbedded in a cyberinfrastructure. The ISME Journal, 11(1): 7-14.

Boyacioglu O, Sharma M, Sulakvelidze A, et al. 2013. Biocontrol of *Escherichia coli* O157: H7 on fresh-cut leafy greens. Bacteriophage, 3(1): e24620.

Breitbart M, Salamon P, Andresen B, et al. 2002. Genomic analysis of uncultured marine viral communities. Proceedings of the National Academy of Sciences of the United States of America, 99(22): 14250-14255.

Bruttin A, Brüssow H. 2005. Human volunteers receiving *Escherichia coli* phage T4 orally: a safety test of phage therapy. Antimicrobial Agents and Chemotherapy, 49(7): 2874-2878.

Burmeister A R, Fortier A, Roush C, et al. 2020. Pleiotropy complicates a trade-off between phage resistance and antibiotic resistance. Proceedings of the National Academy of Sciences of the United States of America, 117(21): 11207-11216.

Caflisch K M, Suh G A, Patel R. 2019. Biological challenges of phage therapy and proposed solutions: a literature review. Expert Review of Anti-Infective Therapy, 17(12): 1011-1041.

Camarillo-Guerrero L F, Almeida A, Rangel-Pineros G, et al. 2021. Massive expansion of human gut bacteriophage diversity. Cell, 184(4): 1098-1109.e9.

Campbell D E, Ly L K, Ridlon J M, et al. 2020. Infection with *Bacteroides phage* BV01 alters the host transcriptome and bile acid metabolism in a common human gut microbe. Cell Reports, 32(11): 108142.

Cano E J, Caflisch K M, Bollyky P L, et al. 2021. Phage therapy for limb-threatening prosthetic knee *Klebsiella pneumoniae* infection: case report and *in vitro* characterization of Anti-biofilm activity. Clinical Infectious Diseases, 73(1): e144-e151.

Castro-Mejía J L, Muhammed M K, Kot W, et al. 2015. Optimizing protocols for extraction of bacteriophages prior to metagenomic analyses of phage communities in the human gut. Microbiome, 3(1): 64.

Cenens W, Makumi A, Mebrhatu M T, et al. 2013. Phage-host interactions during pseudolysogeny: Lessons from the Pid/dgo interaction. Bacteriophage, 3(1): e25029.

Chen M M, Zhang L, Abdelgader S A, et al. 2017. Alterations in gp37 expand the host range of a T4-like phage. Applied and Environmental Microbiology, 83(23): e01576-e01517.

Clooney A G, Sutton T D S, Shkoporov A N, et al. 2019. Whole-virome analysis sheds light on viral dark matter in inflammatory bowel disease. Cell Host & Microbe, 26(6): 764-778.e5.

Conceição-Neto N, Zeller M, Lefrère H, et al. 2015. Modular approach to customise sample preparation procedures for viral metagenomics: a reproducible protocol for virome analysis. Scientific Reports, 5: 16532.

Corbellino M, Kieffer N, Kutateladze M, et al. 2020. Eradication of a Multidrug-resistant, Carbapenemase-producing *Klebsiella pneumoniae* isolate following oral and intra-rectal therapy with a custom made, lytic bacteriophage preparation. Clinical Infectious Diseases, 70(9): 1998-2001.

Dąbrowska K, Miernikiewicz P, Piotrowicz A, et al. 2014. Immunogenicity studies of proteins forming the T4 phage head surface. Journal of Virology, 88(21): 12551-12557.

de Jonge P A, Bastiaan von Meijenfeldt F A, Costa A R, et al. 2020. Adsorption sequencing as a rapid method to link environmental bacteriophages to hosts. iScience, 23(9): 101439.

de Jonge P A, Nobrega F L, Brouns S J J, et al. 2019. Molecular and evolutionary determinants of bacteriophage host range. Trends in Microbiology, 27(1): 51-63.

Dedrick R M, Guerrero-Bustamante C A, Garlena R A, et al. 2019. Engineered bacteriophages for treatment of a patient with a disseminated drug-resistant *Mycobacterium abscessus*. Nature Medicine, 25(5): 730-733.

Deng L, Gregory A, Yilmaz S, et al. 2012. Contrasting life strategies of viruses that infect photo- and heterotrophic bacteria, as revealed by viral tagging. mBio, 3(6): e00373-e00312.

Deng L, Silins R, Castro-Mejía J L, et al. 2019. A protocol for extraction of infective viromes suitable for metagenomics sequencing from low volume fecal samples. Viruses, 11(7): 667.

Devoto A E, Santini J M, Olm M R, et al. 2019. Megaphages infect *Prevotella* and variants are widespread in gut microbiomes. Nat Microbiol, 4(4): 693-700.

Dini C, Islan G A, de Urraza P J, et al. 2012. Novel biopolymer matrices for microencapsulation of phages: enhanced protection against acidity and protease activity. Macromolecular Bioscience, 12(9): 1200-1208.

Dong X, Pan P, Zheng D W, et al. 2020. Bioinorganic hybrid bacteriophage for modulation of intestinal microbiota to remodel tumor-immune microenvironment against colorectal cancer. Science Advances, 6(20): eaba1590.

Duan Y, Llorente C, Lang S, et al. 2019. Bacteriophage targeting of gut bacterium attenuates alcoholic liver disease. Nature, 575(7783): 505-511.

Dufour N, Delattre R, Ricard J D, et al. 2017. The lysis of pathogenic *Escherichia coli* by bacteriophages releases less endotoxin than by β-lactams. Clinical Infectious Diseases, 64(11): 1582-1588.

Duhaime M B, Sullivan M B. 2012. Ocean viruses: Rigorously evaluating the metagenomic sample-to-sequence pipeline. Virology, 434(2): 181-186.

Dutilh B E, Cassman N, McNair K, et al. 2014. A highly abundant bacteriophage discovered in the unknown sequences of human faecal metagenomes. Nat Commun, 5: 4498.

Džunková M, D'Auria G, Moya A. 2015. Direct sequencing of human gut virome fractions obtained by flow cytometry. Front Microbiol, 6: 955.

Džunková M, Low S J, Daly J N, et al. 2019. Defining the human gut host-phage network through single-cell viral tagging. Nat Microbiol, 4(12): 2192-2203.

Febvre H P, Rao S, Gindin M, et al. 2019. PHAGE study: effects of supplemental bacteriophage intake on inflammation and gut microbiota in healthy adults. Nutrients, 11(3): 666.

Galtier M, De Sordi L, Sivignon A, et al. 2017. Bacteriophages targeting adherent invasive *Escherichia coli* strains as a promising new treatment for Crohn's disease. Journal of Crohn's & Colitis, 11(7): 840-847.

Gerlach W, Jünemann S, Tille F, et al. 2009. WebCARMA: a web application for the functional and taxonomic classification of unassembled metagenomic reads. BMC Bioinformatics, 10: 430.

Gindin M, Febvre H P, Rao S, et al. 2019. Bacteriophage for gastrointestinal health (PHAGE) study: evaluating the safety and tolerability of supplemental bacteriophage consumption. Journal of the American College of Nutrition, 38(1): 68-75.

Glass E M, Wilkening J, Wilke A, et al. 2010. Using the metagenomics RAST server (MG-RAST) for analyzing shotgun metagenomes. Cold Spring Harbor Protocols, 2010(1): pdb.prot5368.

Golec P, Wiczk A, Łoś J M, et al. 2011. Persistence of bacteriophage T4 in a starved *Escherichia coli* culture: evidence for the presence of phage subpopulations. The Journal of General Virology,

92(Pt 4): 997-1003.

Gordillo Altamirano F L, Barr J J. 2019. Phage therapy in the postantibiotic era. Clinical Microbiology Reviews, 32(2): e00066-e00018.

Guerin E, Hill C. 2020. Shining light on human gut bacteriophages. Front Cell Infect Microbiol, 10: 481.

Guerin E, Shkoporov A N, Stockdale S R, et al. 2021. Isolation and characterisation of ΦcrAss002, a crAss-like phage from the human gut that infects *Bacteroides xylanisolvens*. Microbiome, 9(1): 89.

Guerin E, Shkoporov A, Stockdale S R, et al. 2018. Biology and taxonomy of crAss-like bacteriophages, the most abundant virus in the human gut. Cell Host & Microbe, 24(5): 653-664.e6.

Handelsman J, Rondon M R, Brady S F, et al. 1998. Molecular biological access to the chemistry of unknown soil microbes: a new frontier for natural products. Chemistry & Biology, 5(10): R245-R249.

Hankin E, 1896. L'action bactericide des eaux de la Jumna et du Gange sur le vibrion du cholera. Ann Inst Pasteur, 10: 511.

Hannigan G D, Duhaime M B, Ruffin M T 4th, et al. 2018. Diagnostic potential and interactive dynamics of the colorectal cancer virome. mBio, 9(6): e02248-e02218.

Ho K, Huo W W, Pas S, et al. 2018. Loss-of-function mutations in *epaR* confer resistance to ϕNPV1 infection in *Enterococcus faecalis* OG1RF. Antimicrobial Agents and Chemotherapy, 62(10): e00758-e00718.

Hobbs Z, Abedon S T. 2016. Diversity of phage infection types and associated terminology: the problem with 'Lytic or lysogenic'. FEMS Microbiol Lett, 363(7): fnw047.

Howard-Varona C, Hargreaves K R, Abedon S T, et al. 2017. Lysogeny in nature: mechanisms, impact and ecology of temperate phages. The ISME Journal, 11(7): 1511-1520.

Hoyles L, McCartney A L, Neve H, et al. 2014. Characterization of virus-like particles associated with the human faecal and caecal microbiota. Res Microbiol, 165(10): 803-812.

Hurwitz B L, Deng L, Poulos B T, et al. 2013. Evaluation of methods to concentrate and purify ocean virus communities through comparative, replicated metagenomics. Environmental Microbiology, 15(5): 1428-1440.

Hurwitz B L, U'Ren J M, Youens-Clark K. 2016. Computational prospecting the great viral unknown. FEMS Microbiology Letters, 363(10): fnw077.

Iacumin L, Manzano M, Comi G. 2016. Phage inactivation of *Listeria monocytogenes* on San daniele dry-cured ham and elimination of biofilms from equipment and working environments. Microorganisms, 4(1): 4.

Jariah R O A, Hakim M S. 2019. Interaction of phages, bacteria, and the human immune system: Evolutionary changes in phage therapy. Reviews in Medical Virology, 29(5): e2055.

Jiang L, Lang S, Duan Y, et al. 2020. Intestinal virome in patients with alcoholic hepatitis. Hepatology, 72(6): 2182-2196.

Jończyk E, Kłak M, Międzybrodzki R, et al. 2011. The influence of external factors on bacteriophages: review. Folia Microbiologica, 56(3): 191-200.

Jurtz V I, Villarroel J, Lund O, et al. 2016. MetaPhinder-identifying bacteriophage sequences in metagenomic data sets. PLoS One, 11(9): e0163111.

Kaikabo A A, AbdulKarim S M, Abas F. 2017. Evaluation of the efficacy of chitosan nanoparticles loaded ΦKAZ14 bacteriophage in the biological control of colibacillosis in chickens. Poultry Science, 96(2): 295-302.

Kaletta J, Pickl C, Griebler C, et al. 2020. A rigorous assessment and comparison of enumeration methods for environmental viruses. Scientific Reports, 10(1): 18625.

Kelly C R, Yen E F, Grinspan A M, et al. 2021. Fecal microbiota transplantation is highly effective in real-world practice: initial results from the FMT national registry. Gastroenterology, 160(1): 183-192.e3.

Kilcher S, Studer P, Muessner C, et al. 2018. Cross-genus rebooting of custom-made, synthetic bacteriophage genomes in L-form bacteria. Proceedings of the National Academy of Sciences, 115(3): 567-572.

Kim M S, Park E J, Roh S W, et al. 2011. Diversity and abundance of single-stranded DNA viruses in human feces. Appl Environ Microbiol, 77(22): 8062-8070.

Kornberg S R, Zimmerman S B, Kornberg A. 1961. Glucosylation of deoxyribonucleic acid by enzymes from Bacteriophage-infected *Escherichia coli*. Journal of Biological Chemistry, 236(5): 1487-1493.

Kumar R, Herold J L, Schady D, et al. 2017. *Streptococcus gallolyticus* subsp. *gallolyticus* promotes colorectal tumor development. PLoS Pathogens, 13(7): e1006440.

Labonté J M, Suttle C A. 2013. Previously unknown and highly divergent ssDNA viruses populate the oceans. The ISME Journal, 7(11): 2169-2177.

Lang S, Demir M, Martin A, et al. 2020. Intestinal virome signature associated with severity of nonalcoholic fatty liver disease. Gastroenterology, 159(5): 1839-1852.

Lee Y J, Dai N, Walsh S E, et al. 2018. Identification and biosynthesis of thymidine hypermodifications in the genomic DNA of widespread bacterial viruses. Proceedings of the National Academy of Sciences, 115(14): E3116-E3125.

Leffler D A, Lamont J T. 2015. *Clostridium difficile* infection. New England Journal of Medicine, 372(16): 1539-1548.

Lefkowitz E J, Dempsey D M, Hendrickson R C, et al. 2018. Virus taxonomy: the database of the International Committee on Taxonomy of Viruses (ICTV). Nucleic Acids Res, 46(D1): D708-D717.

Lin T Y, Lo Y H, Tseng P W, et al. 2012. A T3 and T7 recombinant phage acquires efficient adsorption and a broader host range. PLoS One, 7(2): e30954.

Liu B, Gibbons T, Ghodsi M, et al. 2011. Accurate and fast estimation of taxonomic profiles from metagenomic shotgun sequences. BMC Genomics, 12(Suppl 2): S4.

Lorenzi H A, Hoover J, Inman J, et al. 2011. The Viral MetaGenome Annotation Pipeline (VMGAP): an automated tool for the functional annotation of viral Metagenomic shotgun sequencing data. Standards in Genomic Sciences, 4(3): 418-429.

Los M, Wegrzyn G, Neubauer P. 2003. A role for bacteriophage T4 rI gene function in the control of phage development during pseudolysogeny and in slowly growing host cells. Research in Microbiology, 154(8): 547-552.

Lu T K, Collins J J. 2007. Dispersing biofilms with engineered enzymatic bacteriophage. Proceedings of the National Academy of Sciences, 104(27): 11197-11202.

Łusiak-Szelachowska M, Międzybrodzki R, Fortuna W, et al. 2021. Anti-phage serum antibody responses and the outcome of phage therapy. Folia Microbiologica, 66(1): 127-131.

Ma Y S, Pacan J C, Wang Q, et al. 2008. Microencapsulation of bacteriophage felix O1 into chitosan-alginate microspheres for oral delivery. Applied and Environmental Microbiology, 74(15): 4799-4805.

Mahichi F, Synnott A J, Yamamichi K, et al. 2009. Site-specific recombination of T2 phage using IP008 long tail fiber genes provides a targeted method for expanding host range while retaining lytic activity. FEMS Microbiology Letters, 295(2): 211-217.

Marine R, McCarren C, Vorrasane V, et al. 2014. Caught in the middle with multiple displacement amplification: the myth of pooling for avoiding multiple displacement amplification bias in a metagenome. Microbiome, 2(1): 3.

Markowitz V M, Chen I M A, Palaniappan K, et al. 2012. IMG: the Integrated Microbial Genomes database and comparative analysis system. Nucleic Acids Research, 40(Database issue): D115-D122.

Maurice C F, Mouillot D, Bettarel Y, et al. 2011. Disentangling the relative influence of bacterioplankton phylogeny and metabolism on lysogeny in reservoirs and lagoons. The ISME Journal, 5(5): 831-842.

McCallin S, Alam Sarker S, Barretto C, et al. 2013. Safety analysis of a Russian phage cocktail: From MetaGenomic analysis to oral application in healthy human subjects. Virology, 443(2): 187-196.

McCallin S, Sarker S A, Sultana S, et al. 2018. Metagenome analysis of Russian and Georgian Pyophage cocktails and a placebo-controlled safety trial of single phage versus phage cocktail in healthy *Staphylococcus aureus* carriers. Environmental Microbiology, 20(9): 3278-3293.

Mirzaei M K, Maurice C F. 2017. Ménage à trois in the human gut: interactions between host, bacteria and phages. Nat Rev Microbiol, 15(7): 397-408.

Nakatsu G, Zhou H K, Wu W K K, et al. 2018. Alterations in enteric virome are associated with colorectal cancer and survival outcomes. Gastroenterology, 155(2): 529-541.e5.

Nale J Y, Spencer J, Hargreaves K R, et al. 2015. Bacteriophage combinations significantly reduce *Clostridium difficile* growth *in vitro* and proliferation *in vivo*. Antimicrobial Agents and Chemotherapy, 60(2): 968-981.

Ni J, Wu G D, Albenberg L, et al. 2017. Gut microbiota and IBD: causation or correlation?. Nature Reviews Gastroenterology & Hepatology, 14(10): 573-584.

Nobrega F L, Costa A R, Santos J F, et al. 2016. Genetically manipulated phages with improved pH resistance for oral administration in veterinary medicine. Scientific Reports, 6: 39235.

Norman J M, Handley S A, Baldridge M T, et al. 2015. Disease-specific alterations in the enteric virome in inflammatory bowel disease. Cell, 160(3): 447-460.

Oechslin F. 2018. Resistance development to bacteriophages occurring during bacteriophage therapy. Viruses, 10(7): 351.

Ong S P, Azam A H, Sasahara T, et al. 2020. Characterization of *Pseudomonas* lytic phages and their application as a cocktail with antibiotics in controlling *Pseudomonas aeruginosa*. Journal of Bioscience and Bioengineering, 129(6): 693-699.

Ott S J, Waetzig G H, Rehman A, et al. 2017. Efficacy of sterile fecal filtrate transfer for treating patients with *Clostridium difficile* infection. Gastroenterology, 152(4): 799-811.e7.

Oulas A, Pavloudi C, Polymenakou P, et al. 2015. Metagenomics: tools and insights for analyzing next-generation sequencing data derived from biodiversity studies. Bioinformatics and Biology Insights, 9: 75-88.

Palmela C, Chevarin C, Xu Z, et al. 2018. Adherent-invasive *Escherichia coli* in inflammatory bowel disease. Gut, 67: 574-587.

Park H, Laffin M R, Jovel J, et al. 2019. The success of fecal microbial transplantation in *Clostridium difficile* infection correlates with bacteriophage relative abundance in the donor: a retrospective cohort study. Gut Microbes, 10(6): 676-687.

Paul J H. 2008. Prophages in marine bacteria: dangerous molecular time bombs or the key to survival in the seas?. The ISME Journal, 2(6): 579-589.

Pei R T, Lamas-Samanamud G R. 2014. Inhibition of biofilm formation by T7 bacteriophages producing quorum-quenching enzymes. Applied and Environmental Microbiology, 80(17): 5340-5348.

Pelfrene E, Willebrand E, Cavaleiro Sanches A, et al. 2016. Bacteriophage therapy: a regulatory perspective. The Journal of Antimicrobial Chemotherapy, 71(8): 2071-2074.

Pires D P, Oliveira H, Melo L D R, et al. 2016. Bacteriophage-encoded depolymerases: their diversity and biotechnological applications. Applied Microbiology and Biotechnology, 100(5): 2141-2151.

Reyes A, Blanton L V, Cao S, et al. 2015. Gut DNA viromes of Malawian twins discordant for severe acute malnutrition. Proc Natl Acad Sci U S A, 112(38): 11941-11946.

Riesenfeld C S, Schloss P D, Handelsman J. 2004. Metagenomics: genomic analysis of microbial communities. Annual Review of Genetics, 38: 525-552.

Rolhion N, Darfeuille-Michaud A. 2007. Adherent-invasive *Escherichia coli* in inflammatory bowel disease. Inflammatory Bowel Diseases, 13(10): 1277-1283.

Rostøl J T, Marraffini L. 2019. (Ph)ighting phages: how bacteria resist their parasites. Cell Host & Microbe, 25(2): 184-194.

Roux S, Enault F, Hurwitz B L, et al. 2015. VirSorter: mining viral signal from microbial genomic data. PeerJ, 3: e985.

Roux S, Krupovic M, Debroas D, et al. 2013. Assessment of viral community functional potential from viral metagenomes may be hampered by contamination with cellular sequences. Open Biology, 3(12): 130160.

Roux S, Tournayre J, Mahul A, et al. 2014. Metavir 2: new tools for viral metagenome comparison and assembled virome analysis. BMC Bioinformatics, 15: 76.

Sabino J, Hirten R P, Colombel J F. 2020. Review article: bacteriophages in gastroenterology-from biology to clinical applications. Alimentary Pharmacology & Therapeutics, 51(1): 53-63.

Samtlebe M, Denis S, Chalancon S, et al. 2018. Bacteriophages as modulator for the human gut microbiota: Release from dairy food systems and survival in a dynamic human gastrointestinal model. LWT, 91: 235-241.

Sarker S A, Berger B, Deng Y, et al. 2017. Oral application of *Escherichia coli* bacteriophage: safety tests in healthy and diarrheal children from Bangladesh. Environmental Microbiology, 19(1): 237-250.

Sarker S A, McCallin S, Barretto C, et al. 2012. Oral T4-like phage cocktail application to healthy adult volunteers from Bangladesh. Virology, 434(2): 222-232.

Sarker S A, Sultana S, Reuteler G, et al. 2016. Oral phage therapy of acute bacterial diarrhea with two coliphage preparations: a randomized trial in children from Bangladesh. EBioMedicine, 4: 124-137.

Schooley R T, Biswas B, Gill J J, et al. 2017. Development and use of personalized bacteriophage-based therapeutic cocktails to treat a patient with a disseminated resistant *Acinetobacter baumannii* infection. Antimicrobial Agents and Chemotherapy, 61(10): e00954-e00917.

Shkoporov A N, Khokhlova E V, Fitzgerald C B, et al. 2018. ΦCrAss001 represents the most abundant bacteriophage family in the human gut and infects *Bacteroides intestinalis*. Nat Commun, 9(1): 4781.

Silver L L. 2011. Challenges of antibacterial discovery. Clinical Microbiology Reviews, 24(1): 71-109.

Singla S, Harjai K, Katare O P, et al. 2016. Encapsulation of bacteriophage in liposome accentuates its entry in to macrophage and shields it from neutralizing antibodies. PLoS One, 11(4): e0153777.

Smeal S W, Schmitt M A, Pereira R R, et al. 2017. Simulation of the M13 life cycle I: Assembly of a genetically-structured deterministic chemical kinetic simulation. Virology, 500: 259-274.

Solonenko S A, Sullivan M B. 2013. Preparation of metagenomic libraries from naturally occurring marine viruses. Methods in Enzymology, 531: 143-165.

Sybesma W, Pirnay J-P, Alavidze Z, et al. 2016. Silk route to the acceptance and re-implementation of bacteriophage therapy. Biotechnology Journal, 11(5): 595-600.

Tadmor A D, Ottesen E A, Leadbetter J R, et al. 2011. Probing individual environmental bacteria for viruses by using microfluidic digital PCR. Science, 333(6038): 58-62.

Tangherlini M, Dell'Anno A, Zeigler Allen L, et al. 2016. Assessing viral taxonomic composition in benthic marine ecosystems: reliability and efficiency of different bioinformatic tools for viral metagenomic analyses. Scientific Reports, 6: 28428.

Thomas T, Gilbert J, Meyer F. 2012. Metagenomics - a guide from sampling to data analysis. Microbial Informatics and Experimentation, 2(1): 3.

Thurber R V, Haynes M, Breitbart M, et al. 2009. Laboratory procedures to generate viral metagenomes. Nature Protocols, 4(4): 470-483.

Tkhilaishvili T, Wang L, Perka C, et al. 2020. Using bacteriophages as a Trojan horse to the killing of dual-species biofilm formed by *Pseudomonas aeruginosa* and methicillin resistant *Staphylococcus aureus*. Frontiers in Microbiology, 11: 695.

Tran T A T, Struck D K, Young R. 2005. Periplasmic domains define holin-antiholin interactions in T4 lysis inhibition. Journal of Bacteriology, 187(19): 6631-6640.

Tripathi A, Debelius J, Brenner D A, et al. 2018. The gut-liver axis and the intersection with the microbiome. Nature Reviews Gastroenterology & Hepatology, 15(7): 397-411.

Trojet S N, Caumont-Sarcos A, Perrody E, et al. 2011. The gp38 adhesins of the T4 superfamily: a complex modular determinant of the phage's host specificity. Genome Biology and Evolution, 3: 674-686.

Twort F W. 1915. An investigation on the nature of ultra-microscopic viruses. The Lancet, 186(4814): 1241-1243.

Tzipilevich E, Habusha M, Ben-Yehuda S. 2017. Acquisition of phage sensitivity by bacteria through exchange of phage receptors. Cell, 168(1/2): 186-199.e12.

Vaks L, Benhar I. 2011. Antibacterial application of engineered bacteriophage nanomedicines: antibody-targeted, chloramphenicol prodrug loaded bacteriophages for inhibiting the growth of *Staphylococcus aureus* bacteria. Methods in Molecular Biology, 726: 187-206.

Vandenheuvel D, Lavigne R, Brüssow H. 2015. Bacteriophage therapy: advances in formulation strategies and human clinical trials. Annual Review of Virology, 2(1): 599-618.

Vidakovic L, Singh P K, Hartmann R, et al. 2018. Dynamic biofilm architecture confers individual and collective mechanisms of viral protection. Nature Microbiology, 3(1): 26-31.

Weigele P, Raleigh E A. 2016. Biosynthesis and function of modified bases in bacteria and their viruses. Chemical Reviews, 116(20): 12655-12687.

Wommack K E, Bhavsar J, Polson S W, et al. 2012. VIROME: a standard operating procedure for analysis of viral metagenome sequences. Standards in Genomic Sciences, 6(3): 427-439.

Wommack K E, Nasko D J, Chopyk J, et al. 2015. Counts and sequences, observations that continue to change our understanding of viruses in nature. Journal of Microbiology, 53(3): 181-192.

Wong S H, Yu J. 2019. Gut microbiota in colorectal cancer: mechanisms of action and clinical applications. Nature Reviews Gastroenterology & Hepatology, 16(11): 690-704.

Yehl K, Lemire S, Yang A C, et al. 2019. Engineering phage host-range and suppressing bacterial resistance through phage tail fiber mutagenesis. Cell, 179(2): 459-469.e9.

Yoichi M, Abe M, Miyanaga K, et al. 2005. Alteration of tail fiber protein gp38 enables T2 phage to infect *Escherichia coli* O157: H7. Journal of Biotechnology, 115(1): 101-107.

Yu L, Wang S, Guo Z M, et al. 2018. A guard-killer phage cocktail effectively lyses the host and inhibits the development of phage-resistant strains of *Escherichia coli*. Applied Microbiology and Biotechnology, 102(2): 971-983.

Yu T, Guo F F, Yu Y N, et al. 2017. *Fusobacterium nucleatum* promotes chemoresistance to colorectal cancer by modulating autophagy. Cell, 170(3): 548-563.e16.

Yutin N, Makarova K S, Gussow A B, et al. 2018. Discovery of an expansive bacteriophage family that includes the most abundant viruses from the human gut. Nat Microbiol, 3(1): 38-46.

Żaczek M, Łusiak-Szelachowska M, Jończyk-Matysiak E, et al. 2016. Antibody production in response to staphylococcal MS-1 phage cocktail in patients undergoing phage therapy. Frontiers in Microbiology, 7: 1681.

Zheng D W, Dong X, Pan P, et al. 2019. Phage-guided modulation of the gut microbiota of mouse models of colorectal cancer augments their responses to chemotherapy. Nature Biomedical Engineering, 3(9): 717-728.

Zhu W H, Miyata N, Winter M G, et al. 2019. Editing of the gut microbiota reduces carcinogenesis in mouse models of colitis-associated colorectal cancer. The Journal of Experimental Medicine, 216(10): 2378-2393.

Zuo T, Wong S H, Lam K, et al. 2018. Bacteriophage transfer during faecal microbiota transplantation in *Clostridium difficile* infection is associated with treatment outcome. Gut, 67(4): 634-643.

第 6 章　人工合成菌群与活性污泥微生物组工程

活性污泥法（activated sludge process）的应用和研究已超百年，其在保护人类健康和维持生态环境稳定方面扮演着重要的角色，成为现代社会市政和工业废水处理最重要的工程应用之一。《英国医学杂志》（*British Medical Journal*）调查表明，采用现代供水和废水处理系统是过去 150 年来改善公共卫生的最重要的措施（Jenkins and Wanner，2014）。活性污泥法的本质是由微生物所驱动的有机和无机污染物的降解与转化过程。活性污泥中微生物组成、结构和功能的认知对活性污泥工艺的稳定运行和技术革新具有重要的现实意义。本章将概括活性污泥法的发展历程及其在废水处理过程中的应用，重点论述活性污泥微生物组及人工合成活性污泥菌群的相关研究与应用进展。

6.1　城市和工业废水的活性污泥生物处理

6.1.1　活性污泥法的起源与发展

6.1.1.1　活性污泥法的起源

在活性污泥法百年发展历程中，来自英国曼彻斯特污水处理厂的 Ardern 和 Lockett 被认为是活性污泥法的发现者和发明者。他们于 1914 年 4 月 3 日正式将其成果发表于《化学工业协会杂志》（*Journal of Society of Chemical Industry*）（Ardern and Lockett，1914），该文章也被普遍认为是活性污泥法在专业学术领域的正式亮相。

活性污泥法的研发是具有其时代必要性的。伴随着西方第二次工业革命而来的是技术、经济和城市人口的飞速增长，同时居民的生活水平得到了空前提高。然而公共卫生事业发展的滞后严重影响了居民的健康水平，导致当时人的平均寿命仅为 45～50 岁。因此，如何有效地处理废水成为一个重要的议题。在 19 世纪后期，厌氧处理如化粪池和伊姆霍夫储水池（Imhoff tank）已经应用于实际废水处理中。基于生物膜的生物系统，如间歇过滤器、接触床和滴流过滤器，也在 19 世纪后期得到开发和应用。在同时期，已有研究者提出通过对废水进行曝气可以解决厌氧处理过程产生的气味问题。但由于对废水处理的生物学本质认识不足，并未将曝气与足够的生物量相结合，这也导致好氧废水处理效果并不理想。Ardern 和 Lockett 开创的活性污泥法废水处理工艺采用了序批式（sequencing batch）充-排（fill-and-draw）运行策略，与之前曝气实验不同的是该过程保留了曝气后的沉积物（污泥）并用于后续废水处理。通过对污泥若干次的拦截和回收，该处理系统达到了较高的处理效率，并认为污泥被活化（activated）了。同时，充排式运行策略也成为现在序批式反应器（sequencing batch reactor，SBR）的原型。

6.1.1.2 活性污泥法的发展

活性污泥法的发展是由废水处理需求和目标所直接推动的。1914 年初期以生化需氧量（biochemical oxygen demand，BOD）和总悬浮固体（total suspended solid，TSS）的去除为主要目标；到了 20 世纪 60 年代，人们开始关注氮元素的去除；20 世纪 70 年代则是更加关注磷元素去除；20 世纪 80 年代，人们关注如何克服常见的沉降和发泡问题；在 20 世纪 90 年代至 21 世纪初，工艺开发以减小活性污泥反应器体积（占地面积）与节能为主要目标。经过一百多年的发展与改良，活性污泥法已成为处理市政污水和部分工业废水的主流技术。

活性污泥法的发展大致可分为以下 5 个阶段。

第一阶段（1882～1914 年），起步阶段。在认识到氧气与有机物去除间的关联后，这期间陆续出现了配备自然通风曝气的间歇过滤器（1871 年）（Bailey-Denton，1882）、接触床（1892 年）、渗滤系统（1894 年）等。随后研究表明，足够的污泥量对有机物的去除具有重要意义，在 1914 年活性污泥法被发明。

第二阶段（1914～1930 年），活性污泥法被快速应用。在 Ardern 和 Lockett 发表演讲后仅 18 个月，美国威斯康星州密尔沃基市就启动了处理量为 7570 m^3/d 的连续流活性污泥法废水处理厂，到 1917 年，配备独立沉淀池的连续流处理工艺已经成为常见的工艺设计。在 1925 年威斯康星州又启动了废水处理量为 170 325 m^3/d 的活性污泥系统。在引入活性污泥工艺后的 12 年内，英国和美国有 20 多个活性污泥法污水处理设施被建设并投入运行。到 1938 年，活性污泥工艺已在五大洲投入使用（Alleman and Prakasam，1983）。

第三阶段（1930～1970 年），活性污泥法的工艺创新。随着对活性污泥法及活性污泥微生物认知的不断加深，能够满足不断变化的处理需求和解决具体问题的新工艺设计得以稳步发展。鉴于活性污泥微生物对氧气的需求随时间的变化或曝气池长度的不同而存在差异，锥形曝气（Kessler，1936）、阶段式进料曝气（Gould，1942）、延时曝气、高纯氧曝气等工艺得以开发与应用，进而实现工艺节能。此外，氧化沟（Pasveer，1959）废水处理工艺也在这个时期出现，并在全球数千家废水处理厂得以推广应用。

第四阶段（1970～1990 年），营养元素去除。对活性污泥法的理解和工艺应用的最显著的变化发生在 20 世纪 70～80 年代。在此期间，处理需求在 BOD 和 TSS 去除的基础上，增加了氮磷这类生物营养元素的去除。

第五阶段（1990 年至今），活性污泥法的现代化发展。该阶段废水处理目标变得更加复杂和多样化，例如：①更低的出水氮和磷浓度要求；②高质量出水的中水回用；③基于已有设施的提标改造；④最大限度地去除微污染物；⑤在节能降耗的基础上兼顾能源再生和元素回收。在该阶段，短程硝化/反硝化（partial nitrification/denitrification）、膜生物反应器（membrane bioreactor，MBR）、厌氧氨氧化（anaerobic ammonium oxidation，Anammox）工艺、好氧颗粒污泥（aerobic granular sludge）法、流化床生物膜法（moving bed biofilm process，MBBR）等一系列新型活性污泥工艺被开发并应用于城市污水和工业废水的处理中。

6.1.2　活性污泥生物处理技术

6.1.2.1　活性污泥法的组成和处理流程

活性污泥法具有以下 5 个基本功能：①通过机械搅拌和/或曝气使微生物絮状物与废水混匀；②微生物利用氧气或硝酸盐/亚硝酸盐氧化可溶性和颗粒状有机物产生气态产物和额外的生物质；③液-固分离以产生低 TSS 出水；④污泥从液-固分离区回流至活性污泥池；⑤排出多余的污泥以保持活性污泥池中生物量稳定或控制污泥停留时间（sludge retention time，SRT）。为实现以上功能，活性污泥法的基本组成包括初沉池、反应主体（曝气池）、二沉池、回流系统、剩余污泥排放系统和供氧系统（图 6-1）。

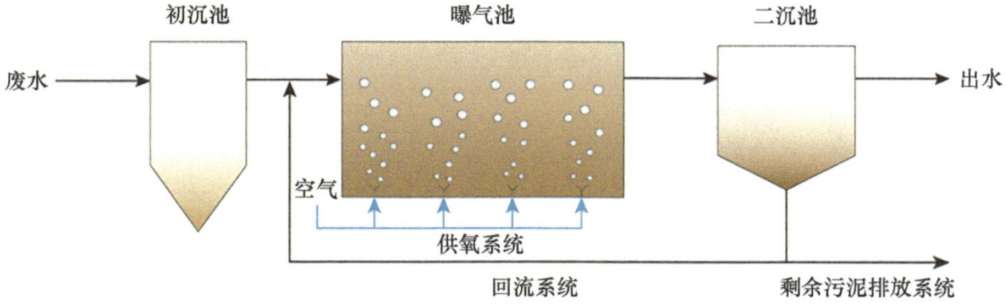

图 6-1　传统活性污泥法示意图

6.1.2.2　活性污泥生物处理技术发展

为实现不同废水处理要求，在基本组成保持不变的情况下，活性污泥法在池型、运行策略、曝气方式等方面进行了相应优化和革新。下面将简述活性污泥生物处理技术发展历程中的主要工艺类型。

序批式反应器（SBR）如图 6-2 所示。该工艺原型由 Ardern 和 Lockett 于 1914 年发明，包括进水、曝气、沉淀（沉降）、滗水（出水）和闲置（静置或待机）5 个阶段。SBR 运行方式可根据处理要求进行调整，具有污水适应性强、建设费用较低、占地少、结构简单等优点，但是其运行稳定性差，容易发生污泥膨胀和污泥流失，分离效果不够理想。

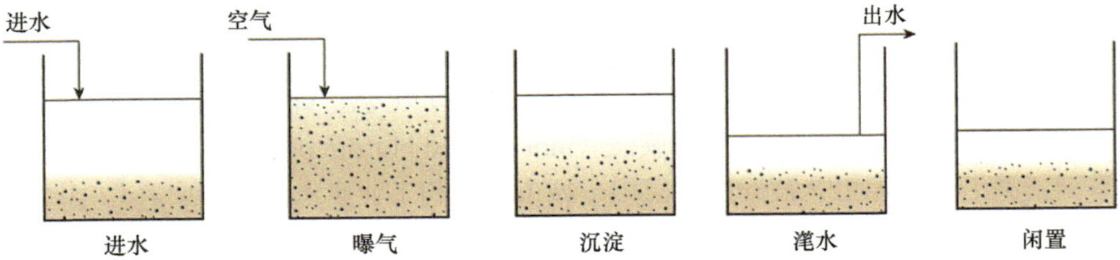

图 6-2　序批式反应器示意图

塞流式反应器（plug-flow reactor，PFR）如图 6-3 所示。该工艺发明于 1916 年，传统的塞流式活性污泥法是进水和回流活性污泥从曝气池的入口进入，并以恒定的速度通过污泥池到排出口。随着污水在反应器中流动，污染物被生物降解，并伴随微生物的生长，食微比（food-to-microorganism ratio，F/M）沿程变化。该工艺的污泥龄一般小于 15 天，通常在 3～10 天。该工艺操作灵活、可分区曝气和进料、满足不同需氧量微生物的生长，但其抗冲击负荷能力弱、入口需氧量高、折流反应器造价较高。

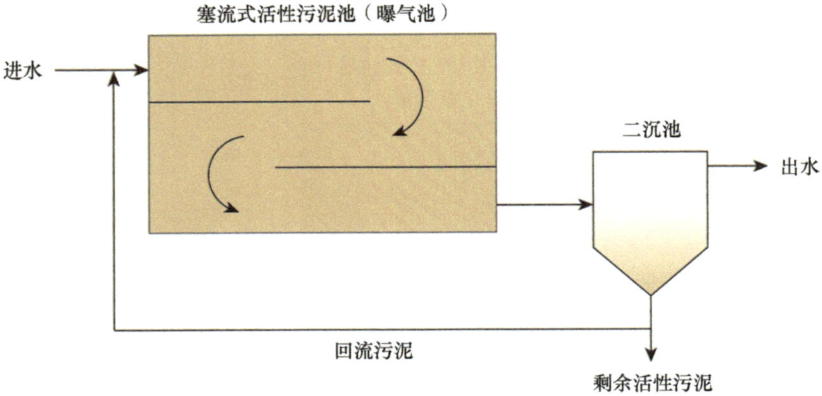

图 6-3　塞流式反应器示意图

渐减曝气（tapered aeration）活性污泥法如图 6-4 所示。该工艺发明于 1936 年（Kessler，1936）。由于进水口与出水口之间的混合液中有机负荷存在递减的趋势，因此曝气池中不同部位微生物对氧气的需求也呈现递减趋势。渐减曝气活性污泥法改变了传统活性污泥法中等距离均量布置扩散器的方式，通过合理布置空气扩散器或曝气量，使曝气沿程变化，以提高处理效率。但该工艺无法较好地适应冲击负荷，自动化调控也较为复杂。

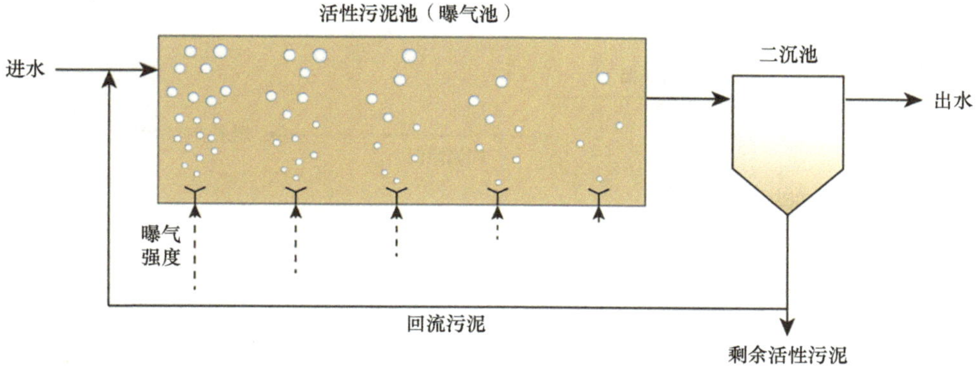

图 6-4　渐减曝气活性污泥法示意图

阶段式进料/曝气（step feed/aeration）法如图 6-5 所示。该工艺由 Gould 在 1942 年率先引入活性污泥法，在进水形式上解决了塞流式反应器中污泥耗氧速度沿程变化导致的供氧不平衡的问题，可以有效减少氧气消耗。

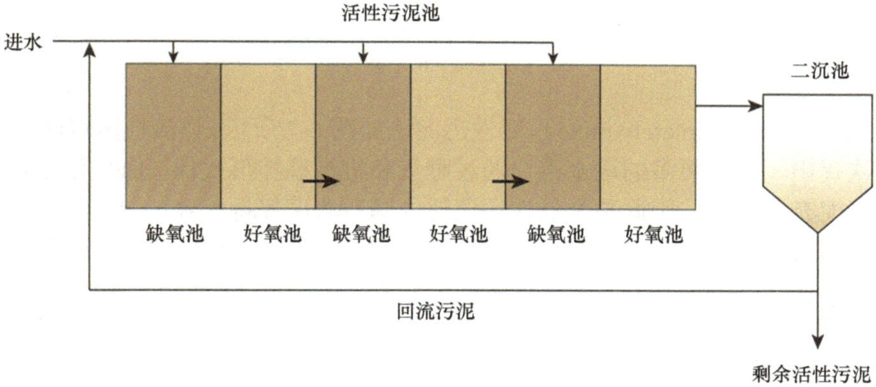

图 6-5　阶段式进料/曝气法示意图

吸附-再生（adsorption-regeneration）活性污泥法如图 6-6 所示。该运行方式又称接触稳定法（contact stabilization），于 1944 年首次提出，一般由两个活性污泥池构成，分别是吸附池和再生池（可合建）。污水与污泥在吸附池中作短时间滞留和曝气，通过吸附作用快速去除污水中的部分生化需氧量。然后进入二沉池，沉淀污泥被泵入再生池进行长时间曝气，完成对吸附有机物的氧化。该活性污泥法的优势在于减小污泥池总体积和提高耐冲击负荷性能。但处理效果较差，适合处理胶体物质含量高的工业废水。

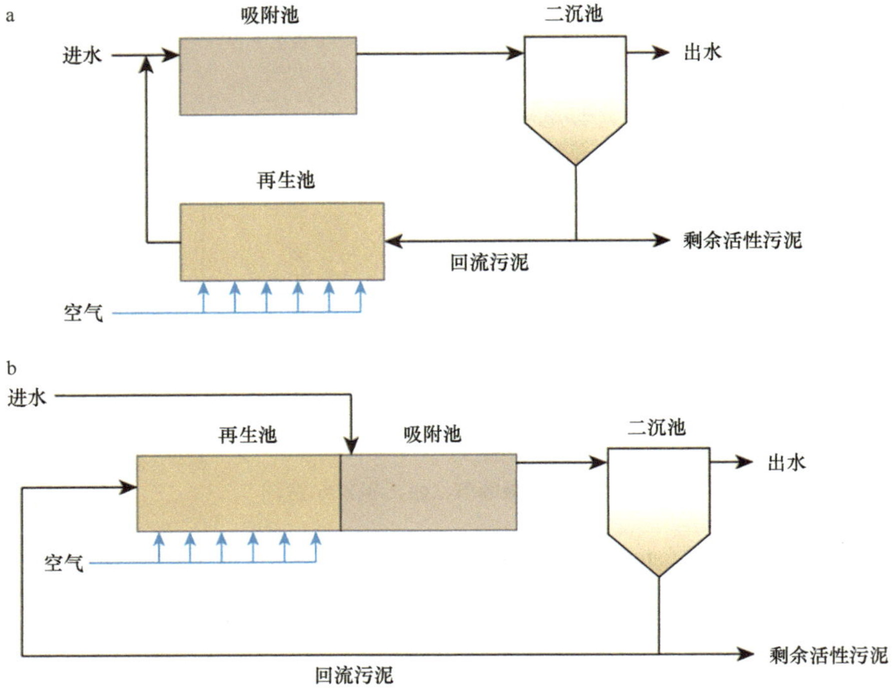

图 6-6　吸附-再生活性污泥法示意图

a. 分建式；b. 合建式

完全混合（completely mixed）活性污泥法如图 6-7 所示。该活性污泥法于 1956 年首次提出，分布更多的进水点，通过曝气和机械搅拌形式保证曝气池中污水与活性污泥充分混合，因此整个活性污泥池内基质浓度保持一致。该工艺具有抗冲击负荷能力强、池内各部位有机物降解速率相同和便于调控的优点。但其处理效果差于塞流式，且容易发生污泥膨胀。

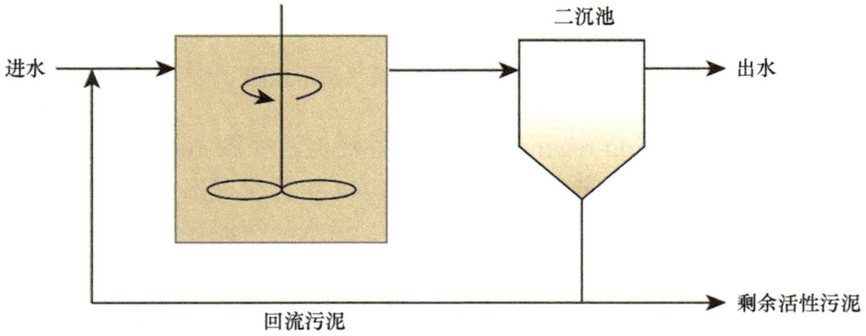

图 6-7　完全混合活性污泥法示意图

纯氧曝气活性污泥法如图 6-8 所示。通过使用纯氧或富氧代替空气对活性污泥池进行曝气，大幅提高氧气的传质速率，进而实现减少池容并提高处理效率。该污泥法中试实验最早报道于 1957 年（Budd and Lambeth，1957），第一个实厂规模污水处理系统于 1975 年在美国底特律建成。该活性污泥法可以维持更高浓度的溶解氧（6～10 mg/L）和混合液悬浮固体（mixed liquor suspended solid，MLSS）（4000～8000 mg/L），减少剩余污泥产量，降低污泥容积指数（sludge volume index，SVI）值，有效避免污泥膨胀现象。但由于该方法使用的是高纯氧气，对结构要求高，导致装置复杂、管理烦琐。一旦混入易挥发的碳氢化合物，容易引起爆炸危险，具有安全隐患。

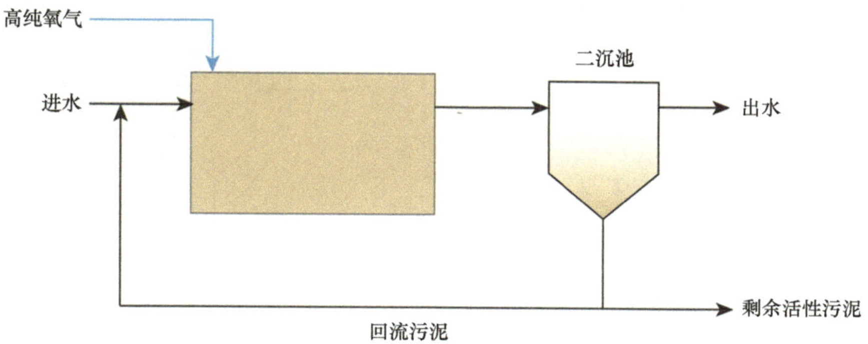

图 6-8　纯氧曝气活性污泥法示意图

氧化沟（oxidation ditch）法如图 6-9 所示。氧化沟最早出现于荷兰福尔斯霍滕（Voorschoten）（1954），并一直在不断地发展和完善，成为一类重要的活性污泥技术。氧化沟的曝气池呈闭合的沟渠形，混合液在环式反应池中首尾相连。在具有方向控制的曝气和搅动装置作用下，反应池中物质在闭合式渠道中循环，流态介于塞流式和完全混合之间，并具有明显的溶解氧浓度梯度。氧化沟具有有机负荷低、处理效果好、产泥量少、抗冲击负荷能力强、基建投资少、运行费用低、可实现脱氮除磷等优点，但氧化沟池型较大、占地面积大。

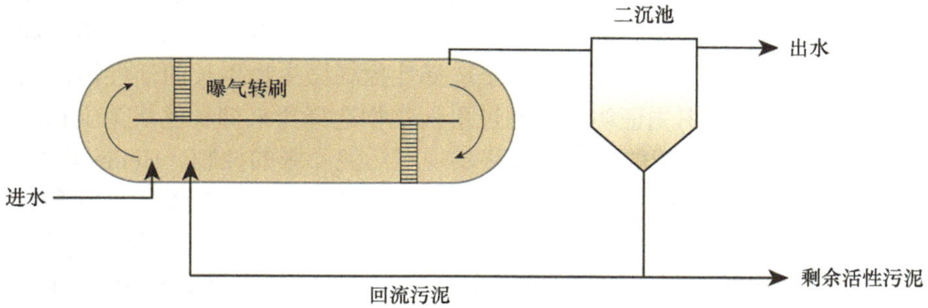

图 6-9　氧化沟法示意图

后置缺氧反硝化（post-anoxic denitrification）法如图 6-10a 所示，前置缺氧反硝化（pre-anoxic denitrification）法如图 6-10b 所示。在 20 世纪 70 年代人们对污水处理系统提出了更高要求，生物脱氮除磷被作为污水处理系统的设计功能之一。在 1962 年研究者首次提出了后置和前置缺氧反硝化，通过添加缺氧反硝化池去除好氧池硝化作用产生的硝酸盐和亚硝酸盐。顾名思义，这两种活性污泥法的主要区别在于缺氧池与好氧池的位置差异。对于后置缺氧反硝化法，主要问题是反硝化过程中碳源不足，需要通过分段进水或者投加碳源来解决。而前置缺氧反硝化法将后端好氧池中污泥混合液回流至前端缺氧硝化池，在利用污水中可生物降解有机碳的同时，实现反硝化脱氮和除磷。

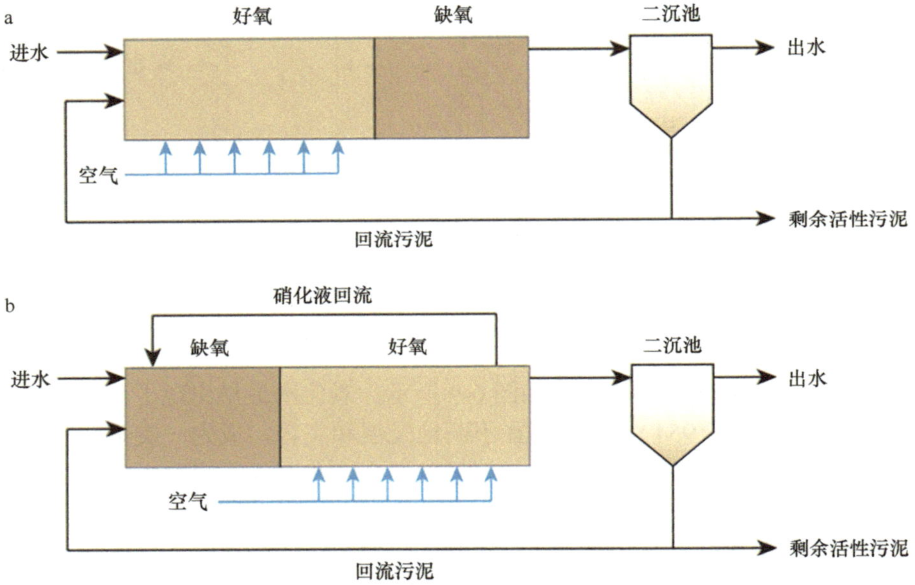

图 6-10 后置缺氧反硝化法和前置缺氧反硝化法示意图

活性污泥生物选择器（activated sludge biological selector）如图 6-11 所示。在 19 世纪 70 年代至 80 年代，随着对活性污泥法微生物研究的深入，利用不同微生物生理生化特性的差异，开发出可用于选择性控制微生物生长的活性污泥系统。Chudoba 等（1973）率先证明可以通过引入生物选择器来抑制丝状菌生长，选择性富集具有良好沉降性能的细菌，最终实现对污泥膨胀的控制。Heide 和 Pasveer（1974）证明，在氧化沟处理之前添加具有高 F/M 的分级选择器区可以有效改善氧化沟活性污泥沉降性能（图 6-11a）。改良 Bardenpho 工艺（图 6-11b）（Phoredox 工艺），通过将厌氧的强化生物除磷（enhanced biological phosphorus removal，EBPR）和 Bardenpho（两级 A/O 工艺）结合，实现更高效脱氮除磷。

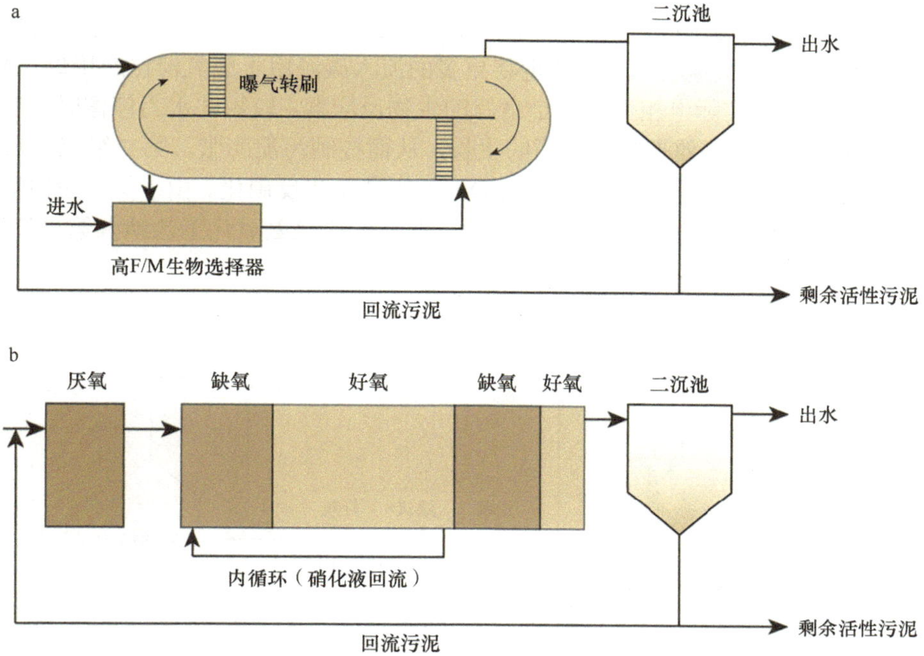

图 6-11　活性污泥生物选择器工艺示意图

a. 高 F/M 污水生物选择器；b. 改良 Bardenpho 工艺

膜生物反应器（MBR）如图 6-12 所示。在活性污泥法发明后的近 80 年的使用过程中，重力沉降一直是实现泥水分离的主要方式。在 20 世纪 90 年代初期，膜组件的加入极大改变了活性污泥法中液固分离的方式。MBR 工艺中常用的膜组件形式有板框式、圆管式和中空纤维式。与传统活性污泥法相比，膜反应器出水水质更稳定、节省占地、易于实现自动控制、可用于现有工艺改造。但是 MBR 需要解决膜造价高、膜污染、高能耗等问题。

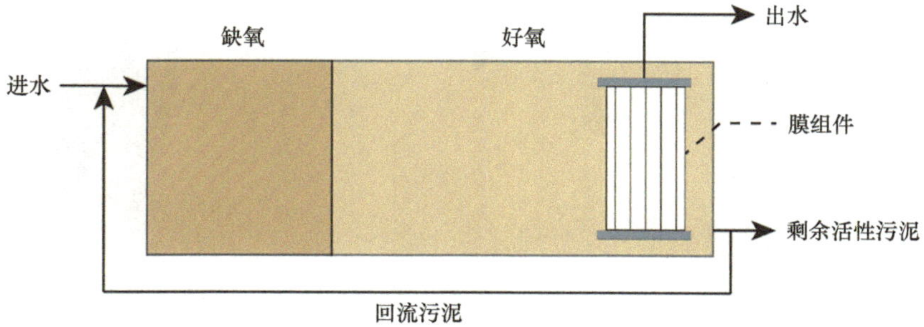

图 6-12　膜生物反应器示意图

A/B 法如图 6-13 所示。A/B 法开发于 20 世纪 70 年代初期，在 21 世纪废水处理可持续发展及碳中和的大背景下，A/B 法的研究再次受到重视。第一阶段或 A 段用于 BOD 的快速去除，以实现将更多的流入碳源用于厌氧消化产甲烷。A/B 法中的 A 段系统实际上相当于一个良好的生物反应器，较短的水力停留时间和较高的有机负荷可以有效抑制丝状菌的生长，从而控制污泥膨胀。第二级或 B 段设计用于低溶解氧（dissolved oxygen，DO）下的硝化和反硝化。由于第一阶段后剩余的 BOD 量有限，目前研究方向是将用于脱氮的厌氧氨氧化工艺纳入第二阶段。

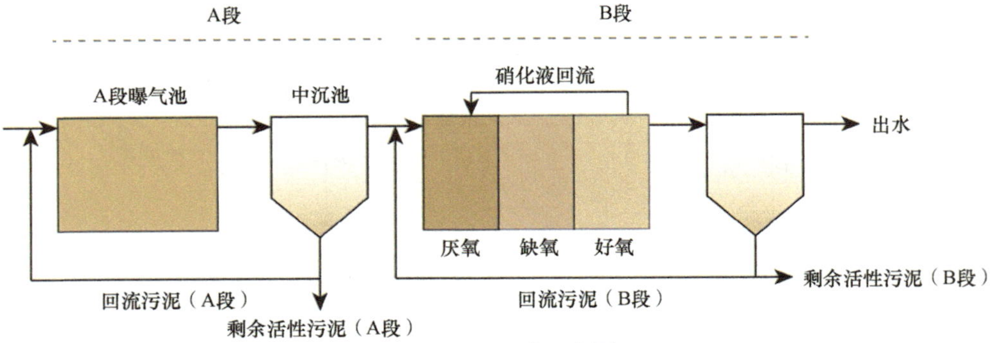

图 6-13　A/B 法示意图

好氧颗粒污泥法（aerobic granular sludge，AGS）如图 6-14 所示。代尔夫特理工大学Loosdrecht教授主导开发了一种基于SBR的好氧颗粒污泥工艺（de Kreuk et al.，2007）。2009 年在荷兰埃珀（Epe，Netherlands）的一个污水处理厂首次投入运行实厂规模的好氧颗粒污泥设施。致密的颗粒污泥提供了较高的生物质浓度，可以减小反应器的体积。颗粒状活性污泥能够在短时间内完成沉降（1～5 min）。

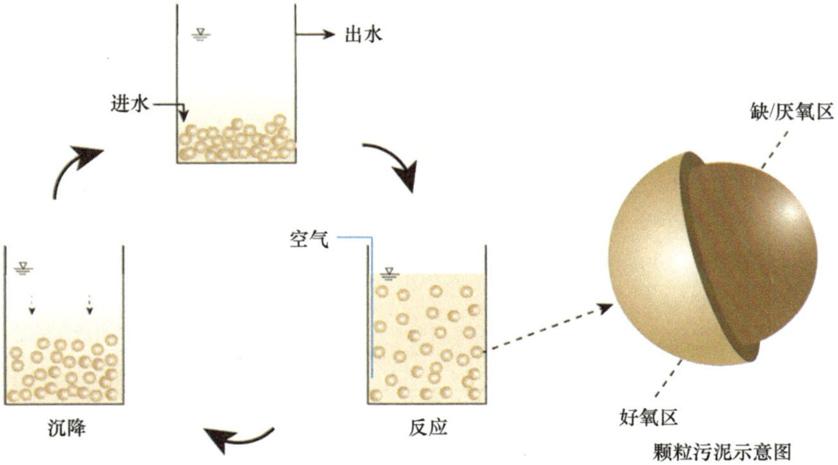

图 6-14　好氧颗粒污泥法示意图

该工艺可以通过使用厌氧进料然后进行好氧操作来实现强化生物脱氮。致密的颗粒活性污泥集好氧、兼氧和厌氧微生物于一体，实现同步硝化（颗粒外部）/反硝化（颗粒内部）。尽管该过程符合悬浮生长反应器的定义，但颗粒中的底物去除类似于生物膜中的去除机制。由于颗粒污泥的培养需要较长时间，如何减少该工艺的启动时间是目前的一个研究重点。

6.1.3　活性污泥技术在城市污水处理中的应用

6.1.3.1　城市污水特性

人类活动过程中不可避免地会产生废弃物，其中很大一部分会以污水的形式进入环境。城市污水通常由生活污水、工业废水、降水径流、地下渗水 4 部分组成，其中生活污水是指人类日常生活所产生的污水，工业废水是指在工业生产过程中排放的废水。不同城市工业化水平、居民生活习惯和生活标准的差异都会显著影响其产生的城市污水的组成。本节所讨论的城市污水是以生活污水为主。以生活污水为主的城市污水主要包括微生物（细菌、古菌、病毒等）、有机物（易生物降解和难生物降解）、营养元素（氮、磷）、金属元素与其他无机物（酸、碱）。

不同城市的城市污水的主要组成存在显著差异，同一地点不同时间的污水主要污染物浓度也存在波动。污水组成与浓度差异主要由居民用水量的差异和污水收集系统的渗透和渗出所导致。如表 6-1 所示，污水中的污染物浓度存在高值和低值的波动，低用水量或者渗出往往会导致污水中污染物的浓缩（高值），而较多的用水或降水径流、地下渗水将会导致污水中污染物的稀释（低值）。废水中的氮、磷作为营养元素一般是可溶的，无法通过沉淀、过滤等物理方法去除。污水中的氮磷浓度也是影响活性污泥工艺设计和运行的主要影响因素之一。

表 6-1　典型城市污水污染物浓度（Chen et al.，2008）　单位：mg/L

参数	高值	中值	低值
总 COD	1200	750	500
溶解 COD	480	300	200
悬浮 COD	720	450	300
BOD	560	350	230
VFA（以乙酸计）	80	30	10
总氮	100	60	30
氨态氮	75	45	20
总磷	25	15	6
TSS	600	400	250
挥发性悬浮物（VSS）	480	320	200

城市污水主要采用生物处理方式，因此废水的可生物降解性就显得尤为重要。以典型城市污水为例，可生物降解的总化学需氧量（chemical oxygen demand，COD）比例在 0.76 左右（中值），其中可溶性 COD 比例和颗粒 COD 的可生物降解比例分别在 0.9 和 0.66 左右。一般情况，以生活污水为主的城市污水具有较好的可生化性。因此，最为常见的城市污水处理工艺为二级生物处理工艺，包括生物膜法和活性污泥法等，其中，活性污泥的处理效率相对较高，在城市污水处理厂中应用更为广泛。据统计，在中国城市污水处理系统中应用频率较高的几种活性污泥法是氧化沟法（30.5%）、厌氧-缺氧-好氧（A2O）法（16.2%）、传统活性污泥法（10.0%）、厌氧-好氧（A/O）法（8.2%）和 SBR（6.8%）（Sun et al.，2016a）。

城市污水中不同污染物间的比例影响处理技术和操作策略的选择。若污水中碳氮比值过低，为实现高效反硝化脱氮过程，需向废水中投加额外碳源。若污水中含有过高的硝酸盐或者过低的挥发性脂肪酸（volatile fatty acid，VFA），该污水将不适于实现生物除磷过程。污水中 BOD（biochemical oxygen demand，生化需氧量）/COD 比例过低预示着其中绝大多数的有机物不易被生物降解。表 6-2 总结了典型城市污水中不同组分间比值，其可用于分析是否有工业废水的异常排入。

表 6-2　典型城市污水中不同组分间比值（Chen et al.，2008）

比例	浓缩污水	中值（正常）	过度稀释
BOD/COD	0.29～0.40	0.4～0.5	0.50～0.67
VFA/COD	0.08～0.12	0.04～0.08	0.02～0.04
COD/总氮（TN）	12～16	8～12	6～8
COD/总磷（TP）	45～60	35～45	20～35
BOD/TN	6～8	4～6	3～4
BOD/TP	20～30	15～20	10～15
COD/VSS	1.6～2.0	1.4～1.6	1.2～1.4
VSS/TSS	0.8～0.9	0.6～0.8	0.4～0.6
COD/TOC	3.0～3.5	2.5～3.0	2.0～2.5

活性污泥法发明之初便以有机物去除为主要目标，BOD/COD 的比例通常被认为是衡量废水的生物降解性的重要指标。较高的 BOD/COD 值（介于 0.4 和 0.6 之间）表明废水具有良好的生物降解性，而低 BOD/COD 值（介于 0.2 和 0.4 之间）表明废水中存在可生物降解性差的物质。如表 6-2 所示，典型城市污水的 BOD/COD 值一般超过 0.4。Sun 等（2016a）调研了超过 3000 家中国城市污水处理厂，发现中国城市污水 BOD/COD 值普遍在 0.3～0.6，证明城市污水一般具有较好的生物降解性。经过超过百年的研究和发展，不同污水生物处理工艺基本可以实现对城市污水中有机物的有效去除。污水中未被充分去除的营养元素（氮和磷）是导致地表水体富营养化的重要原因，因此在 20 世纪 60 年代和 70 年代人们

开始关注污水中氮和磷元素的去除，各个国家先后颁布了严格的污水营养元素的排放标准。因此本小节将主要讨论活性污泥法在城市污水脱氮和除磷中的应用。

6.1.3.2　城市污水脱氮除磷

氮是所有生物的重要组成元素，是地球上所有生命体的主要营养成分。在工业革命之前，惰性氮元素（N_2）向“活性”氮（直接或间接支持生物生长的形式）的转化主要是通过细菌和古菌介导的生物固氮实现的（Galloway et al.，2004）。自工业革命以来，目前每年通过人工方式实现的固氮量就达到 125 Tg（Kuypers et al.，2018），其主要由粮食和能源生产所推动（Peñuelas et al.，2012）。由于人类活动所产生的“活性”氮多排放到敏感河口与沿海水域，这些“活性”氮的局部积累导致了严重的水污染问题，如水体富营养化和藻华（Larsen et al.，2007）。因此，对城市污水中“活性”氮的去除是预防地表水体出现氮素污染的关键一环。城市污水中氮主要（90%～100%）以氨氮和有机氮形式存在，并且绝大多数可被生物利用。因此，活性污泥法成为城市污水脱氮最常用的方法。

微生物可以将氮在−3 价到+5 价间转化。在硝化过程中，氨氮被好氧的氨氧化细菌（ammonia-oxidizing bacteria，AOB）或氨氧化古菌（ammonia-oxidizing archaea，AOA）氧化成亚硝酸盐氮。然后，亚硝酸盐氧化细菌（nitrite-oxidizing bacteria，NOB）将亚硝酸盐氮进一步氧化为硝酸盐氮。在反硝化过程中，亚硝酸盐氮和/或硝酸盐氮被异养细菌还原为 N_2，这些细菌利用有机碳作为电子供体进行生物质合成。硝化过程通常在有氧条件下进行，而反硝化过程通常在厌氧或缺氧条件下进行。厌氧氨氧化（anaerobic ammonium oxidation，Anammox）过程是氮循环中的另一个主要过程，参与该过程的 Anammox 菌在厌氧条件下将氨氮和亚硝酸盐氮转化为 N_2 和硝酸盐氮。目前城市污水生物脱氮技术的应用与革新均得益于对这些微生物理论研究的突破。另外，最新报道的全程氨氧化细菌（complete ammonia oxidizer，Comammox）（Daims et al.，2015；van Kessel et al.，2015）和直接氨氧化（direct ammonia oxidation，Dirammox）细菌（Wu et al.，2021）可以分别将氨氮直接转变成硝酸盐氮和 N_2，这些新型氮代谢微生物也将为未来生物脱氮工艺改造提供重要理论基础和微生物资源。

1. 传统脱氮工艺

主流城市污水处理厂的氮去除依赖微生物的硝化和反硝化过程，包含好氧和厌氧/缺氧过程。完全硝化需要 4.57 g O_2/g NH_3-N 和 7.14 g 碱度/g NH_3-N，而反硝化需要 4～6 g COD/g NO_3^--N。通常参与硝化过程的氨氧化菌和亚硝酸盐氧化菌是自养微生物，其生长速率低于异养微生物。Downing 在 1964 年首次提出了活性污泥中微生物硝化过程生物模型，并强调硝化过程受到亚硝化菌最大生长速率限制（Gerardi，2005）。为实现高效生物脱氮，活性污泥法在运行过程中保持足够的溶氧和较长的 SRT（10～20 天）。反硝化是由异养微生物将氮氧化物作为电子受体，废水中还原态有机碳作为电子供体。如前所述，如果废水中碳氮比值过低，需向废水中添加甲醇、甘油和发酵产品等有机物作为碳源，以实现高效反硝化脱氮过程。

2. 脱氮工艺改进

（1）同步硝化、反硝化。传统上，硝化过程和反硝化过程在不同反应区实现。通过调整 DO 浓度实现平衡硝化的需氧条件和反硝化的厌氧/缺氧条件，在同一个活性污泥池中实现同步硝化、反硝化两个步骤。该工艺在有效减小反应器体积的同时，反硝化菌还可以有效利用微生物细胞裂解产生的碳源以减少运营成本。为实现同步硝化、反硝化，一般将 DO 控制在较低浓度水平（<1 mg/L）。Rieger 等（2012）提出根据出水水质参数（如氨氮或者氮氧化物）动态调整活性污泥池中的 DO 水平，促进同步硝化、反硝化过程的高效运行。

（2）短程硝化脱氮。若避免亚硝酸盐转化为硝酸盐，与传统的完全硝化-反硝化相比，该过程理论上可以节省 25%的氧气和 40%的电子供体。通过研究氨氧化细菌和亚硝酸盐氧化细菌的生长特性发现，亚硝酸盐氧化细菌最佳的生长 pH 为 6.0～7.5，温度在 15～30℃，而氨氧化细菌的最佳生长 pH 为 7.0～8.5，温度大于 30℃。根据不同功能菌的生长特性，通过调整外界环境参数（如 pH、DO、温度、SRT 等）可选择性地富集特定菌。代尔夫特理工大学与荷兰乌得勒支市和鹿特丹市合作，率先进行短程硝化脱氮工艺测试，并成功应用于高氮负载侧流（side stream）污水处理系统中。目前该工艺已广泛应用于城市污水处理厂的主流（main stream）脱氮过程。

（3）厌氧脱氨工艺。利用 Anammox 菌的代谢特点，先将废水中大约 50%的氨转化为亚硝酸盐，然后 Anammox 菌将氨和亚硝酸盐转化为 N_2 和少量硝酸盐。与传统硝化-反硝化相比，该过程理论上可以节省 62.5%的氧气和 100%的用于反硝化的电子供体（Wett，2007）。工艺开发初期，厌氧脱氨过程被设计成两段式反应，即亚硝化和厌氧氨氧化分别在两个独立的反应器中进行，存在工艺占地面积大的不足。随后，通过控制 DO、温度、pH、SRT、游离氨和亚硝酸盐浓度等参数来抑制亚硝酸盐氧化过程，成功实现一段式部分硝化-厌氧氨氧化过程（Li et al.，2018；Sliekers et al.，2002；Wett，2007）。成功开发 CANON（Sliekers et al.，2002；Third et al.，2001）、DEMON（Wett，2007）、AnitaMOX（Christensson et al.，2013）等应用于侧流高氨氮负荷废水的脱氨工艺。为在主流系统中实现亚硝酸盐分流，除了抑制 NOB 活性，还需要确保厌氧氨氧化菌在污泥池中的生物量，其主要实现方式是通过使用固定膜介质、生物强化和 SRT 解耦装置。

3. 城市污水除磷

在绝大多数内陆水体中，磷是限制性营养物质。某些水体中观察到的严重富营养化多是接收了含磷浓度较高的废水所致，这也促成加拿大和美国在 1972 年达成大湖水质协议（Great Lakes Water Quality Agreement），要求排放到五大湖的废水中实现除磷。目前，对污水中磷的去除已经成为城市污水处理系统的重要功能之一。相较于物化法除磷，强化生物除磷（enhanced biological phosphorus removal，EBPR）工艺不需要投加化学药剂，经济高效，被广泛应用于城市污水处理过程。Levin 和 Shapiro（1965）在实验室中进行了有氧条件下磷吸收和厌氧条件下释放的活性污泥实验，并设计了第一个 EBPR 过程，称之为 PhoStrip 工艺。该工艺属于生物除磷和化学除磷过程相结合，在常规的好氧活性污泥法工艺中增设厌氧释磷池和化学沉淀池。通过将部分回流污泥排入侧流厌氧池，在厌氧条件下使微生物完成释磷，将磷由固相转移到液相。随后利用石灰将厌氧池上清液中高浓度磷以磷酸钙沉淀形式剥离，实现废水除磷。

随着对除磷过程中生物机制研究的不断深入，Gerber 等（1986）证明聚磷菌（polyphosphate-accumulating organism，PAO）只能吸收利用乙酸盐和丙酸盐。由于城市污水中 VFA 不足，进水中可生物利用 COD 可以在厌氧区先进行发酵产生 VFA 过程（Randall et al.，1994；Wentzel et al.，1990），因此，城市污水先后经历厌氧、缺氧和好氧过程（即 A2O 工艺），同时实现脱氮与除磷过程。进水 VFA 不足还可通过添加初级污泥发酵，将发酵形成的含有 VFA 的上清液排放到主流工艺中的厌氧区，增加 VFA 的供应。但厌氧区若存在硝酸盐或 DO，反硝化微生物将会优先利用可生物降解 COD，阻碍厌氧区 VFA 的积累。因此，需要对活性污泥和回流污泥进行充分反硝化，最大限度减少厌氧区硝酸盐和氧气浓度。

在活性污泥中还存在一类与 PAO 竞争的微生物，聚糖菌（glycogen-accumulating organism，GAO），其在厌氧条件下吸收乙酸和丙酸积累聚羟基烷酸酯（polyhydroxyalkanoates，PHA）和糖原，但在厌氧和好氧条件下不进行释磷与聚磷过程（图 6-15）。不同 GAO 利用 DO、硝酸盐和亚硝酸盐作为电子受体的能力不同。Oehmen 等（2010）将 GAO 分为 4 种不同类型。其中两类是可以或不能反硝化的 *Competibacter*，还有两类是只能将硝酸盐反硝化为亚硝酸盐或不能反硝化的 *Defluviicoccus*。如果剩余的 VFA 不再满足反硝化过程，将会对生物营养盐去除产生重大影响，并可能导致有限的反硝化作用，从而导致更多的硝酸盐循环到厌氧区。进水可降解 COD/TP 值在 10～20 有利于富集 PAO，而该值大于 50 则有利于 GAO 生长，特别是当绝大多数 COD 以 VFA 的形式存在时（Oehmen et al.，2007）。pH＞7.25 被证明有利于 PAO 生长，这是因为在较高 pH 下运输 VFA 需要更高的能量（Filipe et al.，2001a）。混合液温度＜20℃被证明有利于 PAO 的生长，当温度＞28℃更利于 GAO 的生长（Brdjanovic et al.，

1998）。综上，较低的 COD/P 值、较高的 pH 和亚硝酸盐浓度有利于 PAO 更具竞争优势，进而抑制活性污泥系统中 GAO 的生长，保证系统稳定的除磷效率（郭春艳等，2009）。

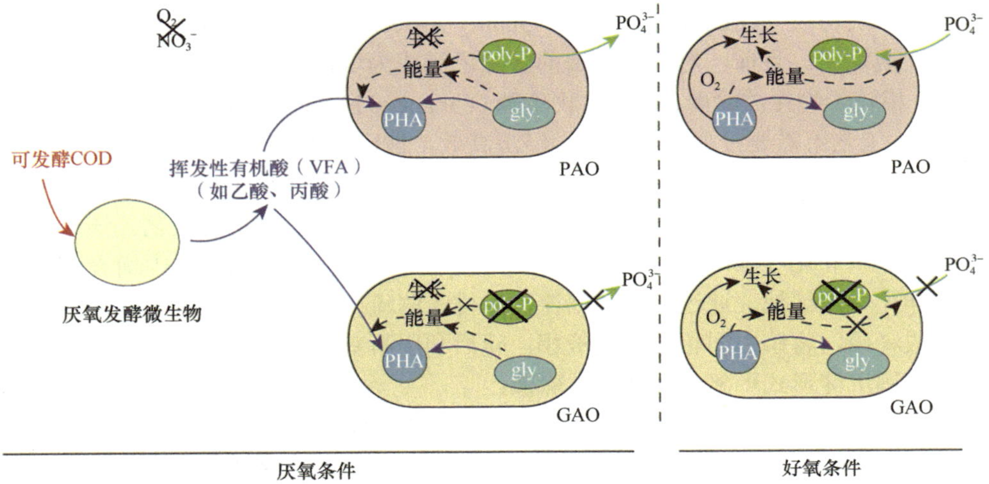

图 6-15 PAO 和 GAO 在厌氧及好氧过程中的简化生化模型（修改自 Jenkins and Wanner，2014）

×：不进行某个代谢过程或合成某种物质；poly-P：多磷酸盐（polyphosphate）；gly.：糖原（glycogen）；PHA：聚羟基烷酸酯（polyhydroxyalkanoates）

基于 SBR 开发的好氧颗粒污泥是活性污泥工艺的一种变体。值得注意的是，好氧颗粒污泥工艺表现出 EBPR 功能，同时，其沉降速度更快，颗粒更密集，其中 PAO 相较于 GAO 更具竞争力（Bassin et al.，2012）。Nereda®好氧颗粒污泥工艺自 2003 年开发以来，国内已有众多研究者探究其在 EBPR 过程中的反应机制（Weissbrodt et al.，2017；Zhao et al.，2019；高景峰等，2010），但关于好氧颗粒污泥除磷的机制仍然存在一些不确定性。Mañas 等（2011）发现生物诱导的磷沉淀为颗粒核心中的羟基磷灰石[HAP；$Ca_5(PO_4)_3OH$]，在所测试的操作条件下，生物诱导沉淀占总磷去除量的 45%。Barr 等（2010）发现不同污水组成是影响好氧颗粒污泥形态和其中微生物群落组成（包括 PAO 和 GAO 比例）的重要因素。在造粒的初始阶段，不同污水处理过程会促进形成两种不同的颗粒类型活性污泥（白色和黄色）。白色颗粒表现为致密、光滑、规则的聚集体，以 97.5%的 PAO 为主，而黄色颗粒表现为松散、粗糙、不规则的聚集体，混合微生物群为 12.3% PAO 和 57.9%的 GAO 以及其他细菌。同样，de Graaff 等（2020）研究发现好氧颗粒污泥 EBPR 工艺在处理由海水和淡水不同比例组成的污水时，存在处理效率上的差异，但不同污水筛选了属于同一分支的 PAO。对于好氧颗粒污泥在 EBPR 工艺中的工程应用和稳定运行还需要更全面的研究作为理论支撑。

6.1.4 活性污泥法在工业废水处理中的应用

随着工业的飞速发展，其废水产量也急剧增加。虽然活性污泥法广泛应用于城市污水处理中，但对于工业废水的处理，往往需要根据特定废水类型做出相应调整。通过改进传统的活性污泥工艺，开发了诸多新的工艺配置和运行策略，以满足特定工业废水处理目标。本小节将就活性污泥法在工业废水处理中的应用进行介绍。

6.1.4.1 工业废水特点

在活性污泥法发明之初，英国曼彻斯特达维休姆（Davyhulme）污水处理厂的第一批活性污泥法处理系统所处理的污水中含有大量的油污废水，也导致系统启动后不久就遇到了曝气系统堵塞的问题。可见，工业废水的水量和水质特点的表征对于活性污泥处理系统的设计和运行显得尤为重要。

按照工业废水中所含的主要污染物的化学性质分类，工业废水可以分为以无机污染物为主的无机废水和以有机物为主的有机废水。按照产生工业废水的行业可分为造纸废水、冶金废水、金属酸洗废水、炼焦煤气废水、印染纺织废水、化学肥料废水、染料废水、制革废水、农药废水、电站废水等。如果按照工业废水中主要污染物的组成，工业废水可分为酸性废水、碱性废水、含氰废水、含铬废水、含镉废水、含汞废水、含酚废水、含醛废水、含油废水、含硫废水、含有机磷废水和放射性废水等。与城市污水相比，工业废水可能具有有机负荷更高和养分不足的特点。而大多数工业废水具有独特的物理/化学特性，如高盐度、高/低pH，以及可能对活性污泥废水处理效率产生负面影响的生物有害/抑制物质。可能导致活性污泥法处理工业废水过程中出现问题的影响因素概括如下。

（1）废水关键参数波动大。废水中某些关键参数，如温度、pH、关键组成等，在工业生产过程中存在巨大波动。例如，具有多个产品线的化工制药行业，随着产品重心的调整，废水中的主要污染物存在显著差异。又如造纸行业，其产生的废水温度变化幅度较大，严重影响微生物氧吸收和降解活性。虽然温度升高会增加微生物的活性，但升温会导致氧饱和度降低，对曝气系统的充氧能力提出更高要求。通常，活性污泥法中微生物最适 pH 近中性，过高 pH 或过低 pH 对生物处理效果均有不利影响。低 pH 废水是果蔬加工行业普遍存在的问题，而高 pH 废水在纺织加工行业尤为常见。工业废水中的主要组成差异会显著影响其可生物降解性，例如，包含羧基（R-COOH）、酯（R-COO-R）或羟基（R-OH）基团的非毒性脂肪族有机物比含有羰基或者双键基团的有机物易降解，而对于同时含有氨基或羟基基团的物质，其易降解性随碳饱和度增加而降低。

（2）有机负荷波动大。由于许多行业的生产并非连续进行，因此工业废水的水力和有机负荷随时间变化差异明显。例如，乳制品行业和葡萄酒行业分别体现出每日和季节性的间歇性负荷变化，这种间歇性和冲击性的负荷变化会显著降低活性污泥法的适用性。

（3）氮、磷和微量元素不足。与城市污水不同，许多工业废水，如啤酒厂、造纸厂以及具有高碳水化合物组成的食品加工业废水，其中的氮和/或磷浓度不足以维持活性污泥微生物种群生长。此外，微生物生长所需的微量金属元素，如 Ca、Mg、Mn、Zn、Co、Mo、Ni、Cu、Fe、I、B 和维生素等也会存在不同程度缺乏或过量的情况。其中氮和磷元素的缺乏会导致丝状菌生长进而出现活性污泥膨胀，这也是工业废水生物处理过程中的主要问题之一。生物处理的氮和磷要求取决于所需的进水 BOD 去除量，推荐值范围为 2.2%～7.4% N/BOD_5 和 0.3%～1.25% P/BOD_5（Helmers et al.，1952；Rosenwinkel et al.，2014）。

（4）高负荷（如碳水化合物、脂肪或蛋白质）。除了上面提到的营养缺乏问题外，高油脂废水（如石油工业废水）会导致过高的有机负荷，进而导致活性污泥工艺中污泥上浮。高蛋白负荷工业废水（如屠宰和肉类加工行业废水）会导致氮去除困难。Hrudey（1981）建议，为确保活性污泥系统免受脂质过载，其负荷应低于 0.10 kg 脂质/（kg MLSS·d），而 Rosenwinkel 等（2014）提出了更保守值的负荷要求[0.05 kg 脂肪/（kg MLSS·d）]。

（5）生物有毒和抑制物质。工业废水含有多种对微生物而言的有毒和抑制物质，这是影响活性污泥法处理工业废水效率最重要的因素之一。它们可能是有毒的、难降解的、致癌的、致畸的和致突变的。它们包括但不限于有机卤素、卤代烃、碳氢化合物（苯、酚等）、重金属和氰化物等（Rosenwinkel et al.，2005）。在石化行业，废水通常含有酚类、硫醇、铵化合物和氰化物（Fitzke and Wienands，2008）。在重金属冶炼、电解和电镀工业废水中，废水中通常含有各种重金属和氰化物。当这类有毒或抑制物质浓度过高时会直接导致活性污泥系统的破坏。在食品加工业中，氯、过氧化物或季铵化合物等消毒剂会导致活性污泥系统性能下降以及对生物处理过程造成间歇性的冲击负荷。

6.1.4.2 活性污泥法处理工业废水

工业废水处理过程中应用到的活性污泥技术同样广泛应用于城市污水处理中（如传统活性污泥法、两级活性污泥法、膜技术等），但其不同在于工业废水活性污泥系统在设计和运行过程中需要进行针对性修改和优化，以满足特定工业废水特点。下面将就传统活性污泥工艺在处理工业废水时所采取的优化和改造展开论述。

1. 传统活性污泥法

对于大多数食品、饮料、造纸行业，其废水生物毒性较小且可生物降解性较强。通过将传统活性污泥工艺与不同处理工艺进行结合可应对该类工业废水的处理。例如，厌氧消化工艺应用于纸浆、造纸和乳制品生产行业产生的废水，在大幅去除 COD 的同时有效控制废水色度，剩余少量有机物可利用活性污泥法在好氧阶段去除。国内外已有众多利用上流式厌氧污泥床（upflow anaerobic sludge blanket，UASB）+传统活性污泥法实现造纸废水深度处理的案例。对于高脂质食品废水，脂肪浮选和分离是结合传统活性污泥法的重要预处理步骤。

1）纯氧曝气活性污泥法

如 6.1.2 中所述，纯氧曝气活性污泥法中使用的高纯度氧气（98%）代替传统工艺中含 21%氧气的压缩空气曝气，该法在去除高浓度废水可生物降解有机物过程中可为微生物提供足够高的 DO 浓度。由于降解相同有机物所需的气量显著少于传统曝气，纯氧曝气活性污泥法的废气处理会更有优势。但产生氧含量 98%的气体属于额外耗能步骤（0.4～0.45 kWh/kg O_2），需要全面评估其废水处理过程中的经济可行性。位于德国明登的巴斯夫集团为制药和化妆品行业生产活性成分及添加剂，其使用纯氧曝气活性污泥法进行生物废水处理（Klinzmann and Stammann，1981）。多数情况下，纯氧曝气活性污泥法需要与其他废水处理技术相结合，以实现对工业废水的高效处理。在处理印染废水过程中，纯氧曝气活性污泥法前端应添加必要的预处理设施（如初沉池和缓冲池）和步骤（如 pH 调整），在经过纯氧曝气活性污泥法去除可降解化合物后，后续还需连接相关物化处理技术（如芬顿氧化、化学絮凝等）进一步处理难生物降解物质（Bae et al.，2015；Mauret et al.，2001；Verstraete and Vissers，1980；Zhuang et al.，2016；杜德荣，2005）。此外，已有若干工业废水处理厂（医药和化工）将 MBR 和纯氧曝气活性污泥法相结合，成功应对工业废水高有机负荷、负荷波动大和处理设施可用占地面积不足等问题（Larrea et al.，2014）。

2）膜生物反应器（MBR）

在工业废水处理过程中，MBR 中的膜组件可排列在曝气池外或浸没在曝气池或单独的过滤池。MBR 的一个主要优点在于处理后废水水质优良，特别是对于需要将处理后水再次循环利用的行业。此外，与传统活性污泥工艺相比，MBR 系统可以维持更高的污泥浓度。因此，MBR 系统可以在较小的容积实现较高的污泥停留时间（Stephenson et al.，2000）。稳定的出水、较小的占地面积和污泥产量促使 MBR 工艺广泛应用于工业废水处理中。通过与已有生物废水工艺整合与改进，出现了复合 MBR、厌氧 MBR、好氧颗粒污泥 MBR、工程菌强化 MBR、强化 MBR 脱氮除磷等工艺。MBR 广泛应用于食品、养殖、染料、石油化工、制药等工业废水处理中，并获得了良好的处理效果。位于德国格拉芬豪森（Grafenhausen，Germany）的罗萨斯（Rothaus）啤酒厂将 SBR 和膜过滤系统相结合用于废水处理。

进水 COD、总氮和总磷分别为 4500 mg/L、70 mg/L 和 17 mg/L。经该系统处理后出水满足 COD<45 mg/L、总氮和总磷均<1 mg/L 的排放要求。位于英国曼彻斯特的家乐事有限公司（Kellogg Limited）的废水处理厂利用 MBR 技术处理食品工业废水，系统由 4 个单元组成的外部安装的膜过滤系统组成（膜表面积为 864 m^2）。活性污泥池中采用喷射器曝气方式，污泥 MLSS 约为 20 g/L，F/M 为 0.14 kg COD/（kg MLSS·d）。膜过滤装置的通量为 70～120 L/（m²·h）。该厂的废水量约为 1500 m^3/d，COD 浓度为 3000～4000 mg/L，使用该系统，可实现约 98%的 COD 去除率。我国对于 MBR 的相关研究始于 20 世纪 90 年代中期（黄霞等，2008）。近年来，MBR 在我国已广泛应用于多种高强度和难降解工业废水处理领域。不同构型 MBR（如浸没式平板、浸没式中空纤维、外置式管式反渗透膜等）已在化纤废水、化工废水、医药废水的处理中得到广泛应用，处理能力由每天几十吨到几万吨不等（黄霞等，2008）。

2. 特殊设计活性污泥反应器

针对工业废水特性，一些具有特殊形状的活性污泥反应器，如塔式、深井曝气活性污泥废水处理系统被研发并投入使用。为提高氧气的生物利用效率，开发了细高形反应器，其中氧气接触时间和氧分压都得以增加。氧气在水中的溶解度随着总压力而增加，而总压力又会随着反应器深度而增加。这类大高径比的活性污泥系统可以应对更高 F/M 的工况，同时显著节约废水处理系统的占地面积。

1）高塔活性污泥法主要包括拜耳生化塔（Bayer Tower Biology®）和 BIOHOCH®反应器

拜耳生化塔主体由 12～30 m 高的钢筒组成（图 6-16a），塔身外部连接圆形二沉池。BIOHOCH®反应器（图 6-16b）和拜耳生化塔在主体结构上相似，但在用

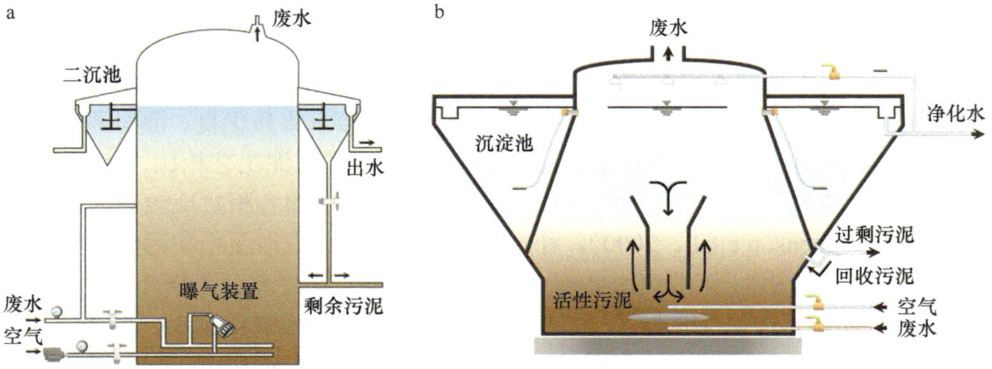

图 6-16 拜耳生化塔（Bayer Tower Biology®）（a）和 BIOHOCH®反应器（b）示意图

于空气和污水喷入的喷射器的设计存在差异。从 1978 到 2010 年全球有超过 30 座拜耳生化塔在不同国家建设并用于化工、石油、印染和饮食工业废水处理。在德国，4 个 BIOHOCH®反应器用于处理来自 500 多家公司的工业废水以及 83 000 名居民的城市废水（Rosenwinkel，2014）。

2）深井曝气活性污泥法（图 6-17）

深井曝气活性污泥法主要应用于处理食品废水、造纸废水、化工废水、制药废水等。与塔式生化反应器不同，它包括两个同心地下深井（50～150 m）和一个地上脱气罐。废水和回流污泥混合物从内轴（降流管）向下输送，然后在外轴（立管）中回流。液体循环是由压缩空气的浮力所产生的。在启动期间，降流管也被充气以诱导循环。在 30%～50%的井深处曝气和降流管中的高压有助于实现更佳的氧气利用率。该工艺的主要优点是占地面积小、运行费用低、抗有机负荷能力强、受气温影响小、排风量低和废水冷却缓慢等。但深井技术只能在有利的场地和地质条件下使用，对日常稳定操作和维护要求较高（Tilley，2011）。我国在 1978 年对此工艺进行了研究，并应用于制药废水处理中（温新品，2011；张铁军，2000）。日本 Omatsu-Itagami Cardboard AG 建造了最大的深井反应器，并集成了真空脱气，其处理废水量达到了 20 000 m^3/d，平均 BOD_5 浓度 160 mg/L，容积负荷 3.7 kg/（m^3·d）。

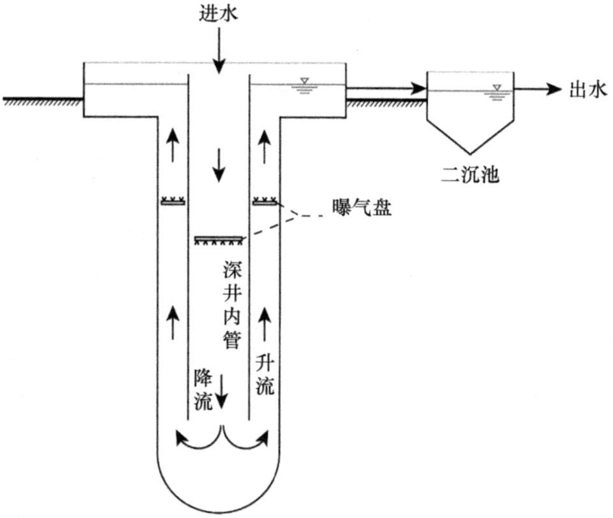

图 6-17　深井曝气活性污泥法示意图

3）非连续流活性污泥技术

前面介绍的几种应用于工业废水处理的工艺为连续流活性污泥技术，但相较于连续流，非连续流活性污泥技术在工业废水处理方面更具优势，其操作具有灵活性，尤其适用于在水量和负荷方面存在巨大波动的工业废水处理。通过混合或改进现有的 SBR 配置，用于工业废水处理的新型活性污泥系统结合了连续进水/出水和连续流活性污泥系统恒定液位的优点以及 SBR 的灵活性和紧凑性，如一体活性污泥（UNITANK）方法。UNITANK 是基于三沟式氧化沟提出的一种活性污泥法废水处理新技术，该工艺集合了传统活性污泥法和 SBR 运行模式的优点，把连续系统的空间推流与 SBR 法的时间推流生化处理过程合二为一，通过灵活的时间和空间控制，整个系统作为一个整体连续进水和连续出水，而单个池子相对为间歇进水和间歇排水（Zhou et al.，2014；杨波和陈兰，2003）。该系统由一个分为三个等体积活性污泥池（“1”“2”和“3”）的水箱组成，每个池都配备了曝气和混合装置。废水流向可以是从“1”到“2”到“3”，反之亦然。因此，池“1”和“3”既可以是反应器，也可以是沉降器，而池“2”始终用作反应器。这种类型的活性污泥法在欧洲和亚洲已应用于超过 200 座工业废水处理厂（Zhang et al.，2007）。第二个例子是 Aqua MSBR®，它使用 3～7 个反应池，其中两个作为 SBR 运行，顺序如下：①进料、缺氧混合和回流；②进料、曝气、混合和 MLSS 循环；③沉降；④澄清。当其中一个 SBR 池处于阶段①至③时，另一个则处于阶段④，反之亦然。此外，还有一个专用的“空气堰”装置安装在这些反应池的液面，以控制污水流量，避免 MLSS 或浮渣排放（Yang，2000）。回流的泥水混合液在分离池中浓缩。其他反应池可以用于发酵、厌氧磷释放、缺氧反硝化、好氧磷吸收和碳/氮氧化。

6.2 活性污泥微生物组

活性污泥是全球最常用的污废水生物处理人工生态系统，活性污泥微生物是生活在废水处理反应器中的有益微生物，可清除污染、保护环境。它们降解和转化污废水中的有机和无机污染物，甚至灭杀病原微生物，还水以清澈，给人以愉悦（鞠峰和张彤，2019；刘双江和王爱杰，2019）。全球城镇污水处理厂活性污泥中至少有数亿种微生物（物种），但能够在实验室培养的物种数量仅有 0.001%，即还有 99.999%的活性污泥微生物物种没有被分离培养（Wu et al.，2019），这对于认识活性污泥微生物在污水处理与资源化中的功能和作用形成了巨大的挑战。近 10 年来，基于高通量测序的宏组学方法被广泛应用于揭示活性污泥微生物组的群落结构和功能，我们现在充分意识到活性污泥微生物组蕴藏着丰富的未培养微生物，它们驱动着各类传统及新型有机污染物的降解与转化（鞠峰和张彤，2019）。目前，特异性分子标记基因的扩增子测序技术已经被广泛应用于揭示城市和工业废水处理活性污泥微生物组成及时空分布规律，功能菌群（如硝化细菌和聚磷菌）的时空多样性和群落构建机制（图 6-18）。宏基因组学研究在群落、种群和个体基因组水平全面解析了活性污泥微生物组驱动的碳、氮、磷元素循环过程，以及有机微污染物的生物降解和转化机理（Ju et al.，2014b；鞠峰和张彤，2019）。简言之，微生物组学技术为揭示活性污泥中微生物菌群的组成、结构和功能提供了新的技术平台及新视角（刘双江和王爱杰，2019）。

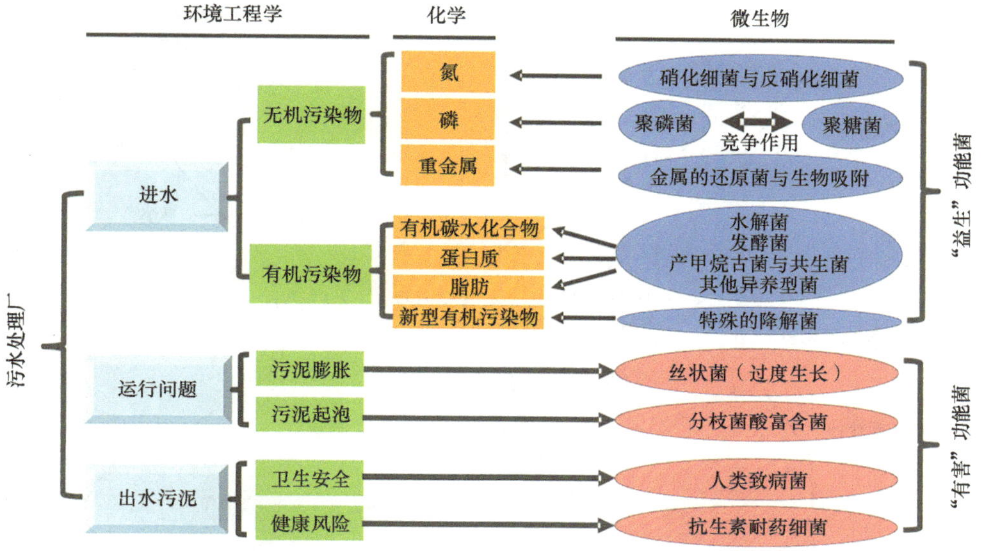

图 6-18　活性污泥污水处理厂功能微生物与工艺效能关系

6.2.1　活性污泥污水处理的生物本质

活性污泥是一种由原核生物、真菌、微型动物（原生动物和后生动物）、病毒等多种类型微生物与污水中胞外聚合物、悬浮颗粒物、溶解性有机物混杂在一起所形成，以菌胶团为骨架的复杂人工生态系统（图 6-19）。活性污泥具有很强的吸附分解有机物的能力和沉降性能良好的絮状结构（Steiner et al.，1976）。其用于处理各种市政和工业废水已有 105 年的历史，是全球应用最广泛的废水生物处理技术，在保护环境和人类健康方面发挥着重要的作用。

活性污泥微生物群落赋存了较高的生物量和高度多样化微生物群落。据估算，全球活性污泥系统中细菌群落物种数或种系型（phylotype）为（1.1±0.07）$\times 10^9$ 种，丰富度估计值仅比全球海洋微生物（～10^{10}）低一个数量级（Wu et al.，2019），这主要归因于活性污泥有较高的细菌细胞的浓度（10^{12}～10^{13} 个细胞/L）（Ju et al.，2019）。基于属水平预测分析表明，活性污泥细菌群落最主要的潜在来源是淡水（平均 46%），其次是土壤（平均 17%）和海洋（平均 12%）（Wu et al.，2019）。因此，活性污泥微生物群落与淡水微生物群落的关系最为密切，这与活性污泥与淡水的环境特性比较接近相关。通过水力连接系统（如污水处理后排入河流），两类群落间可发生跨生态位的微生物扩散。

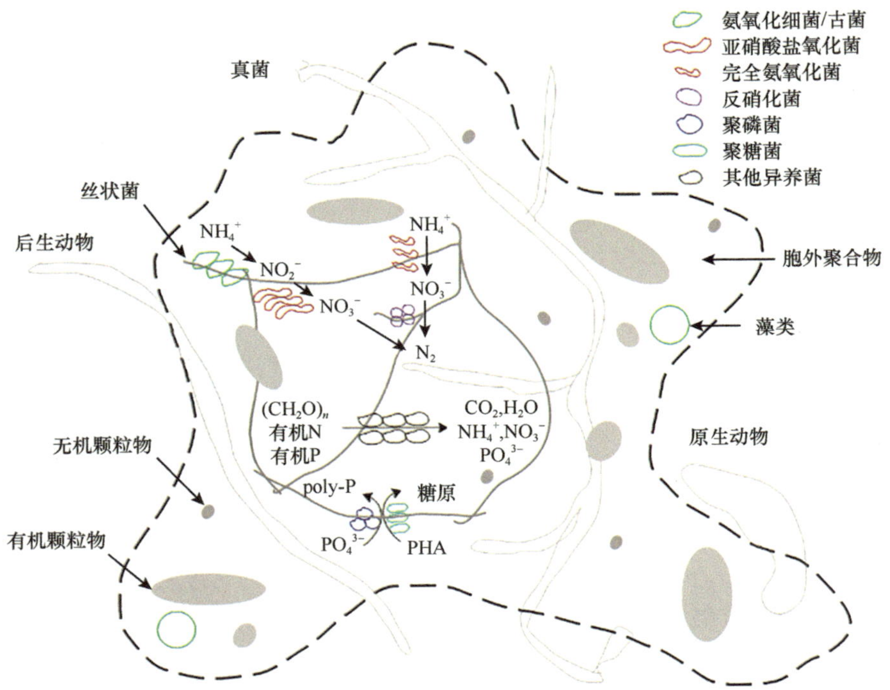

图 6-19　活性污泥内非生物因素和微生物群落构建示意图（鞠峰和张彤，2019）

活性污泥微生物种类繁多、功能多样，且不同微生物之间互相作用，或协同，或拮抗，或和平共处（刘双江和王爱杰，2019）；这些微生物驱动着包括新型有机和无机污染物的降解与转化过程。活性污泥微生物群落的合理构建，特别是维持功能微生物多样性与种间相互作用，是保障群落功能与污水处理效果的关键（Zhang et al.，2012）。活性污泥系统容易被控制和监测。因此，它还可以作为一个很好的系统来研究不同的宏观生态学理论在微生物生态学中的应用，如生物多样性、食物网相互作用、演替、稳定和生态系统功能之间的关系等。

6.2.2　活性污泥微生物群落研究方法学概述

活性污泥赋存的微生物种类繁多、功能多样、适应环境能力强。正如人体和自然环境（如土壤、河流、底泥、底栖生物膜等）的微生物学研究，活性污泥微生物组学研究方法发展先后经历了“显微镜观察和培养基培养”（Bartow and Mohlman，1915）、“PCR 扩增-测序”（Blackall，1994）、“高通量测序-宏组学分析”（Martín et al.，2006）三个主要阶段的变迁。相应地，我们对活性污泥微生物多样性的认知经历了从最原始的土著原生动物和后生动物（如钟虫、轮虫）形貌观察（Bartow and Mohlman，1915）到今天借助高通量测序技术实现对微生物组所有物种、基因和功能多样性的宏组学全局性分析的飞跃（Ju et al.，2014b；Martín et al.，2006；Wilmes and Bond，2006；Yu and Zhang，2012；Zhang et al.，2012）。

高通量测序技术的快速发展促进了标记基因扩增子测序技术（Ju and Zhang，2015a）、宏基因组学（Ju and Zhang，2015c）、宏转录组学（Ju et al.，2019）、宏蛋白质组学（Wilmes and Bond，2004）等宏组学技术在活性污泥微生物群落研究领域的应用（图 6-20）。特异性标记基因扩增子测序技术已经被广泛应用于活性污泥系统，扩展了传统分子生物学时代对活性污泥中复杂微生物群落组成与时空多样性分布（Ibarbalz et al.，2013；Jiang et al.，2018a；Ju and Zhang，2015b；Zhang et al.，2012），特别是关键功能微生物[如硝化细菌（Wells et al.，2009b；Zhang et al.，2011）、聚磷菌（He et al.，2007；Mielczarek et al.，2013）、丝状菌（Guo and Zhang et al.，2012；Nielsen et al.，2009）]及群落构建机制的认识（Dottorini et al.，2021；Guo et al.，2013；Ju and Zhang，2015b；Wu et al.，2019）。宏基因组、宏转录组和宏蛋白质组学分析可在生态系统、群落和种群水平揭示驱动碳、氮、磷等营养物质代谢，有机微污染物降解和转化，以及微生物的结构和功能多样性（Ju and Zhang，2015c）。这一领域的重要宏组学突破包括强化生物除磷过程微生物组的全组学解析（Mao et al.，2014；Martín et al.，2006；Wilmes and Bond，2004）、活性污泥微生物组的宏基因组与转录组对比分析（Yu and Zhang，2012）、微生物组及抗生素抗性组的定量宏转录组学解析（Ju et al.，2019；Yang et al.，2013）、全球尺度活性污泥多样性与生物地理格局分析（Wu et al.，2019）等。

近年来，宏基因组测序数据组装（assembly）和分箱（binning）方法的快速发展让大规模构建不可培养微生物基因组成为可能。通过获得的宏基因组组装基因组（MAG）的功能注释和代谢通路分析，可预测不可培养微生物的生理生化代谢特征及其在生物地球化学循环中的作用（Ju and Zhang，2015a；Singleton et al.，2021）。相关活性污泥系统的重要研究进展主要包括聚磷菌 *Candidatus* Accumulibacter 基因组和代谢模型的构建和解读（Mao et al.，2014；Martín et al.，2006；Wang et al.，2021），糖代谢相关 Saccharibacteria（之前称“TM7”）和污泥膨胀相关丝状菌 Promineofilum 成员基因组构建和解读（Albertsen et al.，2013），以及全程氨氧化细菌（Comammox）的发现（Daims et al.，2015；van Kessel，2015）。总之，与依赖显微镜观察、培养分离或低通量的传统微生物学研究方法不同，宏组学方法实现了对活性污泥系统原核生物和真核生物群落多样性既全面又系统的认识。下文将围绕近 10 年来活性污泥微生物组成和时空分布、功能菌及群落构建方向的研究进展展开介绍。

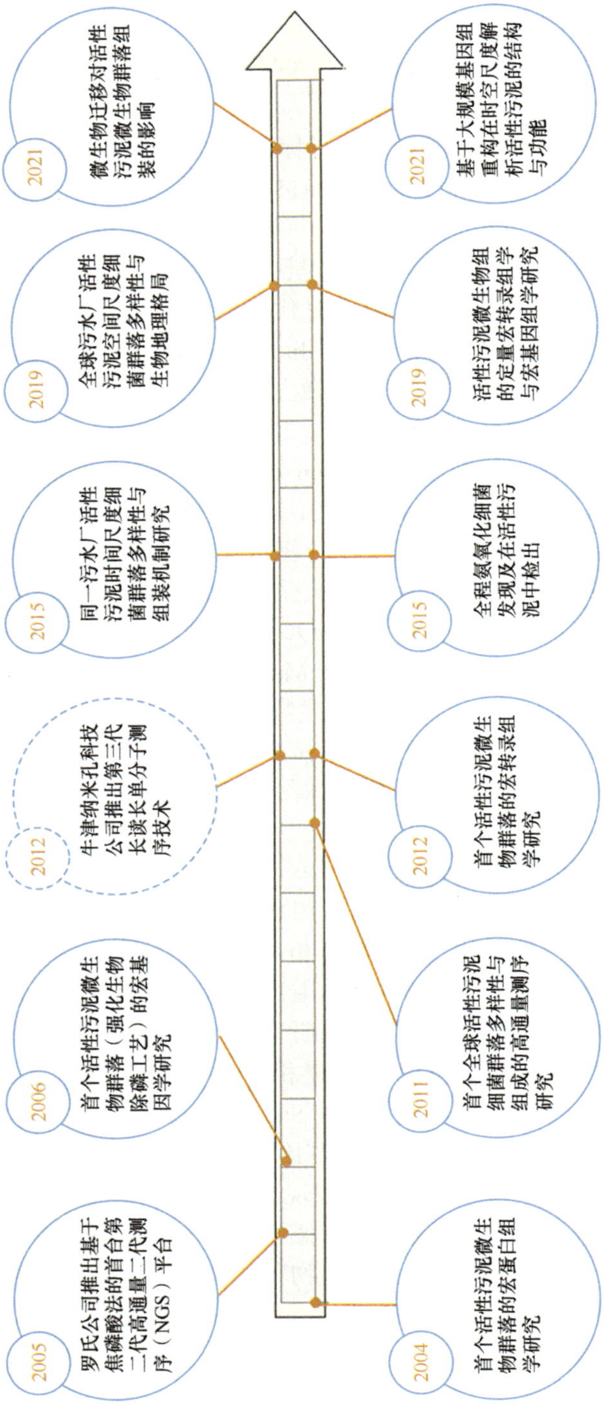

图 6-20 活性污泥微生物群落宏组学方法与应用研究大事记

6.2.3 活性污泥微生物组成和时空分布

6.2.3.1 原核微生物组成和时空分布

活性污泥中原核生物群落由细菌和古菌两大类群组成，而 16S 核糖体 RNA 基因扩增子测序技术的大规模应用极大促进了对其多样性的认识。近 10 年调查研究表明，活性污泥中细菌来自至少 30～40 个门，超过 700 多个已知细菌属（Ju and Zhang，2015b；Zhang et al.，2012），物种数估算值高达 10 亿种（Wu et al.，2019）。基于 16S 核糖体 RNA 基因的高通量测序分析表明（Hu et al.，2012；Ibarbalz et al.，2013；Jiang et al.，2018a；Ju et al.，2014a；Ju and Zhang，2015b；Wang et al.，2012；Xia et al.，2010；Zhang et al.，2012），活性污泥中最主要的细菌门包括 Proteobacteria、Bacteroidetes、Actinobacteria 和 Firmicutes；其他高丰度（＞1%）细菌门包括 Verrucomicrobia、Chloroflexi、Planctomycetes 和 Acidobacteria 等。此外，活性污泥中通常还存在较低丰度的 Spirochaetes、Nitrospirae、Synergistetes、Chlorobi、Cyanobacteria 和未培养的门类群（如 OD1、OP10 等）。在全球尺度内，来自 6 大洲 269 个污水厂活性污泥样品之间细菌群落在门水平也有相当大的变化（Wu et al.，2019）。与细菌相比，活性污泥古菌多样性和相对丰度较低。据估算，古菌 16S rRNA 基因序列在所有宏基因组序列中占 1.1%（Ye and Zhang，2011），在所有 16S 和 18S rRNA 基因序列中占 0.11%～0.40%（Ju et al.，2014a）；在细胞水平，荧光原位杂交法表明古菌占活性污泥中总细胞数的 1.6%，并且以单细胞和菌落两种形式存在（Fredriksson et al.，2012）。目前活性污泥中已报道的最主要古菌门是 Euryarchaeota（Fredriksson et al.，2012；Gray et al.，2002；Ju et al.，2014a；Qin et al.，2018），其次是 Thaumarchaeota、Crenarchaeota 和 Parvarchaeota（Fredriksson et al.，2012；Qin et al.，2018）；目水平主要包括产甲烷菌 Methanosarcinales、Methanomicrobiales 和 Methanobacteriales；然而，这些产甲烷菌的产甲烷活性较低，对活性污泥碳代谢作用的贡献有限（Fredriksson et al.，2012；Gray et al.，2002）。属水平包括产甲烷菌属 *Methanosaeta*、*Methanobacterium* 和 *Methanospirillum*，以及氨氧化古菌属 *Nitrosotenuis*（Li et al.，2016）和 *Nitrosocosmicus*（Sauder et al.，2017）等。

与自然生态系统类似，诸如活性污泥的工程系统微生物群落分布展现出一定的时空分布或生物地理分布规律。首先，随着反应器运行时间（T）的增加，微生物的分类单元多样性（S）也增加；二者的关系可以用公式 $S = cTw$ 表示，其中，c 是一个常数，w 是分类单元-时间关系（taxa-time relationship，TTR）的幂律指数，反映了群落的周转率（Van Der Gast et al.，2008）。物种-时间的正向关联在活性污泥微生物群落中普遍存在。例如，随着工业废水活性污泥反应器运行时间的推移，群落中细菌的累积丰富度不断增加，且随着工业废水浓度（选择压力）的增加，细菌物种-时间关系的变化程度（斜率）和群落周转率降低（陈伟东和温东辉，2022）。另外，不论是实厂规模，还是实验室规模的生物反应器，活性污泥的细菌群落的多样性（Kim et al.，2013）和累积丰富度（Hai et al.，2014）均随反应器运行时间的延长而增加。不同规模生物反应器和不同细菌门的幂律指数不同（Hai et al.，2014）。例如，活性污泥中优势和稀有细菌类群的分类单元-时间动态关系模式存在明显差异：优势类群的幂律指数（代表周转率）普遍高于稀有类群（Hai et al.，2014），而稀有类群则比优势类群表现出更高的多样性和更剧烈的波动（Kim et al.，2013）。

除了物种-时间关系，活性污泥系统的微生物群落分布还存在多种物种-空间关系，包括距离-衰减关系（distance-decay relationship，DDR），以及物种-面积、纬度梯度等空间分布异质性关系。首先，近期一项针对来自 6 大洲 23 个国家的 86 个城市的 269 个污水处理厂的 1186 份活性污泥 DNA 样品的 16S rRNA 基因 V4 区扩增子测序分析发现（Wu et al.，2019），活性污泥细菌群落在局域、区域和全球空间尺度上都存在着显著的距离-衰减效应，衰减程度（代表周转率）取决于空间尺度，排序关系为：洲内（区域尺度）＞跨洲（全球尺度）＞城市内（局域尺度），且活性污泥细菌群落和土壤、沉积物这类非流动性的生境具有类似的总体空间周转率（陈伟东和温东辉，2022）。其次，微生物群落的空间分布还可能呈现出显著的物种-面积关系（taxa-area relationship，TAR），可以用公式 $S = cAz$ 表示，式中：S 为分类单元数目，A 为面积，c 和 z 为常数（陈伟东和温东辉，2022）。针对曝气池（Valentín-Vargas et al.，2012）和膜生物反应器（Van Der Gast et al.，2006）的研究表明，随着反应器的面积或体积增大，营养物质和生存定植空间更丰富，相应的微生物数量和多样性也提高，微生物群落变化变小，结构更稳定，且效率更高、系统功能更加稳定（Valentín-Vargas et al.，2012）。鉴于污水处理厂的平均运营成本随着反应器面积的增加而降低，且更大的污水厂具有更高的生物多样性和性能稳定性（Valentín-Vargas et al.，2012），因而可以基于物种-面积关系与生态学理论，预测城镇污水厂建设的适宜面积以设计最好的理论污水处理性能。

此外，在自然生态系统中，不同海拔梯度和不同纬度梯度由于地理位置、气候（如温度、气压、湿度等）、日照辐射等环境条件因素的差异，微生物群落呈现出规律性的空间分布格局（陈伟东和温东辉，2022）。针对高低海拔污水处理厂的对比研究发现，活性污泥细菌多样性与海拔呈负相关（Fang et al.，2018）；随着污水处理厂之间的垂直距离或海拔差（3600 m 梯度）增加，厌氧氨氧化细菌、硝酸盐还原菌等功能群落组成差异变大（Niu et al.，2016a）。在全球范围内，气候和活性污泥工艺类型对微生物群落结构都有显著的影响，但是远不如大陆地理分隔造成的影响大（Wu et al.，2019）。然而，与自然生态系统植物、动物等大型生物的多样性相比，人工控制的活性污泥系统细菌群落却并没有明显的纬度梯度差异性（Wu et al.，2019），这主要归因于即使在不同的地理位置污水处理活性污泥系统都可以具有相似的环境条件和操作参数。尽管活性污泥细菌群落在全球尺度上并没有表现出纬度梯度分布规律，但部分研究表明此规律在区域和局域尺度却可能存在。例如，一项针对我国的污水厂的大尺度纬度梯度的调研发现低纬度的活性污泥细菌多样性更高，还发现群落组成差异性也会展现出纬度梯度，即随着纬度增加，群落组成差异性降低（Zhang et al.，2020）。另一项研究以曼谷、武汉和北京分别为热带、亚热带和温带代表性城市，比较了三种不同纬度地区污水厂活性污泥细菌群落多样性，同样发现热带（低纬度）污水处理厂细菌的物种分类数和系统发育 α 多样性比亚热带与温带情况下更高（Song et al.，2021b）。

6.2.3.2　真核微生物组成和时空分布

活性污泥的真核生物群落主要由原生动物和后生动物等微型动物、真菌和藻类组成。与原核生物组（主要是细菌）相比，活性污泥真核生物组的研究相对较少。传统基于显微镜观察的研究普遍认为，原生动物和后生动物在污水处理工艺中出现是有氧活性污泥系统中废水处理质量良好的指标。Wang 等利用 18S 和 16S rRNA 基因扩增子测序考察了投加白腐真菌 *Phanerochaete chrysosporium* 对序批式活性污泥反应器处理苯酚废水的效果及其对微生物群落的影响，发现该生物增强方法可显著提高活性污泥的沉降能力以及反应器内生物质和苯酚的去除效果，显著提高群落中细菌数量相对于真核生物数量的比例；真核生物组由 28 个纲，包括真菌（7 类）、微藻类（6 类）、原生动物（11 类）、微型后生动物（4 类）和其他未培养或未分类生物组成；处理组和对照组内原生动物及后生动物组成的不同表明了两组反应器性能的差异，但其总相对丰度差异无法反映反应器性能的不同。因此，不建议采用原生动物和后生动物作为处理效果的衡量指标（Wang et al.，2017）。Matsunaga 等（2014）利用 18S rRNA 基因扩增和克隆测序手段的研究结果表明：活性污泥中原生动物主要包括囊泡虫（Alveolata）、有孔虫界（Rhizaria）、眼虫门（Euglenozoa）和变形虫门（Amoebozoa）；后生动物主要包括轮形动物门（Rotifera）、腹毛动物门（Gastrotricha）和线虫动物门（Nematoda）。Ju 等（2014a）通过宏基因组中 16S 和 18S rRNA 基因短序列分析发现，活性污泥系统中真核生物主要由线虫动物门、轮形动物门、节肢动物门（Arthropoda）和腹毛动物门组成。与细菌（85.6%～93.0%）和古菌（0.11%～0.40%）情况相反，真核生物的相对序列丰度（0.73%～7.3%）在夏季明显高于冬季。

除微型动物以外，活性污泥中还存在着酵母、丝状真菌和微藻等其他类型的真核生物，它们通常被认为是参与污染物去除的主要真核生物（Evans and Seviour，2012；Su et al.，2012），能协助增强对污水中抑制性有毒污染物（如苯酚）和营养元素的去除效果。传统分离和培养方法表明，活性污泥中寄居的大多数真菌来自子囊菌门，包括枝顶孢霉属（*Acremonium*）、曲霉菌属（*Aspergillus*）、念珠菌属（*Candida*）、金孢属（*Chrysosporium*）、枝孢菌属（*Cladosporium*）、镰刀菌属（*Fusarium*）、粉孢属（*Oidium*）、青霉属（*Penicillium*）、孢子丝菌属（*Sporothrix*）和木霉属（*Trichoderma*），还有少量担子菌门（Basidiomycota）菌，如红酵母（*Rhodotorula*）、毛孢菌（*Trichosporon*）、毛霉属（*Mucor*）和被孢霉属（*Mortierella*），以及捕食性真菌（Evans and Seviour，2012）。相比于培养分离法，不依赖于培养的分子生物学方法和标记基因扩增测序分析极大拓宽了对活性污泥真菌多样性的认识。Evans 等首次采用不依赖于培养的 18S rRNA 基因序列和系统发育关系分析发现，部分污水厂中主要真菌类群包括壶菌门（Chytridiomycota）、接合菌门（Zygomycota）、芽生枝菌门（Blastocladiomycota）和隐真菌门（Cryptomycota）；在所有样品中检出的绝大多数真菌来自这些真菌类群（特别是新发现的 Cryptomycota）中的不可培养代表。与传统基于分离培养的研究不同，作者并未在采集的活性污泥样品中检测到 *Penicillium*、*Cladosporium*、*Aspergillus* 和 *Mucor* 这类之前经常被报道的真菌属（Evans and Seviour，2012）。Niu 等（2017）基于大规模的真菌内转录间隔区扩增子测序分析调查了 18 个市政污水处理厂中的真菌群落多样性，共发现了 7 个门和 195 个属；其中，子囊菌门（Ascomycota）和担子菌门（Basidiomycota）是相对丰度最高的门，主要成员包括光柄菇属（*Pluteus*）、拟威克酵母属（*Wickerhamiella*）和 *Penicillium*；23 个真菌属组成了污水系统的核心真菌群落，占所有真菌序列的 50.1%。该研究还发现随着污水处理厂间距离增加，污水厂内真菌群落组成结构和多样性相似度降低，而群落均匀度（evenness）指数显著提高。冗余分析表明，溶解氧和碳氮比值（C/N）是真菌群落结构动态变化的最主要决定因素。

目前关于活性污泥中藻类的研究主要集中在利用微藻和细菌组成的共生系统去除污水营养物及同步回收生物能源的工艺过程（Li et al.，2011），而对藻类群落组成结构或功能多样性的研究报道相对较少。Ghosh 和 Love（2011）利用编码二氧化碳（CO_2）固定相关的核酮糖-二磷酸羧化酶基因（*rbcL*）大亚基扩增子序列分析研究表明：污水处理厂出水沉淀池和反硝化过滤反应器的藻类主要由硅藻（diatom）、绿藻（*Chlorella*）、蓝藻门（Cyanobacteria）、大眼藻纲（Eustigmatophyceae）和未知不等鞭毛门（Stramenopiles）组成；污水厂内藻类多样性较高，每个污水厂样品中能检测到 19～24 个独特的 *rbcL* 基因序列，且不同污水厂间藻类组成差异性较大；作者提议可将 *rbcL* 基因用作废水中藻类多样性分析的标记基因。相比之下，Matsunaga 等（2014）和 Ju 等（2014a）基于 18S rRNA 基因序列分析结果揭示了不等鞭毛门是活性污泥中最主要的藻类真核生物。Su 等（2012）考察了藻类和污泥的接种比例对活性污泥处理效率和累积生物量沉降性能的影响，提出将藻类/污泥比例控制在 5∶1 时氮和磷污染物的去除效率最高；相比之下，藻类/污泥比例控制在 1∶5 时具有最佳的污泥沉降性能；16S rRNA 基因分析表明，不同藻类的共生细菌群落存在差异并且在反应器运行过程中富集不同特定类型的细菌。Su 等（2012）发现藻类生长会减缓好氧污泥颗粒化过程。相对于无藻对照组，共生系统中颗粒代谢活动显著降低，胞外聚合物中蛋白质和多糖分泌量降低（分别为 25.7%和 22.5%），氮和磷的去除率显著降低，共生藻类的生长改变了微生物群落，不利于与氮和磷去除相关的功能菌，特别是硝化螺旋菌科（Nitrospiraceae）和亚硝化单胞菌科（Nitrosomonadaceae）的生长。

6.2.3.3　病毒组成和时空分布

根据不同的宿主类型，病毒可划分为植物病毒、动物病毒和细菌病毒（又称“噬菌体”）。污水处理厂不同部位病毒浓度在 10^8～10^{10} 个病毒样颗粒/ml，比天然水生环境高出 10～1000 倍。在污水处理系统中，活性污泥是各类细菌和病毒的重要聚集地；其中，最为普遍且分布最广的噬菌体和与人类健康相关的致病性病毒是当前病毒组研究中最主要的关注点。Parsley 等（2010b）通过活性污泥取样、病毒 DNA 提取和测序分析发现肌尾噬菌体科（Myoviridae）、长尾噬菌体科（Siphoviridae）和短尾噬菌体科（Podoviridae）是最主要的病毒类型。作为能够侵染和杀死细菌的病毒，噬菌体在调控活性污泥中细菌群落的结构和功能方面可能发挥重要作用。例如，Barr 等（2010）利用荧光原位杂交（FISH）、透射电镜（TEM）等方法发现某实验室规模序批式反应器（SBR）中聚磷菌 *Candidatus* Accumulibacter 受到特定噬菌体的侵染，导致聚磷菌在活性污泥中的丰度大幅降低，进而导致反应器除磷效率降低。Liu 等（2015）通过 4 种噬菌体分离物投加的生物操控方式将导致活性污泥起泡的有害丝状菌 *Gordonia* 的物种丰度减少了 90%，进而达到控制污泥起泡这类常见活性污泥工艺运行问题的目的。噬菌体还可作为基因信息交换的载体，通过普遍性或局限性转导将遗传特征从供体细菌细胞传播到受体细胞，其中转导（transduction）对抗生素抗性基因（antibiotic resistance gene，ARG）的传播是目前的研究热点之一（Balcazar，2014）。近年来大量研究通过噬菌斑培养实验（Gunathilaka et al.，2017）、qPCR（Calero-Caceres et al.，2014；Calero-Caceres and Muniesa，2016）和宏基因组学（Parsley et al.，2010a；Subirats et al.，2016；Wang et al.，2018a）方法揭示了污水处理系统中的噬菌体是 ARG 的重要载体，其中污泥被认为是部分噬菌体携带 ARG 的重要来源，并且噬菌体所携带的 ARG 比细菌携带的更难通过紫外线（UV）、氯化、高温等灭活处理（Subirats et al.，2016；Wang et al.，2018a）。

污水和活性污泥浓缩了来自人类的废物，因而极有可能具有较高的病原体多样性。Bibby 和 Peccia（2013）将采集的污泥进行宏基因组测序分析后，鉴定出

43 种人类病毒，占所有重叠群（contig）的 0.1%，其中 DNA 病毒包括疱疹病毒、乳头瘤病毒、腺病毒、博卡病毒等；RNA 病毒包括冠状病毒、柯萨奇病毒、轮状病毒、丙型肝炎病毒等，较完整地描述了污水处理系统中病毒病原体的多样性。Miura 等（2015）通过实验室膜生物反应器研究发现，活性污泥混合液吸附是污水中人类肠道病毒、诺如病毒 GII 和札幌病毒去除的重要途径，其中札幌病毒的去除效果强于其他两种病毒，这意味着活性污泥对病毒的吸附效率具有种属特异性。近期，Peccia 等（2020）在 2020 年春季新型冠状病毒肺炎（COVID-19）暴发期间测量了美国康涅狄格州纽黑文市区初级污水污泥中的 2019 新型冠状病毒（SARS-CoV-2）RNA 浓度。在超过 10 周的研究中检测到 SARS-CoV-2，并在对时间滞后进行调整后，跟踪了 SARS-CoV-2 临床测试结果和当地 COVID-19 住院病例的上升和下降情况。相对于这些指标，污泥中 SARS-CoV-2 RNA 浓度按标本采集日期比 SARS-CoV-2 阳性检测结果提前了 0～2 天，比当地入院登记日提前了 1～4 天，比 SARS-CoV-2 阳性检测报告结果日期提前了 6～8 天。该研究证实了城市废水中病毒 RNA 监测可应用于人群范围内进行 SARS-CoV-2 感染的监测，指出在样本采集和测试结果报告之间面临延迟的社区，即时的废水测试结果可以提供感染动态的提前预警（Peccia et al.，2020）。

近年来基于高通量测序技术的研究加深了对活性污泥中未培养病毒多样性的认识。Tamaki 等（2012）对某热带市政污水处理厂进水、活性污泥、厌氧污泥和出水中病毒 DNA 进行了宏基因组测序，获得的 93 600 条 DNA 序列与其他环境样品病毒组序列相似比例不足 5%，可成功进行功能注释的序列不足 5%～20%，说明污水处理系统的活性污泥中蕴含着大量新的病毒物种和功能多样性。Wang 等（2018c）通过宏基因组测序和组装分析的方法从两个污水处理厂活性污泥样品中构建了 8478 个来自病毒基因组的重叠群（＞5 kb），其中，60%的重叠群在 NCBI 和 IMG/VR 病毒序列数据库中覆盖率低，且仅不足 35%的基因可以被有效注释。近期，Chen 等（2021）构建了来自 6 个污水厂约 50 000 种原核病毒的目录，将活性污泥中已知病毒种类的数量增加了 23 倍；其中，未知病毒占总病毒重叠群的 98.4%～99.6%，这些病毒感染了多达 8 个古细菌门和 58 个细菌门，包括需氧/厌氧异养生物以及其他控制氮/磷去除的功能菌。这项重要研究结果极大扩展了当前的活性污泥病毒目录，为将来利用噬菌体处理以控制污水处理厂中不利性微生物提供了理论参考依据。

尽管传统方法和新技术的应用加深了对污水处理厂活性污泥系统病毒组的认识，但是基于培养的方法存在的局限性（如病毒及其宿主高度不可培养、实验中人为添加的选择压力）以及不基于培养的方法的不成熟（如宿主污染难以去除、数据库的不全面、信息不准确等）使得现有大部分研究结果存在较多的不确定性乃至片面性。例如，Enault 等（2017）认为在先前人体和小鼠噬菌体基因组研究中 ARG 的水平被严重高估，并建议通过降低细菌基因序列污染（保证 16S rRNA

基因比例低于 0.02%）和采用更保守的功能注释策略来提高病毒组研究的准确度。因此，可以推测现有对活性污泥病毒组为数不多的研究也可能存在同样问题，优化相关的评估和分析方法是未来环境宏病毒组研究的关键内容之一。

6.2.4　活性污泥功能菌

活性污泥功能菌在污水处理与资源化过程中作用至关重要（表 6-3）（刘双江和王爱杰，2019）。尽管活性污泥细菌多样性极为丰富（约 10 亿种），但在全球范围内，组成活性污泥细菌群落的核心运算分类单元（OTU）并不多，仅有 28 个（约占总 OUT 数的 0.05%），且与活性污泥的性能密切相关，如增强活性污泥的絮凝能力、氧化活性污泥中的亚硝酸盐、强化生物除磷能力等（Wu et al.，2019）。活性污泥的核心群落与基于地球微生物项目（EMP）数据库确定的全球范围内土壤（9 OTUs）、人类粪便（6 OTUs）、空气（2 OTUs）、淡水微生物（1 OTU）等其他生境的核心群落没有重叠，表明活性污泥选择了一个独特的核心功能微生物群落（Wu et al.，2019）。

表 6-3　活性污泥中已报道的参与碳氮磷代谢功能微生物菌属

代谢功能	功能菌类型	功能菌属	参考文献
生物除氮	氨氧化细菌（AOB）	*Nitrosomonas*，*Nitrosospira*，*Nitrosococcus*，*Nitrosolobus*，*Nitrosovibrio*	Jon et al.，2015；Ju et al.，2014b；Juretschko et al.，1998
	完全氨氧化菌（Comammox）	*Candidatus* Nitrospira	Daims et al.，2015；van Kessel et al.，2015
	氨氧化古菌（AOA）	*Nitrosoarchaeum*，*Nitrosocaldus*，*Nitrosocosmicus*，*Nitrosopumilus*，*Nitrososphaera*，*Nitrosotalea*，*Nitrosotenuis*	Limpiyakorn et al.，2013；Sauder et al.，2017
	亚硝酸盐氧化细菌（NOB）	*Nitrobacter*，*Nitrospira*，*Nitrotoga*	Nowka et al.，2015；Saunders et al.，2016
	反硝化细菌（DNB）	*Candidatus* Accumulibacter，*Acidovorax*，*Alcaligenes*，*Azoarcus*，*Azospirillum*，*Aquaspirillum*，*Comamonas*，*Rhodocyclus*，*Curvibacter*，*Dechloromonas*，*Hyphomicrobium*，*Paracoccus*，*Pseudomonas*，*Rhodobacter*，*Thauera*，*Xanthobacter*，*Zoogloea* 等	Thomsen et al.，2007
生物除磷	聚磷菌（PAO）	*Candidatus* Accumulibacter，*Halomonas*，*Microlunatus*，*Pseudomonas*，*Tetrasphaera*，*Dechloromonas*，*Thauera* 等	Ge et al.，2015；Lopez-Vazquez et al.，2009
	聚糖菌（GAO）	*Competibacter*，*Defluviicoccus* 等	Lopez-Vazquez et al.，2009；Blackall，1994；Guo and Zhang，2012；Nielsen et al.，2009

续表

代谢功能	功能菌类型	功能菌属	参考文献
生物除碳	异养丝状菌（FHB）	*Acinetobacter*，*Anaerolinea*，*Aquaspirillum*，*Beggiatoa*，*Caldilinea*，*Chryseobacterium*，*Flexibacter*，*Gordonia*，*Haliscomenobacter*，*Isosphaera*，*Leptothrixdiscophora*，*Leucothrix*，*Microthrix*，*Meganema*，*Moraxella*，*Mycobacterium*，*Nocardia*，*Nostocoida*，*Prevotella*，*Rhodococcus*，*Skermania*，*Sphaerotilus*，*Tannerella*，*Tetrasphaera*，*Thrichococcus*，*Thiothrix*，*Tsukamurella*，*Zoogloea* 等	Ju et al.，2016；Ju and Zhang，2015b；Li et al.，2015
	人类肠道细菌（HEB）	*Aeromonas*，*Arcobacter*，*Bacteroides*，*Bifidobacterium*，*Campylobacter*，*Clostridium*，*Enterobacter*，*Escherichia*，*Eubacterium*，*Helicobacter*，*Klebsiella*，*Mycobacterium*，*Mycoplasma*，*Neisseria*，*Salmonella*，*Shigella*，*Staphylococcus*，*Streptococcus* 等	Jon et al.，2015；Ju et al.，2014b；Juretschko et al.，1998

常见的活性污泥功能微生物包括氨氧化细菌（ammonia-oxidizing bacteria，AOB）亚硝化单胞菌属（*Nitrosomonas*）和亚硝化螺菌属（*Nitrosospira*）；亚硝酸盐氧化细菌（nitrite-oxidizing bacteria，NOB）硝化螺菌属（*Nitrospira*）和硝化杆菌属（*Nitrobacter*），聚磷菌（polyphosphate-accumulating organism，PAO）属聚磷菌属（*Candidatus* Accumulibacter）和四联球菌属（*Tetrasphaera*）；聚糖菌（glycogen-accumulating organism，GAO）竞争杆菌属（*Competibacter*）和 *Defluviicoccus*；反硝化细菌（denitrifying bacteria，DNB）丛毛单胞菌属（*Comamonas*）、脱氯单胞菌属（*Dechloromonas*）、生丝微菌属（*Hyphomicrobium*）和索氏菌属（*Thauera*）等；异养丝状菌（filamentous heterotrophic bacteria，FHB）不动杆菌属（*Acinetobacter*）、暖绳菌属（*Caldilinea*）、戈登氏菌属（*Gordonia*）、微丝菌属（*Microthrix*）和动胶菌属（*Zoogloea*）等；人类肠道细菌（human enteric bacteria，HEB）弯曲杆菌属（*Campylobacter*）、肠杆菌属（*Enterobacter*）和葡萄球菌属（*Staphylococcus*）等。

6.2.4.1 氨氧化菌和亚硝酸盐氧化菌

微生物驱动了活性污泥系统内硝化作用和反硝化作用等基本氮循环过程。活性污泥样品的首次宏基因组学（DNA 序列）和宏转录组学（cDNA 序列）对比分析表明，微生物氮代谢相关功能基因及其转录本在群落所有基因和所有转录本中分别占 1.5%和 2.4%，接近其在海洋微生物组和土壤微生物组中的相对水平（Yu and Zhang，2012）。在土壤和海洋环境中，氨氧化古菌（ammonia-oxidizing archaea，

AOA）丰度和古菌 *amoA* 基因丰度显著高于氨氧化细菌（AOB）（You et al.，2009），表明 AOA 是这些栖息地中氨氧化的主要驱动因素，在全球氮循环中发挥更重要的作用。与之相反，活性污泥系统内氨氧化细菌（AOB）对将污水中氨氮氧化成亚硝酸盐过程的贡献远高于氨氧化古菌（AOA）（Ye and Zhang，2011）。活性污泥中最常见的 AOB 是 *Nitrosomonas* 和 *Nitrosospira*。Yu 和 Zhang（2011）的研究结果表明，活性污泥内编码氨单加氧酶（ammonia monooxygenase，AMO）基因的细菌最主要的是 *Nitrosomonas* 和 *Nitrosospira*，其次是未知的 Beta-proteobacterium 氨氧化菌和其他未培养的细菌；通过对 cDNA 和 DNA 序列丰度比例的分析发现，完成硝化作用的关键功能基因 *amo* 和羟胺氧化还原酶（hydroxylamine oxido-reductase，HAO）基因的相对表达活性远高于其他代谢过程的功能基因，表明活性污泥中硝化作用具有很高的表达活性。关于 NOB，在活性污泥系统中发现的优势属是 *k* 策略者（增长速率低，底物亲和力高）*Nitrospira*，其次是 *r* 策略者（增长速率高，底物亲和力低）*Nitrobacter*（Nowka et al.，2015）。传统观念认为，*Nitrospira* 属成员的代谢能力有限，它们在环境中的存在常被认为是亚硝酸盐氧化的指示。然而，近期研究发现该菌属成员具有更广泛的代谢灵活性，包括好氧条件下甲酸盐和氢气代谢以及在适宜的电子供体存在条件下将硝酸盐厌氧还原为亚硝酸盐（Koch et al.，2019）。

近年来，宏基因组组装基因组（MAG）分析技术为 Comammox 的发现和环境分布提供了充分的基因组学证据（Koch et al.，2019）。2015 年奥地利维也纳大学 Wagner 课题组和荷兰奈梅亨大学 Lücker 课题组在同期《自然》杂志发表论文，宣称通过反应器富集和 MAG 分析发现了 *Nitrospira* 属的不同种菌株，其基因组编码了完成“氨氮氧化成亚硝酸盐”和“亚硝酸盐氧化成硝酸盐”两步反应的所有必需基因，可通过完全氨氧化获取生长所需能量（Daims et al.，2015；van Kessel et al.，2015）。这些新发现从根本上改变了硝化过程中两步反应严格分工的传统观念，表明完全氨氧化 *Nitrospira* 菌是氮循环微生物群落的关键组成部分，在全球生物地球化学氮循环过程中发挥着重要的作用。自此之后，大量研究通过宏基因组测序和 MAG 分析回答了 *Nitrospira* 的环境分布和丰度以及它们的潜在代谢能力的问题。目前，这些菌主要发现于工程生物膜系统，如再循环水产养殖系统生物过滤池（van Kessel et al.，2015），饮用水处理或供应设施（Palomo et al.，2016；Pinto et al.，2016；Wang et al.，2017），以及污水处理生物膜和活性污泥系统（Chao et al.，2016；Gonzalez-Martinez et al.，2016），也有少量发现于自然生态系统，如施肥后的土壤（Orellana et al.，2018）。

6.2.4.2　聚磷菌和聚糖菌

磷是水体富营养化的限制因素，因而控制水体磷污染尤为重要。强化生物除磷技术（enhanced biological phosphorus removal，EBPR）是一种常用、高效的除磷技术，已被广泛应用于磷污染的治理。聚磷菌（PAO）是一类特殊的微生物，可以在好氧条件下吸收磷元素，而在厌氧条件下又可以充分释放磷元素，是 EBPR 工艺发挥功能的关键。除磷作用由哪种微生物主导，一直是科学家重点关注的问题。2006 年，Martin 等对两个实验室规模的 EBPR 活性污泥进行了宏基因组测序分析，首次报道了 EBPR 工艺除磷作用由未培养的 *Candidatus* Accumulibacter 细菌主导。2007 年，Carvalho 等（2007）利用 FISH 技术证实 *Candidatus* Accumulibacter 是 EBPR 工艺过程中的主要功能生物。其后，一系列研究相继将 *Candidatus* Accumulibacter 的代谢活性与 EBPR 过程中观察到的除磷效能联系起来（Peterson et al.，2008；Wang et al.，2008；Wilmes et al.，2008）。科学家在宏基因组方面研究积累的数据，最终促成了首个聚磷菌 *Candidatus* Accumulibacter phosphatis Clade IIA str. UW-1 基因组（GenBank 登录号 CP001715）的组装完成。借助宏基因组学分析，研究人员继续发掘了一系列聚磷菌的遗传信息。Flowers 等（2013）报道了 Clade IA 的成员 UW-2 的基因组序列草图，比较了该菌株与 Clade IIA str. UW-1 的代谢反应，揭示了两个基因组中反硝化和 EBPR 必需的功能基因，发现参与碳储存聚合物和多磷酸盐代谢的基因具有较高的保守性。Mao 等（2014）也报道了 Clade IB 成员 HKU-1 菌株的基因组草图。

聚糖菌（GAO）是 PAO 的竞争物种，它们会在厌氧阶段与 PAO 竞争有机底物。PAO 通过降解聚合态磷能够非常有效地产生能量，而 GAO 将糖原发酵成聚羟基烷酸酯（PHA），但不释放磷；在好氧条件下分解 PHA，但不吸收磷。因此，GAO 利用有机底物却不参与磷的去除，同时挤占了 PAO 的生存空间。当在某些条件下该菌成为反应中主导的微生物种群时，EBPR 的除磷效率会大大降低。近年来，这两种菌的竞争关系一直是领域研究的热点。Lopez-Vazquez 等（2009）发现，在低温（10℃）条件下，无论使用何种碳源或 pH 的进水，PAO 都是主要的功能微生物；在中等温度（20℃）条件下，若同时提供丙酸盐和乙酸盐，PAO 在竞争中仍占主导地位，而若只使用丙酸盐或乙酸盐作为唯一碳源且 pH 低于 7.5，PAO 生长会受到抑制；同时，在更高的温度（30℃）条件下，GAO 的竞争力更强，通常是主要的微生物类群。Stokholm-Bjerregaard 等（2017）使用 16S rRNA 基因扩增子测序分析对来自 18 个丹麦污水处理厂 9 年的样品进行了评估，发现 PAO 的优势菌属为 *Tetrasphaera*，而丰度最高的潜在 GAO 包括放线菌 *Micropruina* 和 sbr-gs28 的种系型。此外，*Defluviicoccus*（属）、*Propionivibrio*（属）、Competibacteraceae（科）和 spb280（组）的成员在部分污水处理厂有较高丰度。

6.2.4.3 新型有机污染物降解菌

随着污水处理与再生回用和水生态安全保护需求的不断提高，提升城镇污水资源化工艺对痕量新型有机污染物的削减控制能力至关重要。药物活性化合物（pharmaceutically active compound，PhAC）是维持人类及动物生命健康而广泛使用的药物（如抗生素、降糖药、抗癌药等）（Hughes et al.，2013）。PhAC 经人类或动物使用后经由污水管道进入到污水厂。PhAC 作为维持人类及动物生命健康而使用的一类药物（如抗生素、降糖药、抗癌药等），目前有 5000 多种在用（Hughes et al.，2013），同时新的药物还在源源不断地研发并进入市场。这些 PhAC 经人类或动物使用后，由污水管道进入到污水厂处理，已被检测到广泛地存在于各种环境介质中（Golovko et al.，2021），并显示出较强的持久性、生物活性、生物累积性等特点（Fent et al.，2006），其长期暴露对生态系统平衡和水质产生影响，如引发抗生素耐药性、对非目标生物的急性或慢性毒性、转化产物和代谢物的不确定性以及内分泌干扰效应等（Daughton and Ternes，1999），甚至威胁饮用水安全与人体健康（Yang et al.，2018；Zhang et al.，2021）。因此，有必要在 PhAC 污染物进入环境之前将其去除。

污水厂被认为是去除 PhAC 的最佳场所（表 6-4），尤其是活性污泥过程，具有成本低、运行条件不苛刻等特点（Martínez-Alcalá et al.，2021）。然而，由于传统污水处理厂的设计主要针对满足出水水质标准要求的常规污染指标[BOD_5、COD、悬浮固体（SS）等]而设计（Vieno et al.，2007），对 PhAC 的去除效率存在较大差异，如对二甲双胍（治疗糖尿病的一线药物）、双氯芬酸（非甾体抗炎药）、布洛芬（非类固醇消炎药）等的去除率在 22%～99%（Ju et al.，2019；Martínez-Alcalá et al.，2021）；这不仅受化合物理化性质、运行条件和其他环境因素的限制，而且更重要的是受到活性污泥中微生物的影响。近年来已有研究通过富集培养从活性污泥中分离了高效降解如磺胺甲嘧啶（Cao et al.，2019）、二甲双胍（Poursat et al.，2019）、布洛芬（Jia et al.，2020）等 PhAC 的优势菌种。近些年的一些研究发现，通过对污水厂中的活性污泥的微生物群落分析和富集培养，可以有效地获得降解 PhAC 的优势菌种。例如，Cao 等（2019）从污水厂活性污泥中分离出的 *Paenarthrobactor* sp. A01 菌株可使磺胺类抗生素磺胺甲嘧啶（sulfamethazine）的去除率达到 90%以上；通过对活性污泥富集培养结合 DNA 测序技术，发现 *Aminobactor anthyllidis* 菌株可使 15 mg/L 的二甲双胍（metformin）在 3 天内完全降解（Poursat et al.，2019）；而 Jia 等（2020）发现活性污泥（*Candidatus* Competibacter 丰度在 9.2%以上）可有效地降解水体中低浓度的非甾体抗炎药布洛芬，去除率达 94%以上。因此，通过对区域污水组成进行调研，优化调控污水厂活性污泥（PhAC 优势菌群生物功能强化），可实现对污水中 PhAC 的有效去除，以减少受纳水体的新兴微污染物的污染，保障水环境安全，提高污水资源化水平。

表 6-4　活性污泥中已报道的典型新型药物污染物降解微生物种属

功能菌群	已报道功能菌种属	参考文献
头孢氨苄（cefalexin）	*Pseudomonas* sp.	Lin et al.，2015
环丙沙星（ciprofloxacin）	*Bradyrhizobium*	Nguyen et al.，2018
磺胺嘧啶（sulfadiazine）	*Pimelobacter*，*Arthrobacter*	Cao et al.，2019；Deng et al.，2018
双氯芬酸（diclofenac）	*Brevibacterium* sp. D4，*Pseudomonas moorei* KB4	Bessa et al.，2017；Żur et al.，2020
卡马西平（carbamazepine）	*Starkeya* sp.，*Rhizobium* sp.	Bessa et al.，2017
咖啡因（caffeine）	*Pseudomonas* sp.，*Pseudomonas putida*	Lin et al.，2015；Ogunseitan，1996
布洛芬（ibuprofen）	*Sphingopyxis granuli*，*Candidatus* Competibacter	Aguilar-Romero et al.，2021；Jia et al.，2020
二甲双胍（metformin）	*Aminobacter anthyllidis*	Poursat et al.，2019
格列齐特（gliclazide）	*Aeromonas hydrophila*，*Serratia odorifera*	Ouartsi et al.，2019

6.2.5　活性污泥微生物群落构建

6.2.5.1　活性污泥微生物群落构建机制研究进展

理解活性污泥微生物群落的多样性和构建机制对于解答基本生态问题和废水处理工程至关重要（Xia et al.，2018）。随着该领域研究的不断深入，微生物群落研究已从多样性的时空分布格局描述和规律发现（Martiny et al.，2006），逐渐拓展到微生物的群落构建过程和模式研究（Nemergut et al.，2013），以及微生物时空分布与生态系统功能的关联解析（Ju and Zhang，2015b；Wu et al.，2019）。针对自然生态系统，生态学家、地理学家提出了大量的理论、假说和模型，以探索与解释其生物群落构建机制。其中，生态位理论和中性理论是当前微生物群落构建机制研究被广泛接受与检验的理论。生态位理论认为群落构建受到确定性过程（deterministic process），如生物因素（如物种协同、竞争、捕食、互利共生等物种间相互作用）和非生物环境因素（如 pH、温度和营养盐）共同控制（Stegen et al.，2012）。反之，中性理论则主张生物群落被包括物种的出生、死亡、迁移、扩散或历史偶然性等随机性过程（stochastic process）塑造（Zhou and Ning，2017）。经过不断争论，现在学界普遍认为群落构建受到确定性过程和随机性过程的共同作用（Stegen et al.，2012；Xia et al.，2018）。确定性因素与随机性因素在调节活性污泥微生物群落组成、分布和功能方面的相对重要性是微生物群落构建机制研究的一个关键科学问题。

相对于自然生态系统，诸如活性污泥反应器等污水处理工程生态系统微生物群落构建机制研究相对有限（陈伟东和温东辉，2022）。Ofiteru 等（2010）利用末端限制性片段长度多态性（T-RFLP）分析和中性群落模型探究了污水处理厂活性污泥厌氧细菌群落的构建机制，提出迁移、随机繁殖与死亡等随机性过程是决定微生物群落相对丰度的主要驱动因素。Zhou 等（2013）利用 GeoChip 基因芯片技术、中性模型和零模型解析了 14 个平行设置的相同微生物电解槽产氢反应器，证明了生态漂移等随机性过程不仅在决定微生物群落结构，而且在决定生态系统功能方面起主导作用。然而，其他研究表明环境条件、生物作用等确定性过程主导了活性污泥微生物的时空动态及群落构建（Griffin and Wells，2017；Ju and Zhang，2015b；Yu et al.，2021）。例如，早在 2008 年，Van Der Gast 等（2008）利用变性梯度凝胶电泳（DGGE）分析发现，随着工业废水浓度（选择压力）的增加，活性污泥细菌分类单元-时间关系的变化程度（斜率）和群落周转率降低，环境选择作用增强，群落由受随机过程影响逐渐转变为受确定性过程影响。近期一项针对城市污水和工业纺织废水两个处理厂活性污泥微生物群落的时间动态分析发现，微生物群落构建主要受确定性过程，尤其是同质选择（占比大于 53.8%）影响；还发现污泥膨胀和起泡事件的发生导致了活性污泥系统中随机过程影响的增加，并导致了群落多样性减少和生态位宽度的下降及功能冗余现象的出现，提出可以利用微生物群落构建机制和功能特性来诊断污水处理系统功能失调的新观点（Yu et al.，2021）。

目前微生物群落构建机制研究的分析方法主要包括方差分解、中性群落模型和零模型（陈伟东和温东辉，2022）。同时，近年来新的定量评估生态随机性和群落构建机制的方法与框架也在不断推陈出新（Ning et al.，2019，2020）。然而，由于每种模型与方法都有其适用性和优缺点，在符合模型基本假设前提下最好能尝试不同的方法，结合研究的特点进行综合分析，以避免研究结论的片面性。例如，Dottorini 等（2021）在 2021 年 7 月发表在《美国科学院院刊》的研究中采用了基于偏最小二乘回归法的数据驱动模型而非最常用的中性模型和零模型来解析 11 个丹麦污水厂活性污泥群落构建机制，发现与现有认知截然相反，微生物迁移（immigration）在很大程度上控制着群落结构，并且迁移物种在污水厂内归趋（如生长或死亡）受局部因素控制。这一发现与同年 3 月 Yu 等（2021）发现污水厂进水组成是活性污泥微生物群落最重要驱动因素的结论完全一致。此外，作者还证明迁移的微生物群落可以定量预测活性污泥群落结构，提出需要重新审视和修改我们今天对污水处理厂中微生物群落的理解、设计和管理方式（Dottorini et al.，2021）。

总体而言，随着研究的不断推进，学界逐渐形成一定共识，即随机过程和确定性过程共同驱动了不同污水厂活性污泥细菌群落的构建过程。Wu 等（2019）发现不论是物种多样性还是系统发育多样性，全球污水处理厂活性污泥微生物群落在很大程度上受到随机过程（分散和漂移）的驱动，群落的空间周转率与研究的尺度及群落规模有关。尽管活性污泥是一个受控的生态系统，但它的细菌组成似乎是由扩散和漂移等随机过程驱动的，这显然与传统观点相悖。然而，作者还发现决定因素（如温度、SRT 和有机碳输入）在调节活性污泥群落结构方面也同样发挥着重要作用，这一结果对于制定维持生物多样性的操作策略，促进系统性能的稳定具有重要意义。例如，可以通过污水处理厂建设来克服扩散限制，或者通过正常运转污水处理厂活性污泥接种来重构出现运行问题污水处理厂的微生物群落，这在环境工程中是一种常见的做法。另一种选择是，可以通过改变有机碳负荷或操作条件来控制活性污泥群落的结构，从而定向选择具有所需功能的微生物。

6.2.5.2 活性污泥微生物群落构建影响因素

活性污泥工艺内有机物降解、硝化作用、生物除磷等关键污染净化功能由细菌群落决定，而群落多样性与组成结构受环境因素和生物因素共同驱动（Ju et al.，2014b；Ju and Zhang，2015b）。首先，进水类型（市政污水或工业废水）（Ju et al.，2014b）和组成（Ibarbalz et al.，2013）、有机碳和无机氮负荷（Han et al.，2010；Ju and Zhang，2015b）、温度（Alawi et al.，2009）、溶解氧（Kim et al.，2011）、水力停留时间（Han et al.，2010）、污泥停留时间（Ju and Zhang，2015b）、工艺类型（Hu et al.，2012）、时间尺度（Jiang et al.，2018a，2018b；Ju and Zhang，2015b）和地理位置（Zhang et al.，2012）等因素都可能影响活性污泥微生物群落组成结构。针对我国 14 个城镇污水处理厂分析表明，废水特性、操作参数和地理位置对活性污泥细菌群落变化也有影响，分别解释了 25.7%、23.9%和 14.7%的细菌群落变化（Wang et al.，2012）。在全球范围内，气候和活性污泥工艺类型等因素对微生物群落结构都有显著的影响（P=0.001），但是远不如大陆地理分隔造成的影响大（Wu et al.，2019）。环境驱动因素对微生物群落结构会产生直接和间接影响。基于结构方程模型（SEM）的分析表明，在全球尺度上温度是影响活性污泥群落结构的一个关键因素，特别是对于生长缓慢的微生物（如氨氧化细菌和亚硝酸盐氧化细菌）的数量和多样性；进水生化需氧量（BOD）是对细菌丰富度直接影响最大的环境变量（$\beta = -0.28$，$P < 0.001$），其平均 rRNA 基因拷贝数随进水 BOD 的增加而显著增加（$R^2 = 0.19$，$P < 0.0001$）（Wu et al.，2019）。

除了时空环境和随机因素，针对某市政污水处理厂活性污泥细菌群落 5 年动态的共现网络分析研究表明，外部环境因素（如污泥停留时间和曝气池无机氮浓度）仅能部分解释微生物群落的系统发育关系和丰度的差异性，而细菌物种间亲缘关系和相互作用是细菌群落构建的重要因素（Ju and Zhang，2015b）。活性污泥中不同细菌类群间存在着协同、共生、竞争等复杂相互作用（图 6-21）（Ju and Zhang，2015b），因而是理想的微生物生态学研究模型系统。例如，氨氧化细菌（AOB）和亚硝酸盐氧化细菌（NOB）间存在协同共生关系：前者为后者提供亚硝酸盐作为代谢底物，后者去除亚硝酸盐以减轻其对前者的抑制作用。再如，经由一部分异养细菌降解生成的有机小分子物质（如 Saprospiraceae 水解蛋白质形成的氨基酸）可被其他异养细菌（OHB）获取利用。活性污泥系统内其他典型的微生物合作性互作包括：①AOB 和 NOB 可以为反硝化细菌（DNB）提供亚硝酸盐和硝酸盐等反硝化底物；②异养菌降解作用释放的CO_2可以被自养型AOB和NOB同化；③AOB 和 NOB 细胞死亡和裂解后释放的可溶性微生物产物（SMP）可作为异养菌的有机碳源。典型的竞争作用包括：①AOB 和 NOB 之间竞争碳源和氧气，同时与异养菌竞争氧气和必需生长因子（EGF）；②不同的 AOB、NOB 和 DNB 间相互竞争氨氮、亚硝酸盐或硝酸盐；③DNB 与 OHB，以及聚磷菌（PAO）与聚糖菌（GAO）间相互竞争碳源、氧气和必需生长因子。

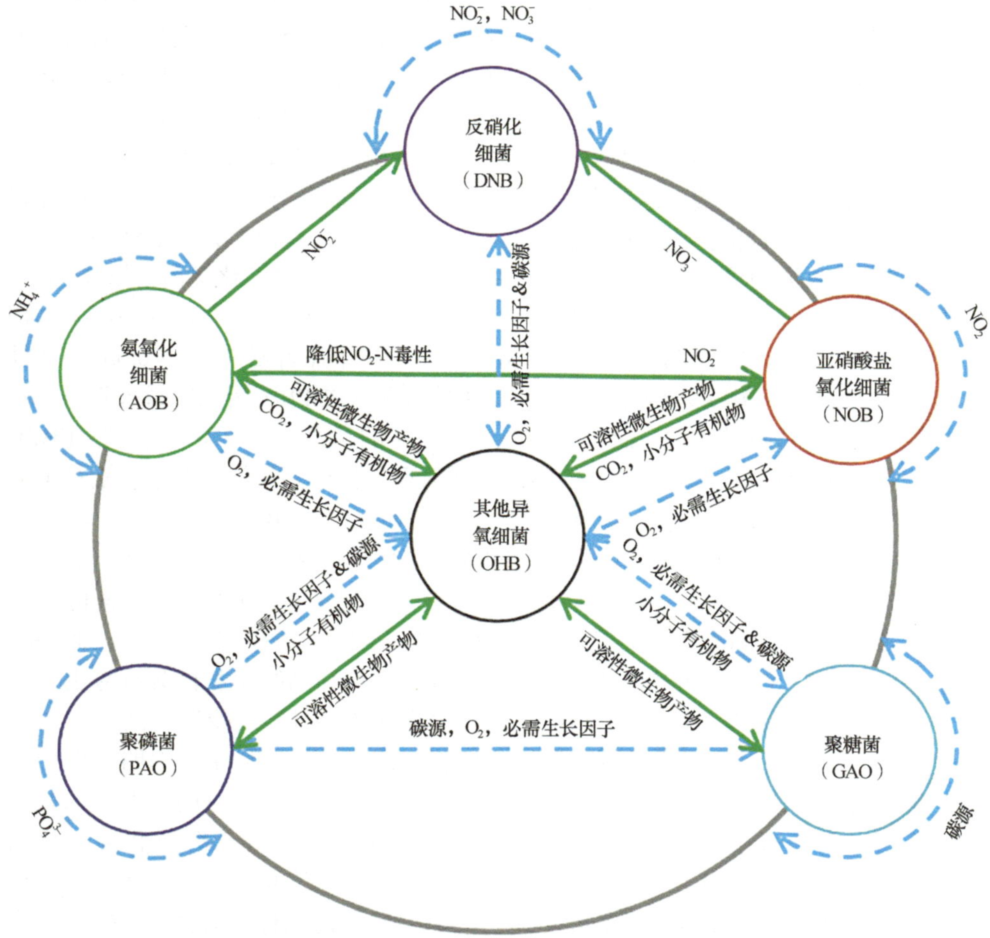

图 6-21　活性污泥微生物组内自养细菌和异养细菌之间相互作用的假定模型（Ju and Zhang，2015b）

正负相互作用用实线和虚线表示，箭头表示基质或营养元素的交换或竞争考虑到活性污泥是容易被控制和监测的人工生态系统，它是一个检验与发展经典宏观生态学理论，拓展其在微生物生态学中的应用的理想模拟系统（Ju et al.，2014b；Ju and Zhang，2015b）。例如，通过大时空尺度活性污泥微生物组测序、生物信息学、生物统计学分析等技术手段，可以高效解析其生物多样性，进而预测活性污泥食物网相互作用、群落演替规律、构建机制与稳定性和生态系统功能之间的关系等（Wang et al.，2021；Wu et al.，2019）。

6.2.5.3 活性污泥微生物群落、环境因素、工艺效能的关联

探究并解析生物多样性与生态系统功能之间的关系一直是生态学中的关键研究内容与目标。尽管自2005年NGS技术商业化应用以来，全球研究人员获取活性污泥微生物组遗传信息的能力已经得到几个数量级的大幅提升，但是大规模解码微生物群落结构与功能关联的能力仍旧受到严重限制。同样，如何在丰富多样的微生物群落物种之间及物种与环境间的复杂相互作用网络中建立明确的因果关系，是一项整个领域共同面临的挑战，这也在很大程度上限制了预测和精准操控微生物组并利用其服务于可持续性的污水处理与资源回收目标的能力。目前，评价活性污泥工艺污水处理能力的常见的5个参数有机物包括生化需氧量(BOD)、化学需氧量(COD)、总磷、总氮和氨氮的去除率。在全球269个污水处理厂发现的28个活性污泥微生物群落核心OTU中，27个与以上5个参数中的至少一个显著相关（$P<0.05$），并且大部分（81%）为正相关。例如，全球强化生物除磷（EBPR）污水厂磷去除率与其活性污泥群落组成显著相关，而与非EBPR污水厂的磷去除率无关，因为非EBPR污水厂的除磷过程以化学除磷为主。这些结果表明，活性污泥细菌群落特别是主要群体的结构对于维持活性污泥的功能至关重要（Wu et al.，2019）。

考虑微生物群落通过与环境因素之间的相互作用影响活性污泥效能，在长时间尺度上跟踪微生物群落（M）、环境因素（E）、工艺效能（P）三者之间的关联有助于预测潜在的因果关联，进而开展实验验证或直接加以工程应用（Ju and Zhang，2015b）。例如，Ju等（2015b）将共现关联性和网络拓扑性分析应用于探索“微生物-微生物”“微生物-环境”以及“微生物-环境-效能”之间的未知相互作用，为探索微生物工程系统群落构建机制与调控措施提供了新思路。例如，作者通过微生物与水质指标、操作参数及其他环境因素在5年时间尺度上的共现网络分析，有效揭示了以典型活性污泥起泡菌 *Gordonia* 和部分丝状菌（包括Chloroflexi和TM7成员）为代表的“有害”群体的生态位和以典型硝化与反硝化菌为代表的“益生”群体显著不同；提出了适当延长污泥停留时间（SRT）和维持适宜混合液悬浮固体（MLSS）可增加活性污泥细菌群落多样性，有利于恢复并提高硝化与反硝化菌和起泡菌间的底物竞争能力（图6-22），进而控制或减少污泥起泡这类常见运行问题的发生（Ju et al.，2014b）。

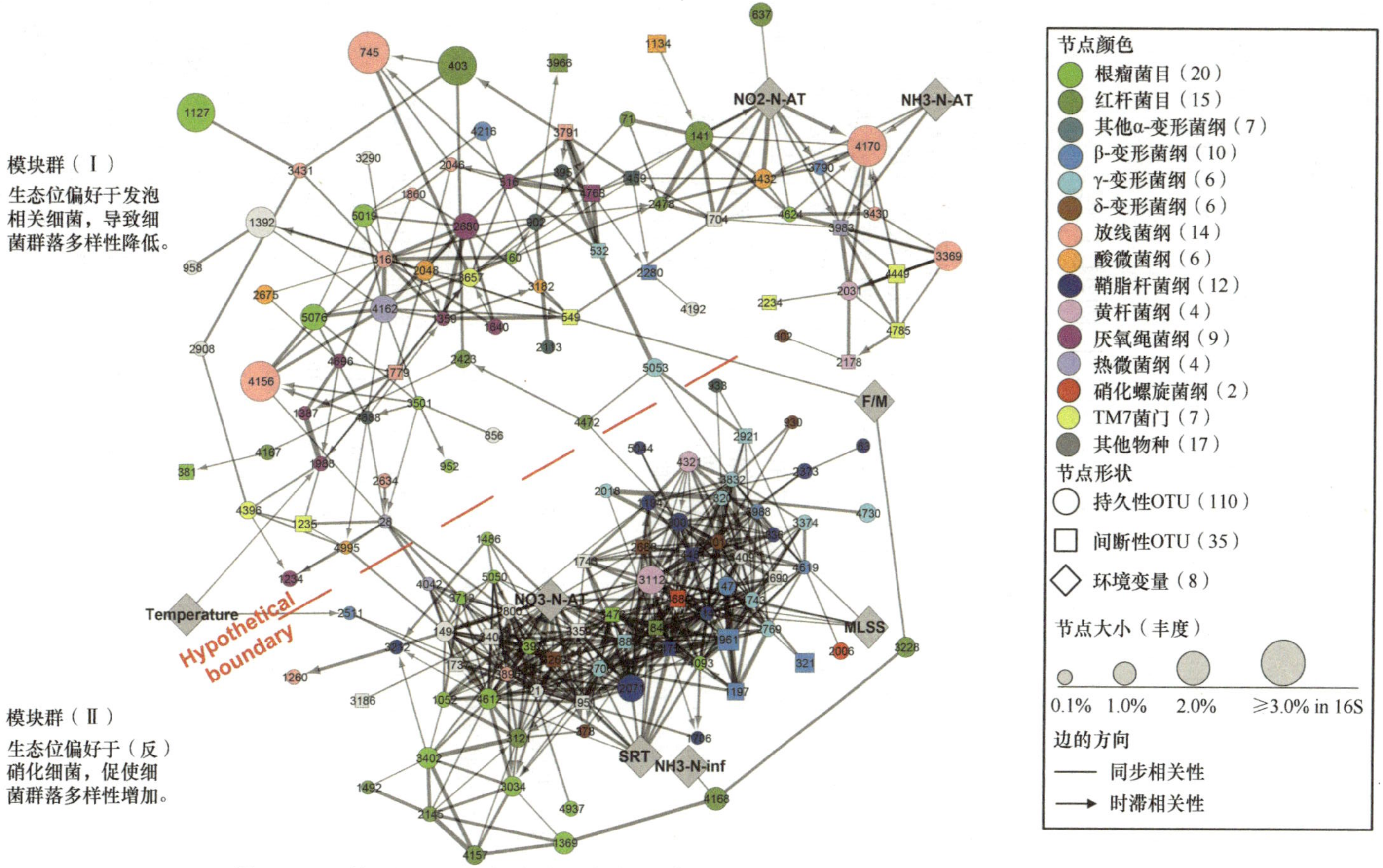

图 6-22　活性污泥工艺细菌-细菌和细菌-环境共现网络拓扑性分析（Ju and Zhang, 2015b）

网络中圆形（5 年持续出现）和正方形（间歇出现）节点代表细菌 OTU（97%相似度），菱形节点代表水质或运行环境参数。网络边代表其连接的两个节点变量具有强相关性（$P \leqslant 0.05$，$Q \leqslant 0.01$），箭头代表节点之间的共现关系在时间尺度上具有一定滞后性综上，通过环境学原理与生物学前沿技术与理论的交叉融合，发现和检验驱动活性污泥微生物组的群落构建和功能的基础原理，将推动利用这些科学原理和定量设计来创造具有目标功能的微生物组（Lawson et al.，2019），为人工合成活性污泥及微生物组功能的精准设计与靶向调控奠定理论基础，有助于在未来城市污水处理厂实现“水质永续、能量自给、资源回收、环境友好”的可持续性发展的终极目标（Qu et al.，2019）。

6.3 人工合成活性污泥微生物组工程

活性污泥具有复杂的微生物群落结构和功能，是污水生物处理的重要基础。活性污泥微生物群落构建由确定性过程（deterministic process）和随机性过程（stochastic process）共同塑造，基于对活性污泥中微生物群落构建机制以及功能微生物生理生化特性的研究，通过调整工艺构型和优化操作参数（如温度、DO、水力停留时间、SRT）可人工地调控活性污泥微生物群落结构或功能菌（如脱氮除磷及有机污染物去除）的丰度及活性，进而提高活性污泥废水处理系统处理效率及稳定性。此外，随着微生物组学、计算生物学、合成生物学等领域的迅猛发展，新的功能基因元件、底盘细胞及污染物高效降解菌被不断发掘并应用于活性污泥系统，在利用菌株/混合菌剂的生物强化以及人工合成活性污泥菌群方面的研究取得了长足进展，成为解决污水处理厂实际问题和提高去除效率的关键。

6.3.1 活性污泥微生物群落工程调控

6.3.1.1 工艺构型调控活性污泥微生物群落结构

导致微生物群落存在差异的主要原因与微生物的生理生化特性有关（如最大生长速率、半饱和常数、维持系数等）（Zhang and Okabe，2020）。研究结果表明，不同活性污泥工艺中微生物群落结构存在显著差异。在废水水质及操作环境相似的情况下，序批式反应器（SBR）与连续搅拌釜反应器（CSTR）倾向于富集具有不同生物动力学特性的氨氧化细菌（AOB）。Terada 等（2013）利用荧光原位杂交技术发现，SBR 中 AOB 以生长速率较快的 *Nitrosomonas* 为主，而 CSTR 反应器则显著富集了生长速率较慢的 *Nitrosospira*，该差异体现在 SBR（89%）较 CSTR（30%）具有更高的亚硝化速率。在传统 AO 或 A2O 工艺中，*Nitrosomonas* 被广泛鉴定为优势氨氧化微生物（Hu et al.，2012；Wu et al.，2019；Zhang et al.，2012）。针对厌氧氨氧化（Anammox）工艺中微生物群落结构和功能菌群的研究结果表明，不同工艺构型富集的主导 Anammox 菌属同样存在差异。*Candidatus* Brocadia 普遍作为主导功能菌存在于处理高氨氮废水的 SBR 系统中（Araujo et al.，2011），而 *Candidatus* Kuenenia 与 *Candidatus* Jettenia 则广泛存在于升流式厌氧污泥床（UASB）或低氨氮负荷的 Anammox 系统中（Pereira et al.，2017；Yang et al.，2020）。此外，Wang 等（2019）借助多组学测序技术发现，在相同的废水水质情况下，SBR 和 CSTR 系统分别富集了来自 *Candidatus* Brocadia 和 *Candidatus* Kuenenia 的主导 Anammox 菌，而系统中其他异养微生物则与主导 Anammox 菌呈现出协同演替规律。

聚磷菌（PAO）是从工程的角度定义的一类功能菌，能够在好氧条件下过量吸收磷元素，实现磷元素从液态（废水）到固态（污泥）的生物转化，是生物除磷工艺发挥功能的微生物基础。针对 PAO 好氧聚磷厌氧释磷的特性及其在厌氧阶段对挥发性脂肪酸（VFA）的需求，开发了强化生物除磷（EBPR）工艺，实现了对 PAO 的选择性富集。Mielczarek 等（2013）利用荧光原位杂交（FISH）和特异性探针研究了丹麦 28 个污水处理厂中 PAO 的相对丰度，结果表明 EBPR 工艺较传统活性污泥法对 PAO 具有显著富集作用，其中丰度最高的为 *Tetrasphaera*，其平均丰度占微生物群落的约 27%。值得注意的是，同为 EBPR 工艺，相关研究结果表明传统强化生物除磷（conventional enhanced biological phosphorus removal，CEBPR）与膜强化生物除磷（membrane enhanced biological phosphorus removal，MEBPR）系统中的微生物群落结构显著不同（Hall et al.，2010）。CEBPR 工艺的二级沉降池创造了额外的生态位，污泥回流过程有助于二沉池中微生物回流至活性污泥池，因此，CEBPR 系统中的微生物多样性高于膜强化生物除磷（MEBPR）系统。由于膜生物反应器可以维持较高的污泥停留时间，MEBPR 工艺较 CEBPR 工艺选择性富集了生长速率缓慢的细菌，其中就包括与污泥发泡相关的 *Microthrix parvicella* 和 *Gordonia* sp.。由此可见，利用不同的工艺构型，可以选择性筛选具有不同生理生活特性的功能菌以及其相关微生物群落。

6.3.1.2 操作参数调控活性污泥微生物群落

活性污泥法作为可控生物污水处理系统，可以通过人为干预，调控系统温度、DO、pH、水力停留时间（hydraulic retention time，HRT）、SRT 等参数，以调控活性污泥中微生物群落结构并实现系统稳定运行。

1. pH

活性污泥中绝大多数微生物均能在一个宽泛的 pH 范围（6～9）内生长。活性污泥系统中 pH 在一个可控的稳定范围内波动，因此，废水处理厂中微生物群落与环境因素的关联分析结果多证明 pH 并非导致群落结构演替的主导因素（Griffin and Wells，2017；Valentín-Vargas et al.，2012；Xu et al.，2018a）。然而不同微生物的最适 pH 生长范围也不尽相同，这也成为借助 pH 调控微生物群落的基础。

在生物除磷活性污泥系统中聚糖菌（GAO）与聚磷菌（PAO）竞争污水中可利用的碳源，抑制系统中不具备聚磷功能的 GAO 生长成为维持生物除磷系统稳定运行的关键之一（López-Vázquez et al.，2008；Weissbrodt，2017）。实验室规模活性污泥反应器的研究结果表明，PAO 最适 pH 在中性或偏弱碱性（7.4～8.4），而 GAO 在 pH 6.4～7.0 范围更具竞争优势（Tu and Schuler，2013）。López-Vázquez 等（2008）在对荷兰 7 座 EBPR 污水处理系统微生物群落与操作参数关联研究中发现，PAO 与系统中 pH 存在显著线性正相关，这也与实验室规模研究结果保持一致（Filipe et al.，2001b；Oehmen et al.，2005；Schuler and Jenkins，2002；Smolders et al.，1994）。因此，pH 成为工程化调控 EBPR 系统中 PAO 和 GAO 的比例的核心参数之一。此外，提高 pH 有助于选择性富集活性污泥群落中硝化微生物，进而提高系统硝化效率（Cho et al.，2014；Painter and Loveless，1983）。

除对功能菌的定向调控，相关研究报道了 pH 对活性污泥微生物群落整体结构具有重要的塑造作用（Chen et al.，2017）。在酸性条件下，活性污泥中微生物群落以丝状菌为主，更易导致污泥膨胀，而在中性和偏弱碱性条件下，活性污泥中以形成菌胶团的细菌为主并呈现较高稳定性（朱哲等，2008）。对于活性污泥厌氧消化过程，pH 对厌氧污泥微生物群落的构建具有重要意义，中性或者偏弱碱性环境有助于维持系统中产甲烷菌活性，而酸性条件（pH 4.5～4.7）有助于富集系统中与水解酸化相关菌群。通过调节 pH 可人工调控厌氧消化系统主要菌群结构及发酵产物，Feng 等（2018）发现乳酸发酵过程及相应功能菌群可在 pH 3.2～4.5 有效富集，而在 pH 6.0 的条件下，系统内发生混合酸共发酵过程。

2. DO

DO 作为废水生物处理过程中一个重要的参数，影响活性污泥中微生物群落结构和污染物去除效率（Niu et al.，2016b；Stadler and Love，2016；Yadav et al.，2014）。传统硝化过程中氨氧化细菌（AOB）与亚硝酸盐氧化细菌（NOB）协同作用将氨氧化为硝酸盐，该过程对氧气的理论消耗为 3.43～4.57 g O_2/g NH_4^+-N。与传统的硝化和反硝化相比，短程硝化和反硝化以亚硝酸盐作为硝化过程产物不仅减少了约 25%的曝气消耗，而且节省了 40%的碳源（Chuang et al.，2007；Yamamoto et al.，2008）。与 NOB 相比，AOB 对氧气有更强的亲和力（Hanaki et al.，1990；Mueller et al.，1966），因此 DO 可以作为硝化微生物的选择因素。通过维持实验室规模反应器或实际废水处理系统中较低 DO（～0.4 mg/L），成功获得以 AOB 主导的短程硝化微生物群落（Almstrand et al.，2011；Blackburne et al.，2008）。以此调控策略为基础，实现了一段式或两段式短程硝化-厌氧氨氧化工艺，推动了高效节能废水生物脱氮工艺的工程应用。除活性污泥系统中 DO 浓度，曝气方式对活性污泥微生物群落结构同样也具有重要的调控作用。Dytczak 等（2008）分析了间歇曝气和持续曝气 SBR 中硝化微生物群落结构，发现间隙曝气选择性富集了以 *Nitrosomonas* 和 *Nitrobacter* 为主导（占硝化微生物相对丰度的 79.5%）的硝化群落，而连续曝气系统的硝化菌群则以 *Nitrosospira* 和 *Nitrospira* 为主（占硝化微生物相对丰度的 78.2%）。同时，部分研究发现低 DO 浓度还能够选择性富集氨氧化古菌（AOA）（Ding et al.，2015）或全程氨氧化细菌（Comammox）（Roots et al.，2019）主导的活性污泥氨氧化群落。

为解析活性污泥微生物群落动态变化的主要驱动因素，研究人员开展了高密度大尺度时间采样工作，并分析了其中的微生物群落演替。Wells 等（2011）对污水处理厂活性污泥进行长达一年的每周采样，探究了微生物群落与 20 个操作和环境变量间的关联，证明 DO 是驱动群落变化的最重要变量。其结果也与 Wells 等之前发现的 DO 影响该污水处理厂中 AOB 微生物群落结构相吻合（Wells et al.，2009a）。在活性污泥系统中，严重缺氧会导致丝状膨胀相关细菌的增殖（Gaval and Pernelle，2003；Liu and Liu，2006），引发污泥膨胀及处理效率下降等问题。此外，研究证明无论是自养还是异养微生物在好氧环境下衰减速率都要高于缺氧环境，且衰减速率是 DO 浓度的连续相关函数，DO 对微生物群落的调控可能与微生物的衰减速率波动相关（Yuan and Blackall，2002）。

3. SRT

污泥停留时间（SRT）是活性污泥系统最关键的控制参数之一，SRT 与活性污泥中微生物的平均停留时间相关。污泥龄概念与 SRT 一致，因此可以用于描述活性污泥中微生物的代时，只有当微生物代时小于 SRT 时，该微生物才能够在系统中有效定植。借助调控 SRT，可以有效抑制活性污泥中代时长于 SRT 的微生物（Chen et al.，2017）。与 DO 浓度控制相结合，更长的 SRT 可以促进活性污泥中代时相对较长的自养硝化细菌生长，实现稳定高效的污水生物脱氮（Cotto et al.，2020；Kuypers，2018；Teck et al.，2009）。反之，过短的 SRT 很难实现有效的污水生物脱氮（Belli et al.，2017；Wagner and Loy，2002）。此外，过短的 SRT 对活性污泥系统的危害还包括促使与污泥膨胀相关丝状菌的过量繁殖（Martins et al.，2004；Valverde-Pérez et al.，2016）。

Vuono 等（2015）研究了不同 SRT（30 天、12 天和 3 天）对活性污泥微生物群落的调控作用，发现随着 SRT 的减少，活性污泥微生物群落结构发生演替，长 SRT 显著富集了 *k* 策略菌群，而短 SRT 显著富集了 *r* 策略菌群，这解释了 SRT ≤ 12 天会导致微生物群落硝化、反硝化和生物除磷等生态功能的丢失。针对实验室规模活性污泥反应器的研究发现，微生物停留时间是调控微生物物种组成和功能的关键因素，随着停留时间增加，微生物多样性和功能基因多样性也随之增加

（Mansfeldt et al.，2019）。Sun 等（2020）在空间维度上研究了中国 48 个废水处理厂的活性污泥群落结构，发现 SRT 显著影响微生物多样性、组成、群落组装和共线性模型。活性污泥系统中 SRT 控制在 10～20 天所塑造的微生物群落具有更高的生物多样性、更稳定的生态网络结构与生物脱氮效果，以及更低的丝状污泥膨胀风险。

4. 温度

温度作为一类重要的环境因素会对微生物群落结构和系统处理效率产生影响（Sims et al.，2012）。长期低温环境会导致活性污泥微生物群落多样性及活性的下降，进而影响活性污泥系统废水处理效率（Niederdorfer et al.，2021）。在生物除磷系统中，低温冲击对 PAO 造成的抑制作用要高于 GAO（Erdal et al.，2003），但长期低温作用研究结果表明 PAO 较 GAO 更具竞争力，有助于实现 EBPR 稳定生物除磷过程（López-Vázquez et al.，2008）。在 25～30℃环境，*Nitrosomonas* 的最大生长速率约是 *Nitrosospira* 的两倍（Siripong and Rittmann，2007），这也解释了 *Nitrosomonas* 在多数活性污泥系统中作为主导 AOB 存在。*Nitrosospira* 耐受低温环境，普遍发现于处于相对低温（＜15℃）的污水处理系统。与 DO、pH 和 SRT 相比，温度在实厂规模污水处理系统中并非作为微生物群落和功能的主要调控手段，这主要是基于能耗考虑。但对应用于高浓度含氮废水处理的 Anammox 工艺，其处理水量较低，温度控制是维持 Anammox 菌丰度及活性的重要操控参数，因为多数淡水 Anammox 菌最适温度在 37℃左右（Zhang and Okabe，2020）。相关研究同样聚焦低温环境和较低氮负荷下 Anammox 的稳定运行，以期实现常温主流厌氧氨氧化污水脱氮系统的工程应用（Gilbert et al.，2014，2015；Lotti et al.，2014）。虽然温度调控并未广泛应用于实厂污水处理系统，但季节性温度波动被普遍发现是驱动活性污泥微生物群落季节性动态变化的重要因素（Ju et al.，2014a；Peces et al.，2022；Wang et al.，2021）。

6.3.2 人工合成活性污泥菌群工程应用

通过操作参数调控活性污泥群落的目的是维持污染物降解相关功能微生物的丰度与活性。虽然微生物可以降解各种有机污染物并适应不同极端生境，但面对异生素（xenobiotic）或自然存在的难降解污染物时，传统活性污泥法因缺少足量的可降解或转化特定污染物的关键微生物而呈现欠佳的生物处理效果。特别是某些污染物的降解无法由单一生化反应完成，而是需要通过一系列具有特定代谢途径的微生物以协同合作的方式完成降解。因而在生物反应器中维持足量的相关功能微生物对其污染物去除的效能和稳定性具有重要意义。

6.3.2.1 生物强化

生物强化是借助添加具有特定代谢功能的微生物“强化”生物废水处理过程，通过将污染物转化为危险性较低的化合物以减少污染物负荷。此外，还可以通过向活性污泥系统中添加营养物质或电子受体以强化土著微生物活性来实现污染物的高效生物降解。然而，新引入的菌株或菌群可能会因为土著微生物群落中存在的捕食或竞争关系、噬菌体作用或者自身缺乏对环境的适应性而无法在活性污泥系统中成功定植或显现出种群优势。因此，在生物强化研究的任何阶段，都需要对微生物组有深刻的认知以支持过程中的决策制定。生物强化常见操作是向活性污泥系统中添加：①功能菌株（纯菌）；②菌群；③工程菌；④功能基因（El Fantroussi and Agathos，2005；Herrero and Stuckey，2015）（图 6-23）。

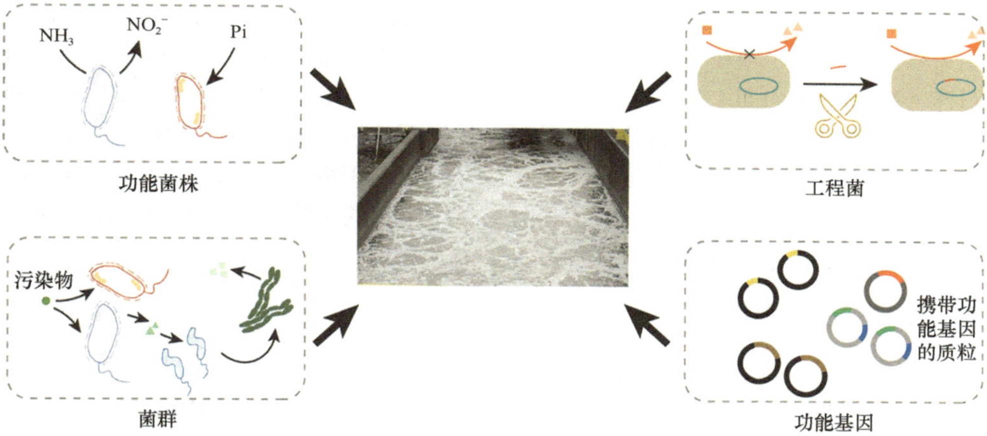

图 6-23 活性污泥生物强化方式

1. 功能菌株生物强化

通过调控活性污泥系统操作参数可以选择性富集系统中功能菌群，如与氮磷循环相关的功能菌。同时，通过分离筛选高效功能菌，并制备适宜特定水质的功能菌剂，可实现活性污泥系统污水处理的原位强化。结合信号分子诱导技术，李明智等（2022）诱导、富集、筛选贫营养型脱氮菌株，制备得了适宜低 C/N 环境条件下的脱氮菌剂，并将其应用于低 C/N 混合型污水中试系统的生物强化。除传统自养脱氮菌外，异养微生物被报道可在有机物存在条件下进行异养硝化-好氧反硝化（heterotrophic nitrification-aerobic denitrification，HN-AD）实现脱氮。异养微生物具有生长速率快、可在有氧条件下实现同步生物脱氮、具有较强的环境适应性以及更低的碱度调控成本等优点（Gupta，1997），相关研究已探究了 HN-AD 菌（如 *Thiosphaera pantotropha*、*Alcaligenes faecalis* 和

Bacillus sp.）在实验室规模生物脱氮活性污泥系统的潜在应用价值（Joo et al.，2006；Shoda and Ishikawa，2014；Song et al.，2021a；Sun et al.，2016b；Yao et al.，2013）。Chen 等（2015）从处理垃圾渗滤液污泥中分离得到三株 HN-AD 菌，并探究了其对中试规模 SBR 反应器生物脱氮效能的影响，研究结果证明菌剂生物强化改善了活性污泥群落结构并提高了污染物去除效率。此外，参与氮素循环的好氧反硝化菌（Hong et al.，2020）和异养硝化菌（Ahmad et al.，2008）均被应用于生物脱氮系统的生物强化研究中，相关菌群的投加均对污水生物脱氮处理效率起到了积极的作用。

生物强化技术除应用于传统的氮磷元素控制外，还广泛应用于苯系物（BTEX）、塑料、石油及其衍生品等污染的生物降解。借助微生物固定化技术，已有研究在实验室条件和实际环境系统中将高活性 BTEX 降解菌应用于修复高浓度 BTEX 污染水体系统（Feng et al.，2021；Khodaei et al.，2017；Xin et al.，2013）。相关研究从不同生境中分离得到了大量可降解低生物基聚合物和化石基聚合物的菌株（Muhamad et al.，2015；Skariyachan et al.，2016；Yoshida et al.，2016），为塑料生物降解提供了重要的微生物资源。从受石油污染的环境样本中，研究人员分离得到了具有石油降解功能的菌株（Xu et al.，2018b；Zhang et al.，2010a），并将其应用于水体和土壤中石油及其衍生品污染物的生物降解研究中（Xue et al.，2015；Zhang et al.，2010b）。

2. 菌群生物强化

多菌株或预富集菌群也被广泛研究并应用于活性污泥法生物强化工艺中。Dabert 等（2005）比较了接种了少量（3%）来自稳定运行的 EBPR 的污泥与对照组在实验室规模生物除磷反应器启动过程中的差异，发现少量预富集功能菌群的接种可显著缩短新活性污泥系统的启动时间。类似的，Bartrolí 等（2011）比较了中试规模短程硝化反应器接种 6%稳定运行硝化反应器污泥与完全接种传统活性污泥的启动过程，发现接种预富集硝化反应器污泥的系统具有更快的启动速度和更稳定的运行效率。为加快城市污水生物低温处理工艺的启动并确保其日常性能的稳定，Guo 等（2010）向污水处理厂中投加了 Proteobacteria、*Bacteroides*、Nitrospirales 和 Cyanobacteria 混合菌剂，生物强化的活性污泥系统实现了快速启动（＜15 天）和稳定日常运行。Ma 等（2009）将可以降解难降解有机物的混合菌剂用于升级改造全尺寸活性污泥系统，并将其成功应用于石化废水高效降解。

3. 工程菌生物强化

用于生物强化的功能菌株可以从自然界筛选得到，也可通过对微生物进行改造而获得满足特殊功能需求的工程菌株。随着对微生物代谢机制和功能基因元件认知的深入，结合基因工程手段，可构建用于活性污泥系统生物强化的工程菌株。某些分布广泛、毒性耐受性强、代谢多样性高的细菌（如来自大肠杆菌、枯草芽孢杆菌、恶臭假单胞菌）作为传统模式微生物已被应用于构建具有石油烃、苯系物、抗生素等污染物降解功能的工程菌（Lawson et al.，2019；Nikel et al.，2014）。多聚磷酸盐激酶（polyphosphate kinase，PPK）是在 PAO 聚磷过程中合成 poly-P 的关键酶，相关研究在宿主细胞中过表达 *PPK* 基因从而构建了高效聚磷工程菌（Liang et al.，2017；王勤等，2006）。将携带 *PPK* 基因的工程菌应用于处理模拟废水的活性污泥系统，系统可实现废水中 90%以上磷酸盐的高效去除（Rylott and Bruce，2020；Wang et al.，2018b；杜宏伟等，2009）。Watanabe 等（2002）将 *Comamonas testosteroni* R5 的苯酚羟化酶基因（*phc*）及相关转录调节因子整合到苯酚降解活性污泥中一株主导菌（*Comamonas* sp. rN7），得到的工程菌 rN7（R503）的苯酚氧化活性较野生菌（rN7）高三倍。通过在非烷烃降解放线菌中过表达烷烃单加氧酶，Gallo 等（2012）构建的重组菌株 *Streptomyces coelicolor* M145-AH 具有降解正十六烷的能力。

4. 含功能基因片段载体的生物强化

鉴于用于生物强化而引入的功能菌株可能无法在活性污泥中正常定植，研究工作者借助自然发生的水平基因转移过程，向活性污泥系统中引入含有分解代谢特定污染物的基因载体，以强化活性污泥菌群的污水处理效能。研究表明，编码天然存在和外源有机化合物降解的基因通常位于质粒、转座子或其他可移动和/或整合元件上（Top et al.，2002）。水平基因转移主要可以通过以下不同方式实现，包括：①感受态细胞摄取外源 DNA；②由噬菌体介导；③微生物之间的物理接触（接合）的遗传物质交换（如质粒或接合转座子）。与传统细胞生物强化方法相比，使用基因生物强化的潜在优势在于不需要追求引入菌株或菌群的长期稳定定植。通过质粒接合转移（conjugative transfer）是基因生物强化研究使用最多的技术，该技术在金属抗性、污染物质降解等方面均呈现潜在应用价值（Bathe et al.，2004；Gao et al.，2015；Tsutsui et al.，2013，2010；Yuan and Blackall，2002）。相关成功案例表明该策略可以在特定条件下发挥作用，特别是当活性污泥菌群对特定污染物不具备原位降解潜能时，成功整合相关基因元件的菌群可以获得生长优势并成为活性污泥中的主导菌（Tsutsui et al.，2013）。但该技术的实际工程应用较少，需要对其进行更深入和全面的研究，以提高基因转移效率，使其成为活性污泥系统在实际操作条件下的有效生物强化技术。

6.3.2.2　人工合成菌群

借助高通量微生物分离培养技术、污染物降解元件和途径挖掘、细胞和菌群设计与调控工具开发，遵循合成微生物组构建基本原则，对不同微生物或工程菌株进行高效整合，实现了人工多细胞体系的构建并将其应用于生物修复研究中，为微生物技术的工程应用开拓了新的方向。人工合成活性污泥菌群能够完成单一菌株无法完成的目标，一方面人工合成活性污泥菌群能够提高对特定或多种污染物的降解效率，另一方面通过有机整合不同功能菌株可缓解在污染物降解过程中产生的副产物对人工菌群的毒害作用。

Cui 等（2020）从被石油污染的土壤中筛选得到三株具有石油降解功能的细菌（无色杆菌 P3，*Achromobacter* sp. P3；鞘氨醇单胞菌 P10，*Sphingobium* sp. P10；根瘤菌 P14，*Rhizobium* sp. P14），并根据最小值算法探究了各菌之间的最优复配比例，构建的人工菌群比原始菌株的石油降解能力提高了 34.8%，5 天石油的总降解率达到了 78.9%。Poi 等（2017）构建了包含 22 株主要来自不动杆菌属和芽孢杆菌属的人工合成活性污泥群落，该人工菌群能够降解苯酚污染废水并具有生物被膜形成特征，通过 104 天培养，成功将实验室规模扩大至中试规模，实现在苯酚降解的同时降低废水中 COD。将尖孢镰刀菌（*Fusarium oxysporum*）和茄病镰刀菌（*Fusarium solani*）混合培养时，邻苯酸二甲酯的降解效率可以达到 100%（Bouchiat et al.，2016）。Grandclément 等（2017）研究了不同微生物混合培养物对重质原油的降解能力，发现与单一培养物相比，混合培养物显示出更高的降解性能。此外，在印染废水（Khan et al.，2021；Kishor et al.，2022）、重金属（Chandrashekharaiah et al.，2022；Michel et al.，2007）、抗生素（Wang et al.，2022）等污染物生物修复过程中，复合人工合成活性污泥菌群同样被证明较单菌具有更佳处理效果。

在污染物生物降解过程中会积累某些中间产物，抑制降解菌生长和代谢活性。通过向人工合成菌群中引入对应中间产物代谢微生物，可保障菌群实现高效、稳定的生物修复过程（徐昭勇等，2021）。例如，大肠杆菌 SD2（*Escherichia coli* SD2）降解对硫磷过程中会积累对硝基苯酚，Gilbert 等（2003）通过引入具有对硝基苯酚降解能力的恶臭假单胞菌 KT2440 pSB337（*Pseudomonas putida* KT2440 pSB337）有效缓解了生物有害物质的积累，可保障生物降解过程高效进行。类似的，在功能菌降解芳香族化合物苯胺的过程中，系统中积累的硫化物会抑制细胞生长。Xie 和 Müller（2019）向体系中引入光养细菌桃红荚硫菌（*Thiocapsa roseopersicina*）消耗硫化物，消除了污染物降解过程中硫化氢对降解菌的抑制作用。类似的人工菌群构建策略也在石油碳氢化合物降解人工合成活性污泥群落中应用（Feng et al.，2015）。针对难降解污染物，一般无法由单一菌株实现对污染物的彻底矿化，人工合成活性污泥菌群在构建过程中在考虑缓解生长抑制因素的同时，还需要考虑将污染物代谢途径进行分割，减轻单一菌种的代谢负担（Liu et al.，2017；徐昭勇等，2021）。例如，在除草剂利谷隆生物降解人工菌群构建过程中，通过整合母体污染物降解及中间产物降解相关菌群，实现难降解污染物的高效生物降解（Dejonghe et al.，2003）。

6.3.3 生物强化和人工合成活性污泥菌群应用挑战

尽管生物强化和人工合成活性污泥菌群在生物修复领域具有重要意义，但在其应用过程中仍存在一系列问题需要解决。生物强化过程中常遇到的问题包括：①所选菌株在实际活性污泥环境下无法体现在纯培养条件下的降解活性（Watanabe et al.，2002），菌种之间、菌种与环境间的相互作用与接种菌株或菌群的生物强化效果密切相关（El Fantroussi and Agathos，2005）；②生物强化效能不持久，活性污泥系统在生物强化后性能显著提高，但该强化作用无法长期维持（Patureau et al.，2001；Yu et al.，2010）；③待处理环境存在抑制接种菌株或菌群生长的生物（如物种间拮抗作用）和非生物因素（如底物浓度、温度和抗生素）；④生物被膜形成能力弱，无法长期有效定植（Thompson et al.，2005）；⑤活性污泥中基因工程菌的引入和流失具有潜在生态风险；⑥污染物降解元件和相应代谢途径及其基因路线设计、组装和适配性、稳定性的调控技术有待完善。

针对生物强化和人工合成活性污泥菌群在应用研究中存在的问题，未来工作可以围绕工程问题、技术和方法等方面进一步展开。例如，发展高通量微生物分离培养技术和基因元件表征技术，不断丰富功能菌和基因元件资源库。遵循合成微生物组关键原则（相互作用、空间协调、菌群稳定、生物遏制）（徐昭勇等，2021），设计更优底盘菌株，构建稳定和高效的复合人工合成活性污泥菌群。运用新型微生物固定化技术、菌群实时监测方法、基因编辑和菌株/菌群设计及调控策略，实现强化菌株和菌群的长期有效定植。随着计算生物学的不断发展，将进一步完善污染物降解基因路线设计流程，并建立人工合成活性污泥菌群结构变化、相互作用规律分析和预测模型。随着对合成微生物了解的深入，人工合成活性污泥菌群在研究和实际工程中的应用将迎来更大突破。

参 考 文 献

陈伟东，温东辉. 2022. 污水处理系统微生物群落时空分布和构建机制研究进展. 环境工程, 40(8): 1-13, 39.

杜德荣. 2005. 纯氧曝气活性污泥法在废水处理中的应用. 扬子石油化工, 20(3): 10-13.

杜宏伟，武俊，肖琳，等. 2009. 聚磷激酶基因在假单胞菌中的整合和表达. 环境科学, 30(10): 3011-3015.

高景峰，陈冉妮，苏凯，等. 2010. 同步脱氮除磷好氧颗粒污泥形成与反应机制的研究. 环境科学, 31(4): 1021-1029.

郭春艳，王淑莹，李夕耀，等. 2009. 聚磷菌和聚糖菌的竞争影响因素研究进展. 微生物学通报,

36(2): 267-275.
黄霞, 曹斌, 文湘华, 等. 2008. 膜-生物反应器在我国的研究与应用新进展. 环境科学学报, 28(3): 416-432.
鞠峰, 张彤. 2019. 活性污泥微生物群落宏组学研究进展. 微生物学通报, 46(8): 2038-2052.
李明智, 谭映宇, 张宇, 等. 2022. 混合型污水处理厂原位生物强化脱氮中试及微生物群落结构分析研究. 环境污染与防治, 44(2): 230-233, 243.
刘双江, 王爱杰. 2019. 活性污泥微生物组: 去除污浊, 只留清淡. 微生物学通报, 46(8): 1865-1866.
王勤, 赵庆顺, 肖琳, 等. 2006. 转聚磷激酶基因的大肠杆菌去除水体中的磷. 中国环境科学, 26(6): 742-745.
温新品. 2011. 深井曝气技术发展及探讨. 化学工程与装备, 8: 160-162.
徐昭勇, 胡海洋, 许平, 等. 2021. 人工合成微生物组的构建与应用. 合成生物学, 2(2): 181-193.
杨波, 陈兰. 2003. 适用于中小城市污水处理的 UNITANK 技术. 中国环保产业, (4): 34-36.
张铁军. 2000. 深井曝气废水处理技术的现状及其发展. 煤矿环境保护, 14(1): 38-39.
朱哲, 李涛, 王东升, 等. 2008. pH 对活性污泥表面特性和形态结构的影响. 环境工程学报, 2(12): 1599-1604.
Aguilar-Romero I, De la Torre-Zúñiga J, Quesada J M, et al. 2021. Effluent decontamination by the ibuprofen-mineralizing strain, *Sphingopyxis granuli* RW412: Metabolic processes. Environmental Pollution, 274: 116536.
Ahmad N U D, Xu H Y, Chen L P, et al. 2008. Enhanced biological nutrient removal by the alliance of a heterotrophic nitrifying strain with a nitrogen removing ecosystem. J Environ Sci, 20(2): 216-223.
Alawi M, Off S, Kaya M, et al. 2009. Temperature influences the population structure of nitrite-oxidizing bacteria in activated sludge. Environmental Microbiology Reports, 1(3): 184-190.
Albertsen M, Hugenholtz P, Skarshewski A, et al. 2013. Genome sequences of rare, uncultured bacteria obtained by differential coverage binning of multiple metagenomes. Nature Biotechnology, 31(6): 533-538.
Alleman J E, Prakasam T B S. 1983. Reflections on seven decades of activated sludge history. Water Pollution Control Federation, 55(5): 436-443.
Almstrand R, Lydmark P, Sörensson F, et al. 2011. Nitrification potential and population dynamics of nitrifying bacterial biofilms in response to controlled shifts of ammonium concentrations in wastewater trickling filters. Bioresource Technology, 102(17): 7685-7691.
Araujo J C, Campos A C, Correa M M, et al. 2011. Anammox bacteria enrichment and characterization from municipal activated sludge. Water Science and Technology, 64(7): 1428-1434.
Ardern E, Lockett W T. 1914. Experiments on the oxidation of sewage without the aid of filters. Journal of the Society of Chemical Industry, 33(10): 523-539.
Bae W, Won H, Hwang B, et al. 2015. Characterization of refractory matters in dyeing wastewater during a full-scale Fenton process following pure-oxygen activated sludge treatment. J Hazard Mater, 287: 421-428.
Bailey-Denton J, 1882. Sewage disposal, ten years' experience, with notes on sewage farming[M].

London.

Balcazar J L. 2014. Bacteriophages as vehicles for antibiotic resistance genes in the environment. PLoS Pathogens, 10(7): e1004219.

Barr J. 2010. The Microbial Ecology of Granular Sludge in Enhanced Biological Phosphorus Removal. Brisbane: The University of Queensland.

Barr J J, Slater F R, Fukushima T, et al. 2010. Evidence for bacteriophage activity causing community and performance changes in a phosphorus-removal activated sludge. FEMS Microbiol Ecol, 74(3): 631-642.

Bartow E, Mohlman F. 1915. Purification of sewage by aeration in the presence of activated sludge. Industrial & Engineering Chemistry, 7: 318-320.

Bartrolí A, Carrera J, Pérez J. 2011. Bioaugmentation as a tool for improving the start-up and stability of a pilot-scale partial nitrification biofilm airlift reactor. Bioresource Technology, 102(6): 4370-4375.

Bassin J P, Winkler M K H, Kleerebezem R, et al. 2012. Improved phosphate removal by selective sludge discharge in aerobic granular sludge reactors. Biotechnol Bioeng, 109(8): 1919-1928.

Bathe S, Mohan T V K, Wuertz S, et al. 2004. Bioaugmentation of a sequencing batch biofilm reactor by horizontal gene transfer. Water Sci Technol, 49(11/12): 337-344.

Belli T J, Bernardelli J K B, da Costa R E, et al. 2017. Effect of solids retention time on nitrogen and phosphorus removal from municipal wastewater in a sequencing batch membrane bioreactor. Environmental Technology, 38(7): 806-815.

Bessa V S, Moreira I S, Tiritan M E, et al. 2017. Enrichment of bacterial strains for the biodegradation of diclofenac and carbamazepine from activated sludge. International Biodeterioration & Biodegradation, 120: 135-142.

Bibby K, Peccia J. 2013. Identification of viral pathogen diversity in sewage sludge by metagenome analysis. Environ Sci Technol, 47(4): 1945-1951.

Blackall L L. 1994. Molecular identification of activated sludge foaming bacteria. Water Science and Technology, 29(7): 35-42.

Blackburne R, Yuan Z G, Keller J. 2008. Partial nitrification to nitrite using low dissolved oxygen concentration as the main selection factor. Biodegradation, 19(2): 303-312.

Bouchiat R, Veignie E, Grizard D, et al. 2016. Ability of filamentous fungi to degrade four emergent water priority pollutants. Desalination and Water Treatment, 57(15): 6740-6746.

Brdjanovic D, Logemann S, van Loosdrecht M C M, et al. 1998. Influence of temperature on biological phosphorus removal: process and molecular ecological studies. Water Research, 32(4): 1035-1048.

Budd W E, Lambeth G F. 1957. High-purity oxygen in biological sewage treatment. Sewage Ind Wastes, 29: 237-257.

Calero-Cáceres W, Melgarejo A, Colomer-Lluch M, et al. 2014. Sludge as a potential important source of antibiotic resistance genes in both the bacterial and bacteriophage fractions. Environ Sci Technol, 48(13): 7602-7611.

Calero-Cáceres W, Muniesa M. 2016. Persistence of naturally occurring antibiotic resistance genes in the bacteria and bacteriophage fractions of wastewater. Water Research, 95: 11-18.

Cao L J, Zhang J Y, Zhao R X, et al. 2019. Genomic characterization, kinetics, and pathways of sulfamethazine biodegradation by *Paenarthrobacter* sp. A01. Environ Int, 131: 104961.

Carvalho G, Lemos P C, Oehmen A, et al. 2007. Denitrifying phosphorus removal: Linking the process performance with the microbial community structure. Water Research, 41(19): 4383-4396.

Chandrashekharaiah P S, Gupte Y, Sarkar P, et al. 2022. Algae-bacterial aquaculture can enhance heavy metals (Pb^{2+} and Cd^{2+}) remediation and water re-use efficiency of synthetic streams. Resources, Conservation and Recycling, 180: 106211.

Chao Y Q, Mao Y P, Yu K, et al. 2016. Novel nitrifiers and comammox in a full-scale hybrid biofilm and activated sludge reactor revealed by metagenomic approach. Applied Microbiology and Biotechnology, 100(18): 8225-8237.

Chen G, Loosdrecht M C M V, Ekama G A, et al. 2008. Biological Wastewater Treatment: Principles, Modelling and Design. London: IWA Publishing: 1-10.

Chen Q, Ni J R, Ma T, et al. 2015. Bioaugmentation treatment of municipal wastewater with heterotrophic-aerobic nitrogen removal bacteria in a pilot-scale SBR. Bioresource Technology, 183: 25-32.

Chen Y W, Lan S H, Wang L H, et al. 2017. A review: driving factors and regulation strategies of microbial community structure and dynamics in wastewater treatment systems. Chemosphere, 174: 173-182.

Chen Y Q, Wang Y L, Paez-Espino D, et al. 2021. Prokaryotic viruses impact functional microorganisms in nutrient removal and carbon cycle in wastewater treatment plants. Nature Communications, 12(1): 5398.

Cho K H, Kim J O, Kang S, et al. 2014. Achieving enhanced nitrification in communities of nitrifying bacteria in full-scale wastewater treatment plants via optimal temperature and pH. Separation and Purification Technology, 132: 697-703.

Christensson M, Ekström S, Chan A A, et al. 2013. Experience from start-ups of the first *ANITA* Mox plants. Water Sci Technol, 67(12): 2677-2684.

Chuang H P, Ohashi A, Imachi H, et al. 2007. Effective partial nitrification to nitrite by down-flow hanging sponge reactor under limited oxygen condition. Water Research, 41(2): 295-302.

Chudoba J, Grau P, Ottová V. 1973. Control of activated-sludge filamentous bulking–II. Selection of microorganisms by means of a selector. Water Research, 7(10): 1389-1406.

Cotto I, Dai Z H, Huo L X, et al. 2020. Long solids retention times and attached growth phase favor prevalence of comammox bacteria in nitrogen removal systems. Water Research, 169: 115268.

Cui J, Huang L, Wang W W, et al. 2020. Maximization of the petroleum biodegradation using a synthetic bacterial consortium based on minimal value algorithm. International Biodeterioration & Biodegradation, 150: 104964.

Dabert P, Delgenès J P, Godon J J. 2005. Monitoring the impact of bioaugmentation on the start up of biological phosphorus removal in a laboratory scale activated sludge ecosystem. Appl Microbiol Biotechnol, 66(5): 575-588.

Daims H, Lebedeva E V, Pjevac P, et al. 2015. Complete nitrification by *Nitrospira* bacteria. Nature, 528(7583): 504-509.

de Graaff D R, van Loosdrecht M C M, Pronk M. 2020. Biological phosphorus removal in seawater-adapted aerobic granular sludge. Water Research, 172: 115531.

de Kreuk M K, Kishida N, van Loosdrecht M C M. 2007. Aerobic granular sludge: state of the art. Water Sci Technol, 55(8/9): 75-81.

Dejonghe W, Berteloot E, Goris J, et al. 2003. Synergistic degradation of linuron by a bacterial consortium and isolation of a single linuron-degrading variovorax strain. Appl Environ Microbiol, 69(3): 1532-1541.

Deng Y, Li B, Zhang T. 2018. Bacteria that make a meal of sulfonamide antibiotics: blind spots and emerging opportunities. Environmental Science & Technology, 52(7): 3854-3868.

Ding K, Wen X H, Li Y Y, et al. 2015. Ammonia-oxidizing Archaea versus bacteria in two soil aquifer treatment systems. Applied Microbiology and Biotechnology, 99(3): 1337-1347.

Dottorini G, Michaelsen T Y, Kucheryavskiy S, et al. 2021. Mass-immigration determines the assembly of activated sludge microbial communities. Proceedings of the National Academy of Sciences of the United States of America, 118(27): e2021589118.

Dytczak M A, Londry K L, Oleszkiewicz J A. 2008. Activated sludge operational regime has significant impact on the type of nitrifying community and its nitrification rates. Water Research, 42(8/9): 2320-2328.

El Fantroussi S, Agathos S N. 2005. Is bioaugmentation a feasible strategy for pollutant removal and site remediation?. Curr Opin Microbiol, 8(3): 268-275.

Enault F, Briet A, Bouteille L, et al. 2017. Phages rarely encode antibiotic resistance genes: a cautionary tale for virome analyses. The ISME Journal, 11(1): 237-247.

Erdal U G, Erdal Z K, Randall C W. 2003. The competition between PAOs (phosphorus accumulating organisms) and GAOs (glycogen accumulating organisms) in EBPR (enhanced biological phosphorus removal) systems at different temperatures and the effects on system performance. Water Sci Technol, 47(11): 1-8.

Evans T N, Seviour R J. 2012. Estimating biodiversity of fungi in activated sludge communities using culture-independent methods. Microbial Ecology, 63(4): 773-786.

Fang D X, Zhao G, Xu X Y, et al. 2018. Microbial community structures and functions of wastewater treatment systems in plateau and cold regions. Bioresource Technology, 249: 684-693.

Feng K, Li H, Zheng C Z. 2018. Shifting product spectrum by pH adjustment during long-term continuous anaerobic fermentation of food waste. Bioresource Technology, 270: 180-188.

Feng S S, Gong L Q, Zhang Y K, et al. 2021. Bioaugmentation potential evaluation of a bacterial consortium composed of isolated *Pseudomonas* and *Rhodococcus* for degrading benzene, toluene and styrene in sludge and sewage. Bioresource Technology, 320: 124329.

Feng Y H, Liu Y W, Zhang Y B. 2015. Enhancement of sludge decomposition and hydrogen production from waste activated sludge in a microbial electrolysis cell with cheap electrodes. Environmental Science: Water Research & Technology, 1(6): 761-768.

Fent K, Weston A A, Caminada D. 2006. Ecotoxicology of human pharmaceuticals. Aquat Toxicol, 76(2): 122-159.

Filipe C D M, Daigger G T, Leslie Grady Jr C P. 2001a. A metabolic model for acetate uptake under anaerobic conditions by glycogen accumulating organisms: Stoichiometry, kinetics, and the effect of pH. Biotechnol Bioeng, 76(1): 17-31.

Filipe C D M, Daigger G T, Leslie Grady Jr C P. 2001b. pH as a key factor in the competition between glycogen-accumulating organisms and phosphorus-accumulating organisms. Water

Environment Research, 73(2): 223-232.

Fitzke B, Wienands H. 2008. Waste water from petrochemical plants and refineries. Treatment and recycling; Abwasser aus Petrochemie-und Raffineriebetrieben. Behandlung und Wiedernutzung. Wasserwirtschaft, Wassertechnik-wwt, 98(9): 16-19.

Flowers J J, He S M, Malfatti S, et al. 2013. Comparative genomics of two '*Candidatus* Accumulibacter' clades performing biological phosphorus removal. The ISME Journal, 7(12): 2301-2314.

Fredriksson N J, Hermansson M, Wilén B M. 2012. Diversity and dynamics of Archaea in an activated sludge wastewater treatment plant. BMC Microbiology, 12: 140.

Gallo G, Piccolo L L, Renzone G, et al. 2012. Differential proteomic analysis of an engineered *Streptomyces coelicolor* strain reveals metabolic pathways supporting growth on n-hexadecane. Appl Microbiol Biotechnol Applied Microbiology and Biotechnology, 94(5): 1289-1301.

Galloway J N, Dentener F J, Capone D G, et al. 2004. Nitrogen cycles: past, present, and future. Biogeochemistry, 70(2): 153-226.

Gao C M, Jin X X, Ren J B, et al. 2015. Bioaugmentation of DDT-contaminated soil by dissemination of the catabolic plasmid pDOD. J Environ Sci (China), 27: 42-50.

García Martín H G, Ivanova N, Kunin V, et al. 2006. Metagenomic analysis of two enhanced biological phosphorus removal (EBPR) sludge communities. Nature Biotechnology, 24(10): 1263-1269.

Gaval G, Pernelle J J. 2003. Impact of the repetition of oxygen deficiencies on the filamentous bacteria proliferation in activated sludge. Water Research, 37(9): 1991-2000.

Ge H Q, Batstone D J, Keller J. 2015. Biological phosphorus removal from abattoir wastewater at very short sludge ages mediated by novel PAO clade Comamonadaceae. Water Research, 69: 173-182.

Gerardi M H. 2005. Nitrification in the activated sludge process. Water Encyclopedia, 1: 751-755.

Gerber A, Mostert E S, Winter C T, et al. 1986. The effect of acetate and other short-chain carbon compounds on the kinetics of biological nutrient removal.Water SA, 12(1): 7-12.

Ghosh S, Love N G. 2011. Application of rbcL based molecular diversity analysis to algae in wastewater treatment plants. Bioresource Technology, 102(3): 3619-3622.

Gilbert E M, Agrawal S, Karst S M, et al. 2014. Low temperature partial nitritation/anammox in a moving bed biofilm reactor treating low strength wastewater. Environ Sci Technol, 48(15): 8784-8792.

Gilbert E M, Agrawal S, Schwartz T, et al. 2015. Comparing different reactor configurations for Partial Nitritation/Anammox at low temperatures. Water Research, 81: 92-100.

Gilbert E S, Walker A W, Keasling J D. 2003. A constructed microbial consortium for biodegradation of the organophosphorus insecticide parathion. Appl Microbiol Biotechnol, 61(1): 77-81.

Golovko O, Örn S, Sörengård M, et al. 2021. Occurrence and removal of chemicals of emerging concern in wastewater treatment plants and their impact on receiving water systems. Sci Total Environ, 754: 142122.

Gonzalez-Martinez A, Rodriguez-Sanchez A, van Loosdrecht M C M, et al. 2016. Detection of comammox bacteria in full-scale wastewater treatment bioreactors using tag-454-pyrosequencing. Environmental Science and Pollution Research, 23(24): 25501-25511.

Gould R H. 1942. Operating experiences in New York city. Sewage Works Journal, 14(1): 70-80.

Grandclément C, Seyssiecq I, Piram A, et al. 2017. From the conventional biological wastewater treatment to hybrid processes, the evaluation of organic micropollutant removal: a review. Water Research, 111: 297-317.

Gray N D, Miskin I P, Kornilova O, et al. 2002. Occurrence and activity of Archaea in aerated activated sludge wastewater treatment plants. Environmental Microbiology, 4(3): 158-168.

Griffin J S, Wells G F. 2017. Regional synchrony in full-scale activated sludge bioreactors due to deterministic microbial community assembly. The ISME Journal, 11(2): 500-511.

Gunathilaka G U, Tahlan V, Mafiz A I, et al. 2017. Phages in urban wastewater have the potential to disseminate antibiotic resistance. Int J Antimicrob Agents, 50(5): 678-683.

Guo F, Ju F, Cai L, et al. 2013. Taxonomic precision of different hypervariable regions of 16S rRNA gene and annotation methods for functional bacterial groups in biological wastewater treatment. PLoS One, 8(10): e76185.

Guo F, Zhang T. 2012. Profiling bulking and foaming bacteria in activated sludge by high throughput sequencing. Water Research, 46(8): 2772-2782.

Guo J B, Wang J H, Cui D, et al. 2010. Application of bioaugmentation in the rapid start-up and stable operation of biological processes for municipal wastewater treatment at low temperatures. Bioresource Technology, 101(17): 6622-6629.

Gupta A B. 1997. *Thiosphaera pantotropha*: a sulphur bacterium capable of simultaneous heterotrophic nitrification and aerobic denitrification. Enzyme and Microbial Technology, 21(8): 589-595.

Hai R T, Wang Y L, Wang X H, et al. 2014. Bacterial community dynamics and taxa-time relationships within two activated sludge bioreactors. PLoS One, 9(3): e90175.

Wang H L, Li P, Wang Y, et al. 2017. Metagenomic insight into the bioaugmentation mechanism of *Phanerochaete chrysosporium* in an activated sludge system treating coking wastewater. Journal of Hazardous Materials, 321: 820-829.

Hall E R, Monti A, Mohn W W. 2010. A comparison of bacterial populations in enhanced biological phosphorus removal processes using membrane filtration or gravity sedimentation for solids-liquid separation. Water Research, 44(9): 2703-2714.

Han H, Zhang Y Y, Cui C C, et al. 2010. Effect of COD level and HRT on microbial community in a yeast-predominant activated sludge system. Bioresource Technology, 101(10): 3463-3465.

Hanaki K, Wantawin C, Ohgaki S. 1990. Nitrification at low levels of dissolved oxygen with and without organic loading in a suspended-growth reactor. Water Research, 24(3): 297-302.

He S M, Gall D L, McMahon K D. 2007. "*Candidatus* Accumulibacter" population structure in enhanced biological phosphorus removal sludges as revealed by polyphosphate kinase genes. Appl Environ Microbiol, 73(18): 5865-5874.

Heide B A, Pasveer A. 1974. Oxidation ditch: prevention and control of filamentous sludge. H_2O, 7: 373-377.

Helmers E N, Frame J D, Greenberg A E, et al. 1952. Nutritional requirements in the biological stabilization of industrial wastes: III. treatment with supplementary nutrients. Sewage and Industrial Wastes, 24(4): 496-507.

Herrero M, Stuckey D C. 2015. Bioaugmentation and its application in wastewater treatment: a review. Chemosphere, 140: 119-128.

Hong P, Wu X Q, Shu Y L, et al. 2020. Bioaugmentation treatment of nitrogen-rich wastewater with a denitrifier with biofilm-formation and nitrogen-removal capacities in a sequencing batch biofilm reactor. Bioresource Technology, 303: 122905.

Hrudey S E. 1981. Activated sludge response to emulsified lipid loading. Water Research, 15(3): 361-373.

Hu M, Wang X H, Wen X H, et al. 2012. Microbial community structures in different wastewater treatment plants as revealed by 454-pyrosequencing analysis. Bioresource Technology, 117: 72-79.

Hughes S R, Kay P, Brown L E. 2013. Global synthesis and critical evaluation of pharmaceutical data sets collected from river systems. Environ Sci Technol, 47(2): 661-677.

Ibarbalz F M, Figuerola E L M, Erijman L. 2013. Industrial activated sludge exhibit unique bacterial community composition at high taxonomic ranks. Water Research, 47(11): 3854-3864.

Jenkins D, Wanner J. 2014. Activated Sludge–100 Years and Counting. London: IWA publishing.

Jia Y Y, Yin L W, Khanal S K, et al. 2020. Biotransformation of ibuprofen in biological sludge systems: Investigation of performance and mechanisms. Water Research, 170: 115303.

Jiang X T, Ye L, Ju F, et al. 2018a. Toward an intensive longitudinal understanding of activated sludge bacterial assembly and dynamics. Environmental Science & Technology, 52(15): 8224-8232.

Jiang X T, Ye L, Ju F, et al. 2018b. Temporal dynamics of activated sludge bacterial communities in two diversity variant full-scale sewage treatment plants. Applied Microbiology and Biotechnology, 102(21): 9379-9388.

Jon M I S, Marc S A, Mads A, et al. 2015. MiDAS: the field guide to the microbes of activated sludge. Database the Journal of Biological Databases & Curation, bav062: 1-8.

Joo H S, Hirai M, Shoda M. 2006. Piggery wastewater treatment using *Alcaligenes faecalis* strain No. 4 with heterotrophic nitrification and aerobic denitrification. Water Research, 40(16): 3029-3036.

Ju F, Beck K, Yin X L, et al. 2019. Wastewater treatment plant resistomes are shaped by bacterial composition, genetic exchange, and upregulated expression in the effluent microbiomes. The ISME Journal, 13(2): 346-360.

Ju F, Guo F, Ye L, et al. 2014a. Metagenomic analysis on seasonal microbial variations of activated sludge from a full-scale wastewater treatment plant over 4 years. Environmental Microbiology Reports, 6(1): 80-89.

Ju F, Li B, Ma L P, et al. 2016. Antibiotic resistance genes and human bacterial pathogens: Co-occurrence, removal, and enrichment in municipal sewage sludge digesters. Water Research, 91: 1-10.

Ju F, Xia Y, Guo F, et al. 2014b. Taxonomic relatedness shapes bacterial assembly in activated sludge of globally distributed wastewater treatment plants. Environ Microbiol, 16(8): 2421-2432.

Ju F, Zhang T. 2015a.16S rRNA gene high-throughput sequencing data mining of microbial diversity and interactions. Applied Microbiology and Biotechnology, 99(10): 4119-4129.

Ju F, Zhang T. 2015b. Bacterial assembly and temporal dynamics in activated sludge of a full-scale municipal wastewater treatment plant. The ISME Journal, 9(3): 683-695.

Ju F, Zhang T. 2015c. Experimental design and bioinformatics analysis for the application of metagenomics in environmental sciences and biotechnology. Environmental Science &

Technology, 49(21): 12628-12640.

Juretschko S, Timmermann G, Schmid M, et al. 1998. Combined molecular and conventional analyses of nitrifying bacterium diversity in activated sludge: *Nitrosococcus mobilis* and *Nitrospira*-like bacteria as dominant populations. Applied and Environmental Microbiology, 64(8): 3042-3051.

Kessler L. 1936. Tapered Aeration of Activated Sludges. Municipal Sanitation, 7: 268-271.

Khan S, Bhardwaj U, Iqbal H M N, et al. 2021. Synergistic role of bacterial consortium to biodegrade toxic dyes containing wastewater and its simultaneous reuse as an added value. Chemosphere, 284: 131273.

Khodaei K, Nassery H R, Asadi M M, et al. 2017. BTEX biodegradation in contaminated groundwater using a novel strain (*Pseudomonas* sp. BTEX-30). International Biodeterioration & Biodegradation, 116: 234-242.

Kim T S, Jeong J Y, Wells G F, et al. 2013. General and rare bacterial taxa demonstrating different temporal dynamic patterns in an activated sludge bioreactor. Applied Microbiology and Biotechnology, 97(4): 1755-1765.

Kim Y M, Cho H U, Lee D S, et al. 2011. Influence of operational parameters on nitrogen removal efficiency and microbial communities in a full-scale activated sludge process. Water Research, 45(17): 5785-5795.

Kishor R, Raj A, Bharagava R N. 2022. Synergistic role of bacterial consortium (RKS-AMP) for treatment of recalcitrant coloring pollutants of textile industry wastewater. Journal of Water Process Engineering, 47: 102700.

Klinzmann G, Stammann D. 1981. Biological wastewater treatment using pure oxygen – the treatment plant of Knoll A.G. at Minden. gwf Wasser Abwasser, 122: 258-262.

Koch H, van Kessel M A H J, Lücker S. 2019. Complete nitrification: insights into the ecophysiology of comammox *Nitrospira*. Applied Microbiology and Biotechnology, 103(1): 177-189.

Kuypers M M M, Marchant H K, Kartal B. 2018. The microbial nitrogen-cycling network. Nat Rev Microbiol, 16(5): 263-276.

Larrea A, Rambor A, Fabiyi M. 2014. Ten years of industrial and municipal membrane bioreactor (MBR) systems - lessons from the field. Water Sci Technol, 70(2): 279-288.

Larsen T A, Maurer M, Udert K M, et al. 2007. Nutrient cycles and resource management: implications for the choice of wastewater treatment technology. Water Science and Technology, 56(5): 229-237.

Lawson C E, Harcombe W R, Hatzenpichler R, et al. 2019. Common principles and best practices for engineering microbiomes. Nat Rev Microbiol, 17(12): 725-741.

Levin G V, Shapiro J. 1965. Metabolic uptake of phosphorus by wastewater organics. J Water Pollut Control Fedn, 37(6): 800-821.

Li B, Ju F, Cai L, et al. 2015. Profile and fate of bacterial pathogens in sewage treatment plants revealed by high-throughput metagenomic approach. Environmental Science & Technology, 49(17): 10492-10502.

Li J W, Li J L, Gao R T, et al. 2018. A critical review of one-stage anammox processes for treating industrial wastewater: Optimization strategies based on key functional microorganisms. Bioresource Technology, 265: 498-505.

Li Y C, Chen Y F, Chen P, et al. 2011. Characterization of a microalga *Chlorella* sp. well adapted to highly concentrated municipal wastewater for nutrient removal and biodiesel production. Bioresource Technology, 102(8): 5138-5144.

Li Y Y, Ding K, Wen X H, et al. 2016. A novel ammonia-oxidizing archaeon from wastewater treatment plant: Its enrichment, physiological and genomic characteristics. Scientific Reports, 6: 23747.

Liang M Z, Frank S, Lünsdorf H, et al. 2017. Bacterial microcompartment-directed polyphosphate kinase promotes stable polyphosphate accumulation in *E. coli*. Biotechnology Journal, 12(3): 1600415.

Limpiyakorn T, Fürhacker M, Haberl R, et al. 2013. amoA-encoding Archaea in wastewater treatment plants: a review. Applied Microbiology and Biotechnology, 97(4): 1425-1439.

Lin B K, Lyu J L, Lyu X J, et al. 2015. Characterization of cefalexin degradation capabilities of two *Pseudomonas* strains isolated from activated sludge. Journal of Hazardous Materials, 282: 158-164.

Liu M, Gill J J, Young R, et al. 2015. Bacteriophages of wastewater foaming-associated filamentous *Gordonia* reduce host levels in raw activated sludge. Scientific Reports, 5: 13754.

Liu Y, Ding M Z, Ling W, et al. 2017. A three-species microbial consortium for power generation. Energ Environ Sci, 10(7): 1600-1609.

Liu Y, Liu Q S. 2006. Causes and control of filamentous growth in aerobic granular sludge sequencing batch reactors. Biotechnol Adv, 24(1): 115-127.

López-Vázquez C M, Hooijmans C M, Brdjanovic D, et al. 2008. Factors affecting the microbial populations at full-scale enhanced biological phosphorus removal (EBPR) wastewater treatment plants in The Netherlands. Water Research, 42(10/11): 2349-2360.

Lopez-Vazquez C M, Oehmen A, Hooijmans C M, et al. 2009. Modeling the PAO–GAO competition: Effects of carbon source, pH and temperature. Water Research, 43(2): 450-462.

Lotti T, Kleerebezem R, Hu Z, et al. 2014. Simultaneous partial nitritation and anammox at low temperature with granular sludge. Water Research, 66: 111-121.

Ma F, Guo J B, Zhao L J, et al. 2009. Application of bioaugmentation to improve the activated sludge system into the contact oxidation system treating petrochemical wastewater. Bioresource Technology, 100(2): 597-602.

Mañas A, Biscans B, Spérandio M. 2011. Biologically induced phosphorus precipitation in aerobic granular sludge process. Water Research, 45(12): 3776-3786.

Mansfeldt C, Achermann S, Men Y J, et al. 2019. Microbial residence time is a controlling parameter of the taxonomic composition and functional profile of microbial communities. The ISME Journal, 13(6): 1589-1601.

Mao Y P, Yu K, Xia Y, et al. 2014. Genome reconstruction and gene expression of "*Candidatus* Accumulibacter phosphatis" clade IB performing biological phosphorus removal. Environmental Science & Technology, 48(17): 10363-10371.

Martín H G, Ivanova N, Kunin V, et al. 2006. Metagenomic analysis of two enhanced biological phosphorus removal (EBPR) sludge communities. Nature Biotechnology, 24(10): 1263-1269.

Martínez-Alcalá I, Guillén-Navarro J M, Lahora A. 2021. Occurrence and fate of pharmaceuticals in a wastewater treatment plant from southeast of Spain and risk assessment. J Environ Manage, 279: 111565.

Martins A M P, Pagilla K, Heijnen J J, et al. 2004. Filamentous bulking sludge—a critical review. Water Research, 38(4): 793-817.

Martiny J B, Bohannan B J M, Brown J H, et al. 2006. Microbial biogeography: putting microorganisms on the map. Nature Reviews Microbiology, 4(2): 102-112.

Matsunaga K, Kubota K, Harada H. 2014. Molecular diversity of eukaryotes in municipal wastewater treatment processes as revealed by 18S rRNA gene analysis. Microbes and Environments, 29(4): 401-407.

Mauret M, Ferrand F, Boisdon V, et al. 2001. Process using DO and ORP signals for biological nitrification and denitrification: validation of a food-processing industry wastewater treatment plant on boosting with pure oxygen. Water Science and Technology, 44(2/3): 163-170.

Michel C, Jean M, Coulon S, et al. 2007. Biofilms of As(III)-oxidising bacteria: formation and activity studies for bioremediation process development. Applied Microbiology and Biotechnology, 77(2): 457-467.

Mielczarek A T, Nguyen H T T, Nielsen J L, et al. 2013. Population dynamics of bacteria involved in enhanced biological phosphorus removal in Danish wastewater treatment plants. Water Research, 47(4): 1529-1544.

Miura T, Okabe S, Nakahara Y, et al. 2015. Removal properties of human enteric viruses in a pilot-scale membrane bioreactor (MBR) process. Water Research, 75: 282-291.

Mueller J A, Voelkel K G, Boyle W C. 1966. Nominal diameter of floc related to oxygen transfer. Journal of the Sanitary Engineering Division, 92(2): 9-20.

Muhamad W, Othman R, Shaharuddin R I, et al. 2015. Microorganism as plastic biodegradation agent towards sustainable environment. Adv Environ Biol, 9: 8-14.

Nemergut D R, Schmidt S K, Fukami T, et al. 2013. Patterns and processes of microbial community assembly. Microbiology and Molecular Biology Reviews: MMBR, 77(3): 342-356.

Nguyen L N, Nghiem L D, Oh S. 2018. Aerobic biotransformation of the antibiotic ciprofloxacin by *Bradyrhizobium* sp. isolated from activated sludge. Chemosphere, 211: 600-607.

Niederdorfer R, Hausherr D, Palomo A, et al. 2021. Temperature modulates stress response in mainstream anammox reactors. Communications Biology, 4(1): 23.

Nielsen P H, Kragelund C, Seviour R J, et al. 2009. Identity and ecophysiology of filamentous bacteria in activated sludge. FEMS Microbiology Reviews, 33(6): 969-998.

Nikel P I, Martínez-García E, de Lorenzo V. 2014. Biotechnological domestication of pseudomonads using synthetic biology. Nat Rev Microbiol, 12(5): 368-379.

Ning D L, Deng Y, Tiedje J M, et al. 2019. A general framework for quantitatively assessing ecological stochasticity. Proceedings of the National Academy of Sciences, 116(34): 16892-16898.

Ning D L, Yuan M T, Wu L W, et al. 2020. A quantitative framework reveals ecological drivers of grassland microbial community assembly in response to warming. Nature Communications, 11(1): 4717.

Niu L H, Li Y, Wang P F, et al. 2016a. Altitude-scale variation in nitrogen-removal bacterial communities from municipal wastewater treatment plants distributed along a 3600-m altitudinal gradient in China. Science of the Total Environment, 559: 38-44.

Niu L H, Li Y, Xu L L, et al. 2017. Ignored fungal community in activated sludge wastewater treatment plants: diversity and altitudinal characteristics. Environmental Science and Pollution Research, 24(4): 4185-4193.

Niu T H, Zhou Z, Shen X L, et al. 2016b. Effects of dissolved oxygen on performance and microbial community structure in a micro-aerobic hydrolysis sludge *in situ* reduction process. Water Research, 90: 369-377.

Nowka B, Daims H, Spieck E. 2015. Comparison of oxidation kinetics of nitrite-oxidizing bacteria: nitrite availability as a key factor in niche differentiation. Appl Environ Microbiol, 81(2): 745-753.

Oehmen A, Lemos P C, Carvalho G, et al. 2007. Advances in enhanced biological phosphorus removal: from micro to macro scale. Water Research, 41(11): 2271-2300.

Oehmen A, Lopez-Vazquez C M, Carvalho G, et al. 2010. Modelling the population dynamics and metabolic diversity of organisms relevant in anaerobic/anoxic/aerobic enhanced biological phosphorus removal processes. Water Research, 44(15): 4473-4486.

Oehmen A, Teresa Vives M, Lu H B, et al. 2005. The effect of pH on the competition between polyphosphate-accumulating organisms and glycogen-accumulating organisms. Water Research, 39(15): 3727-3737.

Ofiteru I D, Lunn M, Curtis T P, et al. 2010. Combined niche and neutral effects in a microbial wastewater treatment community. Proceedings of the National Academy of Sciences, 107(35): 15345-15350.

Ogunseitan O A. 1996. Removal of caffeine in sewage by *Pseudomonas putida*: Implications for water pollution index. World Journal of Microbiology & Biotechnology, 12(3): 251-256.

Orellana L H, Chee-Sanford J C, Sanford R A, et al. 2018. Year-round shotgun metagenomes reveal stable microbial communities in agricultural soils and novel ammonia oxidizers responding to fertilization. Appl Environ Microbiol, 84(2): e01646-17.

Ouartsi N, Djeribi R, Boukachabia A, et al. 2019. *In vitro* biodegradation of Gliclazide by *Aeromonas hydrophila* and *Serratia odorifera* bacteria. Environmental Engineering Science, 36(6): 643-649.

Painter H A, Loveless J E. 1983. Effect of temperature and pH value on the growth-rate constants of nitrifying bacteria in the activated-sludge process. Water Research, 17(3): 237-248.

Palomo A, Jane Fowler S, Gülay A, et al. 2016. Metagenomic analysis of rapid gravity sand filter microbial communities suggests novel physiology of *Nitrospira* spp.. The ISME Journal, 10(11): 2569-2581.

Parsley L C, Consuegra E J, Kakirde K S, et al. 2010a. Identification of diverse antimicrobial resistance determinants carried on bacterial, plasmid, or viral metagenomes from an activated sludge microbial assemblage. Appl Environ Microbiol, 76(11): 3753-3757.

Parsley L C, Consuegra E J, Thomas S J, et al. 2010b. Census of the viral metagenome within an activated sludge microbial assemblage. Appl Environ Microbiol, 76(8): 2673-2677.

Pasveer A. 1959. A contribution to the development in activated sludge treatment. J Proc Inst Sewage Purif, 4: 436.

Patureau D, Helloin E, Rustrian E, et al. 2001. Combined phosphate and nitrogen removal in a sequencing batch reactor using the aerobic denitrifier, *Microvirgula aerodenitrificans*. Water Research, 35(1): 189-197.

Peccia J, Zulli A, Brackney D E, et al. 2020. Measurement of SARS-CoV-2 RNA in wastewater tracks community infection dynamics. Nature Biotechnology, 38: 1164-1167.

Peces M, Dottorini G, Nierychlo M, et al. 2022. Microbial communities across activated sludge plants show recurring species-level seasonal patterns. ISME Communications, 2(1): 18.

Peñuelas J, Sardans J, Rivas-ubach A, et al. 2012. The human-induced imbalance between C, N and P in Earth's life system. Global Change Biology, 18(1): 3-6.

Pereira A D, Cabezas A, Etchebehere C, et al. 2017. Microbial communities in anammox reactors: a review. Environ Technol Rev, 6(1): 74-93.

Peterson S B, Warnecke F, Madejska J, et al. 2008. Environmental distribution and population biology of *Candidatus* Accumulibacter, a primary agent of biological phosphorus removal. Environmental Microbiology, 10(10): 2692-2703.

Pinto A J, Marcus D N, Ijaz U Z, et al. 2016. Metagenomic evidence for the presence of comammox *Nitrospira*-like bacteria in a drinking water system. mSphere, 1(1): e00054-15.

Poi G, Aburto-Medina A, Mok P C, et al. 2017. Bioremediation of phenol-contaminated industrial wastewater using a bacterial consortium—from laboratory to field. Water Air Soil Poll, 228(3): 89.

Poursat B A J, van Spanning R J M, Braster M, et al. 2019. Biodegradation of metformin and its transformation product, guanylurea, by natural and exposed microbial communities. Ecotoxicol Environ Saf, 182: 109414.

Qin H, Ji B, Zhang S F, et al. 2018. Study on the bacterial and archaeal community structure and diversity of activated sludge from three wastewater treatment plants. Marine Pollution Bulletin, 135: 801-807.

Qu J H, Wang H C, Wang K J, et al. 2019. Municipal wastewater treatment in China: Development history and future perspectives. Frontiers of Environmental Science & Engineering, 13(6): 88.

Randall A A, Benefield L D, Hill W E. 1994. The effect of fermentation products on enhanced biological phosphorus removal, polyphosphate storage, and microbial population dynamics. Water Science and Technology, 30(6): 213-219.

Rieger L, Bott C B, Balzer W J, et al. 2012. Model-based aeration systems design-case study Nansemond WWTP. WEFTEC 2012. Water Environment Federation.

Roots P, Wang Y B, Rosenthal A F, et al. 2019. Comammox *Nitrospira* are the dominant ammonia oxidizers in a mainstream low dissolved oxygen nitrification reactor. Water Research, 157: 396-405.

Rosenwinkel K H, Austermann-Haun U, Meyer H. 2005. Industrial wastewater sources and treatment strategies[M]. Weinheim: Wiley: 49-78.

Rosenwinkel K H, Verstraete W, Vlaeminck S, et al. 2014. Industrial wastewater treatment. Activated Sludge 100 Years and Counting. London: IWA Publishing: 343-367.

Rylott E L, Bruce N C. 2020. How synthetic biology can help bioremediation. Current Opinion in Chemical Biology, 58: 86-95.

Sauder L A, Albertsen M, Engel K, et al. 2017. Cultivation and characterization of *Candidatus* Nitrosocosmicus exaquare, an ammonia-oxidizing archaeon from a municipal wastewater treatment system. The ISME Journal, 11(5): 1142-1157.

Saunders A M, Albertsen M, Vollertsen J, et al. 2016. The activated sludge ecosystem contains a core community of abundant organisms. The ISME Journal, 10(1): 11-20.

Schuler A J, Jenkins D. 2002. Effects of pH on enhanced biological phosphorus removal metabolisms. Water Sci Technol, 46(4/5): 171-178.

Shoda M, Ishikawa Y. 2014. Heterotrophic nitrification and aerobic denitrification of high-strength ammonium in anaerobically digested sludge by *Alcaligenes faecalis* strain No. 4. Journal of Bioscience and Bioengineering, 117(6): 737-741.

Sims A, Gajaraj S, Hu Z Q. 2012. Seasonal population changes of ammonia-oxidizing organisms and their relationship to water quality in a constructed wetland. Ecological Engineering, 40: 100-107.

Singleton C M, Petriglieri F, Kristensen J M, et al. 2021. Connecting structure to function with the recovery of over 1000 high-quality metagenome-assembled genomes from activated sludge using long-read sequencing. Nature Communications, 12(1): 2009.

Siripong S, Rittmann B E. 2007. Diversity study of nitrifying bacteria in full-scale municipal wastewater treatment plants. Water Research, 41(5): 1110-1120.

Skariyachan S, Manjunatha V, Sultana S, et al. 2016. Novel bacterial consortia isolated from plastic garbage processing areas demonstrated enhanced degradation for low density polyethylene. Environmental Science and Pollution Research, 23(18): 18307-18319.

Sliekers A O, Derwort N, Campos Gomez J L, et al. 2002. Completely autotrophic nitrogen removal over nitrite in one single reactor. Water Research, 36(10): 2475-2482.

Smolders G J F, van der Meij J, van Loosdrecht M C M, et al. 1994. Model of the anaerobic metabolism of the biological phosphorus removal process: Stoichiometry and pH influence. Biotechnology and Bioengineering, 43(6): 461-470.

Song T, Zhang X L, Li J, et al. 2021a. A review of research progress of heterotrophic nitrification and aerobic denitrification microorganisms (HNADMs). Sci Total Environ, 801: 149319.

Song Y, Mhuantong W, Liu S Y, et al. 2021b. Tropical and temperate wastewater treatment plants assemble different and diverse microbiomes. Applied Microbiology and Biotechnology, 105(2): 853-867.

Stadler L B, Love N G. 2016. Impact of microbial physiology and microbial community structure on pharmaceutical fate driven by dissolved oxygen concentration in nitrifying bioreactors. Water Research, 104: 189-199.

Stegen J C, Lin X J, Konopka A E, et al. 2012. Stochastic and deterministic assembly processes in subsurface microbial communities. The ISME Journal, 6(9): 1653-1664.

Steiner A E, McLaren D A, Forster C F. 1976. The nature of activated sludge flocs. Water Research, 10(1): 25-30.

Stephenson T, Brindle K, Judd S, et al. 2000. Membrane bioreactors for wastewater treatment. Water Intelligence Online, 6: 9781780402147.

Stokholm-Bjerregaard M, McIlroy S J, Nierychlo M, et al. 2017. A critical assessment of the microorganisms proposed to be important to enhanced biological phosphorus removal in full-scale wastewater treatment systems. Frontiers in Microbiology, 8: 718.

Su Y Y, Mennerich A, Urban B. 2012. Synergistic cooperation between wastewater-born algae and activated sludge for wastewater treatment: Influence of algae and sludge inoculation ratios. Bioresource Technology, 105: 67-73.

Subirats J, Sànchez-Melsió A, Borrego C M, et al. 2016. Metagenomic analysis reveals that bacteriophages are reservoirs of antibiotic resistance genes. Int J Antimicrob Agents, 48(2):

163-167.

Sun C X, Zhang B, Chen Z, et al. 2020. Sludge retention time affects the microbial community structure: a large-scale sampling of aeration tanks throughout China. Environ Pollut, 261: 114140.

Sun Y, Chen Z, Wu G X, et al. 2016a. Characteristics of water quality of municipal wastewater treatment plants in China: implications for resources utilization and management. Journal of Cleaner Production, 131: 1-9.

Sun Z Y, Lv Y K, Liu Y X, et al. 2016b. Removal of nitrogen by heterotrophic nitrification-aerobic denitrification of a novel metal resistant bacterium *Cupriavidus* sp. S1. Bioresource Technology, 220: 142-150.

Tamaki H, Zhang R, Angly F E, et al. 2012. Metagenomic analysis of DNA viruses in a wastewater treatment plant in tropical climate. Environmental Microbiology, 14(2): 441-452.

Teck H C, Loong K S, Sun D D, et al. 2009. Influence of a prolonged solid retention time environment on nitrification/denitrification and sludge production in a submerged membrane bioreactor. Desalination, 245(1/2/3): 28-43.

Terada A, Sugawara S, Yamamoto T, et al. 2013. Physiological characteristics of predominant ammonia-oxidizing bacteria enriched from bioreactors with different influent supply regimes. Biochemical Engineering Journal, 79: 153-161.

Daughton C G, Ternes T A. 1999. Pharmaceuticals and personal care products in the environment: agents of subtle change?. Environmental Health Perspectives, 107: 907.

Third K A, Sliekers A O, Kuenen J G, et al. 2001. The CANON system (completely autotrophic nitrogen-removal over nitrite) under ammonium limitation: interaction and competition between three groups of bacteria. Syst Appl Microbiol, 24(4): 588-596.

Thompson I P, Van Der Gast C J, Ciric L, et al. 2005. Bioaugmentation for bioremediation: the challenge of strain selection. Environ Microbiol, 7(7): 909-915.

Thomsen T R, Kong Y H, Nielsen P H. 2007. Ecophysiology of abundant denitrifying bacteria in activated sludge. FEMS Microbiology Ecology, 60(3): 370-382.

Tilley D F. 2011. Aerobic wastewater treatment processes history and development. Water Intelligence Online, 10: 9781780400952.

Top E M, Springael D, Boon N. 2002. Catabolic mobile genetic elements and their potential use in bioaugmentation of polluted soils and waters. FEMS Microbiology Ecology, 42(2): 199-208.

Tsutsui H, Anami Y, Matsuda M, et al. 2013. Plasmid-mediated bioaugmentation of sequencing batch reactors for enhancement of 2,4-dichlorophenoxyacetic acid removal in wastewater using plasmid pJP4. Biodegradation, 24(3): 343-352.

Tsutsui H, Anami Y, Matsuda M, et al. 2010. Transfer of plasmid pJP4 from *Escherichia coli* and *Pseudomonas putida* to bacteria in activated sludge developed under different sludge retention times. J Biosci Bioeng, 110(6): 684-689.

Tu Y J, Schuler A J. 2013. Low acetate concentrations favor polyphosphate-accumulating organisms over glycogen-accumulating organisms in enhanced biological phosphorus removal from wastewater. Environ Sci Technol, 47(8): 3816-3824.

Valentín-Vargas A, Toro-Labrador G, Massol-Deyá A A. 2012. Bacterial community dynamics in full-scale activated sludge bioreactors: operational and ecological factors driving community

assembly and performance. PLoS One, 7(8): e42524.
Valverde-Pérez B, Wágner D S, Lóránt B, et al. 2016. Short-sludge age EBPR process–Microbial and biochemical process characterisation during reactor start-up and operation. Water Research, 104: 320-329.
Van Der Gast C J, Ager D, Lilley A K. 2008. Temporal scaling of bacterial taxa is influenced by both stochastic and deterministic ecological factors. Environmental Microbiology, 10(6): 1411-1418.
van der Gast C J, Jefferson B, Reid E, et al. 2006. Bacterial diversity is determined by volume in membrane bioreactors. Environmental Microbiology, 8(6): 1048-1055.
van Kessel M A H J, Speth D R, Albertsen M, et al. 2015. Complete nitrification by a single microorganism. Nature, 528(7583): 555-559.
Verstraete W, Vissers W. 1980. Relationship between phosphate stress, effluent quality, and observed cell yield in a pure-oxygen activated-sludge plant. Biotechnology and Bioengineering, 22(12): 2591-2606.
Vieno N, Tuhkanen T, Kronberg L. 2007. Elimination of pharmaceuticals in sewage treatment plants in Finland. Water Research, 41(5): 1001-1012.
Vuono D C, Benecke J, Henkel J, et al. 2015. Disturbance and temporal partitioning of the activated sludge metacommunity. The ISME Journal, 9(2): 425-435.
Wagner M, Loy A. 2002. Bacterial community composition and function in sewage treatment systems. Curr Opin Biotechnol, 13(3): 218-227.
Wang M Z, Xiong W G, Liu P, et al. 2018a. Metagenomic insights into the contribution of phages to antibiotic resistance in water samples related to swine feedlot wastewater treatment. Front Microbiol, 9: 2474.
Wang Q, Shao Y Q, Huong V T T, et al. 2008. Fine-scale population structure of *Accumulibacter phosphatis* in enhanced biological phosphorus removal sludge. J Microbiol Biotechnol, 18(7): 1290-1297.
Wang X H, Hu M, Xia Y, et al. 2012. Pyrosequencing analysis of bacterial diversity in 14 wastewater treatment systems in China. Applied and Environmental Microbiology, 78(19): 7042-7047.
Wang X, Wang X M, Hui K M, et al. 2018b. Highly effective polyphosphate synthesis, phosphate removal, and concentration using engineered environmental bacteria based on a simple solo medium-copy plasmid strategy. Environ Sci Technol, 52(1): 214-222.
Wang Y L, Jiang X T, Liu L, et al. 2018c. High-resolution temporal and spatial patterns of virome in wastewater treatment systems. Environmental Science & Technology, 52(18): 10337-10346.
Wang Y, Li J H, Lei Y, et al. 2022. Bioremediation of sulfonamides by a microalgae-bacteria consortium–Analysis of pollutants removal efficiency, cellular composition, and bacterial community. Bioresource Technology, 351: 126964.
Wang Y L, Ma L P, Mao Y P, et al. 2017. Comammox in drinking water systems. Water Research, 116: 332-341.
Wang Y L, Niu Q G, Zhang X, et al. 2019. Exploring the effects of operational mode and microbial interactions on bacterial community assembly in a one-stage partial-nitritation anammox reactor using integrated multi-omics. Microbiome, 7(1): 122.
Wang Y L, Ye J, Ju F, et al. 2021. Successional dynamics and alternative stable states in a saline activated sludge microbial community over 9 years. Microbiome, 9(1): 199.

Watanabe K, Teramoto M, Harayama S. 2002. Stable augmentation of activated sludge with foreign catabolic genes harboured by an indigenous dominant bacterium. Environ Microbiol, 4(10): 577-583.

Weissbrodt D G, Holliger C, Morgenroth E. 2017. Modeling hydraulic transport and anaerobic uptake by PAOs and GAOs during wastewater feeding in EBPR granular sludge reactors. Biotechnology and Bioengineering, 114(8): 1688-1702.

Wells G F, Park H D, Yeung C H, et al. 2009a. Ammonia-oxidizing communities in a highly aerated full-scale activated sludge bioreactor: betaproteobacterial dynamics and low relative abundance of Crenarchaea. Environmental Microbiology, 11(9): 2310-2328.

Wells G F, Park H D, Eggleston B, et al. 2011. Fine-scale bacterial community dynamics and the taxa-time relationship within a full-scale activated sludge bioreactor. Water Research, 45(17): 5476-5488.

Wells G F, Park H D, Yeung C H, et al. 2009b. Ammonia-oxidizing communities in a highly aerated full-scale activated sludge bioreactor: betaproteobacterial dynamics and low relative abundance of Crenarchaea. Environmental Microbiology, 11(9): 2310-2328.

Wentzel M C, Ekama G A, Dold P L, et al. 1990. Biological excess phosphorus removal. Steady state process design. Water SA, 16(1): 29-48.

Wett B. 2007. Development and implementation of a robust deammonification process. Water Sci Technol, 56(7): 81-88.

Wilmes P, Bond P L. 2006. Towards exposure of elusive metabolic mixed-culture processes: the application of metaproteomic analyses to activated sludge. Water Science and Technology, 54(1): 217-226.

Wilmes P, Bond P L. 2004. The application of two-dimensional polyacrylamide gel electrophoresis and downstream analyses to a mixed community of prokaryotic microorganisms. Environmental Microbiology, 6(9): 911-920.

Wilmes P, Wexler M, Bond P L. 2008. Metaproteomics provides functional insight into activated sludge wastewater treatment. PLoS One, 3(3): e1778.

Wu L W, Ning D L, Zhang B, et al. 2019. Global diversity and biogeography of bacterial communities in wastewater treatment plants. Nat Microbiol, 4(7): 1183-1195.

Wu M R, Hou T T, Liu Y, et al. 2021. Novel *Alcaligenes ammonioxydans* sp. nov. from wastewater treatment sludge oxidizes ammonia to N_2 with a previously unknown pathway. Environ Microbiol, 23(11): 6965-6980.

Xia S Q, Duan L, Song Y H, et al. 2010. Bacterial community structure in geographically distributed biological wastewater treatment reactors. Environmental Science & Technology, 44(19): 7391-7396.

Xia Y, Wen X H, Zhang B, et al. 2018. Diversity and assembly patterns of activated sludge microbial communities: a review. Biotechnology Advances, 36(4): 1038-1047.

Xie X M, Müller N. 2019. Enhanced aniline degradation by *Desulfatiglans anilini* in a synthetic microbial community with the phototrophic purple sulfur bacterium *Thiocapsa roseopersicina*. Syst Appl Microbiol, 42(5): 125998.

Xin B P, Wu C H, Wu C H, et al. 2013. Bioaugmented remediation of high concentration BTEX-contaminated groundwater by permeable reactive barrier with immobilized bead. Journal of Hazardous Materials, 244: 765-772.

Xu S, Yao J, Ainiwaer M, et al. 2018a. Analysis of Bacterial Community Structure of Activated Sludge from Wastewater Treatment Plants in Winter. Biomed Res Int, 2018: 8278970.

Xu X J, Liu W M, Tian S H, et al. 2018b. Petroleum hydrocarbon-degrading bacteria for the remediation of oil pollution under aerobic conditions: a perspective analysis. Frontiers in Microbiology, 9: 2885.

Xue J L, Yu Y, Bai Y, et al. 2015. Marine oil-degrading microorganisms and biodegradation process of petroleum hydrocarbon in marine environments: a review. Current Microbiology, 71(2): 220-228.

Yadav T C, Khardenavis A A, Kapley A. 2014. Shifts in microbial community in response to dissolved oxygen levels in activated sludge. Bioresource Technology, 165: 257-264.

Yamamoto T, Takaki K, Koyama T, et al. 2008. Long-term stability of partial nitritation of swine wastewater digester liquor and its subsequent treatment by Anammox. Bioresource Technology, 99(14): 6419-6425.

Yang C Q. 2000. A modified sequencing batch reactor activated sludge wastewater treatment system[D]. Lawrence: University of Kansas.

Yang Y C, Daims H, Liu Y, et al. 2020. Activity and metabolic versatility of complete ammonia oxidizers in full-scale wastewater treatment systems. mBio, 11(2): e03175-19.

Yang Y, Li B, Ju F, et al. 2013. Exploring variation of antibiotic resistance genes in activated sludge over a four-year period through a metagenomic approach. Environmental Science & Technology, 47(18): 10197-10205.

Yang Y Y, Zhao J L, Liu Y S, et al. 2018. Pharmaceuticals and personal care products (PPCPs) and artificial sweeteners (ASs) in surface and ground waters and their application as indication of wastewater contamination. Sci Total Environ, 616: 816-823.

Yao Y C, Zhang Q L, Liu Y, et al. 2013. Simultaneous removal of organic matter and nitrogen by a heterotrophic nitrifying-aerobic denitrifying bacterial strain in a membrane bioreactor. Bioresource Technology, 143: 83-87.

Ye L, Zhang T. 2011. Ammonia-oxidizing bacteria dominates over ammonia-oxidizing Archaea in a saline nitrification reactor under low DO and high nitrogen loading. Biotechnology and Bioengineering, 108(11): 2544-2552.

Yoshida S, Hiraga K, Takehana T, et al. 2016. A bacterium that degrades and assimilates poly (ethylene terephthalate). Science, 351(6278): 1196-1199.

You J, Das A, Dolan E M, et al. 2009. Ammonia-oxidizing Archaea involved in nitrogen removal. Water Research, 43(7): 1801-1809.

Yu F B, Ali S W, Guan L B, et al. 2010. Bioaugmentation of a sequencing batch reactor with *Pseudomonas putida* ONBA-17, and its impact on reactor bacterial communities. J Hazard Mate, 176(1/2/3): 20-26.

Yu J J, Tang S N, Lee P K H. 2021. Microbial communities in full-scale wastewater treatment systems exhibit deterministic assembly processes and functional dependency over time. Environmental Science & Technology, 55(8): 5312-5323.

Yu K, Zhang T. 2012. Metagenomic and metatranscriptomic analysis of microbial community structure and gene expression of activated sludge. PLoS One, 7(5): e38183.

Yuan Z G, Blackall L L. 2002. Sludge population optimisation: a new dimension for the control of biological wastewater treatment systems. Water Research, 36(2): 482-490.

Zhang B, Ning D L, Van Nostrand J D, et al. 2020. Biogeography and assembly of microbial communities in wastewater treatment plants in China. Environmental Science & Technology, 54(9): 5884-5892.

Zhang F G, Liu J X, Sui J. 2007. Sludge concentration dynamic distribution and its impact on the performance of UNITANK. J Environ Sci, 19(2): 141-147.

Zhang L, Okabe S. 2020. Ecological niche differentiation among anammox bacteria. Water Research, 171: 115468.

Zhang R S, He Y Z, Yao L X, et al. 2021. Metformin chlorination byproducts in drinking water exhibit marked toxicities of a potential health concern. Environment International, 146: 106244.

Zhang T, Shao M F, Ye L. 2012. 454 pyrosequencing reveals bacterial diversity of activated sludge from 14 sewage treatment plants. The ISME Journal, 6(6): 1137-1147.

Zhang T, Ye L, Tong A H Y, et al. 2011. Ammonia-oxidizing Archaea and ammonia-oxidizing bacteria in six full-scale wastewater treatment bioreactors. Applied Microbiology and Biotechnology, 91(4): 1215-1225.

Zhang Z Z, Gai L X, Hou Z W, et al. 2010a. Characterization and biotechnological potential of petroleum-degrading bacteria isolated from oil-contaminated soils. Bioresource Technology, 101(21): 8452-8456.

Zhang Z N, Zhou Q X, Peng S W, et al. 2010b. Remediation of petroleum contaminated soils by joint action of *Pharbitis nil* L. and its microbial community. Science of the Total Environment, 408(22): 5600-5605.

Zhao Q, Yu M, Lu H, et al. 2019. Formation and characterization of the micro-size granular sludge in denitrifying sulfur-conversion associated enhanced biological phosphorus removal (DS-EBPR) process. Bioresource Technology, 291: 121871.

Zhou J Z, Liu W Z, Deng Y, et al. 2013. Stochastic assembly leads to alternative communities with distinct functions in a bioreactor microbial community. mBio, 4(2): e00584-12.

Zhou J Z, Ning D L. 2017. Stochastic community assembly: does it matter in microbial ecology?. Microbiology and Molecular Biology Reviews: MMBR, 81(4): e00002-e00017.

Zhou Z, Xing C, Wu Z C, et al. 2014. Optimization of a full-scale Unitank wastewater treatment plant for biological phosphorus removal. Environ Technol, 35(5/6/7/8): 766-772.

Zhuang H F, Hong X T, Han H J, et al. 2016. Effect of pure oxygen fine bubbles on the organic matter removal and bacterial community evolution treating coal gasification wastewater by membrane bioreactor. Bioresource Technology, 221: 262-269.

Żur J, Piński A, Wojcieszyńska D, et al. 2020. Diclofenac degradation-enzymes, genetic background and cellular alterations triggered in diclofenac-metabolizing strain *Pseudomonas moorei* KB4. International Journal of Molecular Sciences, 21(18): 6786.

第7章 展　望

进入21世纪以来，随着对自然规律和社会发展认知的加深，微生物学研究步入了微生物组新纪元（Berg et al.，2020）。合成微生物组工程包括“造物致知”和“造物致用”两个方面，设计、合成和应用是合成微生物组工程的基本过程，包括认知微生物组本身的复杂性和组装机制等基础研究，以及设计、组装、构建和功能化等侧重应用导向的研究。近年来，无论是在基础理论和研究工具，还是在研究内容的深度和广度等方面，微生物组研究均取得了飞速发展，人们逐渐认识到微生物组研究在健康、农业、环境、生态等不同领域的极大应用潜力（Jobin，2018；曲泽鹏等，2020；徐昭勇等，2021）。

合成微生物组是利用各种人工合成技术把多种微生物科学合理地组装起来，构建可控性的功能微生物群（van Leeuwen et al.，2023）。合成微生物组的关键特征在于人工设计合成和工程化思维，具有明确的应用目标和场景。合成微生物组的工程化思维，不仅体现在应用的过程中，而且在菌群的设计之初，就以应用场景和特定功效为目标。微生物组学发展的数十年历程中，在结构组成和功能机制以及应用和转化（如粪菌移植）等方面，取得了迅猛发展和大量研究成果（Berg et al.，2020；Lawson et al.，2019；Stegen et al.，2018），展望未来，合成微生物组工程必将在基础研究和应用转化方面取得更多成果，逐步进入实际应用，并对人类社会发展产生重大影响，引发人们日常生活的深刻变革。

7.1 基础研究

微生物组的组成和丰度具有显著的复杂性。以人体微生物组为例，健康人体肠道内具有200～500个微生物物种、10^{13}～10^{14}个微生物细胞（Sender et al.，2016），这些微生物之间具有非常复杂的相互作用；人体具有数十万亿个细胞，这些细胞组成了消化系统、呼吸系统、循环系统、免疫系统等多个系统（Hatton et al.，2023）；人体本身的复杂性与微生物的复杂性进一步导致微生物和宿主相互作用的复杂性。要面向目标功能实现微生物组的人工设计，必须首先获得对特定生境下的微生物组的全景化理解。这需要在复杂体系中抽丝剥茧，开展以发现微生物组的物种数量、种类、结构的时空变化规律和关联性为目的的基础研究，进而形成一套普适性强、稳定性高、精确可控的合成微生物组设计与构建方法。

7.1.1 拓展对微生物组中微生物类群以及微生物之间相互作用的认知

我们要设计在特定环境或者宿主生态位中发挥一定功能的人工微生物组，不能脱离工程化思维。首先需要尽可能地全面认知一个生态位下，微生物群中不同丰度微生物的数量、种类、结构。然而，目前对微生物组中微生物种类仍不清楚，导致缺乏开展机制解析的研究对象。其中，如何确定核心微生物群以及可作为特定功能靶标的枢纽物种至关重要，也最具挑战性。这一方面对微生物的分离培养提出更高的要求，另一方面也对基于分子改造和代谢过程模拟的微生物生理机制研究提出挑战。

其次，缺乏对微生物间互作关系的认识，将无法有效构建一个可控、稳定的功能微生物组。因此，需要结合基因组序列分析和培养组学的实验方法，严格控制实验系统中的变量，厘清微生物在宿主环境中的功能及其相互作用，确定微生物间相互制约、相互促进、此消彼长的关键靶标和核心微生物群，深入理解微生物组中微生物之间相互作用的规律和机制。

7.1.2 加深对微生物组和宿主/环境之间互作规律的认知

在微生物组中，不仅微生物之间有相互作用，不同微生物还会与宿主发生相互作用。宿主可以直接作用于某种或某类微生物，或通过影响其中的一个微生物，间接影响其他的微生物，即微生物群与宿主或环境之间存在直接或间接的相互影响的关系。因此，阐释微生物组和宿主/环境之间的相互作用规律是开展合成微生物组研究不可或缺的研究内容。

事实上，宿主或环境可以对微生物组整体发挥调控作用，通过改变环境条件可以间接管理微生物组。例如，人的免疫水平的改善可以使肠道微生物组的结构和功能从失调状态转变为健康状态；通过改善微生物组状态也可调节人体健康水平（Hadrich，2018）。然而，目前，更多的是聚焦在环境对单一微生物，或单一微生物对环境的影响的研究上，非单一微生物水平的影响机制研究还非常缺乏。需要整合不同内部和外部因素对微生物群落组成影响的分析，以建立个性化的合成微生态系统。

7.1.3 加强对微生物组解析和认知工具及技术开发

微生物间的差异与相关作用、微生物与宿主之间的直接与间接关系，以及宿主个体的差异形成了极其复杂庞大的数据集。认知微生物组中多水平互作关系的规律，必须加强培养技术、高通量筛选技术以及人工智能相关的大数据处理技术体系的搭建。目前微生物组研究突飞猛进的发展得益于多组学、高通量检测、培养组等技术工具的进步，但仍存在较大的改进空间。例如，现有的高通量测序方法难以检测极低丰度微生物，造成易受到深度偏差影响的问题，从而形成认知和结论的偏差（Berg et al.，2020）。模拟特殊微生理环境下微生物的体外培养体系（如模拟肠道氧梯度、有氧-无氧界面、选择性物质交换的区室化）也极具挑战性（Sardelli et al.，2021）。

此外，只有通过数据分析找到本质的差异，才能确定影响微生物组功能的关键因素。例如，根据菌群宏基因组数据，基于人工智能的数据分析技术，解析健康人微生物组中的微生物类群，明确微生物组功能及其与疾病的相关性和靶标，预测疾病风险，进而设计合成一个可移植的健康微生物组。其中，如何构建可以完整描述环境与微生物间多重互作关系（环境参数、微生物群落结构、相互作用和代谢）的模型，同时具备高准确度、普适性和智能性，仍是一个不小的挑战（邓婷等，2020）。此外，数学模型预测的准确性还依赖于更充实数据集的支持，模型所提出的假设也要通过对微生物代谢的理解来进行检验，为数据模型的修正和优化提供关键参数和过程增减的佐证。组学、动力学和生理学数据集的收集又依仗合理实验的设计和连续性实验结果的获得，其中同位素标记、单细胞组学等分析方法有助于突破数据获得的局限性。

7.2 应用与转化

自然界中，微生物组无处不在，其中具有不同基因和代谢途径的微生物通过相互合作而形成一种联盟。合成微生物组是具有特定功能的人工设计的微生物群，可以弥补在应用过程中，由单一微生物代谢不足与缺陷造成的过程鲁棒性差、环境适应性不足等问题，更可以利用菌群内部及其与环境间的动态协同效应，降低菌株代谢负担，适应更加复杂的应用场景（Ding et al.，2016；Lindemann et al.，2016；Wang et al.，2023）。

合成微生物组工程是将人工合成的微生物组进行可控应用的方式，在健康、农业、环境、工业等领域的应用均已展现潜力，但工程化应用实际案例依然缺乏，而应用范例的缺乏又进一步导致对潜在不足的认知，合成微生物组工程应用还需要不断积累在实践中的应用经验。

7.2.1 加大合成微生物组的工程化应用尝试

合成微生物组的工程化应用需要持续性的大力推动。目前，在健康领域，微生物组主要以活菌药剂的形式进行应用。粪菌移植（FMT）技术可用于恢复正常肠道微生物群落结构，是微生物组最广为人知的应用典型案例，但仍属于非人工设计的、原始的微生物组的应用范畴，并存在潜在风险（DeFilipp et al.，2019）。

据估计，健康人粪便中可以包含数百种细菌，其中不足 70 种肠道菌的丰度占全部物种测序丰度的 99%（Schloissnig et al.，2013）。因此，有可能通过有限微生物的共培养，模拟天然肠道微生物群的高度复杂性和多样性，获得与粪菌移植效果相似的活菌药剂。然而，要构建具有数十个甚至上百个物种的高度复杂的合成微生物组，具有极大的挑战。例如，不同菌株对营养和生长环境的要求不同、生长速度差异大、互作关系不清晰、复杂菌群稳定性和鲁棒性差等，都是这种自上而下的合成微生物组工程研究要解决的问题（van Leeuwen et al.，2023）。要应对这些挑战，一方面要开发新的培养方案，形成微生物分离培养与物种鉴定描述的最简标准化流程（Liu et al.，2020），另一方面也要实现慢生长和快生长的同步化，对原始微生物组的多层次互作机制及其与定制功能间的相关性有更清晰的认识（Cheng et al.，2022）。

在培养组学发展的推动下，我们对“不可培养”微生物的分离和培养能力与日俱增，中华健康人肠道菌株资源库（hGMB）进一步丰富了我们对肠道微生物功能及其与宿主互作关系的理解（Liu et al.，2021）。目前已经从人类肠道中获得 1000 多个微生物物种（Sardelli et al.，2021），这为通过自下而上策略构建合成微生物组并实现工程化应用奠定了菌株资源基础。由于自下而上的合成微生物组工程策略更加侧重于功能导向以及单个物种的模块化作用，这一研究方向仍极具挑战。人工设计合成的 SynCom 是一种典型的合成微生物组，被认为是治疗 CDI、IBD、IBS 等人类胃肠道疾病的一种有效、安全的方法，SynCom 可以在人类肠道中形成对环境扰动具有弹性的、稳定的微生物种群，可能是 FMT 的绝佳替代品（van Leeuwen et al.，2023）。

值得注意的是，合成微生物组的设计和合成只是实现应用的第一步，如何使合成微生物组在目标环境、宿主中植入并稳定发挥功能是最终成功与否的决定因素。植入是指设计的微生物群中的所有物种都成功进入目标环境或者宿主体内的目标位置，这通常在体内（临床）条件下不易控制，宿主环境（如免疫水平、饮食、抗生素处理等）对于能否成功植入也至关重要，甚至被认为是微生物成功植入的最重要因素。此外，如何提升合成微生物组的效能，确定其适宜的剂型并选择有效的植入方式，也是至关重要的因素；对于人体健康管理而言，微生物菌剂的胶囊化可能是未来合成微生物组工程应用转化的一种方式。

合成微生物组工程在农业领域的应用主要是作为肥料或农药，利用定植于作物宿主的微生物群（如根际微生物群）来调节植物生长、胁迫抗性，甚至品质等性能。例如，美国 Pivot Bio 公司开发了基于具有固氮能力 γ-变形杆菌（KV137）的玉米生物肥料 PROVEN，不仅将化学肥料的需求量减少约 28 kg/hm^2，同时将产量提高约 367 kg/hm^2（Voigt et al.，2020）。在食品或能源领域，合成微生物组主要作为发酵工业菌剂，利用它们固有的纤维素降解、有机酸/醇生产等生理特征，通过工艺环节的设计和串联，形成耦联的一锅法生产环境，进行目标产品的生物合成或转化（Jaiswal et al.，2023；Kumar et al.，2023；Liu et al.，2023）。然而，目前单菌制剂的应用更为常见，也有具有两个或几个微生物物种的简单菌剂产品的推广，但具有复杂结构的合成微生物组的报道仍很缺乏（朱彤和吴边，2019）。

7.2.2 建立微生物组多领域应用的标准与制度

微生物组工程化应用的标准和制度也是领域发展的重要问题。合成微生物组一般以人工合成的活菌形式进行应用，因此，其安全性是需要认真考虑和未雨绸缪、提前防范的问题，相关的技术和规范更需要预先制定并不断完善。在即将到来的老年化社会环境下，合成微生物组的发展和应用（特别是健康领域）会有更大的需求。据估计，2024～2029 年全球益生菌市场年增长率为 7.53%，亚洲是发展最快的地区（https://www.mordorintelligence.com/industry-reports/probiotics-market）。根据中国食品科学技术学会的数据，亚太地区益生菌市场预计将占全球市场的 46%。然而，除了技术的成熟性，市场监管、法律法规制定的复杂性也成为市场增长的主要障碍。我国的益生菌产品类型较为单一，各项相关法规还在完善中，导致国产市场份额不足，因此亟须通过先进技术的开发与法规的制定，突破国外技术和产品的垄断。

2023 年 12 月 25 日，中华人民共和国农业农村部宣布 37 个转基因玉米品种和 10 个转基因大豆品种获得生产经营许可证。这意味着，历经从研发、安全证书申请到放开品种商业化的长期发展，我国即将实现转基因粮食作物的商业化种植。可见，我国已经初步蹚出一条适合中国发展的保障生物产品安全性的道路。与转基因作物相比，合成微生物组的工程化应用也与人民健康息息相关，甚至影响范围更广，因此更需要积极推动建立基于体外多细胞、多器官模型等的安全性验证体系，以及制定动物实验、临床试验等要求的规范和评价标准，通过形成明确的法律监管体系、成熟的审批流程和安全性评判制度，规避潜在的安全风险。

7.3 未来的方向与挑战

一个微生物组能够改变一个人的命运；一群微生物组，能够改变人类的未来。对微生物组重要性的认识，促进了一个又一个的“微生物组计划”的诞生，不断冲击微生物组研究的高峰并革新了人们的认知。2007 年，美国国立卫生研究院启动了人体微生物组计划（Human Microbiome Project）（https://www.hmpdacc.org/），旨在全面分析人体不同生态位的微生物群，从机制上阐明宿主和微生物组之间的关系及其随时序变化规律（Integrative，2019）。2010 年，人类提出了地球微生物组计划（Earth Microbiome Project）（https://earthmicrobiome.org/），目标是尽可能多地对地球微生物群落进行取样，以便促进人们对微生物及其与包括植物、动物和人类在内的环境之间的关系的理解（Thompson et al.，2017）。随着全球范围内微生物组基础和应用研究的持续深入、数据的持续积累，人们进一步确信微生物组与人民健康息息相关、影响范围广泛。可以预见，随着社会和经济的发展，合成微生物组的应用需求将会在全球范围内快速增长。

在人体健康管理领域，合成微生物组在慢性病、亚健康改善等方面将有巨大的应用潜力。在中国，合成微生物组与传统中医药的有机结合，将有巨大的发展前景。小檗碱、青蒿素、双环醇、麻黄碱等都是来源于中草药的天然产物，被分离纯化并明确结构和功能后，成为治病救人的药物。越来越多的证据表明，中草药与肠道微生物组成密切相关，肠道微生物可能促进中草药成分向活性代谢产物的转化而显著影响中药的治疗活性（Lin et al.，2021）。合成微生物组研究可以促进中医药中天然活性物质的发现和功能的解析，推动医学研究的发展。在农业和环境领域，合成微生物组工程可能为植物作物的种质优化提供关键路径和方案，成为解决“一方水土养一方人”“南方为橘，北方为枳”一类问题的关键。即，换一种思路，从微生物定制化改造土壤环境角度实现作物品种的改良，通过“改土”来实现“改种”。在空间保障领域，合成微生物组工程也可能在元素定向转化和循环、生存空间拓展、改造未来宜居星球等方面大有可为。

人类生存和发展离不开微生物的作用，了解微生物、理解微生物组、用好微生物组，是改善人类生存条件、调整人类发展路径、保障人类未来的必经之路。

参 考 文 献

邓婷, 关晓彤, 吴波, 等. 2020. 数学模型在合成微生物群落构建中的应用. 应用与环境生物学报, 26(4): 809-819.

曲泽鹏, 陈沫先, 曹朝辉, 等. 2020. 合成微生物群落研究进展. 合成生物学, 1(6): 621-634.

徐昭勇, 胡海洋, 许平, 等. 2021. 人工合成微生物组的构建与应用. 合成生物学, 2(2): 181-193.

朱彤, 吴边. 2019. 合成微生物组: 当“合成生物学”遇见“微生物组学”. 科学通报, 64(17): 1791-1798.

Berg G, Rybakova D, Fischer D, et al. 2020. Microbiome definition re-visited: old concepts and new challenges. Microbiome, 8(1): 103.

Cheng A G, Ho P Y, Aranda-Díaz A, et al. 2022. Design, construction, and *in vivo* augmentation of a complex gut microbiome. Cell, 185(19): 3617-3636.e19.

Consortium I H R N. 2019. The integrative human microbiome project. Nature, 569(7758): 641-648.

DeFilipp Z, Bloom P P, Torres Soto M, et al. 2019. Drug-resistant *E. coli* bacteremia transmitted by fecal microbiota transplant. The New England Journal of Medicine, 381(21): 2043-2050.

Ding M Z, Song H, Wang E X, et al. 2016. Design and construction of synthetic microbial consortia in China. Synth Syst Biotechnol, 1(4): 230-235.

Hadrich D. 2018. Microbiome research is becoming the key to better understanding health and nutrition. Front Genet, 9: 212.

Hatton I A, Galbraith E D, Merleau N S C, et al. 2023. The human cell count and size distribution. Proceedings of the National Academy of Sciences, 120(39): e2303077120.

Jaiswal D K, Verma J P, Belwal T, et al. 2023. Editorial: Microbial co-cultures: a new era of synthetic biology and metabolic engineering. Front Microbiol, 14: 1235565.

Jobin C. 2018. Precision medicine using microbiota. Science, 359(6371): 32-34.

Kumar V, Fox B G, Takasuka T E. 2023. Consolidated bioprocessing of plant biomass to polyhydroxyalkanoate by co-culture of *Streptomyces* sp. SirexAA-E and *Priestia megaterium*. Bioresource Technology, 376: 128934.

Lawson C E, Harcombe W R, Hatzenpichler R, et al. 2019. Common principles and best practices for engineering microbiomes. Nat Rev Microbiol, 17(12): 725-741.

Lin T L, Lu C C, Lai W F, et al. 2021. Role of gut microbiota in identification of novel TCM-derived active metabolites. Protein & Cell, 12(5): 394-410.

Lindemann S R, Bernstein H C, Song H S, et al. 2016. Engineering microbial consortia for controllable outputs. The ISME Journal, 10(9): 2077-2084.

Liu C, Du M X, Abuduaini R, et al. 2021. Enlightening the taxonomy darkness of human gut microbiomes with a cultured biobank. Microbiome, 9(1): 119.

Liu C, Zhou N, Du M X, et al. 2020. The Mouse Gut Microbial Biobank expands the coverage of cultured bacteria. Nat Commun, 11(1): 79.

Liu Y J, Zhang Y D, Chi F, et al. 2023. Integrated lactic acid production from lignocellulosic agricultural wastes under thermal conditions. Journal of Environmental Management, 342: 118281.

Sardelli L, Perottoni S, Tunesi M, et al. 2021. Technological tools and strategies for culturing human gut microbiota in engineered *in vitro* models. Biotechnol Bioeng, 118(8): 2886-2905.

Schloissnig S, Arumugam M, Sunagawa S, et al. 2013. Genomic variation landscape of the human gut microbiome. Nature, 493(7430): 45-50.

Sender R, Fuchs S, Milo R. 2016. Revised estimates for the number of human and bacteria cells in the body. PLoS Biology, 14(8): e1002533.

Stegen J C, Bottos E M, Jansson J K. 2018. A unified conceptual framework for prediction and control of microbiomes. Curr Opin Microbiol, 44: 20-27.

Thompson L R, Sanders J G, McDonald D, et al. 2017. A communal catalogue reveals Earth's multiscale microbial diversity. Nature, 551(7681): 457-463.

van Leeuwen P T, Brul S, Zhang J B, et al. 2023. Synthetic microbial communities (SynComs) of the human gut: design, assembly, and applications. FEMS Microbiol Rev, 47(2): fuad012.

Voigt C A. 2020. Synthetic biology 2020-2030: six commercially-available products that are changing our world. Nat Commun, 11(1): 6379.

Wang Y X, Yang L, Xu J H, et al. 2023. Applications of synthetic microbial consortia in biological control of mycotoxins and fungi. Current Opinion in Food Science, 53: 101074.